普通高等教育“十三五”系列教材

运筹学教程

熊义杰　曹　龙　编著

机械工业出版社

本书是在作者多年来讲授运筹学所使用的讲义基础上进行反复整理形成的。全书主要包括 14 章内容。第 1～6 章属于运筹学确定型模型，包括线性规划、对偶规划、运输问题、整数规划、动态规划、图与网络分析，主要适用于本科教学阶段。第 7～10 章属于运筹学随机型模型，包括决策论、对策论、存储论和排队论，主要适用于研究生教学阶段。第 11 章和第 12 章主要是供读者扩大知识面使用。第 13 章主要是为 MBA（工商管理硕士）“数据模型与决策”课程（本课程是对运筹学改革后形成的）教学的需要编写的。此外，第 1～10 章中每章都附有相应问题的应用案例讨论和使用 WinQSB 软件求解相应问题的方法；为了帮助读者巩固所学内容，每章之后还附有一定数量的习题。

本书内容深入浅出，语言通俗易懂，例题多，可读性强。不仅可以作为本科生、研究生（包括 MBA）相关课程的教材，也可以作为对管理定量方法感兴趣的学者和管理人员的参考阅读材料。

图书在版编目（CIP）数据

运筹学教程/熊义杰，曹龙编著 . —北京：机械工业出版社，2015. 7（2022. 8 重印）
ISBN 978-7-111-50880-9
普通高等教育“十三五”系列教材
Ⅰ. ①运…　Ⅱ. ①熊…②曹…　Ⅲ. ①运筹学—高等学校—教材　Ⅳ. ①O22

中国版本图书馆 CIP 数据核字（2015）第 162637 号

机械工业出版社（北京市百万庄大街 22 号　邮政编码 100037）
策划编辑：裴　泱　责任编辑：裴　泱　刘　静　韩效杰
责任校对：张　征　封面设计：张　静
责任印制：郜　敏
北京盛通商印快线网络科技有限公司印刷
2022 年 8 月第 1 版第 3 次印刷
184mm × 260mm · 22. 5 印张 · 552 千字
标准书号：ISBN 978-7-111-50880-9
定价：42. 00 元

电话服务　网络服务
客服电话：010-88361066　机　工　官　网：www. cmpbook. com
010-88379833　机　工　官　博：weibo. com/cmp1952
010-68326294　金　书　网：www. golden-book. com
封底无防伪标均为盗版　机工教育服务网：www. cmpedu. com

前　言

运筹学是高等学校经济管理类各专业开设的一门必修课，不仅本科层次开设，而且在硕士研究生阶段也是一门必修的学位课，运筹学在很多高校的管理类专业考研科目中也是必考课程。运筹学是经济管理类专业中比较难学的一门课程，这是不同层次学生的共同反映。有的本科生甚至直截了当地说运筹学他听不懂。为什么呢？很显然是基础不具备。

学习运筹学需要什么基础呢？主要是两个方面：一是管理学的理论知识和经验；二是数学基础，尤其是线性代数的基础知识。这与运筹学的性质和任务有关。运筹学教学的主要任务是解决两个问题：一是把实际问题抽象为数学模型，即要解决如何建模的问题；二是研究探讨模型的求解方法，即解决模型的求解问题。解决建模问题，需要的是对实际问题的深入了解，以及对管理学内容的透彻理解和实际经验。而求解方法的探讨，需要的则是数学知识。尤其是线性代数知识。学习运筹学这两个方面是缺一不可的。而这两个方面的知识很多人都很难同时兼备。比如，就本科生来说，大多数人可能第一个方面都比较欠缺；就 MBA 学员来说，可能大多数人第二个方面都比较欠缺。更有甚者，可能两个方面都不具备。这样，就难免听不懂了。

那么，怎样才能学好运筹学呢？根据我个人的教学经验，主要从如下三个方面做起：

首先，要有一种啃骨头的精神。革命导师马克思曾经说过，在科学上没有平坦的大道，只有不畏劳苦沿着陡峭山路攀登的人，才有希望达到光辉的顶点。清朝文学家彭端淑在《白鹤堂文集·为学》中也说道："天下之事有难易乎？为之，则难者亦易矣；不为，则易者亦难矣。人之为学有难易乎？学之，则难者亦易矣；不学，则易者亦难矣。"一代伟人毛泽东也曾谆谆告诫我们"世上无难事，只要肯登攀"。俗语有云，"不受一番冰霜苦，焉得梅花放清香"。这些都充分说明了，要学好运筹学，一种啃骨头精神的重要性。我赞赏这种啃骨头的精神，这主要是强调：第一，要克服"思维惰性"。在教学中，我发现很多人有这样一种思维定式，即一旦遇到某个问题一时不明白，立刻就会将自己封闭起来。这时，不管老师讲什么或如何讲，他都听不进去了。我把这种现象概括为"思维惰性"。在这种情况下，一定要坚持听，先从整体上了解理论和方法，再在细节上钻研，研究不明白的地方，不要被眼前的障碍阻挡前进的道路。第二，要不放过任何一个问题。在这里，我提倡同学们相互学习。有问题一定要问，可以先互相问，比如说，"这个问题老师讲过没有？""你如何理解这个问题？"等等。如果经过讨论大家都不清楚，可以来问老师。这样做，可以显著地提高学习效率。因为教学中不少同学提出的问题，其实都是老师反复讲过的问题。一定要立足于把每一个问题都弄清楚，否则，问题越积越多，积重难返就麻烦了。到那时，有问题想问可能都无从下手了。第三，要多读一些参考书。老师要教好一门课，备课时一定要找来很多参考书。同学们的学习也应该是这样。同一个问题，不同的书表述的方式方法可能会不完全相同。同一个问题看这本书不明白，而看另外一本书可能会让你茅塞顿开。第四，要勤于思考。多读书，还要勤思考。光读书，不思考，叫生吞活剥。读运筹学方面的书，“好读书，不求甚解”，那是万万不行的。在这里我送同学们一个八字箴言，即“读书，思考，提炼，升华”。只有多读书、勤思考，才能在知识的海洋中不断地提炼升华，有所进步。

其次，要充分认识到运筹学的重要性。说这话实非“王婆卖瓜”。因为运筹学属于一门管理科学，管理要搞好，重在“胸中有数”。“数”就是要有一个量的概念，要有一个量的把握。运筹学也叫管理数学。运筹学不同于经济计量学。经济计量学研究的对象是经济关系，具体地说，就是经济变量之间的数量关系。而运筹学的研究对象是管理要素的组合，具体地说，是寻求管理要素的最佳组合方式。“运筹于帷幄之中，决胜于千里之外”的说法，充分体现了运筹学的重要性。运筹学是软科学中“硬度”相对较高的一门学科。运筹学产生于军事，应用和成熟于经济和管理，目前它已广泛地应用于工业、农业、商业、金融、交通运输、公用事业、资源、环境等领域。有权威人士说，运筹学可以直接创造生产力，可以显著提高综合国力。这种说法一点也不夸张。我国老一辈科学家中很多人包括科学界泰斗钱学森教授、华罗庚教授，都曾为我国运筹学的发展做出过开创性的卓越贡献。

最后，要讲求学习方法。不同的课程要求的学习方法不完全相同。在这里我提倡一种“四轮学习方略”。我没有研究过流行的所谓“四轮学习方略”。我所说的“四轮学习方略”是说，第一轮，首先要搞好课前预习，即对教学内容必须要先熟悉一下。这一点对于运筹学来说尤其重要。教学中我常常发现，老师讲了半天，有一些同学还不知道老师在讲什么，似乎老师是在讲天方夜谭。预习可以有效地避免这种现象。第二轮，课堂上一定要认真听讲，尤其要注意老师讲得慢的地方和反复讲的地方，特别是每一章、每一节的开头。每一章、每一节开头的地方，必然涉及章与章、节与节之间的逻辑关系。弄清楚这些问题有利于形成完整的知识体系。第三轮，课后一定要认真复习。复习不仅可以巩固已有的知识，温故还可以知新。运筹学像经济计量学一样，也属于内在逻辑关系比较强的一门学科。如果前面学后面忘，就很难学好这门科学。第四轮，要多做练习勤动手。练习包括课后的思考题和练习题、讲课过程中的例题等，一定要亲自动手做一做。要养成勤于动手的好习惯。要深刻体会“眼过千遍不如手过一遍”的道理。

正是因为运筹学的教学难度相对较大，选择一本好的教材就十分重要。同时，随着近年来理论的突破和计算机技术的不断发展，对运筹学的教学提出了更高的新要求，因此我们在总结上课讲义和教学经验与不足的基础上，编写了本书。

与传统的运筹学教材相比，本书的突出特色主要是以下四点：

（1）内容的编排由浅入深，循序渐进，环环相扣，逻辑性强，读来感觉顺理成章。

（2）数学证明删繁就简，数学知识要求不高，一般具备数学分析（微积分）、线性代数和初级概率论知识的读者都可以读懂，即使数学知识有限，有些数学证明或原理不看，也不会影响对基本内容的理解。

（3）例题与讲授内容紧密结合，注重用例题来说明原理，且语言精练，可读性强，读来通俗易懂。

（4）介绍了 WinQSB 软件的基本操作及其应用，帮助学生将理论、方法和工具结合起来，解决实际中的问题。

全书包括绪论共14章内容。第1～6章属于运筹学确定型模型，适用于本科教学阶段，第7～10章属于运筹学随机型模型，适用于研究生教学阶段。在本科教学阶段，根据本人多年的教学经验，如果是40学时，则能完成线性规划、对偶规划、运输问题和整数规划等几章内容，如果是50学时则可加上动态规划，如果是60学时可再加上图与网络分析。而实际上，多数情况下，本科教学阶段运筹学的教学计划很少有安排到60学时的。根据多年来本科生考研的情况来看，大多数院校运筹学的考试内容主要也是限于第1～6章。按照运筹学模型的分类方法，这几章也是数学规划和运筹学确定型模型的主要内容。运筹学研究生教学阶段的主要内容是运筹学的随机型模型，包括决策论、对策论、存储论和排队论（我所在的西安理工大学多年来教学中一直把这些内容叫作“运筹学II”）。第7～10章内容基本上可以满足研究生阶段40学时的运筹学教学。第11章“博弈论简介”和第12章“最优化方法简介”两章，主要供同学们扩大知识面阅读使用。第13章“关于数据分析”主要供MBA“数据模型与决策”课程教学使用（这门课程本身是在对运筹学改革的基础上形成的，很多针对此课程的书讲的都是运筹学的内容）。此外，每章之后也附有必要数量的习题，以便读者巩固所学知识。

本教材各章正文部分及应用案例讨论，由我负责编写，WinQSB软件的使用方法由曹龙博士负责提供初稿，由我整理，最后由我负责全文统稿。

最后，我要特别感谢我的夫人李苏梅女士，她对我工作上的热情支持和生活上的多方面照顾，才使得我能有精力在短时间内完成本教材的撰写和整理工作。

由于我们的能力和水平有限，错误之处在所难免。在此恳请读者及使用单位多提宝贵意见，以促使本教材能不断完善。我的电子邮箱是：

xiongyj@ xaut. edu. cn
xiong-yijie@ 163. com

熊义杰
于古都西安

目　录

第 0 章 绪 论

0.1 运筹学的产生及其概念

运筹学在英国被称为 Operational Research，在美国被叫作 Operation Research，我国台湾译作作业研究，大陆地区 1957 年参照《史记 · 汉高祖本纪》中的词句“夫运筹于帷幄之中，决胜于千里之外”译为运筹学。

运筹学作为一门现代科学，公认起源于第二次世界大战期间英美等国的军事运筹小组，这些小组的主要任务是进行所谓的 Operational Research（运作研究）或 Operational Analysis（运作分析）。1935 年英国为了对付德军空袭，科学家便开始进行雷达试验，在波德塞（Baudsey）设立了专门的研究机构，并在沿海建立了一些雷达站。但在一次防空大演习中发现这些雷达站送来的信息经常互相矛盾，于是又进一步研究报警和控制系统、作战指挥和战果预测，此即著名的宾京（Biggin）山试验。大约在 1937 年，这两个系统合并起来构成了作战控制的基本技术，进一步提高了作战技能。1938 年罗韦（A. P. Rowe）在从事这项研究任务时把它叫作 Operational Research，可直译为“作战研究”或“运用研究”。

1942 年，美国大西洋舰队反潜艇指挥官 Baker 组织并领导了反潜艇战运筹组，即后来隶属于美国海军总司令部的运筹组的前身，这个运筹组中集中了一批著名的科学家。战争结束时，海军运筹组的科学家人数已达到 70 多位。美国陆军空战部队在 Leach 的领导下建立的作战分析小组也超过了 20 多个。在第二次世界大战期间，英国、美国和加拿大等国军队里的运筹工作人员已一度超过了 700 人。这些运筹工作组研究的问题很多，诸如战斗机炮弹的合理载荷量问题，如何用一定数量的战斗机封锁给定的海面海域的问题等，都是他们感兴趣的研究对象。

第二次世界大战后运筹学的研究主要转向了经济方面，重点集中在如何用一定的投入生产更多的产出或一定的产出如何用更少的投入来生产，从而使运筹学在管理科学中获得了长足的发展。战后各国工业逐步恢复和繁荣，组织内的复杂性与日俱增，专门化也产生了很多问题，人们认识到这些问题基本上与战争中所曾面临的问题类似，只是具有不同的现实环境而已，运筹学就这样潜入工商企业和其他部门，在 20 世纪 50 年代以后得到了广泛的应用。对于系统配置、聚散、竞争的运用机理的深入研究和应用，也形成了比较完备的一套理论，如规划论、排队论、存储论、决策论等。由于其理论上的不断成熟，加上电子计算机的问世，又反过来促进了运筹学的发展，经过科学家几十年的不断探索，目前运筹学已成为一个门类齐全、理论完善、有着广泛应用前景的新兴学科。

随着运筹学研究的不断深化，世界上不少国家都先后成立了致力于该领域及相关活动的专门学会。最早建立运筹学会的国家是英国（1948 年），接着是美国（1952 年）、法国（1956 年）、日本和印度（1957 年）等。1959 年英、美、法三国的运筹学会发起成立了国际运筹学联合会（International Federation of Operational Research Societies，IFORS）。以后各国的运筹学会纷纷加入。我国的运筹学会成立于1980年，1982年加入IFORS，1985年我国参与发起成立了亚太运筹学会联合会（APORS）。

在运筹学飞速发展的同时，各种学术期刊纷纷出版。1950年3月，英国由马克斯·戴维（Max Davis）、艾迪生（R. T. Edison）主编的《运筹学季刊》（*Operational Research Quarterly*）——英国运筹学俱乐部的会刊，作为第一个运筹学学术期刊正式发行。随后《美国运筹学会会刊》（*Journal of ORSA*）在1952年出版（1956年更名为《运筹学》）。1954年美国分别出版的《海军后勤研究季刊》和《管理科学》也是与运筹学相关的学术期刊。1961年，IFORS出版了《国际运筹学文摘》。中国运筹学会主办的刊物是《运筹与管理》（1992年，合肥）和《运筹学学报》（1997年，上海）两份杂志。

从学校教育方面来看，1948年，美国麻省理工学院开设了第一个非军事运筹学技术课程。1952年第一套能授予硕士及博士学位的运筹学课程在凯斯（Case）理工学院建立。之后，美国约有30所大学开始介绍运筹学课程。20世纪50年代早期，英国伯明翰大学率先在英国开设了运筹学课程。1964年，新成立的兰卡斯特大学坐上了英国运筹学教育的第一把交椅。之后几年里，英国约有12所大学（多为著名大学，如伦敦政治经济学院）为研究生和本科生开设了运筹学课程，其中约一半学校设有运筹学科系。在多数拥有全国性运筹学学会的国家，该过程也在进行。我国也是运筹学教育发展较早的国家之一。但将运筹学作为主要专业课列入教学计划，则开始于20世纪80年代。1998年，教育部颁布的《本科专业目录和专业介绍》正式将运筹学课程列为经济、管理专业的主干课程。

虽然，人类关于运筹学的系统研究仅有半个多世纪的历史，然而人类关于运筹学的思想却历史久远。比如，我国早在2000多年前就有“运筹于帷幄之中，决胜于千里之外”的说法。不仅如此，在运筹学思想的运用方面，我国古代也有过许多经典的先例。例如战国时谋士孙膑为田忌赛马献策而胜齐威王；秦时李冰父子修都江堰，用一个鱼嘴分沙堰，巧妙地解决了分洪、排沙和灌溉问题；还有北宋时丁渭的皇宫修复方案等。

任何概念都是在发展的过程中不断完善的。究竟什么是运筹学，目前流行的说法比较多。1976年美国运筹学会的定义是：“运筹学是研究用科学方法来决定在资源不充分的情况下如何最好地设计人—机系统，并使之最好地运行的一门学科。”这从一个侧面描写了运筹学的特点。1978年联邦德国科学辞典上的定义是：“运筹学是从事决策模型的数学解法的一门科学。”英国运筹学杂志则认为：“运筹学是运用科学方法（特别是数学）来解决那些在工业、商业、政府和国防部门中，有关人力、机器、物资、金钱等大型系统的指挥和管理方面出现的问题的科学，目的是帮助管理者科学地决定其策略和行动。”

从本学科的研究对象、内容和性质出发，本书把运筹学定义为：“针对特定的管理决策问题，依照给定的目标和条件，从众多方案中选择最优方案的一种最优化技术和方法。”这一定义与英文词Operation Research的含义比较接近。在英文中，Operation一词的首要含义是“working, way in which sth. works”（运作或运作的方式）。另外，该词还有这样一些含义，如“the condition of being in action; a procedure that is part of a series in some work”（行为状态，或某件事中的一部分）。所以，如果要把Operation Research直译为汉语，笔者认为比较贴切的应该是“方法研究”。

0.2 运筹学的模型内容和应用

运筹学的内容相当丰富，分支也很多，根据其解决问题的主要特点可将其分为两大类，即确定型模型和概率型模型。确定型模型主要包括：线性规划、整数规划、非线性规划、目标规划、动态规划、图与网络等；概率型模型主要包括：决策论、对策论、排队论、存储论以及可靠性理论等。

0.2.1 数学规划

数学规划包括线性规划、非线性规划、整数规划、动态规划和目标规划等，其研究对象是计划管理工作中有关计划安排和组织的问题，解决的主要问题是在给定条件下，按某一衡量指标来寻找安排的最优方案。它可以表示成求函数在满足约束条件下的极值（包括极大极小）问题。

数学规划也叫作规划论，是运筹学的一个重要分支，早在1939年苏联的康托洛维奇（H. B. Kahtopob）和美国的希奇柯克（F. L. Hitchcock）等人就在生产组织管理和制定交通运输方案方面首先研究和应用线性规划方法。1947年丹齐格（G. B. Dantzig）等人提出了求解线性规划问题的单纯形方法，为线性规划的理论与计算奠定了基础，特别是电子计算机的出现和日益完善，更使规划论得到迅速的发展，可用电子计算机来处理成千上万个约束条件和变量的大规模线性规划问题，从解决技术问题的最优化，到在工业、农业、商业、交通运输业以及决策分析部门都可以发挥作用。从范围来看，小到一个班组的计划安排，大至整个部门，以至国民经济计划的最优化方案分析，它都有用武之地，具有适应性强、应用面广、计算技术比较简便的特点。到了20世纪70年代，数学规划无论是在理论上和方法上，还是在应用的深度和广度上都得到了进一步的发展。

数学规划和古典的求极值的问题有本质上的不同。古典方法只能处理具有简单表达式和简单约束条件的情况；而现代数学规划中问题的目标函数和约束条件都很复杂，而且要求给出具有某种精确度的数学解答，因此算法的研究特别受到重视。

这里最简单的一类问题就是线性规划。如果约束条件和目标函数都呈线性关系就叫线性规划。要解决线性规划问题，从理论上讲都要解线性方程组，因此解线性方程组的方法，以及关于行列式、矩阵的知识，就是线性规划中非常必要和重要的工具。

线性规划及其解法——单纯形方法的出现，对运筹学的发展起了重大的推动作用。许多实际问题都可以转化成线性规划来解决，而单纯形方法是一个行之有效的算法，加上计算机的出现，使一些大型复杂的实际问题的解决成为现实。

非线性规划是线性规划的进一步发展和继续。非线性规划的基础性工作则是在1951年由库恩（H. W. Kuhn）和塔克（A. W. Tucker）等人完成的。许多实际问题如设计问题、经济平衡问题都属于非线性规划的范畴。非线性规划扩大了数学规划的应用范围，同时也给数学工作者提出了许多基本理论问题，使数学中的如凸分析、数值分析等也得到了发展。

还有一种规划问题和时间有关，叫作“动态规划”。近年来，在工程控制、技术物理和通信中的最佳控制问题中，动态规划已经成为经常使用的重要工具。

0.2.2 图论

图论是一个古老但又十分活跃的分支，它是网络技术的基础。图论的创始人是数学家欧拉（L. Euler）。1736年他发表了图论方面的第一篇论文，解决了著名的哥尼斯堡“七桥难题”，相隔110年后，在1847年，基尔霍夫（Gustav Robert Kirchhoff）第一次应用图论的原理分析电网，从而把图论引进到工程技术领域。20世纪50年代以来，图论的理论得到了进一步发展。将复杂庞大的工程系统和管理问题用图描述，可以解决很多工程设计和管理决策的最优化问题。例如，如何使完成工程任务的时间最少、距离最短、费用最省等。近几十年来，图论受到数学、工程技术及经营管理等各方面越来越广泛的重视。

0.2.3 排队论

排队论是运筹学的又一个分支，它又叫作随机服务系统理论。它的研究目的是要回答如何改进服务机构或组织被服务的对象，使得某种指标达到最优的问题。比如一个港口应该有多少个码头，一个工厂应该有多少维修人员等。1909 年丹麦的电话工程师爱尔朗（A. K. Erlang）开始了关于电话交换机效率问题的研究，1930 年以后，开始了更为一般的一些情况的研究，取得了一些重要成果。在第二次世界大战中对飞机场跑道的容纳量进行估算，使排队论的应用得到了进一步的发展，同时与其相应的可靠性理论等也发展起来。1949 年前后，开始了对机器管理、陆空交通等方面的研究。1951 年以后，理论研究有了新的进展，逐渐奠定了现代随机服务系统的理论基础。排队论主要研究各种系统的排队长度、排队的等待时间及所提供的服务等各种参数，以便求得更好的服务。它是研究系统随机聚散现象的理论。

因为排队现象是一个随机现象，因此在研究排队现象的时候，主要采用研究随机现象的概率论作为主要工具。此外，还有微积分和微分方程。排队论把它所要研究的对象形象地描述为顾客来到服务台前要求接待。如果服务台已经被其他顾客占用，那么就要排队。而服务台也时而空闲、时而忙碌，因而就需要通过数学方法求得顾客的等待时间、排队长度等的概率分布。

排队论在日常生活中的应用是相当广泛的，比如水库水量的调节、生产流水线的安排、铁路停车场的调度、电网的设计等，都会用到排队论。

0.2.4 对策论

如果决策者决策时面对的也是人（一个人或一群人），双方都希望取胜，这类具有竞争性的决策就称为对策或博弈型决策。构成对策问题的三个根本要素是：局中人、策略与一局对策的得失。目前对策问题一般可分为有限零和两人对策、阵地对策、连续对策、多人对策与微分对策等。

对策论也叫博弈论，历史上有名的田忌赛马问题就是典型的博弈论问题。作为运筹学的一个分支，博弈论的发展也只有几十年的历史。系统地创建这门学科的数学家，现在一般公认为是美国匈牙利裔数学家、计算机之父——冯·诺依曼。

最初用数学方法研究博弈论是在国际象棋中开始的——如何确定取胜的着法。由于是研究双方冲突、制胜对策的问题，所以这门学科在军事方面有着十分重要的应用。近年来，数学家还对水雷和舰艇、歼击机和轰炸机之间的作战、追踪等问题进行了研究，提出了追逃双方都能自主决策的数学理论。近年来，人工智能研究的进一步发展，也对博弈论提出了更多新的要求。

0.2.5 决策论

决策论研究决策问题。所谓决策，就是指根据客观可能性，借助一定的理论、方法和工具，科学地选择最优方案的过程。决策问题是由决策者和决策域构成的，而决策域又由决策空间、状态空间和结果函数构成。研究决策理论与方法的科学就是决策科学。决策所要解决的问题是多种多样的，从不同角度有不同的分类方法：按决策者所面临的自然状态的确定与否可分为确定型决策、风险型决策和非确定型决策；按决策所依据的目标个数可分为单目标决策与多目标决策；按决策问题的性质可分为战略决策与策略决策。按不同准则可划分成不同的决策问题类型。不同类型的决策问题应采用不同的决策方法。决策的基本步骤为：①确定问题，提出决策的目标；②发现、探索和拟定各种可行方案；③从多种可行方案中，选出最满意的方案；④决策的执行与反馈，以寻求决策的动态最优。

0.2.6 存储论

存储论也称库存论，是研究物资最优存储策略及存储控制的理论。物资存储是工业生产和经济运转的必然现象。但任何工商企业，如果物资存储过多，则会积压流动资金，占用仓储空间，增加保管费用，存储时间过长还会造成物资过时，造成巨大损失；如果存储过少，则会失去销售机会减少利润，或因缺乏原料而被迫停产，或因临时采购多耗人力及费用。因而如何寻求一个恰当的采购、存储方案就成为存储论的研究对象。

0.2.7 搜索论

搜索论是由于第二次世界大战中战争的需要而出现的运筹学分支，主要研究在资源和探测手段受到限制的情况下，如何设计寻找某种目标的最优方案并加以实施的理论和方法，是在第二次世界大战中，同盟国的空军和海军在研究如何针对占领国的潜艇活动、舰队运输和兵力部署等进行甄别的过程中产生的。搜索论在实际应用中也取得了不少成效。例如，20 世纪 60 年代，美国寻找在大西洋失踪的核潜艇“打谷者号”和“蝎子号”，以及在地中海寻找丢失的氢弹，都是依据搜索论获得成功的。

0.3 运筹学的性质与特点

运筹学属于应用数学范畴，具体地说，它是一门管理数学，是一种通过对系统进行科学的定量分析，从而发现问题、解决问题的系统方法论。与其他自然科学不同，运筹学研究的对象是“事”，而不是“物”，它揭示的是“事”的内在规律性，研究的是如何把事办得更好的方式方法。因此，有人也把运筹学称作事理科学。根据运筹学概念的内涵，它的主要学科特点有：

（1）研究对象是有组织的系统，解决问题的对象是其中的管理问题，因此，它着重从全局或系统的观点看问题，始终追求总体效果最优。运筹学在研究问题时，总是力求从事物方方面面的联系中进行分析，强调通过协调各组成部分之间的关系和利害冲突，使整个系统达到最优状态。运筹学强调“整体大于部分和”，始终追求“$1+1>2$”的效果。例如，经科学检测发现，人的双目的视敏度是单目视敏度的 6 倍以上，且双目能产生立体层次感，单目则很难。

（2）应用的工具是科学的方法、技术。具体来说，主要是数学的方法。运筹学是通过建立与求解模型来解决问题的，它总是力求通过建立模型的方法或数学定量方法，使问题在量化的基础上得到科学、合理的解决。“其应用范围仅限于科学方法可以完满应用的范围。”它为决策者与执行者提供一个有效、实用的决策方案，作为其决策判断的依据。

（3）强调实际应用和实践性。运筹学是一门实践的科学，它完全是面向应用的。目前，它已被广泛应用于工商企业、军事部门、民政事业等组织内的统筹协调问题，故其应用不受行业、部门的限制。运筹学既对各种经营问题进行创造性的科学研究，又涉及组织的实际管理问题，它具有很强的实践性。离开了实践，运筹学就失去了其存在的价值和意义。它的最终任务是向决策者提供建设性意见，并收到实效。

（4）其最终目的是使有组织的系统中的人、财、物和信息得到最有效的利用，它总是力求使系统的产出最大化，使投入与产出的比例实现最佳配置。它特别重视效益与费用的比较，强调在降低成本费用的基础上追求系统效益和产出的最优化。

（5）多学科交叉性。这其中又包括所涉及的问题领域的多学科性、应用方法的多学科性、团队组合的多学科性。运筹学解决的问题往往是政治、经济、技术、社会、心理、生态等多种因素的综合，应用的学科包括数学、经济学、社会学、管理学、心理学等多方面的知识。就数学来说，线性代数、概率论和微积分等，都是必不可少的。

（6）与计算工具发展的密切相关性。运筹学的发展，与计算机的发展始终是结合在一起的。没有计算机的发展，也就不可能有运筹学的发展。这是由运筹学的性质决定的。正因为如此，运筹学的教学也离不开计算机。本书教学中上机时使用的配套软件是 WinQSB（Quantitative System of Business，直译为管理数量系统）。关于本软件的使用，本书将在第 1 ~ 10 章的章末介绍。

0.4 运筹学的应用

运筹学产生于军事，应用和成熟于经济和管理，目前它已广泛地应用于工业、农业、金融、交通运输、公用事业、资源、环境等领域，并逐步渗透到诸如服务、库存、搜索、人口、对抗、控制、时间表、资源分配、厂址定位、能源、设计、生产、可靠性等各个方面。我国老一辈科学家中很多人包括科学界泰斗钱学森教授、华罗庚教授，都曾为国内运筹学的发展做出过开创性的卓越贡献。

我国从 1957 年开始把运筹学应用于交通运输、工业、农业等行业，并取得了很大的成功。例如，为了解决粮食的合理调运问题，粮食部门提出了求解运输问题的“图上作业法”；为了解决邮递员的合理投递问题，复旦大学的管梅谷教授提出了所谓的“中国邮路问题”及其解法；同时在工业生产中推广了合理下料、机床负荷分配等方法；在纺织业中用排队论方法解决了细纱车间劳动组织及最优的布长等问题；在农业中也研究了农作物布局、劳动力分配和打麦场设置等问题；在钢铁行业，投入产出法首先得到应用，统筹法的应用在建筑行业、大型设备维修计划等方面得到了长足的进展。更为突出的是，优选法在华罗庚教授的积极倡导和身体力行下，得到了大力推广，排队论、图论在矿山、港口、电信行业以及线路设计方面都有多方面的应用。

同时，其他国家在运筹学的应用方面也都取得了突出的成就。例如，巴基斯坦一家重型制造厂用线性规划安排生产计划，一次节约了 10% 的生产费用；美国的某个机器制造公司应用存储论之后节省了 18% 的费用；印度的巴罗达市对公共汽车的行车路线和时刻表应用运筹学方法研究改进后，使该市公共汽车的载运系数提高了 11%，减少了 10% 的运行车辆，既节省了运营成本，又改善了交通拥挤的状况；美国的柯达公司在选择厂址方面，应用运筹学方法取得了很好的效果。

国际运筹学与管理科学协会（INFORMS）及其下属的管理科学实践学会有一个久负盛名的奖项叫作弗兰茨·艾得曼（Franz Edelman）奖，是专为奖励运筹学在管理中应用的卓越成就而设立的。该奖每年评选一次，每届评选出六位优胜者。表 0-1 给出了该奖的部分获奖项目。表 0-1 中的事实说明，运筹学可以直接创造生产力，可以显著提高综合国力，这种说法一点也不夸张。

表 0-1 弗兰茨·艾得曼奖的部分获奖项目

获奖组织	应用领域	应用效果
联合航空公司	在满足乘客需求的前提下，以最低成本进行订票和机场工作班次安排	每年节约成本 600 万美元
Citgo 石油公司	优化炼油程序及产品供应、配送和销售	每年节约成本 7000 万美元
荷马特发展公司（Homart Dev. Co.）	商业区和办公楼销售程序优化	每年节约成本 4000 万美元

（续）

获奖组织	应用领域	应用效果
AT&T	商业用户电话销售中心选址优化	每年节约成本4.06亿美元，且销售额大幅度增加
标准品牌公司	成品库存控制（制定最优的订货点和订货量）	每年节约成本380万美元
施乐公司	通过战略调整，缩短维修机器的反应时间，改进维修人员的生产率	使生产率提高50%以上
宝洁公司	重新设计北美生产和分销系统，以降低成本，加快市场进入速度	每年节约成本2亿美元
法国国家铁路公司	制定最优的铁路营运时刻表，调整铁路日营运量	每年节约成本1500万美元，且年收入大幅度增加
Delta航空公司	优化配置了上千个国内航线航班，以实现营业利润最大化	每年节约成本1亿美元
IBM公司	重组全球供应链，在保持最小库存的条件下满足客户需求	第一年即节约成本7.5亿美元
Taco Bell	优化员工安排，以最低成本服务客户	每年节约成本1300万美元

0.5 运筹学分析的主要步骤

0.5.1 系统分析和问题描述

应用运筹学的目的是要解决问题，解决问题必须首先提出问题和分析问题。一旦明确地提出了需要解决的问题，就必须从三方面对问题进行分析，这就是技术可行性、经济可行性、操作可行性。技术可行性是说，提出的问题在现有的条件下有没有现成的方法用于解决问题，如果不具备技术可行性，提出的问题就无法解决，只能束之高阁。经济可行性是说，需要解决的问题成本究竟有多少，会不会受资金限制，进一步还需要分析解决问题之后的投入产出情况，要力争少投入多产出。操作可行性是说，要解决的问题有没有合适的人员来操作，事总需要人来做，没有合适的人员从事具体工作，一切将都等于零。

0.5.2 模型的建立和修改

建立模型是运筹学分析的关键步骤。模型是对现实世界的抽象和简化。模型的构造是一门基于经验的艺术，既要有坚实的理论作指导，又要靠不断地实践来积累经验。一个典型的运筹学模型包括以下部分：

（1）一组需要通过求解模型确定的决策变量。

（2）一个反映决策目标的目标函数。

（3）一组反映系统复杂逻辑和约束关系的约束方程。

（4）模型要使用的各种参数。

0.5.3 模型的求解和检验

模型和实际之间总是存在一定的差异，因此模型的最优解并不一定就是真实问题的最优解。所以，模型建成以后，它所依赖的理论和假设条件是否合理、模型结构是否正确，必须通过试验和求解进行检验。通过检验，可以发现模型的结构和逻辑错误，并了解模型求解结果与实际问题的差距。只有当模型在一定的程度上能比较准确地反映实际问题时，运筹学分析才算收到了理想的效果。

0.5.4 成果分析与实施

运筹学研究的最终目的是要提高被研究系统的效率，因此，这一步也是最重要的一步。在这一步，最重要的是要使得管理人员与运筹学分析人员取得共识，并使管理人员了解分析的全过程，掌握分析的基本方法和理论，并能独立地完成日常分析工作。只有这样，才能确保研究和分析成果的真正实施。

0.6 运筹学的发展及软运筹学的出现

第二次世界大战以后运筹学的发展主要可以分为两个阶段：一是第二次世界大战后的蓬勃发展时期；二是20世纪70年代后的衰落时期。

0.6.1 第二次世界大战后的蓬勃发展时期

第二次世界大战后运筹学的蓬勃发展表现在多方面，比如学术团体、学术期刊、学校教育都可以说明，这些在本绪论的第1节已经介绍。1956年，钱学森、许国志等人率先将运筹学介绍入中国，并加以推广。其应用是在1957年始于建筑业和纺织业，从1958年开始在交通运输、工业、农业、水利建设、邮电等方面都有应用。尤其是在运输方面，从物资调运、装卸到调度等多方面，都开始了应用运筹学。1958年，在应用单纯形方法解决粮食合理运输问题时曾遇到失败。我国运筹学工作者创造了运输问题的“图上作业法”。复旦大学的管梅谷教授则提出了“中国邮路问题”的解法。华罗庚教授则对优选法的推广做出了突出的贡献。

第二次世界大战后运筹学之所以能得到迅猛发展，原因在于：

（1）战后全球经济不景气，要求优化资源利用。战争给参战国造成了严重的创伤。如何走出战争阴影、早日恢复经济，是摆在各国政府和企业面前的一个不可回避的问题。在众多可供选择的技术、方法中，运筹学的效果显著，因此有机会在战后重建工作中一显身手。

（2）国有化进程的展开和政府计划作用的不断强化，为运筹学提供了有利的生长土壤。西方国家在战后出现了大规模的国有化趋势，许多公共供应部门和产业（如煤炭、钢铁、电力、供水、航空、铁路、电信等）都实现了国有化。其目的在于发挥政府的作用进行规划，利用其有利条件，迅速集中资源、恢复产业发展。在此之前，政府计划功能的实施却不尽如人意，产生了许多短期行为。运筹学作为一个有力的计划工具，一旦被引入政府计划决策体系，便迅速、充分地展示了其魅力。

（3）战后的经济环境比较稳定，主要为卖方市场。企业以提高产量、扩大规模为主要目标。这类问题反映在运筹学中，表现为目标函数单一、约束条件少且线性化，正好落入当时已获得较完善发展的线性规划所解决的范围之内。而1947年单纯形法的发明又进一步推动了运筹学（特别是线性规划）在工商业界的广泛应用。

（4）第二次世界大战中运筹学人才、实际应用经验与初步理论的积累为其战后的飞速发展奠定了坚实基础。战争实践锻炼了一大批运筹学工作者。其实践与经验经整理归纳后形成初步理论。战争结束后，许多运筹学工作者转移到民用部门，使运筹学得以广泛传播。

（5）专业学会的建立、专业教育体系的构筑、学术期刊的出版发行促进了运筹学知识和经验的传播交流、理论研究的深入开展，使得运筹学的影响大规模地扩散。

(6) 企业规模的扩大呼唤经验管理向科学管理的转变。规模扩大后的企业，组织结构复杂化，经营项目增多，经营地域扩大。如果仍依赖经验管理，则只会导致效率低下。管理者便把目光投向当时已出现的理论成果，期望找到良方。运筹学作为以统筹规划见长的理论，便成为了首选。

(7) 计算机的商业化应用为解答运筹学难题提供了迅捷的途径。计算机出现前，问题的解答对运筹学学科理论与实际应用的发展都构成了严重的障碍。一些约束条件较多的问题，用人工手算异常困难，极其费时。而运用计算机程序，则使其解答变得简单、快捷，为运筹学的发展创造了有利的技术条件。

0.6.2 20世纪70年代后的衰落时期

经历了战后“黄金时期”的飞速发展之后，运筹学从20世纪70年代起进入了一个衰落阶段。①从70年代起，它对企业经营管理的影响已大不如以前。到了80和90年代，全社会各行业、部门内的运筹学小组关闭数目不断增多，呈逐年上升之势，艰难生存下来的、为数不多的小组也基本集中在政府、公共部门、制造业及运输业；大量的运筹学专业人员或转行、或被裁减。②运筹学的教育状况也不容乐观。大学中的运筹学科系数目锐减，即使勉强支撑下来的也纷纷易名为商学院或管理学院。几乎没有直接叫运筹学的专业了，大多数改称管理科学。讲授的科目远远不及往日完善。师资流失严重，且无后续补充，兼具理论与实践经验的教师更是寥寥无几。运筹学学界陷入了极为严峻的生存危机之中。

内因是变化的依据，外因是变化的条件。运筹学衰落的根本原因在于其内在缺陷的日益暴露、宏观环境的变迁和其他替代因素的出现。

1. 运筹学的先天不足在后期发展中逐步显现

运筹学是在战争条件下依靠国家力量组织产生的。当时解决问题具有时间紧迫性和实用性，并且过于依赖政府的宏观组织和资源调配，因此导致了运筹学过于注重战术性和操作性，对环境变化没有较强的适应能力。由于缺乏对战略性与管理决策性问题的足够重视，导致了以下现象的出现：

(1) 视角局限于战术操作层面，使得运筹学工作者“匠气”十足。过多精力被放在模型构造与算法的精巧性、数学工具的完备性上，追求解决纯技术性的问题，加上学术期刊论文录用标准的不合理，学术研究被错误地引向“重数学技巧、轻实际解决问题能力”的方向发展。

(2) 忽视了对经营管理问题的环境分析，不能用系统的观点来看待和解决实际的运筹学问题，未认识到所需解决的大多为结构不良问题。当系统内外不确定性因素较多并涉及人的因素（观点、利益不同时会出现多重目标）时，绝大多数运筹学工作者在思想和应用方法上都没有足够的准备，显得束手无策，相关理论创新与突破根本无从谈及。因此使得运筹学的适应性与实用性下降。

(3) 运筹学工作者缺乏对经营管理的正确理解，没有系统的经营管理知识和实际经验，个人素质没能及时跟上社会的实际需要，所以导致了视野褊狭，不能敏锐捕捉问题、正确把握问题实质，不能与服务单位保持良好的关系，无法成功地推销自己的思想和方案。最终结果是工作脱离了管理决策的实际。

2. 宏观环境的复杂化是造成衰落的外因

20世纪70年代以来世界经济变化愈加频繁，不确定性大大增加，出现了前所未有的“滞胀”现象、普遍性的行业衰退与1973~1974年和1979~1980年两次世界性的石油危机。这些变化又引发了以下情形的出现：

（1）“滞胀”的出现使得以国家干预经济为主要思想的凯恩斯主义在西方经济思想体系中一贯的主导地位不复存在。政府采取各种措施均未能有效防止和消除高失业率与高通货膨胀率的同时出现。理论界出现了一股反计划、反国家干预经济的思潮，提倡对市场经济自我调节的回归。运筹学强调从宏观上对经济资源做出合理计划、分配、使用，以达到全局最优。它的存在和发展与计划被重视的程度、国家干预经济能力的强弱息息相关。故此时必然受到不利的影响。

（2）公共部门大规模的私营化。第二次世界大战后，在西方国家展开的大范围公共部门的国有化进程于20世纪70年代末基本结束。80年代后，与之相反的过程——大量公共部门的私营化、市场化在西方国家如火如荼，这就使得运筹学在公共和政府部门生存的空间大大减少。

（3）行业衰落导致运筹学的需求锐减。运筹学的作用在规模化生产的行业（如制造业）中才能更充分地体现。而煤炭、钢铁、电力、交通等最先引入运筹学的行业已经相当成熟，有的甚至已属夕阳产业。

（4）成本上升致使运筹学人员大量被裁减。石油价格的大幅上扬让企业不得不采取各种手段降低成本。由于供职于企业总部计划部门的专职运筹学人员在该时期没能发挥应有的作用，因而被视为富余人员，惨遭精减。

3. 其他替代因素的出现

（1）教育与培训使个人与团队的工作能力得到极大提高。有些问题不必经高层运筹学工作者的处理即可解决。

（2）计算机的应用部分替代了运筹学的功能。运筹学处理问题比较迟缓，难以满足市场的需要。计算机软件则克服了这一缺陷，且具有成本低廉、简便易操作的特点。

（3）实际企业经营中应用了其他新兴管理理论和技术，诸如企业过程再造、项目管理、全面质量管理、核心竞争力、学习型组织、虚拟企业等，老的管理理论像人力资源管理、管理信息系统、战略管理、市场营销在此期间也获得较大发展和广泛实际应用。相反，运筹学则故步自封，不能汲取其他理论的有益成分，一味强调定量化、精确化和模型化，故而与管理科学在复杂环境下的“软化”趋势背道而驰。

（4）企业组织结构呈扁平化趋势。市场的复杂化要求企业对各种变化迅速做出正确反应。正确、快速决策取代了最优安排成为企业经营中追求的首要目标。这是对运筹学提出的更高要求，但运筹学一时难以给出令人满意的解答。企业对此做出的相应调整表现为扁平型组织的建立。企业底层人员较往日获得了更多的决策权。以往在企业高层作整体规划调配时才能更好发挥作用的运筹学，此时在企业中的地位便有所下降。

0.6.3 软运筹学的出现

20世纪80年代初期，西方运筹学界，特别是美国、德国等发达国家的运筹学界，对运筹学的本质、成就、现状与未来发展展开了一场声势浩大的讨论。主要涉及的方面有：对运筹学发展的评价；运筹学发展中面临的主要问题；运筹学框架准则是否需要发展等。

许多人认为，在大部分的大学院系中，运筹学成了学术性的“模型”，而不是现实世界的模型。因而这样培养出来的运筹工作者向管理者们提供的是由模型表达出来的特定问题的解，这正好同运筹学最初提出的目标背道而驰。运筹学的将来已经逝去，只不过尚未被埋葬，需要重建运筹学的未来。运筹学的实践同在大学中所教授的东西有着本质的区别，在刊物上和学校中教授的内容，同实际上正在做的事情之间存在着巨大的差别，而且这种现象还在发展。

运筹学目前在发展中主要存在四个方面的缺陷：①培养上的差距。迄今为止，虽然很多高校都为大学生、硕士生、博士生开设了运筹学课程，但很多教师并不知道如何教会学生将运筹学理论与方法应用于实际。②软件上的差距。运筹学与信息技术相脱节，缺乏面向用户的运筹学软件。③沟通上的差距。运筹学的学术会议多为封闭式，学术程度很高。做学术报告的人多为数学出身，较少数学公式的报告羞于在会上宣读，而反过来，这样的学生或学者则不会面向管理部门领导人做报告。④理论上的差距。运筹学的理论与实践相脱离，包括数学理论与算法在内。有许多特有的结构，至今尚未有好的算法来解决。同时运筹学还缺少非数学的理论，包括运筹学的行为理论及为工程师们所用的理论。

运筹学之所以存在以上的种种问题，主要是由于传统的运筹学理念受数学理念的影响太大。运筹学的传统理念认为：现实世界是系统化、结构化的，因而生成了传统的运筹学的各个分支；环境是稳定的，因果关系是确定的；环境是合作的。因此，运筹学对模型化工作、对最优解的追求就自然成为核心。但是，不难看出，它与运筹学的早期工作、目的与初衷是相违背的。

改变传统的运筹学理念，建立新的运筹学理念是运筹学适应未来、迎接挑战必须进行的首要工作。运筹学的新理念应该是：现实世界是错综复杂的，整体上的性态不是所有局部问题的简化；环境是变化的、冲突的，存在众多的不确定性，不可能全面预知；特定的思考与分析过程，以及恰当的方法论可以不断修正认识，从而逐步趋向适应。因此，运筹学的模型为了适应环境与顾及复杂问题，必须注入并强化其柔性，即对人文因素的接纳和对问题实质的逐步接近。在方法论上，应注意交互式过程；在追求的目标上，往往需要从传统意义下的最优解改为可接受的满意解。

理念更新、实践为本、学科交融是运筹学发展的必由之路。错误的理念是运筹学发生危机的深层原因，正确的理念是运筹学发展的前提与原则。运筹学源于实践，运筹学应该以问题驱动为主，学科驱动为辅，二者互相支持，相辅相成。在实践中发现新问题，推动新的、好的理论与算法的研究，应该成为运筹学研究的主流。运筹学研究“不可忘本”，需要“返璞归真”。运筹学研究还需要进行学科交叉，不要把运筹学定义得太死，要回到运筹学的原始精神，面向问题，而不是面向我们口袋里的工具，而合作是运筹学成功的基础。这就诞生了软运筹学。

软科学的研究方法是定性与定量相结合来综合利用现代科学技术提供的方法和手段。同样，软运筹学研究的方法也是多种多样的，没有固定不变的放之四海而皆准的方法。钱学森同志得出的“从定性到定量综合集成研讨体系”是软运筹学的基本方法，主要包括以下内容：几十年世界学术讨论的Seminar（研讨会）经验；从定性到定量的综合集成方法；C^3I㊀及作战模拟；情报信息技术；灵境技术；人工智能；人机结合智能系统；系统学；其他技术。

“定量”是指软运筹学还要用到和传统运筹学方法类似的指标、模型、评估、优化等手段和方法；“定性”是指软运筹学突出了人的参与性，把指挥员的思想和创造性放在核心的位置；“研讨”指的是人的参与和核心地位是通过不断交互来实现的，这种交互过程就使每一个指挥员都可以实现与别人完全不同的决策过程和决策内容，使整个过程充分表现出指挥员的个性；“综合集成”是指软运筹学需要综合运用多种理论方法和手段，包括传统运筹学已经成功运用的理论方法和软运筹学创造、发展出来的新的理论方法。

这个研讨体系综合集成了现代科学理论和技术手段与专家体系构成的高度智能化系统。它由三个体系构成：知识体系、专家体系和工具体系。它不仅具有知识的存储、传递、共享、调用等功能，更重要的是具有产生知识的功能，是知识的生产系统，既可以用来进行理论研究，也可以用来进行应用研究。

㊀ Communication，Command，Control and Intelligence，即指挥自动化技术系统。

软运筹学的发展将主要朝着以下方向前进：

(1) 软运筹学将更多地采用 WSR 即“物理—事理—人理方法论”。WSR 作为一种思路，其核心是在处理复杂问题时既要考虑处理对象的物的方面，又要考虑这些物如何被更好地运用到事的方面，最后，由于认识问题、处理问题和实施决策指挥都离不开人的方面，把 WSR 作为一个系统，达到知物理、通事理、明人理，从而系统、完整、分层次地来对复杂问题进行研究。

(2) 软运筹学将更多地采用还原论与整体论相结合的研究手段，即在用还原论进行分解研究的基础上，综合集成到整体，实现 $1+1>2$ 的飞跃，达到从整体上研究和解决问题的目的。其哲学基础是马克思主义认识论和实践论，理论基础是思维科学，方法基础是系统科学和数学科学，技术基础是以计算机为主的现代信息技术，实践基础是系统工程应用。

(3) 软运筹学将更多地采用模糊数学方法。在我们所接受和处理的知识中，能用严格的定量方法描述的知识是少数的，大量的是不能或不需要用精确的形式化的方法表示的定性知识。精确是少数的，模糊是多数的；精确是相对的，模糊是绝对的。实践证明，定性知识处理需要模糊逻辑。尽管关于知识处理中的模糊理论和技术的研究仍是较粗浅的，但它却对定性知识提出了一种可能的描述和处理方法。

(4) 软运筹学将更多地采用“人机结合、以人为主”的研究技术路线，形成“人帮机，机帮人，以人为主，反复对比，逐次逼近，综合集成”的智能决策系统。这里的人是指采用集体工作方式的专家体系，专家集体要有一位知识和经验宽广、视野和思维都较为开阔的科学家来领导。

“人机结合、以人为主”需要把人的“心智”与计算机的高性能结合起来。人的“心智”分为“性智”和“量智”两部分：“性智”是一种从定性的、宏观的角度，对总的方面巧妙加以把握的智慧，与经验的积累、形象思维有密切关系；“量智”是一种定量的、微观的分析、概括与推理的智慧，与严格的训练、逻辑思维有密切的联系，人们通过科学技术领域的实践与训练得以形成。

灵境（VR）技术是支撑人机结合的主要关键技术，灵境的意义在于使人如同亲临其境，而这对人的创造活动有极其关键的作用。

(5) 软运筹学将更多地采用“软计算”。软计算就是借用自然界（生物界）规律的启迪，根据其原理，模仿设计求解问题的算法。目前这方面的内容很多，如人工神经网络技术、遗传算法、进化规划、模拟退火技术和群集智能技术等。与传统的计算方法相比，软计算允许在计算过程中出现不精确、不确定甚至部分准确的计算过程。

第1章 线性规划与单纯形方法

1.1 线性规划的认识

1.1.1 线性规划应用的领域

线性规划（Linear programming）是运筹学中研究较早、发展较快、应用较广、比较成熟的一个分支。它实质上是解决稀缺资源在有竞争的使用方向中如何进行最优分配的问题，即寻求整个问题的某个整体指标最优的问题。例如经营管理中的运输问题、生产组织与计划安排问题、合理下料问题、配料问题、布局问题等。

（1）运输问题。运输问题即在某一个给定的地区范围内，有某种产品的产地与销地各若干个，把一定数量的产品从各个产地运到各个销地，调运方案可以有很多，应如何调运，才能使总的运费或运输量（吨·公里数）最小化?

（2）生产组织与计划安排问题。比如，有一项生产任务，如何组织较少的人力、物力来完成；或者，有一定的人力、物力条件，如何安排使用，才能生产出较多的有用产品等：这些都属于生产的组织与计划安排问题。

（3）合理下料问题。合理下料问题有一维下料问题、二维下料问题和三维下料问题等。一维下料问题也叫棒材下料问题。比如，一根棒材通常长度一定。使用中常常需要裁剪成不同长度的小段，如何选择不同的裁法，才能使总的废料最少？二维下料也叫板材下料。通常不同的裁法也会有不同的废料节余。

（4）配料问题。配料问题包括家畜的饲料配方、医药配方以及营养配餐问题等。比如医药配方，每一种药品总要求有一些有效成分，这些有效成分可以由不同的原材料提供，各种不同的原材料价格不同，怎样对原材料进行搭配，才能使得有效成分既满足要求，同时成本又最小，这就是配料问题。

（5）布局问题。布局问题有工业布局，也有农业布局。工业布局如在一定面积的工厂中，如何合理安排生产区、生活区和绿地等，才能使工厂的产出最大，同时又最舒适宜人；农业布局如在一定面积的土地上，如何安排各种不同农作物的种植比例，才能使单位面积的产出最多等。

1.1.2 线性规划问题举例

【例 1-1】 一个最大化问题。

某家具厂生产桌子和椅子两种家具，有关资料如表 1-1 所示。

表 1-1 例 1-1 数据表

	桌　子	椅　子	可 供 量
木工	4h/个	3h/个	120h/月
油漆工	2h/个	1h/个	50h/月
售价	50 元/个	30 元/个	

问该厂如何安排生产才能使每月的销售收入最大?

【解】 1. 确定决策变量:

设 x_1 为桌子生产量，x_2 为椅子生产量。

2. 确定目标函数:

$$\max \quad Z = 50x_1 + 30x_2$$

3. 确定约束方程:

木工约束: $4x_1 + 3x_2 \leqslant 120$

油漆工约束: $2x_1 + x_2 \leqslant 50$

4. 变量取值限制: $x_1 \geqslant 0,\ x_2 \geqslant 0$

把以上四个部分合起来，有

$$\max Z = 50x_1 + 30x_2$$

$$\text{s. t.} \begin{cases} 4x_1 + 3x_2 \leqslant 120 \\ 2x_1 + x_2 \leqslant 50 \\ x_1 \geqslant 0,\ x_2 \geqslant 0 \end{cases} \qquad (\text{s. t.} = \text{subject to})$$

这就是一个最大化的线性规划模型。

【例 1-2】 一个最小化问题。

有一种生猪催肥用的简易配合饲料由粗玉米粉和骨粉两种原料组成，有关资料如表 1-2 所示。

表 1-2 例 1-2 数据表

	粗玉米粉	骨 粉	催肥最低要求
热值	4mc/kg	2mc/kg	8mc/日
蛋白质含量	30g/kg	60g/kg	96g/日
售价	3 元/kg	5 元/kg	

注：mc 为百万卡路里。

问为这两种原料应怎样配合才能在满足最低要求的条件下使总成本最低?

【解】 设 x_1，x_2 分别为两种原料的配给额，则有

$$\min Z = 3x_1 + 5x_2$$

$$\text{s. t.} \begin{cases} 4x_1 + 2x_2 \geqslant 8 \\ 30x_1 + 60x_2 \geqslant 96 \\ x_1,\ x_2 \geqslant 0 \end{cases}$$

这是一个最小化的线性规划模型。

1.1.3 线性规划的一般形式、标准形和矩阵式

由以上两个例子可知，线性规划就是求一个线性函数在满足一组线性等式或不等式方程在变量为非负条件下的极值问题的总称。它一般由三部分组成:

(1) 由决策变量构成的反映决策目标的线性目标函数。

(2) 一组由线性等式或不等式组成的关于决策变量的约束方程式。

(3) 限制决策变量取值的非负约束。

线性规划的一般形式为

$$\left.\begin{aligned}&\max\ Z = c_1x_1 + c_2x_2 + \cdots + c_nx_n\\&\text{s. t.}\begin{cases}a_{11}x_1 + a_{12}x_2 + \cdots + a_{1n}x_n \leqslant b_1\\a_{21}x_1 + a_{22}x_2 + \cdots + a_{2n}x_n \leqslant b_2\\\quad\vdots\\a_{m1}x_1 + a_{m2}x_2 + \cdots + a_{mn}x_n \leqslant b_m\\x_1,\quad x_2,\quad \cdots,\quad x_n \geqslant 0\end{cases}\end{aligned}\right\}\tag{1-1}$$

线性规划的标准形规定如下：

$$\left.\begin{aligned}&\max\ Z = c_1x_1 + c_2x_2 + \cdots + c_nx_n\\&\text{s. t.}\begin{cases}a_{11}x_1 + a_{12}x_2 + \cdots + a_{1n}x_n = b_1\\a_{21}x_1 + a_{22}x_2 + \cdots + a_{2n}x_n = b_2\\\quad\vdots\\a_{m1}x_1 + a_{m2}x_2 + \cdots + a_{mn}x_n = b_m\\x_1,\quad x_2,\quad \cdots,\quad x_n \geqslant 0\end{cases}\end{aligned}\right\}\tag{1-2}$$

线性规划的标准形要求所有的约束必须为等式约束，所有的变量为非负变量，对目标函数的类型原则上没有硬性规定，但为了讨论方便，这里规定以目标函数的最大化（max）为标准形。

式（1-2）还可以用矩阵形式表示如下：

$$\begin{aligned}&\max\quad \boldsymbol{Cx}\\&\text{s. t.}\begin{cases}\boldsymbol{Ax} = \boldsymbol{b}\\\boldsymbol{x} \geqslant \boldsymbol{0}\end{cases}\end{aligned}\tag{1-3}$$

式中　$\boldsymbol{C} = (c_1,\ c_2,\ \cdots,\ c_n)$

$$\boldsymbol{x} = \begin{pmatrix}x_1\\x_2\\\vdots\\x_n\end{pmatrix},\ \boldsymbol{A} = \begin{pmatrix}a_{11} & a_{12} & \cdots & a_{1n}\\a_{21} & a_{22} & \cdots & a_{2n}\\\vdots & \vdots & & \vdots\\a_{m1} & a_{m2} & \cdots & a_{mn}\end{pmatrix},\ \boldsymbol{b} = \begin{pmatrix}b_1\\b_2\\\vdots\\b_m\end{pmatrix}$$

矩阵形式的主要优点是便于进一步研究。

任何一个非标准的线性规划都可以通过以下三个方面的途径转化为标准形：

（1）将最小化的目标函数转化为最大化的目标函数，即：$\min f(x) = -\max[-f(x)]$。

（2）把不等式约束转化为等式约束：小于或等于约束可引入一正的松弛变量或剩余变量，如：$x_1 + x_2 \leqslant 10$ 可变为：$x_1 + x_2 + x_s = 10$；大于或等于约束可减去一个正的松弛变量 x_s，如：$x_1 + x_2 \geqslant 0$ 可变为 $x_1 + x_2 - x_s = 0$。

（3）把所有变量取值约束转化为非负约束：若变量取值为非正，如 $x_1 \leqslant 0$，即令 $x_1 = -y_1$，$y_1 \geqslant 0$ 代入原模型即可；若变量为自由变量，如 x_2 无限制，则可做变量的代换，令 $x_2 = u_2 - v_2$，$u_2 \geqslant 0$，$v_2 \geqslant 0$ 即可。

【例 1-3】 试将下列线性规划模型标准化：

$$\begin{aligned}&\min\ Z = 3x_1 - x_2 + 4x_3\\&\text{s. t.}\begin{cases}x_1 - 2x_2 + 5x_3 \geqslant 10\\2x_1 + x_2 - 3x_3 \leqslant 20\\3x_1 - 5x_2 = 18\\x_1 \geqslant 0,\quad x_2 \leqslant 0\end{cases}\end{aligned}$$

将该模型标准化后得到：

$$-\max(-Z) = -3x_1 - y - 4u + 4v$$

$$\text{s. t.} \begin{cases} x_1 + 2y + 5u - 5v - s_1 = 10 \\ 2x_1 - y - 3u + 3v + s_2 = 20 \\ 3x_1 + 5y = 18 \\ x_1, y, u, v, s_1, s_2 \geqslant 0 \end{cases}$$

1.2 线性规划应用举例

1.2.1 一个产品生产计划问题

【例 1-4】 某企业生产甲、乙、丙三种产品，每一产品均须经过 A、B 两道工序。A 工序有两种设备可完成，B 工序有三种设备可完成，除甲产品和乙产品的 A 工序可随意安排外，其余只能在要求的设备上完成。有关资料如表 1-3 所示，试制定利润最大的产品加工方案。

表 1-3 例 1-4 数据表

设 备	产 品 甲	产 品 乙	产 品 丙	费用/有效台时
A1	5 x_1	10 x_6		300/6000
A2	7 x_2	9 x_7	12 x_8	321/10000
B1	6 x_3	8 (x_6+x_7)		250/4000
B2	4 x_4		11x_8	783/7000
B3	7 x_5			200/4000
原料单价/(元/件)	0.25	0.35	0.50	
销售单价/(元/件)	1.25	2.00	2.80	

【解】 解法一，设用 8 个单下标变量分别表示三种产品在相应工序中的生产量，分别如上述表中所给。另在约束方程中需考虑：

$$x_1 + x_2 = x_3 + x_4 + x_5$$

于是，得到线性规划模型的目标函数为

$$\max Z = (x_1 + x_2) + 1.65(x_6 + x_7) + 2.3x_8 - 0.05(5x_1 + 10x_6) - 0.0321(7x_2 + 9x_7 + 12x_8) - 0.0625(6x_3 + 8x_6 + 8x_7) - 0.111\,857(4x_4 + 11x_8) - 0.05 \times 7x_5$$

即

$$\max Z = 0.75x_1 + 0.7753x_2 + 0.65x_6 + 0.8611x_7 + 0.6844x_8 - 0.375x_3 - 0.4474x_4 - 0.35x_5$$

于是，可得到线性规划模型如下：

$$\max Z = 0.75x_1 + 0.7753x_2 + 0.65x_6 + 0.8611x_7 + 0.6844x_8 - 0.375x_3 - 0.4474x_4 - 0.35x_5$$

$$\text{s. t.} \begin{cases} 5x_1 + 10x_6 \leqslant 6000 \\ 7x_2 + 9x_7 + 12x_8 \leqslant 10000 \\ 6x_3 + 8x_6 + 8x_7 \leqslant 4000 \\ 4x_4 + 11x_8 \leqslant 7000 \\ 7x_5 \leqslant 4000 \\ x_1 + x_2 - x_3 - x_4 - x_5 = 0 \\ x_i \geqslant 0 \ (i = 1, 2, \cdots, 8) \end{cases}$$

计算结果：$x_1=1200$，$x_2=230.05$，$x_3=0$，$x_4=858.62$，$x_5=571.43$，$x_6=0$，$x_7=500$，$x_8=324.14$；$Z=1146.60$

解法二，先设计生产方案，产品甲共有6种生产方案，分别利用设备（A1，B1）、（A1，B2）、（A1，B3）、（A2，B1）、（A2，B2）、（A2，B3），各方案加工的产品数量分别用x_1，x_2，…，x_6表示；产品乙共有2种加工方案，即（A1，B1）、（A2，B1），加工数量分别记为x_7，x_8；产品丙只有一种加工方案，即（A2，B2），加工数量记为x_9。这种方法虽然多了一个变量，但是有一个明显的好处是，每一个变量所确定的加工数，在完成第一道工序的加工后可直接进入下一道工序的相应设备进行加工。而不像解法一那样，甲产品在完成了第一道工序的加工后，在进入第二道工序的加工之前尚需要对全部产品重新进行分配。

按照这种方法建立的模型，目标函数是：

$$\max Z=(x_1+x_2+x_3+x_4+x_5+x_6)+1.65(x_7+x_8)+2.3x_9-0.05(5x_1+5x_2+5x_3+10x_7)-0.0321(7x_4+7x_5+7x_6+9x_8+12x_9)-0.0625(6x_1+6x_4+8x_7+8x_8)-0.111\,857(4x_2+4x_5+11x_9)-0.05\times(7x_3+7x_6)$$

即

$$\max Z=0.375x_1+0.3026x_2+0.4x_3+0.4003x_4+0.3279x_5+0.4253x_6+0.65x_7+0.8611x_8+0.6844x_9$$

$$\text{s.t.}\begin{cases}5x_1+5x_2+5x_3+10x_7\leqslant 6000\\7x_4+7x_5+7x_6+9x_8+12x_9\leqslant 10\,000\\6x_1+6x_4+8x_7+8x_8\leqslant 4000\\4x_2+4x_5+11x_9\leqslant 7000\\7x_3+7x_6\leqslant 4000\end{cases}$$

1.2.2 人力资源配置问题

【例1-5】 某大都市有一昼夜服务的公交线路，经长时间的统计观察，每天各时段所需要的司乘人员数如表1-4所示。

表1-4 例1-5数据表

班 次	时间区间	所需人数/人
1	6：00～10：00	60
2	10：00～14：00	70
3	14：00～18：00	60
4	18：00～22：00	50
5	22：00～2：00	20
6	2：00～6：00	30

设司乘人员分别在每一时段开始上班，并连续工作8h，问公交公司应如何安排这条公交线路的司乘人员，才能使得既满足工作需要，配备的司乘人员又最少？

【解】 设用x_i表示第i班开始上班的司乘人员数，由于每班实际上班的人数中必包括前一班上班的人数，于是可建立如下线性规划模型：

目标函数：$\min Z=x_1+x_2+x_3+x_4+x_5+x_6$

$$\text{约束方程：}\begin{cases} x_1+x_6\geqslant 60 \\ x_1+x_2\geqslant 70 \\ x_2+x_3\geqslant 60 \\ x_3+x_4\geqslant 50 \\ x_4+x_5\geqslant 20 \\ x_5+x_6\geqslant 30 \\ x_i\geqslant 0 \end{cases}$$

求解之后得到：$x_1=50$，$x_2=20$，$x_3=50$，$x_4=0$，$x_5=20$，$x_6=10$。总共需 150 人。

【例 1-6】 某商场经过对一周内 7 天中顾客流量进行统计分析后，按照服务定额得知一周中每天售货人员需求量如表 1-5 所示。

表 1-5 例 1-6 数据表

时　间	星　期　日	星　期　一	星　期　二	星　期　三	星　期　四	星　期　五	星　期　六
需售货员/人	28	15	24	25	19	31	28

现在的问题是，售货员每周工作 5 天，休息 2 天，并要求休息的 2 天是连续的，问商场应如何安排售货人员的作息，才能够既满足工作需要，同时又使配备的售货员人数最少？

【解】 解法一，设 x_i 为星期 i 开始休息的人数，周日记为 x_7，则每一天工作的人数应为下一日开始休息的人员直至由下一日算起的第 5 个工作日也即当日前天（不是昨天，昨天开始休息的人员休息时间会延至当日）休息的人员总和。

目标函数：$\min Z=x_1+x_2+x_3+x_4+x_5+x_6+x_7$

$$\text{约束方程：}\begin{cases} x_1+x_2+x_3+x_4+x_5\geqslant 28 \\ x_2+x_3+x_4+x_5+x_6\geqslant 15 \\ x_3+x_4+x_5+x_6+x_7\geqslant 24 \\ x_1+x_4+x_5+x_6+x_7\geqslant 25 \\ x_1+x_2+x_5+x_6+x_7\geqslant 19 \\ x_1+x_2+x_3+x_6+x_7\geqslant 31 \\ x_1+x_2+x_3+x_4+x_7\geqslant 28 \\ x_i\geqslant 0\ (i=1,\ 2,\ \cdots,\ 6,\ 7) \end{cases}$$

求解之后得到：$x_1=12$，$x_2=0$，$x_3=11$，$x_4=5$，$x_5=0$，$x_6=8$，$x_7=0$。总共需 36 人。

解法二，设 x_i 为星期 i 开始工作的人数，周日记为 x_7，则每一天工作的人数应为当日开始工作的人员直至由当日算起的前 5 个工作日工作的人员总和。于是，根据资料可建立如下的线性规划模型：

目标函数：$\min Z=x_1+x_2+x_3+x_4+x_5+x_6+x_7$

$$\text{约束方程：}\begin{cases} x_1+x_2+x_3+x_4+x_5\geqslant 31 \\ x_2+x_3+x_4+x_5+x_6\geqslant 28 \\ x_3+x_4+x_5+x_6+x_7\geqslant 28 \\ x_1+x_4+x_5+x_6+x_7\geqslant 15 \\ x_1+x_2+x_5+x_6+x_7\geqslant 24 \\ x_1+x_2+x_3+x_6+x_7\geqslant 25 \\ x_1+x_2+x_3+x_4+x_7\geqslant 19 \\ x_i\geqslant 0\ (i=1,\ 2,\ \cdots,\ 6,\ 7) \end{cases}$$

求解之后得到：$x_1=0$，$x_2=8$，$x_3=12$，$x_4=0$，$x_5=11$，$x_6=5$，$x_7=0$。总共需要（目标值）仍然是 36 人。

1.2.3　套裁下料问题

【例 1-7】　某工厂计划做 100 套钢架，需要用长 2.9m、2.1m 和 1.5m 的圆钢各一根。已知可做原料使用的圆钢每根长 7.4m，问应如何下料才能使所用原料最省？

【解】　最简单的下料方法是，每根圆钢上截取 2.9m、2.1m 和 1.5m 的长度各一根组成一套，这样每根圆钢剩下料头 0.9m。完成任务后，共消耗圆钢 100 根，余下的料头共 90m。若改成套裁方法，即可先设计出几个较好的下料方案，所谓较好，第一要求是每个方案下料后的料头较短，第二是要求所有的方案配合起来能满足完成任务的需要。为此，可设计出如表 1-6 所示的 5 种方案供参考使用。

表 1-6　例 1-7 中套裁下料的五种方案

方　案	Ⅰ	Ⅱ	Ⅲ	Ⅳ	Ⅴ
2.9m	1	2	0	1	0
2.1m	0	0	2	2	1
1.5m	3	1	2	0	3
合计	7.4	7.3	7.2	7.1	6.6
料头	0	0.1	0.2	0.3	0.8

为了用最少的原材料得到 100 套钢架，必须混合使用上述各种下料方案。设使用每一种方案下料的圆钢根数分别为 x_1，x_2，x_3，x_4，x_5，则可得到如下的线性规划模型：

目标函数：$\min Z=x_1+x_2+x_3+x_4+x_5$

约束方程：$$\begin{cases} x_1+2x_2+x_4 \geqslant 100 \\ 2x_3+2x_4+x_5 \geqslant 100 \\ 3x_1+x_2+2x_3+3x_5 \geqslant 100 \\ x_i \geqslant 0 \end{cases}$$

求解之后得到：$x_1=30$，$x_2=10$，$x_3=0$，$x_4=50$，$x_5=0$。总共需圆钢 90 根。该模型的目标函数也可以是 $Z=0.1x_2+0.2x_3+0.3x_4+0.8x_5$。求解后 $Z=16$。

1.2.4　配料问题

例 1-2 是一个简单的配料问题，复杂一点的配料问题常常涉及不同成分的构成比例，建模远比例 1-2 复杂得多。

【例 1-8】　某工厂要用三种原料 A、B、C 混合调配三种产品甲、乙、丙，已知产品的规格要求、单价和原材料的单价和每天的可供量如表 1-7 所示。

表 1-7　例 1-8 数据表

产品及原材料	产品规格及原材料可供量	单价/(元/kg)
甲	原料 A 不少于 50% 原料 B 不超过 25%	50
乙	原料 A 不少于 25% 原料 B 不超过 50%	35

（续）

产品及原材料	产品规格及原材料可供量	单价/(元/kg)
丙	原料无具体要求	25
A	100kg	65
B	100kg	25
C	60kg	35

现在的问题是，该厂应如何安排生产，才能使得利润之和最大？

【解】 解这一问题，需要使用双下标变量。可设 x_{ij} 表示第 i 种产品中 j 种原料的含量，于是可得到如下的线性规划模型：

目标函数：$\max Z=50(x_{11}+x_{12}+x_{13})+35(x_{21}+x_{22}+x_{23})+25(x_{31}+x_{32}+x_{33})-65(x_{11}+x_{21}+x_{31})-25(x_{12}+x_{22}+x_{32})-35(x_{13}+x_{23}+x_{33})$

即

$$\max Z=-15x_{11}+25x_{12}+15x_{13}-30x_{21}+10x_{22}-40x_{31}-10x_{33}$$

约束方程：

（1）产品规格约束：

$$\begin{cases} x_{11}\geqslant 0.5(x_{11}+x_{12}+x_{13}) \\ x_{12}\leqslant 0.25(x_{11}+x_{12}+x_{13}) \\ x_{21}\geqslant 0.25(x_{21}+x_{22}+x_{23}) \\ x_{22}\leqslant 0.5(x_{21}+x_{22}+x_{23}) \end{cases}$$

（2）原材料可供量约束：

$$\begin{cases} x_{11}+x_{21}+x_{31}\leqslant 100 \\ x_{12}+x_{22}+x_{32}\leqslant 100 \\ x_{13}+x_{23}+x_{33}\leqslant 60 \end{cases}$$

求解之后得到：$x_{11}=100$，$x_{12}=50$，$x_{13}=50$，其余的 $x_{ij}=0$。得到这样的解是因为：①每一种产品生产的多少没有限制；②原材料的约束为小于或等于型。如果加上每一种产品的最低生产量限制，并将原材料可供量约束改为等型约束，则求解结果一定不是这样。

1.3 线性规划的基本理论

1.3.1 线性规划的图解法

对于只有两个变量的线性规划问题，可应用图解法求解，求解的步骤是：

（1）先画直角坐标系，通常以 x_1 为横轴，以 x_2 为纵轴。

（2）依次画出每条约束线，并描出可行域方向。

（3）任取一目标函数值画出目标函数线，然后根据目标函数类型将该线平移至可行域边界，这时目标函数与可行域的交点即最优可行解，代入目标函数即得最优值。

现在运用图解法对下面的例子求解。

【例 1-9】 $\max Z=x_1+3x_2$

s. t. $\begin{cases} x_1 + x_2 \leqslant 6 & (a) \\ -x_1 + 2x_2 \leqslant 8 & (b) \\ x_1 \geqslant 0,\ x_2 \geqslant 0 \end{cases}$

【解】 画出上述问题的可行域如图1-1所示。求解后得到唯一最优解 $Z(4/3, 14/3) = 46/3$。

注意：①这里目标函数在可行域内移动的方向，是朝着增大纵截距的方向移动的；②最优解为两约束线之交点的必要条件是目标函数斜率介于两约束线斜率之间或目标函数线介于两约束线之间。比如，如果目标函数的斜率为 -2，则最优解为（6，0）点；如果目标函数斜率为3/4，则最优解为（0，4）点。

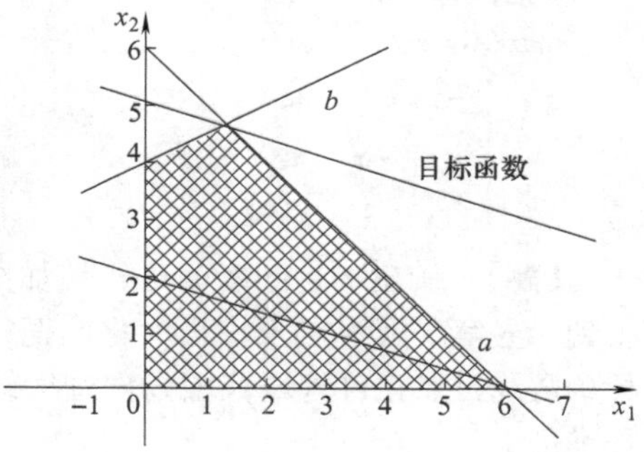

图1-1　例1-9的可行域

一个有意义的线性规划应该是具有唯一解的线性规划。下面再看一个唯一解的例子，这个例子有三条约束线。

【例1-10】 又一个唯一解的例子。

$\max Z = 3x_1 - x_2$

s. t. $\begin{cases} 3x_1 - 2x_2 \leqslant 3 & (a) \\ 5x_1 + 4x_2 \geqslant 10 & (b) \\ 2x_1 + x_2 \leqslant 5 & (c) \\ x_1,\ x_2 \geqslant 0 \end{cases}$

【解】 画出上述问题的可行域如图1-2所示。求解后得到唯一最优解 $Z(13/7, 9/7) = 30/7$。

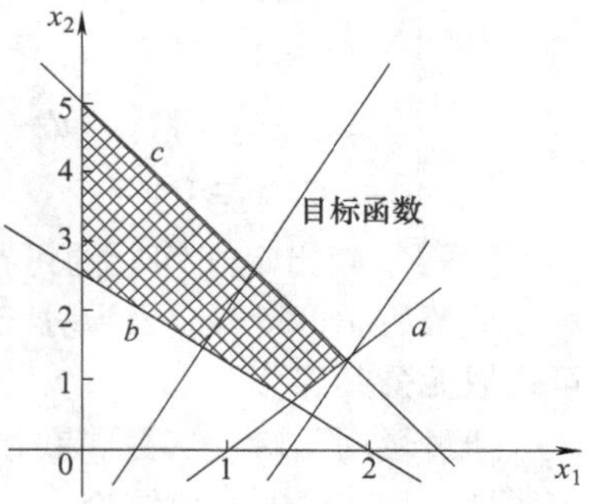

图1-2　例1-10的可行域

在这里必须注意，在唯一解条件下，如何找最优点是个重要问题。这通常要看目标函数的类型。对于最大化问题，如果在关于 x_2 的函数中，截距 Z 为正值，如例1-9，目标函数线应在可行域内向增大纵截距的方向移动；如果在关于 x_2 的函数中，截距 Z 为负值，如本例，目标函数线应在可行域内向减小纵截距的方向移动。对于最小化问题，目标函数线在可行域内移动的方向则应与上述两种情况相反。

作为课堂练习，请同学们用图解法求解例1-1和例1-2，并注意约束线的斜率与目标函数斜率之间有什么关系。例1-1的最优解应为：$Z(15, 20) = 1350$ 元；例1-2的最优解应为：$Z(1.6, 0.8) = 8.8$ 元。

【例1-11】 一个无穷解（多重解）的例子。

试用图解法解下面的例子：

$\max Z = 2x_1 + 4x_2$

s. t. $\begin{cases} x_1 + 2x_2 \leqslant 8 & (a) \\ 4x_1 \leqslant 16 & (b) \\ 4x_2 \leqslant 12 & (c) \\ x_1,\ x_2 \geqslant 0 \end{cases}$

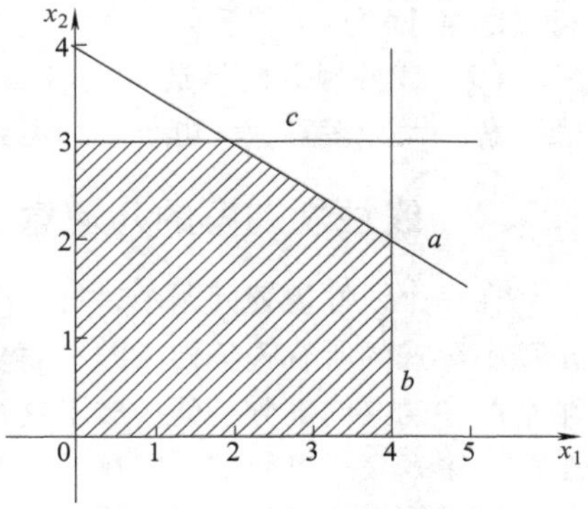

图1-3　例1-11的可行域

【解】 画出上述问题的可行域如图1-3所示。求解后得到无穷多解，也叫作多重解，之所以会得到多重解，是因为目标函数线与第一个约束线 a 重合。

【例 1-12】 一个无界解的例子。

试用图解法解下面的例子：

$$\max Z = x_1 + x_2$$

$$\text{s.t.} \begin{cases} -x_1 + x_2 \leqslant 4 & (a) \\ x_1 - x_2 \leqslant 2 & (b) \\ x_1, x_2 \geqslant 0 & (c) \end{cases}$$

【解】 画出上述问题的可行域如图 1-4 所示。求解后得到无界解，因为对于该最大化问题，可行域无上界，目标函数线可以在可行域范围内向增大纵截距的方向无限制地推进。

在这里需要注意的是，可行域无界不等于问题无界，这要看目标函数的情况。如把该问题中目标函数 x_1 的系数由原来的 1 改为 $-3/2$ 时，该问题有最优解 $Z(0, 4) = 4$。

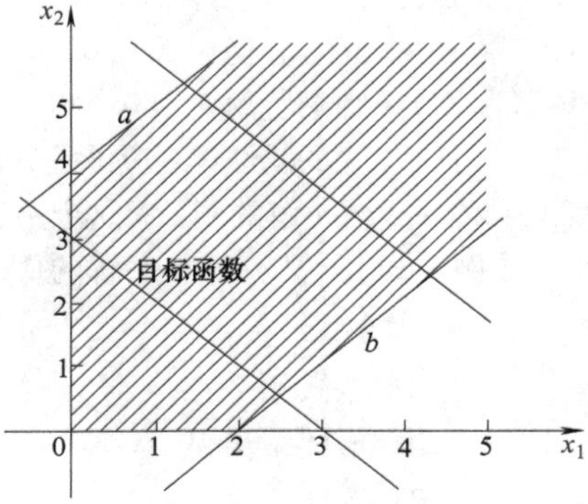

图 1-4　例 1-12 的可行域

【例 1-13】 一个无可行解的例子。

试用图解法解下面的例子：

$$\max Z = 2x_1 + 3x_2$$

$$\text{s.t.} \begin{cases} x_1 + 2x_2 \leqslant 8 & (a) \\ 4x_1 \leqslant 16 & (b) \\ 4x_2 \leqslant 12 & (c) \\ -2x_1 + x_2 \geqslant 4 & (d) \\ x_1, x_2 \geqslant 0 \end{cases}$$

【解】 画出上述问题的可行域如图 1-5 所示。求解后无可行解，因为对于该最大化问题，可行域无公共部分。

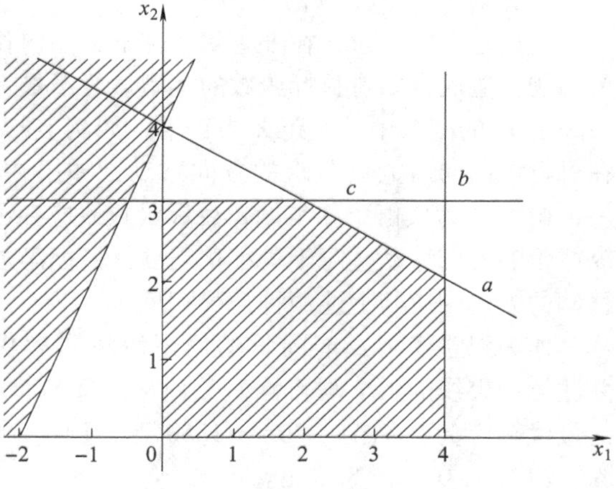

图 1-5　例 1-13 的可行域

通过运用图解法解题，我们不难得出一些与线性规划有关的重要结论：

（1）线性规划问题的可行域均为凸多边形。

（2）若线性规划存在最优解，一定会在可行域的某个顶点上得到。

（3）线性规划的解通常会有四种情况，即唯一解、无穷多解、无可行解和无界解。

1.3.2　线性规划解的几何意义及有关概念

在一个线性规划问题中，每一个约束条件（包括资源约束与非负约束）实际上都只是由满足该不等式的所有解集构成的平面坐标中的一个半平面（三维坐标中为半空间），而所有的这些半平面中的共同部分，就构成了这个线性规划问题的解域，即可行域。如果用 S_j 表示每一个半平面，用 S 表示可行域，则有 $S = S_1 \cap S_2 \cap \cdots \cap S_{m+n}$，其中，可行域中的每一个点都可称为可行解，能够使目标函数取得极值的可行解就是最优解。这就是线性规划解的几何意义。

为便于进一步讨论，下面给出有关定义：

【定义 1-1】给定线性规划问题 P：$\max\{\boldsymbol{Cx} \mid \boldsymbol{Ax}=\boldsymbol{b},\ \boldsymbol{x}\geqslant\boldsymbol{0}\}$，$\boldsymbol{A}$ 是 $m\times n$ 阶满秩矩阵，$n>m$，$\boldsymbol{B}$ 是任一个 $m\times m$ 阶满秩子矩阵，则称 $\boldsymbol{B}$ 是 P 的一个基。

不失一般性，通常假定 $\boldsymbol{B}$ 的 m 个列向量是 $\boldsymbol{A}$ 中的前 m 个列向量，与基相对应的变量称作基变量，用$\boldsymbol{x}_B$ 表示，余下的变量称作非基变量，用$\boldsymbol{x}_N$ 表示。如果所有的非基变量都可以取零值，则约束方程 $\boldsymbol{Ax}=\boldsymbol{b}$ 可改写为

$$\boldsymbol{B}\,\boldsymbol{x}_B=\boldsymbol{b} \tag{1-4}$$

由于 $\boldsymbol{B}$ 是满秩阵，故式（1-4）必有唯一解$\boldsymbol{x}_B=\boldsymbol{B}^{-1}\boldsymbol{b}$。

【定义 1-2】　设 $\boldsymbol{B}$ 是 P 的一个基，解 $\boldsymbol{x}=(\boldsymbol{B}^{-1}\boldsymbol{b},\ \boldsymbol{0})$ 称作对应于 $\boldsymbol{B}$ 的基本解，满足非负条件的基本解称作基本可行解，该解对应的基称作可行基。一般的线性规划通常最多可以有C_n^m 个基和基本解。解中最多可以有 m 个分量取非零值。各种解间的关系可由图 1-6 予以说明。

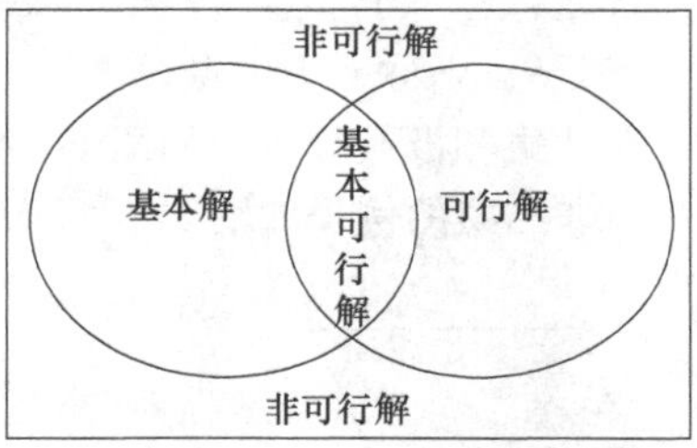

图 1-6　线性规划的解集

【例 1-14】　找出下列线性规划问题的全部基本解，指出基本可行解和最优解：

$$\max Z=2x_1+3x_2+x_3$$

$$\text{s.t.}\begin{cases} x_1+x_3=5\\ x_1+2x_2+x_4=10\\ x_2+x_5=4\\ x_i\geqslant 0\ (i=1,2,3,4,5)\end{cases}$$

【解】　本问题最多可以有基本解数目为

$$C_5^3=C_5^2=\frac{5\times 4}{1\times 2}=10$$

于是得到各个解组合的结果如表 1-8 所示。

表 1-8　例 1-14 中的 10 个基本解

基编号	变量组合	x_1	x_2	x_3	x_4	x_5	Z	是否为基本可行解
1	$x_1x_2x_3$	2	4	3			19	√
2	$x_1x_2x_4$	5	4		−3		22	×
3	$x_1x_2x_5$	5	2.5			2	17.5	√
4	$x_1x_3x_4$	第三个方程系数全为零						不满秩，无解
5	$x_1x_3x_5$	10		−5		4	15	×
6	$x_1x_4x_5$	5			5	4	10	√
7	$x_2x_3x_4$		4	5	2		17	√
8	$x_2x_3x_5$		5	5		−1	20	×
9	$x_2x_4x_5$	第一个方程系数全为零						不满秩，无解
10	$x_3x_4x_5$			5	10	4	5	√

【定义 1-3】　一个基本可行解中如果存在取零值的基变量，则该解称作退化的基本可行解，该解对应的基称作退化基。如果有关的线性规划问题的所有基本可行解都是非退化解，则该问

题称作非退化的线性规划问题。

由于退化会引起线性规划求解的困难，因此，在研究中通常总是假定所研究的问题为非退化的线性规划问题。

退化的基本可行解中的非零分量一定小于 m 个，非退化解中的非零分量一定等于 m 个。

【定义 1-4】 凸集：若连接 n 维点集 S 中任意两点 $\boldsymbol{x}^{(1)}$ 和 $\boldsymbol{x}^{(2)}$ 的线段仍在 S 中，则称 S 为凸集。换言之，若有 $\{\boldsymbol{x} \mid \boldsymbol{x}=\alpha \boldsymbol{x}^{(1)}+(1-\alpha) \boldsymbol{x}^{(2)}, 0 \leqslant \alpha \leqslant 1, \boldsymbol{x}^{(1)} \in S, \boldsymbol{x}^{(2)} \in S\} \subseteq S$，则称 S 为凸集（平面中两点坐标值的加权平均必在两点的连线上）。

【定义 1-5】 极点：若凸集 S 中的点 $\boldsymbol{x}$ 不能成为 S 中任何线段的内点，则称 $\boldsymbol{x}$ 为 S 的极点。换言之，若对于任意两点 $\boldsymbol{x}^{(1)} \in S$，$\boldsymbol{x}^{(2)} \in S$，不存在 α $(0<\alpha<1)$，使得：$\{\boldsymbol{x} \mid \boldsymbol{x}=\alpha \boldsymbol{x}^{(1)}+(1-\alpha) \boldsymbol{x}^{(2)}\} \subseteq S$，则称 $\boldsymbol{x}$ 为极点。

凸集和极点的例子如图 1-7 所示。

非凸集的例子如图 1-8 所示。

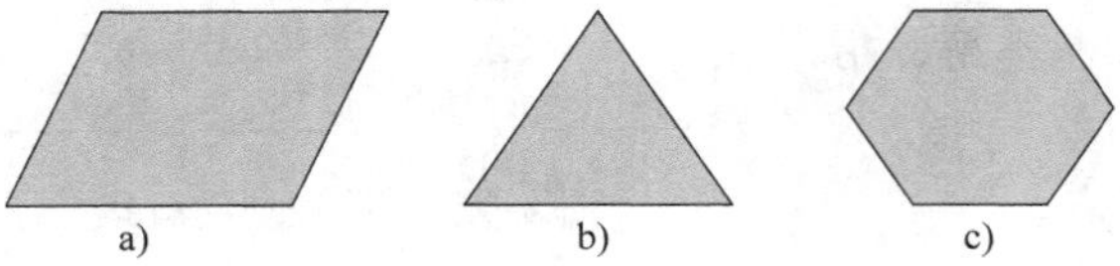

图 1-7 凸集和极点的例子

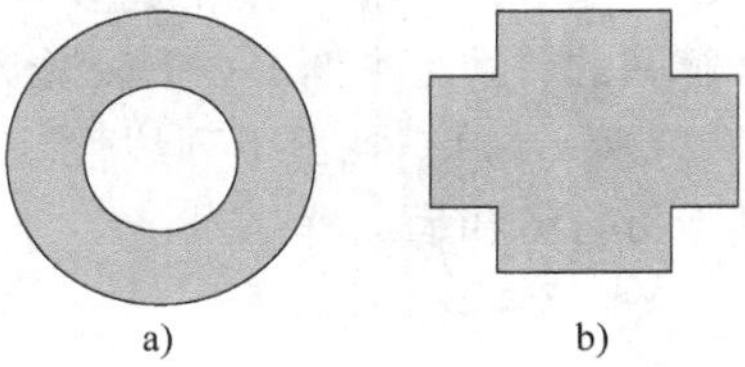

图 1-8 非凸集的例子

根据线性规划问题解的几何意义，一个标准线性规划问题的可行域是一个点集，可记为 $S=\{\boldsymbol{x} \mid A\boldsymbol{x}=b, \boldsymbol{x} \geqslant \boldsymbol{0}\}$。如果 S 为一空集，即该问题存在矛盾约束且没有可行解，称该线性规划问题不可行。如果 S 不为空集，则该线性规划问题一定有可行解，但此时尚存在有界最优解和无界最优解两种可能。由图解法可以看出，如 S 为非空集，则必为若干个半平面相交而成的凸多边形，该凸多边形可能是封闭的，也可能是不封闭的。封闭的可行域是有界可行域，否则就是无界可行域。如果一个线性规划问题的可行域是非空的有界可行域，则该问题一定有有界最优解，如线性规划问题的可行域无界，则该问题虽有可行解，但不一定有有界最优解。可行域无界不一定意味着线性规划问题无界，这取决于目标函数改善的方向。如果目标函数改善的方向与可行域无界的方向相反，则必存在有界最优解。

1.3.3 线性规划解的基本定理

【定理 1-1】 线性规划问题所有可行解组成的集合 $S=\{\boldsymbol{x} \mid A\boldsymbol{x}=b, \boldsymbol{x} \geqslant 0\}$ 是凸集。

这一定理的等价表述为：连接线性规划问题的任意两个可行解的线段上的点仍是可行解。

证明：设线性规划问题的可行解集 $S=\{\boldsymbol{x} \mid \boldsymbol{A}\boldsymbol{x}=\boldsymbol{b}, \boldsymbol{x} \geqslant \boldsymbol{0}\}$，其中任意两个可行解为 $\boldsymbol{x}^{(1)} \in S$，$\boldsymbol{x}^{(2)} \in S$。

因为 $\boldsymbol{x}^{(1)} \geqslant 0$，$\boldsymbol{x}^{(2)} \geqslant 0$

所以 $\boldsymbol{x}=\alpha \boldsymbol{x}^{(1)}+(1-\alpha) \boldsymbol{x}^{(2)} \geqslant 0 \qquad (0 \leqslant \alpha \leqslant 1)$

又因为 $\boldsymbol{A} \boldsymbol{x}^{(1)}=\boldsymbol{b}$，$\boldsymbol{A} \boldsymbol{x}^{(2)}=\boldsymbol{b}$

$$
\begin{aligned}
\text{所以 } \boldsymbol{A}\boldsymbol{x} &= \boldsymbol{A}[\alpha \boldsymbol{x}^{(1)}+(1-\alpha) \boldsymbol{x}^{(2)}] \\
&= \alpha \boldsymbol{A} \boldsymbol{x}^{(1)}+(1-\alpha) \boldsymbol{A} \boldsymbol{x}^{(2)} \\
&= \alpha \boldsymbol{b}+(1-\alpha) \boldsymbol{b}=\boldsymbol{b}
\end{aligned}
$$

所以 $\boldsymbol{x} \in S$，即 $\boldsymbol{x}$ 也是可行解。

换言之，$\boldsymbol{x}$ 的集合 S 为凸集。

【定理 1-2】 $\boldsymbol{x}$ 是线性规划问题之基本可行解的充要条件是 $\boldsymbol{x}$ 为可行域 $S=\{\boldsymbol{x} \mid \boldsymbol{A}\boldsymbol{x}=\boldsymbol{b},\ \boldsymbol{x}\geqslant \boldsymbol{0}\}$上的极点。

这一定理的另一等价表达式为：可行解集 S 中的点 $\boldsymbol{x}$ 是极点的充要条件是 $\boldsymbol{x}$ 为基本可行解。

证明：先证明必要性。

可行解集 S 的极点是基本可行解，此命题的证明只需证当 $\boldsymbol{x}\neq \boldsymbol{0}$ 且为极点时，$\boldsymbol{x}$ 的非零分量 x_{j1}，x_{j2}，…，x_{jk}（j 表示任一可行基序号，$k\leqslant m$，在非退化情况下 $k=m$）对应的列向量$\boldsymbol{P}_{j1}$，$\boldsymbol{P}_{j2}$，…，$\boldsymbol{P}_{jk}$线性无关（线性无关即不存在 k 个不全为零的数使 k 个向量的线性组合为零向量或只有当 k 个数全为零时 k 个向量的线性组合才为零向量）。

用反证法，如果$\boldsymbol{P}_{j1}$，$\boldsymbol{P}_{j2}$，…，$\boldsymbol{P}_{jk}$线性相关，则必存在不全为零的 k 个数 y_1，y_2，…，y_k 使 $y_1\boldsymbol{P}_{j1}+y_2\boldsymbol{P}_{j2}+\cdots+y_k\boldsymbol{P}_{jk}=\boldsymbol{0}$
即

$$\lambda(y_1\boldsymbol{P}_{j1}+y_2\boldsymbol{P}_{j2}+\cdots+y_k\boldsymbol{P}_{jk})=\boldsymbol{0}\quad \lambda>0 \tag{1-5}$$

又因为　x_{j1}，x_{j2}，…，x_{jk}为可行解 $\boldsymbol{x}$ 的非零分量

所以必有

$$x_{j1}\boldsymbol{P}_{j1}+x_{j2}\boldsymbol{P}_{j2}+\cdots+x_{jk}\boldsymbol{P}_{jk}=\boldsymbol{b} \tag{1-6}$$

式（1-5）和式（1-6）相加得

$$(x_{j1}+\lambda y_1)\boldsymbol{P}_{j1}+(x_{j2}+\lambda y_2)\boldsymbol{P}_{j2}+\cdots+(x_{jk}+\lambda y_k)\boldsymbol{P}_{jk}=\boldsymbol{b}$$

式（1-6）和式（1-5）相减得

$$(x_{j1}-\lambda y_1)\boldsymbol{P}_{j1}+(x_{j2}-\lambda y_2)\boldsymbol{P}_{j2}+\cdots+(x_{jk}-\lambda y_k)\boldsymbol{P}_{jk}=\boldsymbol{b}$$

选择

$$\lambda=\min_{\substack{t=1,2,\cdots,k\\ |y_t|\neq 0}}\frac{x_{jt}}{|y_t|}\qquad（以保证\ x_{jt}\pm\lambda y_t\geqslant 0）$$

构造

$$\boldsymbol{x}^{(1)}=\boldsymbol{x}+\boldsymbol{\lambda}\boldsymbol{y} \tag{1-7}$$

$$\boldsymbol{x}^{(2)}=\boldsymbol{x}-\boldsymbol{\lambda}y \tag{1-8}$$

因此，$\boldsymbol{x}^{(1)}\geqslant 0$，$\boldsymbol{x}^{(2)}\geqslant 0$，$\boldsymbol{x}^{(1)}\neq\boldsymbol{x}^{(2)}$，而且

$$\sum_{i=1}^{m}x_i^{(1)}\boldsymbol{P}_i=\boldsymbol{b},\ \sum_{i=1}^{m}x_i^{(2)}\boldsymbol{P}_i=\boldsymbol{b}$$

（$x_i^{(1)}$ 为向量 $\boldsymbol{x}^{(1)}$ 中的第 i 个元素）

所以 $\boldsymbol{x}^{(1)}$和$\boldsymbol{x}^{(2)}$为可行解，且有

$$\boldsymbol{x}=\frac{1}{2}\boldsymbol{x}^{(1)}+\frac{1}{2}\boldsymbol{x}^{(2)}$$

即 $\boldsymbol{x}$ 不是可行解集 S 的极点，这与假设相矛盾。这就证明了当 $\boldsymbol{x}$ 为极点时，$\boldsymbol{P}_{j1}$，$\boldsymbol{P}_{j2}$，…，$\boldsymbol{P}_{jk}$必线性无关，即 $\boldsymbol{x}$ 必为基本可行解。

再证明充分性：基本可行解 $\boldsymbol{x}$ 是可行解集 S 的极点。因为当 $\boldsymbol{x}=\boldsymbol{0}$ 时，显然 $\boldsymbol{x}$ 必为极点，所以只需证当 $\boldsymbol{x}\neq\boldsymbol{0}$ 时若 $\boldsymbol{x}$ 的非零分量对应的列向量$\boldsymbol{P}_{j1}$，$\boldsymbol{P}_{j2}$，…，$\boldsymbol{P}_{jk}$线性无关，则 $\boldsymbol{x}$ 一定为极点。

用反证法，若 $\boldsymbol{x}$ 不是极点，则必存在凸集 S 中两个不同的点$\boldsymbol{x}^{(1)}$和$\boldsymbol{x}^{(2)}$使

$$\boldsymbol{x}=\alpha\boldsymbol{x}^{(1)}+(1-\alpha)\boldsymbol{x}^{(2)}\qquad(0<\alpha<1)$$

即

$$x_j=\alpha x_j^{(1)}+(1-\alpha)x_j^{(2)}\qquad(j=1,2,\cdots,n)$$

对全部 $\boldsymbol{x}$，当 $j\neq j_1$，j_2，…，j_k 时，上式变为

$$0=\alpha x_j^{(1)}+(1-\alpha)\ x_j^{(2)} \qquad \text{（对于非基变量）}$$

因为

$$x_j^{(1)}\geqslant 0,\ x_j^{(2)}\geqslant 0,\ \alpha>0,\ 1-\alpha>0$$

所以必有

$$x_j^{(1)}=x_j^{(2)}=0\ (j\neq j_1,\ j_2,\ \cdots,\ j_k)$$

又因为

$$x_{j_1}^{(1)}\boldsymbol{P}_{j_1}+x_{j_2}^{(1)}\boldsymbol{P}_{j_2}+\cdots+x_{j_k}^{(1)}\boldsymbol{P}_{j_k}=\boldsymbol{b} \tag{1-9}$$

$$x_{j_1}^{(2)}\boldsymbol{P}_{j_1}+x_{j_2}^{(2)}\boldsymbol{P}_{j_2}+\cdots+x_{j_k}^{(2)}\boldsymbol{P}_{j_k}=\boldsymbol{b} \tag{1-10}$$

式（1-9）减式（1-10）得 $(x_{j_1}^{(1)}-x_{j_1}^{(2)})\boldsymbol{P}_{j_1}+\cdots+(x_{j_k}^{(1)}-x_{j_k}^{(2)})\ \boldsymbol{P}_{j_k}=\boldsymbol{0}$
由于$\boldsymbol{x}^{(1)}$和$\boldsymbol{x}^{(2)}$是不同的两点，因此至少有某个 $x_{j_i}^{(1)}-x_{j_i}^{(2)}\neq 0$，所以，$\boldsymbol{P}_{j1}$，$\boldsymbol{P}_{j2}$，…，$\boldsymbol{P}_{jk}$必线性相关，这与线性无关的假设相矛盾，因而就证明了当 $\boldsymbol{P}_{j1}$，$\boldsymbol{P}_{j2}$，…，$\boldsymbol{P}_{jk}$线性无关时 $\boldsymbol{x}$ 一定为极点。

【定理 1-3】 线性规划的最优值必在极点上达到。

证明：设$\boldsymbol{x}^{(0)}$为最优解，最优值为 $Z(\boldsymbol{x}^{(0)})=C\boldsymbol{x}^{(0)}$，若$\boldsymbol{x}^{(0)}=\boldsymbol{0}$，根据定理 1-2，$\boldsymbol{x}^{(0)}$已是极点，显然定理成立。若$\boldsymbol{x}^{(0)}\neq\boldsymbol{0}$，且不是极点，用反证法，可仍像证明定理 1-2 的必要性时那样构造出：

$$\boldsymbol{x}^{(1)}=\boldsymbol{x}^{(0)}+\lambda\boldsymbol{y}$$
$$\boldsymbol{x}^{(2)}=\boldsymbol{x}^{(0)}-\lambda\boldsymbol{y}$$

若$\boldsymbol{x}^{(0)}$不是极点，必有

$$\boldsymbol{x}^{(0)}=\frac{1}{2}\boldsymbol{x}^{(1)}+\frac{1}{2}\boldsymbol{x}^{(2)}$$

这时有

$$Z(\boldsymbol{x}^{(1)})=\boldsymbol{C}\,\boldsymbol{x}^{(1)}=\boldsymbol{C}\,\boldsymbol{x}^{(0)}+\boldsymbol{\lambda C y}$$
$$Z(\boldsymbol{x}^{(2)})=\boldsymbol{C}\,\boldsymbol{x}^{(2)}=\boldsymbol{C}\,\boldsymbol{x}^{(0)}-\boldsymbol{\lambda C y}$$

显然，若$\boldsymbol{x}^{(0)}$为最优解，则必有 $\boldsymbol{Cy}=0$。

这是因为：若 $\boldsymbol{Cy}>0$，则 $Z(\boldsymbol{x}^{(1)})>Z(\boldsymbol{x}^{(0)})$；若 $\boldsymbol{Cy}<0$，则 $Z(\boldsymbol{x}^{(2)})>Z(\boldsymbol{x}^{(0)})$。这两种情况都与 $Z(\boldsymbol{x}^{(0)})$ 为最优值相矛盾。

当 $\boldsymbol{Cy}=\boldsymbol{0}$ 时，有 $\boldsymbol{x}^{(0)}=\boldsymbol{x}^{(1)}=\boldsymbol{x}^{(2)}$，换言之，若$\boldsymbol{x}^{(0)}$为最优解，它只能在极点上达到。

1.4 单纯形方法

1.4.1 单纯形方法的基本思路

单纯形方法，简单地说就是一种数学迭代方法，其基本过程是从一个基本可行解跳到另一个基本可行解逐步替代，从而使目标函数不断得到改善。为加深理解单纯形方法的基本思路，有必要先了解代数消元法解线性规划的过程。下面以例 1-1 的求解为例来说明。

（1）第一步，先将原问题转化为标准形：

$$\max\ Z=50x_1+30x_2$$

$$\text{s. t.}\begin{cases}4x_1+3x_2+x_3=120\\2x_1+x_2+x_4=50\\x_1,\ x_2,\ x_3,\ x_4\geqslant 0\end{cases}$$

其中，x_3 和 x_4 为松弛变量，也叫剩余变量。

（2）第二步，寻找初始可行解：通过观察不难发现，松弛变量 x_3 和 x_4 对应的单位阵可以做为初始可行基。因此，可令 x_3 和 x_4 为基变量，x_1 和 x_2 为非基变量。于是，上述标准形就归结为求下列两式的非负解：

$$x_3 = 120 - 4x_1 - 3x_2 \tag{1-11}$$

$$x_4 = 50 - 2x_1 - x_2 \tag{1-12}$$

并使 $Z = 50x_1 + 30x_2$ 的值为最大。

显然，根据基本解的含义，如令 x_1 和 x_2 均取零值，即可得到一个基本可行解 $\boldsymbol{x}^{(0)} = (0,\ 0,\ 120,\ 50)^{\mathrm{T}}$，这时，$Z_0 = 0$。

（3）第三步，进行最优性检验：Z_0 是最优解吗？显然不是。通过对目标函数的观察即可发现：如 x_1 或 x_2 不取零值，而取非零正值，由于其目标函数的系数为正，因而必使目标函数有所改善。在这里检验的关键是看目标函数系数的符号。

（4）第四步，换基迭代：换基的关键是要从非基变量中找一个变量入基，再从基变量中找一个变量出基。换基后应满足：

1）新的解仍是基本可行解。

2）目标函数得到改善。

由于 x_1 和 x_2 的目标函数系数均为正，哪个入基都可以使目标函数值得到改善，但对于最大化问题，通常总是希望目标值增加越快越好，因此选 x_1 入基。

出基变量选择的思路是：在非基变量中除入基变量 x_1 外，其余变量仍假定取零值，于是式（1-11）和式（1-12）简化为

$$x_3 = 120 - 4x_1 \geqslant 0$$

$$x_4 = 50 - 2x_1 \geqslant 0$$

显然，只有选 $x_1 = \min\{120/4,\ 50/2\} = 25$ 时，上述二不等式才能同时成立。这时有 $x_4 = 0$，正好满足非基变量为0的条件，于是令 x_4 出基。

这时由式（1-12）可得

$$x_1 = 25 - 0.5x_2 - 0.5x_4 \tag{1-13}$$

将该式代入式（1-11），得

$$x_3 = 20 - x_2 + 2x_4 \tag{1-14}$$

于是，根据基本解的要求，可得到另一个基本可行解为 $\boldsymbol{x}^{(1)} = (25,\ 0,\ 20,\ 0)^{\mathrm{T}}$，$Z_1 = 1250$。将式（1-13）代入目标函数，可得到：

$$Z_1 = 1250 + 5x_2 - 25x_4$$

显然，如果 x_2 不为零而取非零的正值，由于其目标函数系数为正，因而必能使目标函数值有所改善。重复如上迭代过程：

$$x_1 = 25 - 0.5x_2 \geqslant 0$$

$$x_3 = 20 - x_2 \geqslant 0$$

只有取 $x_2 = \min\{25/0.5,\ 20/1\} = 20$，这时 $x_3 = 0$。由式（1-14）得到

$$x_2 = 20 - x_3 + 2x_4 \tag{1-15}$$

代入式（1-13）有

$$x_1 = 15 + 0.5x_3 - 1.5x_4 \tag{1-16}$$

于是得到又一个基本可行解 $x^{(2)} = (15,\ 20,\ 0,\ 0)^{\mathrm{T}}$，$Z_2 = 1350$。把式（1-15）代入目标函数 Z_1

中，得到：$Z_2=1350-5x_3-15x_4$，Z_2 中的变量已没有正系数，即目标函数已达到最优。

1.4.2 单纯形方法的矩阵描述

在线性规划的矩阵式（1-3）中，设 $\boldsymbol{A}=(\boldsymbol{B}\quad \boldsymbol{N})$，其中，$\boldsymbol{B}=(\boldsymbol{P}_1,\boldsymbol{P}_2,\cdots \boldsymbol{P}_m)$ 是 $\boldsymbol{A}$ 的一个基，$\boldsymbol{N}=(\boldsymbol{P}_{m+1},\cdots,\boldsymbol{P}_n)$，相应地，也令 $\boldsymbol{x}=\begin{pmatrix}\boldsymbol{x}_B\\ \boldsymbol{x}_N\end{pmatrix}$，其中$\boldsymbol{x}_B$ 为基变量，$\boldsymbol{x}_N$ 为非基变量，于是 $\boldsymbol{Ax}=\boldsymbol{b}$ 可以写成

$$(\boldsymbol{B}\quad \boldsymbol{N})\begin{pmatrix}\boldsymbol{x}_B\\ \boldsymbol{x}_N\end{pmatrix}=\boldsymbol{b}$$

即

$$\boldsymbol{B}\boldsymbol{x}_B+\boldsymbol{N}\boldsymbol{x}_N=\boldsymbol{b}$$

用$\boldsymbol{B}^{-1}$左乘上式两边，得到

$$\boldsymbol{x}_B+\boldsymbol{B}^{-1}\boldsymbol{N}\boldsymbol{x}_N=\boldsymbol{B}^{-1}\boldsymbol{b}$$

即

$$\boldsymbol{x}_B=\boldsymbol{B}^{-1}\boldsymbol{b}-\boldsymbol{B}^{-1}\boldsymbol{N}\boldsymbol{x}_N \tag{1-17}$$

该式即用非基变量表示基变量的代数式。

相应地，设 $\boldsymbol{C}=(\boldsymbol{C}_B\quad \boldsymbol{C}_N)$，则目标函数 $Z=\boldsymbol{Cx}$ 可写成 $Z=(\boldsymbol{C}_B\quad \boldsymbol{C}_N)\begin{pmatrix}\boldsymbol{x}_B\\ \boldsymbol{x}_N\end{pmatrix}$，即 $Z=\boldsymbol{C}_B\boldsymbol{x}_B+\boldsymbol{C}_N\boldsymbol{x}_N$，将式（1-17）代入，有

$$\begin{aligned}Z&=\boldsymbol{C}_B(\boldsymbol{B}^{-1}\boldsymbol{b}-\boldsymbol{B}^{-1}\boldsymbol{N}\boldsymbol{x}_N)+\boldsymbol{C}_N\boldsymbol{x}_N\\&=\boldsymbol{C}_B\boldsymbol{B}^{-1}\boldsymbol{b}+(\boldsymbol{C}_N-\boldsymbol{C}_B\boldsymbol{B}^{-1}\boldsymbol{N})\boldsymbol{x}_N\end{aligned}$$

即

$$Z=\boldsymbol{C}_B\boldsymbol{B}^{-1}\boldsymbol{b}+(\boldsymbol{C}_N-\boldsymbol{C}_B\boldsymbol{B}^{-1}\boldsymbol{N})\boldsymbol{x}_N \tag{1-18}$$

由式（1-17）和式（1-18）不难看出，对应于基 $\boldsymbol{B}$ 的基本可行解就是$\boldsymbol{x}_N=\boldsymbol{0}$，$\boldsymbol{x}_B=\boldsymbol{B}^{-1}\boldsymbol{b}$，相应的目标函数为 $Z=\boldsymbol{C}_B\boldsymbol{B}^{-1}\boldsymbol{b}$。另外，由式（1-18）还可以看出，如果$\boldsymbol{x}_N\neq\boldsymbol{0}$，则$\boldsymbol{C}_B\boldsymbol{B}^{-1}\boldsymbol{b}$ 是否为最优解就取决于$\boldsymbol{C}_N-\boldsymbol{C}_B\boldsymbol{B}^{-1}\boldsymbol{N}$ 的取值和符号，即如果$\boldsymbol{C}_N-\boldsymbol{C}_B\boldsymbol{B}^{-1}\boldsymbol{N}\leqslant 0$，则在 $\boldsymbol{x}\geqslant\boldsymbol{0}$ 的条件下，无疑$\boldsymbol{C}_B\boldsymbol{B}^{-1}\boldsymbol{b}$ 已为最大值。所以，向量$\boldsymbol{C}_N-\boldsymbol{C}_B\boldsymbol{B}^{-1}\boldsymbol{N}$ 称作检验向量。

又因为

$$\begin{aligned}\boldsymbol{C}-\boldsymbol{C}_B\boldsymbol{B}^{-1}\boldsymbol{A}&=(\boldsymbol{C}_B\quad \boldsymbol{C}_N)-\boldsymbol{C}_B\boldsymbol{B}^{-1}(\boldsymbol{B}\quad \boldsymbol{N})\\&=(\boldsymbol{C}_B\quad \boldsymbol{C}_N)-(\boldsymbol{C}_B\boldsymbol{B}^{-1}\boldsymbol{B}\quad \boldsymbol{C}_B\boldsymbol{B}^{-1}\boldsymbol{N})\\&=(\boldsymbol{C}_B\quad \boldsymbol{C}_N)-(\boldsymbol{C}_B\quad \boldsymbol{C}_B\boldsymbol{B}^{-1}\boldsymbol{N})\\&=[\boldsymbol{O}\quad (\boldsymbol{C}_N-\boldsymbol{C}_B\boldsymbol{B}^{-1}\boldsymbol{N})]\end{aligned}$$

即$\boldsymbol{C}_N-\boldsymbol{C}_B\boldsymbol{B}^{-1}\boldsymbol{N}\leqslant\boldsymbol{0}$ 与 $\boldsymbol{C}-\boldsymbol{C}_B\boldsymbol{B}^{-1}A\leqslant\boldsymbol{0}$ 等价。

于是有如下判别定理：

【定理 1-4】（判别定理） 对于基 $\boldsymbol{B}$，若$\boldsymbol{x}_B=\boldsymbol{B}^{-1}\boldsymbol{b}\geqslant\boldsymbol{0}$，且 $\boldsymbol{C}-\boldsymbol{C}_B\boldsymbol{B}^{-1}\boldsymbol{A}\leqslant\boldsymbol{0}$，则对应于基 $\boldsymbol{B}$ 的基本可行解便是最优解，称为基本最优解，基 $\boldsymbol{B}$ 称为最优基。

解$\boldsymbol{x}_B=\boldsymbol{B}^{-1}\boldsymbol{b}$ 的获得，通常还可以有一个最简单的办法，即如果已知$\boldsymbol{B}^{-1}$，则给条件 $\boldsymbol{Ax}=\boldsymbol{b}$ 两边左乘以$\boldsymbol{B}^{-1}$即可，这时有

$$\boldsymbol{B}^{-1}\boldsymbol{Ax}=\boldsymbol{B}^{-1}\boldsymbol{b} \tag{1-19}$$

同时，不难得到：

$$Z-\boldsymbol{C}_B\boldsymbol{B}^{-1}\boldsymbol{b}=(\boldsymbol{C}_N-\boldsymbol{C}_B\boldsymbol{B}^{-1}\boldsymbol{N})\boldsymbol{x}_N \tag{1-20}$$

另外，由于$\boldsymbol{C}_N-\boldsymbol{C}_B\boldsymbol{B}^{-1}\boldsymbol{N}\leqslant\boldsymbol{0}$与$\boldsymbol{C}-\boldsymbol{C}_B\boldsymbol{B}^{-1}\boldsymbol{A}\leqslant\boldsymbol{0}$等价，于是从便于观察的角度考虑问题，把式（1-19）和式（1-20）中的有关量合成一个矩阵，则有

$$T(\boldsymbol{B})=\begin{pmatrix}-\boldsymbol{C}_B\boldsymbol{B}^{-1}\boldsymbol{b} & \boldsymbol{C}-\boldsymbol{C}_B\boldsymbol{B}^{-1}\boldsymbol{A}\\ \boldsymbol{B}^{-1}\boldsymbol{b} & \boldsymbol{B}^{-1}\boldsymbol{A}\end{pmatrix}$$

$T(\boldsymbol{B})$就称作对应于基$\boldsymbol{B}$的单纯形表。

如果记$\boldsymbol{C}_B\boldsymbol{B}^{-1}\boldsymbol{b}=b_{00}$，$\boldsymbol{C}-\boldsymbol{C}_B\boldsymbol{B}^{-1}\boldsymbol{A}=(b_{01},\ b_{02},\ \cdots,\ b_{0n})$

$$\boldsymbol{B}^{-1}\boldsymbol{b}=\begin{pmatrix}b_{10}\\ b_{20}\\ \vdots\\ b_{m0}\end{pmatrix}\qquad \boldsymbol{B}^{-1}\boldsymbol{A}=\begin{pmatrix}b_{11} & b_{12} & \cdots & b_{1n}\\ b_{21} & b_{22} & \cdots & b_{2n}\\ \vdots & \vdots & & \vdots\\ b_{m1} & b_{m2} & \cdots & b_{mn}\end{pmatrix}$$

则$T(\boldsymbol{B})$可记为

$$T(\boldsymbol{B})=\left(\begin{array}{c|ccc}-b_{00} & b_{01} & \cdots & b_{0n}\\ \hline b_{10} & b_{11} & \cdots & b_{1n}\\ \vdots & \vdots & & \vdots\\ b_{m0} & b_{m1} & \cdots & b_{mn}\end{array}\right)$$

在上述表中，b_{00}即为目标函数值，b_{01}，b_{02}，…，b_{0n}即为与每一变量对应的检验数，而b_{10}，b_{20}，…，b_{m0}则是与每一基变量对应的基变量值。

1.4.3 单纯形表

单纯形方法在使用中一般采用单纯形表的方式进行，主要分为四步：

（1）第一步，先在标准形中找出一个初始可行基，并建立初始单纯形表。以例 1-1 为例，在本例的标准式中，显然x_3和x_4对应的列向量构成了一个单位阵，可作为一个初始可行基，由于这时有$\boldsymbol{B}=\boldsymbol{B}^{-1}=\boldsymbol{I}$（$\boldsymbol{I}$是单位阵），$\boldsymbol{C}_B=\boldsymbol{0}$。于是，例 1-1 的初始单纯形表如表 1-9 所示。

表 1-9 例 1-1 的初始单纯形表

		x_1	x_2	x_3	x_4	R
Z	0	50	30	0	0	
x_3	120	4	3	1	0	30
x_4	50	(2)	1	0	1	25

（2）第二步，进行最优性检验。这里主要分四种情况：

1）如果所有的检验数b_{0j}（$j=1,\ 2,\ \cdots,\ n$）都非正，则基$\boldsymbol{B}$对应的基本可行解已是最优解。

2）如果所有的检验数b_{0j}都非正，但某个非基变量对应的检验数为零，则该问题存在无穷多解。

3）如果存在正检验数但某个正检验数所对应的列向量中的所有分量都为非正数，则该问题为无界解。

4）如果检验数中尚有一些为正数，且这些检验数所对应的列向量中至少有一个正分量，则问题还未达到最优解，需要进行换基迭代。

这里对于第三种情况尚需做一些证明。

证明：如果$b_{0j}>0$，其对应的列向量即$\boldsymbol{B}^{-1}\boldsymbol{P}_j$，若考虑$x_j$入基，则这时线性规划问题可写成

如下的等价形式：

$$\max Z = \boldsymbol{C}_B\boldsymbol{B}^{-1}\boldsymbol{b} + b_{0j}x_j$$
$$\text{s.t.} \begin{cases} \boldsymbol{x}_B = \boldsymbol{B}^{-1}\boldsymbol{b} - \boldsymbol{B}^{-1}\boldsymbol{P}_j x_j \\ \boldsymbol{x}_B,\ x_j \geqslant 0 \end{cases}$$

显然，由于$\boldsymbol{B}^{-1}\boldsymbol{b}\geqslant 0$，$\boldsymbol{B}^{-1}\boldsymbol{P}_j\leqslant 0$，因此，无论 x_j 取何值（在正实数范围内），约束方程均可满足 $\boldsymbol{x}_B\geqslant 0$ 的要求。又因为 $b_{0j}>0$，则当 $x_j\to +\infty$ 时，目标值 $Z\to +\infty$，即问题无界。

对表 1-1 进行观察，由于检验数均为正，且对应的列向量也有正数，故需换基迭代。对于初始单纯形表来说，可能所有检验数均为正数，入基变量的选择一般选系数最大者，如系数或检验数等值，则按先后次序确定。对表 1-1，选 x_1 入基。一般地，记入基变量所在列为 s 列。

（3）第三步，用 R 准则确定出基变量。

R 准则也称比率最小准则。因为要保证$\boldsymbol{x}_B\geqslant 0$，所以必须保证列向量$\boldsymbol{B}^{-1}\boldsymbol{b} - \boldsymbol{B}^{-1}\boldsymbol{P}_s x_s\geqslant 0$，也即只能有 $x_s\leqslant \dfrac{\boldsymbol{B}^{-1}\boldsymbol{b}}{\boldsymbol{B}^{-1}\boldsymbol{P}_S}$，这一条件一般被表述为如下的 R 准则：

$$R = \min_i\left\{\frac{b_{i0}}{b_{is}}\,\middle|\, b_{is}>0\right\} = \frac{b_{r0}}{b_{rs}}$$

这时可确定第 r 个基变量出基，即（$\boldsymbol{x}_B$）$_r$ 出基。

在这里 r 不是变量的自然下标，而是变量在基变量中顺序的下标。出基变量所在行与入基变量所在列交点上的矩阵元素b_{rs}，称作轴心元素，一般可加圆括号括起来。计算表 1-1 的 R 值，其最小比率是 25，于是 x_4 被确定为出基变量。

（4）第四步，换基迭代。迭代一般通过矩阵的行初等变换进行。对于表 1-9，经迭代得表 1-10。

表 1-10　例 1-1 迭代后的单纯形表

		x_1	x_2	x_3	x_4	R
Z	-1250	0	5	0	-25	
x_3	20	0	(1)	1	-2	20
x_1	25	1	1/2	0	1/2	50

重复如上第二步到第四步的操作，即得到例 1-1 的最优单纯形表如表 1-11 所示。

表 1-11　例 1-1 的最优单纯形表

		x_1	x_2	x_3	x_4	R
Z	-1350	0	0	-5	-15	
x_2	20	0	1	1	-2	
x_1	15	1	0	-1/2	3/2	

在表 1-10 和表 1-11 中，目标函数的负值是容易理解的，因为与式（1-20）相对应，当目标函数放入单纯形表时，实际上是以如下的形式进入的：

$$\boldsymbol{Z} - \boldsymbol{C}_B\boldsymbol{B}^{-1}\boldsymbol{b} = (\boldsymbol{C}_N - \boldsymbol{C}_B\boldsymbol{B}^{-1}\boldsymbol{N})\ \boldsymbol{x}_N$$

1.4.4　如何寻找初始可行基（二阶段法）

前面所讲的单纯形方法约束方程是满秩的，且已有一个可行基，因而可求出第一个基本可行解。但在许多问题中，往往不存在现成的可行基，尤其是当变量很多、约束方程很多时，甚至连判定 $\boldsymbol{A}$ 是否满秩（约束中可能有多余的方程），甚至问题有无可行解（约束中可能有矛盾的方程）都是困难的。因此，必须了解求初始可行基的方法。寻求初始可行基的问题也经常存在于最小化问题之中。如果一个模型全是大于等于型约束。如例 1-2，则引入的松弛变量均为负系数。这时虽然 $\boldsymbol{A}$ 可能是满秩的，但由于 $\boldsymbol{B}^{-1}=-\boldsymbol{I}$，则必有 $\boldsymbol{x}_B=\boldsymbol{B}^{-1}\boldsymbol{b}<0$，即基 $\boldsymbol{B}$ 无基本可行解，因而基 $\boldsymbol{B}$ 也不是可行基。等型约束也常常引起寻求初始可行基的困难。

寻求初始可行基的方法，通常有大 M 法和二阶段法供参考。由于大 M 法在使用计算机求解时容易引起数值计算上的困难，所以几乎所有的商用线性规划软件都不使用大 M 法。因此这里主要介绍二阶段法。

顾名思义，二阶段法就是将线性规划的求解过程分为两个阶段，第一阶段只是寻求一个初始可行基，第二阶段再按一般方法寻找最优解。

第一阶段：先在原问题中引入人工变量（也叫人造变量或人为变量）并找到一个初始基。方法是另外构造一个新的求极小值的目标函数，该目标函数除了人工变量的系数为 1 外，其余变量的目标函数系数均为零。再求解该线性规划问题，在不退化的前提下，如果得到的最优解值为零，表明所有的人工变量已不在基中，这时的最优解即原问题的一个基本可行解。

第二阶段：将原目标函数换回，以第一阶段的可行基为初始基进行迭代，直到找到最优解为止。在第二阶段的迭代中，即可删去全部的人工变量。

二阶段法也称二阶段单纯形法，与此相对应，原来的单纯形法则称为直接单纯形法。

以上过程可以用代数方法说明如下：

（1）$\max Z=c_1x_1+c_2x_2+\cdots+c_nx_n$

$$\text{s. t.}\begin{cases}a_{11}x_1+a_{12}x_2+\cdots+a_{1n}x_n=b_1\\a_{21}x_1+a_{22}x_2+\cdots+a_{2n}x_n=b_2\\\qquad\vdots\\a_{m1}x_1+a_{m2}x_2+\cdots+a_{mn}x_n=b_m\\x_i\geqslant 0\quad(i=1,2,\cdots,n)\end{cases}$$

现在引入辅助规划（人工变量用 y 表示）。

（2）$\min S=y_1+y_2+\cdots+y_m$

$$\text{s. t.}\begin{cases}Z\qquad+c_1x_1+c_2x_2+\cdots+c_nx_n=0\\y_1\qquad+a_{11}x_1+a_{12}x_2+\cdots+a_{1n}x_n=b_1\\y_2\qquad+a_{21}x_1+a_{22}x_2+\cdots+a_{2n}x_n=b_2\\\qquad\qquad\vdots\\y_m\qquad+a_{m1}x_1+a_{m2}x_2+\cdots+a_{mn}x_n=b_m\\x_j\geqslant 0\ (j=1,2,\cdots,n),\ y_i\geqslant 0\ (i=1,2,\cdots,m),\ Z<0\end{cases}$$

在辅助规划中，

$$\boldsymbol{A}_{(m+1)\times(m+n+1)}=\begin{pmatrix}1&0&0&\cdots&0&c_1&c_2&\cdots&c_n\\0&1&0&\cdots&0&a_{11}&a_{12}&\cdots&a_{1n}\\0&0&1&\cdots&0&a_{21}&a_{22}&\cdots&a_{2n}\\\vdots&\vdots&\vdots&&\vdots&\vdots&\vdots&&\vdots\\0&0&0&\cdots&1&a_{m1}&a_{m2}&\cdots&a_{mn}\end{pmatrix}$$

$$\boldsymbol{b}=\begin{pmatrix}0\\b_1\\b_2\\\vdots\\b_m\end{pmatrix},\ \boldsymbol{C}=(0,\ 1,\ 1,\ \cdots,\ 1,\ 0,\ \cdots,\ 0)$$

显然，$\boldsymbol{A}$ 中有一个现成的可行基，即 $\boldsymbol{A}$ 中前 $m+1$ 列构成的单位阵，因此$\boldsymbol{C}_B=(0,\ 1,\ 1,\ \cdots,\ 1)$，$\boldsymbol{C}_B\boldsymbol{B}^{-1}\boldsymbol{b}=(0,\ 1,\ 1,\ \cdots,\ 1)$，$b=b_1+b_2+\cdots+b_m=\sum_{i=1}^{m}b_i$。

由于辅助规划是一个最小化问题，所以按照标准化目标函数 $T=-S=-\boldsymbol{C}_B\boldsymbol{B}^{-1}\boldsymbol{b}+(\boldsymbol{C}_B\boldsymbol{B}^{-1}\boldsymbol{N}-\boldsymbol{C}_N)\boldsymbol{x}_N$，即这时检验数变为$\boldsymbol{C}_B\boldsymbol{B}^{-1}\boldsymbol{A}-\boldsymbol{C}\leqslant 0$，同时由于在这里与第 1.4.2 小节式（1-20）等价的形式 $T+\boldsymbol{C}_B\boldsymbol{B}^{-1}\boldsymbol{b}=(\boldsymbol{C}_B\boldsymbol{B}^{-1}\boldsymbol{N}-\boldsymbol{C}_N)\boldsymbol{x}_N$，所以单纯形表中的目标函数值必为正值。

由于 $\quad\boldsymbol{C}_B\boldsymbol{B}^{-1}\boldsymbol{A}-\boldsymbol{C}=\boldsymbol{C}_B\boldsymbol{A}-\boldsymbol{C}$

$$=(0,\ 1,\ 1,\ \cdots,\ 1)\begin{pmatrix}1&0&0&\cdots&0&c_1&c_2&\cdots&c_n\\0&1&0&\cdots&0&a_{11}&a_{12}&\cdots&a_{1n}\\0&0&1&\cdots&0&a_{21}&a_{22}&\cdots&a_{2n}\\\vdots&\vdots&\vdots&&\vdots&\vdots&\vdots&&\vdots\\0&0&0&\cdots&1&a_{m1}&a_{m2}&\cdots&a_{mn}\end{pmatrix}-$$

$$(0,\ 1,\ \cdots,\ 1,\ 0,\ \cdots,\ 0)$$

$$=(0,0,\cdots,0,\ \sum_{i=1}^{m}a_{i1},\ \sum_{i=1}^{m}a_{i2},\ \cdots,\ \sum_{i=1}^{m}a_{in})$$

又因为 $\boldsymbol{B}^{-1}\boldsymbol{b}=\boldsymbol{b}$，$\boldsymbol{B}^{-1}\boldsymbol{A}=\boldsymbol{A}$，所以与基 $\boldsymbol{B}$ 对应的单纯形表为

$$T(\boldsymbol{B})=\left(\begin{array}{c|cccccccc}\sum_{i=1}^{m}b_i&0&0&\cdots&0&\sum_{i=1}^{m}a_{i1}&\sum_{i=1}^{m}a_{i2}&\cdots&\sum_{i=1}^{m}a_{in}\\\hline 0&1&0&\cdots&0&c_1&c_2&\cdots&c_n\\b_1&0&1&\cdots&0&a_{11}&a_{12}&\cdots&a_{1n}\\\vdots&\vdots&\vdots&&\vdots&\vdots&\vdots&&\vdots\\b_m&0&0&\cdots&1&a_{m1}&a_{m2}&\cdots&a_{mn}\end{array}\right)$$

下面以例 1-2 的单纯形解法为例予以说明。

例 1-2 的标准形可写为

$$\max(-Z)=-3x_1-5x_2$$

$$\text{s. t.}\begin{cases}4x_1+2x_2-x_3=8\\30x_1+60x_2-x_4=96\\x_1,\ x_2,\ x_3,\ x_4\geqslant 0\end{cases}$$

根据以上标准形可写出例 1-2 的二阶段初始单纯形表如表 1-12 所示。

表 1-12　例 1-2 的二阶段初始单纯形表

		Z	y_1	y_2	x_1	x_2	x_3	x_4	R
	104	0	0	0	34	62	−1	−1	
Z	0	1	0	0	−3	−5	0	0	
y_1	8	0	1	0	4	2	−1	0	4
y_2	96	0	0	1	30	(60)	0	−1	8/5

以 x_2 入基 y_2 出基迭代后，得表 1-13。

表 1-13　例 1-2 的二阶段迭代表

		Z	y_1	y_2	x_1	x_2	x_3	x_4	R
	24/5	0	0	-31/30	3	0	-1	1/30	
Z	8	1	0	1/12	-1/2	0	0	-1/12	
y_1	24/5	0	1	-1/30	(3)	0	-1	1/30	8/5
x_2	8/5	0	0	1/60	1/2	1	0	-1/60	16/5

以 x_1 入基 y_1 出基，得最优表如表 1-14 所示。

表 1-14　例 1-2 的二阶段最优表

		Z	y_1	y_2	x_1	x_2	x_3	x_4	R
	0	0	-1	-1	0	0	0	0	
Z	8.8	1	1/6	7/90	0	0	-1/6	-7/90	
x_1	1.6	0	1/3	-1/90	1	0	-1/3	1/90	
x_2	0.8	0	-1/6	1/45	0	1	1/6	-1/45	

在表 1-14 中，检验数已全部非正，且基变量中已无人工变量，所以删掉第一行和前三列，得到例 1-2 的最优单纯形表如表 1-15 所示。

表 1-15　例 1-2 的最优单纯形表

		x_1	x_2	x_3	x_4	R
Z	8.8	0	0	-1/6	-7/90	
x_1	1.6	1	0	-1/3	1/90	
x_2	0.8	0	1	1/6	-1/45	

如果目标函数中的系数不是 3，而是 2，则得到的最优单纯形表如表 1-16 所示。

表 1-16　例 1-2 目标函数系数改变时的最优表

		Z	y_1	y_2	x_1	x_2	x_3	x_4	R
	0	0	-1	-1	0	0	0	0	
Z	7.2	1	-1/6	8/90	0	0	-1/61	-8/90	
x_1	1.6	0	1/3	-1/90	1	0	-1/3	1/90	
x_2	0.8	0	-1/6	1/45	0	1	(1/6)	-1/45	4.80

1.5　改进单纯形方法

1.5.1　单纯形方法的缺点及其改进的思路

当计算大规模的线性规划问题时，尤其是在用计算机进行计算时，人们发现单纯形方法常常存在如下缺点：

(1) 要将整个系数矩阵 $\boldsymbol{A}$ 放入内存之中，需要占据较大的计算机内存空间。对于大规模的问题而言，存储 $\boldsymbol{A}$ 是相当困难的。大规模问题的系数矩阵一般为稀疏矩阵，其中取重值的很多，人们通常只希望将其中的非零系数按一定规则存入内存中，但在单纯形方法中每行每列的非零系数在计算过程中会不断变化，这就给存储带来了一定困难。

(2) 每次迭代，$\boldsymbol{A}$ 矩阵中的所有数据都必须重新计算，其中很多计算是多余的。

(3) 迭代次数增多时，累积误差无法消除，影响计算精度，因此无法用于求解大问题。

为了克服上述缺点，人们提出了一种改进的单纯形方法。该方法只需存储基的逆矩阵，用向量乘积的形式表示基逆，以期最大限度地保持矩阵的稀疏性和提高计算效率。同时通过重新求逆的方法来消除计算和累积误差。

在已有的单纯形方法中，$\boldsymbol{B}^{-1}$ 的计算有着至关重要的地位，其中许多重要参数的计算都与 $\boldsymbol{B}^{-1}$ 有关。但在旧的单纯形方法中，多数情况下，$\boldsymbol{B}^{-1}$ 都是显然存在的。这在大规模问题中是不可能的。由于改进的单纯形方法用向量乘积的方式来保存基逆，从而就有效地克服了 $\boldsymbol{B}^{-1}$ 计算和保存中的许多困难。

1.5.2 基逆的乘积表示方法

在已有的单纯形方法中，对于对应于基 $\boldsymbol{B}$ 的单纯形表，实际我们所关心的只是下面一些数据：

(1) $b_{oj}=c_j-\boldsymbol{C}_B\boldsymbol{B}^{-1}\boldsymbol{P}_j$。

(2) $\boldsymbol{B}^{-1}\boldsymbol{P}_s=\begin{pmatrix}b_{1s}\\b_{2s}\\\vdots\\b_{ms}\end{pmatrix}$，$\boldsymbol{x}_B=\boldsymbol{B}^{-1}\boldsymbol{b}=\begin{pmatrix}b_{10}\\b_{20}\\\vdots\\b_{m0}\end{pmatrix}$。

我们用 b_{0j} 来判别 $\boldsymbol{B}$ 是否满足最优基条件，如不满足，则利用上面的第二组数据来确定轴心项 b_{rs}，以 b_{rs} 为轴心做换基迭代，就可得到新基 $\overline{\boldsymbol{B}}$。然而这些数据，只要知道 $\boldsymbol{B}^{-1}$，就可以直接从问题的初始数据中计算出来，同时，当基 $\boldsymbol{B}$ 变换到 $\overline{\boldsymbol{B}}$ 时，$\overline{\boldsymbol{B}}^{-1}$ 也很容易从 $\boldsymbol{B}^{-1}$ 得到。

这是因为：

$$\boldsymbol{B}=(\boldsymbol{P}_{j_1},\ \boldsymbol{P}_{j_2},\ \cdots,\ \boldsymbol{P}_{j_r},\ \cdots,\ \boldsymbol{P}_{j_m})$$

$$\overline{\boldsymbol{B}}=(\boldsymbol{P}_{j_1},\ \cdots\boldsymbol{P}_{j_{r-1}},\ \boldsymbol{P}_{j_s},\ \boldsymbol{P}_{j_{r+1}},\ \cdots,\ \boldsymbol{P}_{j_m})$$

注意观察例 1-1 的单纯形法求解过程，单位阵中只有与出基变量对应的列发生变化。

又因为：

$$\boldsymbol{B}^{-1}\boldsymbol{B}=\boldsymbol{B}^{-1}(\boldsymbol{P}_{j_1},\ \boldsymbol{P}_{j_2},\ \cdots,\ \boldsymbol{P}_{j_r},\ \cdots,\ \boldsymbol{P}_{j_m})$$

$$\begin{aligned}\boldsymbol{B}^{-1}\overline{\boldsymbol{B}}&=\boldsymbol{B}^{-1}(\boldsymbol{P}_{j_1},\ \cdots\boldsymbol{P}_{j_{r-1}},\ \boldsymbol{P}_{j_s},\ \boldsymbol{P}_{j_{r+1}},\ \cdots,\ \boldsymbol{P}_{j_m})\\&=(\boldsymbol{e}_1,\ \boldsymbol{e}_2,\ \cdots,\ \boldsymbol{e}_{r-1},\ \boldsymbol{B}^{-1}\boldsymbol{P}_s,\ \boldsymbol{e}_{r+1},\ \cdots,\ \boldsymbol{e}_m)\end{aligned}$$

在这里 $\boldsymbol{e}_i$ 为单位向量，而 $\boldsymbol{B}^{-1}\boldsymbol{P}_s=\begin{pmatrix}b_{1s}\\b_{2s}\\\vdots\\b_{ms}\end{pmatrix}$，

所以有

$$
\boldsymbol{B}^{-1}\overline{\boldsymbol{B}}=\begin{pmatrix}
1 & 0 & \cdots & \cdots & b_{1s} & \cdots & \cdots & 0\\
0 & 1 & \cdots & \cdots & b_{2s} & \cdots & \cdots & 0\\
\vdots & \vdots & & \vdots & \vdots & \vdots & \vdots & \vdots\\
\vdots & \vdots & \vdots & 1 & \vdots & \vdots & \vdots & \vdots\\
\cdots & \cdots & \cdots & 0 & b_{rs} & \vdots & \cdots & 0\\
\vdots & \vdots & \vdots & \vdots & \vdots & 1 & \vdots & \vdots\\
\vdots & \vdots & \vdots & \vdots & \vdots & \vdots & \ddots & \vdots\\
\cdots & \cdots & \cdots & \cdots & b_{ms} & \cdots & \cdots & 1
\end{pmatrix}=G_{rs}
$$

即

$$\overline{\boldsymbol{B}}=\boldsymbol{B}\,\boldsymbol{G}_{rs}$$

根据乘积求逆的公式

$$\overline{\boldsymbol{B}}^{-1}=\boldsymbol{G}_{rs}^{-1}\boldsymbol{B}^{-1}$$

由于$\boldsymbol{G}_{rs}$是一个只有一列与单位阵不同的初等阵，因而很容易求得

$$
\boldsymbol{G}_{rs}^{-1}=\begin{pmatrix}
1 & & -\dfrac{b_{1s}}{b_{rs}} & & \\
 & \ddots & \vdots & & \\
 & & \dfrac{1}{b_{rs}} & & \\
 & & \vdots & \ddots & \\
 & & -\dfrac{b_{ms}}{b_{rs}} & & 1
\end{pmatrix}=\boldsymbol{E}
$$

于是不难得到：

$$\boldsymbol{B}_1^{-1}=\boldsymbol{E}_1\,\boldsymbol{B}_0^{-1}，\ \boldsymbol{B}_2^{-1}=\boldsymbol{E}_2\,\boldsymbol{B}_1^{-1}$$

如果初始基是一个单位阵，则必有$\boldsymbol{B}_0^{-1}=\boldsymbol{I}$，这样以此类推下去，第 j 次迭代后的基就可表示为：

$$\boldsymbol{B}_j^{-1}=\boldsymbol{E}_j\,\boldsymbol{E}_{j-1}\cdots\boldsymbol{E}_1\,\boldsymbol{E}_0$$

这就是逆的乘积形式，这样基逆的存储实际就变为存储一系列的$\boldsymbol{E}_i$向量。$\boldsymbol{E}_i$是稳定的向量，在后续计算中不会改变，因此较易处理。由于改进单纯形方法计算效率方面的优点，因此目前大部分商用软件都使用改进的单纯形方法。

1.5.3　改进单纯形方法的应用步骤

设对于标准形线性规划模型，已经给出可行基$\boldsymbol{B}$，且已求出$\boldsymbol{B}^{-1}$和$\boldsymbol{x}_B=\boldsymbol{B}^{-1}\boldsymbol{b}$，则改进单纯形方法的应用有如下步骤：

（1）求单纯形乘子$\boldsymbol{\pi}=\boldsymbol{C}_B\boldsymbol{B}^{-1}$。

（2）依次计算$b_{0j}=c_j-\boldsymbol{\pi}\boldsymbol{P}_j$，若所有的$b_{0j}$都非正数，则基$\boldsymbol{B}$已为最优解，否则找出最左边的一个正数设为$b_{0s}$（对应的变量即为入基变量）。

（3）计算向量$\boldsymbol{P}_s'=\boldsymbol{B}^{-1}\boldsymbol{P}_s$，若其中的分量$b_{is}$均为非正（$1\leqslant i\leqslant m$），则该问题无最优解。

（4）若b_{is}中有正分量，则用正的分量b_{is}分别去除$\boldsymbol{B}^{-1}\boldsymbol{b}$中相应的分量$b_{i0}$，并取其中最小者对应的基变量为出基变量。

（5）形成初等变换矩阵$\boldsymbol{E}$。

（6）得新基 $\overline{\boldsymbol{B}}$，且计算：

$$\overline{\boldsymbol{B}}^{-1}=\boldsymbol{E}\boldsymbol{B}^{-1},\ \boldsymbol{x}_{\overline{B}}=\overline{\boldsymbol{B}}^{-1}\boldsymbol{b}=\boldsymbol{E}\boldsymbol{B}^{-1}\boldsymbol{b}=\boldsymbol{E}\boldsymbol{x}_B$$

重复上述过程有限次，必得最优解或判定无最优解。

仍以例 1-1 的改进单纯形方法求解过程为例，对上述过程作以演示，其结果被列入表 1-17。该表的特点是非基变量 $\boldsymbol{x}_N$ 和基变量 $\boldsymbol{x}_B$ 严格分开，且被分别集中在表的左右两边，同时为了便于观察和比较，每段都设计有表头。

表 1-17　例 1-1 的改进单纯形表

第一段			x_1	x_2	x_3	x_4	R
	S	0	50	30	0	0	
	x_3	120	4	3	1	0	30
	x_4	50	(2)	1	0	1	25
第二段			x_4	x_2	x_3	x_1	R
	S	-1250	-25	5	0	0	
	x_3	20	-2	(1)	1	0	20
	x_1	25	1/2	1/2	0	1	50
第三段			x_4	x_3	x_2	x_1	
	S	-1350	-5	-15	0	0	
	x_2	20	1	-2	1	0	
	x_1	15	-1/2	3/2	0	1	

表 1-17 简要说明如下：

$$\boldsymbol{E}_1=\begin{pmatrix}1 & -2\\ 0 & \frac{1}{2}\end{pmatrix}\qquad \boldsymbol{B}_1^{-1}=\boldsymbol{E}_1\boldsymbol{B}_0^{-1}=\boldsymbol{E}_1\qquad (\text{因}\boldsymbol{B}_0^{-1}=\boldsymbol{I})$$

$$\boldsymbol{\pi}_1=\boldsymbol{C}_{B_1}\boldsymbol{B}_1^{-1}=(0,50)\begin{pmatrix}1 & -2\\ 0 & \frac{1}{2}\end{pmatrix}=(0,25)$$

$$b_{01}=50-(0,25)\begin{pmatrix}4\\2\end{pmatrix}=0$$

$$b_{02}=30-(0,25)\begin{pmatrix}3\\1\end{pmatrix}=5$$

$$\boldsymbol{B}_1^{-1}\boldsymbol{P}_2=\begin{pmatrix}1 & -2\\ 0 & \frac{1}{2}\end{pmatrix}\begin{pmatrix}3\\1\end{pmatrix}=\begin{pmatrix}1\\ \frac{1}{2}\end{pmatrix}\ (\text{此即第二段 } x_2 \text{ 对应列})$$

$$\boldsymbol{x}_{B_1}=\boldsymbol{E}_1\boldsymbol{x}_{B_0}=\begin{pmatrix}1 & -2\\ 0 & \frac{1}{2}\end{pmatrix}\begin{pmatrix}120\\50\end{pmatrix}=\begin{pmatrix}20\\25\end{pmatrix}$$

$$\boldsymbol{E}_2=\begin{pmatrix}1 & 0\\ -\frac{1}{2} & 1\end{pmatrix}\quad \boldsymbol{B}_2^{-1}=\boldsymbol{E}_2\boldsymbol{B}_1^{-1}=\begin{pmatrix}1 & 0\\ -\frac{1}{2} & 1\end{pmatrix}\begin{pmatrix}1 & -2\\ 0 & \frac{1}{2}\end{pmatrix}=\begin{pmatrix}1 & -2\\ -\frac{1}{2} & \frac{3}{2}\end{pmatrix}$$

$$\boldsymbol{\pi}_2=\boldsymbol{C}_{B_2}\boldsymbol{B}_2^{-1}=(30,50)\begin{pmatrix}1 & -2\\ -\frac{1}{2} & \frac{3}{2}\end{pmatrix}=(5,15)$$

$$b_{01}=50-(5,15)\begin{pmatrix}4\\2\end{pmatrix}=0 \qquad b_{02}=30-(5,15)\begin{pmatrix}3\\1\end{pmatrix}=0$$

$$\boldsymbol{x}_{B_2}=\boldsymbol{E}_2\boldsymbol{x}_{B_1}=\begin{pmatrix}1 & 0\\ -\dfrac{1}{2} & 1\end{pmatrix}\begin{pmatrix}20\\25\end{pmatrix}=\begin{pmatrix}20\\15\end{pmatrix}$$

不难看出，改进单纯形方法的显著优点是：存储量少（运用计算机计算时表 1-17 中的后两列完全可以不予理会），运算效率高（能充分利用信息），所以可用于求解比较大型的线性规划问题（变量多、约束方程也多的模型）。

应用案例讨论

案例 1-1　北方化工厂月生产计划安排

1. 问题的提出

根据企业的经营现状和目标，制订切实有效的生产计划，是一个企业提高效益的关键。尤其是对于一个化工厂来说，由于原料品种多，生产工艺复杂，原材料和产成品存储费用高，且有一定的危险性，因此对其生产计划进行合理安排就显得尤为重要。

2. 有关数据

（1）生产情况。北方化工厂现有职工 120 人，其中生产工人 105 人。主设备是 2 套提取生产线，每套容量为 800kg，至少需 10 人看管。该厂每天 24h 连续生产，节假日不停机。原料投入到成品出线平均需 10h，成品率约为 60%。该厂只有 4t 货车 1 辆，可供原材料运输。

（2）产品结构及有关资料。该厂目前的产品可分为 5 类，所需原材料 15 种，有关资料如表1-18 所示。

供销情况：

A. 根据现有运输条件，原料 3 从外地购入，每月只能购入 1 车。

B. 根据前几个月的销售情况，产品 1 和产品 3 应占到总产量的 70%，产品 2 最好不超过总产量的 5%，产品 1 应不低于产品 3 和产品 4 的产量之和。

（3）拟解决问题。制订该厂的月生产计划，使总利润最高。

找出制约该厂提高生产能力的瓶颈因素，提出解决办法。

表 1-18　数据表

原　料	产品 1（%）	产品 2（%）	产品 3（%）	产品 4（%）	产品 5（%）	原料价格/(元/t)
1	47.1	44.4	47.0	47.1	44.4	5.71
2	19.2	19.7	20.3	19.7	19.2	0.45
3	9.4	5.4	4.5	1.7	8.6	0.215
4	5.5	18.7	20.7	1.9	19.7	0.8
5	4.0	7.0	6.2	6.1	6.21	0.165
6		0.22	0.6	13.9		4.5
7	12.0	3.00				1.45
8					0.2	16.8

（续）

原　料	产品1(%)	产品2(%)	产品3(%)	产品4(%)	产品5(%)	原料价格/(元/t)
9	0.7	1.58	0.6			0.45
10				5.8		1.5
11				2.5		52.49
12				0.28		1.2
13					1.3	1.45
14	2.1			1.02	0.39	1.8
15			0.1			11.4
产品价/(元/t)	7.5	8.95	8.30	31.8	9.8	

3. 建模求解

【解】 先分析，每天可供人力为105×5/7=75人，每日三班需要10×2×3=60人，原料：每日正常生产需0.8×2×24/10=3.84t，每日运输1货车即可满足需要。于是，可设x_{ij}表示i原料在j产品中的使用净重，记原料价为C_i，产品价为P_j，则有

$$\max Z=\sum(P_j\sum x_{ij})-\sum(C_i\sum x_{ij})$$

$$\text{s.t.}\begin{cases}（构成限制）x_{11}=0.471\sum x_{i1}\\ x_{21}=0.192\sum x_{i1}\\ \vdots\\ x_{14.1}=0.021\sum x_{i1}\quad（共42个）\\ （原料约束）\sum x_{3j}\leqslant 4\times 0.6\\ \sum\sum x_{ij}\leqslant 3.84\times 30\times 0.6\\ （产销限制）\sum x_{i1}+\sum x_{i3}=0.7\sum\sum x_{ij}\\ \sum x_{i2}\leqslant\sum\sum x_{ij}\\ \sum x_{i1}\geqslant\sum x_{i3}+\sum x_{i4}\quad（共3个）\\ x_{ij}\geqslant 0\end{cases}$$

案例1-2　北方食品公司投资方案规划

1. 背景材料

北京北方食品公司为北京市大型现代化肉类食品加工企业，其主营业务为屠宰、加工、批发鲜冻猪肉。公司位于北京南郊。现公司主要向市区106个零售商店批发猪肉，并负责送货。目前公司经营中主要存在的问题是客户反映公司送货不及时，有时商店营业后货仍未送到，影响客户经营。问题产生的主要原因是冷藏车辆不足，配置不合理，均为4t冷藏车，每辆车送货6~8个点，送货时间较长，特别是7点以后，交通难以保障，致使送货延迟。但准时送货是客户十分看重的服务问题，几次送货不及时就会丢失1个客户。公司在1998年经营中因此问题曾丢失10多个客户。因此，如何保障准时送货，成为制约企业发展的瓶颈。为此，公司准备增加冷藏车数量。现就该公司如何在保障送货的前提下最优配置冷藏车问题做一简要探讨。

已知4t车每部18万元，2t车每部12万元，试求投资最少的配车方案。

2. 问题简述

北方食品公司106个零售商店中，有50个在距工厂5km内，送货车20min可达；36个在

10km 内，送货 40min 可达；20 个在 10km 以上，送货 60min 到达。冷藏车种类有 2t、4t 两种。该问题实际是如何用最少的投资（冷藏车）在指定时间内以最少的成本（费用）完成运输任务。该问题包括运输问题、最短路径问题，且各点间距离不等，销量不等。为便于计算，对该问题各类条件做如下简化：

（1）106 个零售商店日销售量在 0.3 ~ 0.6t，但大多数在 0.4 ~ 0.5t。为简化计算，设定每个商店日销售量 0.5t。

（2）将 5km 内点设为 A 类点，10km 内点设为 B 类点，10km 以上点设为 C 类点。从工厂到 A 类点的时间为 20min，到 B 类点的时间为 40min，到 C 类点的时间为 60min。A 类点间运输时间为 5min，B 类点间运输时间为 10min，C 类点间运输时间为 20min。不同类型点间时间为 20min。每点卸货、验收时间为 30min。

（3）工厂从凌晨 4 点开始发货（过早无人接货），车辆发车先后时间忽略不计。因 7 点后交通没有保障，故要求冷藏车必须在 7 点前到达零售点，故最迟送完货时间为 7：30。全程允许时间为 210min。

（4）可将该问题看作线性规划中的裁剪问题，将冷藏车可能的运输方案作为裁剪方案处理。

3. 建模求解

解法一

设购置 4t 车 y_1 台，2t 车 y_2 台，每一种车型均可以执行以下各种方案，设各车型执行不同方案的车辆数分别为 x_{ij}，则有

$$y_1 = x_{11} + x_{12} + x_{13}$$

$$y_2 = x_{21} + x_{22} + x_{23}$$

于是有

$$\min Z = 18(x_{11} + x_{12} + x_{13}) + 12(x_{21} + x_{22} + x_{23})$$

约束方程的设置要求必须首先对运输方案进行设计。根据题目要求，运输方案可设计如表 1-19 所示。

表 1-19　北方食品公司运输方案设计

方案一	路线	A —— 2A —— B —— B	送货量 2.5t
	用时/min	(20+30)　2(5+30)　(20+30)　(10+30)	
方案二	路线	B —— B —— 2C	送货量 2.0t
	用时/min	(40+30)　(10+30)　2(20+30)	
方案三	路线	C —— A —— 2A	送货量 2.0t
	用时/min	(60+30)　(20+30)　2(5+30)	

（当然，方案不止是上述三种，还可以有其他方案）

约束方程，在这里主要是各类点的需求约束：

对于 A 类点：$1.5(x_{11}+x_{21})+1.5(x_{13}+x_{23})\geqslant 25$

对于 B 类点：$x_{11}+x_{21}+x_{12}+x_{22}\geqslant 18$

对于 C 类点：$x_{12}+x_{22}+0.5(x_{13}+x_{23})\geqslant 10$

总需求约束：$4(x_{11}+x_{12}+x_{13})+2(x_{21}+x_{22}+x_{23})\geqslant 53$

（备注：这些约束方程仅是针对上述三种方案形成的约束，如果还有别的方案，则约束方程还需要再补充完善。）

问题讨论：

（1）在第一个约束方程中，x_{21}和x_{23}要考虑吗（2t 车行吗）？相应地，在第二个约束方程中，x_{11}和x_{12}要考虑吗？在第三个约束方程中，x_{12}和x_{13}要考虑吗？

（2）在第四个约束方程中，x_{11}、x_{12}和x_{13}的系数应该是 4 还是 2.5 更合适？

解法二

先考虑 2t 车的行车路线（表 1-20）。

表 1-20　2t 车的行车路线

方案 1	A —— B —— 2C （20+30）min　（20+30）min　2(20+30）min	用时（200min）	送货 2t
方案 2	B —— 2B —— C （40+30）min　2(10+30）min　（20+30）min	用时（200min）	送货 2t
方案 3	B —— B —— 2C （40+30）min　（10+30）min　2(20+30）min	用时（210min）	送货 2t
方案 4	C —— A —— 2A （60+30）min　（20+30）min　2(5+30）min	用时（210min）	送货 2t

再考虑 4t 车的行车路线（表 1-21）。

表 1-21　4t 车的行车路线

方案 1	A —— 4A （20+30）min　4(5+30）min	用时（190min）	送货 2.5t
方案 2	A —— 3A —— B （20+30）min　3(5+30）min　（20+30）min	用时（205min）	送货 2.5t
方案 3	A —— 3A —— C （20+30）min　3(5+30）min　（20+30）min	用时（205min）	送货 2.5t
方案 4	A —— 2A —— B —— B （20+30）min　2(5+30）min　（20+30）min　（10+30）min	用时（210min）	送货 2.5t

设 x_i 为执行 2t 车各方案的数量，y_i 为执行 4t 车各方案的数量，则：

$$\min Z = 12\sum_{i=1}^{4} x_i + 18\sum_{i=1}^{4} y_i$$

$$\text{s. t.}\begin{cases} 0.5x_1 + 1.5x_4 + 2.5y_1 + 2y_2 + 2y_3 + 1.5y_4 \geqslant 25 \\ 0.5x_1 + 1.5x_2 + x_3 + 0.5y_2 + y_4 \geqslant 18 \\ x_1 + 0.5x_2 + x_3 + 0.5x_4 + 0.5y_3 \geqslant 10 \\ 2\sum x_i + 2.5\sum y_i \geqslant 53 \\ x_i, y_i \geqslant 0 \quad (i = 1, 2, 3, 4) \end{cases}$$

案例 1-3　一项投资计划安排

1. 问题描述

某公司建立了一项提前退休计划。由于有 68 人要提前退休，因此在未来 8 年里，公司每年年初将需支付一笔现金以用于发放退休金，年需求额如表 1-22 所示。

表1-22 退休金年需求额

年　份	1	2	3	4	5	6	7	8
金额/万元	430	210	222	231	240	195	225	255

公司财务人员必须决定现在应将多少数量的资金作为预备金，以便应付8年期的负债到期时的支付，这些预备金的投资计划包括政府债券投资及储蓄。对于政府债券的投资限于表1-23的三种选择。

表1-23 债券的三种选择

债券种类	销售价格/元	年利率（%）	到期年数/年
1	1150	8.675	5
2	1000	5.5	6
3	1350	11.75	7

政府债券的面值是1000元，即尽管价格不同，到期时都按面值支付1000元，表中所示比率是基于面值的。为了制订这一计划，财务人员假设所有没有投资于债券的资金都用于储蓄，且每年可获得4%的利息。目标函数是求出为满足退休计划带来的8年期债务所需资金的最小值，试建立问题的线性规划模型。

2. 建模求解

设x_1、x_2、x_3、x_4分别表示用于1年期储蓄和购买5年期、6年期、7年期国债的资金额，单位为万元，Z为满足退休计划的资金额，则有

$$\min Z = x_1 + 1.115\ x_2 + x_3 + 1.135\ x_4$$

$$\text{s.t.}\begin{cases}(((((x_1-430)\times 1.04-210)\times 1.04-222)\times 1.04-231)\times \\ \qquad 1.04-240)\times 1.04+1.08675^5\ x_2=195 \\ (((((x_1-430)\times 1.04-210)\times 1.04-222)\times 1.04-231)\times \\ \qquad 1.04-240)\times 1.04^2+1.055^6\ x_3=225 \\ (((((x_1-430)\times 1.04-210)\times 1.04-222)\times 1.04-231)\times \\ \qquad 1.04-240)\times 1.04^3+1.1175^7\ x_4=255 \\ x_1,\ x_2,\ x_3,\ x_4\geqslant 0\end{cases}$$

利用 WinQSB 解线性规划

WinQSB 是运筹学计算机求解中常用的一个软件，目前流行的是 WinQSB2.0 版。下面结合例1-1介绍 WinQSB 软件求解线性规划的操作步骤及应用㊀。

利用 WinQSB 软件求解线性规划无须将原问题化成标准形，求解步骤如下：

第一步，单击调用线性规划和整数规划模块 Linear and Integer Programming，WinQSB 软件总共包括19个模块。单击后屏幕显示如图1-9所示的线性规划和整数规划工作界面。

第二步，建立新问题。单击 File，选择 New Problem（单击左上角快捷键也可以），出现如图1-10

㊀ 因在 WinQSB 中操作的烦琐，所以例题中的变量x_1，x_2，…，x_n等都平排为 x1，x2，…，xn，不区分大小写，全为正体。

所示的问题选项输入界面，输入题目相关信息。

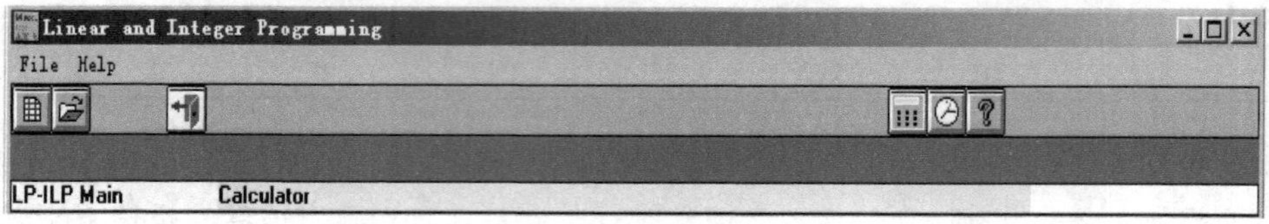

图 1-9　线性规划和整数规划的工作界面

这里需要解决的问题包括：①给问题命名（Problem Title）；②输入变量数（Number of Variables）；③输入约束数（Number of Constraints）；④选择目标函数类型（Objective Criterion Maximization/minimization；⑤选择默认的变量类型（Default Variable Type），线性规划通常选第一个；⑥选择数据输入格式（Data Entry Format）。WinQSB 通常有两种数据输入格式，选择 Spreadsheet Matrix Form 将以变量系数矩阵的格式输入，如图 1-11 所示；选择 Normal Model Form，则以完整的数据表达式输入，如图 1-12 所示。一般常用的是变量系数矩阵数据输入格式。

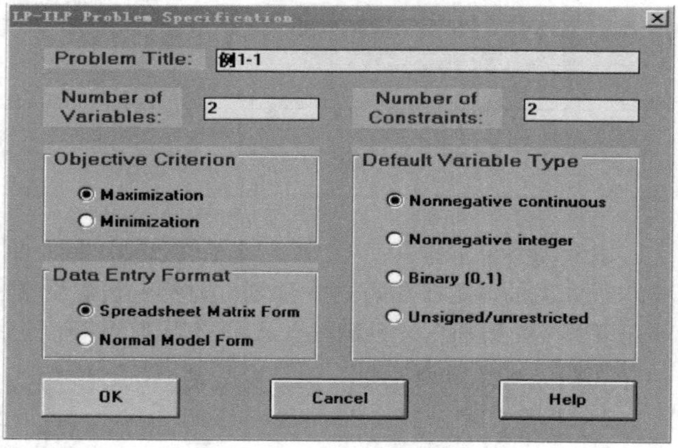

图 1-10　新问题选项输入界面

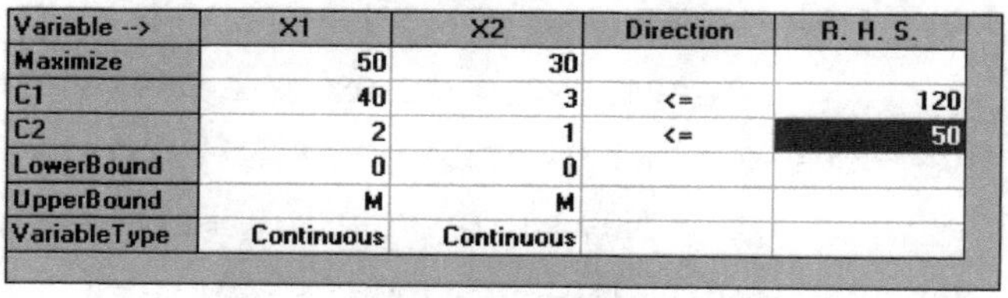

Variable -->	X1	X2	Direction	R. H. S.
Maximize	50	30		
C1	40	3	<=	120
C2	2	1	<=	50
LowerBound	0	0		
UpperBound	M	M		
VariableType	Continuous	Continuous		

图 1-11　变量系数矩阵输入格式

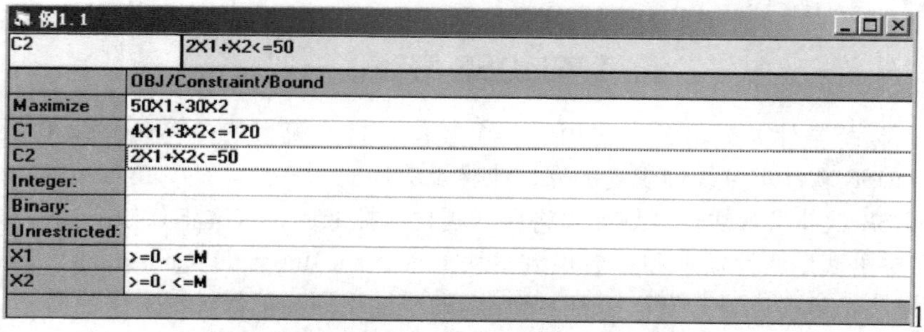

例1.1

C2	2X1+X2<=50
	OBJ/Constraint/Bound
Maximize	50X1+30X2
C1	4X1+3X2<=120
C2	2X1+X2<=50
Integer:	
Binary:	
Unrestricted:	
X1	>=0, <=M
X2	>=0, <=M

图 1-12　完整表达式输入格式

第三步，键盘输入数据。

第四步，修改变量类型。图 1-10 中 Default Variable Type 选项给出了非负连续、非负整数、

0—1 型和无约束四种变量类型，当选择了某一种类型后系统默认所有变量都属于该种类型。在图 1-11 中可以针对每个变量的情况进行调整，通过修改每个变量的下限（LowerBound）值和上限（UpperBound）值，并调整其变量类型（Variable Type）来实现，双击变量的 Variable Type 即可在四种变量间做选择。

第五步，修改变量名和约束。系统默认的变量名为“X1，X2，…，Xn”，约束名为“C1，C2，…，Cm”，根据需要可以进行修改，单击菜单栏 Edit 后，下拉菜单有四个修改选项：修改标题名（Problem Name）、变量名（Variable Name）、约束名（Constraint Name）和目标函数类型（max 或 min）。WinQSB 支持中文，可以输入中文名称。

第六步，求解。单击菜单 Solve and Analyze，下拉菜单有三个选项：求解并直接显示最终结果（Solve the Problem）、求解并显示单纯形迭代步骤（Solve and Display Steps）以及图解法（Graphic Method，仅限两个决策变量）。选择 Solve the Problem，系统会直接显示求解的综合结果分析表，如图 1-13 所示，其中各项含义如表 1-24 所示。最优解综合分析表也给出了线性规划解的类型，即唯一最优解、多重最优解、无可行解或无界解。本题目是唯一最优解。

	Decision Variable	Solution Value	Unit Cost or Profit c(j)	Total Contribution	Reduced Cost	Basis Status	Allowable Min. c(j)	Allowable Max. c(j)
1	X1	15.0000	50.0000	750.0000	0	basic	40.0000	60.0000
2	X2	20.0000	30.0000	600.0000	0	basic	25.0000	37.5000
	Objective	Function	(Max.) =	1,350.0000				

	Constraint	Left Hand Side	Direction	Right Hand Side	Slack or Surplus	Shadow Price	Allowable Min. RHS	Allowable Max. RHS
1	C1	120.0000	<=	120.0000	0	5.0000	100.0000	150.0000
2	C2	50.0000	<=	50.0000	0	15.0000	40.0000	60.0000

图 1-13　线性规划的最终输出表

由图 1-13 可以看出，例 1-1 的最优解是 $Z(15,20)=1350$。

表 1-24　最优解综合分析表术语含义

最优解综合分析表术语	含　义	最优解综合分析表术语	含　义
Decision Variable	决策变量	Constraint	约束条件
Solution Value	最优解的值	Left Hand Side	左端
Unit Cost or Profit c[i]	单位成本或利润	Direction	关系
Total Contribution	总利润	Right Hand Side	右边项
Reduced Cost	检验数	Slack or Surplus	松弛变量或剩余变量
Basis Status	变量状态（基变量或非基变量）	Shadow Price	影子价格
Allowable Min. c [i]	价值系数允许的最小值（保证当前最优解不变）	Allowable Min. RHS	资源限量允许的最小值（保证当前最优基不变）
Allowable Max. c [i]	价值系数允许的最大值（保证当前最优解不变）	Allowable Max. RHS	资源限量允许的最大值（保证当前最优基不变）

第七步，结果显示及分析。单击菜单栏 Results 或单击快捷方式图标，存在最优解时，下拉菜单有以下选项：

1）只显示最优解（Solution Summary）。

2）约束条件概要（Constraint Summary），比较约束条件两端的值。

3）对目标函数系数进行灵敏度分析（Sensitivity Analysis of OBJ）。

4）对约束条件右端常数进行灵敏度分析（Sensitivity Analysis of RHS）。

5）求解结果综合分析（Combined Report），显示求解结果的全面分析。

6）进行参数分析（Perform Parametric Analysis），若价值系数和资源限量带有参数，计算参数的变化区间及对应的最优解。

7）显示最后一张单纯形表（Final Simplex Tableau）。

8）显示另一个基本最优解（Obtain Alternate Optimal），存在多重最优解时，该选项是亮的，如例 1-1 求解结果是唯一最优解，因此该选项是暗的，即无法点选。

9）显示系统运算时间和迭代次数（Show Run Time and Iteration）。

习题与作业

1. 将下列线性规划模型转化为标准形。

（1）$\min Z=4x_1+6x_2$

$$\text{s. t.}\begin{cases}3x_1-x_2\geqslant 6\\ x_1+2x_2\leqslant 10\\ 7x_1-6x_2=4\\ x_1,\ x_2\geqslant 0\end{cases}$$

（2）$\min Z=-x_1-2x_2$

$$\text{s. t.}\begin{cases}3x_1+5x_2\leqslant 70\\ -2x_1-5x_2=50\\ -3x_1+2x_2\geqslant 30\\ x_1\leqslant 0\end{cases}$$

2. 用图解法解下列线性规划问题。

（1）$\min Z=6x_1+4x_2$

$$\text{s. t.}\begin{cases}2x_1+x_2\geqslant 1\\ 3x_1+4x_2\geqslant 3\\ x_1,\ x_2\geqslant 0\end{cases}$$

（2）$\max Z=4x_1+8x_2$

$$\text{s. t.}\begin{cases}x_1+x_2\leqslant 5\\ -x_1+x_2\geqslant 8\\ x_1,\ x_2\geqslant 0\end{cases}$$

（3）$\max Z=x_1+x_2$

$$\text{s. t.}\begin{cases}8x_1+6x_2\geqslant 24\\ 4x_1+6x_2\geqslant -12\\ x_1\geqslant 0,\ x_2\geqslant 2\end{cases}$$

（4）$\max Z=3x_1+9x_2$

$$\text{s. t.}\begin{cases}x_1+3x_2\leqslant 22\\ -x_1+x_2\leqslant 4\\ 2x_1-5x_2\leqslant 0\\ x_1\geqslant 0,\ 0\leqslant x_2\leqslant 6\end{cases}$$

3. 用图解法解下列线性规划问题，并指出所有的基本可行解及相应的目标函数值。

（1）$\min Z=3x_1+7x_2$

$$\text{s. t.}\begin{cases}2x_1+5x_2\geqslant 10\\ 3x_1+x_2\geqslant 8\\ x_1,\ x_2\geqslant 0\end{cases}$$

（2）$\max Z=5x_1-3x_2$

$$\text{s. t.}\begin{cases}3x_1+4x_2\leqslant 16\\ 2x_1+x_2\leqslant 8\\ x_1\geqslant 0,\ 0\leqslant x_2\leqslant 4\end{cases}$$

4. 请写出下列线性规划问题的所有基本解，指出哪些属于基本可行解，并确定最优的目标函数值。

$$\min Z=5x_1-2x_2+3x_3+2x_4$$

$$\text{s. t.}\begin{cases}x_1+2x_2+3x_3+4x_4=7\\ 2x_1+2x_2+x_3+2x_4=3\\ x_j\geqslant 0\quad (j=1,\ 2,\ 3,\ 4)\end{cases}$$

5. 试应用单纯形方法解下列线性规划问题：

（1）$\max Z = 2x_1 + 3x_2$

s. t.
$$\begin{cases} x_1 + 2x_2 \leqslant 6 \\ x_1 + x_2 \leqslant 4 \\ x_1, \quad x_2 \geqslant 0 \end{cases}$$

（2）$\min Z = -x_1 - x_2$

s. t.
$$\begin{cases} x_1 - x_2 \leqslant 1 \\ x_1 + x_2 \leqslant 2 \\ x_1, \quad x_2 \geqslant 0 \end{cases}$$

6. 分别用图解法和单纯形方法解下列线性规划问题，判断问题是否退化，在途中指出哪个极点是退化的极点。

（1）$\max Z = x_1 + 2x_2$

s. t.
$$\begin{cases} 2x_1 + x_2 \geqslant 4 \\ x_2 \leqslant 4 \\ x_1, \quad x_2 \geqslant 0 \end{cases}$$

（2）$\max Z = 5x_1 + 3x_2$

s. t.
$$\begin{cases} 2x_1 + x_2 \leqslant 6 \\ 4x_1 + x_2 \leqslant 10 \\ x_1 + x_2 \leqslant 4 \\ x_1, \quad x_2 \geqslant 0 \end{cases}$$

7. 试应用二阶段法解下列线性规划问题。

（1）$\min Z = 4x_1 + 3x_2$

s. t.
$$\begin{cases} 2x_1 + x_2 \geqslant 4 \\ -x_1 + x_2 \leqslant 1 \\ x_1, \quad x_2 \geqslant 0 \end{cases}$$

（2）$\min Z = 3x_1 + x_2$

s. t.
$$\begin{cases} x_1 + x_2 \geqslant 3 \\ 2x_1 + x_2 \leqslant 4 \\ x_1 + x_2 = 3 \\ x_1 \leqslant 0 \end{cases}$$

8. 某公司在今后4个月内需租用仓库若干，已知各个月所需仓库面积如表1-25所示。

表1-25　习题8数据表（1）

月　　份	1月份	2月份	3月份	4月份
需用面积/（百 m^2）	15	10	20	12

租金规定按照租赁期限实行折扣优惠，具体规定如表1-26所示。

表1-26　习题8数据表（2）

租 赁 期 限	1个月	2个月	3个月	4个月
每百平方米租金/元	2800	4500	6000	7300

出租方规定，租赁合同每月初均可办理，每份合同规定租用的面积数和租赁期限。因此租入方可根据需要在任何一个月办理租赁合同，且可选择签一份，也可选择签若干份租期和面积都不相同的合同。请帮该公司建立一个能使得总租赁费最小的租赁方案优选模型。

9. 某企业欲制定1～4月份的生产计划。已知这4个月的产品需求量分别为4500t、3000t、5500t和4000t。目前（1月初）该企业有熟练工人100人，正常工作条件下每人每月可完成40t，每吨成本为200元。如市场需求上升，可组织加班生产，但按规定加班生产每人每月不能超过10t，加班生产时每吨成本为300元。企业也可以利用库存来调节生产。使用库存时的库存费为60元/(t·月)，最大库存能力为1000t。请为企业构造一个线性规划模型，使得在满足每月需求的前提下各月的总费用最小。假定1月初的库存为0，4月底的库存要求为500t。

10. 某食品厂使用三种原材料生产两种糖果，生产的技术要求、产品价格及原料的可供量和成本如表1-27所列。根据已有的订单，需生产至少600kg高级奶糖和800kg水果糖，请为该厂制订一个利润最大的生产计划。

表 1-27 习题 10 数据表

产品品种	产品成分			产品价格/(元/kg)
	原 料 A	原 料 B	原 料 C	
高级奶糖	≥50%	≥25%	≤10%	24
水 果 糖	≤15%	≤15%	≥60%	15
原料可供量/kg	500	750	625	
原料成本/(元/kg)	20	12	8	

11. 发电厂有两台锅炉，每台锅炉推入运行时生产的蒸汽量需维持在最大产气量和最低产气量之间。锅炉生产的蒸汽可送到两台汽轮发电机组用于发电，每台汽轮机组的蒸汽消耗量也有最低和最高限制。锅炉及汽轮机组产汽、用汽范围及运行成本如表 1-28 所列。假定两个汽轮机每吨蒸汽的发电量分别为 5 kW · h和 6kW · h，试编制一个满足 8000kW · h 发电计划最低成本生产计划。

表 1-28 习题 11 数据表

	最低产汽、用汽量	最高产汽、用汽量	运行成本/(元/t)
锅炉 1	400	900	8
锅炉 2	500	1000	6
汽轮机 1	500	800	3
汽轮机 2	600	900	4

第 2 章 对偶规划与灵敏度分析

2.1 线性规划的对偶问题与对偶规划

对偶规划与线性规划几乎可以说是同时提出的，然而对偶规划在经济管理中的意义和应用，却是在 20 世纪 50 年代之后才被揭示出来的。在冯 · 诺依曼发展了对偶规划的概念和理论之后，由 George B. Danttzig 首创的对线性规划的单纯形解法就显得更有意义、更加重要。对偶规划理论为线性规划的应用和发展开拓了新的领域，从而大大加强了它作为决策和分析工具的有用性和效能。

本章的全部内容可分为两个部分，即对偶规划及灵敏度分析。对偶规划是对线性规划问题从另一个角度的研究，是线性规划理论的进一步深化，也是线性规划理论一个不可分割的组成部分。灵敏度分析是对线性规划结果的再发掘，是对线性规划理论的充分利用。通过这一章的学习，要求必须能够写出任意一个线性规划问题的对偶问题，并应用对偶单纯形方法解最小化的线性规划问题或者不规则的线性规划问题，同时对线性规划的求解结果能够进行多种可能情况的灵敏度分析，这是本章主要的教学目的。

2.1.1 对偶问题的提出

对偶理论是线性规划中最重要的理论之一，它充分显示了线性规划理论逻辑的严谨性和结构的对称美。同时，掌握线性规划的对偶原理，也是进一步深入学习数学规划知识的理论基础。尤其是，由对偶理论引申出来的对偶解有重要的经济意义，是进一步进行经济分析的重要工具。

下面举两个简单的例子对对偶问题予以说明。

先来看一个极大化的例子，仍然以第 1 章的例 1-1 为例。本例的线性规划原模型为

$$(\mathrm{P}):\ \max Z = 50x_1 + 30x_2$$

$$\text{s. t.} \begin{cases} 4x_1 + 3x_2 \leqslant 120 \\ 2x_1 + x_2 \leqslant 50 \\ x_1,\ x_2 \geqslant 0 \end{cases}$$

该问题的对偶问题可以表述为如下模型：

$$(\mathrm{D}):\ \min S = 120y_1 + 50y_2$$

$$\text{s. t.} \begin{cases} 4y_1 + 2y_2 \geqslant 50 \\ 3y_1 + y_2 \geqslant 30 \\ y_1,\ y_2 \geqslant 0 \end{cases}$$

该模型即称为原问题 P 的对偶规划 D。

该对偶问题可做如下解释：该家具厂不生产桌椅，而将生产桌椅的木工和油漆工用于劳务出租，赚取劳务收入。有一家用户准备租入该家具厂的这两种劳务进行桌椅生产，因此他需要考

虑究竟这两种劳务以什么样的价格租入最合算？于是该用户有如下的目标函数：

$$\min S = 120y_1 + 50y_2$$

式中 y_1，y_2——两种劳务的价格。

另外，站在家具厂的立场上考虑，价格如低于他从事桌椅生产所能获取的收入他肯定是不会同意的。因此，该劳务用户在考虑租价时必须满足如下两项约束：

（1）支付相当于生产一张桌子的木工工时和油漆工工时的租金之和应不低于生产一张桌子的销售收入。因此，有如下不等式：

$$4y_1 + 2y_2 \geqslant 50$$

（2）支付相当于生产一把椅子的木工工时和油漆工工时的租金之和应不低于生产一把椅子的销售收入。因此，有如下不等式：

$$3y_1 + y_2 \geqslant 30$$

同时，付给每种工时的租金应满足非负条件。

原模型 P 和对偶模型 D 既有联系又有区别。联系在于，它们都是关于家具厂生产经营的模型，并且使用相同的数据。区别在于，它们所反映的实质性内容是完全不同的：P 是站在家具厂经营者的立场上追求家具厂的销售收入最大，而 D 是站在家具厂谈判对手的立场上寻求应付家具厂租金最少的策略。

任何线性规划问题都有对偶问题，而且都有相应的经济意义，下面再来看一个极小化的例子，以第 1 章的例 1-2 为例来说明。本例的原模型为

$$(\text{P}):\ \min Z = 3x_1 + 5x_2$$

$$\text{s. t.}\begin{cases} 4x_1 + 2x_2 \geqslant 8 \\ 30x_1 + 60x_2 \geqslant 96 \\ x_1,\ x_2 \geqslant 0 \end{cases}$$

这是一个最小化的线性规划模型，其对偶问题是

$$(\text{D}):\ \max S = 8y_1 + 96y_2$$

$$\text{s. t.}\begin{cases} 4y_1 + 30y_2 \leqslant 3 \\ 2y_1 + 60y_2 \leqslant 5 \\ y_1,\ y_2 \geqslant 0 \end{cases}$$

该对偶问题的经济意义可解释为：有一家厂商准备为饲料用户生产两种可以代替饲料中热量和蛋白质的营养素（或两种单一成分饲料），无疑厂商希望它的产品既有市场竞争力（价格能被用户接受，这是约束），又能带来最大的利润（价格最大化，这是目标）。模型中的 y_1 和 y_2 即代表这两种营养素的价格。约束方程分别表示，用户用于购买两种单一营养素相当于某一复合饲料一个单位时的总开支应不超过该复合饲料的售价。

由上述不难了解到，所谓对偶规划，也就是线性规划的对偶问题。具体地说，即与原线性规划使用同一组数据，按照一定规律构成的与原规划问题相对应的一类线性规划问题。

2.1.2 对偶规划的一般数学模型

原模型与对偶模型有很多的内在联系和相似之处。如原问题是求目标函数最大化，对偶问题即求目标函数最小化；原问题目标函数的系数变成为对偶问题的右边项，而原问题约束的右边项则变成为对偶问题目标函数的系数；对偶问题的系数矩阵是原问题系数矩阵的转置。就像一个人对着镜子会左右颠倒一样，原问题与对偶问题之间存在着严格的对应关系。

原问题的一般模型可定义为

$$(\mathrm{P}):\max Z = c_1x_1 + c_2x_2 + \cdots + c_nx_n$$

$$\text{s. t.}\begin{cases} a_{11}x_1 + a_{12}x_2 + \cdots + a_{1n}x_n \leqslant b_1 \\ a_{21}x_1 + a_{22}x_2 + \cdots + a_{2n}x_n \leqslant b_2 \\ \qquad\vdots \\ a_{m1}x_1 + a_{m2}x_2 + \cdots + a_{mn}x_n \leqslant b_m \\ x_1,\ x_2,\ \cdots,\ x_n \geqslant 0 \end{cases}$$

相应的对偶问题的一般模型可定义为

$$(\mathrm{D}):\min S = b_1y_1 + b_2y_2 + \cdots + b_my_m$$

$$\text{s. t.}\begin{cases} a_{11}y_1 + a_{21}y_2 + \cdots + a_{m1}y_m \geqslant c_1 \\ a_{12}y_1 + a_{22}y_2 + \cdots + a_{m2}y_m \geqslant c_2 \\ \qquad\vdots \\ a_{1n}y_1 + a_{2n}y_2 + \cdots + a_{mn}y_m \geqslant c_n \\ y_1,\ y_2,\ \cdots,\ y_m \geqslant 0 \end{cases}$$

上述的原问题P和对偶问题D还可以用矩阵形式写为

$$(\mathrm{P}):\max Z = \boldsymbol{Cx} \qquad \text{s. t.}\begin{cases} \boldsymbol{Ax} \leqslant \boldsymbol{b} \\ \boldsymbol{x} \geqslant \boldsymbol{0} \end{cases}$$

$$(\mathrm{D}):\min S = \boldsymbol{yb} \qquad \text{s. t.}\begin{cases} \boldsymbol{yA} \geqslant \boldsymbol{C} \\ \boldsymbol{y} \geqslant \boldsymbol{0} \end{cases}$$

式中 $\boldsymbol{y} = (y_1,\ y_2,\ \cdots,\ y_m)$。

上述的对偶模型称为对称型对偶模型。而在当原问题转化为标准形以后所建立的对偶模型是非对称型的，这时有如下定义：

$$(\mathrm{P}):\max Z = \boldsymbol{Cx} \qquad \text{s. t.}\begin{cases} \boldsymbol{Ax} = \boldsymbol{b} \\ \boldsymbol{x} \geqslant \boldsymbol{0} \end{cases}$$

$$(\mathrm{D}):\min S = \boldsymbol{yb} \qquad \text{s. t.}\begin{cases} \boldsymbol{yA} \geqslant \boldsymbol{C} \\ \boldsymbol{y}\ \text{为自由变量} \end{cases}$$

这种对偶关系可证明如下：

在原问题中，约束 $\boldsymbol{Ax} = \boldsymbol{b}$ 等价于 $\boldsymbol{Ax} \geqslant \boldsymbol{b}$ 和 $\boldsymbol{Ax} \leqslant \boldsymbol{b}$，于是原问题可写为

$$(\mathrm{P}):\max Z = \boldsymbol{Cx}$$

$$\text{s. t.}\begin{cases} \begin{pmatrix} \boldsymbol{A} \\ -\boldsymbol{A} \end{pmatrix}\boldsymbol{x} \leqslant \begin{pmatrix} \boldsymbol{b} \\ -\boldsymbol{b} \end{pmatrix} \\ \boldsymbol{x} \geqslant \boldsymbol{0} \end{cases}$$

不难看出，在原问题中包含了 $2m$ 个约束方程和 n 个变量，因而在对偶问题中应含有 $2m$ 个变量和 n 个约束。设这 $2m$ 个对偶变量为 $\boldsymbol{y} = (\boldsymbol{Y}_1,\ \boldsymbol{Y}_2)$，其中 $\boldsymbol{Y}_1 = (y_1,\ y_2,\ \cdots,\ y_m)$，$\boldsymbol{Y}_2 = (y_{m+1},\ y_{m+2},\ \cdots,\ y_{2m})$，于是根据对称型的对偶模型可直接写出如下对偶模型：

$$\min S = (\boldsymbol{Y}_1, \boldsymbol{Y}_2)\begin{pmatrix} \boldsymbol{b} \\ -\boldsymbol{b} \end{pmatrix}$$

$$\text{s. t.}\begin{cases} (\boldsymbol{Y}_1, \boldsymbol{Y}_2)\begin{pmatrix} \boldsymbol{A} \\ -\boldsymbol{A} \end{pmatrix} \geqslant \boldsymbol{C} \\ \boldsymbol{Y}_1 \geqslant \boldsymbol{0}, \boldsymbol{Y}_2 \geqslant \boldsymbol{0} \end{cases}$$

也就是

$$\min S = (\boldsymbol{Y}_1 - \boldsymbol{Y}_2)\boldsymbol{b}$$

$$\text{s.t.}\begin{cases}(\boldsymbol{Y}_1-\boldsymbol{Y}_2)\boldsymbol{A}\geqslant \boldsymbol{C}\\ \boldsymbol{Y}_1\geqslant \boldsymbol{0},\ \boldsymbol{Y}_2\geqslant \boldsymbol{0}\end{cases}$$

令 $\boldsymbol{y}=(\boldsymbol{Y}_1-\boldsymbol{Y}_2)$，于是有

$$(\mathrm{D}):\ \min S=\boldsymbol{yb}$$

$$\text{s.t.}\begin{cases}\boldsymbol{yA}\geqslant \boldsymbol{C}\\ \boldsymbol{y}\text{ 为自由变量}\end{cases}$$

2.1.3 原问题与对偶问题的对应关系

必须指出，当讨论对偶问题时必定是指一对问题，因为没有原问题也就不可能有对偶问题。原问题和对偶问题总是相依存在的。同时，原问题和对偶问题之间也并没有严格的界线，它们互为对偶，一个是原问题，另一个就是对偶问题。表 2-1 给出了原问题模型和对偶问题模型的对应关系，这些也可以看作一个线性规划原问题转化为对偶问题的一般规律。其中，对于变量与约束间关系的理解，必须充分考虑在对偶模型中约束是与原模型的变量相对应的，而变量则是与原问题的约束相对应的。如原问题是最小化，则可将对偶问题看作原问题。

表 2-1　线性规划问题对偶关系表

原问题（或对偶问题）	对偶问题（或原问题）
目标函数最大化（max Z）	目标函数最小化（min S）
n 个变量 m 个约束 约束条件限定向量（右边项） 目标函数价值向量	n 个约束 m 个变量 目标函数价值向量（系数） 约束条件限定向量
变量 $\begin{cases}\geqslant 0\\ \leqslant 0\\ \text{无限制}\end{cases}$	约束 $\begin{cases}\geqslant \text{型}\\ \leqslant \text{型}\\ =\text{型}\end{cases}$
约束 $\begin{cases}\geqslant \text{型}\\ \leqslant \text{型}\\ =\text{型}\end{cases}$	变量 $\begin{cases}\leqslant 0\\ \geqslant 0\\ \text{无限制}\end{cases}$

关于变量与约束之间的关系，一个简单的记忆办法是：正常对正常，反常对反常。首先，在正常情况下，线性规划的所有变量都应是≥0 的；其次，最大化问题的约束都应是≤型的，而最小化问题的约束都应是≥型的。所谓“正常对正常，反常对反常”就是说，只要原模型中的变量和约束都符合这些规律，对偶模型中的约束和变量也一定符合这些规律；如果原模型中的变量和约束违反这些规律，则对偶模型中的约束和变量也一定违反这些规律。

【例 2-1】 写出下列问题的对偶问题。

$$\max Z=2x_1+4x_2-3x_3$$

$$\text{s.t.}\begin{cases}x_1-x_2+x_3\leqslant 10\\ -x_1+4x_2-3x_3=-5\\ 3x_1+2x_2-5x_3\geqslant 8\\ x_1\geqslant 0,\quad x_2\leqslant 0\end{cases}$$

【解】 依线性规划问题的对偶关系，有

$$\min S=10y_1-5y_2+8y_3$$

$$\text{s. t.}\begin{cases} y_1 - y_2 + 3y_3 \geqslant 2 \\ -y_1 + 4y_2 + 2y_3 \leqslant 4 \\ y_1 - 3y_2 - 5y_3 = -3 \\ y_1 \geqslant 0,\quad y_3 \leqslant 0 \end{cases}$$

当然，也可依对偶问题写出原问题。

2.2　线性规划的对偶理论

线性规划的对偶理论包括四个基本定理。

【定理 2-1】（对称性定理）　即对偶问题的对偶是原问题。

这一定理的内涵显而易见，证明从略。

【定理 2-2】（弱对偶定理）　设 $\boldsymbol{x}$ 和 $\boldsymbol{y}$ 分别是 P 和 D 的可行解，则必有 $\boldsymbol{Cx}\leqslant\boldsymbol{yb}$。

证明：由 P 和 D 的约束条件 $\boldsymbol{Ax}\leqslant\boldsymbol{b}$ 和 $\boldsymbol{yA}\geqslant\boldsymbol{C}$ 以及 $\boldsymbol{x}\geqslant 0$ 和 $\boldsymbol{y}\geqslant 0$，不难得到：$\boldsymbol{yAx}\leqslant\boldsymbol{yb}$，$\boldsymbol{yAx}\geqslant\boldsymbol{Cx}$

于是有

$$\boldsymbol{Cx}\leqslant\boldsymbol{yAx}\leqslant\boldsymbol{yb}$$

即

$$\boldsymbol{Cx}\leqslant\boldsymbol{yb}$$

该定理说明，原问题 P 的最大目标函数值绝不大于对偶问题 D 的最小目标函数值。这就给出了线性规划原问题与对偶问题之间界的关系。这主要可分为三种情况：

（1）若原问题 P 可行，其任意可行解 $\boldsymbol{x}$ 对应的目标函数值 $\boldsymbol{Cx}$ 就提供了对偶问题 D 目标函数值的一个下界；反之，若对偶问题 D 可行，它的任意可行解 $\boldsymbol{y}$ 对应的目标函数值 $\boldsymbol{yb}$ 则提供了原问题 P 的一个上界。

（2）如果原问题有可行解但目标函数无界，则对偶问题一定无可行解；反之，如果对偶问题有可行解目标函数值无界，则原问题一定无可行解。

（3）若原问题有可行解，对偶问题无可行解，则原问题一定无界；反之，如对偶问题有可行解，原问题无可行解，则对偶问题一定无界。

【定理 2-3】（对偶定理）　P 和 D 存在如下对应关系：

（1）P 有最优解的充要条件是 D 有最优解。

（2）若 $\boldsymbol{x}^*$ 和 $\boldsymbol{y}^*$ 分别是 P 和 D 的可行解，则它们分别为 P 和 D 的最优解的充要条件是

$$\boldsymbol{Cx}^*=\boldsymbol{y}^*\boldsymbol{b}$$

证明：（1）先证必要性，为此需先证 $\boldsymbol{y}\geqslant\boldsymbol{C}_B\boldsymbol{B}^{-1}$。

由于 $\boldsymbol{yA}\geqslant\boldsymbol{C}$，即 $\boldsymbol{y}(\boldsymbol{B},\ \boldsymbol{N})\geqslant(\boldsymbol{C}_B,\ \boldsymbol{C}_N)$，也就是

$$(\boldsymbol{yB},\ \boldsymbol{yN})\geqslant(\boldsymbol{C}_B,\ \boldsymbol{C}_N)$$

所以有

$$\boldsymbol{yB}\geqslant\boldsymbol{C}_B,\ \boldsymbol{yN}\geqslant\boldsymbol{C}_N$$

给前者两边右乘 $\boldsymbol{B}^{-1}$，即有

$$\boldsymbol{y}\geqslant\boldsymbol{C}_B\boldsymbol{B}^{-1}$$

由于 D 属最小化问题，所以 $\boldsymbol{y}=\boldsymbol{C}_B\boldsymbol{B}^{-1}$ 必为对偶问题的最优解，这一结论也称作**单纯形乘子的对**

偶定理。

设 x^* 是 P 的最优解，B 是最优基，根据 P 的最优性条件 $C-C_BB^{-1}A\leqslant 0$，和 $C_BB^{-1}\geqslant 0$，令 $y=C_BB^{-1}$，则有 $yA\geqslant C$，$y\geqslant 0$，显然 y 是 D 的一个可行解。再根据弱对偶定理，有 $Cx^*\leqslant yb$，即最小化问题 D 必存在一个下界，换言之即 min yb 必存在最优解。

（1）的充分性由对称性定理即可得到证明。

有了定理 2-3（1），结合定理 2-2，原问题与对偶问题解的对应关系即可如表 2-2 所示。

表 2-2　原问题与对偶问题解的对应关系

		对偶问题		
		有最优解	无　界	无可行解
原问题	有最优解	一定	不可能	不可能
	无界	不可能	不可能	一定
	无可行解	不可能	一定	不可能

（2）必要性。设 x^* 是 P 的最优解，B 为最优基，由对偶定理（1），$y=C_BB^{-1}$ 是 D 的可行解，有 $Cx^*=C_BB^{-1}b=yb$，因 D 属最小化问题，故必有 $yb\geqslant y^*b$，即 $Cx^*\geqslant y^*b$，但根据弱对偶定理，有 $Cx^*\leqslant y^*b$，故必有 $Cx^*=y^*b$。

充分性。设 x^* 和 y^* 分别是 P 和 D 的可行解，且满足 $Cx^*=y^*b$，于是根据弱对偶定理，对于 P 的任何可行解 x，必有 $Cx\leqslant y^*b=Cx^*$，由于 P 属最大化问题，故 Cx^* 必为最优值，即 x^* 为最优解。同理可证，y^* 也是 D 的最优解。

有了对偶定理（2），$y^*=C_BB^{-1}$ 就很容易得到证明。因为根据 $Cx^*=y^*b=C_BB^{-1}b$，必有 $y^*=C_BB^{-1}$。

【定理 2-4】（互补松弛定理）　如果 x 和 y 分别为 P 和 D 的可行解，它们分别为 P 和 D 的最优解的充要条件是 $(C-yA)x=0$ 和 $y(b-Ax)=0$

证明：先证必要性。对于对称型对偶问题，引入松弛变量 $x_s\geqslant 0$ 和 $y_s\geqslant 0$ 后，P 和 D 的约束方程变为

$$Ax+x_s=b,\ yA-y_s=C$$

同时应有

$$b-Ax=x_s,\ -(C-yA)=y_s$$

若 x，y 为最优解，由对偶定理有 $Cx=yb$，从而有

$$(yA-y_s)x=y(Ax+x_s)$$

亦即

$$yx_s+y_sx=0$$

根据非负条件 $x\geqslant 0$，$y\geqslant 0$，$x_s\geqslant 0$，$y_s\geqslant 0$，显然有

$$yx_s=0,\ y_sx=0$$

于是有

$$y(b-Ax)=0,(C-yA)x=0$$

再证充分性。设 x，y 分别是 P 和 D 的可行解，且满足 $(C-yA)x=0$ 和 $y(b-Ax)=0$，则有

$$Cx=yAx=yb$$

由对偶定理知，x 和 y 必是 P 和 D 的最优解。

互补松弛定理也称松紧定理，它描述了线性规划达到最优时，原问题（或对偶问题）的变

量取值和对偶问题（或原问题）约束的松紧性之间的对应关系。在一对互为对偶的线性规划问题中，原问题的变量和对偶问题的约束一一对应，原问题的约束和对偶问题的变量一一对应。当线性规划问题达到最优时，不仅同时得到了原问题和对偶问题的最优解，而且也还得到了变量和约束之间的一种对应关系。互补松弛定理即揭示了这一点。因为互补松弛定理中的条件也可以等价地表示为

$$\begin{cases} y_i\left(b_i - \sum_{j=1}^{n} a_{ij}x_j\right) = 0 \\ \left(c_j - \sum_{i=1}^{m} y_i a_{ij}\right)x_j = 0 \end{cases} \quad 或 \begin{cases} \boldsymbol{y}\boldsymbol{x}_s = \boldsymbol{0} \\ \boldsymbol{y}_s\boldsymbol{x} = \boldsymbol{0} \end{cases}$$

$$(i=1, 2, \cdots, m \quad j=1, 2, \cdots, n)$$

于是即不难理解当线性规划达到最优时的下列关系：

（1）如果原问题的某一约束为紧约束（松弛变量为零），该约束对应的对偶变量应大于或等于零。

（2）如果原问题的某一约束为松约束（松弛变量大于零），则对应的对偶变量必为零。

（3）如果原问题的某一变量大于零，则该变量对应的对偶约束必为紧约束。

（4）如果原问题的某一变量等于零，则该变量对应的对偶约束可能是紧约束，也可能是松约束。

应用如上关系可以很方便地求解线性规划问题。

【例 2-2】 已知线性规划问题

$$\min Z = 2x_1 + 3x_2 + 5x_3 + 2x_4 + 3x_5$$

$$\text{s. t.} \begin{cases} x_1 + x_2 + 2x_3 + x_4 + 3x_5 \geqslant 4 \\ 2x_1 - x_2 + 3x_3 + x_4 + x_5 \geqslant 3 \\ x_i \geqslant 0 \ (i=1, 2, 3, 4, 5) \end{cases}$$

已知对偶问题的最优解为 $y_1 = 4/5$，$y_2 = 3/5$，试应用对偶理论解原问题。

【解】 写出对偶问题为

$$\max S = 4y_1 + 3y_2$$

$$\text{s. t.} \begin{cases} y_1 + 2y_2 \leqslant 2 & ① \\ y_1 - y_2 \leqslant 3 & ② \\ 2y_1 + 3y_2 \leqslant 5 & ③ \\ y_1 + y_2 \leqslant 2 & ④ \\ 3y_1 + y_2 \leqslant 3 & ⑤ \\ y_1,\ y_2 \geqslant 0 \end{cases}$$

将 y_1，y_2的值代入，得知②、③、④为严格不等式，于是由互补松弛定理知，必有 $x_2 = x_3 = x_4 = 0$；又因 y_1，$y_2 > 0$，故原问题的两个约束必为紧约束，于是有

$$\begin{cases} x_1 + 3x_5 = 4 \\ 2x_1 + x_5 = 3 \end{cases}$$

解之，有：

$$x_1 = x_5 = 1$$

2.3 对偶单纯形方法

2.3.1 对偶单纯形方法的基本思想

对偶单纯形方法是用对偶原理求解原问题解的一种方法，而不是求解对偶问题解的单纯形方法。与对偶单纯形方法相对应，已有的单纯形方法称原始单纯形方法。两种方法的主要区别在于：原始单纯形方法在整个迭代过程中，始终是保持原问题的可行性，即 $\boldsymbol{x}_B$ 或 $b_{i0}\geqslant 0$，最后达到检验数 $\boldsymbol{C}-\boldsymbol{C}_B\boldsymbol{B}^{-1}\boldsymbol{A}$ 即 $\boldsymbol{C}-\boldsymbol{yA}\leqslant\boldsymbol{0}$，即 max Z 取得最优值时为止，而 $\boldsymbol{C}-\boldsymbol{yA}\leqslant 0$ 也就是 $\boldsymbol{yA}\geqslant\boldsymbol{C}$，因此原始单纯形方法实质就是在保证原问题可行的条件下向对偶问题可行的方向迭代。而对偶单纯形方法在整个迭代过程中，始终保持对偶问题的可行性即 $\boldsymbol{yA}\geqslant\boldsymbol{C}$（也即 $\boldsymbol{y}\geqslant\boldsymbol{C}_B\boldsymbol{B}^{-1}$，单纯形乘子的对偶定理），也就是全部检验数≤0，最后达到全部右边项由有负分量逐步变为全部右边项≥0 即满足原问题的可行性时为止。因此对偶单纯形方法实质就是在保证对偶问题可行的条件下向原问题可行的方向迭代。

对偶单纯形方法解题的思路应用对偶规划的对称性定理是不难理解的。对偶单纯形方法与原始单纯形方法相比有两个显著的优点：

（1）初始解可以是不可行解，当检验数都非正时，即可以进行基的变换，这时不需要引进人工变量，因此就简化了计算。

（2）对于变量个数多于约束方程个数的线性规划问题，采用对偶单纯形方法计算量较少。因此对于变量较少约束较多的线性规划问题，可以先将它转化成对偶问题，然后用对偶单纯形方法求解。

2.3.2 对偶单纯形方法的数学证明

设对偶问题为非对称型的，即有

(P)：$\max\ \boldsymbol{Cx}$

$$\text{s.t.}\ \begin{cases}\boldsymbol{Ax}=\boldsymbol{b}\\ \boldsymbol{x}\geqslant\boldsymbol{0}\end{cases}$$

(D)：$\min\ \boldsymbol{yb}$

$$\text{s.t.}\ \boldsymbol{yA}\geqslant\boldsymbol{C}$$

另设存在一个对偶的初始可行基 $\boldsymbol{B}$（即对于对偶模型是可行基，而对于原模型未必可行），于是应有 $\boldsymbol{x}=(\boldsymbol{x}_B,\ \boldsymbol{x}_N)$，$\boldsymbol{A}=(\boldsymbol{B},\ \boldsymbol{N})$，$\boldsymbol{C}=(\boldsymbol{C}_B,\ \boldsymbol{C}_N)$，这时对于 D，应有

$$\boldsymbol{y}(\boldsymbol{B},\boldsymbol{N})-\boldsymbol{S}=(\boldsymbol{C}_B,\boldsymbol{C}_N)$$

式中 $\boldsymbol{S}$——松弛变量向量，是一个与 n 个约束相对应的行向量，即 $\boldsymbol{S}=(\boldsymbol{S}_B,\ \boldsymbol{S}_N)$。

所以

$$(\boldsymbol{yB},\boldsymbol{yN})-(\boldsymbol{S}_B,\boldsymbol{S}_N)=(\boldsymbol{C}_B,\boldsymbol{C}_N)$$

也即

$$\boldsymbol{yB}=\boldsymbol{S}_B=\boldsymbol{C}_B \tag{2-1}$$

$$\boldsymbol{yN}-\boldsymbol{S}_N=\boldsymbol{C}_N \tag{2-2}$$

由式（2-1）有

$$\boldsymbol{y}=\boldsymbol{C}_B\boldsymbol{B}^{-1}+\boldsymbol{S}_B\boldsymbol{B}^{-1}$$

将该式代入目标函数和式（2-2），有

$$\begin{aligned}Z_{\mathrm{D}}&=\boldsymbol{C}_B\boldsymbol{B}^{-1}\boldsymbol{b}+\boldsymbol{S}_B\boldsymbol{B}^{-1}\boldsymbol{b}\\&=b_{00}+\sum_{i=1}^{m}b_{i0}s_i\end{aligned}$$

$$(\boldsymbol{C}_B\boldsymbol{B}^{-1}+\boldsymbol{S}_B\boldsymbol{B}^{-1})\boldsymbol{N}-\boldsymbol{S}_N=\boldsymbol{C}_N$$

即

$$\boldsymbol{S}_B\boldsymbol{B}^{-1}\boldsymbol{N}-\boldsymbol{S}_N=\boldsymbol{C}_N-\boldsymbol{C}_B\boldsymbol{B}^{-1}\boldsymbol{N}$$

或

$$\boldsymbol{S}_N=-(\boldsymbol{C}_N-\boldsymbol{C}_B\boldsymbol{B}^{-1}\boldsymbol{N})+\boldsymbol{S}_B\boldsymbol{B}^{-1}\boldsymbol{N}$$

也就是

$$s_j=-b_{0j}+\sum_{i=1}^{m}b_{ij}s_i\quad(j=m+1,\cdots,n)$$

于是对偶模型就变为

$$(\mathrm{D}):\ \min Z_{\mathrm{D}}=b_{00}+\sum_{i=1}^{m}b_{i0}s_i$$

$$\text{s. t.}\begin{cases}s_j=-b_{0j}+\sum\limits_{i=1}^{m}b_{ij}s_i & (j=m+1,\ \cdots,\ n)\\ s_k\geqslant 0 & (k=1,\ 2,\ \cdots,\ n)\end{cases}$$

由此不难发现：

（1）在存在对偶可行基 $\boldsymbol{B}$ 的条件下，Z_{D} 取最小值的条件就是 $b_{i0}>0$，也即对于 D 而言，基变量为 s_j（与原模型的非基变量对应），非基变量为 s_i（与原模型的基变量对应）。

（2）若某个 $b_{i0}<0$，则 $s_i>0$ 可使 Z_{D} 进一步最小化；若某个 $s_i>0$，则必有某个 $s_j=0$，这时 $s_i=b_{0j}/b_{ij}=s_r$，即 s_i 入基（原模型中的相应变量出基），而 s_j 出基（原模型中的相应变量入基）；若同时有若干个 $b_{i0}<0$，则无疑取绝对值较大者首先迭代，可以使 Z_{D} 尽快趋于最小化。这与原始单纯形方法中首先选取具有较大正检验数的变量进行迭代道理是相同的。这就是对偶单纯形方法中关于出基变量的确定。

（3）究竟哪个 s_j 出基，这需要由非负约束确定。根据非负约束，对于 D 而言，迭代后必须保证每一个基变量 $s_j=-b_{0j}+b_{ij}s_i>0$，而由于 $b_{0j}<0$，因而要保证进入基变量的 $s_i>0$，所以这里只能取 $b_{ij}<0$ 者方可满足要求。因此 $s_j>0$，也就是 $s_i<\dfrac{b_{0j}}{b_{ij}}$，所以对于不同的 j，只有取 $\min\limits_{j}(b_{0j}/b_{ij})=s_s$ 才是可能的。这也就是对偶单纯形方法中关于入基变量的确定。

（4）由于 $s_i=b_{0j}/b_{ij}$，所以在 $b_{0j}<0$ 的情况下，如果所有的 $b_{ij}>0$，则必有 $s_i<0$，这首先不满足非负约束；其次，当 $s_i<0$ 时，在 $b_{i0}<0$ 的情况下 Z_{D} 必增大而不是减小。也就是说，在 b_{ij} 都非负的情况下，D 既不可行，也无最优解。

2.3.3　对偶单纯形方法的解题过程

对偶单纯形方法的解题过程一般分为以下几步：

（1）写出与已有的初始基 $\boldsymbol{B}$ 对应的初始单纯形表。根据模型的标准形，若 b 列的数字都为非负，且检验数都为非正，则已得到最优解，计算结束；否则，若 b 列中至少有一个负分量，且检验数也仍然非正，则进行如下计算。

（2）确定出基变量。若有

$$\min_{i}\{(\boldsymbol{B}^{-1}b)_i\mid(\boldsymbol{B}^{-1}b)_i<0\}=(\boldsymbol{B}^{-1}b)_r$$

则以对应的变量 x_r 为出基变量。

（3）确定入基变量。在单纯形表中观察 x_r 所在行的各系数 $b_{rj}(j=1,\ 2,\ \cdots,\ n)$，若所有的 $b_{rj}\geqslant 0$，则无可行解，停止计算；否则，若存在：

$$\min_j \left\{ \frac{b_{0j}}{b_{rj}} \mid b_{rj} < 0 \right\} = \frac{b_{0s}}{b_{rs}}$$

则以 x_s 为入基变量。

（4）以 b_{rs} 为主元素按原始单纯形方法的迭代方法进行迭代，得到新的单纯形表。

（5）重复上述过程，直至获得最优结果为止。

下面以例 1-2 的对偶单纯形方法求解过程为例对上述各步做一演示。

例 1-2 的原问题可以写成如下标准形：

$$-\max(-Z) = -3x_1 - 5x_2$$

$$\text{s.t.} \begin{cases} -4x_1 - 2x_2 + x_3 = -8 \\ -30x_1 - 60x_2 + x_4 = -96 \\ x_1, x_2, x_3, x_4 \geqslant 0 \end{cases}$$

于是可以得到该问题的初始对偶单纯形表如表 2-3 所示。显然表中存在一个初始可行基，但由于初始解不可行，故应用对偶单纯形方法。

对表 2-3 进行观察，右边项最小者为 −96，即 x_4 出基，而最小比值为 1/12，即 x_2 入基，b_{22} 为主元素。迭代后如表 2-4 和表 2-5 所示。

表 2-3　例 1-2 的初始对偶单纯形表

		x_1	x_2	x_3	x_4
$-Z$	0	−3	−5	0	0
x_3	−8	−4	−2	1	0
x_4	−96	−30	(−60)	0	1
R		1/10	1/12		

表 2-4　例 1-2 迭代后的对偶单纯形表

		x_1	x_2	x_3	x_4
$-Z$	8	−1/2	0	0	−1/12
x_3	−4.8	(−3)	0	1	−1/30
x_2	1.6	1/2	1	0	−1/60
R		1/6			5/2

表 2-5　例 1-2 的最优对偶单纯形表

		x_1	x_2	x_3	x_4
$-Z$	8.8	0	0	−1/6	−7/90
x_1	1.6	1	0	−1/3	1/90
x_2	0.8	0	1	1/6	−1/45

将表 2-5 与运用二阶段法得到的结果进行对比，二者完全相同。

2.4　对偶解的经济解释

2.4.1　对偶线性规划的解

深入理解和掌握线性规划对偶解的经济含义是深入学习线性规划和经济学理论的一把钥匙。

为加深理解，我们需要首先将对偶解与原问题解作一比较，仍以例 1-1 为例。应用二阶段法或对偶单纯形方法求解例 1-1 的对偶模型，可得到它的最优单纯形表如表 2-6 所示。该对偶模型的求解过程留作同学们进行课堂练习。将表 2-6 与原问题的最优单纯形表表 2-7 进行比较不难发现，两个模型的最优值完全相等，而且最优解互为非基变量的检验数的相反数。由此，可以更深入地理解原问题与对偶问题之间的对应关系，即原问题（对偶问题）的变量总是与对偶问题（原问题）的约束相对应，其实质也就是与对偶问题（原问题）的松弛变量相对应，这一点对加深理解对偶解的经济意义非常重要。

表 2-6 例 1-1 对偶规划的最优单纯形表

		y_1	y_2	y_3	y_4
$-S$	1350	0	0	-15	-20
y_2	15	0	1	$-3/2$	2
y_1	5	1	0	1/2	-1

表 2-7 例 1-1 原问题的最优单纯形表

		x_1	x_2	x_3	x_4	
Z	-1350	0	0	-5	-15	
x_2	20	0	1	1	-2	
x_1	15	1	0	$-1/2$	3/2	

在这里不难验证，$\boldsymbol{y}=\boldsymbol{C}_B\boldsymbol{B}^{-1}$。比如，对于例 1-1 来说就有

$$\boldsymbol{y}=(50,\ 30)\begin{pmatrix}-\dfrac{1}{2} & \dfrac{3}{2}\\ 1 & -2\end{pmatrix}=(5,\ 15)$$

对偶问题的解也可以用原问题的检验数来求，这样会更方便。对于原问题的检验数 $\boldsymbol{\sigma}=\boldsymbol{C}-\boldsymbol{C}_B\boldsymbol{B}^{-1}\boldsymbol{A}$，由于 $\boldsymbol{y}=\boldsymbol{C}_B\boldsymbol{B}^{-1}$，因此，$\boldsymbol{\sigma}=\boldsymbol{C}-\boldsymbol{yA}$。另外，$y$ 是与原问题的约束相对应的，即它只有 m 个，于是可假定 A 中的前 m 列为单位阵（当问题达到最优时，A 中必存在单位阵），于是可得到：

$$\sigma_i=c_i-y_i \quad (i=1,\ 2,\ \cdots,\ m)$$
$$y_i=c_i-\sigma_i$$

在例 1-1 中，即有

$$y_1=0-(-5)=5$$
$$y_2=0-(-15)=15$$

但是在这里必须注意的是，对偶问题的变量与原问题的约束相对应，也就是与原问题的松弛变量相对应，所以，c_i和 σ_i的值必须用原问题中与松弛变量相对应的值，而不能用决策变量的对应值。

2.4.2 影子价格

单纯形表的第一行实际就是公式：

$$Z=\boldsymbol{C}_B\boldsymbol{B}^{-1}\boldsymbol{b}+(\boldsymbol{C}_N-\boldsymbol{C}_B\boldsymbol{B}^{-1}\boldsymbol{N})\ \boldsymbol{x}_N$$

由于在迭代中，$\boldsymbol{x}_N$ 总是取零值，因此目标函数 Z 可以看成是右边项 $\boldsymbol{b}$ 的函数，即有 $Z=f(\boldsymbol{b})$，对该式求偏导数，显然有

$$\frac{\partial Z}{\partial \boldsymbol{b}}=\boldsymbol{C}_B\boldsymbol{B}^{-1}=\boldsymbol{y}$$

这就是说，对偶解在数学上可解释为右边项 $\boldsymbol{b}$ 的单位改变量引起目标函数 Z 的改变量。同时由于右边项一般代表每一种有关资源的可用量，因此，对偶解的经济含义可解释为资源的单位改变量引起目标函数的改变量。然而，在经济问题中，目标函数值的大小都是由具有一定价值内涵的指标如销售收入、成本和利润等反映的，所以目标函数值的改变量实际上反映了当某种资源改变一个单位时的价值改变量，在经济学上一般就把这种价值量定义为这种资源的影子价格。影子价格并不是一种真实的价格，而是一种价值映象，是一种虚拟的价格。把对偶问题的解解释为影子价格，结合本章一开始的两个实例，很容易理解。在那里，两个模型的对偶变量都代表所分析资源的价格。影子价格主要具有如下几个特点：

（1）影子价格的大小客观地反映资源在系统内的稀缺程度。根据互补松弛定理的条件，如果某一资源在系统内供大于求（即有剩余），其影子价格（即对偶解）就为零。这一事实表明，增加该资源的供应不会引起系统目标的任何变化。如果某一资源是稀缺资源（即相应约束条件的松弛变量为零），则其影子价格必然大于零（非基变量的检验数为非零）。影子价格越高，资源在系统中越稀缺。

（2）影子价格是一种边际价值。与经济学中所说的边际成本的概念类似，因而影子价格在经济管理中有重要的应用价值。

（3）影子价格是对系统资源的一种最优估价。只有当系统达到最优时才能赋予该资源这种价值。因此，有人也把它称之为最优价格。

（4）影子价格的取值与系统状态有关。系统内部资源数量、技术系数和价格的任何变化，都会引起影子价格的变化。所以它又是一种动态价格。

2.4.3 边际贡献

在单纯形迭代过程中，如果检验数 $\boldsymbol{C}_N-\boldsymbol{C}_B\boldsymbol{B}^{-1}\boldsymbol{N}>0$，根据目标函数的单纯形表达式，则目标函数的改善实际就取决于 $\boldsymbol{x}_N$（迭代后将变为基变量）可能取值的大小，所以目标函数 Z 也可看作非基变量 $\boldsymbol{x}_N$ 的函数，即 $Z=f(\boldsymbol{x}_N)$，求偏导后得

$$\frac{\partial Z}{\partial \boldsymbol{x}_N}=\boldsymbol{C}_N-\boldsymbol{C}_B\boldsymbol{B}^{-1}\boldsymbol{N}=\boldsymbol{b}_{0j}$$

该式表明，检验数在数学上可以解释为非基变量的单位改变量引起目标函数的改变量。检验数可以表示为

$$b_{0j}=c_j-\boldsymbol{C}_B\boldsymbol{B}^{-1}\boldsymbol{P}_j=c_j-\boldsymbol{y}\boldsymbol{P}_j$$

$\boldsymbol{y}$ 是影子价格，$\boldsymbol{P}_j$ 是第 j 种产品对各种资源的消耗系数（即基中的第 j 个列向量），所以 $\boldsymbol{y}\boldsymbol{P}_j$ 可解释为按影子价格计算的产品成本。c_j 一般都是产品的边际价值即价格，因此，检验数即产品价格 c_j 与影子成本 $\boldsymbol{y}\boldsymbol{P}_j$ 的差额，在经济上就可以解释为产品对于目标函数的边际贡献，即增加该产品单位产量对目标函数能够带来的贡献。

检验数与每一个变量相对应，当线性规划达到最优时，检验数总是小于或等于零（对于极大化问题），这意味着在最优状态下，每个变量对于目标函数的边际贡献都小于或等于零。具体地讲，这分为两种情况：对基变量而言，根据互补松弛定理之条件，由于变量 $\boldsymbol{x}>\boldsymbol{0}$，故其对应的检验数 $\boldsymbol{C}-\boldsymbol{y}\boldsymbol{A}$ 必为零，所以基变量对于目标函数的贡献为零；这实际也就是等边际原理 MVP = MIC，其中：MIC = 成本增量/产出增量，MVP = 价值产品增量/产出增量 = 产品价格。按照等边际原理，只有在 MVP = MIC 成立时，产品生产的规模才是最佳的（在这里给定的条件下，MIC =

0，因为资源给定，增加产出不涉及成本）。反过来，对于非基变量而言，由于检验数 $\boldsymbol{C}-\boldsymbol{yA}<0$，因此相应的变量只能取零值才能保证最优解条件的成立，也就是说如果某产品对目标函数的边际贡献小于零，最好以不安排生产为宜。

由检验数所代表的边际贡献与影子价格具有相类似的特点：它也是系统在达到最优时对变量价值的估量：其取值也受系统状态的影响，随系统状态的变化而变化。

2.5　灵敏度分析

2.5.1　灵敏度分析的含义

灵敏度分析是指对系统或事物因周围条件变化显示出来的敏感性程度的分析。

在前面讲的线性规划问题中，通常都是假定问题中的 a_{ij}，b_i，c_j 系数是已知的常数，但实际上这些参数都只是一些估计或预测的数字。在现实中，如果市场条件变化，c_j 值就会发生变化；如果工艺技术条件改变，则 a_{ij}就会变化；如果资源的可用量发生变化，则 b_i 也会发生变化。因此，就必然会提出这样的问题，即当这些参数中的一个或几个发生变化时，问题的最优解会有什么变化，或者说，当参数在一个多大的范围内变化时，问题的最优解会保持不变。这就是灵敏度分析所要研究解决的问题。

当然，线性规划问题中的一个或几个参数变化时，完全可以用单纯形方法从头计算，看最优解有无变化，但这样做既麻烦又没有必要。因为由单纯形的迭代过程我们知道，线性规划的求解是从一组基向量变换为另一组基向量，其中每步迭代得到的数字只随着基向量的不同选择而有所改变，因此完全有可能把个别参数的变化直接在获得最优解的最终单纯形表上反映出来。这样就不需要从头计算，而只需对获得最优解的单纯形表进行审查，看一些数字变化后是否仍满足最优解的条件，如果不满足再从这个表开始进行迭代计算，求得最优解即可。

下面，就价值向量变动、资源约束变动和技术系数变动的灵敏度分析分别予以介绍。

2.5.2　价值向量的灵敏度分析

价值向量（即目标函数系数）的灵敏度分析主要分为两种情况，即基变量和非基变量的灵敏度分析。

对于基变量而言，保持最优解不变时目标函数各系数变动的上下限增量及范围的计算公式是：

下限：$\underline{\boldsymbol{\lambda}}_{c_r}=\max\limits_{j}\left\{\dfrac{b_{0j}}{b_{rj}}\mid b_{rj}>0\right\}$

上限：$\overline{\boldsymbol{\lambda}}_{c_r}=\min\limits_{j}\left\{\dfrac{b_{0j}}{b_{rj}}\mid b_{rj}<0\right\}$

c_r的范围：$[c_r+\underline{\boldsymbol{\lambda}}_{c_r},\ c_r+\overline{\boldsymbol{\lambda}}_{c_r}]$

式中　$\underline{\boldsymbol{\lambda}}_{c_r}$——第 r 个基变量目标函数系数变动的下限增量；

$\overline{\boldsymbol{\lambda}}_{c_r}$——第 r 个基变量目标函数系数变动的上限增量。

这里必须注意：如果 b_{rj}中无正数，则 λ 的下界为 $-\infty$；如果 b_{rj}中无负数，则 λ 的上界为 $+\infty$。公式的含义是不难理解的，可简单地证明如下：

证明：由于检验数 $\Delta=\boldsymbol{C}_N-\boldsymbol{C}_B\boldsymbol{B}^{-1}\boldsymbol{N}$，所以当 $\boldsymbol{C}_B$增加 $\boldsymbol{\lambda}$ 时，检验数就变为

$$\Delta'=\boldsymbol{C}_N-(\boldsymbol{C}_B+\boldsymbol{\lambda})\boldsymbol{B}^{-1}\boldsymbol{P}_j\quad(j=m+1,\cdots,n)$$

$$=(C_N - C_B B^{-1} P_j) - \lambda B^{-1} P_j$$
$$=\Delta_j - \lambda B^{-1} P_j \leqslant 0$$

在这里，Δ_j 即 b_{0j}，$\boldsymbol{\lambda}$ 实际上是 $\boldsymbol{\lambda} = \overbrace{(0, \cdots, 0, \lambda_{c_r}, 0, \cdots, 0)}^{m个}$，而 $B^{-1}P_j$ 实际上就是 b_{ij}，所以对应于最优基 $\boldsymbol{B}$，有

$$b_{0j} - \lambda b_{rj} \leqslant 0 \tag{2-3}$$

显然，如果 $b_{rj} > 0$，式（2-3）就等价于 $\lambda \geqslant \frac{b_{0j}}{b_{rj}}$；如果 $b_{rj} < 0$，式（2-3）就等价于 $\lambda \leqslant \frac{b_{0j}}{b_{rj}}$。

令

$$\underline{\lambda}_{c_r} = \max_j \left\{ \frac{b_{0j}}{b_{rj}} \mid b_{rj} \geqslant 0 \right\}$$

$$\overline{\lambda}_{c_r} = \min_j \left\{ \frac{b_{0j}}{b_{rj}} \mid b_{rj} < 0 \right\}$$

显然，要使式（2-3）成立，必须使 $\underline{\lambda}_{c_r} \leqslant \lambda \leqslant \overline{\lambda}_{c_r}$ 成立。

以例 1-1 的灵敏度分析为例（见表 2-7）：

$$\underline{\lambda}_{c_1} = \frac{-15}{\frac{3}{2}} = -10 \qquad \overline{\lambda}_{c_1} = \frac{-5}{-\frac{1}{2}} = 10$$

则

$$40 \leqslant c_1 \leqslant 60$$

不难验证，当 $c_1 > 60$ 时，有正检验数，即原最优解需调整。

对于非基变量，目标函数的变动并不影响 $C_B B^{-1}$，因而其变动增量范围的确定只要用相应的检验数加上 λ 并令其≤0 即可。

价值向量的灵敏度分析，在实际应用中可以供生产单位分析当价格变动时，是否会影响到作业方案的最优安排，从而决定是照常生产还是调整方案。如果价格在其允许范围内波动，则照常生产；否则，就要对生产方案进行调整。

2.5.3 资源约束的灵敏度分析

常数项 b_r 变动的上下限增量及范围的计算公式如下：

下限：
$$\underline{\lambda}_{b_r} = \max_i \left\{ -\frac{b_{i0}}{b_{ir}} \mid b_{ir} > 0 \right\}$$

上限：
$$\lambda_{b_r} = \max_i \left\{ -\frac{b_{i0}}{b_{ir}} \mid b_{ir} < 0 \right\}$$

b_r 的范围：
$$[b_r + \underline{\lambda}_{b_r}, \ b_r + \overline{\lambda}_{b_r}]$$

b_{ir} 是最优基初始矩阵之逆阵中第 i 行第 r 列元素，也就是最终单纯形表中相应资源的松弛变量对应的列向量元素。可简单证明如下：

证明：$x_B = B^{-1}b$，当 b_r 增加 λ_{b_r} 时，则有

$$x'_B = B^{-1}(b + \lambda)$$
$$= x_B + B^{-1}\lambda$$

在这里，$\boldsymbol{\lambda} = (0, \cdots, 0, \lambda_{b_r}, 0, \cdots 0)^{\mathrm{T}}$，只要 $x'_B \geqslant 0$，最终单纯形表中的检验数不变，则最优基就不会发生变化。所以，对于最优基 $\boldsymbol{B}$，有

$$b_{i0} + \lambda b_{ir} \geqslant 0 \tag{2-4}$$

显然，如果 $b_{ir}>0$，则式（2-4）等价于 $\lambda \geqslant -\frac{b_{i0}}{b_{ir}}$，若 $b_{ir}<0$，则式（2-4）等价于 $\lambda \leqslant -\frac{b_{i0}}{b_{ir}}$，于是令：

$$\underline{\lambda}_{b_r}=\max_i\left\{-\frac{b_{i0}}{b_{ir}} \mid b_{ir}>0\right\}$$

$$\overline{\lambda}_{b_r}=\min_i\left\{-\frac{b_{i0}}{b_{ir}} \mid b_{ir}<0\right\}$$

则要使式（2-4）成立，必须使 $b_r+\underline{\lambda}_{b_r}\leqslant b_r\leqslant b_r+\overline{\lambda}_{b_r}$。

仍以例1-1的灵敏度分析为例（参表2-7）

$$\overline{\lambda}_{b_1}=-\frac{20}{1}=-20，\overline{\lambda}_{b_1}=-\frac{15}{-\frac{1}{2}}=30$$

$$100\leqslant b_1\leqslant 150$$

容易验证，当 $b_1=150$ 时（b_2 不变），$x_1=0$ 即退出作业组合，$x_2=50$；当 $b_1=100$ 时，$x_1=25$，$x_2=0$ 即退出作业组合。

b_2 的灵敏度分析留作练习。

此类灵敏度分析，在实际应用中供生产单位分析当资源限制量变动时，是否会影响作业方案的最优安排，从而决定是否对方案进行调整。需要说明的是，这里所说的调整或方案变动是指作业组合的质的变动，即是否有某项作业退出作业组合，而不是指作业组合的量的变动，因为任何资源限制量的改变，都会引起作业组合量的改变。例如在例1-1中，当木工工时每月增加一个单位时，即当 $x_3=-1$ 时，则有：$x_1=15-\frac{1}{2}=14\frac{1}{2}$，$x_2=20+1=21$；而当木工工时每月减少一个单位时，即当 $x_3=1$ 时，则有：$x_1=15+\frac{1}{2}=15\frac{1}{2}$，$x_2=20-1=19$。显然，当木工工时增加30单位时，$x_1=0$ 即不要再做桌子只做椅子；当木工工时减少20个单位时，$x_2=0$ 即不再做椅子只做桌子。

2.5.4 技术系数发生变化的灵敏度分析

技术系数发生变化首先发生在当需要增加新变量时。

增加一个新变量即增加一个新产品。这在现实的管理中是经常发生的，比如经过调查研究，已知道某一种新产品的各种技术经济参数，如消耗系数和价格等，如何决定该产品是否值得投入生产。如果已经有了原生产方案的线性规划最优解，则这种分析会很容易。下面仍然以对例1-1的分析为例予以说明。

在例1-1中，假定该家具厂新设计了一种柜子，预计售价为100元，对木工和油漆工的消耗系数分别为9和3.5，问该柜子是否值得生产？

对这类问题一般可分为三步进行分析。

（1）第一步，计算检验数。

设该产品的产量为 x_3，则其对应的检验数应为

$$\begin{aligned}\Delta_3&=c_3-\boldsymbol{C}_B\boldsymbol{B}^{-1}\boldsymbol{P}_3\\&=100-(5,15)\begin{pmatrix}9\\3.5\end{pmatrix}\\&=2.5>0\end{aligned}$$

这说明，原最优方案已不是最优方案，必须对原方案进行调整。毫无疑问，如果经过计算检验数是非正的，则原方案仍然为最优方案。

（2）第二步，计算新增变量在最终单纯形表中的列向量。如果上一步所计算的检验数都是非正的，则无须进行这一步骤。

$$B^{-1}P_3=\begin{pmatrix}-\frac{1}{2} & \frac{3}{2}\\ 1 & -2\end{pmatrix}\begin{pmatrix}9\\ 3.5\end{pmatrix}=\begin{pmatrix}0.75\\ 2\end{pmatrix}$$

于是得到增加新变量后的单纯形表（注意，增加新变量后，原来的松弛变量相应改变下标），如表 2-8 所示。

表 2-8　增加新变量的灵敏度分析之一

		x_1	x_2	x_3	x_4	x_5
Z	-1350	0	0	2.5	-5	-15
x_2	20	0	1	(2)	1	-2
x_1	15	1	0	0.75	-1/2	3/2

显然，该表不是最优单纯形表，需要换基迭代。

（3）第三步，换基迭代。迭代之后得到表 2-9。

表 2-9　增加新变量的灵敏度分析之二

		x_1	x_2	x_3	x_4	x_5
Z	-1375	0	-1.25	0	-6.25	-12.5
x_3	10	0	0.5	1	0.5	-1
x_1	7.5	1	-0.375	0	-0.875	2.25

结果表明，以柜子代替椅子生产，利润可增加 25 元。

其次，技术系数的改变也常常在以下两种情况下发生：一是产品设计改进引起技术系数变动，这种情况一般引起某一列系数变动；二是工艺改进引起技术系数变动，这种情况一般引起某一行系数发生变动。

从单纯形方法看，$\boldsymbol{A}$ 中的元素发生变化，需要分两种情况讨论：一是 $\boldsymbol{B}$ 中的元素改变，二是 $\boldsymbol{N}$ 中的元素改变。如果是 $\boldsymbol{B}$ 中的元素发生改变，则最优单纯形表中的各项元素都将改变，这时不论检验数是正是负，都需要对生产方案进行调整（两种情况下都只是对量的调整，不改变变量的组合），因为，基变量的检验数只能是 0。这时，可令系数改变后的产量为 x_i'，并以此代替 x_i 为基变量进行迭代即可。

当 $\boldsymbol{N}$ 中的元素发生变化时，在这种情况下的灵敏度分析与增加一个新变量的灵敏度分析相类似，即先计算检验数：如果检验数小于等于 0，则无须调整方案；如果检验数大于 0，则需要调整方案。然后计算系数改变后的列在最终单纯形表中的列向量，最后再换基迭代即可。

应用案例讨论

案例 2-1　两产品两工厂两市场的生产营销问题

1. 背景材料

某公司有甲、乙两个工厂，生产 A、B 两种产品，两种产品均销往南方和北方两个地区，有关的资料如表 2-10 和表 2-11 所示。

表 2-10　生产情况资料

		工厂甲		工厂乙	
		产品 A	产品 B	产品 A	产品 B
生产成本/(元/件)		5	6	4	5
加工工时/(h/件)	制造	1.5	2	1	2
	装配	3	2	2.5	1.5
工时定额/h	制造	12 000	16 000	8000	22 000
	装配	30 000		40 000	

表 2-11　市场情况资料

		南方市场		北方市场	
		产品 A	产品 B	产品 A	产品 B
最大销量/件		900	12 000	7500	6000
单价/(元/件)		12	17	13	18
销售费用/(元/件)		4	5	3	4
运输费用/(元/件)	工厂甲	1	1	2	2
	工厂乙	2	2	1	2

2. 问题讨论和提示

现在，公司不仅想要得到一个利润最大的生产和销售计划，而且想要知道：

（1）如果要增加利润，首先应该扩大销售量还是增加工时定额？

（2）如果要扩大销售量，应该首选南方市场还是北方市场？

（3）扩大产品销售量应该首选 A 产品还是 B 产品？

（4）如果要增加工时定额，应该首先增加哪个工厂哪个车间的工时定额？

解决这一问题，可先设 8 个决策变量建立利润最大化的线性规划模型，这 8 个变量是：

x_{11} = 产品 A 甲厂生产南方销售的数量

x_{12} = 产品 A 甲厂生产北方销售的数量

x_{21} = 产品 A 乙厂生产南方销售的数量

x_{22} = 产品 A 乙厂生产北方销售的数量

y_{11} = 产品 B 甲厂生产南方销售的数量

y_{12} = 产品 B 甲厂生产北方销售的数量

y_{21} = 产品 B 乙厂生产南方销售的数量

y_{22} = 产品 B 乙厂生产北方销售的数量

然后解模型，并求出对偶问题的最优解即影子价格，则问题不难解答。

案例 2-2　配矿计划问题

1. 问题的提出

某大型冶金矿山公司共有 14 个出矿点，年产量及各矿点矿石的平均品位（含铁量的百分比）均为已知，见表 2-12。

表 2-12　矿点出矿石量及矿石平均品位表

矿　点　号	出矿石量/(万 t)	平均铁品位（%）
1	70	37.16
2	7	51.25
3	17	40.00
4	23	47.00
5	3	42.00
6	9.5	49.96
7	1	51.41
8	15.4	48.34
9	2.7	49.08
10	7.6	40.22
11	13.5	52.71
12	2.7	56.92
13	1.2	40.73
14	7.2	50.20

按照冶金生产要求，具体说这里是指炼铁生产的要求，在矿石采出后，需按要求指定的品位值进行不同品位矿石的混合配料，然后进入烧结工序，最后，将小球状的烧结球团矿送入高炉进行高温冶炼，生产出生铁。

该企业要求：将这 14 个矿点的矿石进行混合配矿。依据现有生产设备及生产工艺的要求，混合矿石的平均铁品位规定为 45%。

问：如何配矿才能获得最佳的效益？

2. 分析与建模

负责此项目研究的运筹学工作者，很快判定此项目属于运筹学中最成熟的分支之一——线性规划的范畴，而且是一个小规模问题。

（1）设计变量。记 X_j（$j=1, 2, \cdots, 14$）分别表示出矿点 1 ~14 所产矿石中参与配矿的数量（单位：万 t）。

（2）约束条件。包括三部分：

1）供给（资源）约束：由表 2-12，有

$$X_1 \leqslant 70, \ X_2 \leqslant 7, \ \cdots, \ X_{14} \leqslant 7.2$$

2）品位约束：

$$0.3716X_1 + 0.5125X_2 + \cdots + 0.5020X_{14} = 0.4500 \sum X_j$$

3）非负约束：

$$X_j \geqslant 0 \quad j=1, 2, \cdots, 14$$

（3）目标函数。此项目所要求的“效益最佳”，作为决策准则有一定的模糊性。由于配矿后混合矿石将作为后面工序的原料而产生利润，故在初始阶段，可将目标函数选作配矿总量，并追求其极大化。

于是，可得出基本线性规划模型如下：

$$\max \quad Z = \sum X_j$$

$$\text{s. t.} \begin{cases} 0 \leqslant X_1 \leqslant 70 \\ 0 \leqslant X_2 \leqslant 7 \\ \quad \vdots \\ 0 \leqslant X_{14} \leqslant 7.2 \\ 0.3716X_1 + 0.5125X_2 + \cdots + 0.5020X_{14} = 0.4500 \sum X_j \end{cases}$$

3. 计算结果及讨论

使用单纯形算法，极易求出此模型的最优解：

$\boldsymbol{X}^* = (X_1^*, X_2^*, \cdots, X_{14}^*)^{\mathrm{T}}$，它们是

$X_1^* = 31.121$	$X_2^* = 7$	$X_3^* = 17$
$X_4^* = 23$	$X_5^* = 3$	$X_6^* = 9.5$
$X_7^* = 1$	$X_8^* = 15.4$	$X_9^* = 2.7$
$X_{10}^* = 7.6$	$X_{11}^* = 13.5$	$X_{12}^* = 2.7$
$X_{13}^* = 1.2$	$X_{14}^* = 7.2$	（单位：万 t）

目标函数的最优值为

$$Z^* = \sum X_j^* = 141.921 \text{ 万 t}$$

按照运筹学教材中所讲述的方法及过程，此项目到此似乎应该结束了。但是，这是企业管理中的一个真实问题。因此，对这个优化计算结果需要得到多方面的检验。

这个结果是否能立即为公司所接受呢？回答是否定的！

注意！在最优解 $\boldsymbol{X}^*$ 中，除第 1 个矿点有富余外，其余 13 个矿点的出矿量全部参与了配矿。而矿点 1 在配矿后尚有富余量：70 万 t − 31.121 万 t = 38.879 万 t，但矿点 1 的矿石平均铁品位仅为 37.16%，属贫矿。

作为该公司的负责人或决策层很难接受这个事实：花费大量的人力、物力、财力后，在矿点 1 生产的贫矿中却有近 39 万 t 被闲置，而且在大量积压的同时，会产生环境的破坏，也是难以容忍的。

原因何在？出路何在？

经过分析后可知：在矿石铁品位及出矿量都不可变更的情况下，只能把注意力集中在混合矿的铁品位要求 T_{Fe} 上。不难看出，降低 T_{Fe} 值，可以使更多的低品位矿石参与配矿。

T_{Fe} 有可能降低吗？在因 T_{Fe} 的降低而使更多贫矿石入选的同时，会产生什么样的影响？必须加以考虑。

就线性规划模型建立、求解等方面来说，降低 T_{Fe} 及其相关影响已不属于运筹学的范围，它已涉及该公司的技术与管理。但是，从事此项目研究的运筹学工作者却打破了这个界限，深入到现场操作人员、工程技术人员及管理人员中去，请教、学习、调查，然后按照 T_{Fe} 的三个新值：44%、43%、42%，重新计算。

将参数 T_{Fe} 的三个变动值 0.44、0.43、0.42 分别代入基本模型，重新计算，相应的最优解分别记作 $\boldsymbol{X}^*(0.44)$、$\boldsymbol{X}^*(0.43)$ 及 $\boldsymbol{X}^*(0.42)$。表 2-13 给出了详细的数据比较。

表 2-13　不同 T_{Fe} 值的配矿数据

矿点	铁品位(%)	出矿量/万 t	$T_{Fe}=45\%$		$T_{Fe}=44\%$		$T_{Fe}=43\%$		$T_{Fe}=42\%$	
			X^* (0.45)	富余量/万 t	X^* (0.44)	富余量/万 t	X^* (0.43)	富余量/万 t	X^* (0.42)	富余量/万 t
1	37.16	70	31.121	38.879	51.87	18.13	70	0	70	0
2	51.25	7	7	0	7	0	7	0	7	0
3	40.00	17	17	0	17	0	17	0	17	0
4	47.00	23	23	0	23	0	23	0	23	0
5	42.00	3	3	0	3	0	3	0	3	0
6	49.96	9.5	9.5	0	9.5	0	9.5	0	9.5	0
7	51.41	1	1	0	1	0	1	0	1	0
8	48.34	15.4	15.4	0	15.4	0	15.4	0	15.4	0
9	49.08	2.7	2.7	0	2.7	0	2.7	0	2.7	0
10	40.22	7.6	7.6	0	7.6	0	7.6	0	7.6	0
11	52.71	13.5	13.5	0	13.5	0	13.5	0	0	13.5
12	56.92	2.7	2.7	0	2.7	0	0	2.7	0	2.7
13	40.73	1.2	1.2	0	1.2	0	1.2	0	1.2	0
14	50.20	7.2	7.2	0	7.2	0	4.53	2.67	0.77	6.43
配用总量、富余总量/万 t			141.921	38.879	162.67	18.13	175.43	5.37	158.17	22.63

对表 2-13 所列结果，请公司有关技术人员、管理人员（包括财务人员）进行综合评判，评判意见是：

T_{Fe}取 45% 及 44% 的两个方案，均不能解决贫矿石大量积压的问题，且造成环境的破坏，故不能考虑。

T_{Fe}取 43% 及 42% 的两个方案，可使贫矿石全部入选；配矿总量在 150 万 t 以上；且富余的矿石皆为铁品位超过 50% 的富矿，可以用于生产高附加值的产品——精矿粉，大大提高经济效益；因而，这两个方案对资源利用应属合理。

经测算，按 T_{Fe}取 42% 的方案配矿，其混合矿石经选矿烧结后，混合铁精矿品位仅达 51%，不能满足冶炼要求，即从技术上看缺乏可行性，故也不能采用。

$T_{Fe}=43\%$ 的方案，在工艺操作上只需作不大的改进即可正常生产，即技术上可行。

经会计师测算，按 $T_{Fe}=43\%$ 的方案得出的配矿总量最多，高达 175 万 t，且可生产数量可观的精矿粉，两项合计，按当时的价格计算，比 $T_{Fe}=45\%$ 的方案同比增加产值 931.86 万元。

最终的结论：$T_{Fe}=43\%$ 时的方案为最佳方案。

4. 一点思考

由基本模型的目标函数及决策准则来看，它具有单一性，即追求总量最大。而从企业的要求来看，还需考虑资金周转、环境保护、资源合理利用以及企业生存等多方面的因素，因此，企业所指的“效益最佳”具有系统性。这两者之间的差异，甚至冲突，应属运筹学工作者在应用研究中经常遇到的问题，也是需要合理解决的问题。而解决这个问题的关键之一是：运筹学工作者在理念与工作方式中要具有开放性，也就是说，不能只拘泥于运筹学书本及文献资料，而应进入实际，与相关人员、相关学科相结合、交叉、渗透、互补，从而达到技术可行、经济合理以及系统优化的目的。

经验表明：在运筹学实际应用的项目中，很少遇到运筹学“独步天下”的情况。如在此案例中，它属于线性规划的一个典型应用领域，即使如此，运筹学在其中也不能包揽一切，它可以起着骨架及核心作用，但若无其他方面的配合，也不能达到圆满成功。

利用 WinQSB 进行灵敏度分析

在利用 WinQSB 求解线性规划的最终输出表中，一般都会给出灵敏度分析的结果。比如，在上一章利用 WinQSB 求解例 1-1 的输出结果图 1-13 中，不难看出，例 1-1 的价值系数允许的变化范围为［40，60］和［25，37.5］；而资源约束常数允许的变化范围是：［100，150］和［40，60］。在这里主要以例 2-2 为例，对利用 WinQSB 求解对偶规划和进行灵敏度分析的更多应用作以介绍。

对例 2-2，现要求：

（1）写出对偶线性规划，变量用 y 表示。

（2）求原问题及对偶问题的最优解。

（3）分别写出价值系数及右端常数项的最大允许变化范围。

（4）目标函数系数改为 $\boldsymbol{C}=(3, 4, 5, 4, 6)$，同时常数改为 $\boldsymbol{b}=(5, 4)$，求最优解。

（5）删除第一个约束求最优解。

（6）删除第二个变量求最优解。

（7）增加一个变量。

为求解问题，需先启动线性规划与整数规划模块，建立新问题，命名为例 2-2，输入数据得到图 2-1，保存。

Variable -->	X1	X2	X3	X4	X5	Direction	R. H. S.
Minimize	2	3	5	2	3		
C1	1	1	2	1	3	>=	4
C2	2	-1	3	1	1	>=	3
LowerBound	0	0	0	0	0		
UpperBound	M	M	M	M	M		
VariableType	Continuous	Continuous	Continuous	Continuous	Continuous		

图 2-1　例 2-2 的矩阵模式输入表

接下来，即可按下列步骤对每个问题进行分析：

第一步，求解问题（1），写对偶模型。

单击菜单 Format→Switch to Dual Form，得到对偶问题矩阵模式表如图 2-2 所示。

Variable -->	C1	C2	Direction	R. H. S.
Maximize	4	3		
X1	1	2	<=	2
X2	1	-1	<=	3
X3	2	3	<=	5
X4	1	1	<=	2
X5	3	1	<=	3
LowerBound	0	0		
UpperBound	M	M		
VariableType	Continuous	Continuous		

图 2-2　例 2-2 对偶问题矩阵模式表

为了得到对偶模型，需对变量名进行修改。先单击菜单 Format→Switch to Normal Model→Form，得到对偶模型如图 2-3 所示，再单击 Edit→Variable Name，分别修改变量名，如图 2-4 所示。修改变量名后的对偶模型表达式如图 2-5 所示。

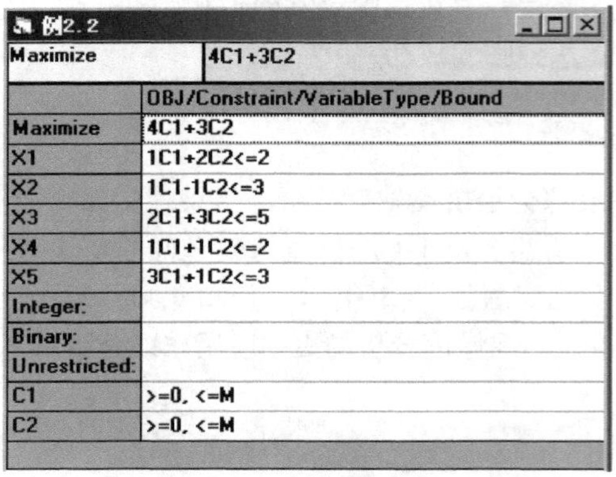

图 2-3　例 2-2 对偶问题完整模式表达

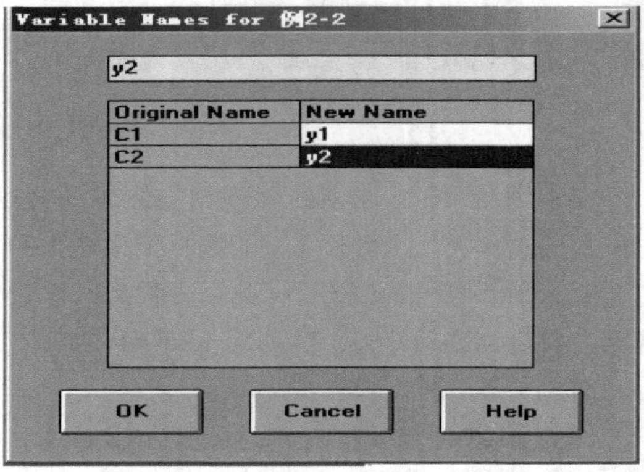

图 2-4　例 2-2 对偶问题改变量名

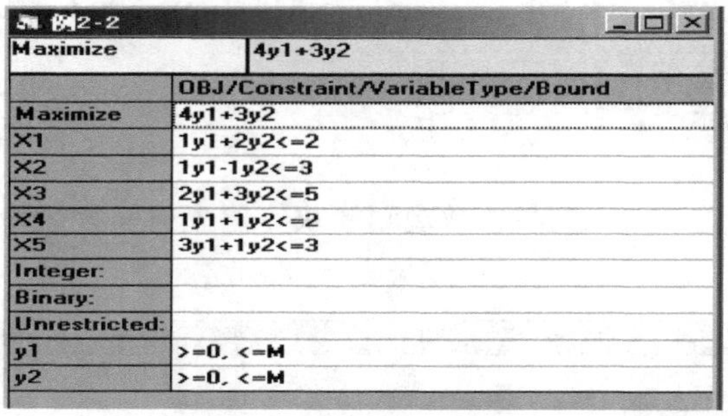

图 2-5　例 2-2 对偶问题用 y 作为变量名的完整模式表达

第二步，求解问题（2），解题。

先对对偶问题单击菜单 Format→Switch to Dual Form 得到原问题。再单击菜单 Solve and Analyze→Solve the Problem 得最优解综合分析表如图 2-6 所示。可以看出原问题最优解为 $\boldsymbol{X}=(1,0,0,0,1)$，最优值 $Z=5$。查看最优表的影子价格（Shadow Price）对应的数据就是对偶问题的最优解 $\boldsymbol{y}=(0.8,0.6)$。

	Decision Variable	Solution Value	Unit Cost or Profit c(j)	Total Contribution	Reduced Cost	Basis Status	Allowable Min. c(j)	Allowable Max. c(j)
1	X1	1.0000	2.0000	2.0000	0	basic	1.0000	3.1429
2	X2	0	3.0000	0	2.8000	at bound	0.2000	M
3	X3	0	5.0000	0	1.6000	at bound	3.4000	M
4	X4	0	2.0000	0	0.6000	at bound	1.4000	M
5	X5	1.0000	3.0000	3.0000	0	basic	1.0000	6.0000
	Objective	Function	(Min.) =	5.0000				
	Constraint	Left Hand Side	Direction	Right Hand Side	Slack or Surplus	Shadow Price	Allowable Min. RHS	Allowable Max. RHS
1	y1	4.0000	>=	4.0000	0	0.8000	1.5000	9.0000
2	y2	3.0000	>=	3.0000	0	0.6000	1.3333	8.0000

图 2-6　例 2-2 最优解综合分析表

第三步，求解问题（3）和问题（4），进行灵敏度分析。

由图 2-6 的最后两列得到价值系数，$c_j(j=1, 2, 3, 4, 5)$ 最大允许变化范围分别是

[1.0000，3.1429]，[0.2000，M]，[3.4000，M]，[1.4000，M]，[1.0000，6.0000]

右端常数项 $b_i(i=1, 2)$ 的最大允许变化范围分别是：[1.5000，9.0000]，[1.3333，8.0000]。

要获得问题（4）的结果，可直接在图 2-2 上修改数据，求解后得到最优解为 $\boldsymbol{X}=(0, 0, 1, 0, 1)$，最优值 $Z=11$。

第四步，求解问题（5）、问题（6）和问题（7），修改模型。

先单击菜单 Edit→Delete a Constraint，选择删除约束“C1”，单击 OK。于是得到如图 2-7 所示的模型，求解得到问题（5）的最优解为 $\boldsymbol{X}=(1.5, 0, 0, 0, 0)$，最优值为 $Z=3.0000$。

Variable -->	X1	X2	X3	X4	X5	Direction	R. H. S.
Minimize	2	3	5	2	3		
C2	2	-1	3	1	1	>=	3
LowerBound	0	0	0	0	0		
UpperBound	M	M	M	M	M		
VariableType	Continuous	Continuous	Continuous	Continuous	Continuous		

图 2-7　删除第一个约束后的模型

为了得到问题（6）的答案，再单击菜单 Edit→Delete a Variable，选择删除变量。于是得到如图 2-8 所示的模型，求解得到最优解为 $\boldsymbol{X}=(1, 0, 0, 1)$，最优值为 $Z=5$。

Variable -->	X1	X3	X4	X5	Direction	R. H. S.
Minimize	2	5	2	3		
C1	1	2	1	3	>=	4
C2	2	3	1	1	>=	3
LowerBound	0	0	0	0		
UpperBound	M	M	M	M		
VariableType	Continuous	Continuous	Continuous	Continuous		

图 2-8　删除第二个变量后的模型

为了得到问题（7）的答案，需单击菜单 Edit→Insert a Variable，得到图 2-9，选择变量名和变量插入的位置，在显示的电子表中再输入变量系数（5，4，3），得到图 2-10。求解，得到图 2-11，从图 2-11 中得最优解为 $\boldsymbol{X}=(0, 0, 0, 0, 0, 1)$，最优值为 $Z=5$。

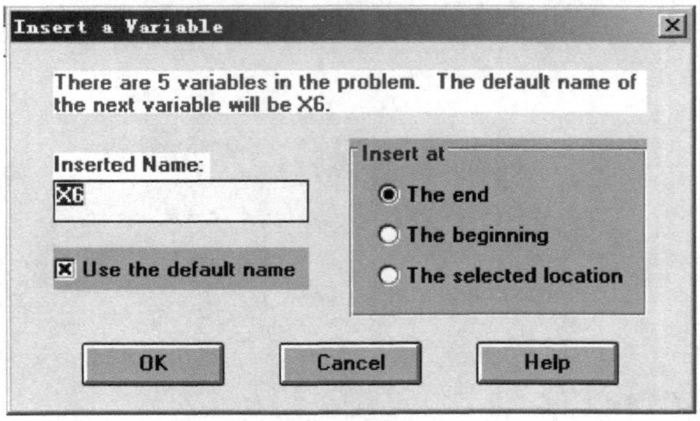

图 2-9　插入变量对话框

Variable -->	X1	X2	X3	X4	X5	X6	Direction	R. H. S.
Minimize	2	3	5	2	3	5		
C1	1	1	2	1	3	4	>=	4
C2	2	-1	3	1	1	3	>=	3
LowerBound	0	0	0	0	0	0		
UpperBound	M	M	M	M	M	M		
VariableType	Continuous	Continuous	Continuous	Continuous	Continuous	Continuous		

图 2-10　插入变量后的模型

	Decision Variable	Solution Value	Unit Cost or Profit c(j)	Total Contribution	Reduced Cost	Basis Status	Allowable Min. c(j)	Allowable Max. c(j)
1	X1	0	2.0000	0	0	at bound	2.0000	M
2	X2	0	3.0000	0	2.8000	at bound	0.2000	M
3	X3	0	5.0000	0	1.6000	at bound	3.4000	M
4	X4	0	2.0000	0	0.6000	at bound	1.4000	M
5	X5	0	3.0000	0	0	basic	3.0000	3.7500
6	X6	1.0000	5.0000	5.0000	0	basic	4.0000	5.0000
	Objective	Function	(Min.) =	5.0000	(Note:	Alternate	Solution	Exists!!)
	Constraint	Left Hand Side	Direction	Right Hand Side	Slack or Surplus	Shadow Price	Allowable Min. RHS	Allowable Max. RHS
1	C1	4.0000	>=	4.0000	0	0.8000	4.0000	9.0000
2	C2	3.0000	>=	3.0000	0	0.6000	1.3333	3.0000

图 2-11　插入变量后的求解结果

习题与作业

1. 写出下列线性规划问题的对偶问题。

（1） $\min Z=2x_1+2x_2+4x_3$

$$\text{s. t.}\begin{cases}2x_1+3x_2+5x_3\geqslant 2\\3x_1+x_2+7x_3\leqslant 3\\x_1+4x_2+6x_3\leqslant 5\\x_1,\ x_2,\ x_3\geqslant 0\end{cases}$$

（2） $\max Z=2x_1-4x_2+3x_3$

$$\text{s. t.}\begin{cases}x_1-3x_2+2x_3\leqslant 12\\2x_2+x_3\geqslant 10\\x_1-2x_3=15\\x_1\geqslant 0,\ x_2\leqslant 0\end{cases}$$

（3） $\min Z=\sum_{i=1}^{m}\sum_{j=1}^{n}c_{ij}x_{ij}$

$$\text{s. t.}\begin{cases}\sum_{i=1}^{m}x_{ij}=b_j\quad(j=1,2,\cdots,n)\\\sum_{j=1}^{n}x_{ij}=a_i\quad(i=1,2,\cdots,m)\end{cases}$$

（4） $\max.\ \boldsymbol{Cx}$

$$\text{s. t.}\begin{cases}\boldsymbol{Ax}=b\\\boldsymbol{x}\geqslant\boldsymbol{a}\end{cases}$$

（5） $\min.\ \boldsymbol{Cx}$

$$\text{s. t.}\begin{cases}\boldsymbol{A}_1\boldsymbol{x}=\boldsymbol{b}_1\\\boldsymbol{A}_2\boldsymbol{x}\geqslant\boldsymbol{b}_2\\\boldsymbol{x}\geqslant 0\end{cases}$$

2. 已知线性规划问题：

$\max Z=2x_1+x_2+5x_3+6x_4$

$$\text{s.t.}\begin{cases}2x_1 + x_3 + x_4 \leqslant 8\\ 2x_1 + 2x_2 + x_3 + 2x_4 \leqslant 12\\ x_j \geqslant 0 \quad j=1,2,3,4\end{cases}$$

的对偶最优解为：$y_1 = 4$，$y_2 = 1$，试应用对偶问题的性质求出其最优解。

3. 试应用对偶单纯形方法求解下列线性规划问题。

（1）$\min Z = x_1 + x_2$

$$\text{s.t.}\begin{cases}2x_1 + x_2 \geqslant 4\\ x_1 + 7x_2 \geqslant 7\\ x_1, x_2 \geqslant 0\end{cases}$$

（2）$\min Z = 4x_1 + 2x_2 + x_3$

$$\text{s.t.}\begin{cases}2x_1 + 4x_2 + 5x_3 \geqslant 10\\ 3x_1 - x_2 + 6x_3 \geqslant 3\\ 5x_1 + 2x_2 + x_3 \geqslant 12\\ x_1, x_2, x_3 \geqslant 0\end{cases}$$

4. 试应用互补松弛定理及线性规划理论求解下列问题的最优解和对偶最优解。

（1）$\max Z = 5x_1 + 3x_2 + x_3$

$$\text{s.t.}\begin{cases}2x_1 + x_2 + x_3 \geqslant 6\\ x_1 + 2x_2 + x_3 \geqslant 7\\ x_1, x_2, x_3 \geqslant 0\end{cases}$$

（2）$\min Z = x_1 + 2x_2$

$$\text{s.t.}\begin{cases}2x_1 + x_2 + x_3 = 1\\ 2x_1 + 3x_2 = 1\\ x_1, x_2, x_3 \geqslant 0\end{cases}$$

5. 某一线性规划问题的最优单纯形表如表 2-14 所示。

表 2-14　习题 5 数据表

		x_1	x_2	x_3	x_4
Z	10/3	0	0	−1/3	−1/3
x_1	8/9	1	0	−5/9	1/9
x_2	11/9	0	1	1/9	−2/9

试分析：

（1）目标函数分别由过去的（1，2）变为（3，5）后发生的变化。

（2）资源约束分别由过去的 $(3, 7)^T$ 变为 $(8, 11)^T$ 后发生的变化。

（3）某新产品的单价为 1，消耗系数为 $P_j = (1, 3)^T$，是否该生产此产品？

（4）产品 I 的消耗系数由原来的 $P_1 = (2, 1)^T$ 变为 $(1, 2)^T$，产品结构发生何变化？

6. 某企业生产甲、乙两种产品，需要 A、B 两种原料，生产消耗等有关参数如表 2-15 所示，试解答下列问题：

（1）构造一个利润最大化模型并求出最优方案。

（2）原料 A、B 的影子价格各是多少？哪一种更珍贵？

（3）假定市场上有 A 原料出售，企业是否应该购入以扩大生产？在保持原最优方案不变的前提下，最多应购入多少？可增加多少利润？

（4）如果乙产品价格可达到 20 元/件，方案会发生什么变化？

（5）现有新产品丙可投入开发，已知对两种原料的消耗系数分别为 3 和 4，问该产品的价格至少应为多少才值得生产？

表 2-15　习题 6 数据表

	甲	乙	可用量/kg	原料成本/(元/kg)
原料 A	2	4	160	1
原料 B	3	2	180	2
单价/(元/件)	13	16		

7. 应用 WinQSB 对第 1 章的习题 7 或习题 8 进行灵敏度分析。

8. 填空题

(1) 对于最大化问题，如果某个变量≥0，则对偶规划的相应约束为________型；如果某个约束为≥型，则对应的变量一定是________。

(2) 如果原问题有最优解，则对偶问题一定________；如果原问题无界，则对偶问题一定________。

(3) 基变量的检验数一定是________，非基变量的检验数一定是________。

(4) 影子价格等于________，贡献边际等于________。

9. 思考讨论题

(1) 对偶单纯形方法与原始单纯形方法的解题思路有何不同?

(2) 技术系数变化的灵敏度分析通常在什么情况下是必要的?

(3) 影子价格通常可以为决策者提供哪些有用的信息?

(4) 应如何理解对偶问题与原问题之间的对应关系?

第 3 章 运输问题

3.1 运输问题的模型及其特点

3.1.1 运输问题的一般提法和模型

运输问题实质是一种应用广泛的网络最优化模型。它的主要任务是为物资调运和车辆调度选择最经济的运输路线。有些问题，虽然不属于运输问题，比如有 m 台车床加工 n 种零件的问题、工厂的合理布局问题等，尽管要求与提法不同，但是经过适当的变化，也可以使用运输问题模型求得最优解。

运输问题的一般提法是：某种物资有 m 个产地 A_i（$i=1, 2, \cdots, m$），产量分别为 a_i，另有 n 个销地 B_j（$j=1, 2, \cdots, n$），销量（需求量）分别为 b_j，现在需要把这种物资从各个产地运到各个销地，已知从 A_i 到 B_j 的单位运价（或运距）为 c_{ij}，假定产量总数等于销量总数，即 $\sum_{i=1}^{m} a_i = \sum_{j=1}^{n} b_j$，问应如何组织调运，才能使总运费（或总运输量）最省？

所有的有关信息可以归纳为表 3-1。

表 3-1　运输问题有关信息表

销地 单位运价或运距 产地	B_1	B_2	$\cdots$	B_n	产量
A_1	c_{11}	c_{12}	$\cdots$	c_{1n}	a_1
A_2	c_{21}	c_{22}	$\cdots$	c_{2n}	a_2
$\vdots$	$\vdots$	$\vdots$		$\vdots$	$\vdots$
A_m	c_{m1}	c_{m2}	$\cdots$	c_{mn}	a_m
销量	b_1	b_2	$\cdots$	b_n	$\sum_{i=1}^{m} a_i = \sum_{j=1}^{n} b_j$

单位应根据具体问题选择确定。

假定 $m=3$，$n=4$，这时的运输问题可用网络图描述如图 3-1 所示。

为建立运输问题的一般模型，可设 x_{ij} 为从产地 A_i 运往销地 B_j 的物资数量（$i=1, \cdots, m$；$j=1, \cdots, n$），由于从 A_i 运出的物资总量应等于 A_i 的产量 a_i，因此 x_{ij} 应满足：

$$\sum_{j=1}^{n} x_{ij} = a_i, \quad i = 1,2,\cdots,m$$

同理，运到 B_j 的物资总量应该等于 B_j 的销量 b_j，所以 x_{ij} 还应满足：

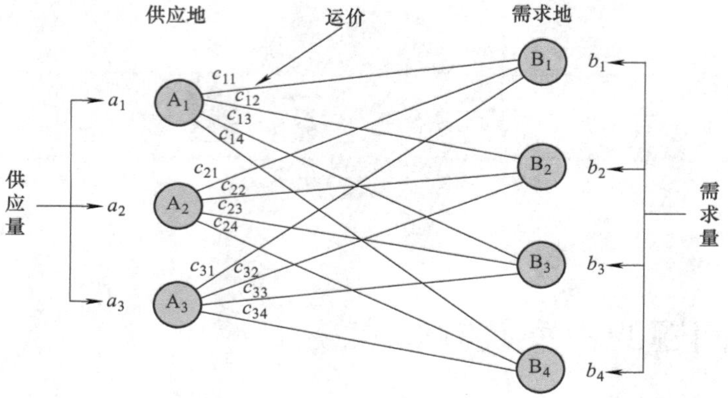

图 3-1　$m=3$，$n=4$ 时的运输问题网络图

$$\sum_{i=1}^{m} x_{ij} = b_j, \quad j = 1,2,\cdots,n$$

总运费为

$$Z = \sum_{i=1}^{m} \sum_{j=1}^{n} c_{ij} x_{ij}$$

于是可得运输问题的数学模型如下：

$$\min Z = \sum_{i=1}^{m} \sum_{j=1}^{n} c_{ij} x_{ij}$$

$$\text{s. t.} \begin{cases} \sum_{j=1}^{n} x_{ij} = a_i & i = 1,2,\cdots,m \\ \sum_{i=1}^{m} x_{ij} = b_j & j = 1,2,\cdots,n \\ x_{ij} \geqslant 0 \end{cases} \tag{3-1}$$

注意到产销平衡条件 $\sum_{i=1}^{m} a_i = \sum_{j=1}^{n} b_j$，因此式（3-1）描述的是产销平衡的运输问题。

【定理 3-1】 平衡条件下的运输问题一定有最优解。

证明：若设 $Q = \sum_{i=1}^{m} a_i = \sum_{j=1}^{n} b_j$，并令 $x_{ij} = \frac{a_i b_j}{Q}$，则 x_{ij} 显然是一组可行解，又因为总费用不会为负值，这说明，运输问题既有可行解，又必然有下界存在，因此一定有最优解存在。

显然，由于运输问题是一个有 mn 个变量、$m+n$ 个等型约束条件的线性规划问题，因此无疑可以用单纯形方法求解，但由于其数学模型自身结构的特殊性，也可以利用更简便的表上作业法来求解。这与运输问题的特点有关。为此，先讨论运输问题的一些特点。

3.1.2　运输问题的一般特点

（1）运输问题是一个具有 mn 个变量和 $n+m$ 个等型约束的线性规划问题。

（2）运输问题约束方程组的系数矩阵是一个只有 0 和 1 两个数值的稀疏矩阵。其中，每一列只有两个元素为 1，其余元素为 0；前 m 行，每一行只有 n 个元素为 1，其余元素为 0；后 n 行，每行只有 m 个元素为 1，其余元素为 0。整个模型共 $2mn$ 个元素为 1。

写出式（3-1）的系数矩阵**A**，形式如下：

$$
\begin{array}{r}
\\
m\text{ 行}\left\{\vphantom{\begin{array}{c}1\\1\\1\\1\\1\end{array}}\right. \\
n\text{ 行}\left\{\vphantom{\begin{array}{c}1\\1\\1\\1\end{array}}\right.
\end{array}
\begin{array}{c}
x_{11},x_{12},\cdots,x_{1n},x_{21},x_{22},\cdots,x_{2n},\cdots,\cdots,\cdots,\cdots,x_{m1},x_{m2},\cdots,x_{mn} \\
\left(\begin{array}{cccc|cccc|c|cccc}
1 & 1 & \cdots & 1 & & & & & & & & & \\
 & & & & 1 & 1 & \cdots & 1 & & & & & \\
 & & & & & & & & \ddots & & & & \\
 & & & & & & & & & 1 & 1 & \cdots & 1 \\
\hdashline
1 & & & & 1 & & & & \cdots & 1 & & & \\
 & 1 & & & & 1 & & & \cdots & & 1 & & \\
 & & \ddots & & & & \ddots & & & & & \ddots & \\
 & & & 1 & & & & 1 & \cdots & & & & 1
\end{array}\right)
\end{array}
\qquad (3\text{-}2)
$$

可以看出，该矩阵的元素均为1或0；其中每一列中的两个1对于与 x_{ij} 对应的列向量 $\boldsymbol{P}_{ij}$ 来说，1分别处于第 i 行和第 $m+j$ 行。另外，若将该矩阵分块，也很有特点：前 m 行构成 m 个 $m\times n$ 阶矩阵，而且第 k 个矩阵（$k=1$，⋯，m）只有第 k 行元素全为1，其余元素全为0；后 n 行构成 m 个 n 阶单位阵。

（3）运输问题的基变量总数是 $m+n-1$。可以证明系数矩阵式（3-2）及其增广矩阵 $\overline{\boldsymbol{A}}$ 的秩是 $m+n-1$。

考虑增广矩阵

$$
\overline{\boldsymbol{A}}=
\begin{array}{c}
x_{11},x_{12},\cdots,x_{1n},x_{21},x_{22},\cdots,x_{2n},\cdots,\cdots,\cdots,\cdots,x_{m1},x_{m2},\cdots,x_{mn} \\
\left(\begin{array}{cccccccccccccc}
1 & 1 & \cdots & 1 & & & & & & & & & & a_1 \\
 & & & & 1 & 1 & \cdots & 1 & & & & & & a_2 \\
 & & & & & & & & \ddots & & & & & \\
 & & & & & & & & \ddots & & & & & \vdots \\
 & & & & & & & & \ddots & & & & & \\
 & & & & & & & & & 1 & 1 & \cdots & 1 & a_m \\
1 & & & & 1 & & & & \cdots & 1 & & & & b_1 \\
 & 1 & & & & 1 & & & \cdots & & 1 & & & b_2 \\
 & & \ddots & & & & \ddots & & & & & \ddots & & \vdots \\
 & & & 1 & & & & 1 & \cdots & & & & 1 & b_m
\end{array}\right)
\end{array}
\qquad (3\text{-}3)
$$

一方面，前 m 行相加之和减去后 n 行相加之和结果是零向量，说明 $m+n$ 个行向量线性相关，因此 $\overline{\boldsymbol{A}}$ 的秩小于 $m+n$；另一方面，由 $\overline{\boldsymbol{A}}$ 的第二行至第 $m+n$ 行和前 n 列及 x_{21}，x_{31}，⋯，x_{m1} 对应的列交叉处元素构成 $m+n-1$ 阶方阵 $\boldsymbol{D}$：

$$
D=\left(\begin{array}{cccc|cccc}
 & & & & 1 & & & \\
 & 0 & & & & 1 & & \\
 & & & & & & \ddots & \\
 & & & & & & & 1 \\
\hline
1 & & & & 1 & 1 & \cdots & 1 \\
 & 1 & & & & & & \\
 & & \ddots & & & & & \\
 & & & 1 & & & &
\end{array}\right)
\begin{array}{l} \left.\begin{array}{l}\\ \\ \\ \\ \end{array}\right\} m-1 \text{ 行} \\ \left.\begin{array}{l}\\ \\ \\ \\ \end{array}\right\} n \text{ 行}\end{array}
\tag{3-4}
$$

不难看出，D 的行列式的值是不为 0 的（将左右两大块换位可得到 1），也即 $\bar{A}$ 的秩应该等于 $m+n-1$，又因为 D 本身就含于 A 中，故 A 的秩也等于 $m+n-1$。可以证明 $m+n$ 个约束方程中的任意 $m+n-1$ 个都是线性无关的。

（4）m + n − 1 个变量构成基变量的充要条件是它们不构成闭回路。闭回路是运输问题求解过程中非常重要的一个基本概念。

【定义 3-1】 如表 3-2 所示，x_{11}，x_{13}，x_{23}，x_{21} 即称作一个闭回路，其中每个变量称作该闭回路的一个顶点。

表 3-2　闭回路在表中的表示法

	B_1	B_2	B_3	B_4
A_1	x_{11}	x_{12}	x_{13}	x_{14}
A_2	x_{21}	x_{22}	x_{23}	x_{24}
A_3	x_{31}	x_{32}	x_{33}	x_{34}

同样，变量 x_{12}，x_{22}，x_{24}，x_{14} 和 x_{22}，x_{23}，x_{33}，x_{31}，x_{11}，x_{12} 也都是闭回路。

下面是有关闭回路的一些重要性质，也是表上作业法的理论基础。

【定理 3-2】 设 $x_{i_1j_1}$，$x_{i_1j_2}$，$x_{i_2j_2}$，$x_{i_2j_3}$，…，$x_{i_rj_r}$，$x_{i_rj_1}$ 是一个闭回路，则该闭回路中的变量所对应的系数列向量 $P_{i_1j_1}$，$P_{i_1j_2}$，$P_{i_2j_2}$，$P_{i_2j_3}$，…，$P_{i_rj_r}$，$P_{i_rj_1}$ 具有下面的关系：

$$P_{i_1j_1}-P_{i_1j_2}+P_{i_2j_2}-P_{i_2j_3}+\cdots+P_{i_rj_r}-P_{i_rj_1}=\mathbf{0}$$

只要注意到列向量 $P_{ij}=(0,\ \cdots,\ 0,\ 1,\ 0,\ \cdots,\ 0,\ 1,\ 0,\ \cdots,\ 0)^{\mathrm{T}}$，其中两个元素 1 分别处于第 i 行和第 $m+j$ 行，直接计算即可得到结果。

【定理 3-3】 若变量组 $x_{i_1j_1}$，$x_{i_2j_2}$，…，$x_{i_rj_r}$ 中有一个部分组构成闭回路，则该变量组对应的系数列向量线性相关。

定理的证明可借助定理 3-2 和高等代数中“向量组中，若部分向量线性相关，则整个向量组就线性相关”的定理得到。

【定理 3-4】 不包含任何闭回路的变量组中必有孤立点。

所谓孤立点，是指在所在行或列中出现于该变量组中的唯一变量。可用反证法证明结论成立。

【定理 3-5】 r 个变量 $x_{i_1j_1}$，$x_{i_2j_2}$，…，$x_{i_rj_r}$ 对应的系数列向量线性无关的充要条件是该变量组不包含闭回路。

推论　$m+n-1$ 个变量构成基变量的充要条件是该变量组不含闭回路。

3.2 运输问题的表上作业法

3.2.1 表上作业法的基本思路

表上作业法的基本思想是：先设法给出一个初始方案，然后根据确定的判别准则对初始方案进行检查、调整、改进，直至求出最优方案，如图3-2所示。这和单纯形方法的求解思想完全一致，但是具体的做法更加简捷。

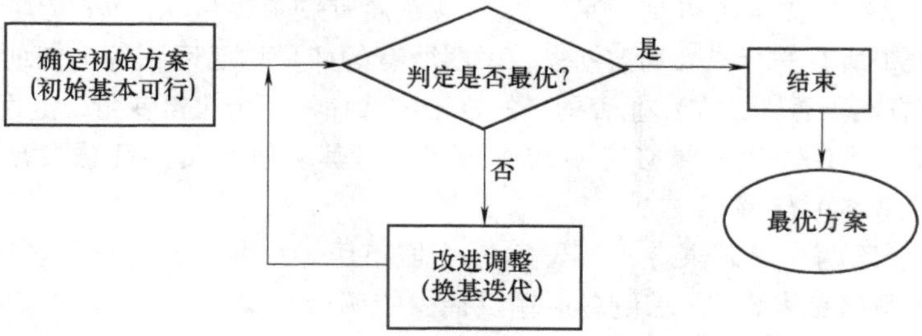

图3-2 运输问题求解思路图

3.2.2 表上作业法的解题步骤

1. 建立产销平衡表

产销平衡表是运用表上作业法解运输问题的基础。建立产销平衡表就相当于建立运输问题的表上作业法的模型。建立产销平衡表，也就是将运输问题的有关信息和决策变量即调运量结合在一起构成一张“作业表”，表3-3就是两个产地、三个销地的运输问题作业表，也就是一个产销平衡表。有的问题，产销平衡表是现成的，有的则需要根据具体问题去构造，所以，这一步也是表上作业法的一个必要步骤。

在表3-3中，x_{ij}是决策变量，表示待确定的从第i个产地到第j个销地的调运量，c_{ij}为从第i个产地到第j个销地的单位运价或运距。注意，画表的时候，可以将每个单元格用一条上斜的直线分开，上面写运价，下面写调运量。通常情况下，写调运量即变量的位置都是空的，只有当有了初始方案后，写调运量或变量的位置才会有数字。

表3-3 运输问题的产销平衡表

调运量 / 销地 / 产地	B_1	B_2	B_3	产量
A_1	c_{11} / x_{11}	c_{12} / x_{12}	c_{13} / x_{13}	a_1
A_2	c_{21} / x_{21}	c_{22} / x_{22}	c_{23} / x_{23}	a_2
销量	b_1	b_2	b_3	$\sum_{i=1}^{2} a_i = \sum_{j=1}^{3} b_j$

2. 确定初始调运方案

确定初始调运方案可按照下面的步骤进行：

（1）选择一个 x_{ij}，令 $x_{ij}=\min\{a_i, b_j\}$，将具体数值填入 x_{ij} 在表中的位置。

对 x_{ij} 的选择按照运输问题的不同类型可以采用不同的规则，就形成各种不同的方法。对于一般的最小化运输问题，每次总是在作业表剩余的格子中选择运价（运距）最小者对应的 x_{ij}，则构成最小元素法；对于最大化的运输问题，每次总是在作业表剩余的格子中选择运价（运距）最大者对应的 x_{ij}，则构成最大元素法；如果每次都选择左上角格子对应的 x_{ij}，就形成西北角法（也称左上角法）。

（2）调整产销剩余数量：从 a_i 和 b_j 中分别减去 x_{ij} 的值，若 $a_i-x_{ij}=0$，则划去产地 A_i 所在的行，即该产地产量已全部运出无剩余，而销地 B_j 尚有需求缺口 b_j-a_i；若 $b_j-x_{ij}=0$，则划去销地 B_j 所在的列，说明该销地需求已得到满足，而产地 A_i 尚有剩余存量 a_i-b_j；

（3）当作业表中所有的行或列均被划去，说明所有的产量均已运到各个销地，需求全部满足，x_{ij} 的取值构成初始方案。否则，在作业表剩余的格子中选择下一个决策变量，返回步骤（2）。

按照上述步骤产生的一组变量必定不构成闭回路，其取值非负，且总数是 $m+n-1$ 个，因此构成运输问题的基本可行解。

【例 3-1】 甲、乙两个煤矿供应 A、B、C 三个城市用煤，各煤矿产量及各城市需煤量、各煤矿到各城市的运输距离见表 3-4，求使总运输量最少的调运方案。

表 3-4　例 3-1 数据表

运输距离 城市 / 煤矿	A	B	C	日产量（供应量）
甲	90	70	100	200
乙	80	65	75	250
日销量（需求量）	100	150	200	450

根据已知信息，可得该问题的数学模型如下：

$$\min Z=90x_{11}+70x_{12}+100x_{13}+80x_{21}+65x_{22}+75x_{23}\text{（总运输量）}$$

$$\text{s. t.}\begin{cases}x_{11}+x_{12}+x_{13}=200\\ x_{21}+x_{22}+x_{23}=250\text{（日产量约束）}\\ x_{11}+x_{21}=100\\ x_{12}+x_{22}=150\text{（需求约束）}\\ x_{13}+x_{23}=200\\ x_{ij}\geqslant 0,\ (i=1,2;\ j=1,2,3)\end{cases}$$

先分别使用最小元素法求出初始方案，为此列出初始作业表，见表 3-5。

表 3-5　例 3-1 初始作业表（一）

调运量 城市 / 煤矿	A	B	C	日产量（供应量）
甲	90 / x_{11}	70 / x_{12}	100 / x_{13}	200
乙	80 / x_{21}	65 / x_{22}	75 / x_{23}	250
日销量（需求量）	100	150	200	450

最小元素法的基本思想是“就近供应”，在表3-5中先选择最小运距 $c_{22}=65$ 对应的 x_{22} 作为第一个基变量，$\min(a_2, b_2)=\min(250, 150)=150$，所以令 $x_{22}=150$，B城市需求全部满足，乙煤矿尚有存余量 $250-150=100$，划去表中第二列，并修改乙煤矿存余量得表3-6。

表3-6 例3-1作业表（二）

调运量 城市/煤矿	A	B	C	日产量（供应量）
甲	90 x_{11}	70 x_{12}	100 x_{13}	200
乙	80 x_{21}	65 150	75 x_{23}	250，100
日销量（需求量）	100	150	200	450

余下的4个格子中再选择最小运距 $c_{23}=75$ 对应的 x_{23} 作为第二个基变量，$\min(100, 200)=100$，所以令 $x_{23}=100$，乙煤矿已无存余，C城市尚有需求缺口 $200-100=100$，划去表3-6中第二行，并修改C城市需求得表3-7。

余下的两个格子中再选择最小运距 $c_{11}=90$ 对应的 x_{11} 作为第三个基变量，$\min(200, 100)=100$，所以令 $x_{11}=100$，A城市需求全部满足，甲煤矿尚有存余量 $200-100=100$，划去表3-7中第一列，并修改甲煤矿存余量得表3-8。

现在只剩一个格子，是运距 $c_{13}=100$ 对应的决策变量 x_{13}，甲煤矿存余量100恰好满足C城市需求缺口100，令 $x_{13}=100$。至此，需求全部满足，且供需平衡，故已得到初始调运方案，见表3-9，即 $x_{11}=100$，$x_{13}=100$，$x_{22}=150$，$x_{23}=100$，变量个数恰为 $m+n-1=2+3-1=4$。

这时的目标函数值为

$$Z=90\times100+100\times100+65\times150+75\times100=36\ 250$$

表3-7 例3-1作业表（三）

调运量 城市/煤矿	A	B	C	日产量（供应量）
甲	90 x_{11}	70 x_{12}	100 x_{13}	200
乙	80 x_{21}	65 150	75 100	250，100
日销量（需求量）	100	150	200，100	450

表3-8 例3-1作业表（四）

调运量 城市/煤矿	A	B	C	日产量（供应量）
甲	90 100	70 x_{12}	100 x_{13}	200，100
乙	80 x_{21}	65 150	75 100	250，100
日销量（需求量）	100	150	200，100	450

表 3-9　用最小元素法确定的例 3-1 初始调运方案

调运量 城市 / 煤矿	A	B	C	日产量（供应量）
甲	90 / 100	70 / x_{12}	100 / 100	200
乙	80 / x_{21}	65 / 150	75 / 100	250
日销量（需求量）	100	150	200	450

西北角法则不考虑运距（或运价），每次都选剩余表格的左上角（即西北角）元素作为基变量，其他过程与最小元素法相同，所得初始调运方案见表 3-10，即 $x_{11}=100$，$x_{12}=100$，$x_{22}=50$，$x_{23}=200$，$Z=34\ 250$。可见，运用最小元素法确定的方案并不一定比西北角法更好。这是因为最小元素的选择，丧失了其他更好的组合的缘故。

表 3-10　用西北角法确定的例 3-1 初始调运方案

调运量 城市 / 煤矿	A	B	C	日产量（供应量）
甲	90 / 100	70 / 100	100 / x_{13}	200
乙	80 / x_{21}	65 / 50	75 / 200	250
日销量（需求量）	100	150	200	450

3. 对空格做闭回路，求检验数，判别最优方案

检查初始调运方案是不是最优方案的过程就是对最优方案的判断过程。检查的方法仍然是计算非基变量（在作业表中对应着未填上数字的格，即空格）的检验数（也称为空格的检验数），若全部小于或等于零，则该方案就是最优调运方案，否则就应进行调整。因此最优性检验最终归结为求非基变量检验数的问题，这里介绍两种常用的方法——闭回路法和位势法。

（1）闭回路法。闭回路法以确定了初始调运方案的作业表为基础，以一个非基变量作为起始顶点，寻求闭回路。该闭回路的特点是：除了起始顶点是非基变量外，其他顶点均为基变量（对应着填上数字的格）。可以证明，如果对闭回路的方向不加区别，对于每一个非基变量而言，以其为起点的闭回路存在且唯一。

如果约定作为起始顶点的非基变量为偶数次顶点，其他顶点从 1 开始顺次排列，那么，该非基变量 x_{ij} 的检验数

$$\sigma_{ij}=（闭回路上奇数次顶点运距或运价之和）-（闭回路上闭回路上偶数次顶点运距或运价之和） \tag{3-5}$$

在表 3-9 基础上，计算非基变量 x_{12} 的检验数时，先在该作业表上做出闭回路，见表 3-11 中虚线连接的顶点变量。

表 3-11 例 3-1 初始调运方案中以 x_{12} 为起点的闭回路

调运量 城市 / 煤矿	A	B	C	日产量（供应量）
甲	90 / 100	70 / x_{12}	100 / 100	200
乙	80 / x_{21}	65 / 150	75 / 100	250
日销量（需求量）	100	150	200	450

于是非基变量 x_{12} 的检验数 $\sigma_{12}=(c_{13}+c_{22})-(c_{12}+c_{23})=(100+65)-(70+75)=20$。

这种检验的理由是：

因为这时的目标函数为：$Z=36\ 250-\sigma_{12}x_{12}-\sigma_{21}x_{21}$（注意，基变量的检验数为 0），由此不难看出，如果 σ_{12} 为正，则非基变量 x_{12} 的值由 0 增大至 1，其他非基变量仍为 0，那么总费用将会减少 σ_{12} 个单位（即增加 $-\sigma_{12}$）。

而为了保持平衡，由表 3-9 不难看出，若 x_{12} 增加 1，则 x_{13} 必须减少 1，而 x_{13} 减少 1，则 x_{23} 必须增加 1，而 x_{23} 增加 1，x_{22} 又必须减少 1。这时，总的费用相应增加：$c_{12}-c_{13}+c_{23}-c_{22}$。因此，相应的检验数应为

$-\sigma_{12}=c_{12}-c_{13}+c_{23}-c_{22}$，即 $\sigma_{12}=(c_{13}+c_{22})-(c_{12}+c_{23})=20$

同样的道理，非基变量 x_{21} 的检验数 $\sigma_{21}=(c_{11}+c_{23})-(c_{21}+c_{13})=(90+75)-(80+100)=-15$。

检验数的经济含义是：在保持产销平衡的条件下，该非基变量增加一个单位运量而成为进基变量时目标函数值的减少量。

（2）位势法。运用闭回路法求检验数，需要做每一个非基变量的闭回路，对于较大的问题来说，是很麻烦的。尤其是当一些非基变量的闭回路成为非矩形时，更是如此。而如果利用位势法，则可以更好地避免这一点。

以例 3-1 初始调运方案为例，设置位势变量为 u_i 和 v_j，在表 3-9 的基础上增加一行和一列，对应关系见表 3-12。也可以将发量（或产量）列和收量（或销量）行像运价一样，分作两个部分实现。

表 3-12 例 3-1 初始调运方案位势变量对应表

调运量 城市 / 煤矿	A	B	C	日产量（供应量）	位势变量 u_i
甲	90 / 100	70 / x_{12}	100 / 100	200	u_1
乙	80 / x_{21}	65 / 150	75 / 100	250	u_2
日销量（需求量）	100	150	200	450	
位势变量 v_j	v_1	v_2	v_3		

然后构造下面的方程组：

$$\begin{cases}u_1+v_1=c_{11}=90\\u_1+v_3=c_{13}=100\\u_2+v_2=c_{22}=65\\u_2+v_3=c_{23}=75\end{cases} \tag{3-6}$$

该方程组有下面一些特点：

（1）方程个数是 $m+n-1=2+3-1=4$ 个，位势变量共有 $m+n=2+3=5$ 个，通常称 u_i 为第 i 行的位势，称 v_j 为第 j 列的位势。

（2）初始方案的每一个基变量 x_{ij} 对应一个方程——所在行和列对应的位势变量之和等于该基变量对应的运距（或运价）：$u_i+v_j=c_{ij}$。

（3）方程组恰有一个自由变量，可以证明式（3-6）中任意一个变量均可取作自由变量。给定自由变量一个值，解方程组式（3-6），即可求得位势变量的一组值。

于是根据下式，即求出其余的所有非基变量 x_{ij} 检验数：

$$\sigma_{ij}=(u_i+v_j)-c_{ij} \tag{3-7}$$

在式（3-6）中，令 $u_1=0$，则可解得 $v_1=90$，$v_3=100$，$u_2=-25$，$v_2=90$，于是 $\sigma_{12}=(u_1+v_2)-c_{12}=(0+90)-70=20$，$\sigma_{21}=(u_2+v_1)-c_{21}=(-25+90)-80=-15$，与前面用闭回路法求得的结果相同。

位势法求检验数的原理，是根据线性规划的对偶理论提出的。就其基本原理而言，位势法也称作对偶变量法。根据线性规划的对偶原理，不难知道，依运输问题的线性规划模型，其对偶模型应为

$$\max S=\sum_{i=1}^{m}a_iu_i+\sum_{j=1}^{n}b_jv_j$$

$$\text{s. t.}\begin{cases}u_i+v_j\leqslant c_{ij}\\u_i,\ v_j\ \text{无约束}\ i=1,\ 2,\ \cdots,\ m;\ j=1,\ 2,\ \cdots,\ n\end{cases}$$

式中　u_i 和 v_j 即为与原问题的约束相对应的对偶变量。

根据线性规划理论，原问题的检验数应为：$\sigma_{ij}=\boldsymbol{C}-\boldsymbol{C}_B\boldsymbol{B}^{-1}\boldsymbol{A}$。而运输问题是一个最小化问题，即检验数应为

$$\sigma_{ij}=\boldsymbol{C}_B\boldsymbol{B}^{-1}\boldsymbol{P}_{ij}-\boldsymbol{C}=\boldsymbol{y}\boldsymbol{P}_{ij}-\boldsymbol{C}=(u_i+v_j)-c_{ij}$$

式中　P_{ij} 是系数矩阵 $\boldsymbol{A}$ 中与变量 x_{ij} 对应的列向量，$\boldsymbol{y}=(u_1,\ u_2,\ \cdots,\ u_m;\ v_1,\ v_2,\ \cdots,\ v_n)$。

注意到运输问题的线性规划模型中系数矩阵的每一列只有两个 1，上式就很容易理解。上述式（3-6）的提出，是因为基变量的检验数均为 0 才得以建立的。

4. 方案调整

当非基变量的检验数出现正值时，说明当前作业表得出的调运方案不是最优的，应进行调整。若检验数 σ_{ij} 大于零，则首先在作业表上以 x_{ij} 为起始变量做出闭回路，并求出调整量 Δ，Δ 的值等于该闭回路中奇数次顶点调运量中最小的一个。

继续上面的例子，由于 $\sigma_{12}=20$，参照表 3-11 中以 x_{12} 为起始变量的闭回路，计算调整量：$\Delta=\min\{100,150\}=100$。

然后，按照下面的方法调整调运量：

闭回路上，奇数次顶点的调运量减去 Δ，偶数次顶点（包括起始顶点）的调运量加上 Δ；闭回路之外的变量调运量不变。

在表 3-11 的基础上按上述方法调整就得到一个新的调运方案，见表 3-13。

表 3-13 例 3-1 调整后的调运方案

调运量 煤矿＼城市	A	B	C	日产量（供应量）
甲	90 / 100	70 / 100	100 / x_{13}	200
乙	80 / x_{21}	65 / 50	75 / 200	250
日销量（需求量）	100	150	200	450

不难看出，仍有 $\sigma_{21}=5$。重复上面的步骤直至求出最优调运方案，如表 3-14 所示。

表 3-14 例 3-1 最优调运方案

调运量 煤矿＼城市	A	B	C	日产量（供应量）
甲	90 / 50	70 / 150	100 / x_{13}	200
乙	80 / 50	65 / x_{22}	75 / 200	250
日销量（需求量）	100	150	200	450

结果表明：最优调运方案 $x_{11}=50$，$x_{12}=150$，$x_{21}=50$，$x_{23}=200$。这时，总的运输量减少到：$Z=90\times50+70\times150+80\times50+75\times200=34\ 000$。

由以上过程不难看出，对方案调整的目的，实质就是要使正的检验数变为负数，为此，只有将该闭回路中的奇数次顶点与偶数次顶点对调即可。调整的过程是把出现正检验数的空格所对应的非基变量改为基变量，同时对该空格闭回路中各顶点上的基变量取值做相应的改变。原则是使奇次拐角点上的一个基变量值为零，使其成为非基变量。这样做有时可能会同时有几个基变量为零（若同时有多个基变量值取值为零，则只能使一个为非基变量，其余的写上 0 作为基变量看待），同时使改变后的基变量值不出现负数。因此原非基变量的增加值通常也称调整数。

3.2.3 最大元素法和西北角法

【例 3-2】 某车间有四项产品加工任务 B_1、B_2、B_3、B_4，该车间有三种设备 A_1、A_2、A_3 可用于加工这些产品，由于每种设备的性能不同因而加工每一种产品的效率不同，有关数据如表 3-15 所示，其中，运价为单位时间可加工的产品数量，单位为 kg/h。

表 3-15 例 3-2 数据表　　（效率单位：kg/h）

效率 设备＼任务	B_1	B_2	B_3	B_4	可利用工时/h
A_1	6	7	5	3	14
A_2	8	4	2	7	27
A_3	5	9	10	6	19
需要工时/h	22	13	12	13	60

问应如何安排加工才能使总效率最高（加工的产品量最多）？

运输问题实际上也可以看作一个 $m \times n$ 分派问题。本例就是一个分派问题，因此完全可以用运输问题的解法求解。

对于最大化问题，根据具体问题的性质，在求解时可以有两种思路。一种思路是，根据问题的特定要求，确定初始方案时可以使用最大元素法。采用这种思路，求检验数时最优解的判断应为检验数全部大于等于零。另一种思路是，可以先找出最大运价，然后由最大运价中减去每一个运价，再按照最小元素法确定初始方案。用最大元素法得到的初始调运方案如表 3-16 所示。

表 3-16　例 3-2 使用最大元素法得到的初始方案

	B_1	B_2	B_3	B_4	可利用工时/h
A_1	6	7 / 6	5	3 / 8	14
A_2	8 / 22	4	2	7 / 5	27
A_3	5	9 / 7	10 / 12	6	19
需要工时/h	22	13	12	13	

总加工量 $Z = 42\text{kg} + 24\text{kg} + 176\text{kg} + 35\text{kg} + 63\text{kg} + 120\text{kg} = 460\text{kg}$。

由于 $\sigma_{11} = -2$，故需对方案进行调整，调整后得到表 3-17。

表 3-17　例 3-2 第一次调整后的方案

	B_1	B_2	B_3	B_4	可利用工时/h
A_1	6 / 8	7 / 6	5	3	14
A_2	8 / 14	4	2	7 / 13	27
A_3	5	9 / 7	10 / 12	6	19
需要工时/h	22	13	12	13	

调整后的总加工量 $Z = 48\text{kg} + 42\text{kg} + 112\text{kg} + 91\text{kg} + 63\text{kg} + 120\text{kg} = 476\text{kg}$。

由于全部检验数均已非负，其中：$\sigma_{13} = 3$，$\sigma_{14} = 2$，$\sigma_{22} = 5$，$\sigma_{23} = 8$，$\sigma_{31} = 3$，$\sigma_{34} = 1$，故上述调整后的表 3-17 已是最优表。

第二种思路请同学们自己作为课后练习亲自动手做一做，并与上述结果进行对照。

西北角法即按照看地图的约定，上北下南，左西右东，在确定初始调运方案时，每次都从西北角开始。使用西北角法的好处，一是不用找所谓的最小或最大元素，二是形成的初始方案闭回路比较容易找。但也有缺点，缺点是形成的初始方案逼近最优方案慢。下面仍以例 3-2 为例，将其作为一个最小化问题处理。用西北角法，必须明确知道问题是最大化还是最小化，因为对于最大化和最小化问题检验数的要求是不一样的。

对于例 3-2，用西北角法得到的初始调运方案如表 3-18 所示。

表 3-18 例 3-2 使用西北角法得到的初始方案

	B_1	B_2	B_3	B_4	可利用工时/h
A_1	6 / 14	7	5	3	14
A_2	8 / 8	4 / 13	2 / 6	7	27
A_3	5	9	10 / 6	6 / 13	19
需要工时/h	22	13	12	13	

初始调运方案的目标值是 $Z_0=350$。因检验数 $\sigma_{31}=11$，$\sigma_{32}=3$，所以需进行调整。先对空格 x_{31} 进行调整。调整后的方案如表 3-19 所示。目标值 $Z_1=284$。

表 3-19 例 3-2 使用西北角法得到的调整方案

	B_1	B_2	B_3	B_4	可利用工时/h
A_1	6 / 14	7	5	3	14
A_2	8 / 2	4 / 13	2 / 12	7	27
A_3	5 / 6	9	10	6 / 13	19
需要工时/h	22	13	12	13	

调整后仍有正检验数 $\sigma_{14}=4$，$\sigma_{24}=2$，先对空格 x_{14} 进行调整。调整后的最优方案如表 3-20 所示。

表 3-20 例 3-2 使用西北角法得到的最优方案

	B_1	B_2	B_3	B_4	可利用工时/h
A_1	6 / 1	7	5	3 / 13	14
A_2	8 / 2	4 / 13	2 / 12	7	27
A_3	5 / 19	9	10	6	19
需要工时/h	22	13	12	13	

对应于表 3-20 的所有检验数为：$\sigma_{12}=-5$，$\sigma_{13}=-5$，$\sigma_{24}=-2$，$\sigma_{32}=-8$，$\sigma_{33}=-11$，$\sigma_{34}=-4$；目标值 $Z_2=232$。

3.3 运输问题的应用及推广

3.3.1 运输问题的应用

【例 3-3】 某公司有三个工厂 B_1、B_2、B_3，生产中需要同一种原料，另有三个仓库 A_1、A_2、A_3 可供应这种原料，由于供需双方两两间的相对位置不同因而运价不同，有关数据如表 3-21 所示。

表 3-21　例 3-3 数据表

	B_1	B_2	B_3	发　量
A_1	4	8	8	56
A_2	16	24	16	82
A_3	8	16	24	77
收量	72	102	41	215

问应如何安排运输才能使总运费为最小？

【解】　应用最小元素法可得到初始调运方案如表 3-22 所示。其中，发量和收量单元格下方的数字为位势变量的计算结果。在运输问题的实际应用中，同学们要善于和习惯使用位势法计算检验数。

按照表 3-22 的方案调运，成本 $Z=2968$。

在表 3-22 中，由于检验数 $\lambda_{12}=4$，故需要进行调整。调整后的方案如表 3-23 所示。

按照表 3-23 的方案调运，成本 $Z=2744$。

在表 3-23 中，由于全部检验数均已非正，所以该方案即最优方案。这里需要注意的是，利用位势法计算检验数，方案调整后的位势值必须重新计算，因为位势值计算的依据是，基变量的检验数为 0。

表 3-22　例 3-3 初始调运方案

	B_1	B_2	B_3	发　量
A_1	4 / 56	8	8	56 / 0
A_2	16	24 / 41	16 / 41	82 / 12
A_3	8 / 16	16 / 61	24	77 / 4
收量	72 / 4	102 / 12	41 / 4	215

表 3-23　例 3-3 调整后的调运方案

	B_1	B_2	B_3	发　量
A_1	4	8 / 56	8	56 / 0
A_2	16	24 / 41	16 / 41	82 / 16
A_3	8 / 72	16 / 5	24	77 / 8
收量	72 / 0	102 / 8	41 / 0	215

【例 3-4】　某公司承担 6 个港口城市 A、B、C、D、E、F 之间的 4 条固定航线的物资运输任务，已知道 4 条航线的起点、终点城市及每天的航班数如表 3-24 所示。

表 3-24 例 3-4 数据表（1）

航 线	起 点	终 点	每天航班数/班
1	E	D	3
2	B	C	2
3	A	F	1
4	D	B	1

假定各航线使用相同型号的船只，各城市之间的航程天数如表 3-25 所示。已知道每条船只每次装卸货物的时间各需要 1 天，问该公司至少需要配备多少船只才能满足所有航线的运货需求？

表 3-25 例 3-4 数据表（2） （单位：天）

	A	B	C	D	E	F
A	0	1	2	14	7	7
B		0	3	13	8	8
C			0	15	5	5
D				0	17	20
E					0	3
F						0

【解】 这是一个生产能力配备问题。可考虑将公司所需配备的船只数分为两个部分：

（1）载货航程所需的周转船只数。例如航线 1，在港口 E 装货 1 天，由 E 到 D 航程 17 天，在 D 卸货 1 天，共 19 天，每天 3 班，共需周转船只数 57 条。如此计算的各航线周转船只数共 91 条，详见表 3-26。

表 3-26 例 3-4 中各航线周转船只计算表

航 线	装货天数/天	航程天数/天	卸货天数/天	共计天数/天	每天航班/班	需船只数/条
1. ED	1	17	1	19	3	57
2. BC	1	3	1	5	2	10
3. AF	1	7	1	9	1	9
4. DB	1	13	1	15	1	15

（2）各港口间调度所需船只数。由于各港口每天到达的船只数与所需要的船只数不等，必须对各港口的供需进行平衡。例如，D 每天到达的船只有 3 条，发出则只需要 1 条，各港口每天余缺的船只数如表 3-27 所示。

表 3-27 例 3-4 中各港口每天余缺的船只数计算表 （单位：条）

港口城市	A	B	C	D	E	F
每天到达	0	1	2	3	0	1
每天需求	1	2	0	1	3	0
余缺数	−1	−1	2	2	−3	1

要使得配备的船只数最少，其实质就是要使用于周转的空船数最少。因此可建立如下的运输问题模型，运价是各港口间的航程天数，其产销平衡表如表3-28所示。

表3-28　例3-4的初始产销平衡表

	A	B	E	多余船只数/条
C	2 / 1	3 / 1	5	2
D	14	13 / 0	17 / 2	2
F	7	8	3 / 1	1
缺少船只/条	1	1	3	

初始调运方案如表3-28中所列，$Z=42$。因 $\lambda_{13}=2$，故需将方案调整为如表3-29所示。

表3-29　例3-4调整后的产销平衡表

	A	B	E	多余船只数/条
C	2 / 1	3	5 / 1	2
D	14	13 / 1	17 / 1	2
F	7	8	3 / 1	1
缺少船只/条	1	1	3	

所有检验数已全部非正，故得到最优方案。按该方案所需的空船总数是：$Z=40$。所以，该公司应配备的船只总数应是91条+40条=131条。

通过对上述例子的分析，不难了解到，在运用表上作业法求解运输问题时必须注意：①如有多个检验数同时为正（对于最小化问题）或为负（对于最大化问题），可选其中绝对值较大者首先调整，这样可以更快地得到最优解；②若某个检验数为0，则一定有无穷多解；③若某产地的产量与某个销地的销量相等，则发生退化（即基变量中有0值）；④在调整方案时，如果奇数次顶点上有几个相同的调运量同时为最小调运量，当奇数次顶点减最小调运量时则会同时使几个顶点为0，这时只能有一个顶点为空格，其余的必须补0，作为退化的基变量看待；⑤在调整方案时，如果奇数次顶点的最小调运量为0，则同样需要在所有的奇数次顶点上减0，在偶数次顶点上加0，这样做的目的是使奇偶顶点换位，使检验数由正数变为负数。

3.3.2　运输问题的推广

1. 某些产地与销地之间无通路时的运输问题

产销平衡的运输问题隐含的一个基本假定是，每一个产地与每一个销地之间都有道路可通。但是，实际的情况可能并不一定是这样，一些产地与另一些销地之间可能并不存在通路。一般地，只要这种组合数不超过 $mn-m-n+1$ 个，都可以将相应的问题转化为产销平衡的运输问题，运用表上作业法求解。

方法是，将不存在通路的产地与销地之间的运价用 M（一个很大的正数，计算机求解时输一个最大的运价即可）表示，然后运用表上作业法求解即可。

2. 产销不平衡的运输问题

实际中常常会出现供大于求或供不应求的情况，相应的运输问题就是更一般的产销不平衡的运输问题。当供大于求时，可以增加一个虚拟销地（也称作库存），供不应求时则增加一个虚拟产地（也称作亏空），对应的运距（或运价）均设为零，这样就把问题转化为一个产销平衡的运输问题。然后即可以应用表上作业法求出最优调运方案。但这里必须注意，当使用最小元素法确定初始方案时，应首先将运价表中增加的零运价撇开，因为它不需要运输，也无须在调运时予以考虑。这些具有零运价的行或列，只是在按照不包括零运价在内的其他运价确定了初始调运方案后起平衡作用。

【例 3-5】 设有一个产销不平衡的运输问题如表 3-30 所示。

表 3-30 例 3-5 数据表

	B_1	B_2	B_3	B_4	发 量
A_1	2	11	3	4	7
A_2	12	3	5	9	5
A_3	7	8	1	2	7
收量	2	3	4	6	

试确定一个最佳的调运量方案。

【解】 应用表上作业法，得到的最优调运方案如表 3-31 所示。

表 3-31 例 3-5 的最优调运方案

	B_1	B_2	B_3	B_4	库 存	发 量
A_1	2			3	2	7
A_2		3			2	5
A_3			4	3		7
收量	2	3	4	6	4	19

最小运费 $Z=35$。求解过程留给同学们做课堂练习。

3. 需求量有上下限时的运输问题

某些情况下，个别销地的需求量常常会表现为一个范围，即需求会有一个上下限。这时，最大需求之和往往会大于总产量。在这种情况下，可以先把有上下限需求的销地当作两个销地来处理，增加的销地需求量等于最大需求与最小需求之差，另外需要再增加一个产量等于最大总需求与总产量之差的虚拟产地。增加的销地的运价，对应于原产地的，只需照写即可；对应于虚拟产地的运价做 0 处理。同时，将原销地与虚拟销地的运价用 M 表示，意即最低需求不能由虚拟产地满足（特别提醒：试考虑一下，在这里最大总需求会不会小于总产量，这种情况有没有意义）。

【例 3-6】 某公司下属有三个生产厂，即一厂、二厂、三厂，每年需要取暖和生活用煤分别为 3000t、1000t 和 2000t，按协议由两个煤矿即甲矿和乙矿负责供应。已知甲矿年产量为 4000t，乙矿为 1500t，由煤矿至各个厂区的单位运价（百元/t）如表 3-32 所示。由于需大于供，经公司研究决定，一厂供应量可减少 0～200t，二厂需要量应全部满足，三厂供应量应不少于 1700t。试确定总运费最低的调运方案。

表 3-32　例 3-6 数据表　　　　（运价单位：百元/t）

	一　厂	二　厂	三　厂	年生产量/t
甲矿	1.65	1.70	1.75	4000
乙矿	1.60	1.65	1.70	1500
年需求量/t	3000	1000	2000	

【解】 需求量有一个浮动范围，是该问题不同于其他问题的特点。

首先，由于需大于供，所以需要虚拟一个产地。其次，由于一厂和三厂需求量有浮动，故均需要分两种情况处理，于是可得到产销平衡表如表 3-33 所示。其中 M 表示一个很大的正数，其含义是该需求量绝对不能由相应的产地（即虚拟产地）满足。具体求解时，M 用一个足够大的正数比如 100（通常只要大于运价表中最大运价若干倍就可以了）代替即可。

表 3-33　例 3-6 的产销平衡表　　　　（运价单位：百元/t）

	一厂 a	一厂 b	二厂	三厂 a	三厂 b	年生产量/t
甲矿	1.65	1.65	1.70	1.75	1.75	4000
乙矿	1.60	1.60	1.65	1.70	1.70	1500
虚拟矿	M	0	M	M	0	500
年需求量/t	2800	200	1000	1700	300	6000

求解该问题后得到的最优解是：$x_{11}=1300$，$x_{13}=1000$，$x_{14}=1700$，$x_{21}=1500$，$x_{32}=200$，$x_{35}=300$，其余变量为 0（该问题属于退化问题）。$Z=9220$。

再举一个例子。

【例 3-7】 设有三个化肥厂供应四个地区的农用化肥，有关的数据资料如表 3-34 所示。

表 3-34　例 3-7 数据表

	甲	乙	丙	丁	产量
A	16	13	22	17	50
B	14	13	19	15	60
C	19	20	23	—	50
最低需求	30	70	0	10	
最高需求	50	70	30	60	

相应的产销平衡表如表 3-35 所示。

表 3-35　例 3-7 的产销平衡表

	甲	甲*	乙	丙	丁	丁*	产　量
A	16	16	13	22	17	17	50
B	14	14	13	19	15	15	60
C	19	19	20	23	M	M	50
D	M	0	M	0	M	0	50
销量	30	20	70	30	10	50	210

求解后得到的最优解如表3-36所示。

表3-36 例3-7的最优解

	甲	甲*	乙	丙	丁	丁*	产 量
A			50				50
B			20		10	30	60
C	30	20	0				50
D				30		20	50
销量	30	20	70	30	10	50	210

4. 转运问题

转运问题也是更实际的一类运输问题，其特点是所调运的物资不是由产地直接运送到销地，而是经过若干中转站送达。

转运问题的求解通常是设法将其转化为一个等价的产销平衡运输问题，然后用表上作业法求出最优调运方案，因此重点在于“如何转化”的问题。一般可按以下步骤进行：

第一步，将产地、转运点、销地重新编排，转运点既作为产地又作为销地。

第二步，各地之间的运距（或运价）在原问题运距（运价）表的基础上进行扩展：从一个转运点运往自身的单位运距（运价）记为零，不存在运输线路的则记为M（一个足够大的正数）。

第三步，由于经过转运点的物资量既是该点作为销地的需求量，又是该点作为产地时的供应量，但事先又无法获取该数量的确切值，因此通常将调运总量作为该数值的上界。对于产地和销地也做类似的处理。

通过上述处理过程即可实现问题的转化。

【例3-8】 某公司在A_1和A_2两地有两个分厂，负责B_1、B_2、B_3和B_4四个地区的某物资供应，其间需要经过T_1和T_2两个中间城市转运，其交通图如图3-3所示，试确定最佳调运方案。

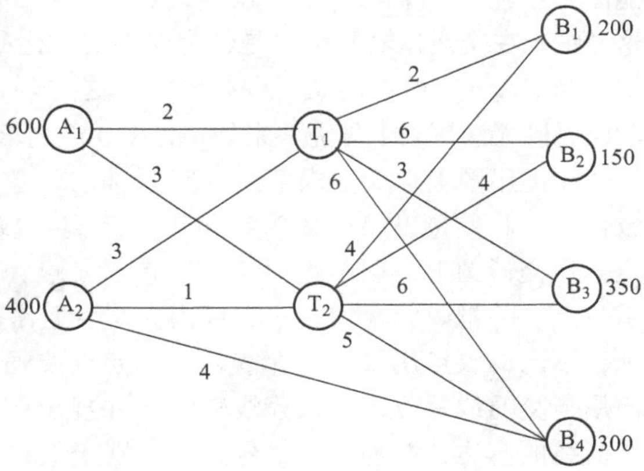

图3-3 有中转点的运输问题

【解】 按照上述思想，该问题的产销平衡表如表3-37所示。

表3-37 例3-8的产销平衡表

	T_1	T_2	B_1	B_2	B_3	B_4	
A_1	2	3	M	M	M	M	600
A_2	3	1	M	M	M	4	400
T_1	0	M	2	6	3	6	1000
T_2	M	0	4	4	6	5	1000
	1000	1000	200	150	350	300	

求解后得到的最优表如表3-38所示，最优值 $Z=460$。该最优解与求解线性规划模型得到的最优解是一致的。建立模型时只需要在原来模型的基础上，加上中转点约束就行了，中转点约束建立的依据，是对于每一个中转点应成立“发出量 = 来源量”。

表3-38　例3-8的最优解

	T_1	T_2	B_1	B_2	B_3	B_4	
A_1	550	50					600
A_2		100				300	400
T_1	450		200		350		1000
T_2		850		150			1000
	1000	1000	200	150	350	300	

3.4　运输问题的图上作业法

3.4.1　图上作业法的适用范围及其约定

表上作业法只适用于每一个供应地到每一个需求地都有路且可以直达的情况。实际应用中，交通网络的具体情况是很复杂的，往往并不一定每一个供应地到每一个需求地之间都有路。比如，从一个供应地到某一个需求地，经常可能需要经过另一个或若干个供应地或需求地，这种情况在交通运输网络中是经常存在的。比如，像如图3-4所示的交通网络图。像这类运输问题则无法用表上作业法来处理，需要应用求解运输问题的另一种方法，即图上作业法。

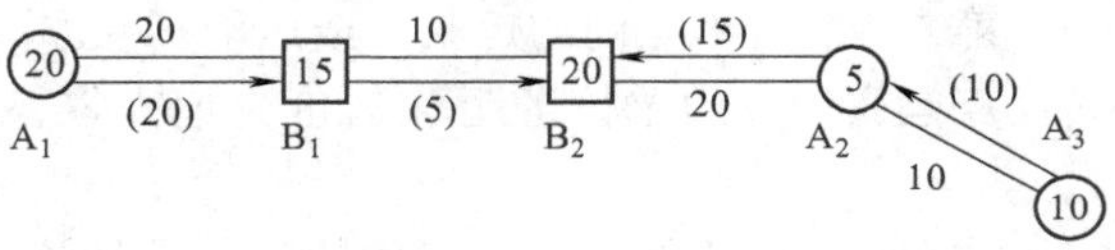

图3-4　一个交通网络图

在运用图上作业法求解运输问题时，总是要先画出一个交通示意图，以表明收发点的大致位置、收发量以及交通路线距离（距离可以不必与实际长度成比例）。图上作业法通常约定：在交通图上，用小圆圈“○”表示发点，并将发货量记在圆圈里面；用小方框“□”表示收点，并把收货量记在小方框内。与表上作业法相类似，不同的发点通常也用A加下标表示，不同的收点用B加下标表示。两点间交通线的长度，记在交通线的旁边。物资调运的流向用与交通线平行的一条箭线表示，并规定应画在前进方向的右边。物资的调运量规定也记在箭线的右边，并加上圆括号，以区别于交通线上的距离。这样就构成了一个物资调运流向图，如图3-4所示。

3.4.2　对流和迂回

在物资调运中，把某物资从各个发点调运到各个收点，调运方案可以很多，问题是如何找到运输量或吨公里数最小的调运方案。这就要求调运中必须避免对流和迂回两种不合理的运输。

1. 对流

所谓对流，即同一种物资在同一线路上往返运输，也即物资在同一线路上两个相反的方向上所做的相向运动。如图3-5便是，即由 A_2 向 B_1、由 A_1 向 B_2 分别调10单位。

可以把调运方案改成如图3-6所示的方式，即改由 A_1 向 B_1、由 A_2 向 B_2 分别调10个单位。

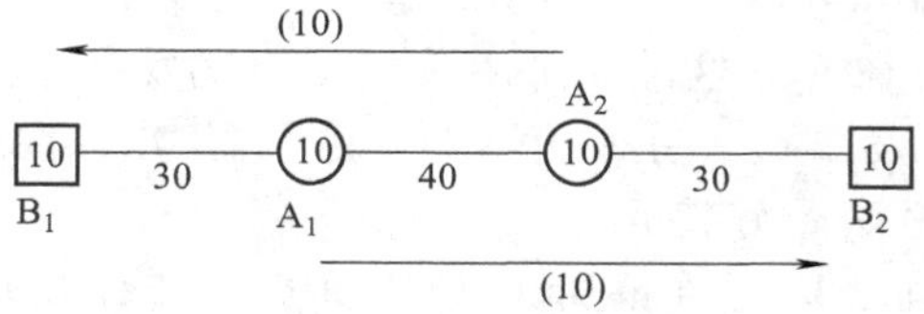

图 3-5 对流示意图

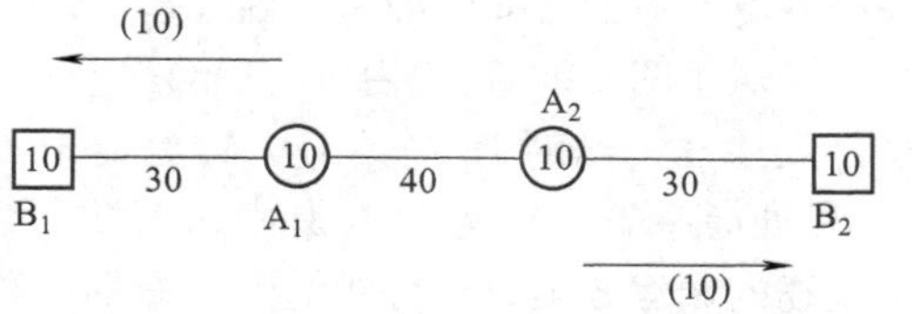

图 3-6 对流消除后的方案

2. 迂回

在交通图成圈的时候，流向图中流向在圈外的称作外圈流向，流向在圈内的称作内圈流向。如果流向图中内圈流向的总长（简称内圈长）或外圈流向的总长（简称外圈长）超过整个圈长的一半就称作迂回运输。先看下面两个直观的例子。

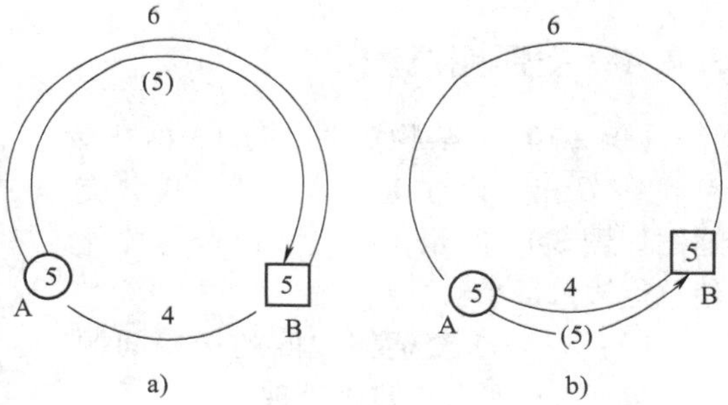

图 3-7 迂回示例（1）

图 3-7a 存在迂回运输，图 3-7b 无迂回运输。两种调运方案相比，乙比甲节省运输量 5t × 6km − 5t × 4km = 10t · km。

再看一个例子。在图 3-8a 中，内圈之和为 7km，大于全圈长 13km 的一半，因此存在迂回运输。调整的方法是，可在内圈各运量中减去一个最小调运量，在外圈各运量中（包括没有调运量的0 运量）加上这一最小运量，于是得到如图 3-8b 所示的调运方案。调整以后节约的运输量为：(4km × 10t + 3km × 30t + 4km × 20t) − (2km × 10t + 3km × 20t + 4km × 30t) = 210t · km − 200t · km = 10t · km。这一问题也可以用表上作业法求解，因为每一发点到每一收点均有路且可以直达。

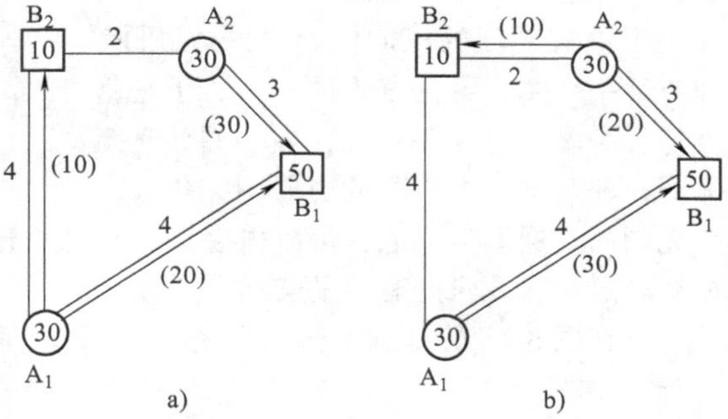

图 3-8 迂回示例（2）

可以证明，在一个物资调运方案中，如果没有对流和迂回，则该方案已是最优方案，也即运输量最小的调运方案。运输问题的图上作业法，就是一种旨在避免运输中的对流和迂回，以达到节省运输量的一种最优化方法。方法是：先找出一个没有对流的初始可行方案，再检查有没有迂回，如果没有迂回，即已得到最优方案；如果有迂回，则调整方案，直至没有迂回为止。

运输问题的图上作业法，通常可以分成两种情况：一种是交通图不成圈；另一种是交通图成圈。

3.4.3 交通图不成圈

【例 3-9】 某物资共 17 万 t，由 A_1、A_2、A_3、A_4 发出，运往 B_1、B_2、B_3、B_4，交通图如图 3-9 所示，问应如何调运才能使总运输量最小（此类运输问题有时可不考虑运距）？

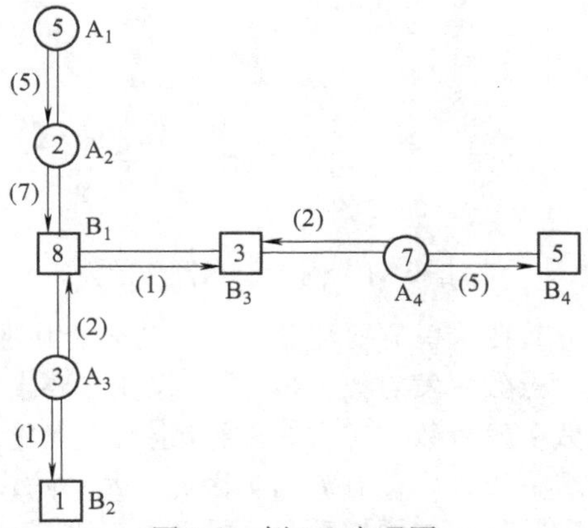

图 3-9 例 3-9 交通图

【解】 对于交通图不成圈的物资运输问题，通常可作一个没有对流的流向图即可。做法是：先由一个端点开始，由外向里，逐步进行各收发点之间的平衡。对于图3-9，可先由 A_1 开始，把 A_1 的5t发往 A_2，这时 A_2 成为有发量7t的发点，这7t可全部发往 B_1，这时 B_1 尚差1t。A_3 处的3t其中1t发往 B_2，另2t发 $B_1$1t，另1t经 B_1 发往 B_3，这时 B_3 处尚差2t。A_4 处的7t其中5t发 B_4，另2t发 B_3 恰好满足。

上述的调运方案只是可能的方案中的一种。比如，B_3 处在得到 A_4 处的2t后，另1t就既可以由 A_3 供应，也可以由 A_2 供应。另外，实际调运过程中有时可能还需要考虑整车运输的要求，情况可能会更复杂一些。

3.4.4 交通图成圈

【例3-10】 某物资共7万t，由 A_1、A_2、A_3 发出，运往 B_1、B_2、B_3、B_4，交通图如图3-10所示，问应如何调运才能使总运输量最小?

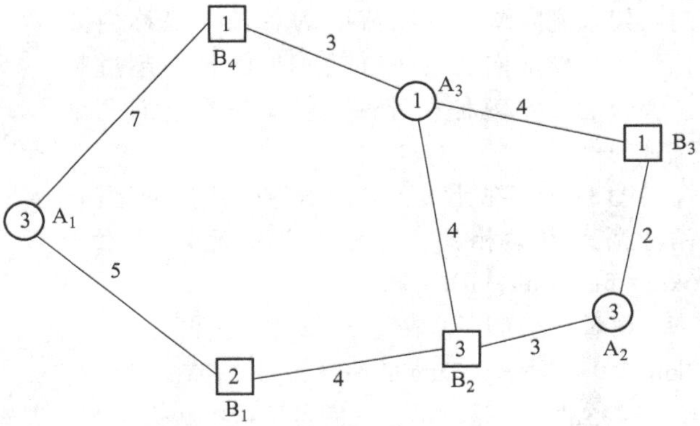

图3-10 例3-10交通图

【解】 对于交通图成圈的运输问题的求解，一般可分三步来处理：

(1) 先用“丢边破圈”的方法，把有圈的交通图转化为不成圈的交通图，再作一个没有对流的流向图。“丢边破圈”即对某一个圈，可任意丢掉一边，于是就破掉了一圈，这样丢一边，破一圈，直至无圈，即可把一个有圈的交通图，化成一个无圈的交通图。比如，可以先丢掉 A_1B_4 边，破掉 $A_1B_1B_2A_3B_4$ 圈。再丢掉 A_3B_3 边，破掉 $B_2A_2B_3A_3$ 圈。这样，原来的有圈的交通图，便成了一个无圈的交通图，如图3-11所示。

再在图3-11的基础上作一个无对流的流向图，如图3-12所示。

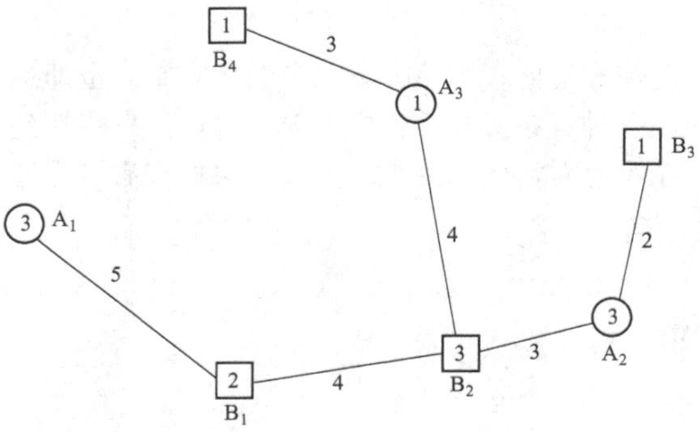

图3-11 例3-10破圈后的交通图

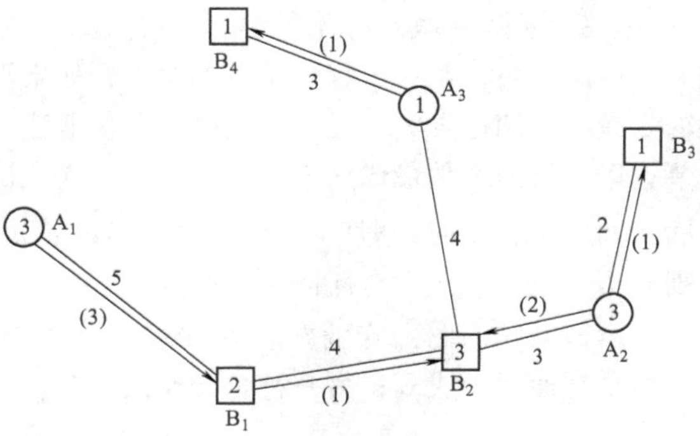

图3-12 例3-10无对流的流向图

在这里需要注意的是：与表上作业法相类似，表上作业法要求有调运量的格子数应该是：收点数+发点数-1。图上作业法要求在流向图上的箭头数（有调运量的边数）也应为：收点数+发点数-1。这一要求也可以等价地表述为：在丢边破圈后得到的不成圈的交通图上，要求每边都应该有流向。因此，某一边没有流向时，必须在这一边上添上调运量为零的虚流向，和其他流向同样看待。按照这一要求，应在 A_3B_2 边上添上虚流向。于是，补上丢掉的边，便得到图3-13。

（2）检查有无迂回。方法是：对流向图中只有一边没有流向的各圈进行检查，如果没有迂回，即已得到最优调运方案；如果有迂回，则需要对方案进行调整。在图3-13中，$A_1B_1B_2A_3B_4$圈的外圈长 $=5+4+3=12$，大于全圈长23的一半，有迂回，所以方案需要调整。

（3）调整方案。方法是：在有迂回的外圈各流量中减去一个最小调运量，在内圈（含无调运量的边）各流量上加上这一最小调运量。圈$A_1B_1B_2A_3B_4$中的最小流量为1，在外圈上减去该最小调运量后，有两条边同时为0，需在任意一边上记上0运量。于是，得到调整后的调运方案如图3-14所示。

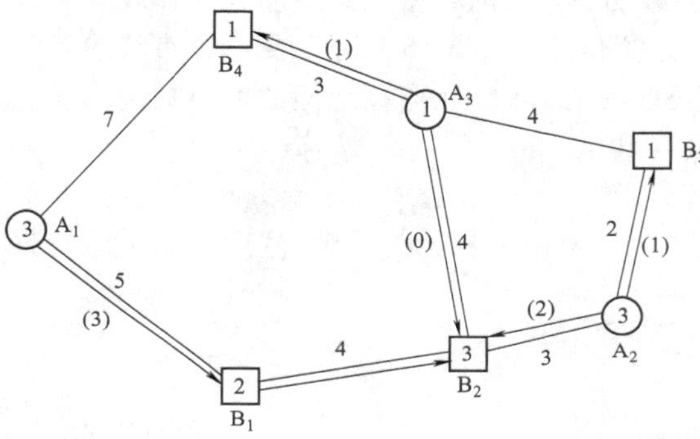

图3-13　例3-10有迂回的方案

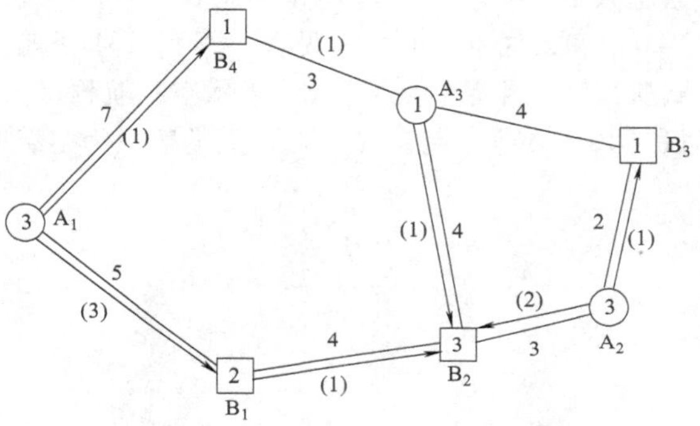

图3-14　例3-10无迂回的方案

经检查圈$B_2A_2B_3A_3$不构成迂回运输，故所得到的方案已是最优调运方案。图3-14所示的调运方案，也可以用表的形式表示，如表3-39所示。

表3-39　例3-10的最优调运方案

	B_1	B_2	B_3	B_4	发　量
A_1	2	0		1	3
A_2		2	1		3
A_3		1			1
收量	2	3	1	1	7

最优调运方案的总运输量为 $Z=2\times5+2\times3+1\times2+1\times4+1\times7=29$。

实际上，每一个交通图成圈的运输问题，不管各个发点到每一个收点是否有路，按照就近运输的原则，均可以写出相应的产销平衡表，如例3-10的产销平衡表即如表3-40所示。

表3-40　例3-10的产销平衡表

	B_1	B_2	B_3	B_4	发　量
A_1	5	9	14	7	3
A_2	7	3	2	9	3
A_3	8	4	4	3	1
收量	2	3	1	1	7

对表3-40使用表上作业法，可得到与表3-39相同的调运方案。

应用案例讨论

案例 3-1 饶有趣味的运输问题

在本章 3.3.1 部分讲的例 3-4 虽然已经得到了最优解，然而作为运筹学研究的任务，还并没有完成。我们知道，运筹学是一门实用性很强的应用性学科。作为一个虔诚的运筹学研究者，在读完例 3-4 的求解以后，你一定会感觉到意犹未尽。因为你还不知道实际的运输任务究竟应该如何完成，即所求的最优方案应如何落实到实际的运输过程中去。根据例 3-4，总共需要配置的船只总数是 131 条，其中 91 条为满载船只，40 条为空载船只。同时，根据满载船只计算表（见表 3-26）和最优单纯形表（见表 3-29），131 条船只的配置位置如图 3-15 所示。图中，直线表示满载航程（共 4 条航线），弧线表示空载航程（共 5 条航线）。港口（点）上面的船只数为满载船只（共 91 条），港口（点）下面的船只为空载船只（共 40 条）。

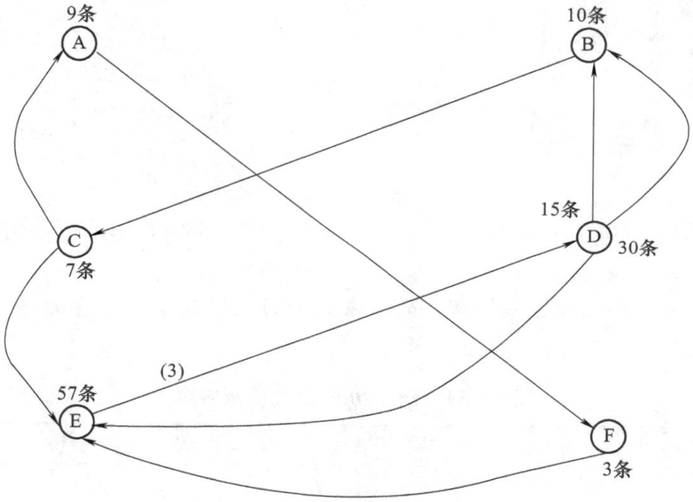

图 3-15 例 3-4 中航线及船只布局示意图

现在的问题是，每一条航线究竟如何开通，具体地说即在什么时间开通最好。因为各条航线运行的时间不等，肯定不能同时开通，同时开通必然导致各航线运行相互脱节，不能协调运转。在这里需要明确的是，就每条航线开通的时间来说，运行时间最长的航线必须首先开通，其次是运行时间次长的航线，以此类推。按照这一原则，依次开通的航线顺序为：

（1）ED 满载线，需运行 17 +2 天，每天发送 3 班。

（2）DE 空载线，2 天后开通，运行 17 天，每天发送 1 班。

（3）DB 满载线，4 天后开通，运行 13 天 +2 天，每天发送 1 班。

（4）DB 空载线，6 天后开通，运行 13 天，每天发送 1 班。

（5）AF 满载线，10 天后开通，运行 7 天 +2 天，每天发送 1 班。

（6）BC 满载线，14 天后开通，运行 3 天 +2 天，每天发送 2 班。

（7）CE 空载线，14 天后开通，运行 5 天，每天发送 1 班。

（8）FE 空载线，16 天后开通，运行 3 天，每天发送 1 班。

(9) CA 空载线，17 天后开通，运行 2 天，每天发送 1 班。

具体如图 3-16 所示。图中各航线上圆括号里的阿拉伯数字表示每天发送的班次数，各港口（点）旁边圆括号里的中文数字表示以该港口为起点的航线开通的次序。

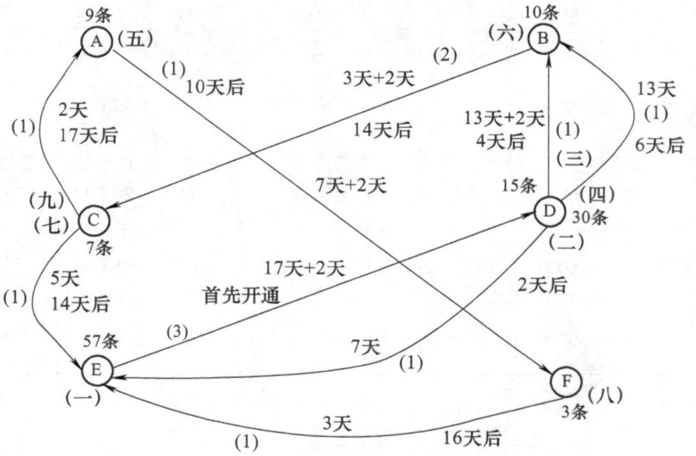

图 3-16 例 3-4 中各航线开通的时间示意图

亲爱的读者，假如你是这家船舶公司的老总，上述的问题和开通方案你是否想到了呢？

案例 3-2 华中金刚石锯片厂的产品运销问题

1. 问题描述

这是一个关于华中金刚石锯片厂产品的销售分配问题。

华中金刚石锯片厂是 1992 年合资建成的股份制企业。现有员工两百多人，主要生产切割石材、钢筋混凝土、陶瓷、玻璃和水泥与沥青路面的金刚石圆锯片的弹簧钢基体。现有两条生产线，分别生产 $\phi900 \sim \phi1800$mm 大锯片基体 2000 片、$\phi350 \sim \phi800$mm 中小锯片基体 40 000 片。产品种类有精品锯片、组合锯片、薄型锯片、普通锯片和非标锯片五大系列。

自建厂以来，企业的经济效益高速增长，1996 年实现销售收入 4000 万元，纯利 500 万元，产品畅销全国 21 个省、市、自治区，并远销东南亚、中东和欧美等多个国家和地区。由于所研制的钢种刚度高、质量稳定性好，复焊次数多，产品出现了供不应求的局面。对此情况，一方面，积极通过扩产技术改造和企业兼并扩大生产规模；另一方面，要求各个部门，在产品旺销时不能降低质量水平，不能中断与前期投资辛苦建立的各用户的联系以便为扩产后的销售做准备。同时，要进一步降低各种成本，以完成董事会提出的年利润指标。为此，总厂继续贯彻实施和完善从原料采购、下料、热处理、检测、库房和销售公司各部门的逐级买断制，并对销售公司除考核销售收入外，还加强了利润额、回款率、回款速度的考核。

销售公司现在全国有 25 个销售网点，主要销售区域集中在福建、广东、广西、四川、山东五个石材主产区。为完成总厂的要求，销售公司决定一方面拿出 10 % 的产量稳定与前期各个客户的联系以保证将来的市场区域份额，另一方面，面临如何将剩余的 90% 的产量合理分配给五个主要销售区的七个网点，以获取最大的利润。各个网点的最低需求，销售固定费用、每片平均运费等自然情况见表 3-41，运费由销售公司承担。

问应如何分配给各个销售区，使得总利润为最大？

表 3-41　华中金刚石锯片厂相关数据

销售区域（销售点）	销售固定费用(人、车、场地)/万元	规格 $\phi900 \sim \phi1600$ mm（产品甲）					规格 $\phi350 \sim \phi800$ mm（产品乙）				
		最低需求/片	最高需求/片	每片平均运费/元	每片零售与出厂价差/元	每片贡献/元	最低需求/片	最高需求/片	每片平均运费/元	每片零售与出厂价差/元	每片贡献/元
福建（南安泉州、莆田）	21	3500	8000	80	350	270	7500	22 000	22	85	63
广东（云浮）	10	2000	6000	60	300	240	4500	20 000	15	75	60
广西（岑溪）	9	2500	6000	75	370	295	4000	15 000	25	85	60
四川（雅安）	8	2500	6000	80	380	300	5000	2000	25	89	64
山东（莱州）	7	2000	8000	78	320	242	4000	18 000	21	80	59
其他省区	90	2000	未做统计	90	350	260	4000	未做统计	28	85	57

2. 建模求解

运输问题的求解，必须首先建立产销平衡表。该问题对应于两个产品的产销平衡表如表 3-42 和表 3-43 所示（其中，第二个销地的销量 = 最高需求 − 最低需求）。

表 3-42　产品甲产销平衡表　　（单位：片）

	福建(1)	福建(2)	广东(1)	广东(2)	广西(1)	广西(2)	四川(1)	四川(2)	山东(1)	山东(2)	产量
产品甲一	270	270	240	240	295	295	300	300	242	242	18 000
产品甲二	$-M$	0	$-M$	0	$-M$	0	$-M$	0	$-M$	0	16 000
销量	3500	4500	2000	4000	2500	3500	2500	3500	2000	6000	34 000

表 3-43　产品乙产销平衡表　　（单位：片）

	福建(1)	福建(2)	广东(1)	广东(2)	广西(1)	广西(2)	四川(1)	四川(2)	山东(1)	山东(2)	产量
产品乙一	63	63	60	60	60	60	64	64	59	59	36 000
产品乙二	$-M$	0	$-M$	0	$-M$	0	$-M$	0	$-M$	0	59 000
销量	7500	1.45 万	4500	1.55 万	4000	1.1 万	5000	1.5 万	4000	1.4 万	95 000

3. 问题讨论

（1）在产销平衡表的建立中，利润的计算要不要考虑固定费用，如何考虑？

（2）能不能用一个产销平衡表解这一问题，为什么？

利用 WinQSB 求解运输问题

WinQSB 软件在求解运输问题时，一般是调用 Network Modeling 模块，选项为 Transportation Problem 或 Network Flow。下面以例 3-5 为例介绍如何利用 WinQSB 软件求解运输问题。

例 3-5 是一个产销不平衡的运输问题，其发量之和（19）大于收量之和（15），用 WinQSB

软件求解不必化为产销平衡的运输问题，操作步骤如下：

（1）第一步，启动程序，建立新问题。

单击 Network Modeling 模块，得到如图 3-17 所示的界面。

在图 3-17 中的 Problem Type 中选择 Transportation Problem，在 Objective Criterion 中选择 Minimization，在 Data Entry Format 中选择 Spreadsheet Matrix Form，在 Problem Title 中输入“例 3-5”，在 Number of Sources 中输入 3，在 Number of Destinations 输入 4。单击 OK，得到图 3-18。

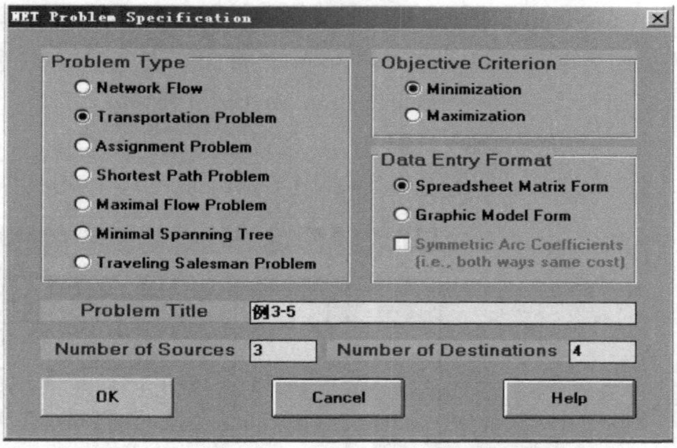

图 3-17　网络模型中运输问题参数基本选项

From \ To	Destination 1	Destination 2	Destination 3	Destination 4	Supply
Source 1					0
Source 2					0
Source 3					0
Demand	0	0	0	0	

图 3-18　运输问题基本信息表

（2）第二步，输入数据。

将表 3-30 中的数据输入图 3-18 所示表中，并且通过单击菜单 Edit→Node Name 修改产地和销地的名称，得到图 3-19。

From \ To	B1	B2	B3	B4	Supply
A1	2	11	3	4	7
A2	12	3	5	9	5
A3	7	8	1	2	7
Demand	2	3	4	6	

图 3-19　与例 3-5 对应的运输问题数据表

（3）第三步，求解。

单击菜单栏 Solve and Analyze 下拉菜单，有四个选项：Solve the Problem（直接给出最优方案）、Solve and Display Steps-Network（通过网络图求解并且显示迭代步骤）、Solve and Display Steps-Tableau（通过表上作业法求解并且显示迭代步骤）、Select Initial Solution Method（选择初始解求解方法）。初始解的求解方法共有八个选项：

1）Row Minimum（RM）：逐行最小元素法。

2）Modified Row Minimum（MRM）：修正的逐行最小元素法。

3）Column Minimum（CM）：逐列最小元素法。

4）Modified Column Minimum（MCM）：修正的逐列最小元素法。

5）North West Corner Method（NWC）：西北角法。

6）Matrix Minimum（MM）：矩阵最小元素法，即最小元素法。

7）Vogel's Approximation Method（VAM）：Vogel 近似法。

8）Russell's Approximation Method（RAM）：Russell 近似法。

如果不做选择，系统默认的是逐行最小元素法（RM）。

如选择西北角法（NWC）、Solve and Display Steps-Tableau，可以得到图 3-20。

Transportation Tableau for 例3-5 - Iteration 1

	B1	B2	B3	B4	Unused Supply	Supply	Dual P(i)
A1	2 / 2	11 / 3	3 / 2	4	+1M		
A2	12	3 / Cij=-10 **	5 / 2*	9 / 3	+1M		
A3	7	8	1	2 / 3	+1M / 4		
Demand							
Dual P(j)							

Objective Value = 4M+86 (Minimization)

** Entering: A2 to B2 　* Leaving: A2 to B3

图 3-20　例 3-5 西北角法得到的初始表

再选择最小元素法（MM）、Solve and Display Steps – Tableau，可以得到图 3-21。

Transportation Tableau for 例3-5 - Iteration 1 (Final)

	B1	B2	B3	B4	Unused Supply	Supply	Dual P(i)
A1	2 / 2	11	3	4 / 3	+1M / 2		
A2	12	3 / 3	5	9	+1M / 2		
A3	7	8	1 / 4	2 / 3	+1M		
Demand							
Dual P(j)							

Objective Value = 4M+35 (Minimization)

图 3-21　例 3-5 最小元素法得到的初始表

对比这两张图，可以看出最小元素法得到的初始方案要优于西北角法得到的初始方案（西北角法成本为 86，最小元素法成本为 35，其中的大 M 以 0 看待）。继续迭代，可以看到优化的过程，最终结果即图 3-22 所示。最低总运费 $Z=35$，有 4 个单位的货物留在本地，最终调运方案如图 3-22 所示。

（4）第四步，查看或显示图解结果。

单击菜单 Results→Graphic Solution，系统以网络流形式显示最优调运方案，如图 3-23 所示。

8-	From	To	Shipment	Unit Cost	Total Cost	Reduced Cost
1	A1	B1	2	2	4	0
2	A1	B3	3	3	9	0
3	A1	Unused_Supply	2	0	0	0
4	A2	B2	3	3	9	0
5	A2	Unused_Supply	2	0	0	0
6	A3	B3	1	1	1	0
7	A3	B4	6	2	12	0
	Total	Objective	Function	Value =	35	

图 3-22　例 3-5 最优调运方案

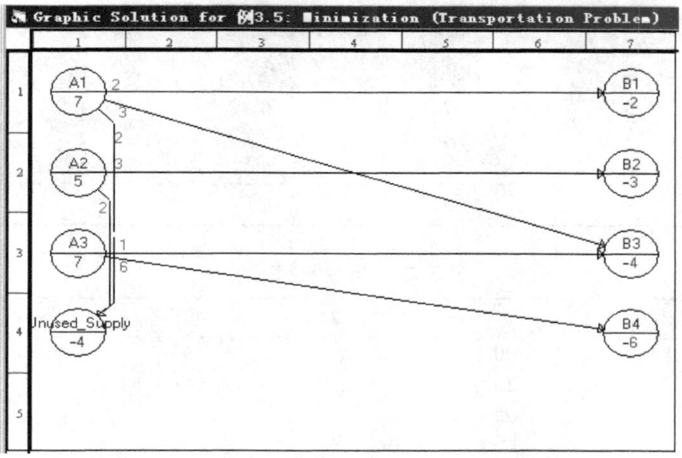

图 3-23　以网络流形式显示例 3-5 最优调运方案

习题与作业

1. 运输问题的数学模型有什么特点？
2. 最大化的运输问题应如何求解？如何判断最优解？
3. 表 3-44 和表 3-45 所反映的调运方案可否作为表上作业法的初始解？为什么？

表 3-44　调运方案（一）

	B_1	B_2	B_3	B_4	发　量
A_1	0	15			15
A_2			15	10	25
A_3	5				5
收量	5	15	15	10	45

表 3-45　调运方案（二）

	B_1	B_2	B_3	B_4	B_5	发　量
A_1	150			250		400
A_2		200	300			500
A_3			250		50	300
A_4	90	210				300
A_5				80	20	100
收量	240	410	550	330	70	

4. 用表上作业法求解表3-46、表3-47和表3-48的运输问题。

表3-46　运输问题（一）

	B_1	B_2	B_3	B_4	发　量
A_1	4	1	4	6	8
A_2	1	2	5	0	8
A_3	3	7	5	1	4
收量	6	5	6	3	20

表3-47　运输问题（二）

	B_1	B_2	B_3	B_4	发　量
A_1	3	7	6	4	5
A_2	2	4	3	2	2
A_3	4	3	8	5	3
收量	3	3	2	2	10

表3-48　运输问题（三）

	B_1	B_2	B_3	B_4	B_5	发　量
A_1	10	20	5	9	10	5
A_2	2	10	8	30	6	6
A_3	1	20	7	10	4	2
A_4	8	6	3	7	5	9
收量	4	4	6	2	4	

5. 表3-49给出的是一个产销不平衡的运输问题，试应用最小元素法确定初始调运方案，并计算所有非基变量的检验数。

表3-49　习题与数据

	B_1	B_2	B_3	B_4	发　量
A_1	2	4	3	7	25
A_2	4	5	7	6	10
A_3	3	4	6	9	20
A_4	9	3	2	4	25
收量	10	20	25	15	

6. 某市有三个面粉厂，供应三个面点加工厂所需面粉。有关资料如表3-50所示，现假定三个面粉厂的单位利润分别为12元、16元和11元，运费为0.5元/t·km，试求总收益最大的面粉分配计划。

表3-50　习题6数据表

	B_1/km	B_2/km	B_3/km	发量/t
A_1	3	10	2	20
A_2	4	11	8	30
A_3	8	11	4	20
收量/t	15	25	20	

7. 某公司要去外地采购四种不同规格的服装，这四种服装可分别由三个不同的城市来提供，由于各地提供的服装质量、运价和销售情况不同，因而出售后所能得到的利润不等，有关资料如表 3-51 所示，试确定盈利最大的采购方案。

表 3-51 习题 7 数据表

	B_1	B_2	B_3	B_4	生 产 量
A_1	10	5	6	7	2500
A_2	8	2	7	6	2500
A_3	9	3	4	8	5000
需求量	1500	2000	3000	3500	

8. 某公司有甲、乙、丙、丁四个分厂生产同一种产品，同时供应Ⅰ、Ⅱ、Ⅲ、Ⅳ、Ⅴ、Ⅵ六个地区的需要，由于原料和工艺技术的差别，同时由于各地市场行情不同，各分厂每千克的成本和各地区的销售价格均有所不同。已知从各分厂运往各个销售地区每千克的运价以及各分厂的生产成本和月产量、各个地区的销售价格和需求量如表 3-52 所示。由于销大于产，现设想第一、第二个销地至少供应 150t，第五个销地的需求必须全部满足，第三、第四和第六个销地要求供应量不超过需求量。试确定一个运输方案使得公司的获利最多。

表 3-52 习题 8 数据表 （运价单位：元/kg）

	Ⅰ	Ⅱ	Ⅲ	Ⅳ	Ⅴ	Ⅵ	生产成本/(万元/t)	月产量/t
甲分厂	0.4	0.5	0.3	0.4	0.4	0.1	1.3	300
乙分厂	0.3	0.7	0.9	0.5	0.6	0.3	1.4	500
丙分厂	0.6	0.8	0.4	0.7	0.5	0.4	1.35	400
丁分厂	0.7	0.4	0.3	0.7	0.4	0.7	1.5	100
销售价格/(万元/t)	2.0	2.2	1.9	2.1	1.8	2.3		
需求量/t	300	250	350	200	250	150		

9. 某物资需要从四个产地运往六个销地，交通图如 3-24 所示，试用图上作业法确定其最佳调运方案。

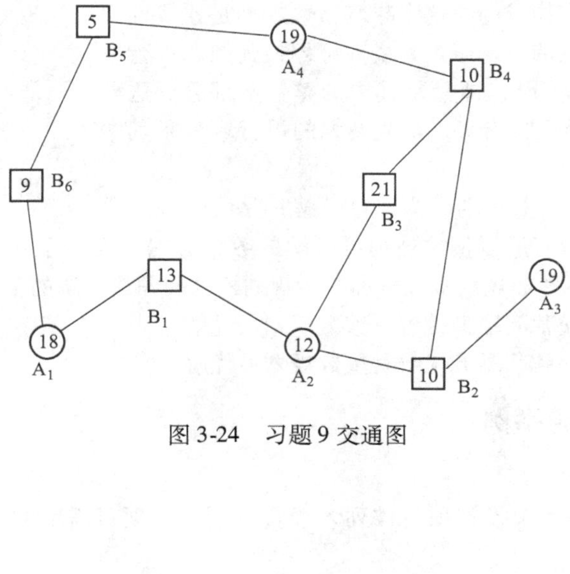

图 3-24 习题 9 交通图

第 4 章 整数规划

4.1 整数规划的认识

4.1.1 整数规划的含义

线性规划的一个重要的假设是决策变量可以取非整数的连续值。然而这一假定在很多情况下是不可能的。例如，研究人力分配问题时，如果决策变量表示分派到某项工作的人数时，就不能取非整数值；又如，如果决策变量代表购买大型设备，如发电机组、轧钢设备、飞机等高值物品，小数表示的值显然都是不合理的；再如，一类需要回答是或否的决策变量，显然也无法取连续值，在这种情况下，决策变量只能取离散的整数值或二进制的 0 或 1。

所谓整数规划，就是决策变量有整数要求的数学规划问题。整数规划又有线性整数规划和非线性整数规划之分，本章只讨论线性整数规划。线性整数规划也叫整数线性规划（Integer Linear Programming，ILP），通常主要分为以下三类：

（1）纯整数线性规划：所有决策变量均取整数。

（2）混合整数规划：只有部分决策变量取整数值。

（3）0—1 整数规划：整数变量只能取 0 或 1。

对于线性整数规划而言，如果放松整数约束，整数规划就变成线性规划。通常，称放松整数约束得到的线性规划问题为该整数规划的线性规划松弛问题，简称为松弛问题。任何一个整数规划都可以看成是一个线性规划松弛问题，再加上整数约束构成的。这意味着整数规划是比线性规划约束得更紧的问题，它的可行域是其线性规划松弛问题可行域的一个子集（或者一个部分），即只是其中的整数解部分。这种关系可以由图 4-1 清楚地反映出来，整数规划的可行域只是其中的一些点。

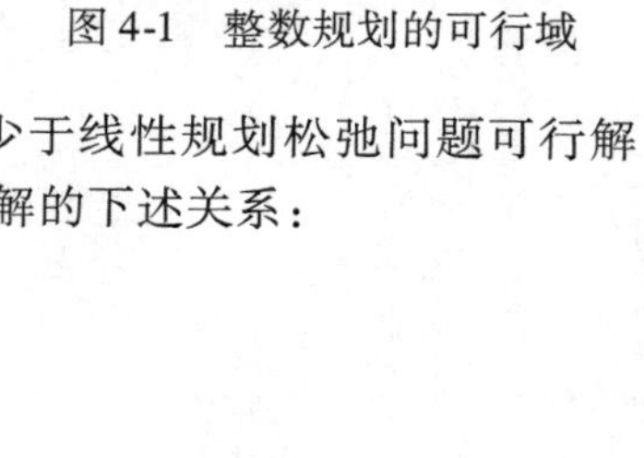

图 4-1　整数规划的可行域

图 4-1 还表明，由于整数规划的全部可行解只是线性规划松弛问题可行域中的一部分，所以整数规划可行解的数量必然大大少于线性规划松弛问题可行解的数量。图 4-1 还给出了整数规划最优解和线性规划松弛问题最优解的下述关系：

对于最大化问题：松弛问题最优解≥整数规划最优解

对于最小化问题：松弛问题最优解≤整数规划最优解

4.1.2 整数规划问题举例

1. 投资问题

【例 4-1】 某公司有 5 个投资项目被列入投资计划，各项目需要的投资额和期望的收益如

表4-1所示。

表4-1 例4-1数据表

项目	投资额/万元	期望收益/万元
1	210	150
2	300	210
3	100	60
4	130	80
5	260	180

已知该公司只有600万元资金可用于投资，由于技术上的原因，投资受到以下约束：

（1）项目1、2和3至少应有一项选中。

（2）项目3和4只能选一项。

（3）项目5选中的前提是项目1必须选中。

问如何选择一个最好的投资方案才能使投资收益最大。

【解】 设0—1变量 x_i 为决策变量，即 $x_i=1$ 表示项目 i 被选中，$x_i=0$ 表示项目 i 被淘汰，则模型可表示为

$$\max Z=150x_1+210x_2+60x_3+80x_4+180x_5$$

$$\text{s. t.}\begin{cases}210x_1+300x_2+100x_3+130x_4+260x_5\leqslant 600\\x_1+x_2+x_3\geqslant 1\\x_3+x_4=1\\x_5\leqslant x_1\\x_i\text{ 取 }0\text{ 或 }1,\ i=1,\cdots,5\end{cases}$$

2. 背包问题

【例4-2】 一登山队员做登山准备，他需要携带的物品及每一物品的重量和重要性系数如表4-2所示，假定登山队员允许携带的最大重量为25kg，试确定一最优方案。

表4-2 例4-2数据表

物品	食品	氧气	冰镐	绳索	帐篷	照相器材	通信设备
重量/kg	5	5	2	6	12	2	4
重要性系数	20	15	18	14	8	4	10

背包问题由来已久，问题提出的原因是因为一个旅行者需要携带的物品常常很多，但他所能负担的重量是一定的，因此为每一种物品规定一个重要性系数就是十分必要的。这样，旅行者的目标就变为在小于一定重量的前提下，使所携带物品的重要性系数之和为最大。

对于本例，设0—1变量 $x_i=1$ 表示携带物品 i，$x_i=0$ 表示不携带物品为 i，则问题可写为

$$\max Z=20x_1+15x_2+18x_3+14x_4+8x_5+4x_6+10x_7$$

$$\text{s. t.}\begin{cases}5x_1+5x_2+2x_3+6x_4+12x_5+2x_6+4x_7\leqslant 25\\x_i\text{ 取 }0\text{ 或 }1,\ i=1,2,\cdots,7\end{cases}$$

这一问题无疑可以用一般的线性规划方法求解，但由于该问题的特殊结构，不难找到更简单有效且有启发性的算法。比如可计算每一物品的重要性系数和重量的比值 c_i/a_i，比值大的首先选取，直到重量超过限制为止。经计算，各种物品的比值为：4，3，9，2.33，0.67，2，2.5。按从大到小选取，只有帐篷落选，即除 $x_5=0$ 外，其余变量均取1，这时携带的总重量为24kg，这

也就是最优解。

只有一个约束的背包问题称为一维背包问题。一维背包问题的解法是富有启发性的，这种方法同样可以用于投资方案的选择问题。如对于例 4-1 各方案的投资回报率即 c_i/a_i 分别为：0.714，0.7，0.6，0.615，0.692。考虑到约束 2，可选 $x_1=1$，考虑到约束 3，可选 $x_4=1$，考虑到约束 4 和约束 1，可选 $x_5=1$，即 $x_1=x_4=x_5=1$，$x_2=x_3=0$，这时总投资额为 210 万元 + 130 万元 + 260 万元 = 600 万元，总收益 Z = 410 万元。

3. 布点问题

布点问题又称作集合覆盖问题，是典型的整数规划问题，所解决的主要问题是一个给定集合（集合一）的每一个元素必须被另一个集合（集合二）所覆盖。比如，学校、医院、商业区、消防队等公共设施的布点问题，均属此类。布点问题的共同目标是，既满足公共要求，又使布的点最少，以节约投资费用。

【例 4-3】 某市共有六个区，每个区都可以设消防站。市政府希望设置消防站最少以便节省费用，但必须保证在城区任何地方发生火警时，消防车能在 15min 内赶到现场。据实地测定，各区之间消防车行驶的时间如表 4-3 所示。

表 4-3 例 4-3 数据表

	一 区	二 区	三 区	四 区	五 区	六 区
一区	0					
二区	10	0				
三区	16	24	0			
四区	28	32	12	0		
五区	27	17	27	15	0	
六区	20	10	21	25	14	0

对本例，可设 0—1 变量为决策变量，当 $x_i=1$ 时表示 i 地区设站，当 $x_i=0$ 时，则表示 i 地区不设站。这样根据消防车 15min 赶到现场的限制，可得到如下模型：

$$\min Z = x_1+x_2+x_3+x_4+x_5+x_6$$

$$\text{s. t.}\begin{cases} x_1+x_2 \geqslant 1 \\ x_1+x_2+x_6 \geqslant 1 \\ x_3+x_4 \geqslant 1 \\ x_3+x_4+x_5 \geqslant 1 \\ x_4+x_5+x_6 \geqslant 1 \\ x_2+x_5+x_6 \geqslant 1 \\ x_i \text{ 取 } 0 \text{ 或 } 1,\ i=1,\ \cdots,\ 6 \end{cases}$$

本例最优解为 $x_2=x_4=1$，其余变量为 0，$Z=2$。即只要在二区（管第一、二和六三个区）和四区（管第三、四、五三个区）设站即可。

4. 固定费用问题

在生产经营中，费用常常被按照是否与产量相关而分为固定费用和变动费用。在新产品开发决策中，经常要用到固定费用和变动费用的概念。例如在产品开发中，设备的租金和购入设备的折旧都属于固定费用，而原材料和工时消耗则属于变动费用。在这里，经常面临着两类决策变量：一类是是否使用某类设备的 0—1 变量 y_i，$y_i=1$ 表示使用 i 设备，$y_i=0$ 表示不使用该设备；另一类是反映某种产品生产量的变量 x_i。这两类变量间的关系是：若 $x_i>0$，则 y_i应为 1；若 $y_i=$

0，则 x_i 必为0。

【例4-4】 有三种产品的有关资料如表4-4所示。

表4-4 例4-4数据表

产品	设备使用费	变动费用/(元/件)	售价/元	人工工时消耗/(工时/件)	设备工时消耗/(工时/件)	设备可用工时/工时
甲	5000	280	400	5	3	300
乙	2000	30	40	1	0.5	480
丙	3000	200	300	4	2	600

该企业每月可用人工工时为2000工时，求最大利润模型。

【解】 $\max Z = 120x_1 + 10x_2 + 100x_3 - 5000y_1 - 2000y_2 - 3000y_3$

$$\text{s. t.} \begin{cases} 5x_1 + x_2 + 4x_3 \leqslant 2000 \\ 3x_1 \leqslant 300y_1 \\ 0.5x_2 \leqslant 480y_2 \\ 2x_3 \leqslant 600y_3 \\ x_i \geqslant 0 \text{ 且为整数，} y_i \text{ 为 0 或 1} \end{cases}$$

5. 货郎担问题（旅行推销商问题）

设有 $n-1$ 个村庄，d_{ij}表示由 i 村庄到 j 村庄的距离，有一个货郎担要由他的住地到这 $n-1$ 个村庄去销货，他要遍访这 $n-1$ 个村庄，且每个村庄只能访问一次，最后回到他的住地，要求使总的旅程最小，问应如何安排旅行路线才能满足要求？

如果用0—1变量 x_{ij}表示从村庄 i 到村庄 j，则货郎担问题的数学模型可表示为

$$\min Z == \sum_{i=1}^{n} \sum_{j=1}^{n} d_{ij} x_{ij}$$

$$\text{s. t.} \begin{cases} \sum_{i \neq j} x_{ij} = 1 \quad (j = 1, 2, \cdots, n) \\ \sum_{j \neq i} x_{ij} = 1 \quad (i = 1, 2, \cdots, n) \quad x_{ij} \text{为 0—1 变量} \\ x_{i_1 i_2} + x_{i_2 i_3} + \cdots + x_{i_k i_1} \leqslant k - 1 i_1, i_2, \cdots, i_k = 1, 2, \cdots, n; i_1 \neq i_2 \neq \cdots \neq i_k; k = 2, 3, \cdots, n-1 \end{cases}$$

其中约束1表示每个村庄必须而且只能进入一次，约束2表示每个村庄必须离开一次。如果没有约束3，则该模型基本上类似于本章第5节要讲的指派问题。然而在指派问题中常会存在子回路，也即出现多于一个的互不连通的旅行路线圈。例如在有6个村庄的情况下，如有

$$x_{12} = x_{23} = x_{31} = 1$$

$$x_{45} = x_{56} = x_{64} = 1$$

就形成了如图4-2所示的子回路圈。

设置约束3的目的正是为了防止子回路圈的出现。这种类型的约束通常量很大，一般情况下，通常可以有 $C_n^2 + C_n^3 + \cdots + C_n^{n-1}$ 个，如在图4-2中，当 $n=6$ 时，约束3就会有56（即 $C_6^2 + C_6^3 + C_6^4 + C_6^5 = 15 + 20 + 15 + 6 = 56$）个方程。

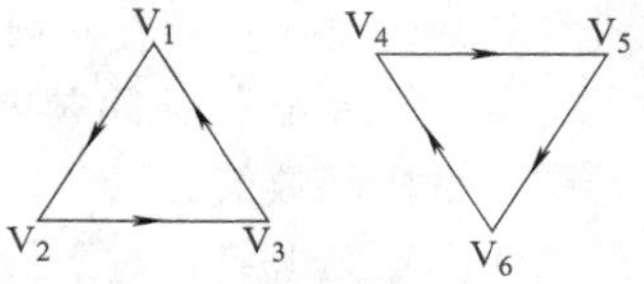

图4-2 6个村庄的子回路图

4.1.3 整数规划问题研究的必要性

由以上可知，整数规划只不过是线性规划的一种特殊情况，因此，对于整数规划问题的求

解，常常可能会提出如下一些问题：

（1）第一个问题是：为什么不解对应的LP问题，然后将其解舍入到最靠近的整数解？

毫无疑问，在某些情况下尤其是当LP的解是一些很大的数时，这时最优解对舍入误差并不敏感，这一策略是可行的。但在一般情况下，要把LP的解舍入到一个可行的整数解往往是很困难的，甚至是不可能的，图4-3说明了这种情况。在图4-3中，最大化问题的最优解中两个变量均大于2，而整数规划的最优解却只能取 $x_1 = x_2 = 1$。不仅如此，而且在许多情况下，比如对于0—1规划，用舍入法取近似值是根本不可取的，因为那样就破坏了用ILP来描述问题的目的。

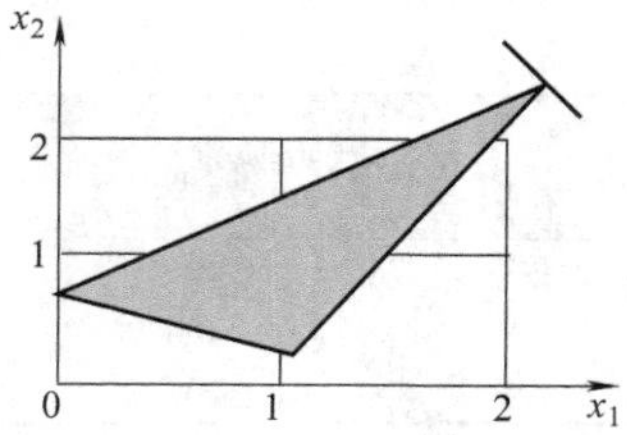

图4-3 线性规划与整数规划的解

（2）第二个问题是，既然ILP的可行解大大地少于LP的可行解，可否用枚举法来解ILP问题呢？

由图4-3可以看出，ILP的可行集合是一些离散的整数点，这些整数点又称为格点。其相应的LP问题的可行解集合是包含这些格点在内的多面凸集（二变量问题是平面凸集），对于有界的LP问题来说，其可行解集合内的格点数目总是有限的。那么，可否算出目标函数在可行解集合内各个格点上的函数值，然后比较其大小，以求得ILP的最优解和最优值？毫无疑问，当问题的变量个数很少，且可行解集合内的格点数也很少时，枚举法是可行的，但对于一般的ILP问题，枚举法是无能为力的。例如，对于有50个村庄的货郎担问题，所有可能的行进路线个数为49！/2个（注意，这里看似有49！个行进路线，但实际上在除开第一个村庄的49个村庄中，每一个村庄都要出去一次回来一次，即出去的村庄和回来的村庄总是在同一条路线上，所以必须给49！除以2），如用枚举法在计算机上求解，即使做最乐观的估计，也需要数十亿年的时间！

整数规划是数学规划中一个重要的分支，同时又是最难求解的问题之一，至今人们尚未找到十分有效的算法，所以整数规划一直也是运筹学中比较活跃的研究领域。本章仅介绍几种常用且比较成熟的方法。

4.2 分支定界法

4.2.1 分支定界法的基本思路

分支定界法的基本思路是根据某种策略将原问题之松弛问题的可行域分解为越来越小的子域，并检查每个子域内整数解的情况，直到找到最优的整数解或证明整数解不存在。这一思路主要是基于以下三个方面的事实建立起来的：

（1）如果求解一个整数规划的松弛问题时得到的是一个整数解，则这个解也一定就是整数规划的最优解。然而在求解实际问题时这种巧合的概率很小。

（2）如果解松弛问题得到的不是一个整数解，则最优整数解一定不会更优于所得到的松弛问题的目标函数值，因此，线性规划松弛问题的解值必是整数规划目标函数值的一个界。它对于最大化问题为上界，对于最小化问题为下界。

（3）如果在求解的过程中已经得到了一个整数解，则最优整数解一定不会劣于该整数解。因此，该整数解可构成最优整数解的另一个界，对于最大化问题，它为下界，对于最小化问题它为上界。

如果用 Z_0 表示松弛问题的解值，用 Z_i 表示目前已经找到的整数解值，Z^* 表示最优整数解值，$\underline{Z}$表示下界，$\overline{Z}$表示上界，则最优整数解值一定满足以下关系：

对于最大化问题： $\underline{Z}=Z_i \leqslant Z^* \leqslant Z_0=\overline{Z}$

对于最小化问题： $\underline{Z}=Z_0 \leqslant Z^* \leqslant Z_i=\overline{Z}$

显然，如果能找到一种方法，或者降低上界，或者提高下界，最后使得下界等于上界，就可以搜索到最优整数解。分支定界法就是按照这一原理设计的。它从求解松弛问题开始，将线性规划问题的可行域分割为许多小的子域，这一过程称为分支；通过分支和找到更好的整数解来不断地修改问题的上下界，这一过程称为定界。分支定界法即由此而得名。

4.2.2 分支定界法的应用步骤

1. 解线性规划松弛问题

如果求解松弛问题已得到整数解，则求解结束，否则进入下一步。

2. 分支

分支一般通过加入一对互斥的约束将一个问题或子问题分解为两个受到进一步约束的子问题，并强迫不为整数的变量进一步逼近整数值。假定选中的某一变量的整数部分为 k，则一个子问题就是该变量小于等于 k，另一个子问题是该变量大于等于 $k+1$。分支砍掉了 k 和 $k+1$ 之间的非整数域，缩小了搜索的区域，分支过程形成了一个倒置的分支树，树的根节点是线性规划松弛问题，每个节点都有两个后续子节点，为使用方便，前导节点一般称父节点，后续节点则称子节点。分支树中已求解过的节点称关闭节点，简称闭节点，未求解的节点称打开节点或开节点。

在这一步中，解决好两个问题，对于提高分支定界法搜索效率有显著的影响：一是如何选择分支变量（对于根节点而言）；二是如何选择分支节点（对于根节点以下各节点而言）。

分支变量选择的原则是寻找那些对问题影响最大的变量首先分支，一般有三种方法供选择：

（1）按目标函数系数选择：选择目标函数系数绝对值最大的变量首先分支。

（2）按非整数变量选择：选择与整数值相差最大的非整数变量首先分支。

（3）按人为给定的顺序选择：如按变量的相对重要性进行选择。

分支节点选择的原则是尽快找到好的整数解，减少搜索节点，提高搜索效率。一般也有以下三种方法供选择：

（1）深探法。该方法即沿着某个分支一直走下去，也称后进先出法，即后打开的节点先选择。其优点是可以很快找到一个整数解，打开的节点数量较少；缺点是一条路走到底，不顾及其他分支，找到的整数解质量不高。

（2）广探法。该方法始终追踪最好的节点，选择有最优目标函数值的节点向下分支，因此找到的整数解质量较高，但缺点是打开的节点多，需要的存储空间大。

（3）预估法。该方法利用一些技巧对每一个打开的节点可能提供的整数解值进行预估，并对有最好预估值的节点向下分支。

3. 试算迭代

每完成一次分支都需要将所得到的解组合代入原模型进行试算，以决定取舍。这实际也就是可行解的搜索过程。如果所有节点都被关闭，表明搜索已经完成。如果此时没有找到任何整数解，则该问题没有整数解；否则，搜索过程中得到的最好的整数解就是该问题的最优解。

4. 定界与剪枝

求解任何一个问题或子问题都可能会有以下三种结果：

（1）子问题无可行解，此时无须继续向下分支，该节点被关闭，该分支被剪枝（剪枝用“//“表示）。

（2）得到一个非整数解，继续向下分枝。如采用广探法选择分支节点，则淘汰的分支也被剪枝。

（3）得到一组整数解，则不必继续向下分支，该节点因有整数解也被关闭。

4.2.3 分支定界法解题举例

【例 4-5】 求解下列整数规划

$$\max Z = x_1 + x_2$$

$$\text{s. t.} \begin{cases} 6x_1 + 2x_2 \leqslant 17 \\ 5x_1 + 9x_2 \leqslant 44 \\ x_1,\ x_2 \text{ 为正整数} \end{cases}$$

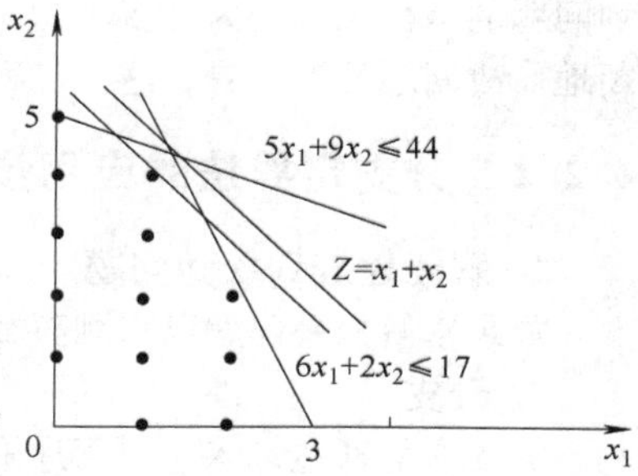

图 4-4 例 4-5 的可行域

本例中原问题之松弛问题的最优解为 $Z_0(1.477, 4.068) = 5.545$，可行域如图 4-4 所示，其整数解的分支树如图 4-5 所示。其中子问题 2 劣于子问题 1，被剪枝；子问题无可行解被剪支。第一次分支对可行域的分割如图 4-6 所示。

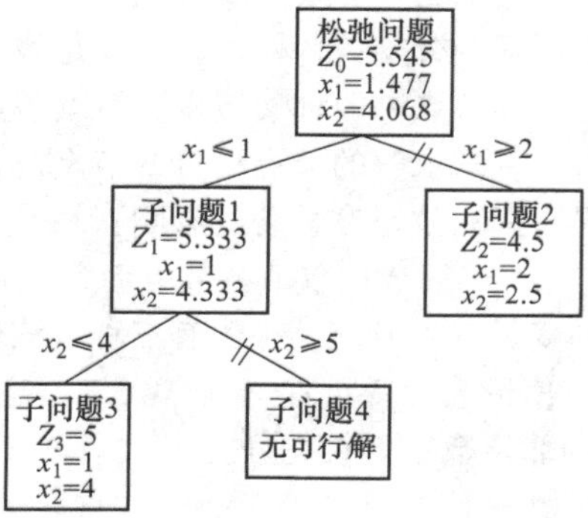

图 4-5 例 4-5 的分支树

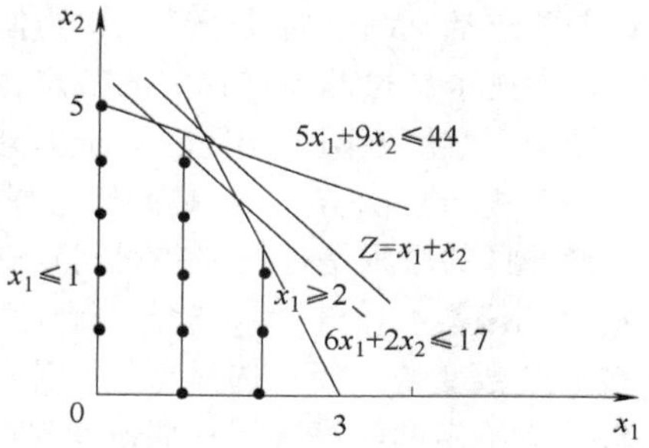

图 4-6 第一次分支后的可行域

4.3 割平面法

4.3.1 割平面法的基本思路

割平面法的基本思路是，先用单纯形方法解松弛问题，得最优解 $\boldsymbol{x}^{(0)}$，若 $\boldsymbol{x}^{(0)}$ 是整数向量，则 $\boldsymbol{x}^{(0)}$ 已是 ILP 的最优解，计算结束。若 $\boldsymbol{x}^{(0)}$ 不全为整数，则设法给松弛问题增加一个线性约束条件，这一线性约束称作**割平面方程**，它将松弛问题的可行域割掉了一块，且这个非整数解 $\boldsymbol{x}^{(0)}$ 恰在被割掉的区域内，但原 ILP 问题的任何一个可行解（格点）都不会被割去。我们把松弛问题的最优单纯形表记为 p_0，把增添了割平面方程（也称割约束）的问题记为 p_1，p_1 可以看作原 ILP 问题的一个改进的松弛问题，用对偶单纯形方法求解 p_1，若 p_1 的最优解已是整数向量，则 $\boldsymbol{x}^{(1)}$ 已是原 ILP 的最优解，计算即告结束。否则，对 p_1 再增加一个割约束，形成问题 p_2，如此继续下去，通过求解不断改进的松弛问题直至得到最优整数解为止。

如果在增加割约束的过程中得到的 LP 没有可行解，则原 ILP 没有可行解；如果得到的 LP 问题无界，可以证明原 ILP 问题或者无可行解或者无界，计算均可终止。

4.3.2 割平面法的求解步骤

割平面法的求解步骤一般主要分为三步，现以例4-6的求解为例予以说明。

【例4-6】 用割平面法求解下列整数规划

$$\max Z = 8x_1 + 5x_2$$
$$\text{s. t.} \begin{cases} 2x_1 + 3x_2 \leqslant 12 \\ 2x_1 - x_2 \leqslant 6 \\ x_1,\ x_2 \geqslant 0 \quad \text{且为整数} \end{cases}$$

【解】 第一步，先用单纯形方法求解松弛问题得最优单纯形表如表4-5所示。

表4-5 例4-6松弛问题的最优单纯形表

		x_1	x_2	x_3	x_4
Z	−37.5	0	0	−2.25	−1.75
x_2	1.5	0	1	0.25	−0.25
x_1	3.75	1	0	0.125	0.375

第二步，求割平面方程。

割平面方程并不是唯一的。在通常情况下，选取基变量的小数部分具有最大绝对值的变量所在行的约束方程为导出方程，能够更快地得到最优整数解。在这里选择第二个约束，该约束可表示为

$$x_1 + 0.125x_3 + 0.375x_4 = 3.75$$

将所有不是整数的参数和常数均写成一个整数与一个纯小数之和，则该约束可改写为

$$x_1 + (0 + 0.125)\ x_3 + (0 + 0.375)\ x_4 = 3 + 0.75$$

在这一步，在对变量的系数进行分解时，通常需要分两种情况处理。对于变量的正系数，可直接进行分解，就正像上述刚刚做的一样；对于变量的负系数，则通常要用到其补数。比如，如果选择上述的第一个约束，则可分解为

$$x_2 + (0 + 0.25)x_3 - (1 - 0.75)x_4 = 1 + 0.5$$

然后，将所有的整数项移到等式的左边，小数项移到等式的右边，可得到

$$x_1 - 3 = 0.75 - (0.125x_3 + 0.375x_4)$$

显然，在 x_1 取整数的条件下，等式左端应为整数，因此右端也应为整数。但根据约束条件，在变量非负的条件下，由于右端括号中为正数且必不在0~0.75之间（否则右端为小数这是不可能的），于是得到割平面方程或割约束为

$$0.75 - 0.125x_3 - 0.375x_4 \leqslant 0 \text{（该割约束实际等价于 } x_1 - 3 \leqslant 0\text{，即 } x_1 \leqslant 3\text{）}$$

如果基变量的非整数部分的绝对值相等，可以同时得到两个割平面方程，或者将两个割平面方程一起使用，或者选择其中切割条件更强的一个。

第三步，将割平面方程加到第一步所得到的最优单纯形表中，得到 p_1，用对偶单纯形方法求解这个新的松弛问题。如获得最优解则计算终止，否则回到第二步继续进行。在这一步，为了将构成的割约束加到单纯形表中，通常要在割约束中引入松弛变量，使其由不等型约束（≤型）变为等型约束。引入松弛变量 x_5 则割约束变为

$$-0.125x_3 - 0.375x_4 + x_5 = -0.75$$

本例加入割约束以后的单纯形计算表如表4-6所示。本例是一个简单问题，只需要一次迭代和一个割约束就得到了整数最优解。

表 4-6 例 4-6 加入割约束后的单纯形计算表

		x_1	x_2	x_3	x_4	x_5
Z	-37.5	0	0	-2.25	-1.75	0
x_2	1.5	0	1	0.25	-0.25	0
x_1	3.75	1	0	0.125	0.375	0
x_5	-0.75	0	0	-0.125	(-0.375)	1
Z	-34	0	0	-5/3	0	-14/3
x_2	2	0	1	1/3	0	-2/3
x_1	3	1	0	0	0	1
x_4	2	0	0	1/3	1	-8/3

割平面法形成的割约束具有两个重要的特性。一是所加入的割约束不会割去任何整数解，以本例来说，这是因为新增加的割约束等价于 $x_1-3\leqslant 0$ 或 $x_1\leqslant 3$，满足新的割约束，而在松弛问题的最优解中 $x_1=3.75$，即不超过 $3+1$，所以它不会割去任何整数解。二是线性规划松弛问题的最优解不满足新的割约束。这是因为，在松弛问题的最优解中，非基变量都取零值，而由非基变量构成的割约束则不允许非基变量同时取零值，否则不等式就无法成立。因此当前的最优解不满足新加入的割约束，该解将从可行域中被割去。割平面法具有很重要的理论意义，但在实际应用中并不如分支定界法效率高，因此商用软件很少用该方法。

计算说明：

由于 $\min\left\{\dfrac{-2.25}{-0.125}, \dfrac{-1.75}{-0.375}\right\}=\min\left\{18, \dfrac{14}{3}\right\}=\dfrac{14}{3}$，所以选 x_4 入基，x_5 出基。给割约束行分别乘以 1 和 $-\dfrac{2}{3}$和 $-\dfrac{14}{3}$后加到 x_1，x_2 和 Z 所在行即可。$x_1=3$ 和 $x_2=2$ 已为整数解，且检验数已无正分量，则已得最优整数解。

【例 4-7】 用割平面法解下面的整数规划：

$$\max Z=x_1+x_2$$

$$\text{s. t.}\begin{cases}2x_1+x_2\leqslant 6\\4x_1+5x_2\leqslant 20\\x_1,\ x_2\ \text{取正整数}\end{cases}$$

解松弛问题得到最优单纯形表如表 4-7 所示。

表 4-7 例 4-7 松弛问题的最优单纯形表

		x_1	x_2	x_3	x_4
Z	-13/3	0	0	-1/6	-1/6
x_1	5/3	1	0	5/6	-1/6
x_2	8/3	0	1	-2/3	1/3

这两个约束方程的右边项小数部分相等，因此可同时取两个割约束一起加入到上表中迭代，经 2 次迭代后可得到最优解：$Z(2, 2)=4$。或者，可以在得到两个割约束以后，找出其中约束力更强的一个，可更快地得到最优整数解。

所谓约束力更强的意思是，可先分别求出以下两个割约束：

依 $x_1+\dfrac{5}{6}x_3-\dfrac{1}{6}x_4=\dfrac{5}{3}$，可得到：

$$x_1-x_4-1=\frac{2}{3}-\left(\frac{5}{6}x_3+\frac{5}{6}x_4\right)\leqslant 0$$

即

$$-5x_3-5x_4\leqslant -4 \tag{4-1}$$

依 $x_2-\frac{2}{3}x_3+\frac{1}{3}x_4=\frac{8}{3}$，可得到：

$$x_2-x_3-2=\frac{2}{3}-\left(\frac{1}{3}x_3+\frac{1}{3}x_4\right)\leqslant 0$$

即

$$-x_3-x_4\leqslant -2 \tag{4-2}$$

然后，再由标准化后的模型解出其中的变量，即解：

$$\begin{cases}2x_1+x_2+x_3=6\\4x_1+5x_2+x_4=20\end{cases}$$

得到：

$$x_3=6-2x_1-x_2$$

$$x_4=20-4x_1-5x_2$$

代入式（4-1）和式（4-2）中，得到：

$$\begin{cases}x_1+x_2\leqslant 21/5\\x_1+x_2\leqslant 4\end{cases}$$

显然，对于最大化问题来说，第二个约束切割力更强。以该约束作为割平面方程，一次即可得到最优整数解。具体过程留给同学们作为课堂练习。

4.4　求解0—1规划的隐枚举法

0—1规划是一种特殊的纯整数规划。求解0—1规划的隐枚举法不需要用单纯形方法求解线性规划问题。它的基本思路是从所有变量等于零出发，依次指定一些变量为1，直至得到一个可行解，并将它作为目前最好的可行解。此后，依次检查变量等于0或1的某些组合，以便使目前最好的可行解不断加以改进，最终获得最优解。隐枚举法不同于穷举法，它不需要将所有可行的变量组合一一列举。它通过分析、判断排除了许多变量组合作为最优解的可能性。也就是说，它们被隐含枚举了，隐枚举法故此得名。

隐枚举法的实质也是分支定界法，下面以例4-8的求解过程为例予以说明。

【例4-8】　求解整数规划：

$$\max\ Z=3x_1-2x_2+5x_3$$

$$\text{s. t.}\begin{cases}x_1+2x_2-x_3\leqslant 2\\x_1+4x_2+x_3\leqslant 4\\x_1+x_2\qquad\ \leqslant 3\\x_j=0\text{ 或 }1\ (j=1,2,3)\end{cases}$$

【解】　这是一个0—1规划，用隐枚举法。

第一步，先取一个可行解 $\boldsymbol{x}^{(0)}=(1,0,0)$，有 $Z_0=3$。

第二步，新引进过滤约束 $Z_1\geqslant Z_0$，在本例中即

$$3x_1-2x_2+5x_3\geqslant 3$$

这是因为，初始可行解的目标函数值已为3，要继续寻找的可行解当然应该使目标函数值大

于3。因此原问题变为

$$\max\ Z=3x_1-2x_2+5x_3$$

$$\text{s. t.}\begin{cases}3x_1-2x_2+5x_3\geqslant 3\\x_1+2x_2-x_3\leqslant 2\\x_1+4x_2+x_3\leqslant 4\\x_1+x_2\leqslant 3\\x_j=0\text{ 或 }1\ (j=1,\ 2,\ 3)\end{cases}$$

第三步，解上述新的规划问题。

按照穷举法的思路，应依次检查各种变量组合，每得到一个可行解，就求出它的目标函数值Z_1，看是否成立$Z_1\geqslant Z_0$，如成立则将原来的过滤约束换成$Z_2\geqslant Z_1$。

但按照隐枚举法，过滤约束是所有约束条件中最重要的一个，因而应先检查可行解是否满足它，如不满足其他的约束也就不必检查了。这也正是过滤约束的基本含义。

求解过程通常可用表4-8列出。

表4-8　例4-8的隐枚举法表解

解组合	Z值	过滤约束	约束条件
(0, 0, 0)	0	—	√
(0, 0, 1)	5	√	√
(0, 1, 0)		×	
(1, 0, 0)		×	
(1, 1, 0)		×	
(0, 1, 1)		×	
(1, 0, 1)	8	√	√
(1, 1, 1)	×		

其最优解为

$$Z(1,\ 0,\ 1)=8$$

隐枚举法也可以用于解最小化问题。如果问题的目标函数为最小化，可先让所有的0—1变量取1，然后逐一检查每一个变量取0的情况，能使目标函数进一步减小并使每一约束保持可行者为可行解。例4-3的求解过程便是如此。

4.5　指派问题

4.5.1　指派问题的含义

在生活现实中，经常会遇到这样一类问题，某单位有n项任务需要完成，每一项任务只能由一人来承担。由于每个人的专长不同，因而完成不同任务的效率（时间或费用）不同。因而指派哪个人完成哪项任务才能使总的效率最高（所需时间或费用最小），这类问题通常就称作为指派问题（Assignment Problem）。

【例4-9】　有一份项目说明书，要分别由汉语译成英、日、德、俄四种文字，交由甲、乙、丙、丁四个译员去完成，因各人的专长不同，因此译成不同文字所需的时间不同，假定各人完成各项工作的时间如表4-9所示，问应如何分配才能使完成四项给定任务的总时间最少？

表 4-9 例 4-9 数据表

译员	汉译英	汉译日	汉译德	汉译俄
甲	2	10	(9)	7
乙	15	(4)	14	8
丙	13	14	16	(11)
丁	(4)	15	13	9

设用 c_{ij}表示分配问题的效率，用0—1 变量 x_{ij}表示分配第 i 个人去完成第 j 项任务。则一般的分派模型可表示为

$$\min Z = \sum_{i=1}^{n} \sum_{j=1}^{n} c_{ij} x_{ij}$$

$$\text{s. t.} \begin{cases} \sum_{i=1}^{n} x_{ij} = 1 & (j = 1, 2, \cdots, n) \\ \sum_{j=1}^{n} x_{ij} = 1 & (i = 1, 2, \cdots, n) \\ x_{ij} \text{ 取 0 或 1} & (i = 1, \cdots, n; j = 1, \cdots, n) \end{cases}$$

这就是一个 n—n 指派问题，其中，约束条件说明每一项任务都只能由一人去完成，约束条件说明每个人都只能完成一项任务。在本例中 $n=4$，最优解是 $x_{13}=x_{22}=x_{34}=x_{41}=1$，其余变量为0，$Z=28$。

4.5.2 指派问题的匈牙利解法

指派问题是0—1 规划的特例，也是运输问题的特例。如果把它看作一个运输问题，即有 $n=m$，$a_i=b_j=1$。既然属于0—1 规划和运输问题的特例，自然可以运用0—1 规划和运输问题的求解方法来解，但同时它又属于一种特例，既然是属于特例，无疑它也可以用特殊的方法来求解。

指派问题的最优解具有这样的性质，如果从系数 c_{ij}的一行（或列）的各元素中分别减去该行（列）的最小元素，则得到新系数 b_{ij}，以 b_{ij}为系数的指派问题与以 c_{ij}为系数的指派问题具有相同的最优解组合。利用这一性质，数学家库恩（W. W. Kuhn）于 1955 年提出了指派问题的解法，他在解法中运用了匈牙利数学家康尼格（D. Konig）的一个关于矩阵中 0 元素数的定理，该定理的内容是，一个系数矩阵中独立的 0 元素的最大数目等于覆盖该矩阵中所有 0 元素的最小直线数。也正是因为如此，解指派问题的这种方法虽然后来几经改进，但一直被称作为匈牙利法。

这一方法的全部过程可分为四步：

1. 依效率矩阵建立机会成本矩阵

在这里，所谓机会成本，即比采用最优方案多支付的成本。比如，如果分配人员甲完成任务 2 则多支付 10 - 2 = 8 单位的时间，以此类推。

逐行计算后得到的机会成本如表 4-10 所示。

表 4-10 例 4-9 的机会成本表（1）

	1	2	3	4
甲	0	8	7	5
乙	11	0	10	4
丙	2	3	5	0
丁	0	11	9	5

由于第三列尚无 0 元素，故需要再计算列机会成本如表 4-11 所示，如果每一列已经都有了 0 元素即可直接进入下一步。

表 4-11 例 4-9 的机会成本表（2）

	1	2	3	4
甲	0	8	2	5
乙	11	0	5	4
丙	2	3	0	0
丁	0	11	4	5

至此，每行每列中均已有了 0 元素，于是可进入下一步。

2. 进行最优性检验

检验的方法是：用尽可能最少的水平或垂直的直线划去全部的 0 格，如果所用的直线数恰好等于矩阵的行数或列数，即为最优解。要使所用的直线数为最少直线数，一般应首先从 0 最多的行或列开始划起，直至划完为止。

本例中，删去全部 0 格后所用的最少直线数为 3 如表 4-12，小于行或列数 4，故未达到最优分配，需要对方案进行调整。

表 4-12 例 4-9 的机会成本表（3）

	1	2	3	4
甲	0	8	2	5
乙	11	0	5	4
丙	2	3	0	0
丁	0	11	4	5

3. 调整方案

调整方案的方法是，在所有的未划去的元素中减去其最小元素，然后在所划直线的交叉点上加上这一最小元素，这实际上等于在第 1 行和第 4 行减最小元素，在第 1 列加最小元素。这样做的目的是增加矩阵中 0 元素的数目。调整后得到表 4-13。

表 4-13 例 4-9 的机会成本表（4）

	1	2	3	4
甲	0	6	0	3
乙	13	0	5	4
丙	4	3	0	0
丁	0	9	2	3

调整以后需要再进行最优性检验，检验后如表 4-14 所示。可以看出，所用直线的数目已经恰恰与矩阵的行数或列数相等，因此可肯定，已经得到最优解。

表 4-14 例 4-9 的机会成本表（5）

	1	2	3	4
甲	0	6	0	3
乙	13	0	5	4
丙	4	3	0	0
丁	0	9	2	3

4. 进行试指派，确定最优方案

进行试指派时，在 n 很小的情况下，可用观察法或试探法找出 n 个独立的 0 元素即可。如果 n 较大，则需要按照一定的步骤做起。

（1）先从只有一个 0 元素的行开始，给这个 0 元素加上标记，将所在列的其他 0 元素划去，表示这一列的任务已经被指派，即不再考虑别人。

（2）再从只有一个0元素的列开始，给这个0元素加上标记，将所在行的其他0元素划去。

（3）反复进行以上两步，直至所有的0元素都被加上标记或被划去。

（4）当标记的0元素的数目恰好等于矩阵的行数或列数时，则最优指派方案找到。

本例中试指派的结果如表4-15所示。

表4-15 例4-9的机会成本表（6）

	1	2	3	4
甲	0	6	0	3
乙	13	0	5	4
丙	4	3	0	0
丁	0	9	2	3

即最优方案为 $x_{13}=x_{22}=x_{34}=x_{41}=1$，其余变量为0，$Z=28$。

4.5.3 指派问题的一种新解法（表上作业法）

1. 用查行法或查列法确定初始方案

仍以例4-9为例，如表4-16所示。

表4-16 例4-9的初始方案

	1	2	3	4
甲	(2)	10	9	7
乙	15	(4)	14	8
丙	13	14	16	(11)
丁	4	15	(13)	9

每圈定一个元素即划去相应的列，表示相应的工作已经安排，即不再考虑别人。

2. 计算检验数，调整方案

检验数的计算方法是，针对每一个圈定元素，两两组合，可计算一个检验数。计算的方法是，以两个圈定元素为对角，可构成一个矩形，用圈定元素的效率和减非圈定元素的效率和。这样总共可求的 $n\times(n-1)/2$ 个检验数，如所有的检验数都小于等于0，即方案为最优方案。

如上述初始方案的检验数有：$\Delta_{12}=-19$，（检验数的下标表示行组合）$\Delta_{13}=-7$，$\Delta_{14}=2$，需调整方案。调整后的方案如表4-17所示。调整后的检验数是：$\Delta_{12}=-11$，$\Delta_{13}=-3$，$\Delta_{14}=-2$，$\Delta_{23}=-7$，$\Delta_{24}=-22$，$\Delta_{34}=-7$。故已得最优方案。

表4-17 例4-9的调整方案

	1	2	3	4
甲	2	10	(9)	7
乙	15	(4)	14	8
丙	13	14	16	(11)
丁	(4)	15	13	9

表上作业法虽然简单，且没有了试指派的麻烦，但有时候可能会出现假性最优。如下面的例子。

【例 4-10】 试用表上作业法求解如表 4-18 所示的 n—n 指派问题。

表 4-18　例 4-10 的效率矩阵

	1	2	3	4
甲	7	4	3	2
乙	6	5	4	3
丙	8	6	2	1
丁	7	6	5	3

按照表上作业法（查行），该问题的初始方案如表 4-19 所示。计算检验数后，发现 $\Delta_{13}=3$，调整后如表 4-20 所示。再计算检验数，已全部小于或等于 0，已没有了可调整的余地，但该方案并非最优，最优方案是 $X_{12}=x_{21}=x_{33}=x_{44}=1$，$Z=15$。而表 4-19 的方案是 $Z=16$，这就是假性最优。

表 4-19　例 4-10 的初始方案

	1	2	3	4
甲	7	4	3	(2)
乙	6	5	(4)	3
丙	8	(6)	2	1
丁	(7)	6	5	3

表 4-20　例 4-10 的调整方案

	1	2	3	4
甲	7	(4)	3	2
乙	6	5	(4)	3
丙	8	6	2	(1)
丁	(7)	6	5	3

为什么会发生这种情况？原因是该问题比较特殊，特就特在它的行最小元素都集中在最后一列。对这种情况初始方案改为查列（最小）法即可纠正。应用查列的方法，初始方案的所有检验数均小于或等于 0，一次就得到了最优方案，如表 4-21 所示。

表 4-21　例 4-10 的初始方案（查列）

	1	2	3	4
甲	7	(4)	3	2
乙	(6)	5	4	3
丙	8	6	(2)	1
丁	7	6	5	(3)

这种表上作业法的思路，具体可参阅秦文举《指派问题和货郎担问题的新算法》一文，论文载《系统工程理论与实践》1985 年 12 月第 4 期。

4.5.4 非标准形式的指派问题

1. 最大化指派问题

上述方法是专为求极小值设计的，如果要求极大值，比如在效率矩阵为利润的情况下，则可以用效率矩阵中的最大值先减去其余各值，即得到一个初始的机会成本矩阵。然后再应用上述同样的方法求解即可。这可以简单证明如下：

对于

$$\max Z = \sum_{i=1}^{n} \sum_{j=1}^{n} c_{ij} x_{ij}$$

设 $b_{ij} = M - c_{ij}$（其中，M 为一足够大的常数，如 c_{ij} 中的最大数），于是，目标函数可改变为

$$\begin{aligned}\min Z' &= \sum \sum (M - c_{ij}) x_{ij} \\ &= \sum \sum M x_{ij} - \sum \sum c_{ij} x_{ij} \\ &= nM - Z(\sum x_{ij} = 1)\end{aligned}$$

显然，由于 M 为常数，因而 Z' 的最小化也就是 Z 的最大化。

2. 人数和事数不等的指派问题

若人少事多，则可加入一些虚拟的"人"，这些虚拟的"人"做各件事的费用取作 0，因为这些费用实际上不会发生；若人多事少，则可加入一些虚拟的"事"，这些虚拟的事各人完成的费用亦取作 0 即可。

3. 一个人可做几件事的指派问题

如果一个人可以做几件事，则可以把该人当作几个"人"来安排，这几个人做同一件事的费用都应是一样的。

4. 某事要求不能由某人做的指派问题

如果某件事要求一定不能由某人来做，则可将相应的费用系数设为一个足够大的 M。

应用案例讨论

一个投资问题

投资问题是整数规划的一个重要应用领域。本案例是一个复杂一些的投资问题。

1. 问题描述

某公司在今后 5 年之内要考虑下列 4 个投资项目：

A：从第 1 到第 4 年年初投资，次年年末回收本利 115%，要求第 1 年投资额不少于 4 万元，以后年度不限。

B：第 3 年年初投资，第 5 年年末回收本利 128%，要求最低投资额为 3 万元，最高不超过 5 万元。

C：第 2 年年初投资，第 5 年年末回收本利 140%，要求投资额必须是以 2 为等差的等差数列，最大投资不超过 8 万元。

D：每年年初购买公债，当年年末归还，加息 6%，投资额不限。

现有可用资金 10 万元，问应如何确定最佳的项目组合，使得第 5 年年末拥有的本利和最大？

2. 建模求解

（1）先考虑变量设置。设 x_{iA}、x_{iB}、x_{iC}、x_{iD}（$i=1, 2, 3, 4, 5$）分别表示第 i 年年初项目A、B、C、D的投资额，设 y_{iA}、y_{iB}为0—1变量，并规定：

$$y_{ij}=\begin{cases}1 & \text{当 } i \text{ 年给项目 } j \text{ 投资时}\\ 0 & \text{当 } i \text{ 年不给项目 } j \text{ 投资时}\end{cases}\quad (i=1, 2, 3, 4, 5;\ j=\text{A, B})$$

设 y_{2C}为非负的整数变量，并规定：

$$y_{2C}\begin{cases}0 & \text{当第二年不投资 C 项目时}\\ 1 & \text{当第二年投资 C 项目 2 万元时}\\ 2 & \text{当第二年投资 C 项目 4 万元时}\\ 3 & \text{当第二年投资 C 项目 6 万元时}\\ 4 & \text{当第二年投资 C 项目 8 万元时}\end{cases}$$

根据给定条件，可将投资变量列表如表4-22所示。

表4-22　案例分析的变量设置

项　　目	1	2	3	4	5
A	x_{1A}	x_{2A}	x_{3A}	x_{4A}	
B			x_{3B}		
C		x_{2C}			
D	x_{1D}	x_{2D}	x_{3D}	x_{4D}	x_{5D}

（2）再考虑目标函数和约束。

目标函数应该是

$$\max Z=1.15x_{4A}+1.28x_{3B}+1.40x_{2C}+1.06x_{5D}$$

约束条件包括：

第一年：可用资金只有10万元，因此应有

$$x_{1A}+x_{1D}=100\ 000$$

第二年：只有项目D的回收资金可用，因此有

$$x_{2A}+x_{2C}+x_{2D}=1.06x_{1D}$$

第三年：有两个项目的回收资金可用，于是有

$$x_{3A}+x_{3B}+x_{3D}=1.15x_{1A}+1.06x_{2D}$$

同理，得到第四年、第五年的约束条件为

$$x_{4A}+x_{4D}=1.15x_{2A}+1.06x_{3D}$$

$$x_{5D}=1.15x_{3A}+1.06x_{4D}$$

另外，关于变量的取值约束可考虑如下：

关于项目A，应满足：

$$\begin{cases}x_{1A}\geqslant 40\ 000y_{1A}\\ x_{1A}\leqslant 100\ 000y_{1A}\end{cases}$$

关于项目B，应满足：

$$\begin{cases}x_{3B}\geqslant 30\ 000y_{3B}\\ x_{3B}\leqslant 50\ 000y_{3B}\end{cases}$$

关于项目C，应满足：

$$\begin{cases} x_{2C} \geqslant 20\,000 y_{2C} \\ x_{1A} \leqslant 4 \end{cases}$$

于是，可建立完整的整数规划模型如下：

$$\max Z = 1.15x_{4A} + 1.28x_{3B} + 1.40x_{2C} + 1.06x_{5D}$$

$$\text{s. t.} \begin{cases} x_{1A} + x_{1D} = 100\,000 \\ -1.06x_{1D} + x_{2A} + x_{2C} + x_{2D} = 0 \\ -1.15x_{1A} - 1.06x_{2D} + x_{3A} + x_{3B} + x_{3D} = 0 \\ -1.15x_{2A} - 1.06x_{3D} + x_{4A} + x_{4D} = 0 \\ -1.15x_{3A} - 1.06x_{4D} + x_{5D} = 0 \\ -40\,000y_{1A} + x_{1A} \geqslant 0 \\ -100\,000y_{1A} + x_{1A} \leqslant 0 \\ -30\,000y_{3B} + x_{3B} \geqslant 0 \\ -50\,000y_{3B} + x_{3B} \leqslant 0 \\ -20\,000y_{2C} + x_{2C} \geqslant 0 \\ x_{1A} \leqslant 4 \text{ 且为非负整数} \\ x_{iA},\ x_{iB},\ x_{iC},\ x_{iD} \geqslant 0 \quad i = 1,\ 2,\ 3,\ 4,\ 5 \\ y_{1A},\ y_{3B} \text{为 0—1 变量} \end{cases}$$

运用软件求解后得到：

$Z = 147\,879$；$x_{3B} = 49\,906$，$x_{2C} = 60\,000$，$x_{1A} = 43\,396$，$x_{1D} = 56\,604$，$y_{1A} = y_{3B} = 1$，$y_{2C} = 3$。

利用 WinQSB 求解整数规划和指派问题

1. 整数规划求解

WinQSB 软件求解线性整数规划问题，调用的是 Linear and Integer Programming 模块，操作时只要修改变量的类型即可。下面以例 4-4 为例介绍如何运用 WinQSB 软件求解整数规划问题。

因 WinQSB 软件默认约束右端是常数项，因此，在利用软件求解时，需要对模型进行适当改变，如对于第二、第三和第四个约束需进行移项，移项后右边项变为常数 0。然后可按照下述步骤进行分析：

第一步，启动 Linear and Integer Programming 子模块，建立新问题。

在建立新问题后可依照题目信息输入相关数值，本题目属于混合整数规划，可先在 Default Variable Type 处选择 Nonnegative integer 即非负整型，然后再修改变量类型，于是得到如图 4-7 所示结果。

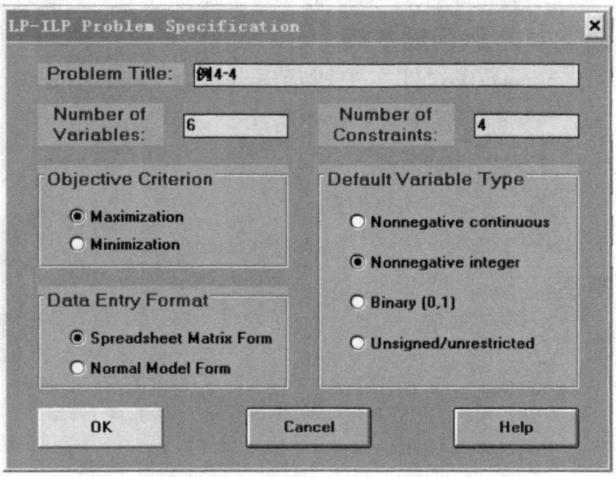

图 4-7　例 4-4 建立新问题后模型信息

第二步，输入数据。

单击 OK 后可先在得到的表中将后面的 3 个变量类型改为 Binary，然后即可输入数据，得到如图 4-8 所示结果。

Variable -->	x1	x2	x3	y1	y2	y3	Direction	R. H. S.
Maximize	120	10	100	-5000	-2000	-300		
c1	5	1	4	0	0	0	<=	2000
c2	3			-300			<=	0
c3		0.5			-480		<=	0
c4			2			-600	<=	0
LowerBound	0	0	0	0	0	0		
UpperBound	M	M	M	1	1	1		
VariableType	Integer	Integer	Integer	Binary	Binary	Binary		

图 4-8　例 4-4 新模型系数矩阵格式

第三步，求解模型。

单击菜单栏 Solve and Analyze 的下拉菜单 Solve the Problem，得到图 4-9 所示的最优解综合分析表。

	Decision Variable	Solution Value	Unit Cost or Profit c(j)	Total Contribution	Reduced Cost	Basis Status
1	x1	100.0000	120.0000	12,000.0000	0	basic
2	x3	300.0000	10.0000	3,000.0000	0	basic
3	x3	300.0000	100.0000	30,000.0000	0	basic
4	y1	1.0000	-5,000.0000	-5,000.0000	0	basic
5	y2	1.0000	-2,000.0000	-2,000.0000	-2,000.0000	at bound
6	y3	1.0000	-300.0000	-300.0000	0	basic
	Objective	Function	(Max.) =	37,700.0000		
	Constraint	Left Hand Side	Direction	Right Hand Side	Slack or Surplus	Shadow Price
1	c1	2,000.0000	<=	2,000.0000	0	10.0000
2	c2	0	<=	0	0	23.3333
3	c3	-330.0000	<=	0	330.0000	0
4	c4	0	<=	0	0	30.0000

图 4-9　例 4-4 最优解综合分析表

从图 4-9 可以得到最优解为 $\boldsymbol{x}=(100，300，300)$，$\boldsymbol{y}=(1，1，1)$，最优值 $Z=37\ 700$。最优生产方案是：生产甲产品 100 件，生产乙产品 300 件，生产丙产品 300 件，总共获利 37 700 元。

2. 指派问题求解

WinQSB 软件在求解指派问题时，调用的是 Network Modeling 模块，选项为 Assignment Problem。下面以例 4-9 为例介绍如何运用 WinQSB 软件求解指派问题。

第一步，启动程序。

单击 WinQSB 程序中的 Network Modeling 模块。

第二步，建立新问题。

在建立新问题后分别选择 Assignment Problem、Minimization，数据输入格式使用默认选项，在 Problem Title 输入“例 4-9”，在 Number of Objects（对象数或人数）输入 4，在 Number of Assignments（任务书或作业数）输入 4，得到图 4-10。注意在用 WinQSB 软件求解时若题目系数矩阵不满足行列相等的

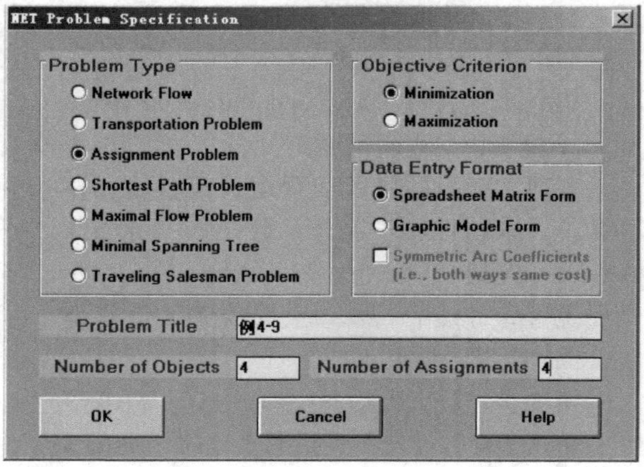

图 4-10　例 4-9 的问题描述

条件，不必对效率矩阵进行人工转化，系统会自动转换。

第三步，输入数据。

单击 OK 后直接输入表 4-9 中的数据，然后根据题目信息对节点重新命名（需单击菜单 Edit），得到图 4-11。

From \ To	汉译英	汉译日	汉译德	汉译俄
甲	2	10	9	7
乙	15	4	14	8
丙	13	14	16	11
丁	4	15	13	9

图 4-11　例 4-9 的数据表

第四步，求解并显示结果。

单击 Solve and Display Steps-Tableau 显示匈牙利算法每一步迭代表，本例的初表如图 4-12 所示。图 4-12 就是在图 4-11 所示表的每行减去最小数后得到的结果。显然，由于最少直线数是 3，因而需再进行迭代，于是单击菜单 Iteration→Next Iteration，得到最优迭代结果如图 4-13 所示。单击菜单栏 Results→Solution Table-Nonzero Only，可显示最优指派方案如图 4-14 所示。

Hungarian Method for 例4-9 - Iteration 1

	汉译英	汉译日	汉译德	汉译俄
甲	0	8	2	5
乙	11	0	5	4
丙	2	3	0	0
丁	0	11	4	5

图 4-12　匈牙利算法迭代初始表

Hungarian Method for 例4-9 - Iteration 2 (Fina

From \ To	汉译英	汉译日	汉译德	汉译俄
甲	0	6	0	3
乙	13	0	5	4
丙	4	3	0	0
丁	0	9	2	3

图 4-13　匈牙利算法迭代最优表

B-:	From	To	Assignment	Unit Cost	Total Cost	Reduced Cost
1	甲	汉译德	1	9	9	0
2	乙	汉译日	1	4	4	0
3	丙	汉译俄	1	11	11	0
4	丁	汉译英	1	4	4	0
	Total	Objective	Function	Value =	28	

图 4-14　最优指派方案

习题与作业

1. 用分支定界法求解

（1）$\max Z = 5x_1 + 2x_2$

$$\text{s.t.}\begin{cases}3x_1 + x_2 \leqslant 12\\ x_1 + x_2 \leqslant 5\\ x_1,\ x_2 \geqslant 0 \text{ 且为整数}\end{cases}$$

（2）$\max Z = 2x_1 + 3x_2$

$$\text{s.t.}\begin{cases}x_1 + 2x_2 \leqslant 10\\ 3x_1 + 4x_2 \leqslant 25\\ x_1,\ x_2 \geqslant 0 \text{ 且为整数}\end{cases}$$

2. 用割平面法求解：

(1) $\min Z=6x_1+8x_2$

$$\text{s. t.}\begin{cases}3x_1+x_2\geqslant 4\\ x_1+2x_2\geqslant 4\\ x_1,\ x_2\geqslant 0\ 且为整数\end{cases}$$

(2) $\max Z=3x_1+4x_2$

$$\text{s. t.}\begin{cases}3x_1+2x_2\leqslant 8\\ x_1+5x_2\leqslant 9\\ x_1,\ x_2\geqslant 0\ 且为整数\end{cases}$$

3. 解 0—1 规划

(1) $\max Z=4x_1+3x_2+2x_3$

$$\text{s. t.}\begin{cases}2x_1-5x_2+3x_3\leqslant 4\\ 4x_1+x_2+3x_3\geqslant 3\\ x_2+x_3\geqslant 1\\ x_1,\ x_2,\ x_3=0\ 或\ 1\end{cases}$$

(2) $\min Z=2x_1+5x_2+3x_3+4x_4$

$$\text{s. t.}\begin{cases}-4x_1+x_2+x_3+x_4\geqslant 0\\ -2x_1+4x_2+2x_3+4x_4\geqslant 4\\ x_1+x_2-x_3+x_4\geqslant 1\\ x_1,\ x_2,\ x_3,\ x_4=0\ 或\ 1\end{cases}$$

4. 有 4 项工作需要 4 个工人完成，每人完成每项工作所需时间不同，有关资料如表 4-23 所示，试确定总效率最好的指派方案。

表 4-23　习题 4 数据表

工人 \ 工作	A	B	C	D
甲	15	18	21	24
乙	19	23	22	18
丙	26	17	16	19
丁	19	21	23	17

5. 某公司考虑在北京、上海、广州和武汉选点设立库房，负责华北、华中和华南地区的货物供应，库容确定为每月处理货物 1000 件。各地之间的运费（元/件）及有关资料如表 4-24 所示。

表 4-24　习题 5 数据表　　（运费单位：元/件）

	华　北	华　中	华　南	月开支/万元
北京	200	400	500	4. 5
上海	300	250	450	5
广州	600	400	250	7
武汉	300	150	350	4
月需求/件	500	700	800	

公司希望在满足地区需求的前提下使平均每月的总成本最小，且满足如下条件：

(1) 如在上海设库，则必须在武汉设库。

(2) 最多设两个库。

(3) 武汉和广州不能同时设库。

请构造一个适当的模型并求解出最优方案。

6. 某城市有 8 个区，救护车由 1 个区开到另 1 个区所需的时间如表 4-25 所示。

表 4-25 习题 6 数据表 （时间单位：min）

区 号	1	2	3	4	5	6	7	8
1	0	2	4	6	8	9	8	10
2		0	5	4	8	6	12	9
3			0	2	2	3	5	7
4				0	3	2	5	4
5					0	2	2	4
6						0	3	2
7							0	2
8								0
人口/万人	40	30	35	20	15	50	45	60

该市只有 2 辆救护车，市政部门的目标是：希望救护车所在的位置能使尽可能多的人位于救护车在 2min 内可到达的范围内，试帮助该市做一个比较理想的解决方案。

7. 思考讨论题

（1）整数规划为什么不能用四舍五入方法对线性规划松弛问题取整？

（2）割平面法与分支定界法有没有相类似或相联系的地方？试分析之。

（3）指派问题是运输问题的特例，但它的基变量为什么不是 $2n-1$ 个？

第 5 章 动态规划

5.1 动态规划的基本概念和方法

5.1.1 多阶段决策及过程最优化

多阶段决策是指这样一类特殊的活动过程，它们可以按时间顺序分解成若干个相互联系的阶段，每个阶段都要做出决策，全部过程的决策是一个决策序列，所以多阶段决策问题又称为序贯决策问题。

多阶段决策的目标是要达到整个活动过程的总体效果最优，所以多阶段决策又叫作过程最优化。也正是因为如此，多阶段决策并非各阶段决策的简单总和，由于各阶段决策之间的有机联系，某一段决策的执行必将影响到下一段的决策，以至于影响到总体效果，所以决策者在每一段决策中不仅应考虑本段最优，还应考虑对最终目标的影响，从而做出对全局来说最优的决策。动态规划就是符合这种要求的一种决策方法。

所以，所谓动态规划，就是解决多阶段决策和过程最优化问题的一种数学规划方法。显然，由于它所解决问题的多阶段性，因此它必然与时间有着密切的关系，随着时间的推移或过程的发展而决定各阶段的决策，从而，产生了一个决策序列，这就是动态的意思。然而它也可处理与时间无关的静态问题，只要在问题中人为地引入“时间”因素，将问题看成一个多阶段的决策过程即可。

动态规划是现代管理中一种重要的决策方法，它可以广泛地用于解决最短路径问题、资源分配问题、生产计划与库存问题、投资问题、装载问题、排序问题及生产过程的最优控制等。由于它具有独特的解题思路，因此在处理某些优化问题时，常比线性规划等方法更为有效。

动态规划模型一般根据决策过程的时间参数是离散的还是连续的，以及过程的演变是确定型的还是随机型的，可以划分为离散确定型、离散随机型、连续确定型和连续随机型四种类型，其中离散确定型是最基本的。本章对动态规划的介绍，主要针对这种类型。

动态规划应用的实例很多，这里我们仅以一个最短路径问题为例予以说明。

【例 5-1】 设 A 地的某一企业要把一批货物由 A 地运到 E 城销售，其间要经过八个城市，各城市间的交通路线及距离如图 5-1 所示，问应选择什么路线才能使总的距离最短？

由图 5-1 不难看出，本例是一个四阶段的决策问题，因此，可以用动态规划方法求解。

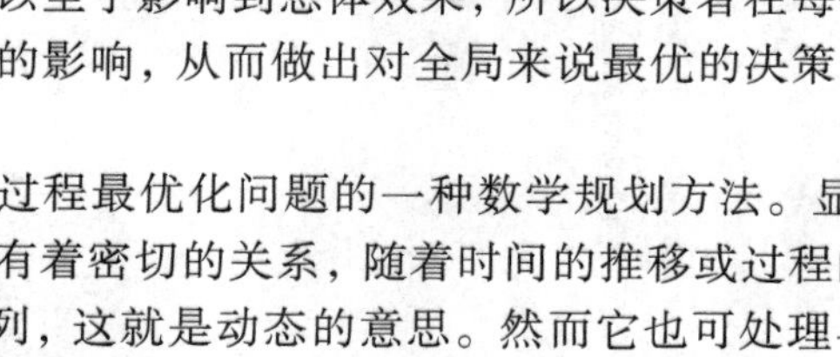

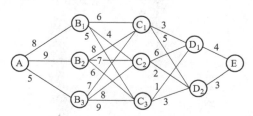

图 5-1 例 5-1 路线图（共 18 条路线，$3\times3\times2\times1=18$）

5.1.2 动态规划的基本概念

1. 阶段（Stage）

将所给问题的过程，按时间或空间特征分解成若干相互联系的段落，以便按次序求解就形成了阶段，阶段变量常用字母 k 来表示。例如，例 5-1 有四个阶段，k 就等于 1，2，3，4。第一阶段共有 3 条路线即（A，B_1），（A，B_2）和（A，B_3），第二阶段有 9 条路线，第三阶段有 6 条路线，第 4 阶段有 2 条路线。

2. 状态（State）

各阶段开始时的客观条件或出发点称作状态，描述各阶段状态的变量称作状态变量，用 s_k 表示。状态变量 s_k 的取值集合称为状态集合，用 S_k 表示。在例 5-1 中，第一阶段的状态为 A，第二阶段的状态为城市 B_1，B_2 和 B_3。所以状态变量 S_1 的集合 $S_1=\{A\}$，S_2 的集合是 $S_2=\{B_1, B_2, B_3\}$，依次有 $S_3=\{C_1, C_2, C_3\}$，$S_4=\{D_1, D_2\}$。所以，在这里，状态变量的取值实际上是给定集合的一个元素。

在动态规划中，状态必须具有如下性质：当某阶段状态给定以后，在这阶段以后过程的发展不受这段以前各状态的影响，这称作无后效性。如果所选定的变量不具备无后效性，就不能作为状态变量来构造动态规划模型。例如，在例 5-1 中，当某阶段的状态变量确定以后，假定 $s_3=C_2$，因而在确定第三阶段的货运路线时，就只与 C_2 这个城市有关，而与货物由哪个城市到达此地无关，所以满足状态的无后效性。

3. 决策和策略（Decision and Policy）

当各阶段的状态确定以后，就可以做出不同的决定或选择，从而确定下一阶段的状态，这种决定就是决策。表示决策的变量称为决策变量，常用 $U_k(s_k)$ 表示第 k 阶段当状态为 s_k 时的决策变量。在实际问题中，决策变量的取值是被限制在一定的范围内的，称此范围为允许的决策集合，用 $D_k(s_k)$ 表示第 k 阶段从状态 s_k 出发时的允许决策集合，显然有 $U_k(s_k)D_k(s_k)$。

在例 5-1 中，第二阶段如决定从 B_1 出发，即 $s_2=B_1$，可选择走 C_1 或 C_2，C_3，即其允许的决策变量集合 $D_2(B_1)=\{C_1, C_2, C_3\}$。如果选择从 C_2 走，则此时的决策变量可表示为 $U_2(B_1)=C_2$。因此在这里决策变量的取值实际上也是给定集合的一个元素。

在各阶段决策确定以后，整个问题的决策序列就构成了一个策略，用 $P_{1,n}$（U_1，U_2，…，U_n）表示。例如，对于例 5-1，$P_{1,n}$（A，B_2，C_1，D_2，E）就是一个策略。对于每个实际问题，可供选择的策略有一定范围，称为允许策略集合，用 P 表示，使整个问题达到最优效果的策略就是最优策略。例如对于例 5-1，总共可有 18 个策略，但最优策略只有一个。

4. 状态转移方程

在动态规划中，本阶段的状态往往是上阶段决策的结果。所以如果给定了第 k 阶段的状态 s_k 和该阶段的决策变量 U_k（s_k），则第 $k+1$ 段的状态 s_{k+1} 由于 k 阶段决策的完成也就完全确定了，它们之间的关系可用如下公式表示：

$$s_{k+1}=T_k(s_k,U_k)$$

式中 T_k——从状态 s_k 出发经过 U_k 向下一阶段的转移（Transfer），换言之，即 s_{k+1} 是从状态 s_k 出发经过决策 U_k 转移的结果。

由于上式表示了由 k 段到第 $k+1$ 段的状态转移规律，所以就称为状态转移方程。在例 5-1 中，状态转移方程即 $s_{k+1}=U_k$。

5. 指标函数

用于衡量所选定策略优劣的数量指标称作指标函数。一个 n 阶段的决策过程，从 1 到 n 叫作问题的原过程，对于任意一个给定的$k(1\leqslant k\leqslant n)$，从$k$段到第$n$段称为原过程的一个后部子过程。用$V_{1,n}(s_1, P_{1,n})$表示初始状态为$s_1$采用策略$P_{1,n}$时原过程的指标函数，用$V_{k,n}$（$s_k$，$P_{k,n}$）表示在第$k$阶段状态为$s_k$采用策略$P_{k,n}$时的后部子过程的指标函数。最优指标函数记为$f_k$（$s_k$），它表示从第$k$阶段的状态$s_k$出发采用最优策略$P_{k,n}^*$到过程终止时的最佳指标函数值，于是有下面的关系式：

$$f_k(s_k) = V_{k,n}(s_k, P_{k,n}^*) = \text{opt}V_{k,n}(s_k, P_{k,n})$$

其中，opt 全称 optimization 即最优化，在最大化时用 max，在最小化时用 min。$f_k(s_k)$也称作k阶段从状态s_k出发时的后部子过程的最佳效益值，当$k=1$时，$f_1(s_1)$就是从初始状态s_1到全过程结束的整体最优指标函数。

在例5-1中，指标函数就是距离。例如，在第二阶段，状态为B_2时，$V_{2,4}$（B_2）就表示从B_2到E的可能距离，f_2（B_2）则表示从B_2到E的最短距离。本问题的总目标是求f_1（A），即从A到E的最短距离。

5.1.3 最短路径问题的动态规划

为了求出例5-1的最短路径，一个简单的方法是，求出所有从A到E的可能走法的路长并加以比较。不难知道，从A到E共有18条不同的路线，每条路线有四个阶段，要做3次加法，要求出最短路径需做54次加法运算和17次比较运算，这叫作**穷举法**。不难理解，当问题的段数很多，各段的状态也很多时，这种方法的计算量会大大增加，甚至使得寻优成为不可能。

下面应用动态规划方法求解例5-1。为了获得每一个后部子过程的最佳效益值，只能运用逆序递推方法求解，即由最后一段到第一段逐步求出各点到终点的最短路径，最后求出A点到E点的最短路径。运用逆序递推方法的好处是可以始终盯住目标，不致脱离最终目标。

例5-1是一个四阶段决策问题，一般可分为四步：

第一步，从$k=4$开始，状态变量s_4可取两种状态D_1，D_2，它们到E点的距离分别为4和3，这也就是由D_1和D_2到终点E的最短距离，即$f_4(D_1)=4$，$f_4(D_2)=3$。

第二步，$k=3$，状态变量s_3可取3个值即C_1，C_2和C_3，这是需经过一个中间站才能到达终点E的二级决策问题。为方便应用，规定用d（s_k，U_k）表示由状态s_k出发，采用决策U_k到达下一阶段s_{k+1}时的两点距离。显然从C_1到E有两条路线需加以比较，取其中最短的，即

$$f_3(C_1) = \min\begin{Bmatrix} d(C_1, D_1)+f_4(D_1) \\ d(C_1, D_2)+f_4(D_2) \end{Bmatrix} = \min\begin{pmatrix} 3+4 \\ 5+3 \end{pmatrix} = 7$$

这说明，由C_1到E的最短距离为7，其路径为以$C_1 \to D_1 \to E$，相应的决策为$U_3^*(C_1)=D_1$

$$f_3(C_2) = \min\begin{Bmatrix} d(C_2, D_1)+f_4(D_1) \\ d(C_2, D_2)+f_4(D_2) \end{Bmatrix} = \min\begin{pmatrix} 6+4 \\ 2+3 \end{pmatrix} = 5$$

即从C_2到E的最短距离为5，其路径为$C_2 \to D_2 \to E$，相应的决策为$U_3^*(C_2)=D_2$

$$f_3(C_3) = \min\begin{Bmatrix} d(C_3, D_1)+f_4(D_1) \\ d(C_3, D_2)+f_4(D_2) \end{Bmatrix} = \min\begin{pmatrix} 1+4 \\ 3+3 \end{pmatrix} = 5$$

即从C_3到E的最短距离为5，其路径为$C_3 \to D_1 \to E$，相应的决策为$U_3^*(C_3)=D_1$。

第三步，$k=2$，这是一个具有三个状态、要经过两个中间站才能到达终点的三级决策问题。由于第三段各点C_1，C_2，C_3到终点E的最短距离f_3（C_1），f_3（C_2），f_3（C_3），已知，因此要求城市B_1到E的最短距离，只需以它们为基础，分别加上B_1到达C_1，C_2，C_3的一段距离，加以比较取其最短者即可。

$$f_2(B_1)=\min\begin{Bmatrix}d(B_1,C_1)+f_3(C_1)\\d(B_1,C_2)+f_3(C_2)\\d(B_1,C_3)+f_3(C_3)\end{Bmatrix}=\min\begin{Bmatrix}6+7\\4+5\\5+5\end{Bmatrix}=9$$

即 B_1 到终点 E 的最短距离为 9，其路径为 $B_1 \to C_2 \to D_2 \to E$，本段的相应决策为 $U_2^*(B_1)=C_2$。同理有

$$f_2(B_2)=\min\begin{Bmatrix}d(B_2,C_1)+f_3(C_1)\\d(B_2,C_2)+f_3(C_2)\\d(B_2,C_3)+f_3(C_3)\end{Bmatrix}=\min\begin{Bmatrix}8+7\\7+5\\6+5\end{Bmatrix}=11$$

即 $U_2^*(B_2)=C_3$。

$$f_2(B_3)=\min\begin{Bmatrix}d(B_3,C_1)+f_3(C_1)\\d(B_3,C_2)+f_3(C_2)\\d(B_3,C_3)+f_3(C_3)\end{Bmatrix}=\min\begin{Bmatrix}7+7\\8+5\\9+5\end{Bmatrix}=13$$

即 $U_2^*(B_3)=C_2$。

第四步，$k=1$，只有一个状态点 A，则

$$f_1(A)=\min\begin{Bmatrix}d(A,B_1)+f_2(B_1)\\d(A,B_2)+f_2(B_2)\\d(A,B_3)+f_2(B_3)\end{Bmatrix}=\min\begin{Bmatrix}8+9\\9+11\\5+13\end{Bmatrix}=17$$

即 $U_1^*(A)=B_1$。

也就是说，从城市 A 到城市 E 的最短距离为 17。把各段的最优决策按计算顺序反推，即得到最优决策序列，即 $U_1^*(A)=B_1, U_2^*(B_1)=C_2, U_3^*(C_2)=D_2, U_4^*(D_2)=E$，所以最短路径为：$A \to B_1 \to C_2 \to D_2 \to E$。

上述最优路线是通过计算最优指标函数得到的，可以称作**指标函数法**。还可以采用在图上直接标记的方法求得，这种直接标记的方法可称作**图上标记法**。这种方法把每一个状态条件下的最优指标函数直接用圆括号标记在该状态（点）上，最后利用公式 $f(s_k)-d(s_k, s_{k+1})=f(s_{k+1})$ 可以很方便地找到最短路径。这种方式使用起来更简单明了，是一种值得推荐的方法。不过，必须要明白图上标记法的解题思路与指标函数法是完全一致的，只是表现的形式不同罢了。指标函数法是用公式表示的，图上标记法是用图表现的。

在上述的求解过程中，各段的计算都利用了第 k 段和第 $k+1$ 段的如下关系：

$$\begin{cases}f_k(s_k)=\min\{d_k(s_k, U_k)+f_{k+1}(s_{k+1})\}(k=4,3,2,1) & (5\text{-}1)\\ f_5(s_5)=0 & (5\text{-}2)\end{cases}$$

这种递推关系称为动态规划的基本方程，式（5-2）称为边界条件。

把动态规划法与穷举法相比，不难发现，动态规划法具有明显的优点：①能显著地减少运算的工作量。容易算出，运用动态规划法解例 5-1 只进行了 18 次加法运算、11 次比较运算，就获得了最优解，比穷举法的计算量明显要少，而且随着问题段数的增加和变量程度的提高，穷举法计算量将呈指数规律减少。②计算结果能够提供更多的有用信息。动态规划的计算结果不仅得到了 A 到 E 的最短路径，而且得到了任意一点到 E 点的最优路线。这可由图 5-2 来描述（用粗线表示最优路线，各点上的数字表示最短

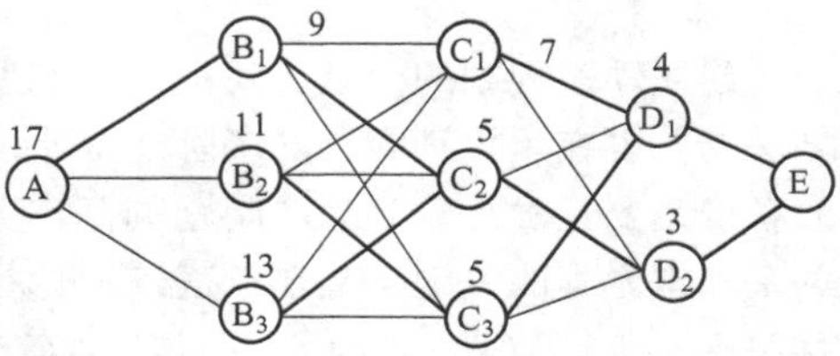

图 5-2　例 5-1 各点到终点的最短路径

距离）。

根据例 5-1，动态规划的基本思想可总结如下：

（1）将多阶段决策过程划分阶段，恰当地选取状态变量、决策变量和定义最优指标函数，从而把问题化成一组同类型的子问题，然后逐个求解。

（2）求解时从边界条件开始，沿过程行进方向，逐段递推寻优。在每一个子问题求解时，都要利用它前边已求出的子问题的最优结果，最后一个子问题的最优解就是整个问题的最优解。

（3）动态规划法是既把当前一段与未来各段分开，又把当前效益和未来效益结合起来考虑的一种最优化方法，因此，每段最优决策的选取都是从全局考虑的，它与该段的最优选择是不同的。

5.2 动态规划的基本原理、模型和解法

5.2.1 最优化原理

动态规划法是由美国数学家贝尔曼（R. Bellman）等人于 20 世纪 50 年代提出的。他们针对多阶段决策问题的特点，提出了解决这类问题的“最优化原理”，并成功地解决了生产管理、工程技术许多方面的实际问题。最优化原理可以表述为：“一个过程的最优策略具有这样的性质，即无论初始状态和初始决策如何，对于先前决策所形成的状态而言，其以后的所有决策必构成最优策略。”

将这一基本原理应用于例 5-1 的最短路径问题时可表述为：一方面，一条路线如果是最短路径，则对于该线上的任何一点来说，最短路径以此点为起点的剩余部分，必然是从此点到终点的最短路径；另一方面，无论是从哪一段的哪一种状态出发，到终点 E 的最短路径只与此状态有关，而与以前的状态路线无关，即并不受从 A 点是如何到达这点的决策的影响。图 5-2 中的 C_2 点可以清楚地证明这两种情况。

最优化原理用反证法极易证明。假定 s_k 是由始点到终点的最短路径上的一点，如果存在另一条最短路径将 s_k 与终点相连，则这条最短路径与 s_k 以前的部分必构成全程的最短路径，这就与原策略为最短路径的假定相矛盾。因此对于一个过程的最优策略而言，不管其初始状态和决策如何，其后的任一决策都构成最优策略。这也就是动态规划之所以可以采用逆序递推法寻优的依据。

如果把最优化原理用数学语言描述，就得到了动态规划的基本方程，这就是

$$\begin{cases} f_k(s_k) = \text{opt}\{d_k(s_k, u_k) + f_{k+1}(s_{k+1})\} \quad (k = n, n-1, \cdots, 1) \\ f_{k+1}(s_{k+1}) = 0 \end{cases}$$

式中，opt 可依题意取 max 或 min。

5.2.2 动态规划模型的建立

建立动态规划的模型，就是分析问题并建立问题的动态规划基本方程。成功地应用动态规划法的关键在于识别问题的多阶段特征，将问题分解成可用递推关系式联系起来的若干子问题，或者说是要正确地建立具体问题的基本方程，无疑这需要经验和技巧。而正确地建立关于递推关系基本方程的关键，又在于正确地选择状态变量，保证各阶段的状态变量具有递推的状态转移关系 $s_{k+1} = T_k(s_k, u_k)$。这是建立动态规划模型的两个要点。

下面举例来说明动态规划模型的建立

【例5-2】 生产与存储问题。

设某工厂生产并销售某种产品，已知每千件的变动成本为1万元，每季度生产的固定成本为3万元，经预测某一年四个季度中该产品的市场需求量分别为2000件，3000件，2000件，4000件，设该厂的最大生产能力是6000件，最大库容量是3000件，每千件产品一个季度的存储费用为0.5万元，如果要求年初和年末该产品均无库存，问如何安排各季度的产量，才能使全年的总费用最小。

【解】 (1) 设阶段变量为 k，则每季度为一个阶段，$k=1, 2, 3, 4$。

(2) 每季度初的产品库存量可作为状态变量，由已知条件显然有 $s_1=s_5=0$，$0\leqslant s_i\leqslant 3$。

(3) 决策变量是每季度的产品生产量，由已知条件知：$0\leqslant U_k\leqslant 6$，$U_k$ 的单位为千件。

(4) 显然，状态转移方程由下式确定：

$$s_{k+1}=s_k+U_k-d_k$$

式中 d_k——第 k 阶段的需求量或销售量。

第 $k+1$ 阶段的库存量就等于第 k 段的库存量加本段的生产量减去本段的需求量（销售量）。

(5) 指标函数。本例的指标函数是生产与存储的总费用，最优指标函数是指生产与存储的总费用和最低。

第 k 段的指标即总费用为

$$V_k(s_k, U_k)=0.5s_k+\begin{cases}3+U_k & (0<U_k\leqslant 6)\\ 0 & (U_k=0)\end{cases}$$

V_k 的单位为万元。

(6) 建立基本方程（即成本最小化）：

$$\begin{cases}f_k(s_k)=\min\limits_{U_k}\{V_k(s_k, U_k)+f_{k+1}(s_{k+1})\} & (k=4, 3, 2, 1)\\ f_5(s_5)=0\end{cases}$$

5.2.3 动态规划模型的求解

动态规划模型建立以后，对基本方程的分段求解，并不像线性规划那样有固定的解法，它需要根据具体问题的特点，结合数学方法灵活求解。在各种解法中，常用的对于离散变量的分段穷举法是一种基本方法。分段穷举法使用的前提是：动态规划模型中的状态变量和决策变量均取离散值。例5-1中最短路径的求解用的就是分段穷举法。如果每段的状态变量和决策变量是离散的且取值数目较少，运用分段穷举法比一般问题使用的穷举法会更有效。运用分段穷举法求最优指标函数值，最重要的是要正确确定每段的状态变量取值范围和允许的决策变量集合，一般使用表格形式进行。下面以例5-2的求解为例，对这种方法做一总结。

第一步，先考虑 $k=4$，因为要求第四季度末库存为0，即 $s_5=0$，本季度需求为4，所以根据状态转移方程应有 $U_4=4-s_4$，由于库容量最大为3，所以 s_4 的取值只能是0，1，2，3。

根据 $f_4(s_4)=\min\{V_4(s_4, U_4)+f_5(s_5)\}$，及 $f_5(s_5)=0$，$V_4=0.5s_4+3+U_4$，可列出 U_4 与 f_4 如表5-1所示。

表5-1 解例5-2的第1步

s_4	0	1	2	3
U_4 (s_4)	4	3	2	1
f_4 (s_4)	7	6.5	6	5.5

第二步，$k=3$ 时，s_3 的取值范围仍然是{0，1，2，3}。根据状态转移方程，$U_3=d_3+s_4-s_3$，因 $d_3=2$，所以 $U_3=2+s_4-s_3$，即在需求量一定的情况下，生产量由期末和期初的库存量决定。由于 $U_3\geqslant 0$，所以有 $s_4-s_3\geqslant -2$，由 $U_3\leqslant 6$ 有 $s_4-s_3\leqslant 4$，于是 $-2\leqslant s_4-s_3\leqslant 4$，决策过程如表 5-2 所示。

表 5-2　解例 5-2 的第 2 步

s_3	0				1				2				3		
s_4	0	1	2	3	0	1	2	3	0	1	2	3	1	2	3
$U_3(s_3)$	2	3	4	5	1	2	3	4	0	1	2	3	0	1	2
V_3+f_4	12	12.5	13	13.5	11.5	12	12.5	13	8	11.5	12	12.5	8	11.5	12
$f_3(s_3)$	12				11.5				8				8		
$U_3^*(s_3)$	2				1				0				0		

第三步，当 $k=2$ 时，状态变量 s_2 的取值范围是{0，1，2，3}，根据状态转移方程应有 $U_2=d_2+s_3-s_2$，已知 $d_2=3$，所以 $U_2=3+s_3-s_2$，根据 $0\leqslant u_2\leqslant 6$，应有 $-3\leqslant s_3-s_2\leqslant 3$，决策过程如表 5-3 所示。

表 5-3　解例 5-2 的第 3 步

s_2	0				1				2				3			
s_3	0	1	2	3	0	1	2	3	0	1	2	3	0	1	2	3
$U_2(s_2)$	3	4	5	6	2	3	4	5	1	2	3	4	0	1	2	3
V_2+f_3	18	18.5	16	17	17.5	18	15.5	16.5	17	15.5	15	16	13.5	17	15.5	15.5
$f_2\ (s_2)$	16				15.5				15				13.5			
$U_2^*(s_2)$	5				4				3				0			

第四步，当 $k=1$ 时，只有一种状态即 $s_1=0$，根据 $U_1=d_1+s_2-s_1$，有 $U_1=2+s_2$，由于 s_2 最大为 3，即 U_1 最大为 5，不超过最大生产能力，显然，U_1 的允许集合是 $D_1(s_1)=\{2,3,4,5\}$，因 $V_1=3+U_1$，所以有

$$f_1(s_1)=\min\begin{Bmatrix}5+16\\6+15.5\\7+15\\8+13.5\end{Bmatrix}=21$$

即 $U_1^*(s_1)=2$

整个过程的最优计划可依状态方程即 $s_k+U_k-d_k=s_{k+1}$ 确定，即当 $s_1=0$，$U_1=2$，$d_1=2$ 时，$s_2=0$，在表 5-3 中，$s_2=0$ 对应于 $U_2^*(s_2)=5$；若 $s_2=0$，$U_2=5$，$d_2=3$，则 $s_3=2$ 在表 5-2 中，对应于 $U_3^*(s_3)=0$；因此时 $s_4=0$，故有 $U_4^*(s_4)=4$。即第一季度生产 2000 件，第二季度生产 5000 件，第三季度不生产，第四季度生产 4000 件，全年生产 11 000 件，总需求为 11 000 件，总费用为 21 万元。

根据例 5-1 和例 5-2 的求解过程，运用分段穷举法的要点包括：①确定状态变量集合；②确定决策变量集合 $D_k(s_k)$；③计算 $V_k(s_k,U_k)$；④计算 $f_k(s_k)$；⑤确定 $U_k^*(s_k)$。

5.3 前向动态规划法

5.3.1 顺序解法的基本思路

动态规划的求解除了运用逆序解法（又称后向动态规划法）外，还可以运用顺序解法（又称前向动态规划法）。

前面所使用的动态规划解法，由于寻优的方向与多阶段决策过程的实际行进方向相反，是从最后一段开始计算，逐段向前推进，最后求得全过程的最优策略，所以称为逆序解法。

与逆序解法相反，顺序解法的寻优方向与过程的行进方向相同，求解时是从第一段开始计算逐段向后推进，计算后一阶段时要用到前一段求优的结果，最后一段的计算结果就是全过程的最优结果。

逆序解法和顺序解法都属于动态规划的基本解法。

下面仅以最短路径问题为例对顺序解法予以说明。

5.3.2 最短路径问题的顺序解法

在例5-1中，当 $k=0$ 时 $f_0(s_0)=f_0(\mathrm{A})=0$，这是边界条件。

当 $k=1$ 时，s_1 表示第一阶段的终点，其允许取值集合 $S_1=\{\mathrm{B}_1,\mathrm{B}_2,\mathrm{B}_3\}$，于是有

$$f_1(\mathrm{B}_1)=8,\quad f_1(\mathrm{B}_2)=9,\quad f_1(\mathrm{B}_3)=5$$

$$U_1(\mathrm{B}_1)=\mathrm{A},\ U_1(\mathrm{B}_2)=\mathrm{A},\ U_1(\mathrm{B}_3)=\mathrm{A}$$

当 $k=2$ 时，有

$$f_2(\mathrm{C}_1)=\min\begin{Bmatrix}f_1(\mathrm{B}_1)+d(\mathrm{B}_1,\mathrm{C}_1)\\f_1(\mathrm{B}_2)+d(\mathrm{B}_2,\mathrm{C}_1)\\f_1(\mathrm{B}_3)+d(\mathrm{B}_3,\mathrm{C}_1)\end{Bmatrix}=\min\begin{Bmatrix}8+6\\9+8\\5+7\end{Bmatrix}=12$$

即 $U_2(\mathrm{C}_1)=\mathrm{B}_3$。

$$f_2(\mathrm{C}_2)=\min\begin{Bmatrix}f_1(\mathrm{B}_1)+d(\mathrm{B}_1,\mathrm{C}_2)\\f_1(\mathrm{B}_2)+d(\mathrm{B}_2,\mathrm{C}_2)\\f_1(\mathrm{B}_3)+d(\mathrm{B}_3,\mathrm{C}_2)\end{Bmatrix}=\min\begin{Bmatrix}8+4\\9+7\\5+8\end{Bmatrix}=12$$

即 $U_2(\mathrm{C}_2)=\mathrm{B}_1$。

$$f_2(\mathrm{C}_3)=\min\begin{Bmatrix}f_1(\mathrm{B}_1)+d(\mathrm{B}_1,\mathrm{C}_3)\\f_1(\mathrm{B}_2)+d(\mathrm{B}_2,\mathrm{C}_3)\\f_1(\mathrm{B}_3)+d(\mathrm{B}_3,\mathrm{C}_3)\end{Bmatrix}=\min\begin{Bmatrix}8+5\\9+6\\5+9\end{Bmatrix}=13$$

即 $U_2(\mathrm{C}_3)=\mathrm{B}_1$。

当 $k=3$ 时，有

$$f_3(\mathrm{D}_1)=\min\begin{Bmatrix}f_2(\mathrm{C}_1)+d(\mathrm{C}_1,\mathrm{D}_1)\\f_2(\mathrm{C}_2)+d(\mathrm{C}_2,\mathrm{D}_1)\\f_2(\mathrm{C}_3)+d(\mathrm{C}_3,\mathrm{D}_1)\end{Bmatrix}=\min\begin{Bmatrix}12+3\\12+6\\13+1\end{Bmatrix}=14$$

即 $U_3(\mathrm{D}_1)=\mathrm{C}_3$。

$$f_3(D_2)=\min\begin{Bmatrix}f_2(C_1)+d(C_1,D_2)\\f_2(C_2)+d(C_2,D_2)\\f_2(C_3)+d(C_3,D_2)\end{Bmatrix}=\min\begin{Bmatrix}12+5\\12+2\\13+3\end{Bmatrix}=14$$

即 $U_3(D_2)=C_2$。

当 $k=4$ 时，有

$$f_4(E)=\min\begin{Bmatrix}f_3(D_1)+d(D_1,E)\\f_3(D_2)+d(D_2,E)\end{Bmatrix}=\min\begin{Bmatrix}14+4\\14+3\end{Bmatrix}=17$$

即 $U_4(E)=D_2$。

将选定的决策变量按计算顺序反推即可得到决策序列 $\{U_k\}$，即最短路径为 $U_4(E)=D_2$，$U_3(D_2)=C_2$，$U_2(C_2)=B_1$，$U_1(B_1)=A$，即最短路径为 $A\to B_1\to C_2\to D_2\to E$，最短距离为 17。其结果与逆序解法完全相同。

5.3.3　顺序解法与逆序解法的异同

一般地说，顺序解法与逆序解法在本质上没有什么不同，在通常情况下，当初始状态给定时（如在投资问题中）用逆序解法较方便，当终止状态给定时（如在背包问题中）用顺序解法较方便。但若初始状态量已给定，然而终点状态较多（如在例 5-1 中如果有多个终点），需比较到达不同终点状态的各个路径及指标函数值，以选取总效益最佳的终点状态时，使用顺序解法比较方便。另外，在初始状态和终止状态均为已知，但当使用不同方法第一步需处理的状态不同时，以选择第一步需处理较多状态的方法比较合适，这样可以减少运算工作量，如例 5-1 采用顺序解法只需作 17 次加法运算，比逆序解法要少一次。总之，针对问题的不同特点，灵活地选用这两种方法之一，可以使求解过程简化。

在使用这两种方法求解时，除了求解时的行进方向不同外，在建模时还需要注意以下区别：

1. 状态变量的含义不同

在逆序解法中，状态变量 s_k 是第 k 段的出发点；而在顺序解法中，s_k 则是第 k 段的终点。

2. 决策过程和结果不同

在逆序解法中，每一段的决策是对于给定的出发点选择符合要求的终点，也就是说在逆序解法中决策过程是顺序的；而在顺序解法中，每一段的决策则是对于给定的终点选择符合要求的出发点，也就是说在顺序解法中，决策过程是逆序的。

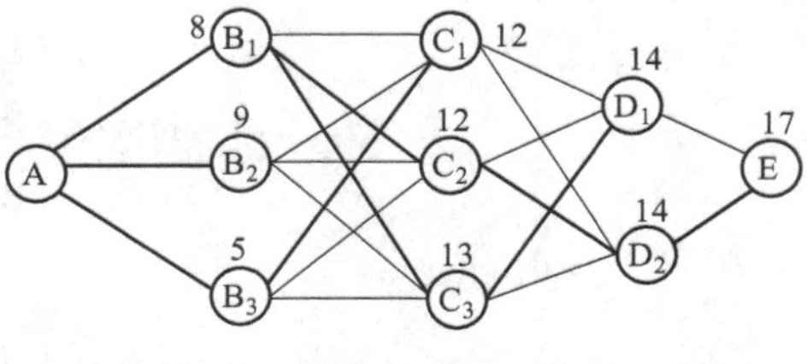

图 5-3　例 5-1 的顺序解法求解结果

逆序解法得到的结果，是每一点到终点的最短路径和距离；顺序解法得到的结果，是起点到每一点的最短路径和距离，如图 5-3 所示。

由图 5-3 和图 5-2 的比较，即可不难理解两种解法的决策过程。

3. 状态转移方式不同

在逆序解法中，如图 5-4 所示，第 k 段的输入状态为 s_k，决策为 U_k，由此决定的输出为 s_{k+1}，所以状态转移方程为

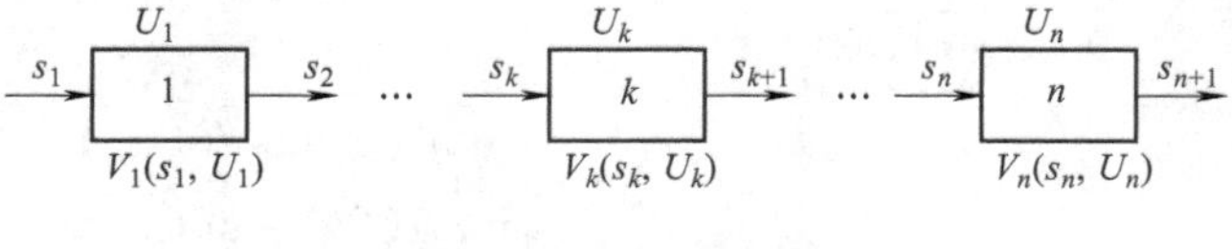

图 5-4　逆序解法的决策过程

$$s_{k+1}=T_k(s_k,U_k)$$

该方程称为状态 s_k 到 s_{k+1} 的顺序转移方程。

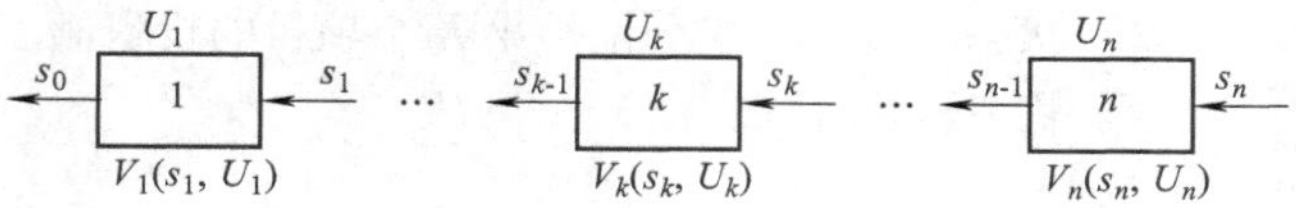

图 5-5　顺序解法的决策过程

而在顺序解法中，如图 5-5 所示，第 k 段的输入状态为 s_k，决策为 U_k，由此确定的输出则为 s_{k-1}，所以状态转移方程为

$$s_{k-1} = T_k(s_k, U_k)$$

该方程称作状态 s_k 到 s_{k-1} 的逆序转移方程。

4. 指标函数的定义不同

在逆序解法中，最优指标函数 $f_k(s_k)$ 定义为第 k 段从状态 s_k 出发，到终点的后部子过程的最优效益值，$f_1(s_1)$ 是整体最优函数值。

在顺序解法中，最优指标函数 $f_k(s_k)$ 定义为第 k 段从状态 s_k 回返，到始点的前部子过程的最优效益值，$f_n(S_n)$ 是整体最优函数值。

5. 基本方程形式不同

在逆序解法中，$V_{k,n} = \sum_{j=k}^{n} V(s_j, U_j)$，基本方程为

$$\begin{cases} f_k(s_k) = \text{opt}\{V_k(s_k, U_k) + f_{k+1}(s_{k+1})\} & k = n, n-1, \cdots, 2, 1 \\ f_{n+1}(s_{n+1}) = 0 \end{cases}$$

在顺序解法中，$V_{1,k} = \sum_{j=1}^{k} V(s_j, U_j)$，基本方程为

$$\begin{cases} f_k(s_k) = \text{opt}\{f_{k-1}(s_{k-1}) + V_k(s_k, U_k)\} & k = 1, 2, \cdots, n \\ f_0(s_0) = 0 \end{cases}$$

5.4　动态规划应用举例

5.4.1　资源分配问题

资源分配问题也称作投资问题，包括劳动力分配和设备使用问题等，都属于资源分配问题。投资问题的一般提法是：

设总投资额为 a 万元，拟投资于几个项目上，已知对第 i 个项目投资 x_i 万元，收益函数为 $g_i(x_i)$，问应如何分配资金才可以使总收益最大？

这是一个与时间无明显关系的静态最优化问题，可先列出其静态模型为

$$\max V = \sum_{i=1}^{n} g_i(x_i)$$

$$\text{s. t.} \begin{cases} \sum_{i=1}^{n} x_i \leqslant a \\ x_i \geqslant 0 \quad (i = 1, 2, \cdots, n) \end{cases}$$

为了应用动态规划法求解，可以人为地赋予它“时段”的概念。方法是将投资项目排序，假想对各个投资项目有先后顺序。首先考虑对项目 1 的投资，然后考虑对项目 2 的投资，依次最后考虑第 n 项投资。这样就把原问题转化为 n 阶段的决策过程。接下来的问题，便是如何选择正确的状态变量，并使各后部子过程间具有递推关系。

(1) 状态变量 s_k：表示第 k 段可用于第 k 到第 n 个项目的资金数，显然有 $s_1 = a$，$s_{n+1} = 0$。

（2）状态变量 U_k：应分配给第 K 个项目的投资额。

（3）状态转移方程：$s_{k+1}=s_k-U_k$

（4）指标函数：$V_{k,n}=\sum_{i=k}^{n}g_i(U_i)$

最优指标函数 $f_k(s_k)$：表示当可投资金为 s_k 时，投资于剩余的 $n-k+1$ 个项目的最大收益。

（5）基本方程为

$$\left.\begin{cases}f_k(s_k)=\max\{g_k(U_k)+f_{k+1}(s_{k+1})\}\\ f_{n+1}(s_{n+1})=0\end{cases}\right\} k=n,n-1,\cdots,2,1$$

如果运用逆序递推寻优，则 $f_1(a)$ 就是所求的最大收益。

【例 5-3】 某企业共有设备 4 台，拟分给 3 个车间，各车间利用这些设备为企业可提供的盈利 $g_k(U_k)$ 各不相同（资料见表 5-4），问应如何分配这 4 台设备才能使企业获得的盈利最大？

表 5-4　例 5-3 的有关资料

设备分配数	$g_1(U_1)$	$g_2(U_2)$	$g_3(U_3)$
0	0	0	0
1	4	2	3
2	6	5	5
3	7	6	7
4	7	8	8

【解】 该问题与上述的投资问题（即资源分配问题）具有完全相同的模型，因初始状态 $s_1=4$ 为已知，故可运用逆序解法。

当 $k=3$ 时，状态变量 s_3 的取值范围为{0，1，2，3，4}，同样 U_3 的取值范围也是 $D_3=\{0,1,2,3,4\}$，根据 $s_4=s_3-U_3$，$s_4=0$，即 $u_3=s_3$，即 $f_4(s_4)=0$，依基本方程可列出 $k=3$ 时的结果如表 5-5 所示。

表 5-5　例 5-3 当 $k=3$ 时的结果

s_3	0	1	2	3	4
U_3	0	1	2	3	4
f_3	0	3	5	7	8

当 $k=2$ 时，状态变量 s_2 的取值范围为{0，1，2，3，4}，根据 $s_3=s_2-U_2$，即 $u_2=s_2-s_3$ 和基本方程，可得表 5-6（注意条件 $U_2>0$）。

表 5-6　例 5-3 当 $k=2$ 时的结果

s_2	0	1		2			3				4				
s_3	0	1	0	2	1	0	3	2	1	0	4	3	2	1	0
U_2	0	0	1	0	1	2	0	1	2	3	0	1	2	3	4
V_2	0	0	2	0	2	5	0	2	5	6	0	2	5	6	8
$f_3(s_3)$	0	3	0	5	3	0	7	5	3	0	8	7	5	3	0
$f_2(s_2)$	0	(3)	2	5	5	5	7	7	(8)	6	8	9	(10)	9	8
U_2^*	0	0		0	1	2	2				2				

当 $k=1$ 时，s_1 的取值是 $s_1==4$，U_1 的取值范围是 $\{0, 1, 2, 3, 4\}$，根据 $s_2=s_1-u_1$（即 $u_1=4-s_2$）和基本方程，有

$$f_1(4)=\max\begin{Bmatrix}0+10\\4+8\\6+5\\7+3\\7+0\end{Bmatrix}=12$$

即 $U_1^*(s_1)=1$

根据状态转移方程 $s_{k+1}=s_k-U_k$，若 $U_1=1$，$s_1=4$，则 $s_2=3$，在表5-6中，$s_2=3$ 时 $U_2^*=2$，这时 $s_3=1$。在表5-5中，若 $s_3=1$，则 $U_3^*=1$，于是最优决策是分配1车间1台设备，2车间2台设备，3车间1台设备，得最大利润12。

对于投资问题的上述解法可称作详表解法，虽然看起来比较清楚，但显得有些烦琐。因此，在掌握规律后可采用简表解法，借助于辅助线同样也很清楚。现运用上述的设备分配问题，对简表解法予以说明。

详表解法每一步都使用一个单独的表，而简表解法则全过程使用一个表。其基本思路与详表解法完全相同，只是表现形式不同。表中每一步只反映本阶段的指标函数和最优指标函数。其中，第一步最优指标函数照写，第二步以后各步是把每一种状态条件下的各指标函数与下一步的最优指标函数交叉相加再寻优（取大或取小），最后一步要注意 s_1 只有一种状态。由此得到例5-3简表解法如表5-7所示。

表5-7 例5-3简表解法

设 备	$k=1$		$k=2$		$k=3$	
分配数	$g_1(x_1)$	$f_1(s_1)$	$g_2(x_2)$	$f_2(s_2)$	$g_3(x_3)$	$f_3(s_3)$
0	0		0	0	0	
1	4	12	2	3	3	
2	6		5	5	5	
3	7		6	8	7	
4	7		8	10	8	
U^*	$U_1^*=1$		$U_2^*=2$		$U_3^*=1$	

在简表解法中，如果使用逆序方法求解，则在第 $n-1$ 以后各段，必须注意决策变量的允许集合。最后一步即第一段的最优指标函数写在取得最优值的相应行。最优决策的寻找方法类似于最短路径问题的图上作业法，即 $f_i(s_i)-V_i(s_i)=f_{i+1}(s_{i+1})$，但有时需分析。

运用简表解法求解较大规模的问题具有很大的优越性。例如在下面的投资分配问题中，共有6个单位的资源和4个方案，各个方案在不同投资数量条件下的收益不同，试确定最佳投资方案。该问题用简表解法得到的结果如表5-8所示（该问题有多重方案，还有一个方案没有给出，感兴趣的读者可以自己找找看）。

表 5-8　4 方案的投资问题求解结果

投　资	k=1		k=2		k=3		k=4	
分配数	$g_1(x_1)$	$f_1(s_1)$	$g_2(x_2)$	$f_2(s_2)$	$g_3(x_3)$	$f_3(s_3)$	$g_4(x_4)$	$f_4(s_4)$
0	0		0	0	0	0	0	
1	20		30	50	50	50	40	
2	80	220	50	90	70	90	60	
3	100	220	70	120	100	110	80	
4	120		90	140	110	140	100	
5	130		120	170	110	160	110	
6	100		130	190	110	180	120	

这种方法同样适用于求最小化问题。

【例 5-4】 某房地产公司拟在 3 个不同地区建造 5 栋商住楼，已知在不同地区建造商住楼所需的投资不同，有关资料如表 5-9 所示，试求一个投资费用最低的投资方案。

这种简表解法的基本思路是由北京市经济管理干部学院的赵景文教授首先提出来的[⊖]，感兴趣的同学可以阅读《用动态规划解设点问题》。

正确使用简表解法的前提是，必须熟悉最短路径问题的分段穷举法和投资分配问题的详表解法。

表 5-9　例 5-4 有关资料

建　造	k=1		k=2		k=3	
楼盘数	$g_1(x_1)$	$f_1(s_1)$	$g_2(x_2)$	$f_2(s_2)$	$g_3(x_3)$	$f_3(s_3)$
0	0		0	0	0	
1	210		150	150	160	
2	400		360	310	370	
3	520	830	500	500	520	
4	800		730	660	740	
5	950		1000	870	900	

5.4.2　背包问题

背包问题是动态规划的典型问题。一维背包问题的典型提法是：一位旅行者能承受的背包最大重量是 $b$kg，现有 n 种物品供他选择装入背包，第 i 种物品单件重量为 $a_i$kg，其价值（或重要性参数）为 c_i，总价值是携带数量 x_i 的函数即 c_ix_i，问旅行者应如何选择所携带物品的件数以使总价值最大？

背包问题实际上就是运输问题中车船的最优配载问题，还可以广泛地用于解决其他的问题。其一般的整数规划模型可表述为

⊖ 赵景文．用动态规划解设点问题［J］．北京市经济管理干部学院学报，2001，16（2）．

$$\max Z = \sum_{i=1}^{n} c_i x_i$$

$$\text{s. t.} \begin{cases} \sum_{i=1}^{n} a_i x_i \leqslant b \\ x_i \geqslant 0 \quad 且为整数(i = 1, 2, \cdots, n) \end{cases}$$

下面用动态规划方法来求解：

(1) 阶段 k：需要装入的 n 种物品的次序，每段装入一种，共 n 段。

(2) 状态变量 s_k：在第 k 段开始时，允许装入前 k 种物品的总重量，显然有 $s_n = \mathrm{b}$，因 s_n 已知，故可采用顺序解法。

(3) 决策变量 x_k：即装入第 k 种物品的件数。

(4) 状态转移方程：$s_{k-1} = s_k - a_k x_k$。

允许的决策集合是：$D_k(s_k) = \left\{x_k | 0 \leqslant x_k \leqslant \frac{s_k}{a_k}\right\}$且为整数。

(5) 基本方程是

$$\begin{cases} f_k(s_k) = \max\{c_k x_k + f_{k-1}(s_k - a_k x_k)\} \quad k = 1, 2, \cdots, n \\ f_0(s_0) = 0 \end{cases}$$

【例 5-5】 一贩运商拟用一载重量 10t 的大货车装载 3 种货物，有资料如表 5-10 所示，问应如何组织装载，可使总价值最大？

表 5-10 例 5-5 数据资料

货物编号	1	2	3
单位重量/t	3	4	5
单位价值	4	5	6

【解】 设装载三种货物的件数为 x_i，则有

$$\max Z = 4x_1 + 5x_2 + 6x_3$$

$$\text{s. t.} \begin{cases} 3x_1 + 4x_2 + 5x_3 \leqslant 10 \\ x_i \geqslant 0，且为整数 \end{cases}$$

用动态规划方法的顺序解法求解，则当 $k = 1$ 时，$f_1(s_1) = \max\limits_{\substack{0 \leqslant 3x_1 \leqslant s_1 \\ x_1为整数}} \{4x_1\}$

这是一个简单的线性规划问题，$0 \leqslant 3x_1 \leqslant s_1$，即 $0 \leqslant x_1 \leqslant s_1/3$，因线性规划的最大值只能在极点取得，于是有 $f_1(s_1) = \max\limits_{0 \leqslant x_1 \leqslant (s_1/3)} \{4x_1\} = 4\mathrm{Int}\left(\frac{s_1}{3}\right)$

计算结果可列入表 5-11。

表 5-11 计算结果（一）

s_1	0	1	2	3	4	5	6	7	8	9	10
x_1	0	0	0	1	1	1	2	2	2	3	3
$f_1(s_1)$	0	0	0	4	4	4	8	8	8	12	12

当 $k = 2$ 时，$f_2(s_2) = \max\limits_{0 \leqslant x_2 \leqslant (s_2/4)} \left\{f_1 \frac{(s_2 - 4x_2)}{s_1} + 5x_2\right\}$

计算结果如表 5-12 所示。

表 5-12　计算结果（2）

s_2	0	1	2	3	4		5		6		7		8			9			10		
x_2	0	0	0	0	0	1	0	1	0	1	0	1	0	1	2	0	1	2	0	1	2
V_2	0	0	0	0	0	5	0	5	0	5	0	5	0	5	10	0	5	10	0	5	10
f_1+V_2	0	0	0	4	4	5	4	5	8	5	8	9	8	9	10	12	9	10	12	13	10
$f_2(s_2)$	0	0	0	4	5		5		8		9		10			12			13		
x_2^*	0	0	0	0	1		1		0		1		2			0			1		

当 $k=3$ 时，因 $s_3=10$，故 $s_2=10-5x_3$，$5x_3\leqslant s_3$，即 $x_3\leqslant 2$，所以

$$\begin{aligned}f_3(10)&=\max_{0\leqslant x_3\leqslant 2}\{f_2(10-5x_3)+6x_3\}\\&=\max_{x_3=0,1,2}\{f_2(10-5x_3)+6x_3\}\\&=\max\{f_2(10),f_2(5)+6,f_2(0)+12\}\\&=\max\{13,5+6,0+12\}=13\end{aligned}$$

即 $x_3^*=0$，依状态转移方程反推，此时有 $s_2=10$，当 $s_2=10$ 时，依第二段计算结果 $x_2^*=1$，当 $x_2=1$，$s_2=10$ 时，依 $s_1=s_2-4x_2$ 有 $s_1=6$，由第一段计算结果知，当 $s_1=6$ 时，$x_1^*=2$。即最优方案为：$x_1^*=2$，$x_2^*=1$，$x_3^*=0$，最大价值为 13。

5.4.3　购销问题

动态规划的求解，除了可运用分段穷举法外，也还常用到解析方法，如这里的例 5-6。

【例 5-6】 某商场有一专用仓库可存储某商品 1000 单位，年初库存是 500 单位。已知该商品的销售有较强的季节性，经预测 4 个季度的购销价格如表 5-13 所示，假定每一季度订货时要到下一季度初才能到货，试确定该商品能够获得最大利润的年购销计划。

表 5-13　4 个季度的购销价格

季　度	购买价（c_k）	销售价（p_k）
1	10	12
2	9	8
3	11	13
4	15	17

【解】 按季度划分为 4 个阶段，$k=1,2,3,4$

（1）状态变量 s_k：第 k 季度期初仓库的存货量。已知 $s_1=500$，故可用逆序解法。

（2）决策变量 x_k：第 k 季度卖出的货物数量。

y_k：第 k 季度购进的货物数量。

（3）状态转移方程：$s_{k+1}=s_k+y_k-x_k$

（4）最优指标函数：

$$\begin{cases}f_k(s_k)=\max\limits_{\substack{0\leqslant x_k\leqslant s_k\\0\leqslant y_k\leqslant 1000-(s_k-x_k)}}\{p_kx_k-c_ky_k+f_{k+1}(s_{k+1})\} & k=4,3,2,1\\f_5(s_5)=0\end{cases}$$

当 $k=4$ 时，有

$$f_4(s_k)=\max_{\substack{0\leqslant x_4\leqslant s_4\\0\leqslant y_4\leqslant 1000-(s_4-x_4)}}\{17x_4-15y_4\}$$

显然，只有取 $x_4^*=s_4$，$y_4^*=0$，才有最大值 $f_4(s_4)=17s_4$。

当 $k=3$ 时，有

$$\begin{aligned}f_3(s_3)&=\max_{D_3(s_3)}\{13x_3-11y_3+f_4(s_4)\}\\&=\max_{D_3(s_3)}\{13x_3-11y_3+17\ (s_3+y_3-x_3)\}\\&=\max_{D_3(s_3)}\{-4x_3+6y_3+17s_3\}\end{aligned}$$

解线性规划问题（图解法或单纯形方法均可）:

$$\max\{-4x_3+6y_3+17s_3\}$$

$$\text{s. t.}\begin{cases}x_3\leqslant s_3\\y_3-x_3\leqslant 1000-s_3\\x_3,\ y_3\geqslant 0\end{cases}$$

（分析：当 $x_3^*=0$ 时，$y_3^*=1000-s_3$，此时 $f_3=6000+11s_3$，小于 $x_3^*=s_3$时的 f_3）

得到 $x_3^*=s_3$，$y_3^*=1000$ 时，有最大值

$$f_3(s_3)=6000+13s_3$$

当 $k=2$ 时，有

$$\begin{aligned}f_2(s_2)&=\max_{D_2(s_2)}\{8x_2-9y_2+f_3(s_3)\}\\&=\max_{D_2(s_2)}\{8x_2-9y_2+6000+13(s_2+y_2-x_2)\}\\&=\max_{D_2(s_2)}\{6000+13s_2-5x_2+4y_2\}\end{aligned}$$

解线性规划问题

$$\max\{6000+13s_2-5x_2+4y_2\}$$

$$\text{s. t.}\begin{cases}x_2\leqslant s_2\\y_2-x_2\leqslant 1000-s_2\\x_2,\ y_2\geqslant 0\end{cases}$$

（分析：当 $x_2=0$ 时，目标函数的减项为 $-4s_2$，而当 $x_2=s_2$ 时，该减项为 $-5s_2$，故取 $x_2=0$）

得到 $x_2^*=0$，$y_2^*=1000-s_2$，$f_2(s_2)=10\ 000+9s_2$

当 $k=1$ 时，有

$$\begin{aligned}f_1(s_1)&=\max_{D_1(s_1)}\{12x_1-10y_1+f_2(s_2)\}\\&=\max_{D_1(s_1)}\{12x_1-10y_1+10\ 000+9(s_1+y_1-x_1)\}\\&=\max_{D_1(s_1)}\{10\ 000+9s_1+3x_1-y_1\}\end{aligned}$$

依题意已知 $s_1=500$ 代入指标函数和值域，并解线性规划问题:

$$\max\{14500+3x_1-y_1\}$$

$$\text{s. t.}\begin{cases}x_1\leqslant 500\\y_1-x_1\leqslant 500\\x_1,\ y_1\geqslant 0\end{cases}$$

得到:

$$x_1^*=500,\ y_1^*=0,\ f_1(s_1)=16\ 000$$

根据状态转移方程 $s_{k+1}=s_k+y_k-x_k$，可得到最优策略如表5-14 所示。

表 5-14　最优策略

季　度	期初存货（s_k）	销售量（x_k）	购入量（y_k）
1	500	500	0
2	0	0	1000
3	1000	1000	1000
4	1000	1000	0

5.4.4　货郎担问题

货郎担问题也叫旅行商问题，其一般提法是：有一个旅行推销商要由某一个城市出发，到若干个城市去销货，他只能经每一个城市一次且仅一次，最后仍回到原来出发的城市，问应如何选择旅行路线才能使得总的行程最短？这是运筹学中一个非常著名的应用问题，实际中很多问题都可以归结为这类问题。

货郎担问题实际上也属于最短路径问题，但它与例 5-1 中的最短路径问题有很大不同。如用动态规划法求解，建模时虽可以按村庄数目将问题分为 n 个阶段，但是状态变量不好选择，主要是不容易满足无后效性。因此建模时可考虑按如下方法进行：

设货郎担要遍访的 n 个村庄为 v_1，v_2，…，v_n，d_{ij}表示由 v_i 到 v_j 的距离，S 表示由 v_1 到 v_i 两点之外其余点的组合，其数目为 C_{n-2}^k个。状态变量(v_i, S)表示从点 v_1 出发，经过 S 中所有点一次最后到达 v_i。最优指标函数$f_k(v_i, S)$表示从 v_1 出发经 k 个村庄 S 到 v_i 的最短距离。决策变量 $P_k(v_i, S)$表示从 v_1 经 k 个中间村庄 S 到 v_i 的最短路径上邻接 v_i 的前一个村庄。则动态规划的顺序递推关系为

$$\begin{cases} f_k(v_i, s) = \min\limits_{j \in S}\{f_{k-1}(v_j, S - v_j) + d_{ji}\} \\ f_0(v_i, \varnothing) = d_{1i} \end{cases}$$

（$\varnothing$为空集；$k = 1, 2, \cdots, n-1$；$i = 2, 3, \cdots, n$）

下面看一个 $n = 4$ 的货郎担问题。

【例 5-7】　已知有 4 个城市之间的距离如表 5-15 所示，试求从 v_1 出发，经其余各城市一次且仅一次的最短路径与距离。

表 5-15　4 个城市之间的距离

	v_1	v_2	v_3	v_4
v_1	0	6	7	9
v_2	8	0	9	7
v_3	5	8	0	8
v_4	6	5	5	0

【解】　由边界条件可知：

$$f_0(2, \varnothing) = d_{12} = 6 \quad f_0(3, \varnothing) = d_{13} = 7 \quad f_0(4, \varnothing) = d_{14} = 9$$

当 $k = 1$ 时，从城市 v_1 出发，经过一个城镇到达 v_i 的最短距离为

$$f_1(2, \{3\}) = f_0(3, \varnothing) + d_{32} = 7 + 8 = 15$$

$$f_1(2, \{4\}) = f_0(4, \varnothing) + d_{42} = 9 + 5 = 14$$

$$f_1(3,\{2\})=f_0(2,\varnothing)+d_{23}=6+9=15$$
$$f_1(3,\{4\})=f_0(4,\varnothing)+d_{43}=9+5=14$$
$$f_1(4,\{2\})=f_0(2,\varnothing)+d_{24}=6+7=13$$
$$f_1(4,\{3\})=f_0(3,\varnothing)+d_{34}=7+8=15$$

由本例可以看出，在$f_1(v_i|S)$的计算中，由于S中只有一个元素（村庄），别无选择，故无须最小化。一般有

$$f_1(v_i|S)=f_0(v_j|\varnothing)+d_{ji}\quad(i=2,3,\cdots,n,i\neq j)$$

当$k=2$时，从城市v_1出发经过2个中间城市到达v_i的最短距离为

$$f_2(2,\{3,4\})=\min\{f_1(4,\{3\})+d_{42},f_1(3,\{4\})+d_{32}\}$$
$$=\min\{15+5,14+8\}=20$$
$$P_2(2,\{3,4\})=4$$
$$f_2(3,\{2,4\})=\min\{f_1(4,\{2\})+d_{43},f_1(2,\{4\})+d_{23}\}$$
$$=\min\{13+5,14+9\}=18$$
$$P_2(3,\{2,4\})=4$$
$$f_2(4,\{2,3\})=\min\{f_1(3,\{2\})+d_{34},f_1(2,\{3\})+d_{24}\}$$
$$=\min\{15+8,15+7\}=22$$
$$P_2(4,\{2,3\})=2$$

当$k=3$时，从城市v_1出发经过3个中间城市到达v_i的最短距离为

$$f_3(1,\{2,3,4\})=\min\{f_2(2,\{3,4\})+d_{21},f_2(3,\{2,4\})+d_{31},f_2(4,\{2,3\})+d_{41}\}$$
$$=\min\{20+8,18+5,22+6\}=23$$
$$P_3(1,\{2,3,4\})=3$$

逆过程递推，得到货郎担问题的最短路径为：$v_1\to v_2\to v_4\to v_3\to v_1$，最短距离为23。

这种方法适宜于处理n较小时的货郎担问题。当城市的数目增加时，无论是计算量还是存储量都会大大增加。本章的案例5-1给出的计算机程序是作者运用穷举法编写的，经过多次试算应用，尚未发现有错。

在很多货郎担问题中，经常会看到$d_{ij}\neq d_{ji}$。这是因为：①各城市之间可能是复线；②两地之间可能会使用不同的交通工具因而费用不同；③即使两地之间使用相同的交通工具也可能会有不同的票价（比如购票手续费可能会不同）。

应用案例讨论

引人入胜的货郎担问题

曾以发明四元数和动力学方程求解而蜚声数坛的英国爱尔兰数学家哈密顿（W. R. Hamilton，1805—1865）于1859年在他经常光顾的一个市场上公开有奖征答下面问题：在一个正12面体上，你能否从某个顶点上出发，沿着它的棱不重复地走遍每个顶点，然后再回到原来的出发点？题目一经公布立刻引来大批爱好者跃跃欲试，然而得到的解答却均不令人满意，不久哈密顿公开了自己的解法：他首先将如图5-6所示的这个正十二面体想象成一个由橡皮面做成的东西，然后将它沿某个面拉伸铺平而成为一个平面图形，这样原问题就转化化为一个与之等价的平面问题，从而只需在此平面图形上操作（寻找），如此一来显然简便多了。图5-7中的粗线所示即为

其中一解（问题解答不唯一），余下的问题是只需将它还原到正多面体上即可（吴振奎：《货郎担问题》）。

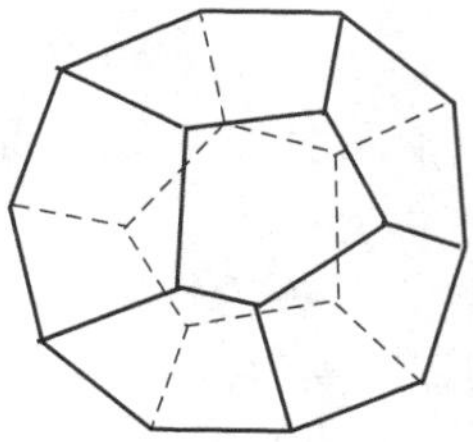

图 5-6　一个正十二面体

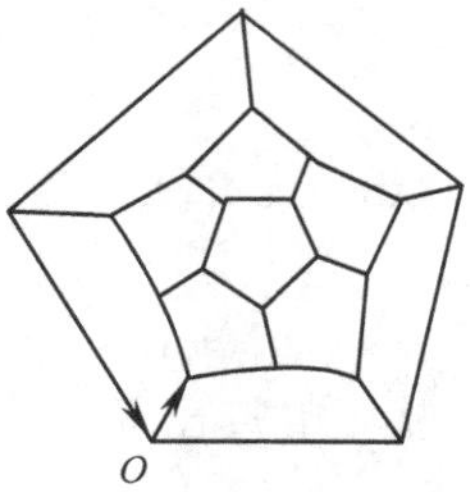

图 5-7　一个哈密顿回路

这种方法数学上后来就称为拓扑变换，而具有上述性质的回路即不重复地遍历图中所有节点的回路就被称为哈密顿回路。货郎担问题实际上就是寻找具有最短距离的哈密顿回路，因此货郎担问题后来也常常被称为最小哈密顿回路问题。

货郎担问题又称旅行商问题（Traveling Salesman Problem，TSP），其一般的表述在第 4 章 4.1.2 部分和本章的 5.4.4 部分均已述及，此处不再赘述。一般地说，通常 n 个城市的 TSP 其解有 $(n-1)!/2$ 个，其解的空间非常大。自从这一问题提出至今，很多人热衷于研究这一问题，真可谓“引无数英雄竞折腰”。但迄今为止仍然没有提出切实可行的解决办法，以至于该问题成了运筹学界一个世界性的难题。

1954 年，美国数学家线性规划之父 Dantzig（George Bernard Dantzig，1914—2005）等人曾提出过一种方法（叫非多项式算法），求出了一个有 42 个城市的 TSP 最优解。到了 20 世纪 60 年代，不少人用分支定界法解决了许多有几十个城市的 TSP。还有人提出了一些近似的方法，也解决了许多有几十个城市的 TSP，但找到的只是近似解。值得注意的是，从 20 世纪 70 年代中期开始，Grotschel 与 Padberg 等人曾获得了一种解 TSP 的新算法，可以解一些 100 多个城市的 TSP，且都在不长的时间内找到了最优解（马良主编：《高级运筹学》）。然而，总起来说，TSP 至今尚没有公认的精准科学的算法。

在 TSP 各种可能的算法中，唯一可行的精准算法只有穷举法。然而，这里遇到的主要难题是速度和时间问题。虽然现代计算机的运算速度已经可以达到毫微秒（10^{-9}）级（即每秒运算 10^9次），但对于许多图论问题或任何组合数学上的问题，如果不考虑计算方法，很快就会发现速度还是不够快。例如要找出一个有 n 个点的完全图上的最短哈密顿回路，如果用穷举法列出所有回路并逐个比较它们的总长，当计算只有 10 个点的图时，需要比较的回路就有 $\frac{1}{2}(10-1)!=181\,440$ 个，用计算机计算问题不大。但如果遇到的是有 20 个点的图，则有 $\frac{1}{2}(20-1)!=6.08\times10^{16}$条路线。即使是用每秒计算 10 亿次的计算机，只考虑每条路需要做的 19 次加法运算也要连续计算

$$\frac{6.08\times10^{16}\times19}{10^9\times3.15\times10^7}\approx36.69\text{（年）}$$

这里尚没有考虑这 10^{16}条路线需要做的比较运算（每年是 3.15×10^7s）。由此可见，不管计算机的速度有多快，如果不靠数学工具的帮助，往往不一定能如期得到所需要的数值答案。所以必须把计算机的力量与数学方法的技巧很好地结合起来。

为了加深同学们对货郎担问题的理解和认识，下面给出本人运用 QBASIC 语言编写的计算机

解货郎担问题程序。该程序是作者在教学中为了验证其他方法的正确性使用“穷举法”编写的。阅读下面的程序，对于熟悉货郎担问题和加深对“穷举法”的理解，都是有益的。

```
CLS
PRINT      "货郎担问题的穷举法"
PRINT "   * * *          * * *          * * * "
PRINT "  "
INPUT "请输入全部村庄数目 N = "; n
DIM d(n, n): s0 = 0
FOR i = 1 TO n
FOR j = 1 TO n
READ d(i, j)
IF d(i, j) > s0 THEN s0 = d(i, j)
NEXT j
NEXT i

p = 1
FOR i = 1 TO n - 3
p = p * (i + 1)
NEXT i
DIM x(p * (n - 1), n - 1), f(p * (n - 1))
FOR K = 1 TO n - 1
x(0, K) = K
NEXT K

FOR i = 1 TO n - 1
FOR K = 1 TO n - 1
x((i - 1) * p + 1, K) = x((i - 1) * p, K) + 1
IF x((i - 1) * p + 1, K) > n THEN x((i - 1) * p + 1, K) = x((i - 1) * p + 1, K) - n + 1
NEXT K
m = n - 2
FOR j = 2 TO p
s = d(1, i + 1)
FOR K = 1 TO n - 1
x((i - 1) * p + j, K) = x((i - 1) * p + j - 1, K)
NEXT K
IF m < 2 THEN m = n - 2
x1 = x((i - 1) * p + j, m): x2 = x((i - 1) * p + j, n - 1)
x((i - 1) * p + j, m) = x2: x((i - 1) * p + j, n - 1) = x1
m = m - 1
NEXT j
NEXT i

s1 = s0 * n: p = p * (n - 1)
```

```
FOR i =1 TO p
s =d(1, x(i, 1))
FOR j =1 TO n -2
s =s +d(x(i, j), x(i, j +1))
NEXT j
f(i) =s +d(x(i, j), 1)
IF f(i) < s1 THEN s1 =f(i): t =i
NEXT i

m =0
FOR i =1 TO p
IF f(i) =s1 THEN m =m +1
NEXT i
IF m =1 GOTO 10
DIM x1 (m): m1 =1
FOR i =1 TO p
IF f(i) =s1 THEN x1 (m1) =i: m1 =m1 +1
NEXT i

10: PRINT
PRINT "可能的路线共 "; p; " 条"
PRINT "最佳路线有"; m; "条"
IF m > 1 GOTO 20
PRINT "走法是:"
PRINT "V(1) - -";
FOR i =1 TO n -1
PRINT "V("; x(t, i); ") - -";
NEXT i
PRINT "V(1)"
PRINT "最短路长为: "; s1: GOTO 30
20: FOR i =1 TO m
PRINT "第"; i; "条是:"
PRINT "V(1) - -";
FOR j =1 TO n -1
PRINT "V("; x(x1(i), j); ") - -";
NEXT j
PRINT "V(1)"
NEXT i
PRINT "最短路长均为: "; s1

30: END

'胡运权教材中例题(p.231):
'DATA0,6,7,9,8,0,9,7,5,8,0,8,6,5,5,0
```

'胡运权教材中练习(P.241)

DATA0,10,20,30,40,12,0,18,30,25,23,9,0,5,10,34,32,4,0,8,45,27,11,10,0

'教材中例题 5.18(p.252):

'DATA0,1,7,4,3,2,0,6,3,4,1,6,0,2,1,1,5,4,0,6,7,5,4,5,0

'教材中习题 4.14(p.184):

'DATA0,10,18,30,40,12,0,18,30,25,23,9,0,5,10,34,32,4,0,8,45,27,11,10,0

'姜衍智 p.216

'DATA0,3,1,5,4,1,0,5,4,3,5,4,0,2,1,3,1,3,0,3,5,2,4,1,0

利用 WinQSB 求解动态规划和旅行商问题

用 WinQSB 软件求解动态规划问题一般调用 Dynamic Programming 模块，该模块主要解决三类动态规划问题：①最短路径问题（Stagecoach Problem）；②背包问题（Knapsack Problem）；③生产与存储问题（Production and Inventory Scheduling）。

1. 最短路径问题

以例 5-1 为例，介绍如何用 WinQSB 软件求解最短路径问题。

第一步，调用模块 Dynamic Programming（DP），建立新问题。

在得到的图 5-8 中选择第一项，输入标题“例 5-1”和节点数“10”。

第二步，输入数据。

在图 5-8 中单击 OK，在得到的图 5-9 中先修改节点名称（单击菜单 Edit 即可），然后将图 5-1 所示的距离输入到图 5-9 中，两点没有弧连接时不输入数据。

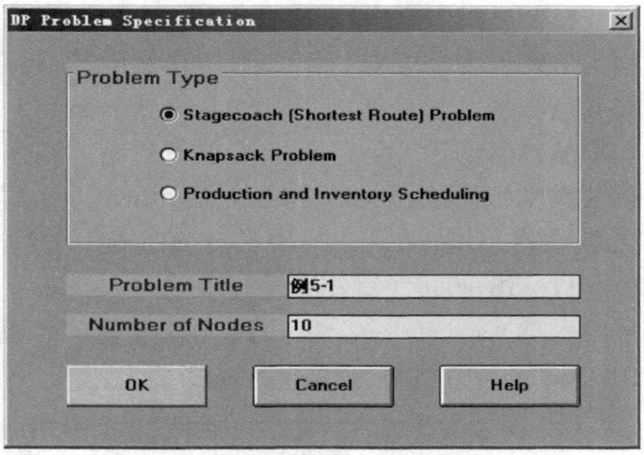

图 5-8　建立例 5-1 的新问题

From \ To	A	B1	B2	B3	C1	C2	C3	D1	D2	E
A		8	9	5						
B1					6	4	5			
B2					8	7	6			
B3					7	8	9			
C1								3	5	
C2								6	2	
C3								1	3	
D1										4
D2										3
E										

图 5-9　例 5-1 的数据表

第三步，求解。

单击菜单栏 Solve and Analyze→Solve the Problem，得到图 5-10 所示结果。在图 5-10 中选择 A 为起点，E 为终点，再单击 Solve，得到图 5-11 所示最优策略（路线）。

2. 背包问题

以例 5-5 为例。

第一步，调用模块 Dynamic Programming（DP），建立新问题。

在图 5-12 中选择第二项，输入标题“例 5-5”，在 Numbers of Items（项目数即备选物品种类）处填“3”。

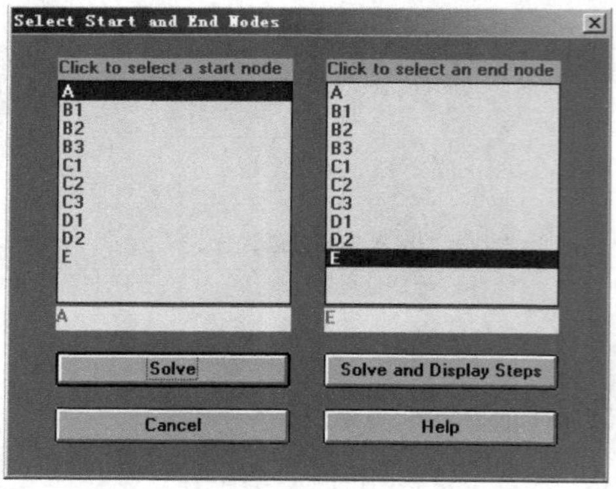

图 5-10　选择起点和终点

From Input State	To Output State	Distance	Cumulative Distance	Distance to E
A	B1	8	8	17
B1	C2	4	12	9
C2	D2	2	14	5
D2	E	3	17	3
From A	To E	Min. Distance	= 17	CPU = 0

图 5-11　例 5-1 的最优策略（最短路径）

第二步，输入数据。

在图 5-12 中单击 OK，得到图 5-13，其第一列为待装入物品名称，第二列为物品限量或集装箱载重限量，第三列为单位物品重量，最后一列是物品价值函数，如果只输入单位价格，则系统将其看作与数量无关的固定价值。Item[Stage]默认编号是 1，2，3，…，为了与其区别，这里把 Item Identification（货物编号）改为 a，b，c，…，最后一行 Capacity 是货车的最大载重量，本题为 10t。将表 5-10 的数据输入图 5-13 即可。

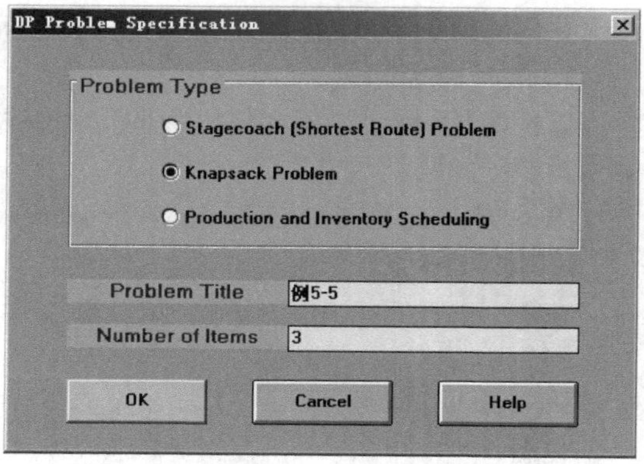

图 5-12　选择背包问题类型

Item (Stage)	Item Identification	Units Available	Unit Capacity Required	Return Function (X: Item ID) (e.g., 50X, 3X+100, 2.15X^2+5)
1	a	M	3	4a
2	b	M	4	5b
3	c	M	5	6c
Knapsack	Capacity =	10		

图 5-13　例 5-5 的数据表

第三步，求解。

单击菜单栏 Solve and Analyze→Solve the Problem，得到图 5-14。由图 5-14 可以看出，最优方案是第 1 种物品装 2 件，第 2 种物品装 1 件，总价值为 13，货车满载，剩余装载能力为 0。

Item Name	Decision Quantity (X)	Return Function	Total Item Return Value	Capacity Left
a	2	4a	8	4
b	1	5b	5	0
c	0	6c	0	0
Total	Return	Value =	13	CPU = 0.00

图 5-14　例 5-5 的最优解

3. 生产与存储问题

以例 5-2 为例。

第一步，调用模块 Dynamic Programming（DP），建立新问题。

在图5-15中选择第三项，在Problem Title处填入“例5-2”，在Number of Periods处填入4（每个季度为一个时期）。

第二步，输入数据。

单击OK后得到图5-16，将例5-2中的信息输入。第一列是时期的标识，第二列为各期的需求量，第三列为各期的生产能力，能力无限输入“M”，第四列为储存容量限制，第五列为生产时的固定成本，第六列为变动成本函数，“P”表示产量，“H”表示库存量，“B”表示缺货量。

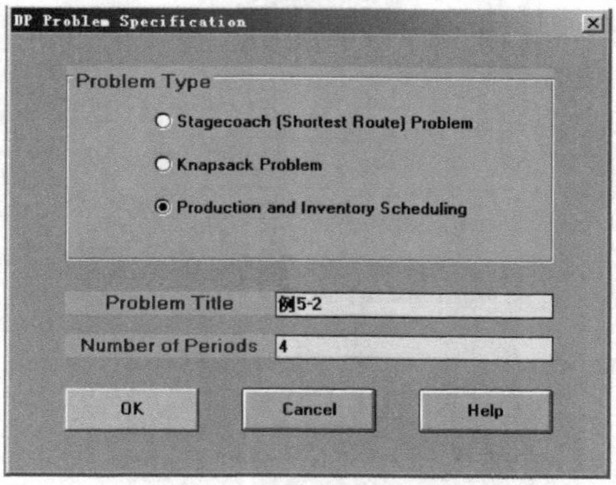

图5-15　建立生产与存储问题的新问题

Period (Stage)	Period Identification	Demand	Production Capacity	Storage Capacity	Production Setup Cost	Variable Cost Function (P,H,B: Variables) (e.g., 5P+2H+10B, 3(P-5)^2+100H)
1	1	2	6	3	3	P+0.5H
2	2	3	6	3	3	P+0.5H
3	3	2	6	3	3	P+0.5H
4	4	4	6	3	3	P+0.5H
Initial	Inventory =	0				

图5-16　例5-2的数据表

第三步，求解。

单击菜单栏Solve and Analyze→Solve the Problem，得到图5-17。图5-17给出了最优生产方案，即第一季度生产2000件，第二季度生产5000件，第三季度不生产，第四季度生产4000件，全年生产量为11 000件，总需求量为11 000件，总费用为21万元。

}-	Period Description	Net Demand	Starting Inventory	Production Quantity	Ending Inventory	Setup Cost	Variable Cost Function (P,H,B)	Variable Cost	Total Cost
1	1	2	0	2	0	¥3.00	P+0.5H	¥2.00	¥5.00
2	2	3	0	5	2	¥3.00	P+0.5H	¥6.00	¥9.00
3	3	2	2	0	0	0	P+0.5H	0	0
4	4	4	0	4	0	¥3.00	P+0.5H	¥4.00	¥7.00
ɔt		11	2	11	2	¥9.00		¥12.00	¥21.00

图5-17　例5-2的最优生产方案

4. 旅行商问题

旅行商问题即TSP也是动态规划的一个重要研究内容。现以例5-7为例，对利用WinQSB求解旅行商问题予以说明。

第一步，建立新问题。

打开Network Modeling模块，建立新问题后得到图5-18。在Problem Type处选择Traveling Salesman Problem，在Problem Title处填“例5-7”，在Numbers of Nodes处填“4”（其余选项使用默认值），然后单击OK。

第二步，输入数据。

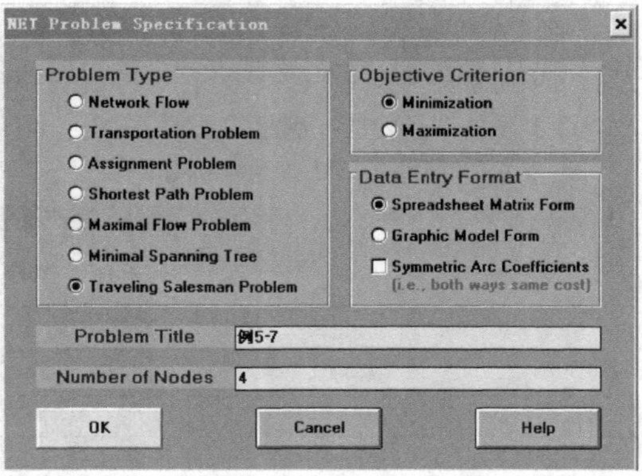

图5-18　建立旅行商新问题

在图 5-18 中单击 OK 后得到图 5-19。可先修改节点名称，然后输入表 5-15 中的数据。

From \ To	V1	V2	V3	V4
V1	0	6	7	9
V2	8	0	9	7
V3	5	8	0	8
V4	6	5	5	0

图 5-19　输入例 5-7 的数据

第三步，求解。

单击菜单栏 Solve and Analyze→Solve the Problem，在出现的对话框中需要先选择求解方法，通常使用默认方法即可，单击 OK 后得到 5-20，即例 5-7 的最优解。

09-07-2014	From Node	Connect To	Distance/Cost		From Node	Connect To	Distance/Cost
1	V1	V2	6	3	V4	V3	5
2	V2	V4	7	4	V3	V1	5
	Total	Minimal	Traveling	Distance	or Cost	=	23
	(Result	from	Nearest	Neighbor	Heuristic)		

图 5-20　例 5-7 的最优解

习题与作业

1. 求图 5-21 和图 5-22 中 A 到 E 的最短路径，请分别使用指标函数法和图上标记法完成。

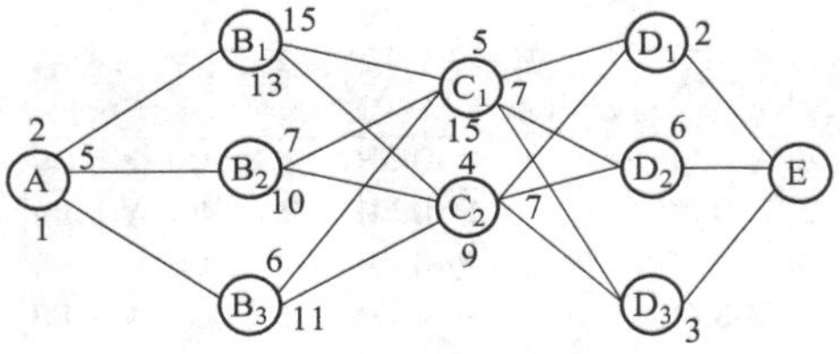

图 5-21　路线图（一）

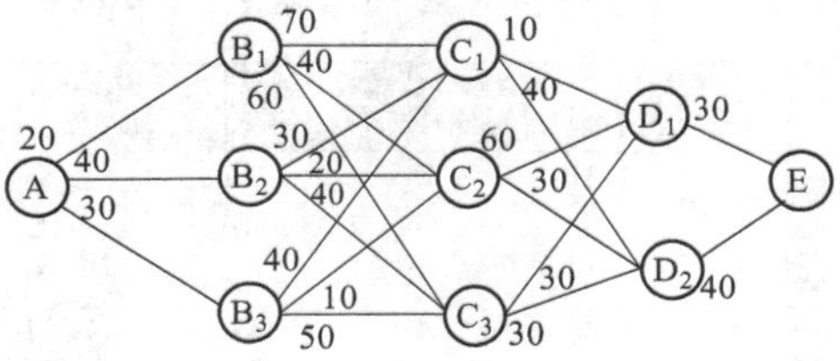

图 5-22　路线图（二）

2. 某企业每月需要生产某种产品最多 600 件，如果当月生产的产品未售出，则需存入仓库。已知：①最大库容为 400 件，当月入库的产品当月不计存储费，月初已有的库存产品每月每百件需支付存储费 1000 元；②已知每百件产品的生产费为 5000 元，开工生产一个月的生产经营费为 4000 元；③1～4 月份每月的市场需求分别为 500 件、300 件、200 件、100 件。现假定 1 月初和 4 月底的库存量要求为 0，试问每月应生产多少件产品才能在满足需求的条件下，使得生产期间的总生产费及存储费为最小？

3. 某公司有资金 400 万元，可分配投资于三个项目 A、B、C，已经知道各个项目不同投资额的效益值（利润）如表 5-16 所示，问应如何分配资金才能使得总收益最大？

表 5-16　不同投资的效益值（利润）　　　　（单位：万元）

年份 / 投资额	0	1	2	3	4
A	0	41	48	60	66
B	0	45	56	70	76
C	0	64	68	78	76

请分别运用详表解法和简表解法完成。

4. 试用动态规划方法求解下列的模型：

（1）
$$\max Z = 10x_1 + 22x_2 + 17x_3$$
$$\text{s.t.} \begin{cases} 2x_1 + 4x_2 + 3x_3 \leqslant 20 \\ x_i \geqslant 0 \text{ 且为整数 } (i = 1, 2, 3) \end{cases}$$

（2）
$$\max Z = 7x_1^2 + 6x_1 + 5x_2^2$$
$$\text{s.t.} \begin{cases} x_1 + 2x_2 \leqslant 10 \\ x_1 - 3x_2 \leqslant 9 \\ x_1, x_2 \geqslant 0 \end{cases}$$

5. 某企业需要将所生产的三种产品运往市场销售，已知三种产品的单位重量分别为2t、3t、4t，单位利润分别为80万元、130万元和180万元，运输工具为6t货车，问应如何配载才能使得总利润最大？

6. 有5个城市相互之间的距离如表5-17所示，试分别用动态规划方法和应用案例讨论中介绍的穷举法计算城市A到其余各地的最佳路线和最短距离。

表5-17　5个城市相互之间的距离

	A	B	C	D	E
A	0	10	20	30	40
B	12	0	18	30	25
C	23	9	0	5	10
D	34	32	4	0	8
E	45	27	11	10	0

第 6 章 图与网络分析

本章主要讨论四个方面的问题，包括图与网络的基本知识、最小树问题、最短路径问题和最大流问题。

6.1 图与网络的基本知识

6.1.1 “七桥难题”与图论

图论是运筹学中有着广泛实际用途的一个分支，管理科学中的许多问题，都可以描述为图论模型来解决。关于图的第一篇论文是瑞士数学家欧拉在 1736 年发表的，他由于解决了“哥尼斯堡七桥难题”而被公认为图论的创始人。18 世纪时德国的哥尼斯堡城中流过一条河，叫做普雷格尔河，河上有七座桥连接着两岸和河中的两个小岛，如图 6-1a 所示。当时那里的人们热衷于这样的游戏，一个人怎样才能一次连续走过这七座桥，且每座桥只走一次，最后回到原出发点。没有人想出走法，但又不能说明走法不存在，这就是著名的“七桥难题”。欧拉将这个问题归结为如图 6-1b 所示的问题，他用 A，B，C，D 四点分别表示河的两岸和两个小岛，用两点间的连线表示桥。于是七桥问题变为：从 A，B，C，D 任一点出发，能否通过每条边一次且仅一次再回到原点。欧拉证明了这样的走法是不存在的，并给出了这类问题的一般结论。1736 年被确认为图论的元年，那一年 Euler 年仅 29 岁。

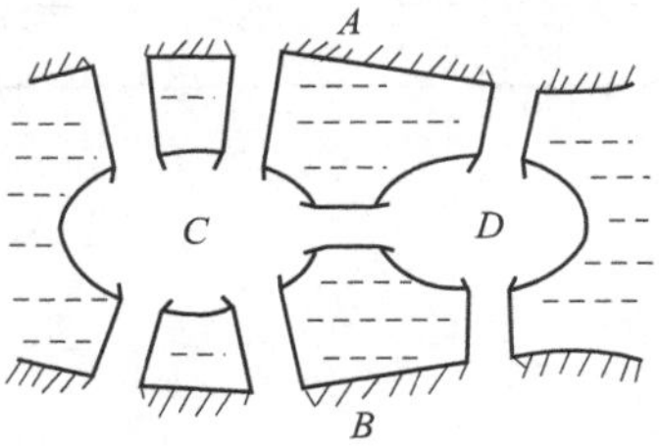

a)

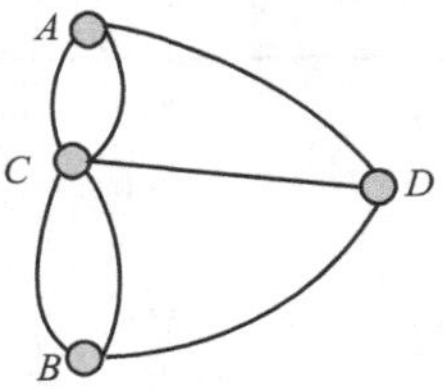

b)

图 6-1 七桥难题

当时数学界并未对欧拉解决七桥问题的意义有足够的认识，甚至仅仅视其为一个数学游戏而已，图论诞生后并未及时获得足够的发展。1936 年，匈牙利数学家康尼格（Konig）出版《有限图与无限图理论》，这是图论的第一部专著，它总结了图论 200 年的成果，是图论发展的第一座里程碑，此后，图论进入发展与突破的快车道。又经过半个多世纪的发展，现已成长为数学科学的一个独立的重要学科。它的分支很多，例如图论、算法图论、极值图论、网络图论、代数图论、随机图论、模糊图论、超图论等。由于现代科技尤其是大型计算机的迅猛发展，使图论的用武之地大大拓展，无论是数学、物理、化学、天文、地理、生物等基础科学，还是信息、交通、战争、经济乃至社会科学的众多问题，都可以应用图论方法予以解决。

1976 年，世界上发生了不少大事，其中一件是美国数学家 Appel 和 Haken 在 Koch 的协作之下，用计算机证明了图论难题——四色猜想（4CC）：任何地图，用四种颜色，可以把每国领土染上一种颜色，并使相邻国家异色。4CC 的提法和内容十分简朴，以至于可以随便向一个人

（哪怕他目不识丁）在几分钟之内讲清楚。1852年，英国的一个大学生格思里（Guthrie）向他的老师德·摩根（De Morgan）请教这个问题，德·摩根是当时十分有名的数学家，他不能判断这个猜想是否成立，于是这个问题很快在数学界流传开来。1879年伦敦数学会会员Kemple声称，证明了4CC成立，且发表了论文。10年后，Heawood指出了Kemple的证明中存在不可克服的漏洞，并沿用Kemple的方法，证明了五色定理，即任何地图，用五种颜色一定能把各国领土染上一种颜色，并使得与邻国异色。然而，正如Appel 1976年所说：虽然Kemple的证明有一定的问题，但“Kemple的证明中包含着一个世纪之后终于引出正确证明的绝大部分基本思想”。

图论中有众多形象美丽而性质奇特的图，例如图6-2中的两个图：它们的每个点关联着三条线（或边），用四种颜色可以把每条边涂上一种颜色，使得有共同端点的边异色，而用三种颜色办不到这些；任意切断三条边不会使它断裂成两个有边的图等一系列性质。图论中把图6-2称为妖怪图（Snark Graph）。其中6-2a称为单星妖怪，6-2b称为双星妖怪。妖怪在这里是一个严肃的数学名词，由于这种性质的图极难设计出来，才起了这么一个十分贴切的名称。

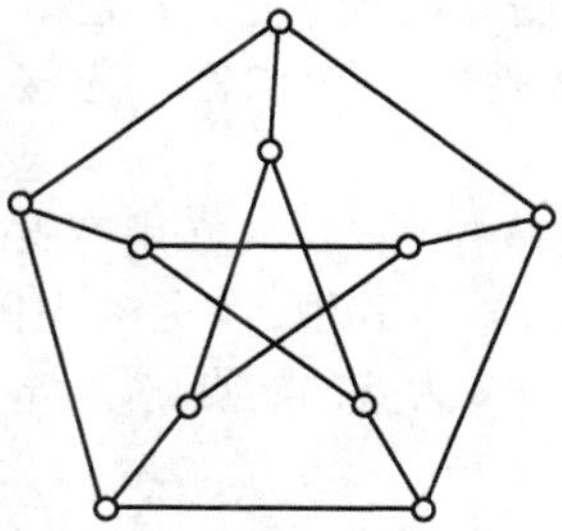
a)

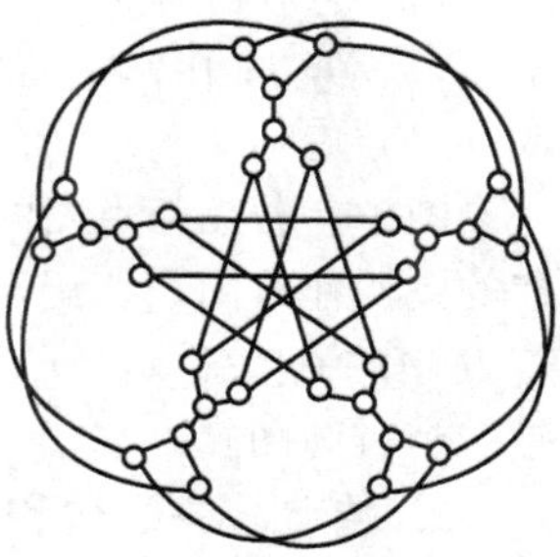
b)

图6-2 妖怪图

1859年，Hamilton发明了一个所谓环球旅行的游戏，把这项发明的专利以25个金币的高价转让给了一个玩具商。据说使这位玩具商几个月的时间成了一位腰缠万贯的富豪。他的游戏设计如下：在一个正十二面体的20个顶点上各标志一个城市，这些世界级的大都市分别是北京、莫斯科、东京、柏林、巴黎、纽约、旧金山、伦敦、罗马、里约热内卢、布拉格、新西伯利亚、墨尔本、耶路撒冷、巴格达、上海、布达佩斯、开罗、阿姆斯特丹和华沙。如果从一城市（例如从北京出发）沿正十二面体的棱远行，上述的每个城市仅经过一次，再回到出发点（例如北京），则算旅行成功。这一游戏涉及图论中一个极端重要的概念——Hamilton图，且派生出了一个价值连城的问题——货郎担问题。

从上述关于图论的问题当中，不难发现，图论中蕴含着强有力的思想、漂亮的图形和巧妙的论证，即使是非常困难的尚未解决的问题，它的表述也可能是平易近人的。现实生活中到处可以发现图论难题，图论是最接近百姓生活、最容易阐述的一门数学分支。具有实质性的难度又有简朴的外表是很多图论问题的共同特点之一。每位学过图论的人都有一种共同的体会，即在图论问题面前必须谨慎、严肃地思考，它的证明往往需要极其烦琐的细节，稍不注意就会出现推理的漏洞，有时还需要精细的计算分析。

在自然界和人类社会中，大量的事物以及事物间的关系都可以用图形来描述。例如为了反映一个地区的铁路或公路交通分布情况，可以用点表示城镇，用点间连线表示两个城市之间的铁路或公路线。再比如球队比赛，也可以用图来表示，用点代表运动队，如果某两个队比赛过一次，就在这两个队之间连一条线，并且可以用箭头表示胜负，如图6-3所示。从中可以看出，甲队和乙队已赛过，且甲队战胜了乙队等。

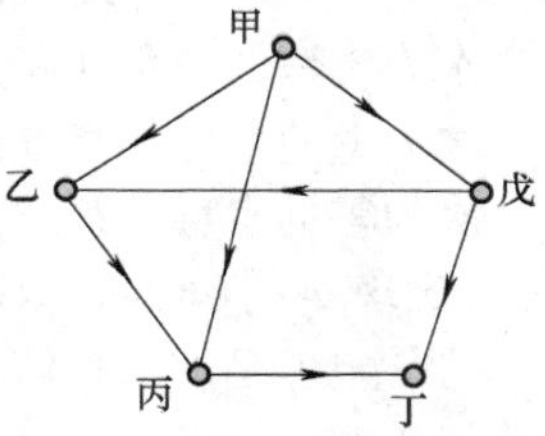

图6-3 五个球队的赛事结果

一般地说，图论中的图是由点以及点与点之间的连线组成的示意图，通常用点代表所研究的对象，用线代表两个对象之间的特定关系，至于图中点的相对位置如何，点与点之间连线的长短曲直，对于反映对象之间的关系，并不十分重要。因此，图论中的图与几何图和函数图形等是不同的。

6.1.2 图与网络

1. 无向图和有向图

图中，若点与点间的连线是没有方向性的，则这种连线称作边。由点和边构成的图叫作无向图，记作 $G=(V,E)$，其中 V 是图 G 的点集合，E 是图 G 的边集合，V 中的元素 v_i 叫作顶点，E 中的元素 e_i 叫作边。图 6-1b 就是一个无向图。连接 V 中的两点 v_i 和 v_j 的边记作（v_i，v_j）或(v_j，v_i)。

图中，若点与点之间的连线是有方向性的（用箭头表示），则这种连线叫作弧。由点和弧构成的图叫作有向图，记作 $D=(V,A)$，其中，V 是有向图 D 的点集合，A 是有向图 D 的弧集合。若 D 中的一条弧 $a=(v_i,v_j)$，则称 v_i 为 a 的始点，v_j 为 a 的终点，即弧是由 v_i 指向 v_j 的。图 6-3 就是一个有向图。

2. 端点、关联边和相邻

若有边 e 可表示为 $e=(v_i,v_j)$，就称作 v_i 和 v_j 是 e 的两个端点，e 称作 v_i 和 v_j 的关联边。若 v_i 和 v_j 被同一关联边相连，则称点 v_i 和 v_j 相邻。若边 e_i 和 e_j 有共同的端点，则称边 e_i 和 e_j 相邻。

3. 环、多重边、简单图和多重图

如果一条边 e 的两个端点相重叠，则称该边为环，如图 6-4 中的 e_1。

如果两点之间多于一条边，且每条边的端点相同，则称该两点具有多重边，如图 6-4 中的 e_4 和 e_5。

不含环和多重边的图称作简单图，含有环或多重边的图称作多重图。

对于有向图，多重弧是指始点和终点相同。

在图 6-5 中，6-5a 和 6-5b 为简单图，6-5c 和 6-5d 为多重图。

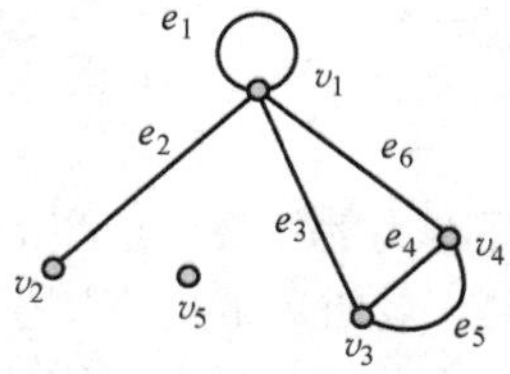

图 6-4 环和多重边

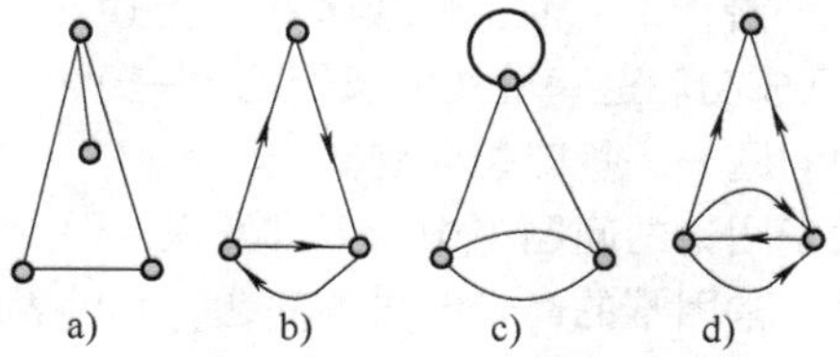

图 6-5 简单图和多重图

4. 次、奇点、偶点和孤立点

以某个顶点为端点的边数，叫作该点的次（也叫作度），用 deg（v）表示，简记为 d（v）。如在图 6-4 中，$d(v_1)=5$，这是因为环 e_1 要计算两次。

次为奇数的点称作奇点，次为偶数的点称作偶点。

次为 1 的点称作悬挂点，如图 6-4 中的 v_2。连接悬挂点的边称作悬挂边，如图 6-4 中的 e_2。

次为零的点称作孤立点，如图 6-4 中的 v_5。

【定理 6-1】（Euler，1736） 任何图中，顶点次数的总和一定等于边数的 2 倍。

这一定理是容易理解的，因为每条边必与两个顶点相关联，因此在计算次数时，每条边均被计算了 2 次，所以顶点次数的总和必等于边数的 2 倍。

该定理也称作**握手定理**。因为每握一次手，总是关联到两个人，参加聚会的人数可以看作一个图中的点数，握过手就有一个关联边。所以在任何一次集体聚会中，握手的总次数一定是握手总人数的2倍。这是容易理解的。

【定理6-2】　任何图中，如有奇点必为偶数个。

证明：设 V_1、V_2 分别为图 G 中奇点与偶点的集合，即 $V_1 \cup V_2 = V$ 且 $V_1 \neq \varnothing$，于是由定理6-1知道，只有

$$\sum_{v_i \in V_1} d(v_i) + \sum_{v_j \in V_2} d(v_j) = 2m$$

因为式中 $2m$ 是偶数，$\sum\limits_{v_j \in V_1} d(v_j)$ 也是偶数，所以，$\sum\limits_{v_i \in V_1} d(v_j)$ 也必为偶数（两个同奇同偶数的和、差必为偶数）。

同时，由于 $\sum d(v_i)$ 中的每个加数均为奇数，因而 $\sum d(v_i)$ 为偶数就表明，$\sum d(v_j)$ 必然是偶数个加数的和，即奇数点数必为偶数个（注意，绝对值符号在这里表示集合中的元素数）。

定理6-2有学者也称作定理6-1的推论。根据定理6-2，握手定理也可以表述为，在任何集体聚会中，握过奇次手的人数一定是偶数个。

另外，现实中不存在面数为奇数而且各个面的边数也为奇数的多面体，如表面为正三角形的多面体有4个面，表面为矩形的多面体有6个面，表面为正五边形的多面体有12个面等，也可以用这一定理予以证明。因为在任意的一个多面体中，当且仅当两个面有公共边时，相应的两顶点间才会有一条边，即任意多面体中的一个边总关联着两个面。所以，以多面体的面数为顶点的图，实际就相当于一次聚会中握手的人数，由于每个面都是奇数个边，因此根据定理握了奇数次手的人数必为偶数。如图6-6中的几个正多面体，依次为正四面体、正六面体、正八面体、正十二面体和正二十面体的示意图，可以用以说明这一点。

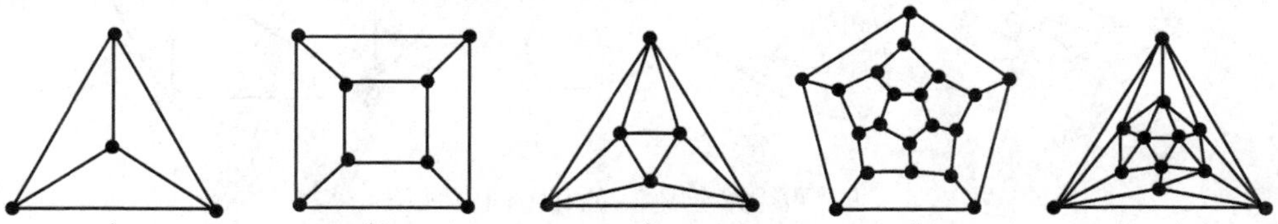

图6-6　几个正多面体

对于任意的一个多面体，欧拉1736年给出了定理，一个任意的多面体，顶点数加面数减边数都等于2。

5. 路和连通图

在图 G 中，一个以顶点始以顶点终的点和边的交替序列叫作 G 的一条路（也叫链）。路中允许有顶点的重复和边的重复。

如果点边序列中只有重复的点而无重复的边者为简单路，如图6-4中，（v_2，e_2，v_1，e_1，v_1，e_6，v_4）即简单路。

如果点边序列中的点和边都不重复，则为初等路，如图6-4中，（v_1，e_3，v_3，e_5，v_4）即初等路。

图 G 中，若任何两个不同的顶点之间，至少存在一条路，则称图 G 为连通图。图6-4中，去掉 v_5 就是连通图；否则，为非连通图。

如果一条路的起点与终点重合，则称这条路为圈或回路，如图6-4中，（v_3，e_4，v_4，e_5，v_3）就是一个圈。任何回路中的各点的次均为偶数。

6. 同构图、完全图和偶图

如果两个图中的点之间一一对应并具有同样的相邻关系，则称该二图为同构图，记作 $G_1 \cong G_2$。图 6-7a 和图 6-7b 即同构图。

如果一个简单图中的每一对顶点之间都有一条边相连，或任意两个顶点都相邻，则该图称作完全图。有 n 个顶点的无向完全图记作 K_n。显然，K_n 的边数共有 $C_n^2 = \frac{1}{2}n(n-1)$ 条边。图 6-8 就是一个完全图 K_5。一个货郎担问题的各种可能的旅行路线就是一个完全图。一个货郎担的最佳旅行路线也叫作一个哈密顿图。

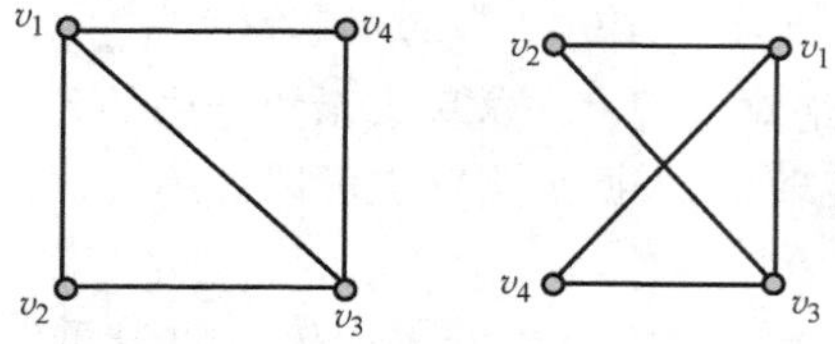

a)　　b)

图 6-7　同构图

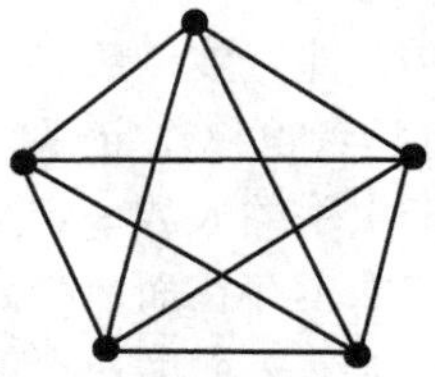

图 6-8　一个完全图 K_5

图 6-9 给出的是 K_5 的几个同构图。

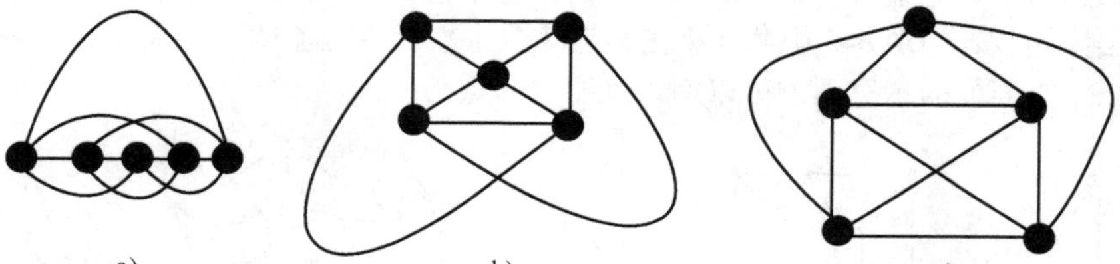

a)　　b)　　c)

图 6-9　完全图 K_5 的几个同构图

如果一个图的顶点能分成两个互不相交的非空集合 V_1 和 V_2，使得在同一集合中的任意两个顶点都不相邻，则该图称作偶图，也称作二部图或二分图。如图 6-10 中的三个图均是偶图，其中图 6-10a 的点集可分为 $V_1 = (v_1, v_3, v_5)$，$V_2 = (v_2, v_4, v_6)$；图 6-10b 和图 6-10c 为同构图。

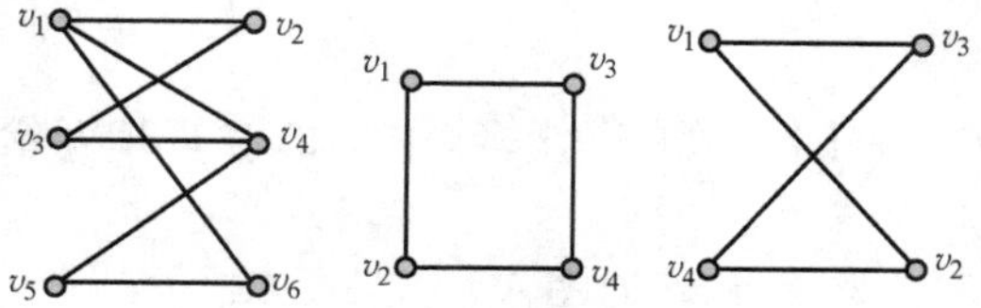

a)　　b)　　c)

图 6-10　偶图

7. 欧拉图及其定理

连通图 G 中，若存在一条回路，经过每边一次且仅一次，则这条回路称作欧拉回路。也有人把回路中的各点均为偶点的回路，定义为欧拉回路。具有欧拉回路的图称作欧拉图。

【定理 6-3（欧拉定理）**】**　无向连通图中有欧拉回路，当且仅当图中无奇点。

这一定理说明，欧拉回路中的各点一定都是偶点。

该定理清楚地解释了“七桥难题”，因为其中的四点均为奇点。这是不难理解的。假定图中有一奇点，如果以该点作为起点，则必不能回到此点；若以该点作为中间点，则必有某一关联边要重复经过。

显然，完全图 K_5 是欧拉图，而单星妖怪图和双星妖怪图都不是欧拉图。

8. 哈密顿回路与旅行推销商问题

定义 v_1，v_2，…，v_n 为连通图 G 中的 n 个顶点，若存在一个从某一顶点 v_1 出发经过每个顶点一次且仅一次，最后再回到顶点 v_1 的回路，则称该回路为哈密顿（Hamilton）回路。具有哈密顿回路的图称作哈密顿图。一个连通图是哈密顿图的充分条件是顶点数 $n \geqslant 3$，且任意两点次的和大于或等于 n。

特别地，当连通图为完全图且哈密顿回路在所有的哈密顿回路中具有最小距离时，就是著名的旅行商问题，也叫货郎担问题。该问题的一般提法是：给定一个完全图 $K_n = (V, E)$，其中 $e \in E$上有非负路权 $w(e)$，找出图 K_n 中的哈密顿回路 h，使得 h 的总权 $w(h) = \sum w(e)$ 最小，其中 $e \in E(h)$。

9. 网络与图模型

在研究实际问题时，不仅需要了解对象之间质的特征，比如相互之间有无关系、是什么关系等，还需要了解对象之间量的特征。也就是说，仅仅用图来描述对象往往是不够的，经常还需要给对象赋予有关的数量指标，如距离、费用、通过能力（容量）等，这些数量指标通常称之为权，于是就有了网络的概念。所谓网络，就是点或边（弧）上带有某种数量指标的图，也称作赋权图。与图相对应，网络也分为有向网络和无向网络。

对需要研究的问题建立图模型，就是对所要研究的问题确定具体对象（点），研究这些对象之间的性质和联系，并用图的形式表示出来。

6.1.3　图的矩阵表示

把图用矩阵表示出来对研究图的性质和应用具有很大的方便性。图的矩阵表示有：权矩阵、关联矩阵、邻接矩阵、回路矩阵和割集矩阵等。这里仅介绍前三种。

1. 权矩阵

如果网络（赋权图）$G = (V, E)$ 的边（v_i, v_j）有权 w_{ij}，构造 $|V| \times |V|$ 阶矩阵 $\boldsymbol{A} = (a_{ij})$，其中：

$$a_{ij} = \begin{cases} w_{ij} & (v_i, v_j) \in E \\ 0 & i = j \\ +\infty & v_i \text{ 和 } v_j \text{ 间无关联边} \end{cases}$$

就称 **A** 为网络 G 的权矩阵。如图 6-11 的权矩阵是

$$\boldsymbol{A} = \begin{pmatrix} 0 & 9 & 2 & 4 & 7 \\ 9 & 0 & 3 & 4 & \infty \\ 2 & 3 & 0 & 8 & 5 \\ 4 & 4 & 8 & 0 & 6 \\ 7 & \infty & 5 & 6 & 0 \end{pmatrix}$$

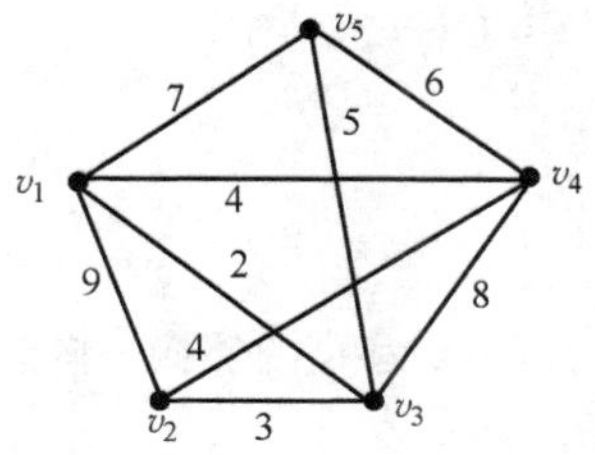

图 6-11　权矩阵示例

显然，权矩阵是一个对称矩阵。

权矩阵主要用于最短路径问题的研究中。

2. 关联矩阵

若对简单图 $G = (V, E)$ 构造 $|V| \times |E|$ 阶矩阵 $\boldsymbol{B} = (b_{ij})$，其中：

$$b_{ij} = \begin{cases} 1 & \text{当 } v_i \text{ 与 } e_j \text{ 关联时} \\ 0 & \text{当 } v_i \text{ 与 } e_j \text{ 不关联时} \end{cases}$$

则称 **B** 为 G 的关联矩阵。如图 6-12 的关联矩阵是：

$$
\boldsymbol{B}=\begin{pmatrix} 1 & 1 & 1 & 0 & 0 & 0 & 0 & 0 \\ 1 & 0 & 0 & 1 & 1 & 0 & 0 & 0 \\ 0 & 1 & 0 & 1 & 0 & 1 & 1 & 0 \\ 0 & 0 & 1 & 0 & 0 & 1 & 0 & 1 \\ 0 & 0 & 0 & 0 & 1 & 0 & 1 & 1 \end{pmatrix}\begin{matrix} v_1 \\ v_2 \\ v_3 \\ v_4 \\ v_5 \end{matrix}
$$

（列依次为 e_{12} e_{13} e_{14} e_{23} e_{25} e_{34} e_{35} e_{45}）

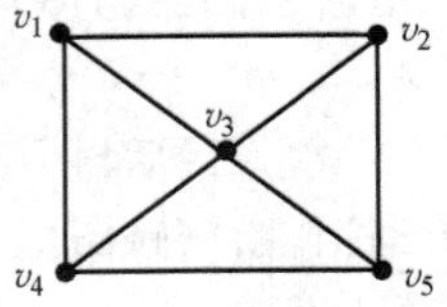

图 6-12　关联矩阵示例（简单图）

关联矩阵的特点是：①每一列只有两个 1，表明每个边与两个点关联；②每一行元素的和等于对应顶点的次数，即该顶点的关联边数；③矩阵中 1 的数目等于边数的两倍。关联矩阵主要用于关系研究中。比如，通过计算 $\boldsymbol{B}\times\boldsymbol{B}^{\mathrm{T}}$可以清楚地看出每一个顶点的次数（在主对角线上）及其关联点。例如，对于图 6-12，有

$$
\boldsymbol{BB}^{\mathrm{T}}=\begin{pmatrix} 3 & 1 & 1 & 1 & 0 \\ 1 & 3 & 1 & 0 & 1 \\ 1 & 1 & 4 & 1 & 1 \\ 1 & 0 & 1 & 3 & 1 \\ 0 & 1 & 1 & 1 & 3 \end{pmatrix}
$$

对于简单有向图的关联矩阵 $\boldsymbol{B}=(b_{ij})$，规定

$$
b_{ij}=\begin{cases} 1 & \text{当弧 } a_{ij} \text{ 以点 } v_i \text{ 为尾时} \\ -1 & \text{当弧 } a_{ij} \text{ 以点 } v_i \text{ 为头时} \\ 0 & \text{其他} \end{cases}
$$

图 6-13 的关联矩阵是

$$
\boldsymbol{B}=\begin{pmatrix} 1 & 1 & -1 & 0 & 0 & 0 & 0 \\ -1 & 0 & 1 & 1 & 1 & -1 & 0 \\ 0 & -1 & 0 & -1 & 0 & 1 & -1 \\ 0 & 0 & 0 & 0 & -1 & 0 & 1 \end{pmatrix}\begin{matrix} v_1 \\ v_2 \\ v_3 \\ v_4 \end{matrix}
$$

（列依次为 a_{12} a_{13} a_{21} a_{23} a_{24} a_{32} a_{43}）

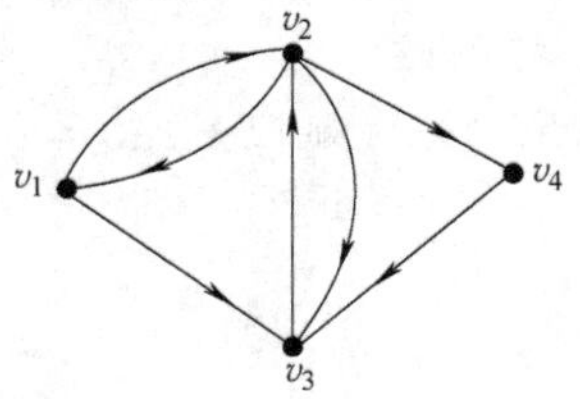

图 6-13　关联矩阵示例（有向图）

3. 邻接矩阵

若对于简单图 $G=(V,E)$，构造 $|V|\times|V|$ 阶矩阵 $\mathbf{A}=(a_{ij})$，其中：

$$
a_{ij}=\begin{cases} 1 & (v_i,v_j)\in E \\ 0 & (\text{其他})\begin{cases} i=j \\ v_i \text{ 和 } v_j \text{ 间无关联边} \end{cases} \end{cases}
$$

则称 $\boldsymbol{A}$ 为 G 的邻接矩阵。图 6-12 的邻接矩阵是

$$
\boldsymbol{A}=\begin{pmatrix} 0 & 1 & 1 & 1 & 0 \\ 1 & 0 & 1 & 0 & 1 \\ 1 & 1 & 0 & 1 & 1 \\ 1 & 0 & 1 & 0 & 1 \\ 0 & 1 & 1 & 1 & 0 \end{pmatrix}
$$

显然，简单无向图的邻接矩阵也是一个对称矩阵。

多重图的邻接矩阵每一元素的值等于由某一点到另一点一步有路的边数。

对于简单有向图的邻接矩阵，规定

$$a_{ij}=\begin{cases}1 & \text{当有弧从 } v_i \text{ 射向 } v_j \text{ 时}\\0 & \text{其他（即当一步无路时）}\end{cases}$$

图 6-13 的邻接矩阵是

$$\boldsymbol{A}=\begin{pmatrix}0&1&1&0\\1&0&1&1\\0&1&0&0\\0&0&1&0\end{pmatrix}$$

邻接矩阵在现实生活中有着非常重要的实际应用价值。

首先，对于有向图来说，给出了邻接矩阵，就等于给出了图的全部信息。通常可以从有向图的邻接矩阵中获取有关图的如下信息：①矩阵中第 i 行 1 的数目等于点 v_i的出次 $d^+(v_i)$；矩阵中第 i 列 1 的数目等于点 v_i的入次 $d^-(v_i)$。②路径问题：由邻接矩阵还可以算出有向图 G 中任一点与其他点之间是否有路可通，若有路的话几步可到达该点。下面通过邻接矩阵的计算看看图 6-13 中各点之间的路况。

$$\boldsymbol{A}^2=\begin{pmatrix}0&1&1&0\\1&0&1&1\\0&1&0&0\\0&0&1&0\end{pmatrix}\times\begin{pmatrix}0&1&1&0\\1&0&1&1\\0&1&0&0\\0&0&1&0\end{pmatrix}$$

$$=\begin{pmatrix}1&1&1&1\\0&2&2&0\\1&0&1&1\\0&1&0&0\end{pmatrix}$$

再来分析 $\mathbf{A}^2$ 中 $a_{ij}^{(2)}$ 的意义。由于

$$a_{ij}^{(2)}=\sum_{k=1}^{4}a_{ik}a_{kj}$$

而 $a_{ik}a_{kj}=1$，只有当且仅当 a_{ik}与 a_{kj}同时等于 1 时才成立，所以，$a_{ik}a_{kj}=1$ 就表示从 v_i经 v_k到 v_j有一条通路，而值 $a_{ij}^{(2)}$ 表示从 v_i经两步到达 v_j的路径数目，如 $a_{21}^{(2)}=0$ 就表示从 v_2经 2 步到达 v_1无路，$a_{23}^{(2)}=2$ 就表示从 v_2经 2 步到达 v_3有 2 条路。

其次，邻接矩阵在行程问题中也有着非常重要的实际应用。

【例 6-1】 已知 A、B、C、D 四个城市之间的铁路和公路交通如图 6-14 所示（其中，直线表示铁路，弧线表示公路），现欲做一次旅行，先坐火车后坐汽车，即先从一个城市乘火车到另一个城市，再从这个城市乘汽车到其他城市，问在哪两个城市之间才能做一次这样的旅行（一次使用两种交通工具，先乘火车后乘汽车）呢？

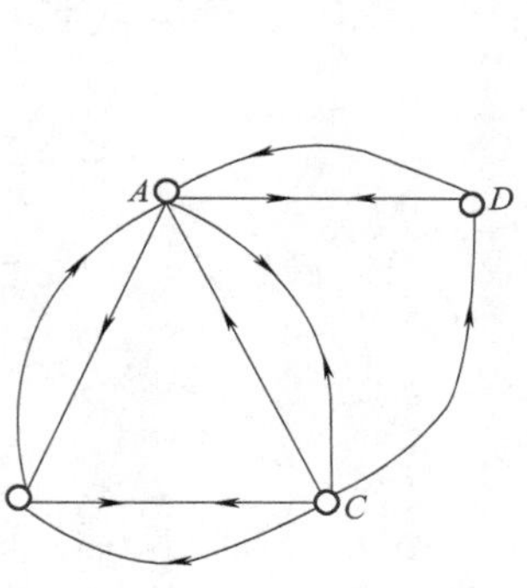

图 6-14　例 6-1 示意图

【解】 可先分别写出铁路和公路的邻接矩阵分别为 $\boldsymbol{T}$ 和 $\boldsymbol{G}$：

$$\boldsymbol{T}=\begin{pmatrix}0&1&0&1\\0&0&1&0\\1&1&0&0\\1&0&0&0\end{pmatrix}\quad\boldsymbol{G}=\begin{pmatrix}0&0&1&0\\1&0&0&0\\1&1&0&1\\1&0&0&0\end{pmatrix}$$

显然，实现要求的旅行，只需要做矩阵乘法运算求得 **TG** 即可。

$$\boldsymbol{TG}=\begin{pmatrix}0&1&0&1\\0&0&1&0\\1&1&0&0\\1&0&0&0\end{pmatrix}\begin{pmatrix}0&0&1&0\\1&0&0&0\\1&1&0&1\\1&0&0&0\end{pmatrix}=\begin{pmatrix}2&0&0&0\\1&1&0&1\\1&0&1&0\\0&0&1&0\end{pmatrix}$$

根据图6-14不难看出，乘火车可以从A到B、到D，再从B和D均可乘汽车到A，所以在矩阵 **TG** 中，$a_{11}=2$；乘火车可从B到C，从C可以乘汽车到A、到B、到D，所以，在 **TG** 中，$a_{21}=a_{22}=a_{24}=1$。以此类推，等等。

当问题为先乘汽车后乘火车时，则需计算 **GT** 即可，计算结果是

$$\boldsymbol{GT}=\begin{pmatrix}0&0&1&0\\1&0&0&0\\1&1&0&1\\1&0&0&0\end{pmatrix}\times\begin{pmatrix}0&1&0&1\\0&0&1&0\\1&1&0&0\\1&0&0&0\end{pmatrix}=\begin{pmatrix}1&1&0&0\\0&1&0&1\\1&1&1&1\\0&1&0&1\end{pmatrix}$$

【例6-2】 某市城区有三个相邻的风景点A、B、C，其间的公路交通如图6-15中的直线所示，有人发现在这三个景点之间散步（步行）的最有趣的路线如图6-15中的弧线所示。

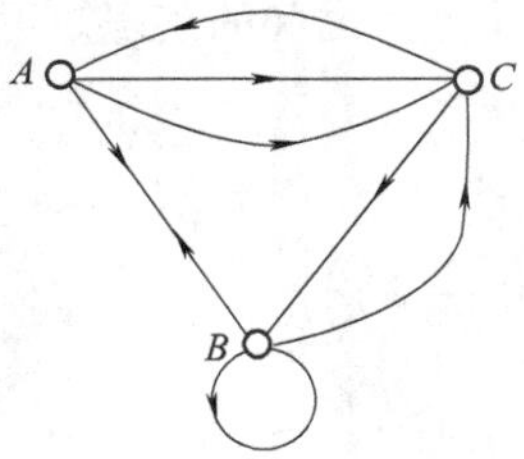

图6-15　例6-2示意图

现问：

（1）先乘车到达一个景点，再步行到达另一个景点，在哪两个景点之间可以这样做?

（2）先步行到达一个景点，再乘车到达另一个景点，在哪两个景点之间可以这样做?

（3）如果天气晴朗散步人精力充沛，他就在两个景点之间连续步行，在哪两个景点之间可以这样做?

（4）与连续步行相比，散步人可能会觉得先步行一段路，再坐一段公共汽车，然后再步行会更好一些，在哪两个景点之间可以这样做?

（5）遇到阴雨天，散步人就在各景点之间连续坐三段路的公共汽车进行环游，在哪两个景点之间可以这样做?

【解】 先写出两种情况下的邻接矩阵如下：

$$\boldsymbol{G}=\begin{pmatrix}0&1&1\\1&0&0\\0&1&0\end{pmatrix}\quad \boldsymbol{B}=\begin{pmatrix}0&0&1\\0&1&1\\1&0&0\end{pmatrix}$$

（1）满足要求（1）的走法是

$$\boldsymbol{GB}=\begin{pmatrix}1&1&1\\0&0&1\\0&1&1\end{pmatrix}$$

（2）满足要求（2）的走法是

$$\boldsymbol{BG}=\begin{pmatrix}0&1&0\\1&1&0\\0&1&1\end{pmatrix}$$

（3）满足要求（3）的走法是

$$B^2 = \begin{pmatrix} 1 & 0 & 0 \\ 1 & 1 & 1 \\ 0 & 0 & 1 \end{pmatrix}$$

（4）满足要求（4）的走法是

$$BGB = \begin{pmatrix} 0 & 1 & 1 \\ 0 & 1 & 2 \\ 1 & 1 & 1 \end{pmatrix}$$

（5）满足要求（5）的走法是

$$G^3 = \begin{pmatrix} 1 & 1 & 1 \\ 1 & 1 & 0 \\ 0 & 1 & 1 \end{pmatrix}$$

6.2　最小树问题

6.2.1　树的含义

树，即连通且不含圈的无向图。树图中次大于1的点称作分支点，次为1的点称为树梢。图6-16中的图都是树。

树图是一种重要的简单图，在许多领域都有广泛应用。

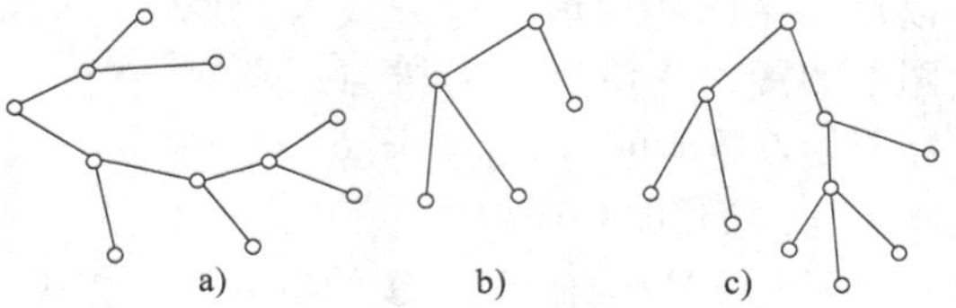

图6-16　树图示例

树的性质由下面的定理给出：

【定理6-4】　图 $T=(V, E)$，$|V|=n$，$|E|=m$，则下列关于树的说法是等价的：

（1）T 是一个树，其中必存在次为1的点。

（2）T 无圈，且 $m=n-1$。

（3）T 连通，且 $m=n-1$。

（4）T 无圈，但过任意两点加一新边即得唯一一个圈。

（5）T 连通，但每舍去任一边就不连通。

（6）T 中任意两点，有唯一的路相连。

这些性质结合具体的树图很容易理解，故证明从略。

6.2.2　图的生成树

要知道什么是生成树，必须先了解什么是子图和生成子图。这是加深理解生成树的两个重要概念。所谓子图是说，若对图 $G_1=(V_1, E_1)$ 和图 $G_2=(V_2, E_2)$，有 $V_1 \subseteq V_2$ 和 $E_1 \subseteq E_2$，则称 G_1 是 G_2 的一个子图。若有 $V_1=V_2$，$E_1 \subset E_2$，则称 G_1 是 G_2 的生成子图。显然生成子图也是子图，但子图不一定是生成子图。例如，图6-17b和图6-17c都是图6-17a的子图，但图6-17b是生成子图，图6-17c则不是生成

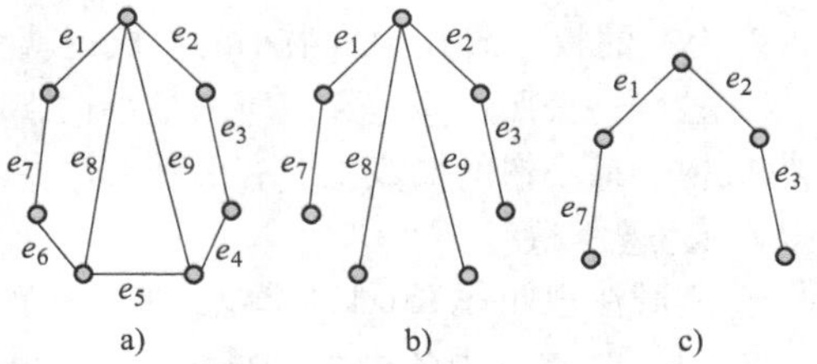

图6-17　子图示例

子图。

如果图 G 的生成子图是一个树，则称该树为图 G 的生成树，或简称为图 G 的树，有的书上也叫作支撑树。图 G 中属于生成树的边称作树枝，不属于生成树的边称作弦。图 6-17b 为图 6-17a 的生成树，e_1、e_2、e_3、e_7、e_8、e_9都是树枝，e_4、e_5、e_6是弦。

根据生成子图的概念，如果树 T 是图 G 的生成树，则必有 T 的顶点数等于 G 的顶点数。

【定理 6-5】 图 G 中有生成树的充要条件是 G 为连通图。

该定理很容易理解。因为如果 G 不连通，则 G 中必有非连通的子图存在。由于树是连通图，因此树必不能在整个图 G 中生成。所以要使树在整个图 G 中生成，图 G 必须是连通图。

在实际应用中，常有许多问题可归结为如何在一个连通图中形成树的问题。

【例 6-3】 某一个乡有 9 个自然村，期间道路如图 6-18a 所示。现拟以 v_0 村为中心建一个有线电视网，如要沿道路架设电视信号传输线，应如何架设？

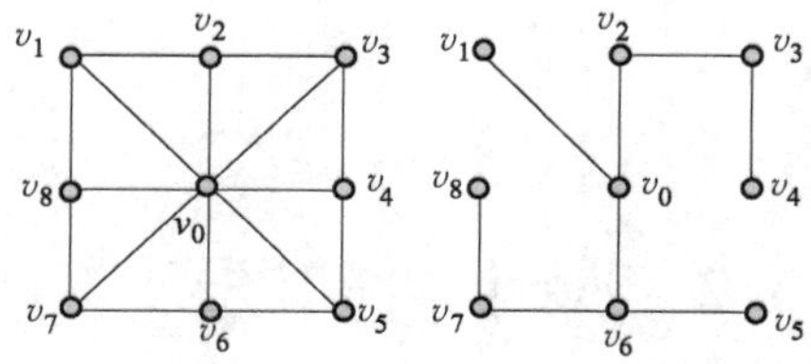

a) b)

图 6-18 例 6-3 示意图

这就是一个在图 6-18a 中寻找生成树的问题。毫无疑问，这种生成树的形式可以是多种多样的，图 6-18b 可以是一种方案。

求图的生成树的方法，主要有避圈法和破圈法。对于没有赋权的图来说，由于生成树的多样性，这两种方法的使用随意性较大。由于树是无圈的连通图，所以只要在原图中设法避开或破掉原图中的圈，并使形成的树与原图有相同的点数即可。例如，图 6-19b 和图 6-19c 均是图 6-19a 的生成树。

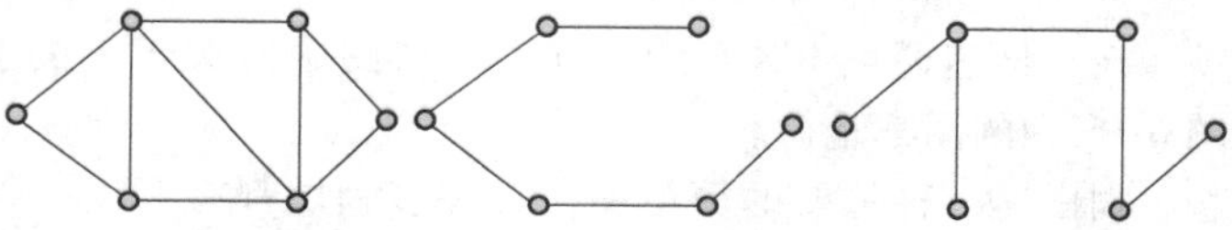
a) b) c)

图 6-19 生成树示图

因此，显然有结论，图的生成树并不唯一。有定理证明，一个完全图 K_n 的生成树可以有 n^{n-2}个，即一个 K_{10}的生成树就可以有 1 亿个。

6.2.3 最小树

由于一个图的生成树并不唯一，因此对于一个赋权图来说，必然存在着最小树问题。最小树是网络优化中一个非常重要的概念，许多网络问题都可以归结为最小树问题。例如，设计长度最小的公路网，把若干个城市联系起来；设计线路最短的电话线网，把有关的单位联系起来；等等。最小树是在交通网、电力网、电话网和管道网等设计中有着广泛应用的一种技术。

最小树的定义是：

给定网络 $G=(V, E, W)$，设 $T=(V, E_1)$为 G 的一个生成树，令 $W(T)=\sum_{e \in E_1} W(e)$，则称 $W(T)$为 T 的权，图 G 中权最小的生成树就称作 G 的最小树。

显然，按照这一定义，所谓最小树，就是指能够使图 G 中的树枝权最小化或弦权最大化的生成树。最小树的形成主要有两种方法。

1. 避圈法

避圈法也叫作 Kruskal 算法。其应用的步骤是：

（1）先将图中各边按权的大小顺序由小到大进行排序。

（2）按照排定的顺序逐步选取边 e_1、e_2等，并使得后续边与已选边不构成圈，同时使所取边

为未选边中的最小权边，直到选够$|V|-1$条边为止。

仍以例6-3为例。设已知各道路长度如图6-20a所示，各边上的数字表示距离，问线路应如何架设才能用线最短。这就是一个如何形成最小树的问题，用避圈法求解。

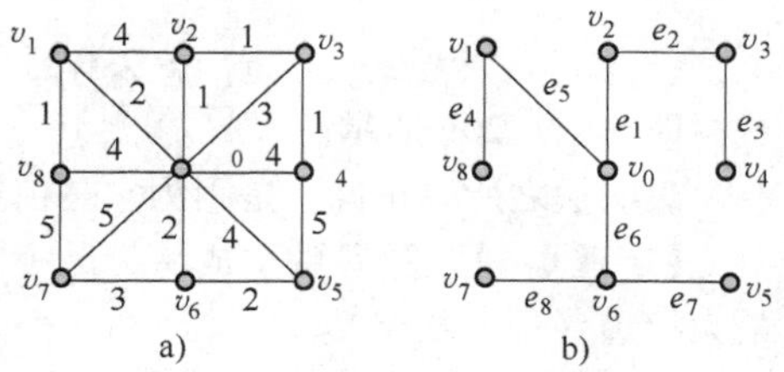

图6-20 避圈法示意图

先将图6-20a中的边按大小顺序由小到大排列，得到：

$(v_0, v_2)=1$，$(v_2, v_3)=1$，$(v_3, v_4)=1$，$(v_1, v_8)=1$，$(v_0, v_1)=2$，$(v_0, v_6)=2$，$(v_5, v_6)=2$，$(v_0, v_3)=3$，$(v_6, v_7)=3$，$(v_0, v_4)=4$，$(v_0, v_5)=4$，$(v_0, v_8)=4$，$(v_1, v_2)=4$，$(v_0, v_7)=5$，$(v_7, v_8)=5$，$(v_4, v_5)=5$。

然后，按照边的排列顺序取树枝边。依次取定$e_1=(v_0, v_2)$，$e_2=(v_2, v_3)$，$e_3=(v_3, v_4)$，$e_4=(v_1, v_8)$，$e_5=(v_0, v_1)$，$e_6=(v_0, v_6)$，$e_7=(v_5, v_6)$。因排序中第8条边与e_1和e_2构成圈，故排除，选下一个$e_8=(v_6, v_7)$。这时，已有8条边将所有的9个点连接起来，故最小树生成。图6-20b即由图6-20a形成的最小树。其权和为

$$W(T) = \sum_{e \in E_1} W(e) = 13$$

这种方法生成的最小树是容易理解的。因为在生成树形成的过程中，每取一个边都是剩余边中最小的，由于图G中的总权之和一定，因此最后形成的生成树一定是所有可能的生成树中最小的。

作为一种练习，读者可以用避圈法试着求图6-21中的最小树，图的边旁标注的是两地的距离（以100km为单位），其中L是伦敦，Mc是墨西哥，NY是纽约，Pa是巴黎，Pe是北京，T是东京。权矩阵如下，矩阵中的行依次为：L，T，Mc，Pe，Pa，NY。图6-21中的粗实线，就是避圈法得出的最优生成树的边。

$$\begin{pmatrix} 0 & & & & & \\ 60 & 0 & & & & \\ 56 & 70 & 0 & & & \\ 51 & 13 & 78 & 0 & & \\ 2 & 61 & 57 & 51 & 0 & \\ 35 & 67 & 21 & 68 & 36 & 0 \end{pmatrix}$$

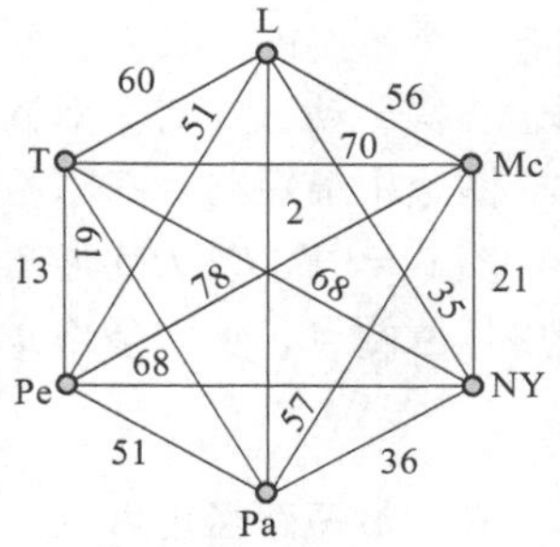

图6-21 六个城市的道路网络

2. 破圈法

破圈法也叫管梅谷算法，是由我国复旦大学的管梅谷教授于1955年提出的。其基本步骤是：

（1）先从图中任选一个树T_1。

（2）过任意两个不相邻的点加上一条弦e_1，图T_1+e_1立即形成一个圈。去掉此圈中的最大权边，得到新树T_2。

（3）以T_2代替T_1，重复第二步的做法，再检查剩余的弦，直到检查完毕为止。

仍以例6-3为例。对于本例，一个最方便的初始生成树是如图6-22所示的米字形树。先加上弦(v_1, v_2)，得圈$(v_1v_2v_0v_1)$去掉最大权边(v_1, v_2)，再加上弦(v_2, v_3)，得圈$(v_2v_3v_0v_2)$，去掉最大权边(v_0, v_3)，再加

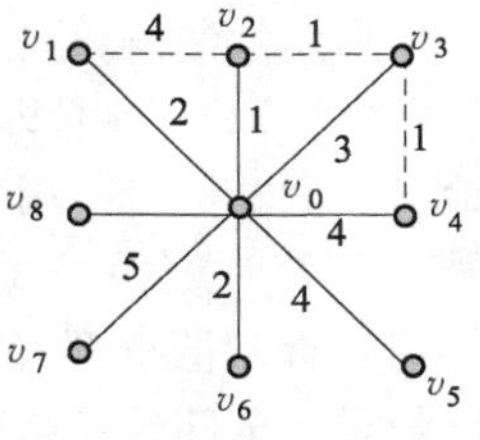

图6-22 破圈法示意图

上弦(v_3, v_4)，得圈$(v_3v_4v_0v_2)$，去掉最大权边(v_0, v_4)，……直到全部的弦均已试过，得到的生成树即如图6-20b所示。

破圈法之所以正确，是因为它是依据下述的定理设计的：

【定理6-6】 图G的生成树为最小树，当且仅当对任一弦e来说，e是图$T+e$对应的圈中的最大权边（证明从略）。

破圈法在应用中也还可以这样做，即在赋权图中任取一个回路，删去该回路中的一条权值最大的边，如此连续地进行下去，直到图中没有回路为止，最后得到的赋权图一定是原图的一棵最小生成树。也按如下方式可以分两步完成：

第一步，先把所有的边按照由大到小的方式依次排序。

第二步，从排好序的边中依次拿掉构成圈的最大权边，每拿掉一个边，要破掉一个圈。

例如，对于图6-20a，可依次拿掉(v_4, v_5)，(v_7, v_8)，(v_0, v_7)，(v_1, v_2)，(v_0, v_8)，(v_0, v_5)，(v_0, v_4)，(v_0, v_3)。在这里(v_0, v_3)和(v_6, v_7)的值均为3，但前者构成圈，后者不构成圈。

6.3 最短路径问题

6.3.1 最短路径问题的一般提法

最短路径问题是网络理论中运用最广泛的问题之一，如设备更新、管道铺设、线路安排、厂区布局等。最短路径问题也是动态规划的重要研究对象。然而动态规划所能解决的最短路径问题有一个重要前提条件，即过程必须具有明显的阶段性。而对于没有明显阶段性的最短路径问题，要构造动态规划模型就比较困难，而使用图论方法比较有效。

图论中最短路径问题的一般提法是：

图$G=(V, E)$为连通图，图中各边(v_i, v_j)有权l_{ij}（$l_{ij}=+\infty$表示v_i到v_j无关联边），v_s和v_t为图中任意两点，求一条路μ，使它是从v_s到v_t的所有路中总权最小的路，即

$$L(\mu) = \min \sum_{(v_i, v_j) \in \mu} l_{ij}$$

有些最短路径也可以是求网络中某指定点到其余所有点的最短路径，或求网络中任意两点间的最短路径。下面介绍三种方法，可分别用于解决不同类型的最短路径问题。

6.3.2 求最短路径问题的D算法（Dijkstra算法）

本算法可用于求解指定两点v_s和v_t间的最短路径和指定点v_s到其余各点的最短路径。该算法是目前认为求无负权网络最短路径问题的最好方法，是由荷兰人E. W. Dijkstra于1959年提出的。

这一算法的基本思路是：若序列$(v_s, v_1, v_2, \cdots, v_{n-1}, v_n)$是从$v_s$到$v_n$的最短路径，则序列$(v_s, v_1, v_2, \cdots, v_{n-1})$必为从$v_s$到$v_{n-1}$的最短路径。这一思路类似于动态规划中的最优化原理。

具体做法是，对所有的点采用两种标号，即T标号和P标号（所以也有人把这种方法称作双标号法），T标号即临时性标号（Temporary Label），P标号为永久性标号（Permanent Label）。给v_i一个P标号，用$P(v_i)$表示，是指从v_s到v_i的最短路权，v_i的标号即不再改变。给v_i一个T标号，用$T(v_i)$表示，是指从v_s到v_i点估计的最短路权的一个上界，是一种临时性标号，凡是没有得到P标号的点都有T标号。算法的每一步都把某一点的T标号改为P标号，当终点v_n得到P标号时，全部计算结束。对于有n个顶点的图，最多经过$n-1$步计算，就可以得到从始点到终点和其余各点的最短路径。

应用的步骤是：

（1）给 v_s 以 P 标号，$P(v_s)=0$，其余各点给 T 标号，$T(v_i)=+\infty$。

（2）若 v_i 为刚刚得到 P 标号的点，考虑这样的点 v_j：$(v_i, v_j)\in E$ 且 v_j 为 T 标号。对于 v_j 的 T 标号做如下的计算比较：

$$T(v_j)=\min\{T(v_j), P(v_i)+l_{ij}\}$$

即从 v_s 到 v_j，可以选择经过 v_i 点，也可以选择不经过 v_i 点。

（3）比较以前过程中剩余的所有具有 T 标号的点，把最小者改为 P 标号：

$$P(v_i)=\min\{T(v_i)\}$$

若全部的点均已为 P 标号，则计算停止，否则转回到第二步。

【例 6-4】 用 D 算法求解图 6-23a 中从 v_1 到 v_8 的最短路径。

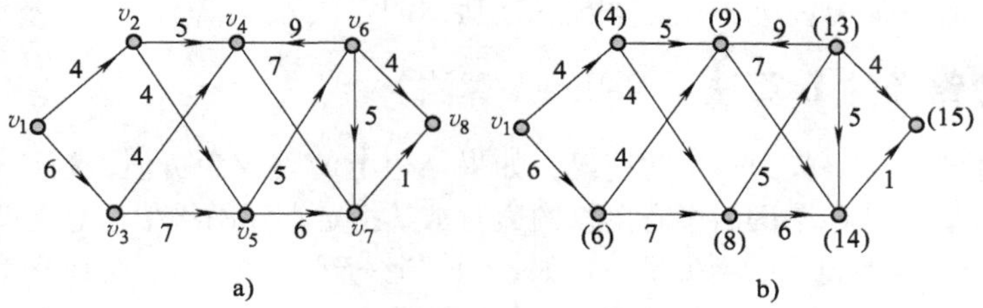

图 6-23　例 6-4 示意图

【解】 显然由于边 (v_6, v_7) 的存在，使得该问题用动态规划法求解复杂化，因此，使用图论中的 D 算法。

（1）首先给 v_1 以 P 标号，$P(v_1)=0$，其余各点给 T 标号，$T(v_i)=+\infty(i=2, 3, \cdots, 8)$。

因 (v_1, v_2)，(v_1, v_3) 属于 E，且 v_2，v_3 为 T 标号，于是有

$$T(v_2)=\min\{T(v_2), P(v_1)+l_{12}\}=\min\{+\infty, 4\}=4$$

$$T(v_3)=\min\{T(v_3), P(v_1)+l_{13}\}=\min\{+\infty, 6\}=6$$

$$P(v_i)=\min\{T(v_2), T(v_3)\}=P(v_2)=4$$

（2）考虑 v_2 点，有

$$T(v_4)=\min\{T(v_4), P(v_2)+l_{24}\}=\min\{+\infty, 4+5\}=9$$

$$T(v_5)=\min\{T(v_5), P(v_2)+l_{25}\}=\min\{+\infty, 4+4\}=8$$

$$P(v_i)=\min\{T(v_3), T(v_4), T(v_5)\}=P(v_3)=6$$

（3）考虑 v_3 点，有

$$T(v_4)=\min\{T(v_4), P(v_3)+l_{34}\}=\min\{9, 6+4\}=9$$

$$T(v_5)=\min\{T(v_5), P(v_3)+l_{35}\}=\min\{8, 6+7\}=8$$

$$P(v_i)=\min\{T(v_4), T(v_5)\}=P(v_5)=8$$

（4）考虑 v_5 点，有

$$T(v_6)=\min\{T(v_6), P(v_5)+l_{56}\}=\min\{+\infty, 8+5\}=13$$

$$T(v_7)=\min\{T(v_7), P(v_5)+l_{57}\}=\min\{+\infty, 8+6\}=14$$

$$P(v_i)=\min\{T(v_4), T(v_6), T(v_7)\}=P(v_4)=9$$

（5）考虑 v_4 点，有

$$T(v_6)=\min\{T(v_6), P(v_4)+l_{46}\}=\min\{13, 9+9\}=13$$

$$T(v_7)=\min\{T(v_7), P(v_5)+l_{57}\}=\min\{14, 9+7\}=14$$

$$P(v_i)=\min\{T(v_6), T(v_7)\}=P(v_6)=13$$

（6）考虑 v_6点，有

$$T(v_7)=\min\{T(v_7), P(v_6)+l_{67}\}=\min\{14, 13+5\}=14$$
$$T(v_8)=\min\{T(v_8), P(v_6)+l_{68}\}=\min\{+\infty, 13+4\}=17$$
$$P(v_i)=\min\{T(v_7), T(v_8)\}=P(v_7)=14$$

（7）考虑 v_7点，有

$$T(v_8)=\min\{T(v_8), P(v_7)+l_{78}\}=min\{17, 14+1\}=15$$

因 T 标号仅剩一个点 v_8，于是令 $P(v_8)=15$ 即可，即由点 v_1 到点 v_8的最短距离为 15。

这种方法由计算过程有时不大容易找到最短路径，如本例便是。这时，可以将由始点到各点的最小权之和即 P 标号值写到每个顶点上，运用公式：$P(v_i)-P(v_j)=l_{ij}$，由终点向前反推，可找到最短路径为：$v_1\to v_2\to v_5\to v_7\to v_8$，如图 6-23 所示的粗线部分。

6.3.3 求最短路径的 B 算法（Bellman 算法）

D 算法只适用于全部路权为非负的情况，如果某边上的路权为负值，则该算法失效。这时，可采用 B 算法。B 算法适用于网络中有负权的边时求某指定点到网络中任意点的最短路径。负路权是有向网络中经常会遇到的一种矢量，比如，如果记 v_s到 v_e的路权（距离）为 l_{se}，则由 v_e到 v_s的路权就是 $-l_{se}$。

B 算法的基本思路是基于这样的事实：从 v_1 到 v_j的最短路径总是沿着该路先到某一点 v_i，然后再沿着（v_i，v_j）到 v_j。于是，若 v_1到 v_j为最短路径，则 v_1到 v_i必为最短路径。若令 P_{1j}表示从 v_1到 v_j的最短路径长，P_{1i}为从 v_1 到 v_i的最短路径长，则必有下列方程式：

$$P_{1j}=\min_i(P_{1i}+l_{ij})$$

该方程式可用迭代法求解。

第一步，令 $P_{1j}^{(1)}=l_{1j}(j=1, 2, \cdots, n)$，即用 v_1到 v_j的直接距离做初始解，若 v_1到 v_j间无边，则可令 $P_{1j}^{(1)}=+\infty$。

第二步，使用如下的迭代公式求 $P_{1j}^{(k)}$：

$$P_{1j}^{(k)}=\min_i\{P_{1i}^{(k-1)}+l_{ij}\} \quad (k=2, 3, \cdots, n)$$

当进行到第 t 步时，若出现 $P_{1j}^{(t)}=P_{1i}^{(t-1)}(t=1, 2, 3, \cdots, n)$，则停止计算，$P_{1j}^{(t)}$即为 v_1到各点的最短路径长。其中，$P_{1j}^{(t)}$表示从 v_1点最多经 t 步（t 个边）到达 v_j的最短路径长。

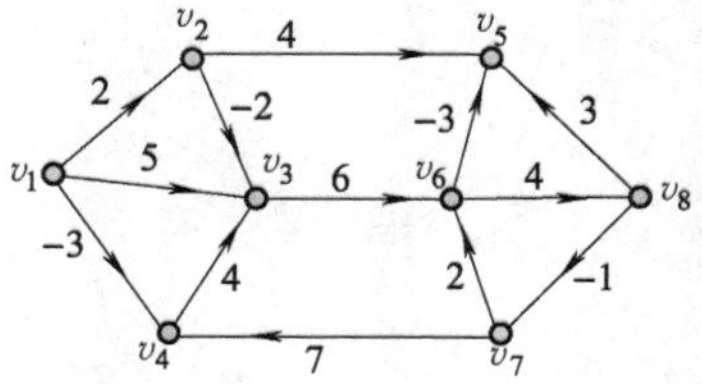

图 6-24 例 6-5 示意图

【例 6-5】 用 B 算法求图 6-24 中 v_1到各点的最短路径。

【解】 初始条件为

$$P_{11}^{(1)}=0, P_{12}^{(1)}=2, P_{13}^{(1)}=5, P_{14}^{(1)}=-3$$
$$P_{15}^{(1)}=P_{16}^{(1)}=P_{17}^{(1)}=P_{18}^{(1)}=+\infty$$

第一轮迭代

$$P_{11}^{(2)}=\min_i\{P_{1i}^{(1)}+l_{i1}\}=\min_i\{P_{11}^{(1)}+l_{11}, P_{12}^{(1)}+l_{21}, P_{13}^{(1)}+l_{31}, \cdots, P_{18}^{(1)}+l_{81}\}$$
$$=\min_i\{0, 2++\infty, 5++\infty, \cdots, +\infty\}=0$$
$$P_{12}^{(2)}=\min_i\{P_{1i}^{(1)}+l_{i2}\}=\min_i\{P_{11}^{(1)}+l_{12}, P_{12}^{(1)}+l_{22}, P_{13}^{(1)}+l_{32}, \cdots, P_{18}^{(1)}+l_{82}\}$$
$$=\min_i\{0+2, 2+0, 5++\infty, \cdots, +\infty\}=2$$

类似地可以算得：$P_{13}^{(2)}=0$，$P_{14}^{(2)}=-3$，$P_{15}^{(2)}=6$，$P_{16}^{(2)}=11$，$P_{17}^{(2)}=P_{18}^{(2)}=+\infty$。全部计算过程可列入表6-1。

表6-1　全部计算过程

j / i	L_{ij}								$P_{1j}^{(1)}$	$P_{1j}^{(2)}$	$P_{1j}^{(3)}$	$P_{1j}^{(4)}$	$P_{1j}^{(5)}$	$P_{1j}^{(6)}$
	v_1	v_2	v_3	v_4	v_5	v_6	v_7	v_8						
v_1	0	2	5	-3					0	0	0	0	0	0
v_2		0	-2		4				2	2	2	2	2	2
v_3			0			6			5	0	0	0	0	0
v_4			4	0					-3	-3	-3	-3	-3	-3
v_5					0					6	6	3	3	3
v_6					-3	0		4		11	6	6	6	6
v_7				7		2	0					14	9	9
v_8					3		-1	0			15	10	10	10

注：表中空格为$+\infty$。

从表6-1不难看出，当迭代进行到第6步时，$P_{1j}^{(6)}=P_{1j}^{(5)}$（$j=1, 2, \cdots, 8$）。故计算停止。相应的最短路径可以在图中找到，如图6-24中的粗线所示。

虽然B算法主要用于求解网络中有负权时的最短路径问题，但对于无负权的情况也仍然适用，如对于货郎担问题，只消计算$P_{11}^{(n)}$即可。

【例6-6】　求一个具有4个村庄的货郎担问题，相应的权矩阵为

$$\boldsymbol{A}_1=\begin{pmatrix}0&6&7&9\\8&0&9&7\\5&8&0&8\\6&5&5&0\end{pmatrix}$$

【解】　货郎担问题的最终目的是要求出一条具有最短路径的Hamilton回路，运用Bellman算法中的术语，实质就是要求解$P_{11}^{(n)}$。因此，可对该方法做如下修改：

（1）令$l_{ii}=+\infty$，即必须严格避免从某一点出来再进入某一点。

（2）在最后计算$P_{11}^{(n)}$之前，每一次迭代中都令$P_{11}^{(k)}=+\infty$，或者可完全省略$P_{11}^{(k)}$的计算，因为在没有遍访所有的$n-1$个村庄以前是不允许回到出发点的。

相应的计算过程是：

第一步，确定初始值，即由v_1点一步到达各点（不经过任何点）的最短路径：

$$P_{12}^{(1)}=6,\ P_{13}^{(1)}=7,\ P_{14}^{(1)}=9$$

第二步，计算两步到达各点（经过一个点）的最短路径：

$$P_{12}^{(2)}=\min\{P_{13}^{(1)}+l_{32},\ P_{14}^{(1)}+l_{42}\}=\min\{7+8,\ 9+5\}=14$$

$$P_{13}^{(2)}=\min\{P_{12}^{(1)}+l_{23},\ P_{14}^{(1)}+l_{43}\}=\min\{6+9,\ 9+5\}=14$$

$$P_{14}^{(2)}=\min\{P_{12}^{(1)}+l_{24},\ P_{13}^{(1)}+l_{34}\}=\min\{6+7,\ 7+8\}=13$$

第三步，计算三步到达各点（经过两个点）的最短路径：

$$P_{12}^{(3)}=\min\{P_{13}^{(2)}+l_{32},\ P_{14}^{(2)}+l_{42}\}=\min\{14+8,\ 13+5\}=18$$

$$P_{13}^{(3)}=\min\{P_{12}^{(2)}+l_{23},\ P_{14}^{(2)}+l_{43}\}=\min\{14+9,\ 13+5\}=18$$

$$P_{14}^{(3)}=\min\{P_{12}^{(2)}+l_{24},\ P_{13}^{(2)}+l_{34}\}=\min\{14+7,\ 14+8\}=21$$

第四步，计算四步回到v_1点（经过三个点）的最短路径：

$$P_{11}^{(4)}=\min\{P_{12}^{(3)}+l_{21},\ P_{13}^{(3)}+l_{31},\ P_{14}^{(3)}+l_{41}\}=\min\{18+8,\ 18+5,\ 21+6\}=23$$

运用反推法可知，最短路径为：$v_1\to v_2\to v_4\to v_3\to v_1$。

6.3.4 求最短路径的 F 算法（Floyd 算法）

在某些实际问题中，常常需要求网络上任意两点之间的最短路径，如学校、医院等公共设施的配置问题。这当然可以用 D 算法通过依次改变起点来求得，但比较麻烦。网络中任意两点间的最短路径可用 F 算法直接求得。F 算法也叫矩阵算法。

为了使用 F 算法，需要先写出有关网络的权矩阵 $\boldsymbol{D}=(d_{ij})_{n\times n}$，其中：

$$d_{ij}=\begin{cases} l_{ij} & \text{当}(v_i,\ v_j)\in E\text{时} \\ 0 & \text{当 } i=j \text{ 时} \\ +\infty & \text{（两点间无路时）} \end{cases}$$

该算法的基本步骤是：

（1）输入权矩阵 $\boldsymbol{D}^{(0)}=\boldsymbol{D}$。

（2）计算 $\boldsymbol{D}^{(k)}=(d_{ij}^{(k)})_{n\times n}$

其中 $d_{ij}^{(k)}=\min\limits_{k}\{d_{ij}^{(k-1)},\ d_{ij}^{(k-1)}+d_{kj}^{(k-1)}\}$。该式用语言表示即，矩阵 $\boldsymbol{D}^{(k)}$ 中每一行元素的形成，都是矩阵 $\boldsymbol{D}^{(k-1)}$ 中的对应元素与本行 k 列元素加第 k 行对应列元素后取小的结果。元素 $d_{ij}^{(k)}$ 表示由点 v_i 最多经 k 个点到达 v_j 的最短路径。

最后，当得到 $\boldsymbol{D}^{(n)}=(d_{ij}^{(n)})_{n\times n}$ 时，则元素 $d_{ij}^{(n)}$ 就是点 v_i 到 v_j 的最短路径。

【例 6-7】 求图 6-25 中任意两点间的最短路径。

【解】 该图的权矩阵为

$$\boldsymbol{D}^{(0)}=\begin{pmatrix} 0 & 5 & 1 & 2 & +\infty \\ 5 & 0 & 10 & +\infty & 2 \\ 2 & 3 & 0 & 2 & 8 \\ 2 & +\infty & 6 & 0 & 4 \\ +\infty & 2 & 4 & 4 & 0 \end{pmatrix}$$

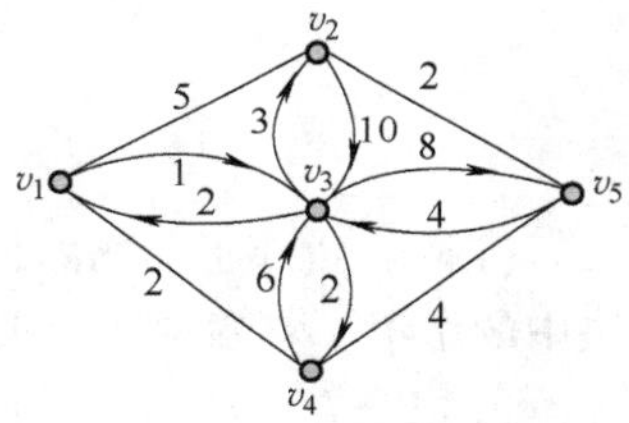

图 6-25　例 6-7 示意图

$$\boldsymbol{D}^{(1)}=\begin{pmatrix} 0 & 5 & 1 & 2 & +\infty \\ 5 & 0 & [6]_{213} & [7]_{214} & 2 \\ 2 & 3 & 0 & 2 & 8 \\ 2 & [7]_{412} & [3]_{413} & 0 & 4 \\ +\infty & 2 & 4 & 4 & 0 \end{pmatrix}$$

矩阵中的方括号表示经计算后的更新元素，下标表示途经点。

$$\boldsymbol{D}^{(2)}=\begin{pmatrix} 0 & 5 & 1 & 2 & [7]_{125} \\ 5 & 0 & 6_{213} & 7_{214} & 2 \\ 2 & 3 & 0 & 2 & [5]_{325} \\ 2 & 7_{412} & 3_{413} & 0 & 4 \\ [7]_{521} & 2 & 4 & 4 & 0 \end{pmatrix}$$

$$\boldsymbol{D}^{(3)}=\begin{pmatrix} 0 & [4]_{132} & 1 & 2 & [6]_{1325} \\ 5 & 0 & 6_{213} & 7_{214} & 2 \\ 2 & 3 & 0 & 2 & 5_{325} \\ 2 & [6]_{4132} & 3_{413} & 0 & 4 \\ [6]_{531} & 2 & 4 & 4 & 0 \end{pmatrix}$$

$$D^{(4)} = \begin{pmatrix} 0 & 4_{132} & 1 & 2 & 6_{1325} \\ 5 & 0 & 6_{213} & 7_{214} & 2 \\ 2 & 3 & 0 & 2 & 5_{325} \\ 2 & 6_{4132} & 3_{413} & 0 & 4 \\ [6]_{531} & 2 & 4 & 4 & 0 \end{pmatrix}$$

$$D^{(5)} = \begin{pmatrix} 0 & 4_{132} & 1 & 2 & 6_{1325} \\ 5 & 0 & 6_{213} & [6]_{254} & 2 \\ 2 & 3 & 0 & 2 & 5_{325} \\ 2 & 6_{4132} & 3_{413} & 0 & 4 \\ 6_{531} & 2 & 4 & 4 & 0 \end{pmatrix}$$

最后的最短路径在图上很容易找到。

最短路径问题在实际中有重要的应用价值。下面再举一个例子。

【例6-8】 已知一个地区的交通网络如图6-26所示，其中点代表居民小区，边表示公路，问按照图中所给定的距离，区中心医院应建在哪个小区，方可以使离该小区最远的居民小区在就诊时所走的路程最少？

【解】 这一问题可分作两步来考虑。首先，必须求出任意两居民区间的最短路径；第二步，再找出每一点到其余各点按照最短路径的最远点，大中取小即可。

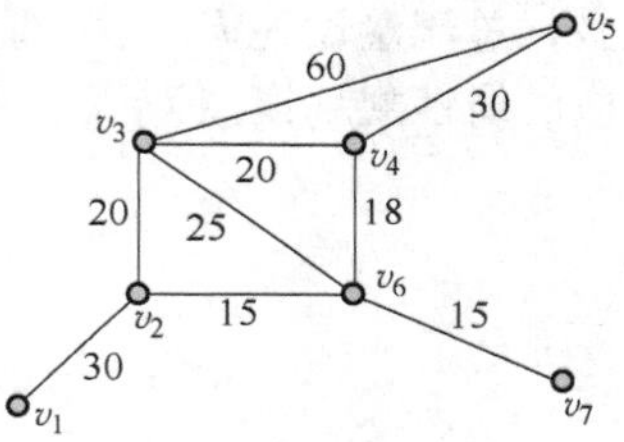

图6-26　例6-8示意图

第一步，应用F算法，图6-26的权矩阵为

$$D = \begin{pmatrix} 0 & 30 & +\infty & +\infty & +\infty & +\infty & +\infty \\ 30 & 0 & 20 & +\infty & +\infty & 15 & +\infty \\ +\infty & 20 & 0 & 20 & 60 & 25 & +\infty \\ +\infty & +\infty & 20 & 0 & 30 & 18 & +\infty \\ +\infty & +\infty & 60 & 30 & 0 & +\infty & +\infty \\ +\infty & 15 & 25 & 18 & +\infty & 0 & 15 \\ +\infty & +\infty & +\infty & +\infty & +\infty & 15 & 0 \end{pmatrix}$$

计算结果列入表6-2。

第二步，在最终计算表上通过观察即可解决问题。表中的最后一列是各点到其余点最短路径中的最大者，大中取小，中心医院应设在v_6较好，这样最远居民小区就诊时的里程也不过48。

表6-2　例6-8的计算结果

	v_1	v_2	v_3	v_4	v_5	v_6	v_7	max
v_1	0	30	50	63	93	45	60	93
v_2	30	0	20	33	63	15	30	63
v_3	50	20	0	20	50	25	40	50
v_4	63	33	20	0	30	18	33	63
v_5	93	63	50	30	0	48	63	93
v_6	45	15	25	18	48	0	15	48*
v_7	60	30	40	33	63	15	0	63

6.4 最大流问题

6.4.1 最大流问题的模型

最大流问题是一类应用非常广泛的网络分析问题，比如交通运输网络中的人流、车流、物流，供水网络中的水流，金融系统中的现金流，通信系统中的信息流等，都属于最大流问题。

【例 6-9】 如图 6-27 所示，假定为一个输油管道网，每条弧上的数字表示其最大容量（单位为万 t），现在的目的是要把石油由产地 v_1 输送到加工地 v_6 进行加工，问如何安排输送，才能使得由 v_1 到 v_6 输送的原油最多？

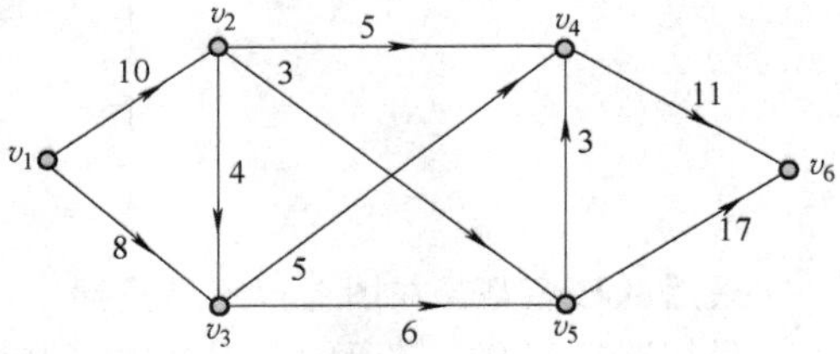

图 6-27 例 6-9 示意图（1）

【解】 这一问题可以作为一个最大化的线性规划问题来处理。为此，设 f_{ij} 表示弧 (v_i, v_j) 上的流量，总流量设为 F，c_{ij} 为每一弧上的最大流量，则相应的线性规划模型为

$$\max\ F = f_{12} + f_{13}$$

$$\text{s.t.}\begin{cases} f_{12} = f_{24} + f_{25} + f_{23} \\ f_{13} + f_{23} = f_{34} + f_{35} \\ f_{24} + f_{34} + f_{54} = f_{46} \\ f_{25} + f_{35} = f_{54} + f_{56} \\ f_{12} + f_{13} = f_{46} + f_{56} \\ 0 \leqslant f_{ij} \leqslant c_{ij}\,(i = 1, 2, \cdots, 5;\ j = 2, 3, \cdots, 6) \end{cases}$$

不难看出，这一模型具有如下特点：

（1）变量数与有向图的弧数相同，约束数等于有向图的点数减 1。

（2）目标函数为总输出量最大。

（3）约束方程主要是两类：

对于每一中间点：输入量 = 输出量。

对于始点和终点：总输出量 = 总输入量。

（4）变量的取值以每一弧的容量为上界。

对于上述模型，毫无疑问可以使用线性规划方法求解，但由于其结构特殊，因此可以探讨更方便的解法。图 6-28 给出了例 6-9 的一个方案，每条弧边上的数字表示该方案中的运输量。这一方案使得 8 个单位的原油产品由 v_1 运到 v_6。这一方案是不是最优方案呢？换一种说法，这一网络中的总输出量还能否再增加呢？最大流问题要研究的正是这样一类问题。

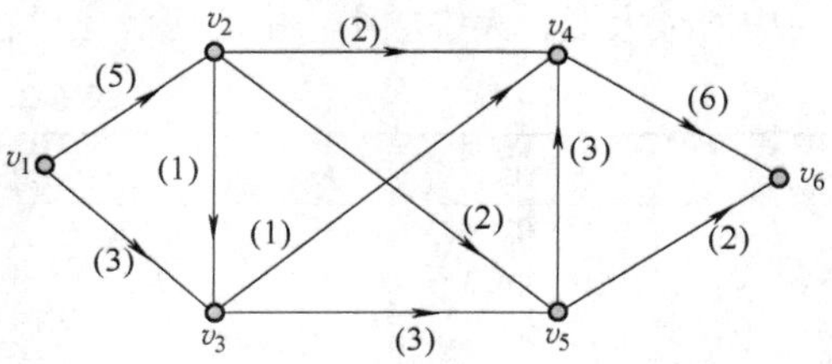

图 6-28 例 6-9 示意图（2）

6.4.2 最大流问题的一些重要概念

为了求解最大流问题，必须先明确一些概念。

1. 容量网络与流

【定义6-1】 给一个有向图 $D=(V, A)$，指定 V 中的一点为发点，记为 v_s，另一点为收点，记为 v_t，其余的点叫中间点。对应于每一个弧 $(v_i, v_j)\in A$ 有一个权 $c(v_i, v_j)\geqslant 0$，简记为 c_{ij}，称作弧的容量，通常把这样的有向图 D 就称作一个容量网络，记作 $D=(V, A, C)$。图6-27就是一个容量网络。

所谓网络上的流，是指定义在弧集合上的一个函数 $f=\{f(v_i, v_j)\}$，其中 $f(v_i, v_j)$ 称作弧 (v_i, v_j) 上的流量，简记为 f_{ij}（也可以看作一个双下标变量）。

2. 可行流与最大流

【定义6-2】 满足下面条件的流 f 称作可行流：

（1）容量限制条件：对于每一条弧 $(v_i, v_j)\in A$，有

$$0\leqslant f_{ij}\leqslant c_{ij}$$

（2）平衡条件：对于每一个中间点 v_k，流入量 = 流出量，即

$$\sum_i f_{ik} = \sum_j f_{kj}$$

对于发点和收点，总输出量 = 总输入量

$$\sum_j f_{sj} = \sum_i f_{it} = F$$

可行流总是存在的。比如所有的弧的流量均取0，即对于所有的 i，j，$f_{ij}=0$，就是一个可行流。

最大流就是能使容量网络总流量 F 取最大值的可行流。如果某一个 $f_{ij}=c_{ij}$，则称流 f_{ij} 为饱和流，否则为非饱和流。如果某个流 $f_{ij}=0$，则相应的弧称作零流弧；$f_{ij}>0$ 的弧称作非零流弧。

3. 割集与割量

【定义6-3】 给定容量网络 $D=(V, A, C)$，设 S、T 为 V 中的两个非空的真子集，$v_s\in S$，$v_t\in T$，且有 $S\cup T=V$，$S\cap T=\varnothing$，则把弧集（S，T）称为分离 v_s 和 v_t 的割集（有些书也叫截集）。

例如，在图6-28中，加两道虚线，则如图6-29所示，所得到的点集 $S=\{v_1\}$ 和 $T=\{v_2, v_3, v_4, v_5, v_6\}$，以及 $S=\{v_1, v_2, v_3, v_5\}$ 和 $T=\{v_4, v_6\}$。相应的割集分别为：$(S, T)=\{(v_1, v_2), (v_1, v_3)\}$ 和 $(S, T)=\{(v_2, v_4), (v_3, v_4), (v_5, v_4), (v_5, v_6)\}$。其割集容量分别为18和30。

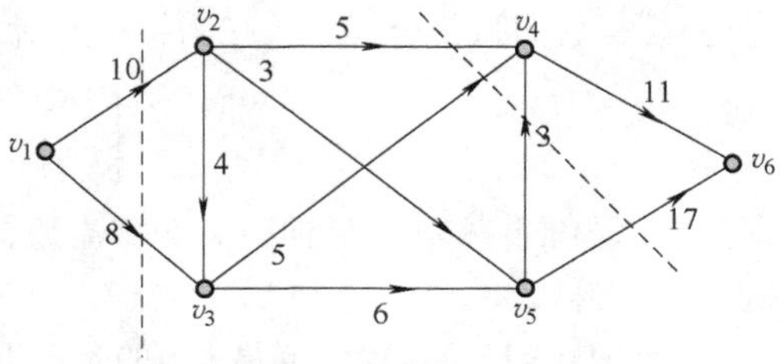

图6-29 割集示意图

从图6-29不难看出，如果把某一割集（S，T）中的弧从网络中全部拿去，从 v_s 到 v_t 便不连通。所以，直观上讲，割集是从 v_s 到 v_t 的必经之路。也就是说，割集 $A'=(S, T)$ 通常满足：

（1）A' 是 A 的子集，$G(V, A-A')$ 不连通。

（2）A'' 是 A' 的真子集，$G(V, A-A'')$ 仍连通。

显然，容量网络中的割集并不唯一。虽然割集有多个，但割集数量有限。每一割集中的容量之和，称作该割集的割量。所有割集中，容量最小者称作该容量网络的最小割量，也简称为最小割。

由于任一割集均为容量网络中由 v_s 到 v_t 的必经之路，所以，容量网络中的任一可行流都将不会超过相应割集的容量，而最大流必为容量网络中的最小割。这也就是下面要讲到的最大流

最小割定理。

最大流最小割定理的基础是关于可行流的定理。

【定理 6-7】（可行流定理）　设 f 为容量网络 $G=(V,A,C)$ 的任一可行流，流量为 F，(S, T) 是分离 v_s 和 v_t 的任一割集，则有 $F \leqslant C(S,T)$。（证明从略）

由此可知，如果能够找到一个可行流 f^*，使得 f^* 的流量 $F^*=C(S^*,T^*)$，则 f^* 一定就是最大流。而 (S^*,T^*) 就是所有割集中容量最小的一个。

【定理 6-8】（最大流最小割定理）　在任一容量网络中，从 v_s 到 v_t 的最大流的流量等于分割 v_s 和 v_t 的最小割的容量。

这个定理的意义很容易理解，无须做严格的数学证明，因为最小割实际上也就是容量网络中的瓶颈。问题是如何找到这一最小割。

下面看一个最大流问题的简单的应用实例。

有一旅行代办人，需为某一天由甲城至乙城的 10 名游客的飞行做出安排。当天甲城至乙城的直达航线有 7 个座席。另外，甲城至乙城也可以由丙城中转，已知甲城至丙城航线有 5 个座席，而丙城至乙城的航线只有 4 个座席。问代办人应怎样安排？

该问题可以描述为一个最大流问题。可构造一个容量网络图，其中每条弧均表示一条航线，共有三条弧：(v_1,v_2)、(v_1,v_3)、(v_3,v_2)。v_1，v_2 和 v_3 分别表示甲、乙、丙三个城市，即 v_1 为甲城，v_2 为乙城，v_3 为丙城。对每一条弧指定一个容量，这个容量应等于相应航线上的有效座席数，即分别为 7，5，4。这个网络图如图 6-30 所示。

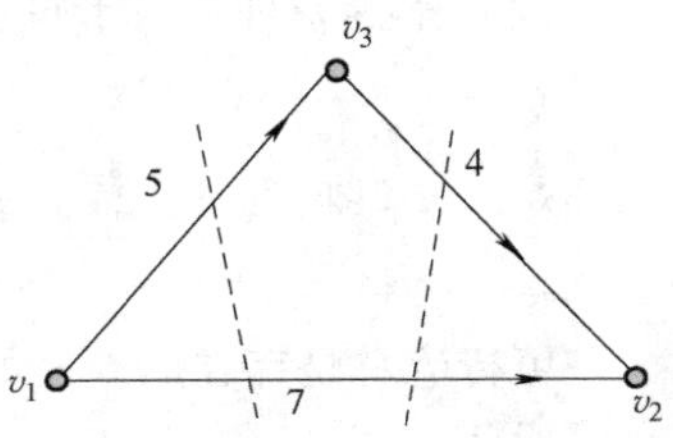

图 6-30　最小割示意图

不难看出，该容量网络共有两个割集，最小割的容量为 11，即最多容许 11 单位的流从 v_1（发点）到 v_2（收点），而不超过任一条弧的容量。所以，旅行代办人可以在选定的日期内将全部旅客送走。

4. 可扩充路

【定义 6-4】（可扩充路）　给定容量网络 G，若 μ 为从 v_s 到 v_t 的一条路，记 μ 上的前向弧集合为 μ^+，后向弧集合为 μ^-，f 为一可行流，如果有

$$\begin{cases} 0 \leqslant f_{ij} < c_{ij} & (v_i, v_j) \in \mu^+ \\ c_{ij} \geqslant f_{ij} > 0 & (v_i, v_j) \in \mu^- \end{cases}$$

即前向弧为非饱和弧，后向弧为非零流弧，则称 μ 为从 v_s 到 v_t 的关于 f 的可扩充路（也叫可增广链或增广链）。

【定理 6-9】　可行流 f 是最大流的充分且必要条件是不存在从 v_s 到 v_t 的可扩充路。（证明从略）

可扩充路的实际意义是，沿着这条路从 v_s 到 v_t 输送的流还有潜力可挖，所以只需要按照一定的方法进行调整，就可以把流量提高。调整后的流，在各点上仍然满足平衡条件及容量限制条件。这样，就得到了一个寻求最大流的方法：从一个可行流开始，寻求关于这个可行流的可扩充路，若存在，则进行调整，得到一个新的可行流，其流量会比以前有所增加。重复这个过程，直至不存在关于该流的可扩充路时便得到了最大流。

6.4.3　求最大流的标号算法

寻找最大流的方法实际上就是寻找可扩充路，使容量网络的流量不断增加，直到最大为止。

对于简单的容量网络图，通常可以很容易地看到所有的可扩充路，然后逐一地调整其流量，直到没有可扩充路为止。但是对于稍微复杂一点的容量网络图，并不能一眼就能看出其可扩充路，所以关键问题就是如何寻找可扩充路。

设已有一个可行流 f，要采用标号算法找到最大流，通常可分为两步：

第一步是标号过程。标号的目的是寻找一个可扩充路。通常可以先将已有的可行流流量直接标在容量网络上，即将弧上标容量的位置相应地改为数对（c_{ij}, f_{ij}）。如果网络图中没有给出可行流，可以零流为可行流。

在这个过程中整个容量网络流中的点被分为两个部分，即标了号的点和未标号的点，标了号的点又分为已检查过的点和未检查过的点。

标号通常使用圆括号标记。标号点的标号包括两部分：①第一标号：表明该标号是从哪一点得来的（以便找出可扩充路）；②第二标号：是为确定可扩充路的流量调整量用的。在容量网络中通常用一个圆括号将这两部分括在一起，形如“（第一标号，第二标号）”。一般过程是：

（1）先给发点以标号（0，$+\infty$）。

（2）选择一个已经标号的点 v_i，对于 v_i 的所有未给标号的邻接点 v_j 按下列规则处理：

1）若弧（v_j, v_i）$\in A$，且 $f_{ji}>0$，则令 $\delta_j=\min\{f_{ji}, \delta_i\}$，$\delta_i$ 为 v_i 点的可扩充量，并给 v_j 以标号（$-v_i$, δ_j）。

2）若弧（v_i, v_j）$\in A$，且 $f_{ij}<c_{ij}$，则令 $\delta_j=\min\{c_{ij}-f_{ij}, \delta_i\}$，并给 v_j 以标号（$+v_i$, δ_j）。

（3）重复（2），直至收点 v_t 被标号或不再有点可标号时为止。

如果 v_t 得到了标号，说明存在一条可扩充路，可转第二步进入调整过程；若 v_t 未获得标号，或标号过程已无法进行，则说明 f 已是最大流。

第二步是调整过程。首先按 v_t 及其他点的第 1 个标号，利用反向追踪的办法找出可扩充路 μ，然后沿着可扩充路调整 f 以增加流量，调整方法是

$$\text{令 } f'_{ij}=\begin{cases} f_{ij}+\delta_t & \text{若}(v_i, v_j)\text{为可扩充路上的前向弧时} \\ f_{ij}-\delta_t & \text{若}(v_i, v_j)\text{为可扩充路上的后向弧时} \\ f_{ij} & \text{若}(v_i, v_j)\text{不在可扩充路上时} \end{cases}$$

调整结束后去掉所有标号，回到第一步，对可行流 f' 重新标号。

现以例 6-9 的求解为例，对这一方法的应用予以演示。

对于例 6-9，可以以图 6-28 给出的方案为一可行流，因此得到未标号的容量网络如图 6-31 所示。

第一次给每一个点标号后得到两条可扩充路，如图 6-32 所示。两条可扩充路如图中双线和黑粗线所示，分别使得总流量增加 3 万 t。

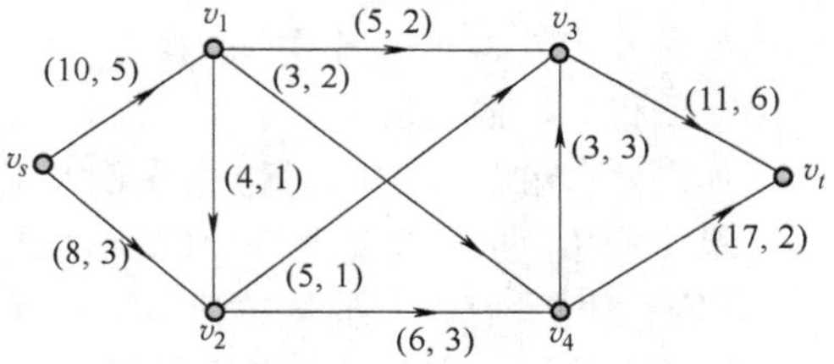

图 6-31　例 6-9 未标号的容量网络

第二次给每一个点标号后得到两条可扩充路，如图 6-33 所示。两条可扩充路如图中双线和黑粗线所示，分别使得总流量增加 2 万 t 和 1 万 t。

第三次给每一个点标号后得到一条可扩充路，如图 6-34 所示。可扩充路如图中黑粗线所示，总流量增加 1 万 t。

最终的最大流传输方案如图 6-35 所示，总流量为 18 万 t。

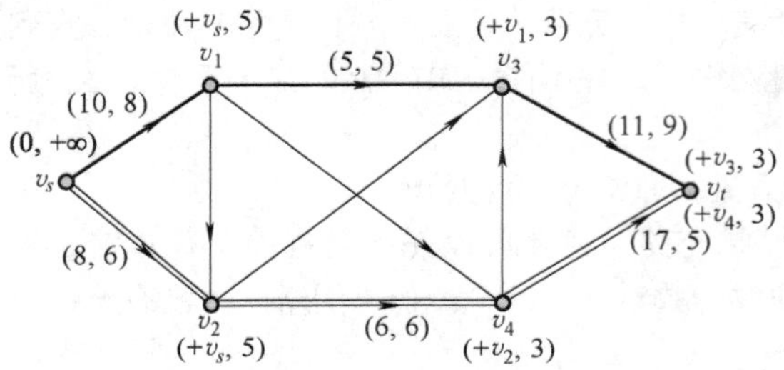

图 6-32　例 6-9 第一次标号后的容量网络

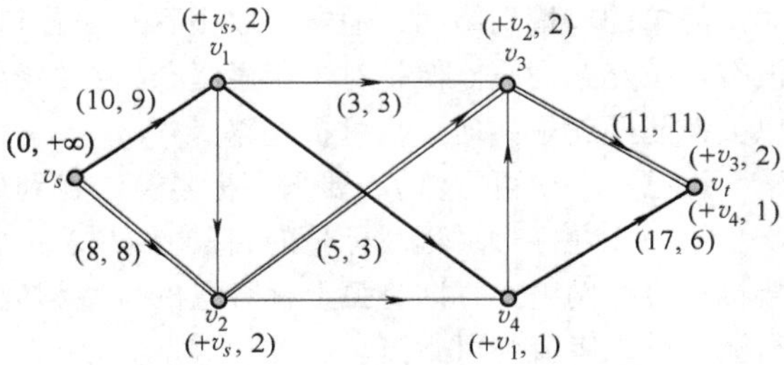

图 6-33　例 6-9 第二次标号后的容量网络

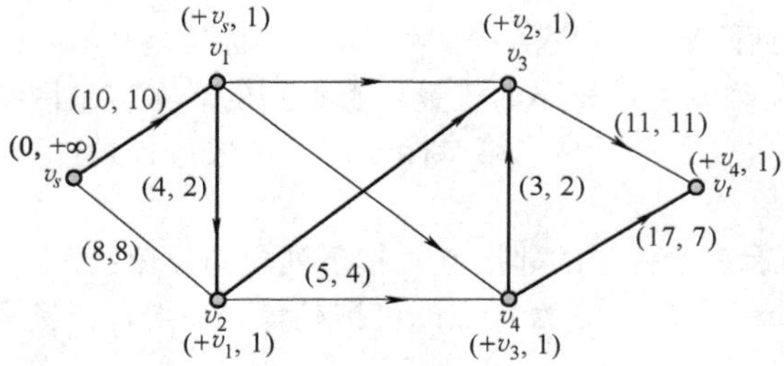

图 6-34　例 6-9 第三次标号后的容量网络

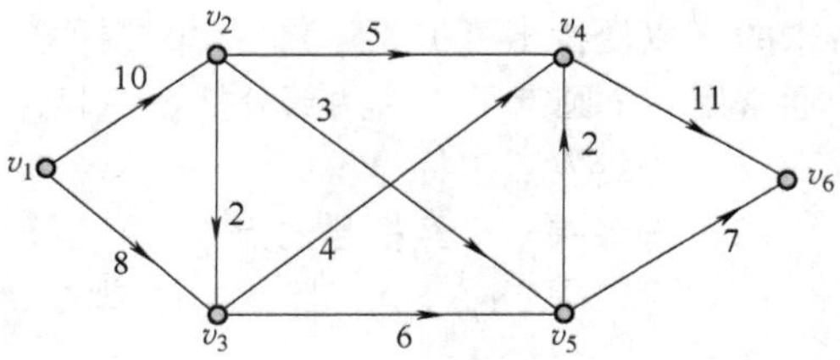

图 6-35　例 6-9 第四次标号后的容量网络

6.5　最小费用流问题

6.5.1　最小费用流问题的提法和模型

在求解容量网络的时候，由于管道的长度、设施状况不同，因而通过单位流量的费用往往也会有差别。所有一般除了要求通过的流量最大外，经常还希望通过一定流量的费用也能最小化。这就是最小费用流问题。

最小费用流问题的一般提法是：在一个给定的容量网络 $D=(V, A, C)$ 的每一条弧上，除了给出容量 c_{ij} 之外，还给出了每一弧上单位流量的费用 b_{ij}，要求在 v_s 和 v_t 之间输送一定流量 f 的条件下，使得总运输费最小。

如果要求输送的一定流量 f 等于最大流量 F，则这时的最小费用流称作最小费用最大流问题。

最小费用流的模型也是一个线性规划。

【例 6-10】　有一石油输送管网的容量网络如图 6-36 所示，弧上的括号中标注的是（c_{ij}，b_{ij}），试选择一个通过一定流量的最小费用流。

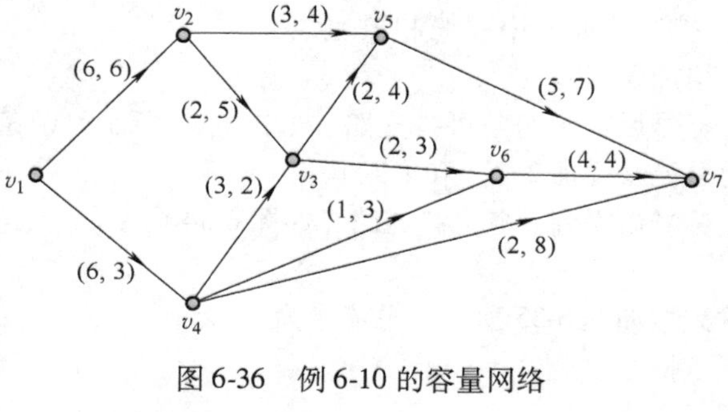

图 6-36　例 6-10 的容量网络

【解】 设每一弧上相应的流量为f_{ij}，给定的输出流量为f，则相应的线性规划模型为

$$\min Z = \sum_{(v_i, v_j) \in A} b_{ij} f_{ij} = 6f_{12} + 3f_{14} + 4f_{25} + 5f_{23} + 2f_{43} + 4f_{35} + 7f_{57} + 3f_{36} + 3f_{46} + 8f_{47} + 4f_{67}$$

$$\text{s.t.} \begin{cases} f_{12} + f_{14} = f \\ f_{12} = f_{23} + f_{25} \\ f_{14} = f_{43} + f_{46} + f_{47} \\ f_{23} + f_{43} = f_{35} + f_{36} \\ f_{25} + f_{35} = f_{57} \\ f_{36} + f_{46} = f_{67} \\ f_{12} + f_{14} = f_{57} + f_{67} + f_{47} \\ 0 \leqslant f_{ij} \leqslant c_{ij} \quad (i = 1, 2, \cdots, 6; j = 2, 3, \cdots, 7) \end{cases}$$

不难看出，与最大流问题相比，最小费用流问题的数学模型有两点不同：①目标函数不同；②通过一定流量的约束。如果是最小费用最大流问题，所要求的一定流量f应等于最大流F。对于最小费用最大流问题，该模型的求解通常需要分两步处理。第一步，先解最大流问题求出最大流F。第二步，再解最小费用最大流问题。不过必须清楚，如果最大流问题为唯一解即不存在多重解或多方案时，最小费用最大流问题不存在，或者说一定无解。最小费用最大流存在的前提条件是，最大流问题一定有多重解。所以，为了避免当最大流为唯一解时最小费用流无解，一般要求最小费用流中允许通过的一定流量必须小于最大流。通常，人们所说的最小费用最大流问题的基本含义是，在满足最小费用的前提条件下，使容量网络中通过的流量尽可能最大化。这一点，通过下面要介绍的最小费用最大流问题的求解方法可以了解得很清楚。

求解上述模型的最大流问题，得到的最优解为：$f_{12}=5$，$f_{14}=5$，$f_{23}=2$，$f_{25}=3$，$f_{35}=2$，$f_{36}=2$，$f_{43}=2$，$f_{46}=1$，$f_{47}=2$，$f_{57}=5$，$f_{67}=3$，目标函数（最大流）$Z=10$。当$f=F=10$时，得到的最小费用最大流$f_{12}=4$，$f_{14}=6$，$f_{23}=1$，$f_{25}=3$，$f_{35}=2$，$f_{36}=2$，$f_{43}=3$，$f_{46}=1$，$f_{47}=2$，$f_{57}=5$，$f_{67}=3$，目标函数（最小费用）$Z=145$。

6.5.2 最小费用最大流问题的解法

最小费用最大流问题的求解通常可以使用基本算法和对偶算法。下面仅介绍基本算法。

基本算法的思路是：把容量网络上给出的单位费用看作相应的弧长，这样求解最小费用的问题就归结为求解v_s到v_t的最短路径问题。因此，可以先找到容量网络中的所有可扩充路，然后求出每一条可扩充路的路长。如果容量网络中含有后向弧，其单位费用看作负值。再由最短路、次短路等依次开始扩充，当输出流量等于给定流量时，即得到给定流量条件下的最小费用最大流；如果还有可扩充路继续扩充，或者如果所有的可扩充路均可用于继续增加流量，则一定能够找到最大流条件下（可行流$f=F$时）的最小费用流。

下面运用基本算法求解例6-10。

第一次迭代，找到最短路$v_1 \to v_4 \to v_6 \to v_7$，此路的总单位费用为$3+3+4=10$，弧$(v_4, v_6)$的顺流容量为1，决定了$\delta=1$，调整后总输出流量为1，总费用为$1 \times 10=10$。

第二次迭代，找到最短路$v_1 \to v_4 \to v_7$，此路的总单位费用为$3+8=11$，弧(v_4, v_7)的顺流容量为2，决定了$\delta=2$，调整后总输出流量为3，总费用为$10+11 \times 2=32$。

第三次迭代，找到最短路$v_1 \to v_4 \to v_3 \to v_6 \to v_7$，此路的总单位费用为$3+2+3+4=12$，弧

(v_3, v_6) 的顺流容量为2，决定了 $\delta=2$，调整后总输出流量为5，总费用为 $32+12\times2=56$。

第四次迭代，找到最短路 $v_1\to v_4\to v_3\to v_5\to v_7$，此路的总单位费用为 $3+2+4+7=16$，弧 (v_1, v_4) 的顺流容量为1，决定了 $\delta=1$，调整后总输出流量为6，总费用为 $56+16\times1=72$。

第五次迭代，找到最短路 $v_1\to v_2\to v_5\to v_7$，此路的总单位费用为 $6+4+7=17$，弧 (v_2, v_5) 的顺流容量为3，决定了 $\delta=3$，调整后总输出流量为9，总费用为 $72+17\times3=123$。

第六次迭代，找到最短路 $v_1\to v_2\to v_3\to v_5\to v_7$，此路的总单位费用为 $6+5+4+7=22$，弧 (v_3, v_5) 的顺流容量为1，决定了 $\delta=1$，调整后总输出流量为10，总费用为 $123+22\times1=145$。

第六次迭代后因已找不到从 v_1 到 v_7 的可扩充路，故已经得到最小费用最大流。所得到的方案可以按照求解顺序在图上找到，也可以按以下方式计算确定：

$f_{14}=1+2+2+1=6$；$f_{46}=1$；$f_{67}=1+2=3$；$f_{47}=2$；$f_{43}=2+1=3$；$f_{36}=2$；$f_{35}=1+1=2$；$f_{57}=1+3+1=5$；$f_{12}=3+1=4$；$f_{25}=3$；$f_{23}=1$。

应用案例讨论

某企业运输网络改善方案设计

1. 问题描述

v_1，v_2，v_3 为某企业下属三个分厂所在地。已知三个分厂的产品生产能力各为40、20、10单位，产品每天均需运往车站仓库 v_t。现有的运输网络如图6-37所示，弧边的数字为相应运输线路的日运输能力。由于目前的运输网络不能保证每天将所有的产品及时运送到仓库，为了改善目前的运输状况，该厂计划在车站新建一个仓库 $\tilde{V}_t$，并考虑开通 $v_4\to\tilde{v}_t$，$v_4\to v_5$ 或 $v_5\to v_4$ 的单方向行驶运输道路（如图6-37中虚线所示），现需要对于新开通的运输通道设计运输能力要求，如何确定才能保证每天将所有的产品及时运送到车站仓库？试分析：原运输网络不能保证每天将所有的产品及时运送到仓库原因何在？单行道方向如何确定？通过分析计算，对该厂改善运输状况的计划做简单评论，并提出一些有益的设想和建议。

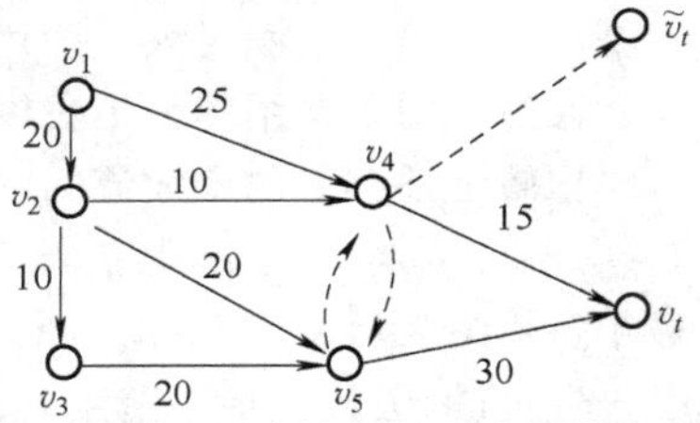

图6-37　某企业运输网络

2. 分析讨论

显然，这属于最大流问题。原来的运输网络之所以不能保证每天将所有的产品及时运送到仓库，其原因在于，最小割集$((v_4, v_t), (v_5, v_t))$运输量仅有45(15+30)。要确定新开通的运输通道设计运输能力要求，需先对原运输网络设计一个最大流的运输方案。原运输网络的最大流运输方案如图6-38所示。

按照图6-38的运输方案，共3条运输路线：第一条线是 $v_1\to v_4\to v_t$，运输量是15；第二条线是 $v_1\to v_2\to v_5\to v_t$，运输量是20；第三条线是 $v_3\to v_5\to v_t$，运输量是10。

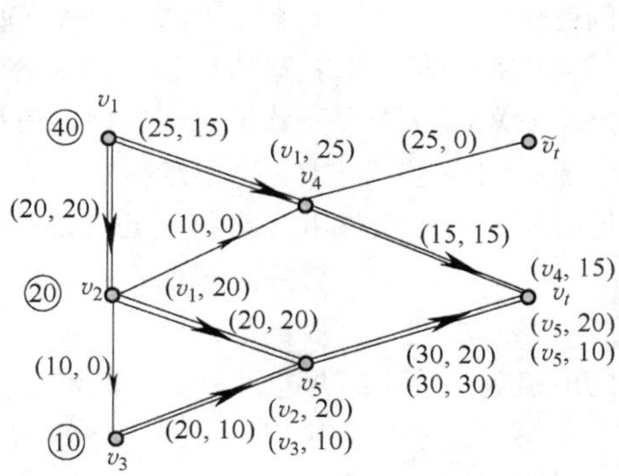

图6-38　原网络运输方案

现在的问题是，v_1 尚剩余 5 单位产品，v_2 尚剩余 20 单位产品；在已开通的三条运输线中，第一条线中的（v_4，v_t）段和第三条线中的（v_5，v_t）段以及第二条运输线中的全线均已饱和。所以，新开发的运输线路就只能是：①$v_1 \to v_4 \to \tilde{v}_t$，运输量 5 单位；②$v_2 \to v_4 \to \tilde{v}_t$，运输量 10 单位；③$v_2 \to v_3 \to v_5 \to v_4 \to \tilde{v}_t$，运输量 10 单位。

即新开通的单行道应该是（v_5，v_4），其运输能力应至少是 10；新开通的（v_4，$\tilde{v}_t$）线路的运输能力应该至少为 25。

利用 WinQSB 进行图与网络分析

用 WinQSB 软件求解图与网络问题一般调用 Network Modeling 模块，最小树问题选择 Minimal Spanning Tree，最短路径问题选择 Shortest Path Problem，最大流问题选择 Maximal Flow Problem，最小费用最大流问题选择 Network Flow。

1. 最小生成树分析

以例 6-3 为例。

第一步，调用 Network Modeling 模块，建立新问题。

在图 6-39 中的 Problem Type 处选择 Minimal Spanning Tree，在 Problem Title 处输入“例 6-3”，在 Number of Nodes 输入 9（9 个自然村）。

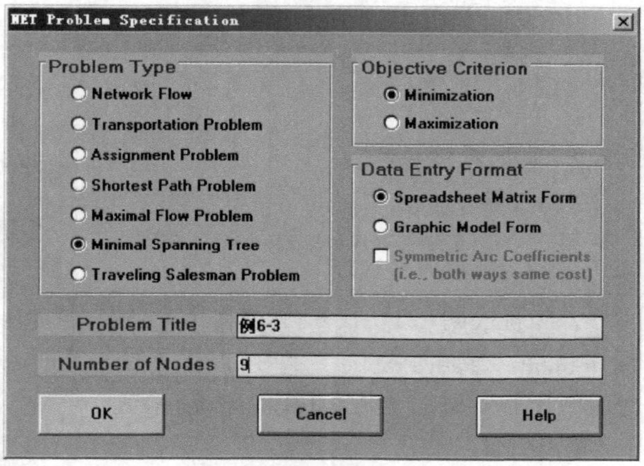

图 6-39　建立最小树问题的新问题

第二步，输入数据。

在图 6-39 中单击 OK 后，得到图 6-40，可先修改节点名称（单击 Edit 菜单），然后输入图 6-20 中的数据，注意在求最小树时两点间的权数只输入一次，对称的地方不再输入。

From \ To	V0	V1	V2	V3	V4	V5	V6	V7	V8
V0		2	1	3		4	2	5	
V1			4						1
V2				1					
V3					1				
V4						5			
V5							2		
V6								3	
V7									5
V8									

图 6-40　按“两点间权重只输一次”的原则输入题目数据

第三步，求解。

单击菜单栏 Solve and Analyze→Solve the Problem 得到最小树输出结果如图 6-41 所示。从图中可以看出例 6-3 的最小树权重和为 13。单击菜单栏 Results→Graphic Solution，显示最小树图形，见图 6-42（通常不会是书上的原图）。

3-	From Node	Connect To	Distance/Cost		From Node	Connect To	Distance/Cost
1	V0	V1	2	5	V5	V6	2
2	V0	V2	1	6	V0	V6	2
3	V2	V3	1	7	V6	V7	3
4	V3	V4	1	8	V1	V8	1
	Total	Minimal	Connected	Distance	or Cost	=	13

图 6-41　求解最小树输出结果

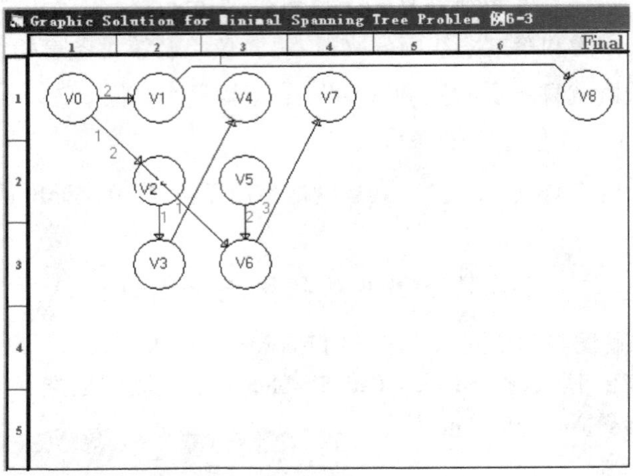

图 6-42 最小树图形

2. 最短路径分析

以例 6-4 为例。

第一步，调用 Network Modeling 模块，建立新问题。

在出现的图 6-43 中的 Problem Type 处选择 Shortest Path Problem，在 Problem Title 处输入“例 6-4”，在 Number of Nodes 输入 8（共 8 个节点）

第二步，输入数据。

单击 OK 后，得到图 6-44，可先修改节点名称，然后在图 6-44 中输入教材中图 6-23 中给出的数据。注意如果是有向图就按照弧的方向输入数据，如果是无向图，每一条边必须输入两次，无向边变为两条方向相反的弧。本题目是有向的，读者可以自己去验证无向的题目。

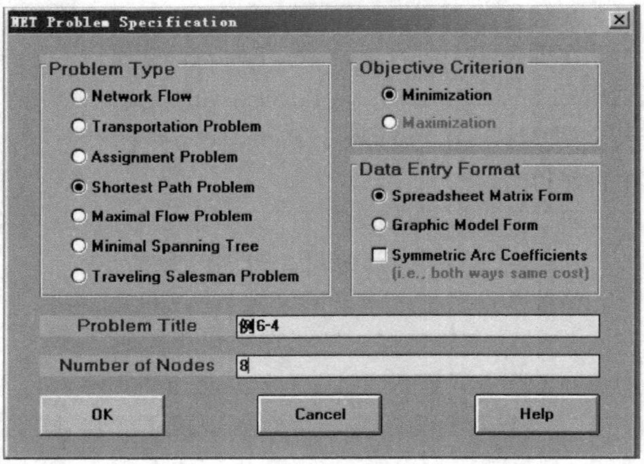

图 6-43 建立最短路径问题的新问题

From \ To	V1	V2	V3	V4	V5	V6	V7	V8
V1		4	6					
V2				5	4			
V3				4	7			
V4						9	7	
V5						5	6	
V6							5	4
V7								1
V8								

图 6-44 按照求最短路径要求输入例 6-4 的数据

第三步，求解。

单击菜单栏 Solve and Analyze 后，系统提示用户选择图的起点和终点，系统默认从第 1 个点到最后一个点，如图 6-45 所示。单击 Solve 后，得到最短路径的综合结果分析表如图 6-46 所示。

该表不仅输出了 v_1 到 v_8 的最短路径和最短路长，还显示了 v_1 到各点的最短路长。单击 Results→Graphic Solution，显示 v_1 到各点的最短路径图，如图 6-47 所示。

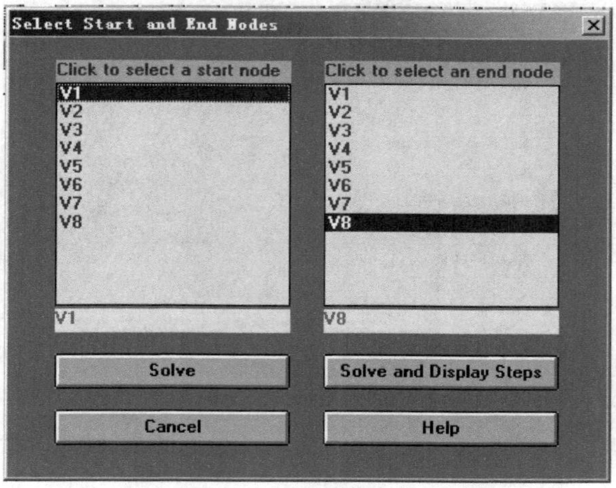

图 6-45　选择起点和终点

9-:	From	To	Distance/Cost	Cumulative Distance/Cost
1	V1	V2	4	4
2	V2	V5	4	8
3	V5	V7	6	14
4	V7	V8	1	15
	From V1	To V8	=	15
	From V1	To V2	=	4
	From V1	To V3	=	6
	From V1	To V4	=	9
	From V1	To V5	=	8
	From V1	To V6	=	13
	From V1	To V7	=	14

图 6-46　例 6-4 的最短路径综合分析结果

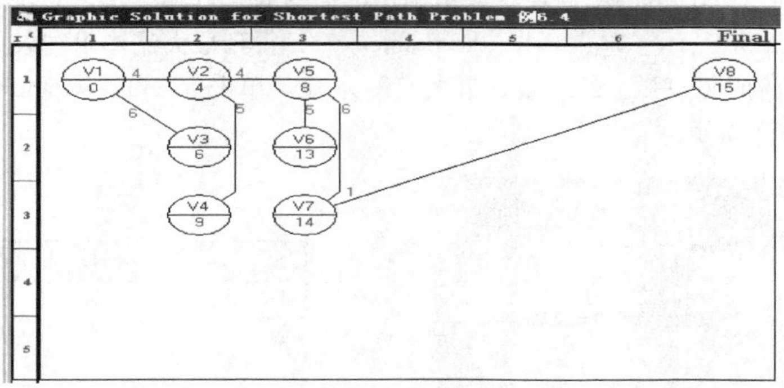

图 6-47　例 6-4 最短路径结果图示

3. 进行最大流分析

以例 6-9 为例。

第一步，调用 Network Modeling 模块，建立新问题。

在得到的图 6-48 中的 Problem Type 处选择 Maximal Flow Problem，在 Problem Title 处输入“例 6-9”，在 Number of Nodes 输入“6”（共 6 个节点）。

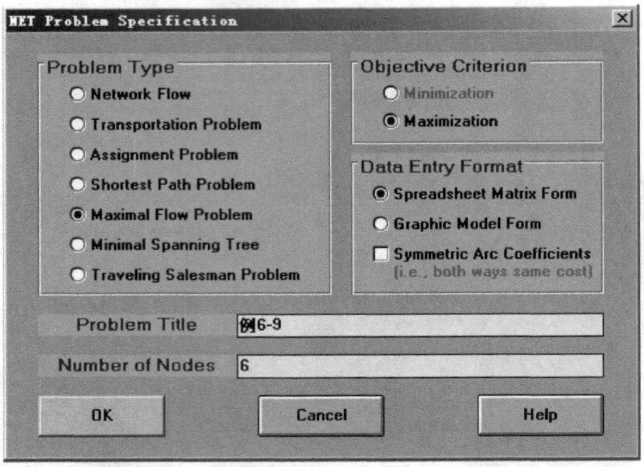

图 6-48　建立例 6-9 的新问题

第二步，输入数据。

在图 6-48 中单击 OK 后，得到图 6-49。可以先修改节点名称，然后在图 6-49 中输入图 6-27 中给出的数据。注意按箭头方向输入相应的容量，如果是无方向的边，每一条边必须输入两次容量，求解的方法与最短路径求解方法相似。

From \ To	V1	V2	V3	V4	V5	V6
V1		10	8			
V2			4	5	3	
V3				5	6	
V4						11
V5				3		17
V6						

图 6-49　按照求最大流要求输入例 6-9 数据

第三步，求解。

单击菜单栏 Solve and Analyze 后系统提示用户选择图的起点和终点，系统默认从第一个点到最后一个点，如图 6-50 所示。单击 Solve the Problem 后，得到最大流输出结果如图 6-51 所示，该表给出了获得最大流时每段弧上的流量，最大流量为 18。单击 Results→Graphic Solution，输出最大流网络图如图 6-52 所示。

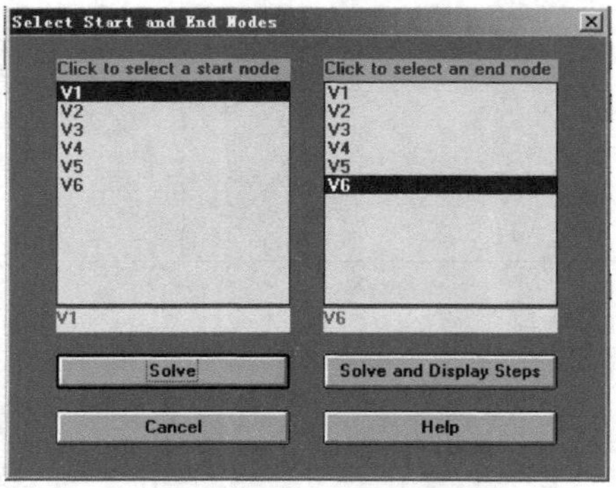

图 6-50　确认起点和终点

29-2(	From	To	Net Flow		From	To	Net Flow
1	V1	V2	10	6	V3	V4	4
2	V1	V3	8	7	V3	V5	6
3	V2	V3	2	8	V4	V6	9
4	V2	V4	5	9	V5	V6	9
5	V2	V5	3				
Total	Net Flow	From	V1	To	V6	=	18

图 6-51　例 6-9 的最大流输出结果

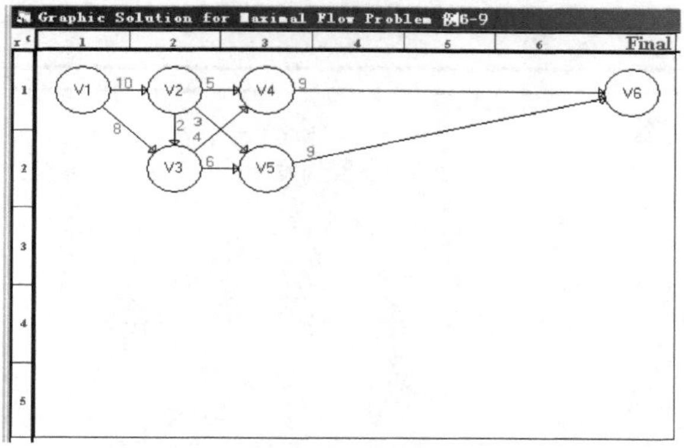

图 6-52　最大流网络图

4. 最小费用最大流分析

以例 6-10 为例。

第一步，调用 Network Modeling 模块，建立新问题。

在图 6-53 中的 Problem Type 处选择 Network Flow，在 Objective Criterion 处选择 Minimization，在 Data Entry Format 处选择 Graphic Model Form，Problem Title 处输入“例 6-10”，在 Number of Nodes 输入“7”（共 7 个节点）。

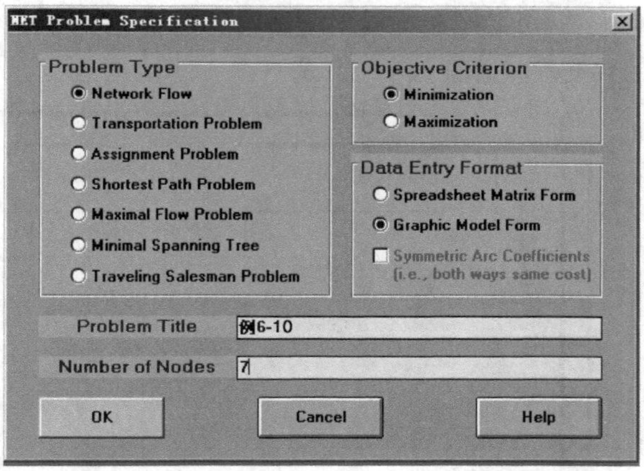

图 6-53　建立最小费用最大流的新问题

第二步，节点编辑。

在图 6-53 中单击 OK 后出现的图形界面单击 Edit→Node，右端出现图 6-54 所示编辑界面，在 Node Name 的文本框中输入节点名称，在 Location 的文本框中输入节点位置，系统提供 10 行 10 列的方格表供画图使用，例如将节点 1 放在第 1 行第 1 列，则输入“1，1”两个数，中间用逗号分开。在 Capacity 文本框中输入节点容量。起点输入以该点为起点所有弧的容量之和，中间点容量为零，终点输入到该点容量之和的相反数，每输入一个节点的信息后一定要单击 OK，编辑完毕得到如图 6-55 所示的结果。

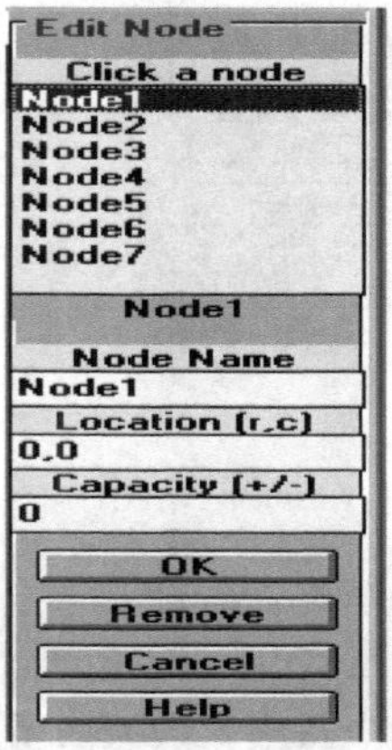

图 6-54　编辑的节点名称

第三步，网络编辑。

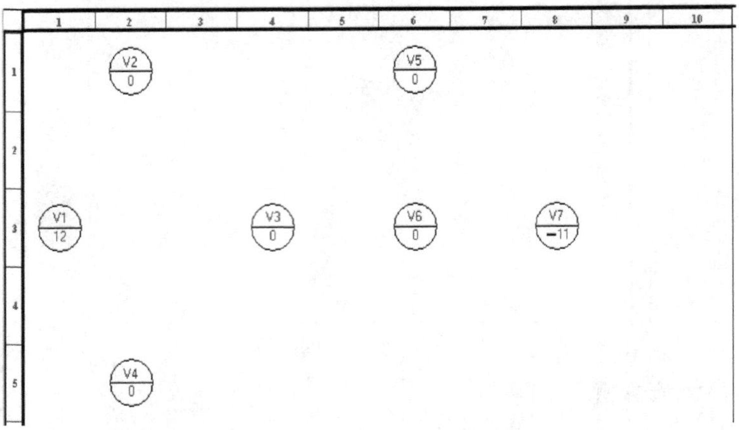

图 6-55　编辑后的节点位置

单击菜单 Edit→Arc→Connection→Link 后，右端出现图 6-56 所示的编辑界面，编辑节点与节点的连接关系。系统开始默认所有节点之间都没有弧连接，如果节点 i 与节点 j 之间有一条弧，则在 Link Coefficient 的文本框中输入单位流量费用，在 Flow UpperBoumd 文本框中输入最大容量，单击 OK 完成一条弧的编辑。所有弧编辑完成后得到图 6-57 所示的网络图。图 6-57 弧边上的数据是单位费用，括号中的数据是流量的下界和上界。

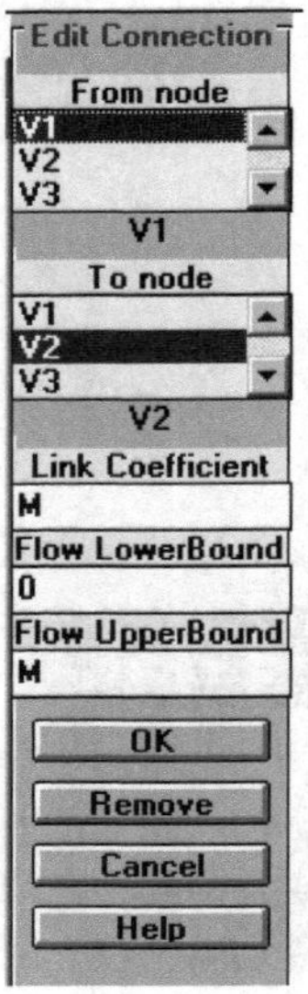

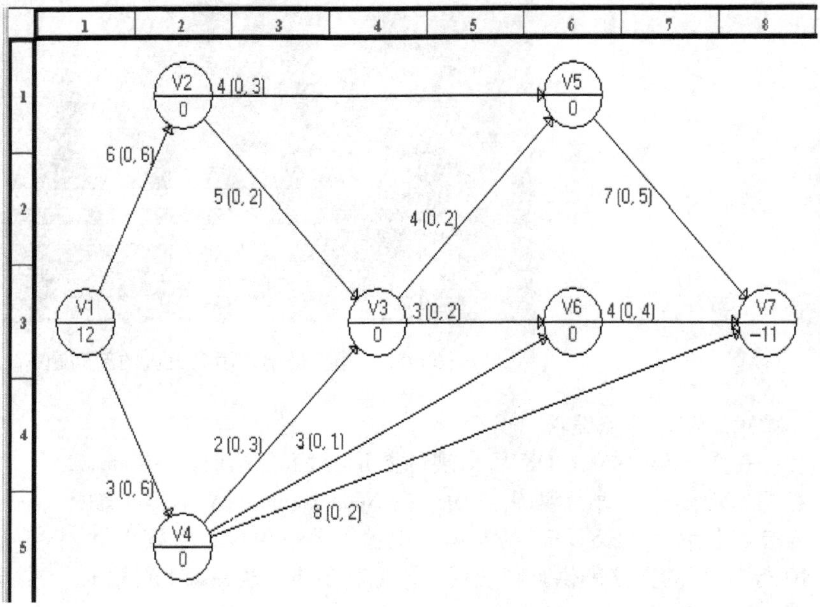

图 6-56　编辑网络图　　　　图 6-57　例 6-10 的网络图

第四步，求解。

单击 Solve and Analyze 得到题目的最优方案如图 6-58 所示，点击 Results→Graphic Solution，输出最小费用最大流网络图 6-59。

9-:	From	To	Flow	Unit Cost	Total Cost	Reduced Cost
1	V1	V2	4	6	24	0
2	V1	V4	6	3	18	0
3	V1	V7	1	0	0	0
4	V1	Unused_Supply	1	0	0	0
5	V2	V3	1	5	5	0
6	V2	V5	3	4	12	–5
7	V3	V5	2	4	8	0
8	V3	V6	2	3	6	18-1M
9	V4	V3	3	2	6	–6
10	V4	V6	1	3	3	10-1M
11	V4	V7	2	8	16	11-1M
12	V5	V7	5	7	35	22-1M
13	V6	V7	3	4	12	0
	Total	Objective	Function	Value =	145	

图 6-58　例 6-10 的最小费用最大流最优方案

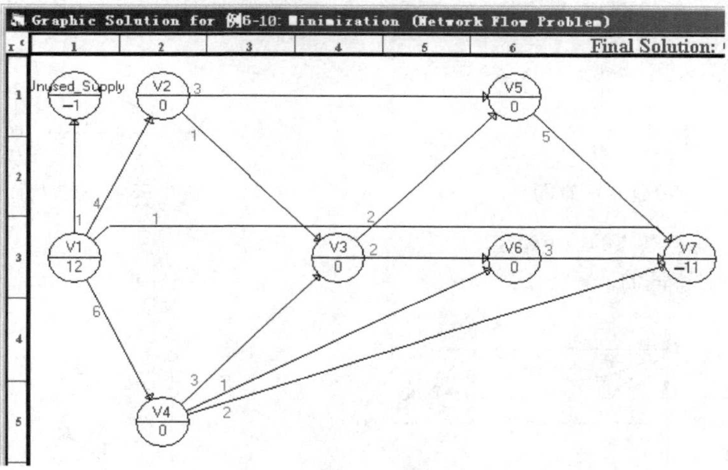

图 6-59　最小费用最大流网络图

习题与作业

1. 画一无向图，使其顶点次数分别为：

（1）2，3，3，4，4。

（2）2，3，4，5，6。

2. 证明下列序列不可能成为某个简单图的所有顶点的次的序列：

（1）7，6，5，4，3。

（2）6，6，5，4，3，2，2。

3. 试想想，在哥尼斯堡“七桥难题”中，按照欧拉定理，如要使得命题成立，在 A，B，C，D 之间至少需要再增加几座桥？有几种方案？试画出其简单图来。

4. 写出图 6-60 所示无向图的邻接矩阵。

5. 写出图 6-61 所示有向图的邻接矩阵 $\boldsymbol{A}$，并计算 $\boldsymbol{A}^2$ 和 $\boldsymbol{A}^4$，指出 v_1 到 v_4 长度为 2 的所有路。

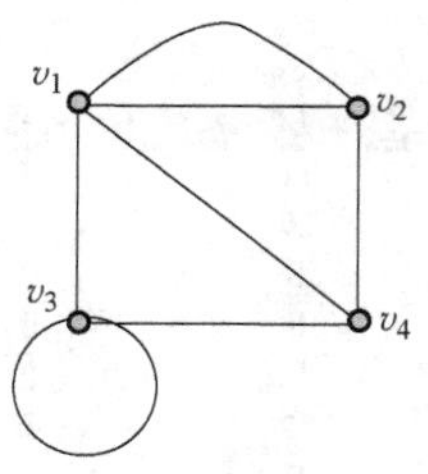

图 6-60　习题 4 无向图

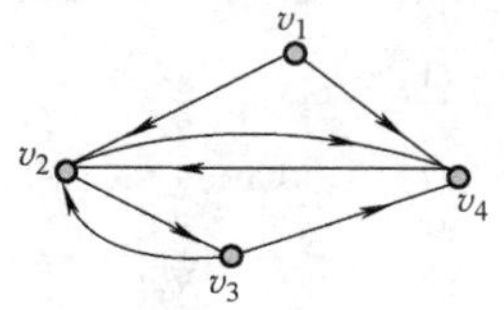

图 6-61　习题 5 有向图

6. 分别用避圈法和破圈法求图 6-62 所示图的生成树和最小树。

7. 求图 6-63 中 v_0 到 v_9 的最短路径。

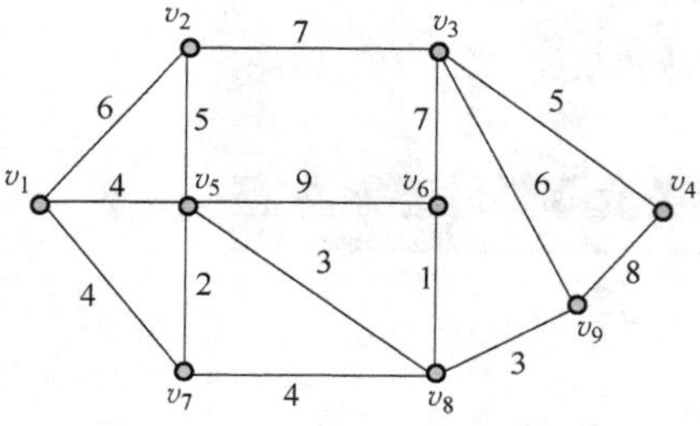

图 6-62　习题 6 示意图

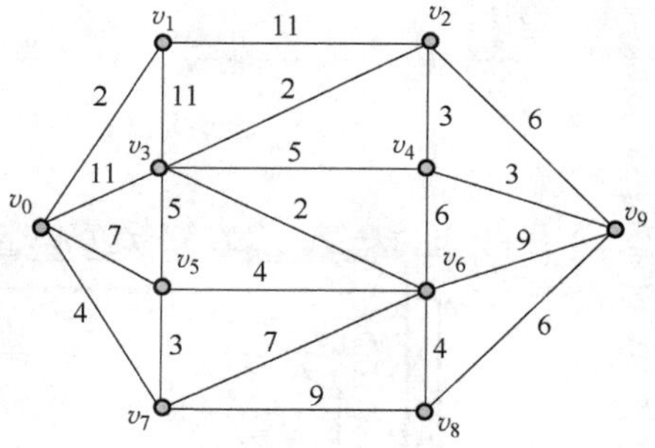

图 6-63　习题 7 示意图

8. 求图 6-64 中 v_1 到各点的最短路径。

9. 求图 6-65 中各点间的最短路径。

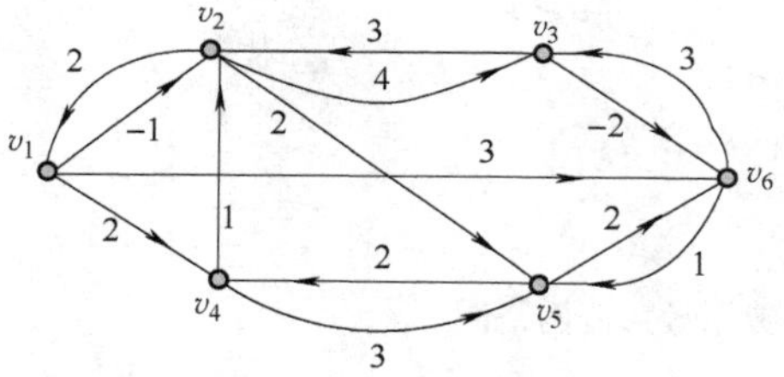

图 6-64　习题 8 示意图

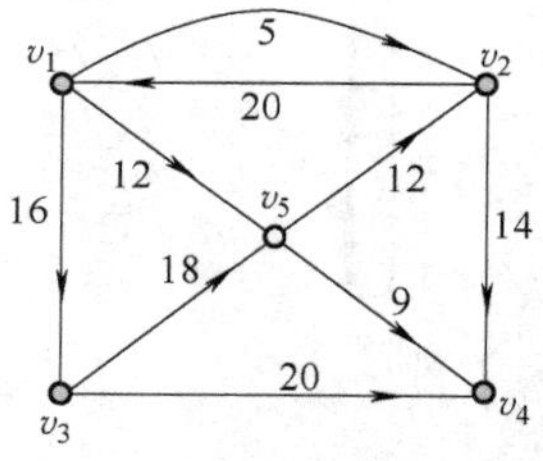

图 6-65　习题 9 示意图

10. 求图 6-66 所示容量网络中的最大流。

11. 求图 6-67 所示网络中 v_s 到 v_t 流量为 6 时的最小费用流（括号中后一数字为单位费用）。

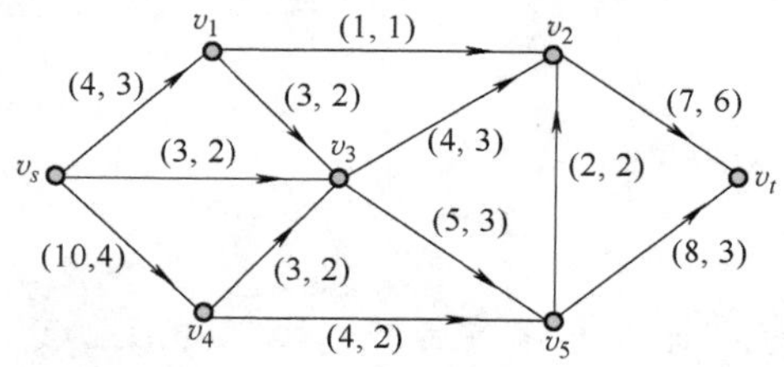

图 6-66　习题 10 示意图

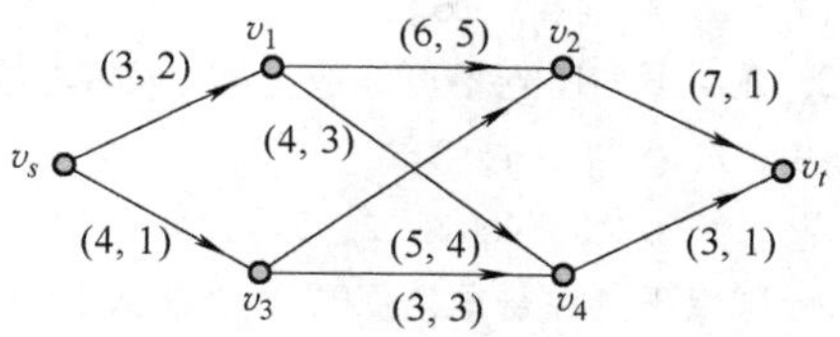

图 6-67　习题 11 示意图

第 7 章 决策论

7.1 决策论概述

7.1.1 决策的概念和分类

决策就是对行动方案的选择，也就是做决定。决策是人们在政治、经济、军事、科技及日常生活中经常会遇到的问题，是任何管理活动都不可缺少的首要的基本职能。正如西方一位管理学家所说，“管理就是决策”。这一观点充分地说明了决策的重要性。

1. 规范化决策和非规范化决策

决策按照决策问题的性质，通常可以分为规范化决策和非规范化决策。前者是指在行动规范中重复出现的、例行的决策，也叫常规决策；这类决策一般有章可循，有法可依。后者是指偶然发生的或首次出现的非重复性决策；这类决策往往难以预料，决策时很难有确定的把握。

2. 战略决策和策略决策

按照决策目标所涉及的内容，决策可以有战略决策和策略决策。前者是指有关发展方向、奋斗目标和远景规划的决策，后者则是指有关实现战略目标所采取手段的决策。

3. 单目标决策和多目标决策

按照决策目标的多少，决策通常可以有单目标决策和多目标决策。单目标决策只有一个决策目标，如利润最大或成本最小；多目标决策则有多个决策目标，比如，“多快好省”有四个决策目标，“物美价廉”则有两个决策目标。对于多目标决策的研究，就产生了运筹学中的目标规划。

4. 竞争型决策和非竞争型决策

按照决策时对手的参与情况，决策有竞争型决策和非竞争型决策。前者是指有竞争关系和竞争人参加的决策，如博弈论决策；后者是指没有竞争关系和竞争人参加的决策。在市场经济条件下，关于经济问题的决策大多都是属于竞争型的。博弈论决策是运筹学研究中一个很重要的分支。

5. 确定型决策、非确定型决策和风险型决策

按照决策时决策人所面临的环境或自然状态，决策通常可以分为确定型决策、非确定型决策和风险型决策。确定型决策是指，决策人所面临的决策环境或自然状态只有一种，因而决策实施后的结果也是确定的一类决策；非确定型决策是指，决策人所面临的决策环境或自然状态有多种，因而决策实施后的结果为非确定的一类决策；风险型决策是指，在决策人面临多种决策环境或自然状态条件下，决策人虽然不知道究竟会出现什么样的决策环境或自然状态，但却可以知道每一种决策环境或自然状态出现的概率，因而可以依概率进行决策，由于概率只是事件发生的可能性而并不等于现实性，所以决策人必然要冒一定风险的决策。

6. 单项决策和序贯决策

按照决策过程的连续性，决策有单项决策和序贯决策之分。前者是指整个决策过程只做一次决策就可得到结果，后者是指整个决策过程由一系列的决策组成。动态规划就是专门研究序贯决策问题的一个运筹学分支。实际上，一般的管理活动总是由一系列的决策组成的，只是在这一系列的决策中往往有一些关键环节更重要，因此可以把这些关键环节分别看作单项决策来处理。

7.1.2 决策的一般过程

决策是为了解决问题，解决问题就像医生看病，需要有一个程序。决策必须遵循科学的决策程序，尤其是对于一些重大问题的决策。我国过去在一些重大工程项目中曾经使用过的“三边方针”即“边勘测，边设计，边施工”是科学决策所不提倡的。决策的一般过程可分为四步，如图 7-1 所示。

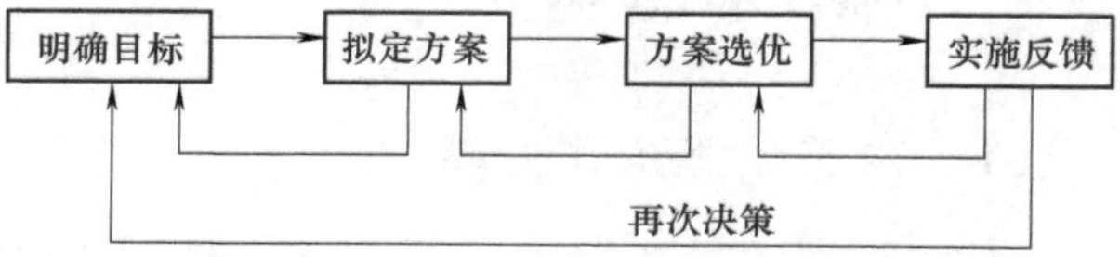

图 7-1 决策的一般过程

1. 明确目标

明确的目标，有赖于对问题深入透彻的分析。分析问题必须首先提出问题。问题就是标准与现状的差距。提出问题后，必须明确问题的性质和范围。为此，必须进行目标分析、功能分析和环境分析。最后，在问题分析的基础上确定一个明确的目标。一般地说，目标必须首先是单意的，而不能是多意的；同时目标必须具有分层结构，且应具有衡量目标是否实现的具体标准。

2. 拟定方案

目标明确以后，首先应该通过调查研究收集与目标有关的详细信息，并根据所收集的信息对未来进行科学预测，以确知决策人可能会面临的决策环境。在预测的基础上，可以着手拟定方案。拟定方案必须遵循两个基本原则，一是整体详尽性，二是相互排斥性。对于比较复杂的决策问题，方案的拟定还可以分两个阶段进行，即先进行大胆设想，然后再进行精心设计。

3. 方案选优

这一步主要需要解决好两个问题，一是选优的标准问题，二是选优的方法问题。关于选优的标准，一般倾向于满意标准，而不是最优标准。选优的方法主要有三种：经验判断法、数学分析法和试验法。试验法主要适用于对重大问题的决策。

4. 实施反馈

最优方案选定以后，就要付诸实施。方案实施的过程，实质也是对方案的一个重新检查过程。因此，必须对方案的实施过程进行监控，发现问题，及时纠正，这也就是反馈。必要时，尚需要中止方案的执行过程，以便对整个方案乃至目标进行重新考虑。

在管理的实践中，决策总是不断进行的。所以，上述过程必然是循环的。有时候，每一步的进行可能都需要回到上一步，这是不可避免的。比如在拟定方案的过程中，可能会发现对问题的认识尚不十分清楚，这时就需要回到第一步。

7.1.3 决策中必须遵循的基本原则

无规矩不成方圆。要提高决策的科学性，决策中必须按照一定的原则办事。

1. 系统原则

系统原则是说，决策必须能够保证整个被决策系统处于最佳状态。决策必须强调系统性，必须全面考虑所涉及的整个系统或相关系统，必须考虑决策与周围环境的相互关系和相互作用。

按照系统原则，决策中必须反对顾此失彼和“头痛医头脚痛医脚”。对于较大的决策问题，必须进行系统分析。

2. 择优原则

择优原则是说，任何决策都必须是两个以上或一系列方案选优的结果。只有一个方案，即使经过了充分的论证，也无所谓决策。西方有一位管理学家说过：“决策中如果觉得似乎只有一条路可走，那么很可能这条路就是不该走的。”所以，决策中必须考虑尽可能多的方案。为此，决策中决策人必须经常给自己提出这样的问题：“不这样做行不行?”“有没有别的替代方案?”

3. 可行原则

可行原则是说，决策中所做出的任何决策都必须具有可行性，即在现有的条件下必须是可以执行的。决策是为了解决问题，而并不是像有些人所说的那样，是“规划规划，纸上划划，墙上挂挂”。如果一个决策实施的人力资源和自然经济资源不具备，或者所需要的经济手段难以实现，显然就是不可行决策。不可行的决策外观再漂亮、计算再严密也没有用。

4. 反馈原则

反馈原则是说，任何决策都要不断地利用反馈来进行调整，以不断地趋于完善。任何决策都不可能一次就达到尽善尽美的程度，人们的认识与客观现实总有一定的差距，所以一项决策必须经受实践的检验。更何况，客观现实又总是在不断地发生着变化。因此，科学的决策必须反馈自如。

7.2 非确定型决策

【例 7-1】 某企业准备生产某一种产品，根据预测，未来的市场状态有三种情况，即畅销、一般和滞销。因此，准备采用三种相应的生产方案，即大批量生产、中等批量生产和小批量生产。每一方案在每一市场状态下的收益如表 7-1 所示，问企业应如何决策。

表 7-1 生产批量决策表

生产方案	收益值/万元		
	畅 销	一 般	滞 销
小批量生产	50	40	30
中等批量生产	80	50	10
大批量生产	120	60	-30

7.2.1 悲观法

悲观法（Max Min 准则）也叫小中取大准则，其特点是从最不利的情况出发，找出可能出现的最差状态，然后在最不利的情况下选择最好的方案。其决策过程是：首先从每一个方案中选择一个最小收益值，然后再从这些最小收益值所代表的方案中选择一个收益值最大的方案作为备选方案，即所谓“小中取大”。这是一种保守的决策方法，其实质也就是当面临多种情况时人们所采取的“从最坏处着想，向最好处努力”的一种思维方法。

按照这种方法，上述例子应选择的方案就是滞销状态下的小批量生产。

7.2.2 乐观法

乐观法（Max Max 准则）所采取的原则正好与悲观法相反，它是从各种不同状态下各方案的最大收益中，选取其最大的作为决策方案，即所谓的“大中取大”。按照这种方法，在例 7-1 中应选择的方案无疑应是畅销状态下的大批量生产。显然，这种方法使用的前提是对市场状态的最乐观的估计。因此，这种方法通常具有较大的冒险性，一般不宜采用。

7.2.3 折中法

折中法（乐观系数法）的特点是，既不像悲观法那样保守，也不像乐观法那样冒险，而是试图从中找出一个折中的标准。其过程是，先根据历史数据和经验判断，确定一个乐观系数，用 α 表示，$0\leqslant\alpha\leqslant1$。$\alpha$ 的大小，可以看作在两个极端状态中出现乐观状态的概率。然后再根据下列公式计算折中收益值，并选其最大者为决策方案。其公式为

$$折中收益值=\alpha\times最大收益值+(1-\alpha)\times最小收益值$$

不难看出，当 $\alpha=0$ 时，该方法就退化为悲观法；当 $\alpha=1$ 时，该方法就上升为乐观法。仍以例 7-1 为例，取 $\alpha=0.6$，则可算得各方案的折中收益值分别为 42、52 和 60，故应取大批量生产方案。

7.2.4 平均法

平均法（等可能准则）是假定每一种市场状态出现的可能性是相同的，因而可以把每一个方案在各种不同状态下的收益值加以平均，取其最大者为决策方案。容易算出，引例中各方案的平均收益值分别为 40 万元、46.7 万元和 50 万元。显然，应取大批量生产方案为最优方案。

7.2.5 最小遗憾法

最小遗憾法（Min Max 准则）也称作机会成本法。其特点是，当某一种市场状态出现时，决策人选择的标准很明确，即应该选择该种状态下的最大收益方案为决策方案。如果决策人当初并没有这么做，显然这时他就会感到后悔，遗憾他当初没有在这种状态下选择最优方案。这种情况在不确定型决策中是经常会发生的。最小遗憾法就是一种设法使决策人所必然会发生的这种遗憾最小化的方法。它将每一种市场状态下的最大收益值与其他方案收益值之差定义为遗憾值，然后找出每一方案的最大遗憾值，再大中取小，确定最优方案。不难看出，遗憾值实际上也就是机会成本，所以遗憾值最小，实际上也就是机会成本最小。使用这一方法一般分三步进行：

（1）确定各种自然状态下的最大收益值，并加上方括号。在例 7-1 中则如表 7-2 所示。

表 7-2 每一生产方案的最大收益值

生产方案	收益值/万元		
	畅销	一般	滞销
小批量生产	50	40	[30]
中等批量生产	80	50	10
大批量生产	[120]	[60]	-30

（2）计算每一方案在每一状态下的遗憾值，确定每一方案在不同状态下的最大遗憾值，并加上圆括号。计算公式如下：

每一方案在每一状态下的遗憾值 = 该状态下的最大收益值 - 该方案在该状态下的收益值

计算结果如表 7-3 所示。

（3）大中取小，进行决策。在上述的例子中应取中等批量生产方案。选中等批量生产方案

的基本含义是说，不管发生什么状态，充其量最大损失为40万元。

表7-3 每一生产方案的遗憾值

生产方案	收益值/万元		
	畅 销	一 般	滞 销
小批量生产	(70)	20	0
中等批量生产	(40)	10	20
大批量生产	0	0	(60)

7.3 风险型决策

风险型决策与非确定型决策的区别在于，前者知道每一种状态出现的概率，后者则不知道究竟会出现哪一种状态，甚至连每一种状态出现的概率也是不确定的。因此，如果在例7-1中引入每一种状态出现的概率，这个非确定型决策就转化为一个风险型决策。假定每一种状态出现的概率分别为0.3、0.5和0.2，则有风险型决策问题如表7-4所示。

表7-4 生产批量问题的风险型决策表

生产方案	收益值/万元		
	畅销(θ_1) $P(\theta_1)=0.3$	一般(θ_2) $P(\theta_2)=0.5$	滞销(θ_3) $P(\theta_3)=0.2$
小批量生产（s_1）	50	40	30
中等批量生产（s_2）	80	50	10
大批量生产（s_3）	120	60	-30

7.3.1 最大可能法

由表7-4不难看出，一般销路出现的概率最大，其概率$P(\theta_2)=0.5$。最大可能法的决策思路就是，选择一个概率最大的市场状态进行决策，把其他的市场状态撇开不管。这种思路实际上是把最大的市场状态看作必然事件（其出现的概率为1），而把其他状态看作不可能事件（其出现的概率为0）来进行决策的。因此，这种办法实际上是把风险型决策转化为确定型决策来处理的一种方法。通过对一般销路状态下各方案的收益值进行比较，显然大批量生产方案获利最大，故应以此方案为最优方案。

需要注意的是，在一组市场状态条件下，如果各状态发生的概率都很小，且互相接近，则这种方法不宜采用。

7.3.2 期望值方法

所谓期望值，就是一个方案在不同市场状态下的收益值的加权平均数，即某个方案的期望值就等于该方案在不同市场状态下的收益值与相应市场状态出现的概率的乘积之和。用公式表示即

$$E(s_i) = \sum_{j=1}^{n} P(\theta_j) x_{ij} \quad (i = 1,2,\cdots,m)$$

式中　x_{ij}——第 i 个方案在第 j 种状态下的收益或损失值；

　　m——方案数；

　　n——状态数。

期望值方法，就是把每个方案的期望值求出来并加以比较，如果决策目标是收益最大，则取期望值最大的方案为最优方案；如果决策目标是损失最小，则取期望值最小的方案为最优方案。在例 7-1 中，不难算出，各方案的期望值分别为：41 万元、51 万元和 60 万元。因决策目标是收益最大，所以应选大批量生产方案为最优方案。

显然，由于期望值方法是用概率来进行决策的，概率只说明事件发生的可能性的大小，并不说明事件必然发生，所以这种方法仍然要冒一定的风险。但由于这种方法利用了统计规律，因而仍不失为一种有效的决策方法。

7.3.3　临界概率方法

期望值方法只是提供了一种按照每一种状态发生的可能性概率，预期所能够得到的收益。然而事实上，如果执行按照这一方法所选择的方案，却并一定就能够得到预期的期望收益，这是肯定的。因为不管有多少种状态，未来只能有某一种状态发生，不可能有多种状态发生。更何况，在这里每一种状态发生的概率，都是一种预估的概率，是否准确还是个未知数。事实上，人们能够肯定的，只能是某一种状态是否发生，而根本无法验证某一种状态是否会按照一个介于 0 和 1 之间的概率发生。因此，准确地判断每一种状态发生的概率，根据概率有针对性地选择一种方案付诸实施，才是解决风险型决策问题的可行之道。临界概率方法，就是按照这一思路设计的一种方法。

与最大可能法不同，临界概率方法的解题思路是，不管可能的状态有多少，中间的状态一律不予考虑，或者说假定只有两种极端状态，非好即坏，相应的生产方案也只有两种。之所以可以这样做，是因为面对非确定型决策或风险型决策，决策者的选择很清楚，即只要出现好的市场状态，自然应该选择大批量生产方案；如果出现滞销的市场状态，则自然应该选择小批量生产方案。问题是，每一种状态的发生并不是必然事件，都是具有一定或然性的随机事件。因此，在上述的假定条件下，决策者就可以通过计算两种极端状态的临界概率，来决定对相应的两种方案的取舍。

临界概率的计算公式是

$$p=\frac{x_{mn}-x_{1n}}{(x_{11}-x_{1n})+(x_{mn}-x_{m1})}$$

式中　p——出现好状态的临界概率，即如果估计好状态出现的概率大于 p，就执行大批量方案，如果估计好状态出现的概率小于 p，就执行小批量方案。

上述公式提出的思路是这样的：

设好状态出现的概率为 p，则差状态出现的概率为 $1-p$，于是应有

$$px_{11}+(1-p)x_{1n}=px_{m1}+(1-p)x_{mn}$$

$$\Rightarrow\quad p(x_{11}-x_{1n})=p(x_{m1}-x_{mn})+(x_{mn}-x_{1n})$$

$$\Rightarrow\quad p=\frac{x_{mn}-x_{1n}}{(x_{11}-x_{1n})+(x_{mn}-x_{m1})}$$

对例 7-1 中的风险型决策问题，经计算 $p=6/13$。即如果畅销的概率大于 6/13，就执行大批量生产方案；如果畅销的概率小于 6/13，就执行小批量生产方案。

7.3.4 后验概率方法

不确定性经常是由于信息的不完备造成的。决策的过程实际上是一个不断收集信息的过程，当信息足够完备时，决策人便不难做出最后决策。因此，当收集到一些有关决策的进一步信息 B 后，对原有的各种状态发生的概率的估计可能会有所变化，变化后的概率记作 $P(\theta_j|B)$，这是一个条件概率，表示在得到追加信息 B 后，对原有的先验概率 $P(\theta_j)$ 的修正，故称作后验概率。由先验概率得到后验概率的过程，也称作对概率的修正，这种修正要用到贝叶斯公式，所以，这种方法通常也叫作修正概率方法或贝叶斯方法。

【例 7-2】 某石油公司拥有一个待开发的油田，其年产油量有三个估计数，分别为 50 万桶、20 万桶和 5 万桶，也可能无油，其概率分别为 0.1、0.15、0.25 和 0.5。现有三种开发方案供参考：一是自行投资钻井，二是无条件出租，三是有条件出租。经测算每一方案在不同出油量条件下的损益情况如表 7-5 所示。究竟采用哪种方案取决于油田的开发前景，为此，石油公司在决策前希望能进行一次地震试验，以便进一步弄清地质构造情况。已知地震试验的费用是 12 000 元，地震试验的可能结果是：构造好（I_1）、构造较好（I_2）、构造一般（I_3）和构造差（I_4）。根据过去的经验，地质构造与出油量的关系 $P(I_j|\theta_i)$ 如表 7-6 所示。

表 7-5 某石油公司损益情况 （单位：元）

	50 万桶（θ_1）	20 万桶（θ_2）	5 万桶（θ_3）	无油（θ_4）
自行投资钻井（s_1）	650 000	200 000	−25 000	−75 000
无条件出租（s_2）	45 000	45 000	45 000	45 000
有条件出租（s_3）	250 000	100 000	0	0

表 7-6 地质构造与出油量的关系

$P(I_j\mid\theta_i)$	构造好（I_1）	构造较好（I_2）	构造一般（I_3）	构造差（I_4）	合 计
50 万桶（θ_1）	0.58	0.33	0.09	0	1.0
20 万桶（θ_2）	0.56	0.19	0.125	0.125	1.0
5 万桶（θ_3）	0.46	0.25	0.125	0.165	1.0
无油（θ_4）	0.19	0.27	0.31	0.23	1.0

现在的问题是：

（1）是否需要做地震试验？

（2）如何根据地震试验进行决策？

【解】 先根据全概率公式计算各种地震结果出现的概率：

全概率公式即

$$P(I_j) = \sum_{i=1}^{m} P(I_j \mid \theta_i)P(\theta_i) \quad (j = 1,2,\cdots,n)$$

所以，各种试验结果出现的概率为

$$P(I_1) = 0.58\times0.1 + 0.56\times0.15 + 0.46\times0.25 + 0.19\times0.5 = 0.352$$

$$P(I_2) = 0.33\times0.1 + 0.19\times0.15 + 0.25\times0.25 + 0.27\times0.5 = 0.259$$

$$P(I_3) = 0.09\times0.1 + 0.125\times0.15 + 0.125\times0.25 + 0.31\times0.5 = 0.214$$

$$P(I_4) = 0\times0.1 + 0.125\times0.15 + 0.165\times0.25 + 0.23\times0.5 = 0.175$$

于是，根据贝叶斯公式：

$$P(\theta_i|I_j)=\frac{P(\theta_i)P(I_j|\theta_i)}{P(I_j)}\quad (i=1,2,3;j=1,2,3)$$

可得到后验概率 $P(\theta_i|I_j)$，如表 7-7 所示。

表 7-7　后验概率的计算

	构造好（I_1）	构造较好（I_2）	构造一般（I_3）	构造差（I_4）
50 万桶（θ_1）	0. 165	0. 127	0. 042	0
20 万桶（θ_2）	0. 239	0. 110	0. 088	0. 107
5 万桶（θ_3）	0. 327	0. 241	0. 146	0. 236
无油（θ_4）	0. 270	0. 521	0. 724	0. 657
合计	1. 0	1. 0	1. 0	1. 0

下面按照后验概率进行分析。

（1）如果地震试验得到的结果为“构造好”，则各方案的期望收益为

$E(s_1)=650\ 000$ 元 $\times 0.165+200\ 000$ 元 $\times 0.239-25\ 000$ 元 $\times 0.327-75\ 000$ 元 $\times 0.270=126\ 625$ 元

$E(s_2)=45\ 000$ 元

$E(s_3)=250\ 000$ 元 $\times 0.165+100\ 000$ 元 $\times 0.239=65\ 150$ 元

显然应选方案一，即自行投资钻井方案。

（2）如果地震试验的结果是“构造较好”，则各方案的期望值为

$E(s_1)=650\ 000$ 元 $\times 0.127+200\ 000$ 元 $\times 0.11-25\ 000$ 元 $\times 0.241-75\ 000$ 元 $\times 0.521=59\ 450$ 元

$E(s_2)=45\ 000$ 元

$E(s_3)=250\ 000$ 元 $\times 0.127+100\ 000$ 元 $\times 0.110=42\ 750$ 元

仍然是选方案一，即自行投资钻井方案。

（3）如果地震试验的结果是“构造一般”，则各方案的期望值为

$E(s_1)=650\ 000$ 元 $\times 0.042+200\ 000$ 元 $\times 0.088-25\ 000$ 元 $\times 0.146-75\ 000$ 元 $\times 0.724=-13\ 050$ 元

$E(s_2)=45\ 000$ 元

$E(s_3)=250\ 000$ 元 $\times 0.042+100\ 000$ 元 $\times 0.088=19\ 300$ 元

这时以选方案二，即无条件出租方案为好。

（4）如果地震试验的结果是“构造差”，则各方案的期望值为

$E(s_1)=650\ 000$ 元 $\times 0+200\ 000$ 元 $\times 0.107-25\ 000$ 元 $\times 0.236-75\ 000$ 元 $\times 0.657=-33\ 775$ 元

$E(s_2)=45\ 000$ 元

$E(s_3)=100\ 000$ 元 $\times 0.107=10\ 700$ 元

这时仍以选方案二，即无条件出租方案为好。

于是，得到根据后验概率即地震试验结果进行决策的期望收益为

$$E(\text{试验})=\sum_{j=1}^{4}E(s_j^*)P(I_j)$$

$=126\ 625$ 元 $\times 0.352+59\ 450$ 元 $\times 0.259+45\ 000$ 元 $\times 0.214+45\ 000$ 元 $\times 0.175=77\ 475$ 元

而不试验时的最大期望收益（取方案一）为

$$E(\text{不试验}) = \sum_{j=1}^{4} X_{1j}P(\theta_j) = 51\ 250 \text{ 元}$$

另两个方案不试验时的期望收益分别为45 000元和40 000元。显然，地震试验后预期可增加收益26 225元，大于地震试验费12 000元。因此，地震试验是合算的，应该安排进行。

7.3.5 决策树方法

决策树方法实际上是对期望值方法或后验概率方法的具体化或直观化。决策树方法的使用一般包括三个步骤：

（1）列出决策表，以例7-1为例，如表7-4所示。

（2）计算不同方案的期望值，并根据决策表画出决策树。

画决策树时，需要使用的符号包括：

"□"——表示决策点。由此引出的分支叫方案分支，分支数的多少反映可能的方案数目。

"○"——表示方案节点。上面的数字为该方案的效益期望值。由此引出的分支叫概率分支，每条分支上标明该状态出现的概率，概率分支的多少反映可能的市场状态数目。

"△"——表示结果节点。其旁边的数字是每一个方案在相应的市场状态下的效益值。

例7-1的决策树如图7-2所示。

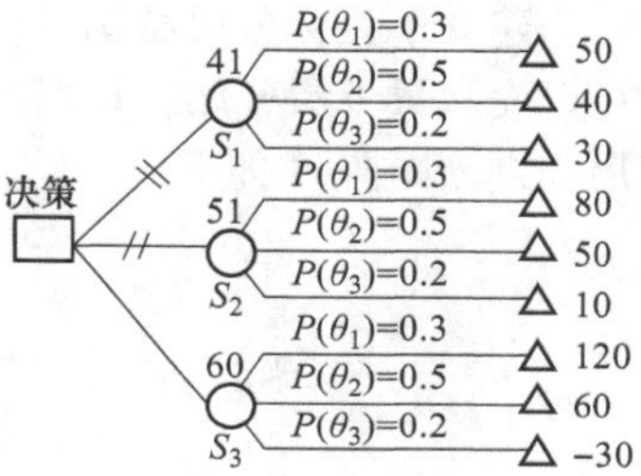

图7-2 生产批量决策树

（3）将各方案节点上的期望值加以比较，选取最大的或最小的作为决策方案，将舍去的方案打上"//"表示删除。

7.4 多目标决策的层次分析法

层次分析法也叫解析分层过程（Analytic Hierarchy Process，AHP），是由美国运筹学家匹兹堡大学教授沙蒂（T. L. Saaty）于20世纪70年代提出的一种多目标决策分析方法。这种方法得到广泛应用，是因为它能够较好地将定性与定量相结合，解决一些难以定量的复杂问题。

这一方法应用的基本步骤可分为五步。

7.4.1 明确问题并建立目标分层结构

首先要弄清楚问题的范围，提出解决问题的要求，包括问题涉及的因素、各因素之间的关系等，以便明确需要回答的问题，收集需要的有关信息。

根据对问题的了解和初步分析，就可以把问题中涉及的因素按性质分层次排列，形成目标分层结构。一般比较简单的问题可分为三个层次，如图7-3所示。

现举例予以说明。如某企业拟购置一台设备，希望性能好，价格低，易维护。现有A、B、C三种机型供选择，于是可形成如图7-4所示的目标分层结构图。

再比如，某冶炼厂拟订购生产用的矿石，现有三个矿可供选择，应满足品位高、价格低和供货及时三方面的要求，于是目标分层结构图如图7-5所示。

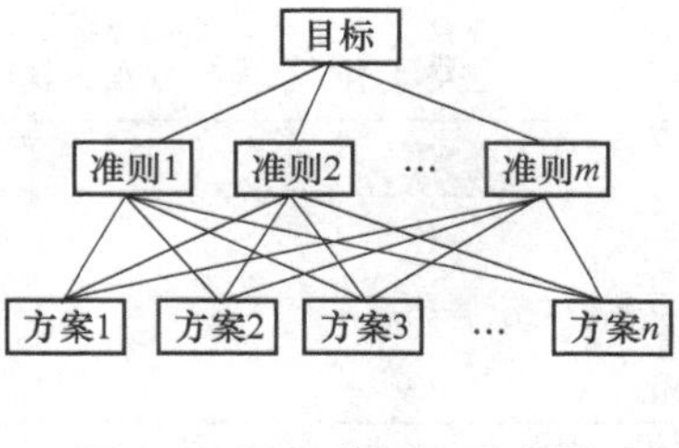

图7-3 层次分析法示意图

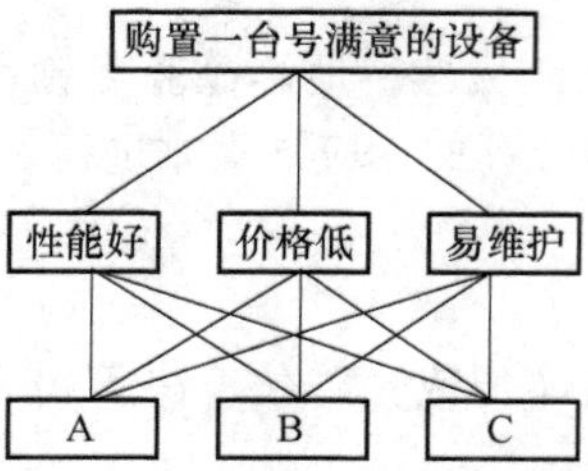

图 7-4 设备购置的目标分层结构图

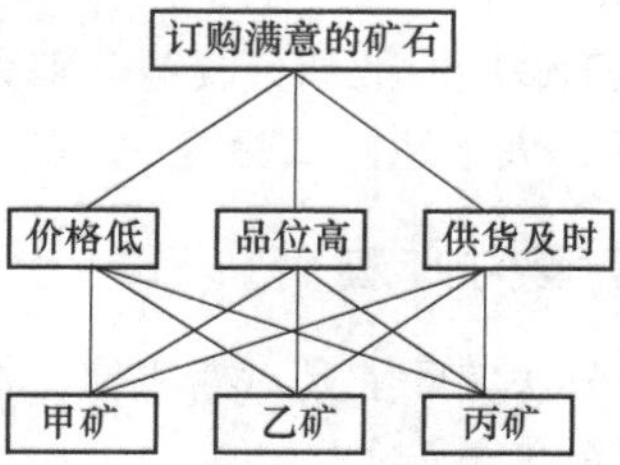

图 7-5 矿石选择的目标分层结构图

7.4.2 两两比较建立判断矩阵

建立了目标分层结构后，就可以对各要素进行两两比较，利用评分法确定各自的优劣。一般可以先从最下层开始，根据每一个准则（先考虑第一个），将每一个方案两两对比，给出分值，形成判断矩阵 $\boldsymbol{B}$ 如下：

$$\boldsymbol{B}=\begin{pmatrix} b_{11} & b_{12} & \cdots & b_{1n} \\ b_{21} & b_{22} & \cdots & b_{2n} \\ \vdots & \vdots & & \vdots \\ b_{n1} & b_{n2} & \cdots & b_{nn} \end{pmatrix}$$

其中，元素 b_{ij}确定的方法是：

如果方案 P_i 与 P_j 优劣相当，则取 $b_{ij}=1$；如果 P_i 略优于 P_j，则取 $b_{ij}=3$；如果 P_i 优于 P_j，则取 $b_{ij}=5$；如果 P_i 甚优于 P_j，则取 $b_{ij}=7$；如果 P_i 特优于 P_j，则取 $b_{ij}=9$。反过来，如果 P_i 稍劣于 P_j，则取 $b_{ij}=1/3$；如果 P_i 劣于 P_j，则取 $b_{ij}=1/5$；如果 P_i 甚劣于 P_j，则取 $b_{ij}=1/7$；如果 P_i 特劣于 P_j，则取 $b_{ij}=1/9$。

其中，$b_{ii}=1$，$b_{ij}=1/b_{ji}$。

【例 7-3】 以前面购置设备的案例为例。假定：A 性能较好，价格一般，维护要求一般；B 性能最好，价格较贵，维护要求一般；C 性能差，价格便宜，容易维护。现要求对三个方案进行排序。

于是，根据给定条件，可得到判断矩阵如下：

（1）关于性能（B > A > C）

C_1	P_1	P_2	P_3
P_1	1	0.25	2
P_2	4	1	8
P_3	0.5	0.125	1

（2）关于价格（C > A > B）

C_2	P_1	P_2	P_3
P_1	1	4	0.333
P_2	0.25	1	0.125
P_3	3	8	1

(3) 关于维护(C > A = B)

C_3	P_1	P_2	P_3
P_1	1	1	0.333
P_2	1	1	0.2
P_3	3	5	1

至于三个准则对于目标来说的优先顺序，则需要根据企业对于决策的具体要求而定。假定企业的要求是首先性能要好，其次是易维护，最后才是价格低。则判断矩阵可设为

A	C_1	C_2	C_3
C_1	1	5	3
C_2	0.2	1	0.333
C_3	0.333	3	1

注意:(1) 在这里，A 表示目标，C 表示准则，P 表示方案。

(2) 在判断矩阵中，行的分值反映的是相反的顺序，列的分值才反映正确的顺序。

7.4.3 进行层次单排序

层次单排序，即从最底层开始，把各方案对上一要素而言排出优劣顺序。这主要通过对判断矩阵的运算达到。下面介绍三种方法:

1. 求和法

此法是先把判断矩阵的每一行加起来，得到：$\sum b_{1j}=V_1$，$\sum b_{2j}=V_2$，…，$\sum b_{nj}=V_n$。然后再计算 V_i 的相对权重 $w_i=V_i/\sum V_i$，得到向量 $\boldsymbol{W}=(w_1,w_2,\cdots,w_n)^{\mathrm{T}}$。

如在企业购置设备的案例中，对于 C_1，可得到:

C_1	P_1	P_2	P_3
P_1	1	0.25	2
P_2	4	1	8
P_3	0.5	0.125	1

$V_1=3.25$　　$w_1=0.1818$

$V_2=13$　　$w_2=0.7272$

$V_3=1.625$　　$w_3=0.091$

$\sum V=17.875$

依次可求得其他判断矩阵的权重为

C_2	P_1	P_2	P_3
P_1	1	4	0.333
P_2	0.25	1	0.125
P_3	3	8	1

$V_1=5.333$　　$w_1=0.2851$

$V_2=1.375$　　$w_2=0.0735$

$V_3=12$　　$w_3=0.6414$

$\sum V=18.708$

C_3	P_1	P_2	P_3
P_1	1	1	0.333
P_2	1	1	0.2
P_3	3	5	1

$V_1=2.333$　　$w_1=0.1724$

$V_2=2.2$　　$w_2=0.1626$

$V_3=9$　　$w_3=0.6650$

$\sum V=13.533$

A	C_1	C_2	C_3
C_1	1	5	3
C_2	0.2	1	0.333
C_3	0.333	3	1

$V_1=9$　　$w_1=0.6054$

$V_2=1.533$　　$w_2=0.1031$

$V_3=4.333$　　$w_3=0.2915$

$\sum V=14.866$

2. 求根法

此法是先把判断矩阵的每一行相乘并开 n 次方得到：$V_i=\sqrt[n]{\prod_{j=1}^{n} b_{ij}}(i=1,2,\cdots,n)$，然后再计算 $w_i=V_i/\sum V_i$。

对于准则 C_1，应用求根法，得到：

$$V_1=\sqrt[3]{0.5}=0.7937 \qquad w_1=0.7937/4.3653=0.1818$$

$$V_2=\sqrt[3]{32}=3.1748 \qquad w_2=3.1748/4.3653=0.7272$$

$$V_3=\sqrt[3]{0.0625}=0.3968 \qquad w_3=0.3968/4.3653=0.0910$$

依次可求得其他判断矩阵的根式权重为

C_2	P_1	P_2	P_3
P_1	1	4	0.333
P_2	0.25	1	0.125
P_3	3	8	1

$V_1=1.1006$　　$w_1=0.2559$

$V_2=0.3150$　　$w_2=0.0733$

$V_3=2.8845$　　$w_3=0.6708$

$\sum V=4.3001$

C_3	P_1	P_2	P_3
P_1	1	1	0.333
P_2	1	1	0.2
P_3	3	5	1

$V_1=0.6934$　　$w_1=0.1851$

$V_2=0.5848$　　$w_2=0.1562$

$V_3=2.4662$　　$w_3=0.6587$

$\sum V=3.7444$

A	C_1	C_2	C_3
C_1	1	5	3
C_2	0.2	1	0.333
C_3	0.333	3	1

$V_1=2.4662$　　$w_1=0.6370$

$V_2=0.4055$　　$w_2=0.1050$

$V_3=1$　　$w_3=0.2580$

$\sum V=3.8717$

3. 特征向量法

严格计算 $\boldsymbol{W}=(w_1,w_2,\cdots,w_n)^{\mathrm{T}}$ 的方法是计算判断矩阵 $\boldsymbol{B}$ 的最大特征根 $\lambda_{\max}$ 以及与之对应的特征向量 $\boldsymbol{W}$ 使其满足：$\boldsymbol{BW}=\lambda_{\max}\boldsymbol{W}$。

其中，$\lambda_{\max}$ 可以通过解多项式 $|\lambda\boldsymbol{I}-\boldsymbol{B}|=0$，求得 $\boldsymbol{B}$ 的全部 n 个特征根（特征根也叫特征值），选其最大的得到。

很显然，解方程 $(\boldsymbol{B}-\lambda_{\max}I_n)\boldsymbol{W}=0$ 所得到的非零解向量就是 $\boldsymbol{B}$ 对应于 $\lambda_{\max}$ 的特征向量 $\boldsymbol{W}$（通常，对应于每一个特征根，都有一个特征向量）。

根据矩阵代数原理，任何矩阵 $\boldsymbol{A}$ 的全部特征根，应满足：

$$\sum\lambda_i=\mathrm{tr}\,\boldsymbol{A};\Pi\lambda_i=\det\boldsymbol{A}$$

当然，解方程的方法相对来说烦琐了一些。然而，由于层次分析法一般要求的精度并不很高，因此使用求和法或求根法已经足够（由上述的计算不难看出，两种方法的计算结果差别并不大，通常选求和法计算更方便）。

7.4.4 进行层次总排序

完成了层次单排序后，即可利用单排序的结果，综合给出更上一层次的优劣顺序，这就是层次总排序的任务。其方法可以如表7-8所示。

表7-8 进行层次总排序

C / P	C_1	C_2	…	C_n	总排序结果
	a_1	a_2	…	a_n	
P_1	w_{11}	w_{12}	…	w_{1n}	$\sum a_j w_{1j}$
P_2	w_{21}	w_{22}	…	w_{2n}	$\sum a_j w_{2j}$
⋮	⋮	⋮		⋮	⋮
P_n	w_{n1}	w_{n2}	…	w_{nn}	$\sum a_j w_{nj}$

其中，a_j 即准则 C 的单排序结果，w_{ij} 即第 i 个方案按照第 j 个准则的单排序。因此总排序实际上就是用每个准则的排序对每个方案按照不同准则排序的结果进行加权平均。

对企业购置设备案例的总排序结果如表7-9所示（利用求根法结果）。

表7-9 总排序结果

C / P	C_1	C_2	C_3	总排序结果
	0.637	0.105	0.258	
P_1	0.1818	0.2559	0.1851	0.1904
P_2	0.7272	0.0733	0.1562	0.5112
P_3	0.0910	0.6708	0.6587	0.2984

不难看出，B机占绝对优势，其次是C机，A机最差。

7.4.5 进行一致性检验

运用AHP进行决策分析，要求在对每一方案两两进行对比时对于不同的准则必须具有一致性。判断矩阵是根据某些原则人为确定的，要做到完全一致是不现实的，但是差异应该尽可能小。所谓一致性检验，就是通过一定的方法检验一致性差异是否在要求的范围以内。

检验的方法与AHP的基本原理有关。其基本原理是这样的：

设有 n 个物体 A_1，A_2，…，A_n，其重量分别为 w_1，w_2，…，w_n，如果将这些重量两两进行比较，其比值可构成一个 n 阶方阵 $\boldsymbol{A}$ 如下：

$$\boldsymbol{A}=\begin{pmatrix} w_1/w_1 & w_1/w_2 & \cdots & w_1/w_n \\ w_2/w_1 & w_2/w_2 & \cdots & w_2/w_n \\ \vdots & \vdots & & \vdots \\ w_n/w_1 & w_n/w_2 & \cdots & w_n/w_n \end{pmatrix}$$

如果用重量向量 $\boldsymbol{W}=(w_1,w_2,\cdots,w_n)^{\mathrm{T}}$ 右乘以矩阵 $\boldsymbol{A}$，则得到：$\boldsymbol{AW}=n\boldsymbol{W}$，亦即 $(\boldsymbol{A}-n\boldsymbol{I}_n)\boldsymbol{W}=0$。

根据矩阵理论可知，在这里 $\boldsymbol{W}$ 为特征向量，n 为特征值。同时，根据矩阵理论可以证明，由于矩阵 $\boldsymbol{A}$ 具有如下特点：

①$a_{ii}=1$；　②$a_{ij}=1/a_{ji}$；　③$a_{ij}=a_{ik}/a_{jk}$

因此矩阵 $\boldsymbol{A}$ 具有唯一的非零最大特征值 $\lambda_{\max}$ 且 $\lambda_{\max}=n$。

所谓判断矩阵的一致性，就是指判断矩阵 $\boldsymbol{B}$ 是否具有上述三个方面的特点。一般地，具备前两个特点并不困难，主要是第三个特点往往不容易具备。如果判断矩阵同时具备上述三个特点，通常就说判断矩阵具有完全一致性。因此，必须对判断矩阵的一致性进行检验。检验的方法是：

第一步，先计算最大特征值。计算方法是：

先取一个与判断矩阵 $\boldsymbol{B}$ 同阶的初值向量 $\boldsymbol{W}$（依 7.4.3 计算结果）。然后计算：$\boldsymbol{BW}=(\sum b_{1j}w_j,\sum b_{2j}w_j,\cdots,\sum b_{nj}w_j)^{\mathrm{T}}$。由于 $\boldsymbol{BW}=\lambda_{\max}\boldsymbol{W}$，故 $\lambda_{\max}w_i=\sum b_{ij}w_j$，即

$$\lambda_{\max}=\frac{1}{w_i}\sum_{j=1}^{n}b_{ij}w_j$$

两边同时加总，得到：

$$\lambda_{\max}=\sum_{i=1}^{n}\frac{\sum_{j=1}^{n}b_{ij}w_j}{nw_i}$$

这是 $\lambda_{\max}$ 的流行算法，其实利用 $\lambda_{\max}=\sum\sum b_{ij}w_j$ 计算更方便。

第二步，计算检验数。检验数的定义是

$$\mathrm{CI}=\frac{\lambda_{\max}-n}{n-1}$$

该定义的理由是：

根据矩阵知识，应有

$$\lambda_{\max}+\sum_{i=2}^{n}\lambda_i=n$$

即所有特征值的和等于矩阵的迹。上式也就是

$$\lambda_{\max}-n=-\sum_{i=2}^{n}\lambda_i$$

取除最大特征值以外其余（$n-1$）个特征值的绝对值平均数，则得到：

$$\mathrm{CI}=\frac{\left|\sum_{i=2}^{n}\lambda_i\right|}{n-1}=\frac{\lambda_{\max}-n}{n-1}$$

一般地，CI（CI = Consistency Index）的值越大，导致的一致性偏差就越大。一般要求 CI 的值应小于 0.1 为好。

以企业购置设备的案例为例，检验过程如下：

先计算 $\lambda_{\max}$，如表 7-10 所示。

表 7-10　计算 $\lambda_{\max}$

C_1：$\sum b_{ij}w_j/nw_i$	C_2：$\sum b_{ij}w_j/nw_i$
0.5456/0.5454 = 1.000 37	0.7727/0.7677 = 1.006 51
2.1824/2.1816 = 1.000 37	0.221 125/0.2199 = 1.005 57
0.2728/0.273 = 0.999 27	2.0249/2.0124 = 1.006 21
$\lambda_{\max}$ = 3.000 8 或 3.000 01	$\lambda_{\max}$ = 3.018 73 或 3.019 29
C_3：$\sum b_{ij}w_j/nw_i$	A：$\sum b_{ij}w_j/nw_i$
0.560 867/0.5553 = 1.010 03	1.936/1.911 = 1.013 08
0.473 04/0.4686 = 1.009 48	0.3184/0.315 = 1.010 79
1.995/1.9761 = 1.009 56	0.785 33/0.774 = 1.014 64
$\lambda_{\max}$ = 3.028 91 或 3.029 07	$\lambda_{\max}$ = 3.039 73 或 3.038 51

不难看出，CI 都在控制范围之内。

第三步，校正检验数。

一般来说，判断矩阵的维数 n 越大，一致性偏差也就越大，故应适当放宽一致性检验的要求。于是，需引入检验数的修正值 RI（由表 7-11 给出）。这时检验的指标定义为 CR：

$$\mathrm{CR} = \frac{\mathrm{CI}}{\mathrm{RI}}$$

其中　CR = Consistency Ratio；RI = Random Index。

表 7-11　RI 的参考值

n	3	4	5	6	7	8	9
RI	0.58	0.96	1.12	1.24	1.32	1.41	1.45

一般来说，校正后的 CR 要求也必须小于 0.1。当 $n<3$ 时，判断矩阵永远都具有完全一致性。

最后，需要指出的是，分析过程中层次的划分不一定局限于目标、准则和方案三个层次。比如，目标层可以在总目标之下增加一个分目标层。中间也还可以有情景层（反映不同的环境要求）和约束层等。层数虽然增多了，但处理的方法是一样的，只是重复使用多次就是了。

7.5　决策分析中的模拟方法

7.5.1　模拟的含义

模拟（Simulation）也叫作系统仿真，是一种通过物理、逻辑或数学模型进行数据试验的技术，它通过真实事物的模型，进行反复的数据试验，以获取供决策使用的有关信息。一个完整的模拟模型总是少不了要包括两部分的内容，即逻辑表达式和数学表达式。逻辑表达式告诉我们在给定输入的条件下如何得出输出值。任何模拟模型必然包括两种输入，即可控输入（也叫确定性输入）和概率输入（也叫随机性输入）。图 7-6 给出了模拟模型的逻辑表达式（也叫概念模型）。从方法论的角度看，模拟主要是和随机变量的概率分布打交道，并把它们组合起来供决策使用。模拟分析方法适用于大量包含有随机现象和动态过程的概率型决策问题。

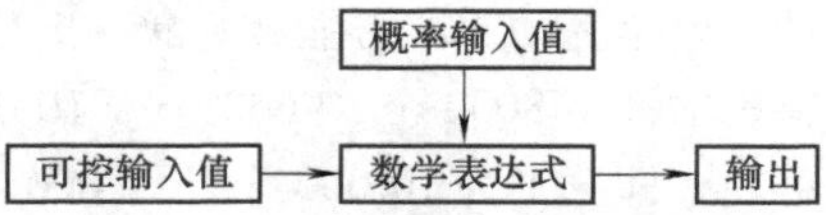

图 7-6　模拟模型的逻辑表达式

比如，企业在确定生产某一种新产品时，通常要先考虑它的价格、质量、销售、竞争力和市场情况等；商场在确定收银台财务人员的编制时，需要考虑每日顾客数量的变化、财务人员的工作能力和水平，以及临时售货的特殊需要等。所有这些问题均包含有大量随机事件、许多相互关联的变量以及随着时间而变化的动态过程，往往很难找到现成的方程式或最优化模型加以解决。

模拟方法的提出和发展，与现代计算机科学的发展密切相关。然而这一方法建立的思路，却与一位法国科学家在 200 多年前提出的一个问题即蒲丰（Buffon）投针问题（1777）密切相关。问题是这样的：在平面上画一些平行线，相互间的距离都等于 a，向此平面任投一长度为 l 的针（$l<a$），问针与任一平行线相交的概率是多少。

设以 x 表示针的中点到最近一条平行线的距离，ϕ 表示针与平行线的交角，针与平行线的位置如图 7-7 所示，显然只有在条件：$0\leqslant x\leqslant a/2$，$0\leqslant\phi\leqslant\pi$，$x\leqslant(l/2)\sin\phi$ 满足时，针才与平行线相交。所以，相交的概率应该是：$p=\dfrac{g\text{的面积}}{G\text{的面积}}=\dfrac{\frac{1}{2}\int_0^{\pi} l\sin\phi\,\mathrm{d}\phi}{\frac{1}{2}a\pi}=\dfrac{2l}{a\pi}$。由于最后的答案与 π 有

关，所以不少人曾经利用它来计算 π 的数值。方法是记下投针的次数 N 和相交的次数 n，再代入下面的公式中计算 π：

$$\pi = \frac{2lN}{an} \text{或者} = \frac{N}{n}(\text{取 } l=1, a=2)$$

表 7-12 是投针试验的一些历史资料。

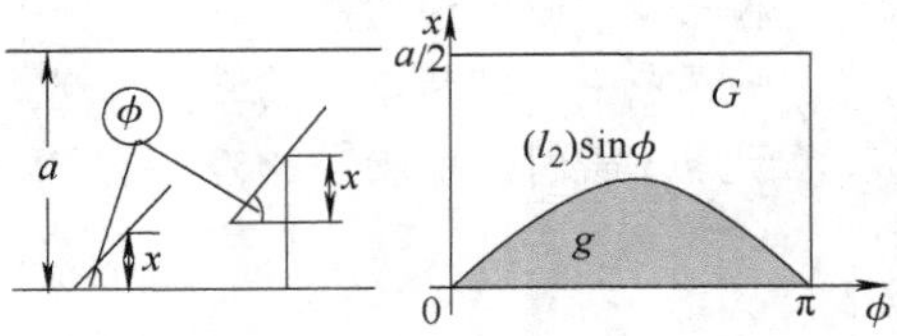

图 7-7 蒲丰投针问题

表 7-12 历史上的投针试验结果

试验者	年份	针长/in[1]	投掷次数	相交次数	π值
Walf	1850	0.8	5000	2532	3.1596
Smith	1855	0.6	3204	1218.5	3.1554
Morgan	1860	1	600	382.5	3.137
Fox	1884	0.75	1030	489	3.1595
Lazzerini	1901	0.83	3408	1808	3.141 592 9
Reina	1925	0.5419	2520	859	3.1795

蒲丰问题的重要启示是：可以建立一个概率模型，它与我们感兴趣的量有关（如其中的 π），然后设计适当的随机试验，并通过这一试验的结果来确定这一量值（如上述的 π）。现在，随着现代电子计算机的发展，人们已经按照这一思路建立了一种全新的方法，即蒙特卡罗方法（Monte-Carlo Method），也就是模拟方法或系统仿真方法。

蒲丰投针问题在计算机上很容易实现[2]。

7.5.2 模拟方法的应用

【例 7-4】 某公司拟引进一新产品生产技术，已知固定费用为 10 000 元，考虑到竞争情况，产品价格只能定为 2 元/个。由于单位变动成本和需求量尚不确定，故只能估计确定。据乐观估计，单位变动成本可能在 0.95 ~ 1.05 元之间；而需求量与竞争情况有关。当竞争强烈时，年销售量估计有 8000 个、9000 个或 10 000 个三种可能；当竞争不很强烈时，年销售量估计也是三种可能，即分别为 10 000 个、11 000 个或 12 000 个。估计竞争强烈的可能性为 60%。试分析该公司是否该引进此新产品生产技术？

在这里分析的难度是变动成本和需求量不确定，如果这两个指标确定，则利用下述的公式将不难进行决策（只要盈利就应认为是合算的）：

---

[1] 1in = 2.54cm。

[2] 蒲丰投针问题的 VB 程序：

```
DIM n&, i&, s&, x1!, x2!, x3!
INPUT " 试验次数 N ="; n
s = 0
FOR i = 1 TO n
x1 = RND: x2 = 3.1415926 * RND
x3 = .5 * SIN (x2)
IF x1 < = x3 THEN s = s + 1
NEXT i
PRINT n/s
END
```

$$盈亏值=(单价-变动成本)\times需求量-固定成本$$

现在运用模拟方法来进行分析。这里有三个随机变量，假定它们都是均匀分布的，于是可采用随机抽样（或抓阄）的方法来确定变量的对应关系。单位变动成本可以用 A ~ J 的某一花色扑克牌代表 0.95 ~ 1.05 这 11 个数（假定变量离散），另取 A ~ 10 的另一花色扑克牌代表竞争状况（前 6 个点代表强），再各用三张扑克分别代表相应竞争状况下的三种销售量，将这些扑克牌分别放入 4 个罐中，采用有放回抽样。每抽样一次，可利用上式求出一个盈亏值。在大量抽样的条件下，则可求出一个盈利概率，这将为决策提供有用的参考信息。

例 7-4 模拟问题的逻辑表达式如图 7-8 所示。

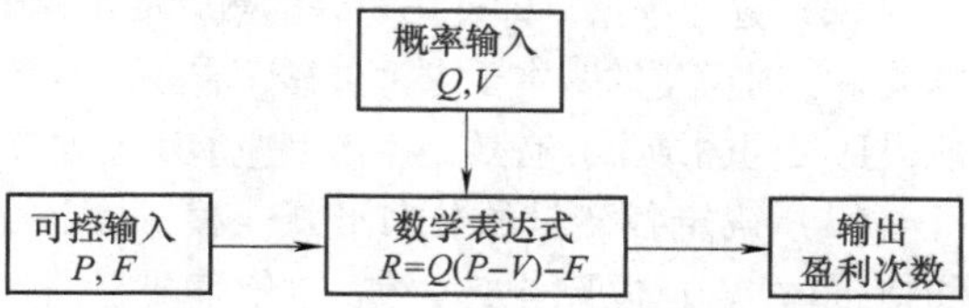

图 7-8 产品开发问题的逻辑表达式

上述的问题用计算机模拟并不复杂。对上述数据模拟，持平以上效果的概率稳定在 45% 左右。显然，可行性比较差。但如果给强烈竞争条件下的三个销售量均增加 1000 单位，则持平以上概率可达到 65%[㊀]。这个结果应该说是比较理想的。

㊀ 持平分析模拟的 VB 程序

```
Dim n&, i&, s&, v!, v1!, q!, q1!, q2!, R!
s = 0
Input "模拟次数 ="; N
For i = 1 To N
v1 = 11 * Rnd
'以下给变动成本的赋值
If v1 > = 10 Then v = 1.05: GoTo QQ
If v1 > = 9 Then v = 1.04: GoTo QQ
If v1 > = 8 Then v = 1.03: GoTo QQ
If v1 > = 7 Then v = 1.02: GoTo QQ
If v1 > = 6 Then v = 1.01: GoTo QQ
If v1 > = 5 Then v = 1: GoTo QQ
If v1 > = 4 Then v = 0.99: GoTo QQ
If v1 > = 3 Then v = 0.98: GoTo QQ
If v1 > = 2 Then v = 0.97: GoTo QQ
If v1 > = 1 Then v = 0.96: GoTo QQ
v = 0.95

QQ: '确定竞争不强烈条件下的销量
q1 = 10 * Rnd: q2 = 1000 * Rnd
If q1 > = 4 Then GoTo QQ1
If q2 > = 666.6 Then q = 10000: GoTo QQ2
If q2 > = 333.3 Then q = 11000: GoTo QQ2
q = 12000: GoTo QQ2

QQ1: '确定竞争强烈条件下的销量
If q2 > = 666.6 Then q = 8000: GoTo QQ2
If q2 > = 333.3 Then q = 9000: GoTo QQ2
q = 10000

QQ2: '计算盈亏值
R = (2 - v) * q - 10000
If R > = 0 Then s = s + 1
Next i
N = s/N
```

由以上不难看出，模拟实际上是一种取样方法，它分析的结果只能产生统计估计，而不能提供最优解。由于模型中包含有随机变量，所以每一次试验结果都具有偶然性。因此，在模拟分析中，必须进行大量重复试验。每一次的试验结果只是一个样本，大量的试验结果才具有统计意义。

模拟分析在经济管理中有着非常重要的实际应用价值。除了前面讲到的以外，后面几章中要学习的存储论、排队论问题都可以通过模拟分析来研究。模拟分析应用的一般步骤是：

（1）明确目标。模拟方法的目标，主要是帮助了解一个已有的系统，或者设计一个新系统。目标决定着变量的取舍。

（2）建立模型。即使用明确的数学或逻辑语言，确定系统应包括的变量、变量的性质及相互之间的关系。对模型的基本要求是可靠、有效，但又不过分复杂。可靠是指在同样的条件下进行试验，应能得到相同的结果。有效是说模型应能够反映真实的客观事物。最后，就是要考虑简明性。

（3）确定各变量的分布形式。模拟方法的一个重要步骤或关键技术，就是根据已有的资料和情报信息，对每个随机变量的分布即它们各自可能的取值范围及其概率，进行估计。这可以利用统计法（或频数法）、主观判断法和理论概率分布法等方法进行。其中，理论概率分布常用的如均匀分布、三角分布、正态分布、对数正态分布、负指数分布和爱尔朗分布等，在模拟分析中都会经常用到。

（4）试验设计及其结果评价。在试验过程中，必须认真地做好记录、观察和数据分析。最后，要根据统计结果作出概率分布和统计图。

模拟分析的成功，有赖于对所研究对象或系统的清楚和透彻的了解。

7.5.3 模拟方法的 Excel 实现

利用 Excel 进行模拟，经常需要用到以下两个函数：

（1）RAND ( )：即生成一个 0 和 1 之间的随机数。

（2）IF（逻辑判断，值 1（真时），值 2（不真时））：这实际上是一个条件赋值函数，括号中需先给出一个逻辑判断式，比如“b1 > =5”，当判断为真时，给值 1；判断不真时，给值 2。需注意的是，函数 IF 最多可以嵌套七层。

例 7-4 利用 Excel 模拟的步骤是：

第一步，先生成单位变动成本随机数，因为单位变动成本有 11 个数，所以可在 B3 单元格输" =11 * RAND( ) "即可。

第二步，根据生成的随机数，给单位变动成本赋值，所以可在 C3 单元格输"IF(B3 <= 6,IF(B3 <= 1,0.95,IF(B3 <= 2,0.96,IF(B3 <= 3,0.97,IF(B3 <= 4,0.98,IF(B3 <= 5,0.99,1)))))),IF(B3 <= 7,1.01,IF(B3 <= 8,1.02,IF(B3 <= 9,1.03,IF(B3 <= 10,1.04,1.05)))))"即可；

第三步，生成市场竞争强弱随机数，可在 D3 单元格输" =10 * RAND ( )" 即可。

第四步，生成需求量随机数，可在 E3 单元格输" =1000 * RAND ( )" 即可。

第五步，根据生成的随机数，给年销售量赋值，所以可在 F3 单元格输" = IF(D3 > =4,IF(E3 > =666.6,8000,IF(E3 > =333.3, 9000,10 000)),IF(E3 > =666.6,10 000,IF(E3 > =333.3,11 000,12 000)))"。

第六步，计算盈亏值，可在 G3 单元格输" = (2 – C3) * F3 – 10 000"即可。

第七步，统计盈利次数，可在 H3 单元格输" = IF(G3 >0,H2 +1, H2)"即可（因为累计需要一个初值，所以需先在 H2 输 0）。

第八步，计算盈利次数百分比，可在 I3 单元格输" =H3/A3" 即可（A3 是序号，也是试验次数）。

下面可以再看一个实例。

【例 7-5】 假定有一个渔夫捕到了很多鱼，现在需要对卖鱼的市场进行决策，情况是这样的：每天捕鱼的成本定为 10 000 元，捕鱼量定为 3500kg，假定可在两独立市场 A 和 B 之一出售。市场 A 很大，鱼价稳定在 3.25 元/kg，且鱼可全部销售；市场 B 较小，但鱼的价格较高，服从均值为 3.65、标准差为 0.2 的正态分布，但有鱼卖不出的风险，鱼的需求服从表 7-13 所示的离散概率分布。

表 7-13 离散概率分布

需求量	0	1000	2000	3000	4000	5000	6000
概　率	0.02	0.03	0.05	0.08	0.33	0.29	0.20
累计概率	0.02	0.05	0.10	0.18	0.51	0.80	1.00

现在的问题是：渔夫应该选择在市场 A 还是市场 B 销售？市场 B 比市场 A 的收入多的概率有多大？市场 B 收入的概率分布的形状如何？

【解】 根据已知条件，市场 A 的收入是一个确定的量：3.25 元/kg × 3500kg − 10 000 元 = 1375 元。

市场 B 的收入是随机变量 $R = P \times \min(3500,\ D) - 10\ 000$，其中，$P$ 和 D 分别是市场 B 的鱼价和鱼需求量，分别服从如上的正态分布和离散概率分布。

该问题的困难是你不可能去捕 100 次鱼，得到 100 个统计数据来分析上述问题，模型模拟为我们解决了大问题。模拟的关键在于正态分布和离散分布的生成，这可以利用 Excel 的随机数生成函数 RAND ()。下面简要给出操作步骤。

第一步：先生成市场 B 对鱼需求量的离散分布。在工作表的 A2 单元格输入 " = RAND ()"；在 B1 单元格输入 " = IF(A2 < = 0.02,0,IF(A2 < = 0.05,1000,IF(A2 < = 0.10,2000,IF(A2 < = 0.18,3000,IF(A2 < = 0.51,4000,IF(A2 < = 0.80,5000,6000))))))"；在单元格 C2 输入 " = MIN(B1,3500)"。

第二步：生成市场 B 鱼价的正态分布。在单元格 D2 输入 " = RAND()"；在 E2 输入 " = NORMINV(D1,3.65,0.2)"。函数"NORMINV(D1,3.65,0.2)"的意义是生成一个均值为 3.65、标准差为 0.2 的正态变量。

第三步：求在 B 市场可取得的销售收入。在单元格 F2 输入 " = E2 * C2 − 10 000"，即为在 B 市场售鱼的收入。

第四步：将第一行向下复制 100 次（拖放），得到 100 个售鱼的样本数据。然后，可以利用 IF 函数在 G2 单元格输入 " = IF(F1 > = 1375,G1 + 1,G1)"（需先在 G1 单元格输 0）。经多次模拟试验（改变 A、D 和 E 列的值，直接按 F9 键一次可实现），利润大于或等于 1375 元的样本数稳定在 80 左右。毫无疑问，应选择 B 市场。

7.6 数据包络分析及其应用

决策分析中常常需要对多个决策单位根据多项投入产出的比较进行排序，以便于进行取舍。完成这种分析的方法是数据包络分析（DEA）方法。比如，对于不同的企业进行评价以便确定合适的投资对象等，就需要用到这一方法。

7.6.1 DEA 方法及其原理

数据包络分析（Data Envelopment Analysis，DEA）方法，1978 年由美国著名运筹学家查尼斯

（A. Charnes）提出，并着手研究。DEA 的原型可以追溯到 1957 年 Farrell 在对英国农业生产力进行分析时提出的包络思想。此后，在运用和发展运筹学理论与实践的基础上，逐渐形成了主要依赖线性规划技术并常常用于经济定量分析的非参数方法。经过查尼斯和库柏（W. W. Cooper）等人的努力，非参数方法最终以 DEA 的形式在 20 世纪 80 年代初流行起来。因此，DEA 有时也被称为非参数方法或 Farrell 型有效分析法。我国自 1988 年由魏权龄系统地介绍 DEA 方法之后，先后也有不少关于 DEA 方法研究及应用推广的论文问世[⊖]。

DEA 方法是以相对效率概念为基础，用于评价具有相同目标并都具有多投入、多产出的决策单元是否技术有效的一种非参数统计方法。其基本思路是把每一个被评价单位作为一个决策单元（Decision Making Units，DMU），再由全部的 DMU 构成一个作为参照物的组合群体，通过对投入和产出比率的综合分析，以 DMU 的各个投入和产出指标的权重为变量进行评价运算，确定有效生产前沿面，并根据每个 DMU 与有效生产前沿面的距离状况，确定各 DMU 是否为 DEA 有效，同时还可用投影方法指出非 DEA 有效或弱 DEA 有效的 DMU，以及无效和弱有效的原因及应改进的方向和程度。

在这里，作为评价对象的 DMU，通常是指具有三个共同特征的集合体：①它们具有相同的目标和任务；②它们具有相同的外部环境；③它们具有相同的输入和输出指标。根据这三个特征，显然不能把企业和学校作为同类型的 DMU。但是在外部环境和内部结构没有显著变化的情况下，同一个 DMU 的不同观测期则可以视为同类型的 DMU。例如，对于同一个企业一年中四个不同季度投入产出的评价就可以看作四个不同的 DMU。

由于 DEA 方法不需要预先估计参数，在避免主观因素和简化运算、减少误差等方面有着不可低估的优越性，因而该方法近年来被广泛运用到技术和生产力进步、技术创新、成本收益和利润问题、资源配置、金融投资、非生产性等各个领域进行有效性分析，从而进行评价决策。

其数学模型建立的过程是：

设有 n 个待考察的 DMU，每个 DMU 都有 m 种类型的输入（表示对资源的耗费）以及 s 种类型的输出（表明有关成效的产出量），其形式为

$$\boldsymbol{X}=\begin{pmatrix} v_1\\ v_2\\ \vdots\\ v_i\\ \vdots\\ v_m \end{pmatrix}=\begin{pmatrix} x_{11} & x_{12} & \cdots & x_{1j} & \cdots & x_{1n}\\ x_{21} & x_{22} & \cdots & x_{2j} & \cdots & x_{2n}\\ \vdots & \vdots & & \vdots & & \vdots\\ x_{i1} & x_{i2} & \cdots & x_{ij} & \cdots & x_{in}\\ \vdots & \vdots & & \vdots & & \vdots\\ x_{m1} & x_{m2} & \cdots & x_{mj} & \cdots & x_{mn} \end{pmatrix}$$

$$\boldsymbol{Y}=\begin{pmatrix} u_1\\ u_2\\ \vdots\\ u_i\\ \vdots\\ u_s \end{pmatrix}=\begin{pmatrix} y_{11} & y_{12} & \cdots & y_{1j} & \cdots & y_{1n}\\ y_{21} & y_{22} & \cdots & y_{2j} & \cdots & y_{2n}\\ \vdots & \vdots & & \vdots & & \vdots\\ y_{i1} & y_{i2} & \cdots & y_{ij} & \cdots & y_{in}\\ \vdots & \vdots & & \vdots & & \vdots\\ y_{s1} & y_{s2} & \cdots & y_{sj} & \cdots & y_{sn} \end{pmatrix}$$

其中每个决策单元 $j(j=1,2,\cdots,n)$ 对应一个输入向量 $\boldsymbol{X}_j=(\boldsymbol{x}_{1j},\ \boldsymbol{x}_{2j},\ \cdots,\ \boldsymbol{x}_{mj})^{\mathrm{T}}$ 和一个输出向量

⊖ 李美娟，陈国宏．数据包络分析法（DEA）的研究与应用［J］．中国工程科学，2003，5（6）：88-95。

$\boldsymbol{Y}_j=(y_{1j},y_{2j},\cdots,y_{sj})^{\mathrm{T}}$。$x_{ij}$为第$j$个决策单元对第$i$种类型输入的投入总量，$x_{ij}>0$；$y_{rj}$为第$j$个决策单元对第$r$种类型输出的产出总量，$y_{rj}>0$；$v_i$为对$n$个单元第$i$种输入的一种度量；$u_r$为对$n$个单元第$r$种类型输出的一种度量；$i=1$，2，…，$m$；$r=1$，2，…，$s$；$j=1$，2，…，$n$。

DEA模型一般有两种形式，一种是分式规划，另一种是线性规划。这两种形式是等价的，前者是通过比率定义得到，而后者是基于一系列的生产公理假设获得。出于计算上的原因，人们通常采用后者。因此，这里主要以线性规划形式来介绍DEA方法。

最早的DEA模型由Charnes、Cooper和Rhodes于1978年提出的，通常称作CCR（或C^2R）模型，主要用于评价DMU的规模及技术有效性。评价中通常需要针对每一个DMU建立一个线性规划模型，共需建立n个线性规划模型。例如，对于第j_0个决策单元DMU_{j_0}的DEA有效性分析，通常可建立如下两种模型：

（1）基于投入有效性的模型

$$\left.\begin{array}{l}\min\{\theta_{j_0}\}\\ \text{s. t.}\\ \left\{\begin{array}{l}\sum\limits_{j=1}^{n}x_{ij}\lambda_j\leqslant\theta_{j_0}x_{ij_0}\quad(j=1,2,\cdots,m)\\ \sum\limits_{j=1}^{n}y_{rj}\lambda_j\geqslant y_{rj_0}\quad(r=1,2,\cdots,s)\\ \sum\limits_{j=1}^{n}\lambda_j=1\quad\lambda_j\geqslant0,\theta_{j_0}\text{ 无约束}\end{array}\right.\end{array}\right\}\tag{7-1}$$

这是一个有（$m+s+1$）个约束、有（$n+1$）个变量的线性规划模型。λ表示各DMU投入产出的线性组合系数，是有待求解的变量。θ表示投入缩小比率。该模型中的各约束的数学意义就是，寻找一组数λ_i（$0<\lambda_i<1$，$\sum\lambda_i=1$），使得各DMU的不同产出加权平均后大于或等于1。也就是，寻求一种方法，通过这种方法，使得各个DMU的产出变得相同或者可比。

该线性规划模型的实际意义可以这样理解，可以利用n个权数λ_i（$0<\lambda_i<1$，$\sum\lambda_i=1$）构造一个组合的DMU，其产出量≥第j_0个DMU的产出量。如果该组合的DMU的投入≤第j_0个DMU的投入量（$\theta_{j_0}\leqslant1$），则组合的DMU的效率优于待评价的第j_0个DMU，即第j_0个DMU的效率劣于组合的DMU。

为了加深对上述模型的理解，现在先来讨论用两种投入生产一种产出的情形。

【例7-6】 假定有6个DMU，比如是6个具有不同在校生规模（y）的学校，可以以1000名在校生为标准，对其教职工人数（x_1）和校舍建筑面积（x_2）进行折算，假定得到的结果如表7-14所示。

表7-14 6个DMU投入产出表

DMU	1	2	3	4	5	6
输出 y	1	1	1	1	1	1
输入 x_1	4	2	1	5	3.5	3
输入 x_2	1	2	4	1	3.5	1.5

与上述模型完全等价的一个问题是，在已知的DMU中，还能否保持每一个DMU的产出量不变，使其投入量再有所减少呢？或者说，对应于每一个DMU的原产出量，其最小投入量究竟是多少？很显然，如果还能减少，就没有实现最优化；如果不能再减少，即已经实现了最优化。此时对于DMU_5，可得到如下的线性规划模型：

$$\min\{\theta\}$$

$$\begin{cases}\boldsymbol{A}(\boldsymbol{\lambda},\theta)\geqslant\boldsymbol{b},\\ \boldsymbol{\lambda}\geqslant\boldsymbol{0}\end{cases}$$

其中：

$$(\boldsymbol{\lambda},\theta)=(\lambda_1,\lambda_2,\lambda_3,\lambda_4,\lambda_5,\lambda_6,\theta)^{\mathrm{T}}$$

$$\boldsymbol{A}=\begin{pmatrix}-4 & -2 & -1 & -5 & -3.5 & -3 & 3.5\\ -1 & -2 & -4 & -1 & -3.5 & -1.5 & 3.5\\ 1 & 1 & 1 & 1 & 1 & 1 & 0\end{pmatrix}$$

$$\boldsymbol{b}=(0,0,1)^{\mathrm{T}}$$

这也就是上述基于投入的模型，其中产出约束与变量归一化约束合一。求解结果是，$\lambda_2=1$，$\theta=0.5714$。即按照目前的产出，DMU_5的投入尚可减少0.5714倍，即DMU_5的投入没有达到最小化，其生产行为不是有效的。

把这6个DMU的两种投入在平面图上直观地反映出来，即得到如图7-9所示平面图。在图7-9中，由U_1、U_2、U_3和U_6四个DMU构成的折线，DEA的研究者把它叫作一个有效前沿面。其实这也就是经济学中经常讲到的“等量线”的概念。由于这四个DMU的投入都落在有效前沿面上，属于帕累托（Pareto）有效范围，所以就称作DEA有效。而对于DMU_4来说，由于它在X_1轴上有一个非零的松弛变量，所以它属于DEA弱有效。DEA的研究者把由U_3和U_4点引出的分别平行于纵轴和横轴的虚线与有效前沿面构成的折线叫作一个包络面，这也正是这种方法之所以被称作DEA的原因。包络面大于有效前沿面，包络面由帕累托有效和弱帕累托有效的DMU组成，而有效前沿面只由帕累托有效的DMU组成㊀。包络面是一定产出条件下两种不同投入组合的最低限。换一种说法，即一定产出条件下的生产要素组合或生产可行集只能在包络面的左上方。显然，不在包络面上的DMU其绩效要劣于包络面上的DMU。

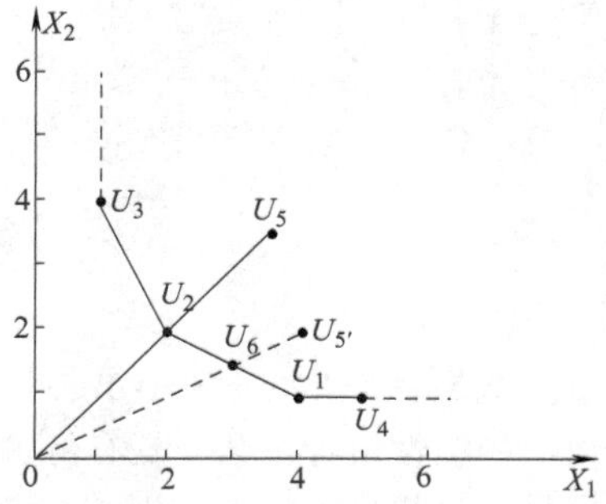

图7-9　生产前沿面示意图

至于DMU_5，则由于它在相同产出条件下，比其他单元用了更多的投入，因而是属于DEA无效的。模型中θ的含义就是说，像类似于DMU_5这样的决策单元，其投入就必须缩小一个适当的比率，才能落在有效前沿面上。而恰好落在包络面上的DMU，其θ值为1。那么，DMU_5的投入究竟应缩小多少呢？可以由原点过有效前沿面向U_5点引一直线，它与有效前沿面交点的坐标就是DMU_5按照有效前沿面应该投入的要素数量。这个交点正好是DMU_2的投入量。所以这一比率即θ应该是：$\theta=\dfrac{2}{3.5}\approx0.571$。这一数值表明，$\mathrm{DMU}_5$的绩效只相当于$\mathrm{DMU}_2$的57.14%。如果$U_5$点在$U_5'$处，则$\theta=\dfrac{3}{4}=\dfrac{1.5}{2}=0.75$。将表7-14中的数据代入模型，可得到一个有7个变量、3个约束的线性规划模型。其中，目标函数系数除θ外其余为0，输出约束因各个DMU相同故与最后的一个等型约束相同。以DMU_5为j_0，求解后$\lambda_2=1$，$\theta=0.5714$。有人也叫θ为效率指数，该指数等于1效果最好，接近1比远离1好，比1越小效果越差。

对模型7-1引入松弛变量s^-和s^+，可化为

㊀ 朱禾．数据包络分析（DEA）方法综述与展望［J］．系统工程理论方法应用，1994，3（4）：1-9.

$$\min\{\theta_{j_0}\}$$
$$\text{s. t.}\left\{\begin{array}{ll}\sum_{j=1}^{n} x_{ij}\lambda_j + s_i^- \leqslant \theta_{j_0}x_{ij_0} & (i=1,2,\cdots,m)\\ \sum_{j=1}^{n} y_{rj}\lambda_j - s_r^+ = y_{rj_0} & (r=1,2,\cdots,s)\\ \sum_{j=1}^{n}\lambda_j = 1 \quad \lambda_j \geqslant 0 & (j=1,2,\cdots,n)\\ s_i^- \geqslant 0, s_r^+ \geqslant 0 & \end{array}\right. \tag{7-2}$$

令带有 * 上标的变量表示最优解，则若 $\theta^*=1$，$s^{-*}=s^{+*}=0$，则称 j_0 单元为 DEA 有效；若 $\theta^*=1$，s^{-*}、s^{+*} 存在非零值，则称 j_0 单元为 DEA 弱有效；若 $\theta<1$，则称 j_0 单元为 DEA 无效。

根据图 7-9，即可将全部 DMU 分为四类：① E 类：位于有效前沿面的端点上的 DMU 即 DEA 极端有效的，如 DMU_1、DMU_2 和 DMU_3；② E′类：位于有效前沿面上但可以由其他 DMU 线性表示的，如 $DMU_6=DMU_1/2+DMU_2/2$；③ F 类：具有非零松弛变量的，此类 DMU 只要松弛变量为 0，即为有效的 DMU，如 DMU_4；④ N 类：不在有效前沿面上的，即无效类，如 DMU_5。

（2）基于产出有效性的模型

$$\max\{\alpha_{j_0}\}$$
$$\text{s. t.}\left\{\begin{array}{ll}\sum_{j=1}^{n} x_{ij}\lambda_j \leqslant x_{ij_0} & (j=1,2,\cdots,m)\\ \sum_{j=1}^{n} y_{rj}\lambda_j \geqslant \alpha_{j0}y_{rj_0} & (r=1,2,\cdots,s)\\ \sum_{j=1}^{n}\lambda_j = 1 \quad \lambda_j \geqslant 0, \alpha_{j_0}\text{ 无约束} & \end{array}\right. \tag{7-3}$$

这同样是一个有（$m+s+1$）个约束、有（$n+1$）个变量的线性规划模型。该模型实际上可以由模型式（7-1）经过变量代换得到。在式（7-1）中令：$\lambda_j'=\dfrac{\lambda_j}{\theta}$，则 $\lambda_j=\theta\lambda_j'$，将该式代入模型式（7-1），则输入约束变为

$$\sum_{j=1}^{n} x_{ij}\lambda'_j \leqslant x_{ij_0} \quad (i=1,2,\cdots,m)$$

输出约束则变为

$$\sum_{j=1}^{n} y_{rj}\lambda'_j \geqslant \frac{1}{\theta}y_{rj_0} \quad (r=1,2,\cdots,s)$$

而归一化约束变为

$$\sum_{j=1}^{n}\lambda'_j=\frac{1}{\theta}\lambda'_j \geqslant 0\text{。}$$

再看目标函数。在模型式（7-1）中，求 θ 的最小化，实际也就是求 $1/\theta$ 的最大化，这两者实质上是等价的。于是，令 $\alpha=1/\theta$，$\lambda_j'=\lambda_j$，再加上归一化约束就得到了模型式（7-3）。其中，α 称作产出的扩大比率。对模型式（7-3）的理解，需要借助于经济学中关于生产可能性曲线的概念。所分析单位的产出之所以需要扩大，是因为它的生产点可能会落在了有效前沿面（即生产可能性曲线）之下。对模型式（7-3）引入松弛变量 s^- 和 s^+，可得到：

$$\max\{\alpha_{j0}\}$$

$$\text{s.t.}\begin{cases}\sum_{j=1}^{n}x_{ij}\lambda_j+s_i^-=x_{ij_0} & (i=1,2,\cdots,m)\\ \sum_{j=1}^{n}y_{rj}\lambda_j-s_r^+=\alpha_{j_0}y_{rj_0} & (r=1,2,\cdots,s)\\ \sum_{j=1}^{n}\lambda_j=1\quad \lambda_j\geqslant 0 & (j=1,2,\cdots,n)\\ s_i^-\geqslant 0,s_r^+\geqslant 0\end{cases} \tag{7-4}$$

同样，令带有 * 上标的变量表示最优解，若 $\alpha^*=1$ 且 $s^{-*}=s^{+*}=0$，则称 j_0 单元为 DEA 有效；若 $\alpha^*=1$，s^{-*}、s^{+*} 存在非零值，则称 j_0 单元为 DEA 弱有效；若 $\alpha^*>1$，则称 j_0 单元为 DEA 无效。

基于投入和基于产出的 DEA 模型两者评价的结果应该是一致的，即 $\theta^*=1/\alpha^*$。仍然以上述的例 7-6 为例来说明。

与上述的模型式（7-3）相类似的一个问题是，能否找到一个理想的生产过程，这一生产过程由原来的 6 个 DMU 线性组合而成，它所需要的各种投入每一种最多为 1 单位，其产出量能够实现最大化。于是可得到如下的线性规划模型：

$$\max\ \boldsymbol{c\lambda}$$

$$\text{s.t.}\begin{cases}\boldsymbol{A\lambda}\leqslant\boldsymbol{b}\\ \boldsymbol{\lambda}\geqslant\boldsymbol{0}\end{cases}$$

式中

$$\boldsymbol{c}=(1,1,1,1,1,1)$$

$$\boldsymbol{\lambda}=(\lambda_1,\lambda_2,\lambda_3,\lambda_4,\lambda_5,\lambda_6)^{\mathrm{T}}$$

$$\boldsymbol{A}=\begin{pmatrix}4&2&1&5&3.5&3\\1&2&4&1&3.5&1.5\end{pmatrix}$$

$$\boldsymbol{b}=(1,1)^{\mathrm{T}}$$

与这一问题相类似的另一个问题是，在已知的 DMU 中其中的每一个 DMU 的生产过程是否理想呢？或者说，在每一个 DMU 的投入量不变的情况下，其产出量还能否有所增加呢？很显然，如果还能增加，就没有实现最优化；如果不能再增加，即已经实现最优化。比如对于 DMU_5，可得到如下的线性规划模型：

$$\max\{\alpha\}$$

$$\text{s.t.}\begin{cases}\boldsymbol{A}(\boldsymbol{\lambda},\alpha)\leqslant\boldsymbol{b}\\ \boldsymbol{\lambda}\geqslant\boldsymbol{0}\end{cases}$$

其中：

$$(\boldsymbol{\lambda},\alpha)=(\lambda_1,\lambda_2,\lambda_3,\lambda_4,\lambda_5,\lambda_6,\alpha)^{\mathrm{T}}$$

$$\boldsymbol{A}=\begin{pmatrix}4&2&1&5&3.5&3&0\\1&2&4&1&3.5&1.5&0\\-1&-1&-1&-1&-1&-1&1\end{pmatrix}$$

$$\boldsymbol{b}=(3.5,3.5,0)^{\mathrm{T}}$$

该模型即前面介绍的基于产出的模型式（7-3）。求解结果是，$\lambda_2=1.75$，$\alpha=1.75$。即按照目前的投入，DMU_5 的产出尚可增加 1.75 倍，即 DMU_5 的产出没有达到最大化，其生产行为不是有效的。

7.6.2 DEA 方法的应用——管理效率分析

DEA 方法是目前在具有多个 DMU 的多投入和多产出分析中使用比较广泛的一种比较成熟的分析方法。而管理效率分析恰恰也是一种多投入和多产出活动，因此，应用 DEA 方法进行管理效率分析应该是顺理成章的事。但遗憾的是，学术理论界目前在这方面的探讨并不多。把 DEA 方法应用于管理效率分析，这里只是一种尝试。

管理在经济发展和企业经营中的作用是毋庸置疑的。从宏观方面来看，有“三七开”的说法，即“三分技术，七分管理”；有“两个车轮”的说法，即现代管理和现代科学技术是现代社会前进的两个车轮子；还有“三鼎足”的说法，即现代管理、现代科学和现代技术是现代社会的“三鼎足”。再从微观方面来看，我们常说“管理出效益”“向管理要效益”，就充分说明了管理在企业经营中的重要性。企业的发展靠什么？“企业靠产品，产品靠质量，质量靠技术，技术靠人才，人才靠管理，管理靠的是企业家”，更是深刻地揭示了企业发展与管理之间的密切关系。所以，管理效率如何，最终需要以经济活动的投入产出来比较。

那么，管理活动的投入产出应分别包括些什么呢？这对于行政管理和企业管理来说，是不完全相同的。

对于行政管理来说，从投入的角度来看，重要的投入首先是管理人员数目，这是管理活动的基本投入。其次，是一定的管理经费或行政事业费。但是，从产出的角度来看，行政管理活动的产出很复杂，也很难量化。比如说，良好的社会秩序无疑应该是国家行政管理的一项产出，但应如何量化？是个难题。

对于企业经营管理来说，从投入的角度来看，管理活动的重要投入首先仍然是管理人员数目。其次，也是一定的管理经费如企业中的管理费等。再次，是一定的固定资产投资和流动资金（或日常经费）投入。这两项投入不仅是获得一定产出的必要要素，同时在一定的产出条件下，这两项投入的多少本身也反映着管理水平的高低。最后，是企业经营活动中人力资源的投入。因此企业管理活动中的基本投入应该包括 5 项：①管理人员数目；②管理费开支；③固定资产原值；④流动资金消耗；⑤生产人员数量。

从产出的角度来看，对于企业管理而言，重要的产出事项首先应该是企业利润或经营净收益，这是反映管理能力和管理水平的一项综合性最强的指标。其次，是资产的拥有量或资产的净增量，这是一切经济活动的直接目的。再次，是生产的产品价值。最后，是实现的销售收入。具体应用中还可以根据具体情况，对投入和产出的具体指标做灵活处理。

【例 7-7】 表 7-15 中给出的数据，是从《中国统计年鉴 2001》中取得的西部 10 个省、市、区 2000 年全部国有及规模以上非国有工业企业主要指标，其中前四项确定为产出指标，后四项确定为投入指标。管理人员数目和管理经费两项指标，由于年鉴中缺少相应的统计数据因而无从考虑，故从略。现假定在西部大开发中有一大笔投资要进行分配，需对这 10 个省、市、区企业经营的效率状况进行排队，问应如何做？

求解可把表 7-15 中的数据代入模型式（7-1），应用运筹学分析软件 WinQSB 上机计算，得到的结果如表 7-16 所示。分析结果表明，西南各省、市、区的管理效率普遍高于西北各省、市、区，西南 5 个省、市、区的效率指数均为 1。西北除青海和新疆的效率指数为 1 以外，其余各省区的效率指数均小于 1。另外，新疆的效率指数虽然为 1，但有非零的松弛变量，所以应为弱 DEA 有效。

值得肯定的是，这里的分析结果与《华商报》2003 年 11 月 27 日公布的西部百强县评选结果十分接近。西部12个省、市、区（含内蒙古和广西）中，西部地区百强县的分布是，四川30个，广西16个，重庆14个，云南10个，新疆10个，内蒙古9个，贵州6个，陕西2个，甘肃、宁夏、青海各1个[㊀]。

应用DEA方法分析管理效率显著的好处是，可以综合地分析投入和产出情况，且可以在多个不同单位之间进行比较。但也存在着明显的不足，这就是对于同样处于包络面上的DMU（即θ值为1的单元）无法区分其效率状况。此外，它必须在有多个DMU的情况下才能使用，而这一点在实际中往往可能是不需要的，实际中多数情况下决策人经常可能只关心某一个单元即DMU的相对效率，以便于进行决策分析。在这种情况下，DEA方法是无能为力的。

表7-15　西部地区全部国有及规模以上非国有工业企业主要指标（2000年）

单位：亿元

省、市、区	产品销售利润	工业总产值	资产合计	产品销售收入	固定资产原价合计	流动资产年平均余额	产品销售成本	流动负债合计
重庆	114.84	962.32	1945.11	959.36	1151.58	815.76	778.68	926.20
四川	293.23	2076.96	4586.11	2073.17	2917.04	1749.95	1613.98	1773.71
贵州	95.45	631.64	1517.13	593.80	913.15	650.77	434.80	690.00
云南	172.14	1063.36	2310.22	1058.91	1409.92	811.01	685.26	806.72
西藏	3.00	16.43	83.72	15.24	59.58	21.34	8.63	17.21
陕西	193.72	1184.58	2683.07	1133.82	1730.35	1015.04	861.23	1142.37
甘肃	68.76	840.58	1758.37	770.85	1165.68	713.08	665.42	663.82
青海	28.80	196.08	684.54	195.74	505.81	310.81	157.94	232.08
宁夏	28.82	239.11	511.12	238.10	362.21	198.31	198.96	199.38
新疆	183.03	852.01	1708.81	821.26	1387.56	528.51	597.83	648.51

表7-16　西部地区全部国有及规模以上非国有工业企业管理效率分析结果

省、市、区	θ值	其他变量
新疆	1	$\lambda_2=0.000016$，$\lambda_{10}=0.999964$，$s_1=0.0018$，$s_2=0.0196$，$s_3=0.046$，$s_5=0.027$，$s_7=0.006$，$s_8=0.006$
陕西	0.9798	$\lambda_2=0.174$，$\lambda_4=0.785$，$\lambda_{10}=0.041$，$s_2=47.1$，$s_4=92.5$，$s_5=23.3$，$s_6=31.1$，$s_8=150.2$
甘肃	0.9630	$\lambda_1=0.002$，$\lambda_4=0.785$，$\lambda_5=0.213$，$s_1=67.3$，$s_3=77.8$，$s_4=66.0$，$s_6=43.4$，$s_7=99.1$
宁夏	0.9593	$\lambda_1=0.0035$，$\lambda_4=0.2104$，$\lambda_5=0.7861$，$s_1=10.2$，$s_2=0.872$，$s_3=47.5$，$s_7=37.2$，$s_8=4.8$
备注		西南各省、市、区及青海省的θ值均为1，且相应的λ值为1，全部松弛变量均为0

应用案例讨论

一个风险投资问题

1. 背景材料

美国的一本教科书（Morton Davis，*The Art of Decision-making*，1986）中讲到了这样一则案例，说有一项风险投资机会，成功和失败的概率各为0.5，假设投资1元，如获得成功，则可在

㊀ 《全国经济百强县陕西落空》，《华商报》2003年11月27日第2版。

本金之外获得1.6元的利润，如果失败，则本金尽失。投资的次数和投资额不限。假定投资者为了不把钱输光，采取了这样的投资策略，每次只投入全部资本的一半，这样一次又一次地投资下去，假定你最初的资本额是100万元，现在的问题是：你的投资前景如何？或者说，平均地看，你是会赢还是会输？即在若干次投资以后，你的资本额会在100万元的基础上增值还是会减少？

2. 截然相反的两种答案

据说该案例曾经在北京大学硕士生（包括MBA）（工商管理硕士）的“运筹学”课堂上进行过讨论，引起了同学们的热烈争论，讨论中提出了完全相反的两种答案。

一种意见认为，这是一个绝好的投资机会，它一本万利，投资者肯定会发大财。其计算依据如下：

设投资者的初始资本额为a元，经一次投资以后的资本额有两种可能：

（1）若成功，资本为$a_1 = a + 1.6(a/2) = 1.8a$。

（2）若失败，资本变为$a_1 = 0.5a$。

一期投资后的资本期望值为$E_1 = 0.5(1.8a + 0.5a) = 1.15a$。

可以证明，第二次投资后的期望资本值为$E_2 = 1.15^2 a$，第三次投资后的期望资本值为$E_3 = 1.15^3 a$，…，以此类推，投资10 000次后的资本期望值为$E_{10\,000} = 1.15^{10\,000} a$。这可是个天文数值，只要看看$1.15^{100} = 1\,174\,313 > 1\,000\,000$，即每次投资1元投资100次后期望资本就大于100万元。若投资10 000次，其期望资本值将大于10^{606}元，即使太阳系的每个分子都变成100元的人民币，恐怕也不能凑够这么多钱。

在列举了以上理由后，更多的同学赞成这一派的意见，真希望有这样的投资机会能一显身手。

另一种意见则认为，这可能吗？因此对投资的前景严重持怀疑态度。或许这部分同学是反向思维，总觉得老师提出此案例，一定设下了陷阱。他们从实际出发，总觉得不大可能，因而对投资前景持悲观态度。经过分析，他们认为这种投资最终会血本无归。他们的分析是：

由于在赢时，资本值会由a变为$1.8a$；在输时，资本会从a变为$0.5a$。即赢时资本会在原有基础上乘1.8，输时资本会在原有基础上乘0.5，根据乘法的交换律和结合律，在胜负次数确定的情况下，投资胜负的顺序如何是没有关系的。由于投资的胜率为0.5，因此在多次投资中赢和输的次数很可能都接近半数。

若假设总投资次数为N，胜负次数各半，投资N次后的资本额将变为

$$a(1.8)^{N/2}(0.5)^{N/2} = a(0.9)^{N/2}$$

为了说明这一数值的大小，假设投资次数$N = 360$，$a = 1\,000\,000$元。则可以得出：$a_{360} = a(1.8)^{180}(0.5)^{180}$元$= a(0.9)^{180}$元$= 0.0058$元，即只剩下不到1分钱。

讨论到这里，“乐观派”的多数人心凉了半截，但还是有些人在各执一词地争论不休。

3. 究竟孰是孰非

“乐观派”和“悲观派”都有依据，而且数理推导都没有问题，究竟孰是孰非？如何解释这一看似矛盾的结论呢？

“乐观派”的观点是：投资者在10 000次投资后的资本期望值几乎是无穷大。这一结论是对的。也可以说，平均来说，投资者会赢。“悲观派”的观点也是对的。他们说的不是期望值，而是多次投资后所持有的实际资本，两者所说的对象不同。其结论是：如果投资10 000次，投资者赢的概率微乎其微；或者换句话说，几乎必定要输。但没有说资本期望值微乎其微。

既然都有道理，为什么还争论不休呢？因为大家时常混淆期望和可能性这两个概念。期望收益并不等于现实的收益，它只是按照每一状态发生的概率预期可能得到的收益，即假定每一状

态都按照给定的概率发生，预期所能够获得的收益，这只是一种可能性而已。事实上这是不可能的。因为我们知道，未来不可能几种状态都发生，只能有一种状态发生，而究竟哪种状态发生是具有或然性的。只是在多次试验的基础上，每种状态发生的概率可能会稳定在给定的概率上。所以，期望收益只是一种平均收益。问题是，既然教科书上都把期望收益最大化作为决策的一个原则，那么学生们的认识误区也就很自然了。

我们先来分析一下按照给定的投资策略究竟需要赢多少次投资的初值才会增加。

设 N 次投资中有 n 次赢，$N-n$ 次输，开始有 a 元，最后有

$$a_N = a(1.8)^n(0.5)^{N-n}$$

我们先考虑要使投资者不输，需要赢的次数：

要使

$$a_N = a(1.8)^n(0.5)^{N-n} \geqslant a$$

只需

$$(1.8)^n(0.5)^{N-n} \geqslant 1$$

$$(1.8)^n \geqslant (2)^{N-n}$$

$$n\lg 1.8 \geqslant (N-n)\lg 2$$

$$n \geqslant N\lg 2/(\lg 3.6)$$

即

$$n \geqslant 0.541\ 126N$$

若 $N=10\ 000$，需要 $n \geqslant 5411$ 才能保本或获利。然而，其概率微乎其微。在试验次数充分大时，我们可以用正态分布作为伯努利试验概率分布（二项式分布）的近似估计（所有不同的概率分布在一定的条件下都会逼近于正态分布）。由于 $p=q=0.5$，于是有

$$\mu = Np = 5000, \sigma \approx \sqrt{Npq} = 50$$

成功次数大于 5411 的概率为

$$P(n > 5411) = P(x > 8\sigma | x \sim N(0,1)) \approx 10^{-15}$$

为了理解这一概率有多么小，我们可以设想全世界有 100（10^{10}）亿人，每人有 10 万根头发，合计有 10^{15} 根。如果在某一个人的头上选一根头发，刻上记号或染上不同的颜色，然后把所有人的头发剃下来，放在太平洋里均匀搅拌，再让一个人随机地抓一根头发，这时抓到的头发正好是预先做了记号或染了色的那一根的概率就是你投资保本或盈利的概率。换句话说，抓不到那根头发的概率就是你会赔本的概率。

有些同学不满足于以上的解释，总想深究其中的奥妙。这一投资环境无疑是很好的。在实际中，这样的机会是太难得了，简直是天赐良机，怎么就几乎就要输光呢？

投资机会确实是很好，问题出在投资策略上。

你何必一定要投资 1 万次呢？投资次数有时少些可能会更好，这也就是实践中常说的“见好就收”。虽然投资次数越多，期望收益越大，但成功的概率却会降低。继续以上的讨论，看看减少投资次数的结果如何。

（1）若 $N=1000$，则 $\mu=500$，$\sigma=15.8$，$P(n>541)=P(x>2.6\sigma | x \sim N(0,1)) \approx 0.005$。

（2）若 $N=100$，则 $\mu=50$，$\sigma=5$，$P(n>54)=P(x>0.8\sigma | x \sim N(0,\sigma)) \approx 0.21$。

（3）若 $N=10$，依二项分布，$P(n>5.4)=P(n>5) \approx 0.38$，这就是一个很可观的数值了。

（4）最极端的是投资一次，$N=1$，$p=0.5$。也就是说，按这种类型的投资策略，赢的概率至多为 0.5。

上述的分析运用 Excel 模拟，可以清楚地看到结果。这种模拟很简单。只需要一个随机函数

B2 = "Rand( )" 和 C2 = "If(B2 > = 0.5 , B1 * 1.8 , B1 * 0.5)" 即可（A 列留下统计试验次数，同时在 C1 单元格输本金值 100 000）。模拟表明，试验 1000 次中当赢的次数大于 541 时（在 D2 单元格输 " = IF(B3 > = 0.5，1，0)" 可统计赢的次数），本金都会增加，而当赢的次数少于 541 时，本金总是会减少。模拟结果也说明，悲观派同学的分析虽然是从实际出发的，但显然也是有缺欠的。因为试验中输赢各占一半的情况事实上也是很少的，或者说也只能是平均数附近多种可能中的一种。因此输赢各占一半的假定实际上也是过于理性化的。

4. 关于投资策略问题

投资者选择每次投资现有资金的一半，就投资方式或策略来看，看似聪明，实际上并不尽然。投资者自以为这样将不会把全部投资输光（取“一尺之棰，日取其半，万世不竭”之意），其实为了达到能多次投资的目的，也可以每次拿出 1/3 或其他比例的资本去投资，不一定是一半。一般来说，可设现有资金为 b，投资数所占当前资金的比例为 α（$0<\alpha<1$），仍设赢率为 0.5。若赢，资本金变为 $(1+1.6\alpha)b$，若输变为 $(1-\alpha)b$。一次投资后的期望资本为

$$E_1 = 0.5(1+1.6\alpha)b + 0.5(1-\alpha)b = (1+0.3\alpha)b$$

仍设在 N 次投资中赢取 n 次，N 次投资后所有的资金为

$$b_N = b(1+1.6\alpha)^n(1-\alpha)^{(N-n)}$$

由于 n 的取值在 $N/2$ 附近的概率比较大，因此 $n=N/2$ 时的最优的投资比例 α，实际就是求 $[(1+1.6\alpha)(1-\alpha)]^n$ 的极大值，也即 $(1+1.6\alpha)(1-\alpha) = -1.6\alpha^2+0.6\alpha+1$ 的极大值。

这是一个二次函数的极值问题，利用中学的知识可以得出。当 $\alpha=3/16=0.1875$ 时，此函数的极大值为 $(1+1.6\alpha)(1-\alpha)=1.05625>1$。

若初始资本为 100 万元，投资 10 000 次，赢 5000 次，最后的资金为

$$b_N = 1\,000\,000 \text{元} \times [(1+1.6\alpha)(1-\alpha)]^{5000} = 6.8173\times10^{124}$$

这同样是一个天文数字。

用与上述模拟相同的方法，对这种分析进行模拟，本金增值几乎可以看作必然事件。

其实，使用此种投资策略输的概率很小。如果要解出盈亏平衡点，只需要令 $(1+1.6\alpha)^n(1-\alpha)^{(N-n)}=1$，$n=-N\lg(1-\alpha)/[\lg(1+1.6\alpha)-\lg(1-\alpha)]$，将 $\alpha=3/16$ 和 $N=10\,000$ 代入，得 $n=4418$。投资者输的概率很小，小到几乎为 0：

$$P(n\leqslant4418) = P(x>11\sigma \mid x\sim N(0,1)) \approx 0$$

此概率比前面用头发比喻的概率还要小很多。

如果用一般的符号表示投资收益，比如，获胜时得到投资额的 β 倍（β 相当于原案例中的 1.6）。按比例投资的最优比例（二次函数极值）$\alpha=(\beta-1)/(2\beta)=0.5-1/(2\beta)$，显然只有当 $\beta>1$ 时才有意义（$\beta<1$ 时 α 为负）。当 $\beta\to+\infty$ 时，$\alpha\to0.5$。投资者把 α 定为 0.5，不是因为没有学好数学，就是没有动脑筋。

其实，要投资 1 万次，不一定按照比例进行投资，还有其他的投资策略。比如，等量投资就是其中之一。若初始资本为 100 万元，可等分为 1 万份，每份 100 元，分别进行投资。

一般来说，若投资环境如上所述并沿用上面的记号，仍然假定输赢的概率各为 0.5，投资 N 次，于是可将初始资本 a 等分为 N 份，每份为 a/N。任意一份投资后，若成功，资金变为 $(1+\beta)a/N$，若失败，这份资金变为 0。其期望值为 $0.5(1+\beta)a/N$。N 份资本金全部投资后的总和期望为 $E_N=0.5(1+\beta)a$。当 $\beta=1.6$，$a=1\,00$ 万时，$E=0.5(1+\beta)a=1\,300\,000$。若按期望值算收益率只是 30% 而已。

假设 N 次投资中有 n 次成功，N 次投资后的资金为

$$a_N = (1+\beta)(a/N)n$$

下面我们计算投资者亏损的概率：

$$P(a_N<a)=P(n<N/(1+\beta))$$

若代入 $\beta=1.6$，得

$$P(a_N<a)=P(n<N/2.6)=P(n<0.3846N)$$

若 $N=10\ 000$，则 $\mu=5000$，$\sigma=50$

$$P(a_N<a)=P(x<-23\sigma \mid x\sim N(0,1))=P(x>23\sigma \mid x\sim N(0,1))\approx 0$$

显然，亏损是不可能的。

值得一提的是，当 N 由大变小时，亏损的概率会变大，但期望值不变。

此案例的讨论给同学们的印象深刻，也让我们对风险决策的原则进行了比较全面的反思。

利用 WinQSB 软件进行决策分析

用 WinQSB 软件进行决策论分析一般调用 Decision Analysis 模块，贝叶斯分析选择 Bayesian Analysis，支付表分析选择 Payoff Table Analysis，决策树分析选择 Decision Tree Analysis。

1. 进行贝叶斯分析

利用 WinQSB 软件做贝叶斯分析只能用于计算后验概率，无法结合收益值进行决策分析。下面以例 7-2 为例进行介绍。

第一步，先调用 Decision Analysis 模块，建立新问题。

建立新问题后得到图 7-10，在图 7-10 中的 Problem Type 处选择 Bayesian Analysis，Problem Title 处输入“例 7-2”，Number of the States of Nature（状态数）处输入 4，在 Number of Survey Outcomes [Indicators]（试验结果或指标数）处输入 4。

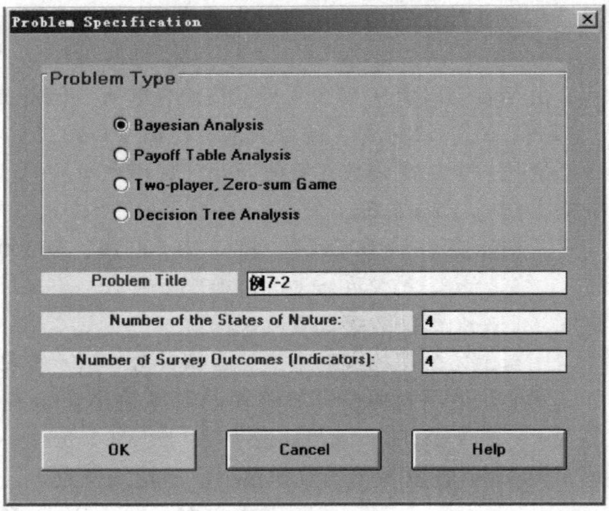

图 7-10　建立贝叶斯分析新问题

第二步，输入数据。

在图 7-10 中单击 OK，得到图 7-11，在图 7-11 所示表中输入先验概率和表 7-6 的数据，即第一行输入先验概率，第二、三、四、五行输入条件概率，同时按照题目信息对状态和试验指标重新命名（单击 Edit 菜单）。

Outcome \ State	状态1：50万桶	状态2：20万桶	状态3：5万桶	状态4：无油
Prior Probability	0.1	0.15	0.25	0.5
指标1：构造好	0.58	0.56	0.46	0.19
指标2：构造较好	0.33	0.19	0.25	0.27
指标3：构造一般	0.09	0.125	0.125	0.31
指标4：构造差	0	0.125	0.165	0.23

图 7-11　例 7-2 的先验概率和条件概率

第三步，计算后验概率。

单击 Solve the Problem 得到如图 7-12 所示的后验概率表。在菜单 Results 下，单击 Show Marginal Probability 显示边际概率（即各种试验结果发生的概率），得到图 7-13。单击 Show Joint Probability 显示联合概率（即每一试验结果或边际概率的各个加项，边际概率是每一种试验结果在不同状态下的加权平均值)，如图7-14所示。单击 Show Decision Tree Gragh 显示决策树图，如图7-15（需先对决策树设定宽度和大小，然后单击OK）。决策树反映了每一种试验结果发生的平均概率和每一试验结果在不同状态下的概率。

Indicator\State	状态1：50万桶	状态2：20万桶	状态3：5万桶	状态4：无油
指标1：构造好	0.1648	0.2386	0.3267	0.2699
指标2：构造较好	0.1274	0.1100	0.2413	0.5212
指标3：构造一般	0.0421	0.0876	0.1460	0.7243
指标4：构造差	0	0.1071	0.2357	0.6571

图7-12 后验概率表

0-2	Outcome or Indicator	Marginal Probability
1	指标1：构造好	0.352
2	指标2：构造较好	0.259
3	指标3：构造一般	0.214
4	指标4：构造差	0.175

图7-13 边际概率表

State\Indicator	指标1：构造好	指标2：构造较好	指标3：构造一般	指标4：构造差
状态1：50万桶	0.058	0.033	0.009	0
状态2：20万桶	0.084	0.0285	0.0188	0.0188
状态3：5万桶	0.115	0.0625	0.0313	0.0413
状态4：无油	0.095	0.135	0.155	0.115

图7-14 联合概率表

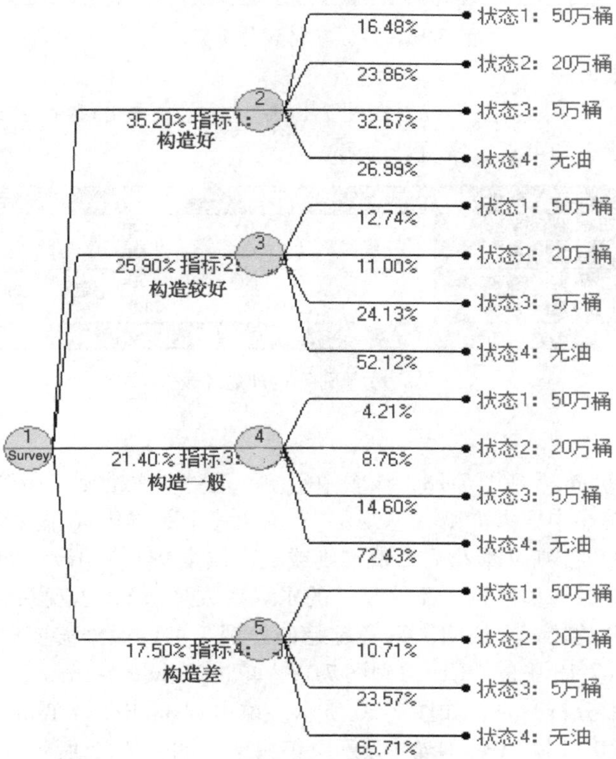

图7-15 决策树图

2. 进行支付表分析

利用 WinQSB 软件进行支付表分析是在已知每一策略及各状态的效益和概率，分析软件内设的 7 种决策准则下的决策结果。下面以例 7-1 为例进行介绍。

第一步，调用 Decision Analysis 模块，建立新问题。

在图 7-16 中的 Problem Type 处选择 Payoff Table Analysis，Problem Title 处输入“例 7-1”，Number of the States of Nature（自然状态数）处输入 3，在 Number of Decision Alternatives（可选方案数）处输入 3。

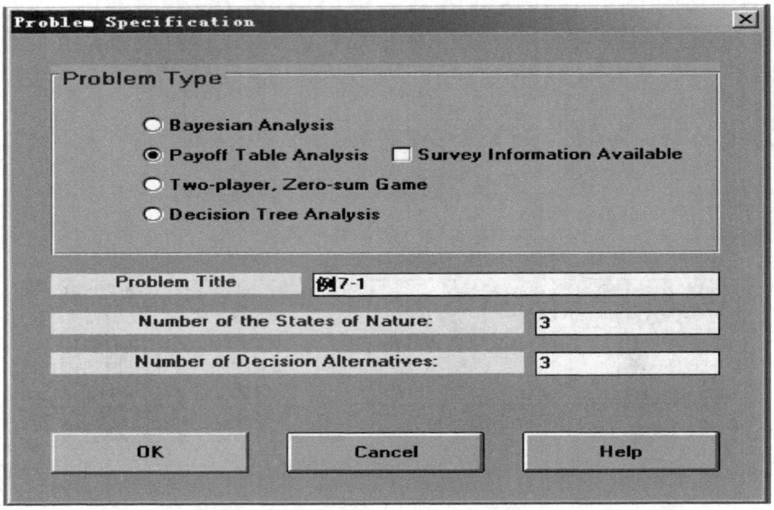

图 7-16　建立支付表分析新问题

第二步，输入数据。

在图 7-16 中单击 OK，得到图 7-17。在图 7-17 中输入表 7-4 的数据，第一行输入先验概率，同时按照题目信息对状态和可选方案重新命名。

Decision \ State	畅销	一般	滞销
Prior Probability	0.3	0.5	0.2
小批量生产	50	40	30
中等批量生产	80	50	10
大批量生产	120	60	-30

图 7-17　例 7-1 的支付表

第三步，计算分析。

单击 Solve the Problem 得到图 7-18，该图中给出了七种决策准则可得到相应的决策结果。七种决策准则分别是：①小中取大准则（悲观法）；②大中取大准则（乐观法）；③折中准则（乐观系数法）；④大中取小准则（最小后悔值准则或机会成本法）；⑤最大期望收益准则；⑥等可能性准则；⑦最小期望后悔值准则。系统默认的乐观系数是 0.5，乐观系数越接近 1 说明决策者越趋向乐观，乐观系数越接近 0 说明决策者越趋向悲观，可以根据需要做出改变。这里输入乐观系数为 0.6。单击图 7-18 中的 OK，得到图 7-19。单击 Results→Show Payoff Table Analysis，显示各种决策准则的详细分析结果，如图 7-20 所示。单击 Show Regret Table 显示后悔值表，如图 7-21 所示。单击 Show Decision Tree Gragh 显示决策树图，如图 7-22 所示（这里的决策树不反映期望收益）。

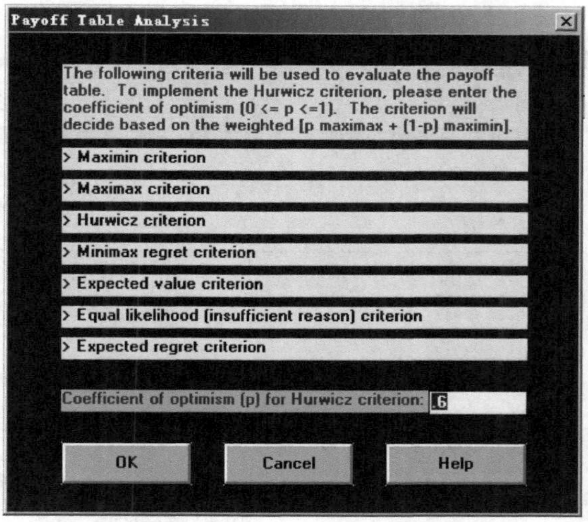

图 7-18　支付表分析

06-01-2014 Criterion	Best Decision	Decision Value	
Maximin	小批量生产	$30	
Maximax	大批量生产	$120	
Hurwicz (p=0.6)	大批量生产	¥60.00	
Minimax Regret	中等批量生产	$40	
Expected Value	大批量生产	$60	
Equal Likelihood	大批量生产	$50	
Expected Regret	大批量生产	$12	
Expected Value	without any	Information =	$60
Expected Value	with Perfect	Information =	$72
Expected Value	of Perfect	Information =	$12

图 7-19　例 7-1 的分析结果

图 7-19 表明，按小中取大准则，选小批量生产方案，获得收益 30 单位（这里符合 $ 和 ¥ 无特殊含义，均表示题目中给定的收益单位）；按大中取大准则，选大批量生产方案，获得收益 120 单位；按乐观系数法，选大批量生产方案，获得折中收益 60 单位；按大中取小准则，选中等批量生产方案，后悔值或机会成本为 40 单位；按照最大期望收益准则，选大批量生产方案，获得期望收益 60 单位；按照等可能准则，选大批量生产方案，获得平均收益 50 单位；如此等等。

06-01-2014 Alternative	Maximin Value	Maximax Value	Hurwicz (p=0.6) Value	Minimax Regret Value	Equal Likelihood Value	Expected Value	Expected Regret
小批量生产	$30**	$50	$42	$70	$40	$41	$31
中等批量生产	$10	$80	$52	$40**	¥46.67	$51	$21
大批量生产	($30)	$120**	¥60.00**	$60	$50**	$60**	$12**

图 7-20　各种决策准则的详细分析结果

Decision\State	畅销	一般	滞销
小批量生产	$70	$20	0
中等批量生产	$40	$10	$20
大批量生产	0	0	$60

图 7-21　后悔值计算表

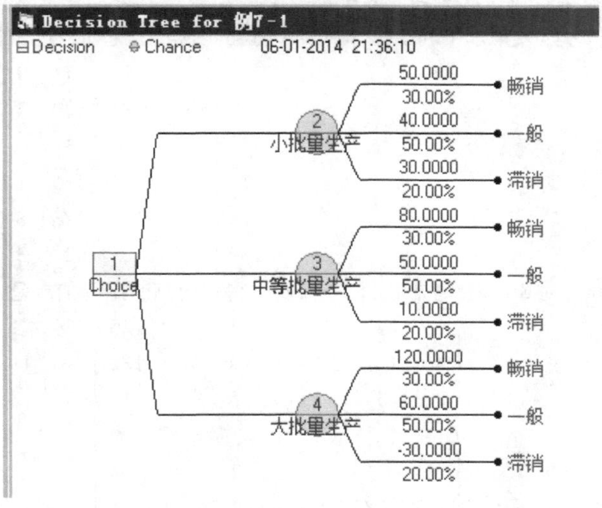

图 7-22　例 7-1 的决策树

习题与作业

1. 某厂有一新产品，面临的市场状况有三种情况，可供其选择的营销策略也是三种，每一种策略在每一种状态下的损益值如表7-17所示，要求分别用非确定型决策的五种方法进行决策（使用折中法时 $\alpha=0.6$）。

表7-17　损益值

营销策略	市场状况		
	Q_1	Q_2	Q_3
S_1	50	10	-5
S_2	30	25	0
S_3	10	10	10

2. 如上题中三种状态的概率分别为0.3，0.4，0.3，试用期望值方法、临界概率方法和决策树方法决策。

3. 某石油公司拟在某地钻井，可能的结果有三：无油（θ_1），贫油（θ_2）和富油（θ_3），估计可能的概率为：$P(\theta_1)=0.5$，$P(\theta_2)=0.3$，$P(\theta_3)=0.2$。已知钻井费为7万元，假设贫油可收入12万元，富油可收入27万元。为了科学决策拟先进行勘探，勘探的可能结果是：地质构造差（I_1）、构造一般（I_2）和构造好（I_3）。根据过去的经验，地质构造与出油量间的关系如表7-18所示。

表7-18　地质构造与出油量间的关系

$P(I_j \mid \theta_i)$	构造差（I_1）	构造一般（I_2）	构造好（I_3）
无油（θ_1）	0.6	0.3	0.1
贫油（θ_2）	0.3	0.4	0.3
富油（θ_3）	0.1	0.4	0.5

假定勘探费用为1万元，试确定：

（1）是否值得先勘探再钻井？

（2）根据勘探结果是否值得钻井？

4. 某企业拟从3名干部中选拔1人担任总经理助理，选拔的标准包括健康状况、业务知识、写作能力、口才、政策水平和工作作风6个方面。这6个方面经过比较后得出的判断矩阵如下：

$$\boldsymbol{A}=\begin{pmatrix} 1 & 1 & 1 & 4 & 1 & 1/2 \\ 1 & 1 & 2 & 4 & 1 & 1/2 \\ 1 & 1/2 & 1 & 5 & 3 & 1/2 \\ 1/4 & 1/4 & 1/5 & 1 & 1/3 & 1/3 \\ 1 & 1 & 1/3 & 3 & 1 & 1 \\ 2 & 2 & 2 & 3 & 1 & 1 \end{pmatrix}$$

经过对3个对象按每1标准权衡，得到的判断矩阵依次是

$$\begin{pmatrix} 1 & 1/4 & 1/2 \\ 4 & 1 & 3 \\ 2 & 1/3 & 1 \end{pmatrix} \quad \begin{pmatrix} 1 & 1/4 & 1/5 \\ 4 & 1 & 1/2 \\ 5 & 2 & 1 \end{pmatrix} \quad \begin{pmatrix} 1 & 3 & 1/3 \\ 1/3 & 1 & 1 \\ 3 & 1 & 1 \end{pmatrix} \quad \begin{pmatrix} 1 & 1/3 & 5 \\ 3 & 1 & 7 \\ 1/5 & 1/7 & 1 \end{pmatrix}$$

$$\begin{pmatrix} 1 & 1 & 7 \\ 1 & 1 & 7 \\ 1/7 & 1/7 & 1 \end{pmatrix} \quad \begin{pmatrix} 1 & 7 & 9 \\ 1/7 & 1 & 5 \\ 1/9 & 1/5 & 1 \end{pmatrix}$$

试应用AHP方法，对3个候选人排出优先顺序。

5. 某市商业银行共有4个分理处，其投入产出情况如表7-19所示。要求试确定各分理处的运行是否为DEA有效。

表7-19 投入产出情况

分理处	投入		产出/（笔/月）		
	职员数/人	营业面积/m^2	储蓄存取	贷款	中间业务
分理处A	15	140	1800	200	1600
分理处B	20	130	1000	350	1000
分理处C	21	120	800	450	1300
分理处D	20	135	900	420	1500

6. 对于π值的模拟，也有学者设计了这样的模型，即在如图7-23所示的边长为1的正方形中，有一个半径为1的1/4圆，向该正方形中随机地投掷一些点或豆，落入1/4圆中的点数n与试验的次数N的比值，应该等于1/4圆的面积与正方形的面积比。根据“大数定律”，试验的次数N越大，比值就越精确。使用的关系式是

$$\frac{n}{N}=\frac{\text{the area of 1/4 roundness(1/4 圆的面积)}}{\text{the area of square(正方形的面积)}}=\frac{\pi}{4}$$

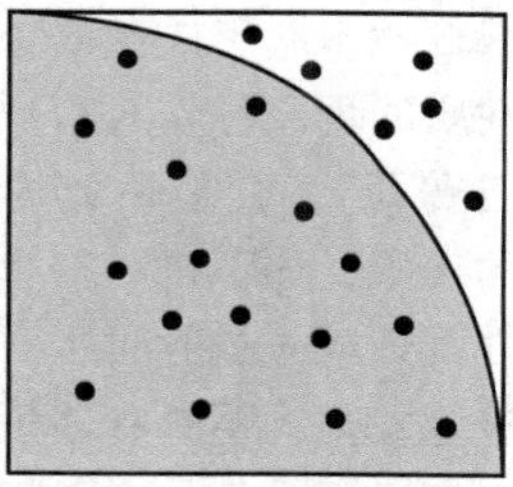

图7-23 习题6示意图

试用Excel进行模拟，看看会出现什么结果。

7. 熟练掌握Excel对例7-4的模拟。

第 8 章 对策论

8.1 对策论的初步认识

8.1.1 对策现象和对策论

对策论又称博弈论，是研究具有斗争或竞争性质现象的数学理论和方法，它既是现代数学的一个新的分支，也是运筹学的一个重要组成部分。对策论发展的历史并不很长，但由于它所研究的现象与人们的政治、经济、军事活动乃至一般日常生活等都有着密切的联系，并且处理问题的方法又有明显特色，所以在管理领域日益引起了广泛的重视。

在对策论中，把具有斗争或竞争性质的现象称作对策现象。在现实生活中，对策现象是普遍存在的，如古代中国战国时期的“齐王赛马”，就是一个典型的对策现象。在日常生活中，经常可以看到一些具有斗争性或竞争性质的现象，如下棋、打牌、体育竞技等；在战争中，敌我双方总是力图选择对自己有利的策略，千方百计地去战胜对手；在政治方面，国际间的谈判，各种政治力量间的斗争，各国际集团间的斗争等，都无不具有斗争性质；在经济活动中，各国之间、各企业间的各种谈判，以及相互间为争夺市场而进行的竞争不胜枚举；在生产过程中，如果将生产经营者看成一方，将各种消耗、成本及开支看成另一方，则生产过程也可以看成是双方的竞争过程。

对策现象的一个共同特点是：参加斗争的各方具有完全不同的利益和目标。为了达到各自的利益和目标，各方必须充分考虑和估计对手可能采取的各种行动方案，并针锋相对地选择对自己最有利或最合理的方案。对策论就是专门研究对策现象中各方是否存在最合理的行动方案，以及如何找到合理的行动方案的数学理论和方法。

为了便于对不同的对策问题进行研究，对策论将对策问题根据不同方式进行了分类。分类方式主要包括：

（1）根据局中人的个数，可分为二人对策和多人对策，多人对策中局中人多于二人。

（2）根据各局中人的赢得函数的代数和是否为零，可分为零和对策和非零和对策。

（3）根据局中人之间是否允许合作，可分为合作对策和非合作对策。两者的区别在于参与人在对策过程中是否能够达成一个具有约束力的协议。倘若不能，则称非合作对策（非合作的游戏），非合作对策是现代对策论的研究重点。比如两家企业 A 和 B 合作建设一条可变电容二极管生产线，协议由 A 方提供生产可变电容二极管的技术，B 方则提供厂房和设备。在对技术和设备进行资产评估时就形成非合作对策，因为每一方都试图最大化己方的评估值，这时 B 方如果能够获得 A 方关于技术的真实估价或参考报价这类竞争情报，则可以使自己在评估中获得优势；同理，A 方也是一样。至于自己的资产评估是否会影响合作企业的总体运行效率这样的“集体利益”，则不会受到非常重视。这就是非合作对策，参与人在选择自己的行动时，优先考虑的是如何维护自己的利益。合作对策强调的是集体主义、团体理性（集体的合理性），是效率、公平、公正；而非合作对策强调个人理性，个人最优决策，其结果是有时有效率，有时则不然。

（4）根据局中人策略集合中的策略个数，可分为有限对策和无限（或连续）对策。

（5）根据策略的选择是否与时间有关，可分为静态对策和动态对策。对策过程中始终存在一个先后问题（序列次序），参与人的行动次序对对策最后的均衡有直接的影响。与时间（次序）相关就是动态对策，与时间无关（同时选取对策）就是静态对策。动态对策的基本特征是各个对策方不是同时，而是分先后、依次进行选择和行动（或称行为），比如下象棋。这是动态对策与静态对策的根本区别。动态对策中各对策方在关于对策进程信息方面是不对称的，后行为的对策方有更多的信息帮助自己选择行为。

信息是对策过程中的一个非常重要的因素。竞争情报是关于竞争对手的背景、技术秘密、发展策略等一切影响竞争结果的信息。在对策的参与人之间传递的信息有时就是竞争情报，在没有获得竞争情报以前，参与人还只能用概率来估计对方的行为，如果获得竞争情报，则可以大大提高决策的成功率，同时竞争情报还可以作为一种“武器”来迷惑对方，所谓“攻心为上”。时间和信息是对策论强有力的研究工具。目前人们对信息越来越重视，特别是信息不对称对个人选择和制度安排的影响，在信息经济学中产生了委托—代理制和激励理论。

对策论非常强调时间和信息的重要性，认为时间和信息是影响对策均衡的主要因素。在对策过程中，参与者之间的信息传递决定了其行动空间和最优策略的选择。因此，目前关于对策常见的一种划分方式，是从参与人行动的次序和参与人对其他参与人的特征、策略空间和支付的知识（信息）是否了解两个角度进行。把两个角度结合就得到了四种对策：完全信息静态对策，完全信息动态对策，不完全信息静态对策，不完全信息动态对策。完全信息静态对策即各个对策方同时决策，且所有对策方对对策中的各种情况下的得益完全了解的对策问题，比如猜拳游戏。

（6）根据对策模型的数学特征，可分为矩阵对策、连续对策、微分对策、阵地对策、凸对策、随机对策等。

在众多的对策模型中，具有重要地位的是二人有限零和对策，又称矩阵对策。这类对策是到目前为止在理论研究和求解方法方面都比较完善的一个对策论分支。尽管矩阵对策基本上是一类最简单的对策论模型，但其研究的思想和方法具有十分重要的代表性，体现了对策论的一般思想和方法，而且它的研究结果也是研究其他对策模型的基础。因此，基于这些认识，本章将主要介绍矩阵对策的基本内容。

严格地讲，对策论并不是经济学的一个分支，它只是一种方法，这也是为什么许多人将其看成数学的一个分支的缘故。对策论已经在政治、经济和社会学领域有了广泛的应用，它为解决不同实体的冲突和合作提供了一个宝贵的方法。

8.1.2 对策问题的三要素

为了对对策问题进行数学上的分析，必须建立对策问题的数学模型，称为对策模型。不论对策模型在形式上有何不同，一般都必须包括以下三个基本要素：

1. 局中人

在一个对策中，有权决定自己行动方案的对策参加者称为局中人。在二人对策中，有两个局中人，通常用局中人Ⅰ和局中人Ⅱ表示；在多人对策中，则有多个局中人，通常用Ⅰ表示局中人的集合。

在对策现象中，局中人并不一定都是具体的人，它可以理解为个人，也可以理解为一个集体，如球队、军队、企业等，还可以是非人的客观状态，如天气状况、经济形势等。另外，在对策中利益完全一致的参加者只能看成是一个局中人。例如，桥牌赛中的南北方和东西方尽管各有两人，共四人参加竞赛，但只能算两个局中人。

对策论中对局中人的一个重要假设是：每个局中人都是“理智的”，即对于每一个局中人来说，都不存在侥幸心理，不存在利用其他局中人的决策失误来扩大自身利益的行为或预期。

2. 策略集合

一个对策中，可供局中人选择的一个实际可行的完整的行动方案称为一个策略。参加对策的每一个局中人 i，$i\in I$ 的策略集合记为 S_i，一般地，每一局中它的策略集合中至少应包括两个策略。

例如在“齐王赛马”中，如果用（上、中、下）表示以上马、中马、下马依次参赛，那么它就是一个完整的行动方案，即为一个策略。可见，齐王和田忌各自都有六个（3！个）策略：（上、中、下）、(上、下、中)、(中、上、下)、(中、下、上)、(下、上、中)、(下、中、上)。

3. 赢得函数（支付函数）

一个对策中，每一局中人所出策略形成的策略组称作一个局势，记作 S。在多人对策中假定有 n 个局中人，每个局中人都从自己的策略集合中选出一个策略 $S^{(i)}$，$S^{(i)}\in S_i$，就组成了一个局势 $S=(S^{(1)},S^{(2)},\cdots,S^{(n)})\in\prod_{i=1}^{n}S_i$。比如“齐王赛马”问题中，就总共有 $6\times6=36$ 个局势。当一个局势出现后，必然会有一个竞争结局，把这种竞争结局用数量来表示，就称作赢得函数或支付函数，用 $H_{(i)}(S)$ 表示。

例如在“齐王赛马”中，齐王和田忌的策略集合分别为 $S_1=\{a_1,a_2,\cdots,a_6\}$ 和 $S_2=\{b_1,b_2,\cdots,b_6\}$。这样，齐王的任一策略 a_i 和田忌的任一策略 b_j 就构成了一个局势 S_{ij}。如两人分别采用策略 a_1 和 b_1，则齐王的赢得为 $H_1(S_{11})=3$，田忌的赢得为 $H_1(S_{11})=-3$。在二人有限零和对策中，每一局势的赢得函数可以用矩阵来表示，把赢得函数用矩阵来表示，就称作赢得矩阵（或支付矩阵）。

一般来说，当对策问题中的局中人、策略集合和赢得函数这三个要素确定后，一个对策模型也就确定了。

8.1.3 矩阵对策问题举例

1. 招揽乘客问题

有两家客运公司 A 和 B，同时服务于甲、乙两地之间，每年在这个区间流动的乘客数为一常数，因此，其中一家乘客增多，就意味着另一家乘客减少。在这种情况下两家都力图采取措施以招揽更多的乘客。假定每个公司可采取的措施有以下三种：

（1）优质服务，即什么都不做仅通过优质服务赢得乘客。

（2）口头宣传，即在行车期间对乘客进行各种口头宣传。

（3）打广告，即运用各种广告媒体做广告宣传。

于是总共可以有九种局势，在每一种局势下 A 公司的赢得函数如表 8-1 所示。

表 8-1 招揽乘客问题的赢得函数

B 公司 / A 公司	优质服务	口头宣传	打广告
优质服务	0	−200	−600
口头宣传	200	0	−200
打广告	700	250	100

问两公司各应采取何种措施，才能招揽到更多乘客？

2. 差旅问题

某人要由甲地去乙地出差，汽车公司规定，到乙的单程车票是35元，来回车票是50元。根据经验，甲地常有车去乙地办事，因此出差人极有可能搭便车回来而不必乘汽车公司的车。于是，出差人面临的情况是：或者买单程车票，或者买来回车票。买单程车票若有便车可搭，只需要35元车费；但如果无便车可搭则需要再另花35元买一张回程票，总共要花费70元钱。买来回车票，不论是否有便车可搭，都得花去50元钱。那么到底是买单程车票好呢还是买来回车票好？

这一问题的赢得矩阵可以表述如下：

$$\begin{array}{c} \\ a_1 \\ a_2 \\ \\ \end{array}\begin{array}{c} \begin{array}{cc} b_1 & b_2 \end{array} \\ \begin{pmatrix} 35 & 50 \\ 70 & 50 \end{pmatrix} \\ \text{(单程)(来回)} \end{array}\begin{array}{l} \\ \text{(有便车)} \\ \text{(无便车)} \\ \\ \end{array}$$

在这里局中人Ⅰ是客观情况，局中人Ⅱ是乘客即出差人，赢得矩阵表示汽车公司的赢得函数。

3. 曹操的去路问题

三国时赤壁大战之后，曹操率领残兵败将企图逃往南郡，途中来到了一个三岔路口，前面有两条道，一条是小路即华容道，窄险难行；另一条是大路，便于行军，但比小路要多走50里路。两条路都可能有诸葛亮的伏兵。在这紧急关头，曹操盘算着对策：诸葛亮的伏兵到底会在哪条路上？曹军到底走哪条路较妥？若走小路，如果遇到伏兵，曹军将全军覆没；如果没有伏兵，曹军虽能顺利到达南郡，但因山路险窄，兵马辎重损失较大。若走大路，因大路不便于伏兵，且便于冲杀突过，所以，即使遇到伏兵也不至于全军覆没；若大路没有伏兵，曹军能顺利地到达南郡，重整旗鼓，再次决战。那么，曹操究竟应取何种策略，是走小路还是走大路才能保证自己损失最小呢？

对这一对策问题，可以采取打分的方法将诸葛一方的“得失”用适当的数字表示出来。根据分析，诸葛一方的赢得矩阵（分数）可以表示如下：

$$\begin{array}{r} \\ \\ a_1 \\ \text{(诸葛一方)}\quad a_2 \\ \\ \end{array}\begin{array}{c} \text{(曹操一方)} \\ \begin{array}{cc} b_1 & b_2 \end{array} \\ \begin{pmatrix} 100 & -90 \\ -80 & 80 \end{pmatrix} \\ \text{(小路)(大路)} \end{array}\begin{array}{l} \\ \\ \text{(小路)} \\ \text{(大路)} \\ \\ \end{array}$$

4. “齐王赛马”问题

根据已知条件，在同等级的马中，田忌的马不如齐王的马，但如果田忌的马比齐王的马高一等级，则田忌可获胜。于是可得到齐王的赢得矩阵如表8-2所示。

表8-2 齐王的赢得矩阵

齐王＼田忌	上中下	上下中	中上下	中下上	下中上	下上中
上中下	3	1	1	1	1	−1
上下中	1	3	1	1	−1	1
中上下	1	−1	3	1	1	1
中下上	−1	1	1	3	1	1
下中上	1	1	−1	1	3	1
下上中	1	1	1	−1	1	3

如果将齐王与田忌的马分别进行比赛，则可以形成九个局势，其结果如表 8-3 所列。

表 8-3　齐王赛马单打独斗的赢得矩阵

田忌 / 齐王	上	中	下
上	1	1	1
中	−1	1	1
下	−1	−1	1

该表可用以解释表 8-2 的结果。

8.2　矩阵对策的基本理论

8.2.1　矩阵对策的纯策略

矩阵对策，也就是二人有限零和对策，即对策中有两个人，每个人的策略都是有限的，其中一人所得为另一人所失，得失之和为零。它的一般定义是 $G=(S_1,S_2;\boldsymbol{A})$，其中，$S_1$ 和 S_2 是每一局中人的策略集合，$\boldsymbol{A}$ 是局中人Ⅰ的赢得矩阵，并有

$$S_1=\{a_1,a_2,a_3,\cdots,a_m\}$$

$$S_2=\{b_1,b_2,b_3,\cdots,b_n\}$$

$$\boldsymbol{A}=\begin{pmatrix} a_{11} & a_{12} & \cdots & a_{1n} \\ a_{21} & a_{22} & \cdots & a_{2n} \\ \vdots & \vdots & & \vdots \\ a_{m1} & a_{m2} & \cdots & a_{mn} \end{pmatrix}$$

S_1 和 S_2 中的每一个元素都称作一个纯策略，纯策略 a_i 和 b_j 选定后，就形成了一个纯局势 (a_i,b_j)，这样的纯局势共有 $m\times n$ 个。其中，m 是赢得矩阵的行数，n 是赢得矩阵的列数。

【例 8-1】　设有一矩阵对策 $G=(S_1,S_2;\boldsymbol{A})$，其中：

$$\boldsymbol{A}=\begin{pmatrix} -6 & 1 & -8 \\ 3 & 2 & 4 \\ 9 & -1 & -10 \\ -3 & 0 & 6 \end{pmatrix}$$

试分析每一局中人各应采取何种策略最为有利？

这里需要注意的是，在矩阵对策中，“零和”的含义是指赢得和支付之和为零，或者说是赢得矩阵和支付矩阵之和为零，同一矩阵中所有元素之和表示一局中人在所有可能的局势中的赢得之和或支付之和。

【解】　由 $\boldsymbol{A}$ 容易看出，局中人Ⅰ的最大赢得是 9，如果他想赢得这个数，他就要选纯策略 a_3。由于局中人Ⅱ也是假定的理智竞争者，他考虑到局中人Ⅰ会出 a_3 的心理，便准备以 b_3 对付之，使对方不但得不到 9 反而失掉 10。局中人Ⅰ当然也会猜到局中人Ⅱ的这种心理，故转而出 a_4 来对付，使局中人Ⅱ得不到 10 反而失掉 6；如此，相互追逐不休。所以，如果双方都不想冒险，都不存在侥幸心理，就应该考虑到对方必然会设法使自己所得最多而使对手所得最少这一点，从而从自己可能出现的最不利的情形中选择一个最有利的情形作为决策的依据，这就是所谓

的“理智行为”，也是对策双方实际上可以接受并采取的一种稳妥的方法。

这类似于进行一项非确定型决策。每一位决策人（即局中人）都面临有若干种自然状态，究竟会出现哪一种状态决策人并不知道（每一位局中人都不可能知道对方的策略），在这种情况下，决策人经常可能会采取的一个策略就是，从最不利的状态出发选择最好的方案，换句话说也就是“从最坏处着想，向最好处努力”。

在本例中，局中人Ⅰ有四个纯策略或四个方案可供选择，每一个纯策略都面临有三种状态，四个纯策略在最不利的状态下的最少赢得分别为：-8，2，-10，-3，其中最好的结果是2。因此，无论局中人Ⅱ选择什么样的纯策略，局中人Ⅰ只要以 a_2 参加对策，就能保证它的收入不会少于2，而如果出其他的纯策略，就只能使他的收入少于2，甚至输给对方。在这里，局中人Ⅰ的决策准则是“小中取大”，他之所以小中取大是因为，局中人Ⅱ总是力图使他的赢得最小。

同理，局中人Ⅱ有三个纯策略或三个方案可供选择，每一个纯策略都面临有四种状态，三个纯策略在最不利的状态下最大支付分别为9，2，6，其中最好的也是2，即局中人Ⅱ只要选择纯策略 b_2，无论对方采取何种策略，他的所失都不会超过2，而选择任何其他的纯策略都有可能使自己的所失超过2。在这里，局中人Ⅱ的决策准则是“大中取小”，他之所以要大中取小，是因为局中人Ⅰ总是力图使他的损失最大。

以上分析表明，局中人Ⅰ和Ⅱ的“理智行为”是分别选纯策略 a_2 和 b_2，这时局中人Ⅰ的赢得值和局中人Ⅱ的所失值绝对值相等，局中人Ⅰ得到了预期的最少赢得2，而局中人Ⅱ也不会给他的对手带来比2更多的所得，两人相互竞争的结果使对策出现了一个平衡局势即 (a_2,b_2)，这个局势是双方均可以接受且对于双方来说都是一个最稳妥的结果。因此 a_2 和 b_2 就分别称作局中人Ⅰ和局中人Ⅱ的最优纯策略。对于一般的矩阵对策，有如下定义：

【定义8-1】 对于矩阵对策 $G=(S_1,S_2;\boldsymbol{A})$，若 $\max\limits_i\min\limits_j a_{ij}=\min\limits_j\max\limits_i a_{ij}=V_G$，则称 V_G 为对策的值，称使该式成立的纯局势 $(a_i^*,\ b_j^*)$ 为 G 在纯策略意义下的解（或平衡局势），称 a_i^* 和 b_j^* 分别为局中人Ⅰ和Ⅱ的最优纯策略。

从例8-1中还可以看出，实际上 V_G 也就是平衡局势 (a_2,b_2) 的对应元素 a_{22}，它既是所在行的最小元素，又是所在列的最大元素，即有

$$a_{i2}\leqslant a_{22}\leqslant a_{2j}\quad(i=1,2,3,4;j=1,2,3)$$

在这里，a_{22}就称作例8-1中矩阵对策 G 的一个鞍点。将这一事实推广到一般的矩阵对策，可得如下定理：

【定理8-1】 矩阵对策 $G=(S_1,S_2;\boldsymbol{A})$在纯策略意义下有解的充要条件是：存在纯局势$(a_i^*,\ b_j^*)$，使得对于任意的 i 和 j，有

$$a_{ij^*}\leqslant a_{i^*j^*}\leqslant a_{i^*j}$$

也就是存在一个鞍点元素。（证明从略）

顾名思义，鞍点正像一个马鞍的中心，马鞍的中心依人们观察的方向不同，是槽又是脊，如图8-1所示。

在矩阵对策中如赢得矩阵中有鞍点存在，就称该矩阵对策为有鞍点的矩阵对策。

本章第一节讲到的招揽乘客问题和差旅问题都属于有鞍点的矩阵对策。其最优策略分别为 (a_3,b_3) 和 (a_2,b_2)，对策值分别为100和50。

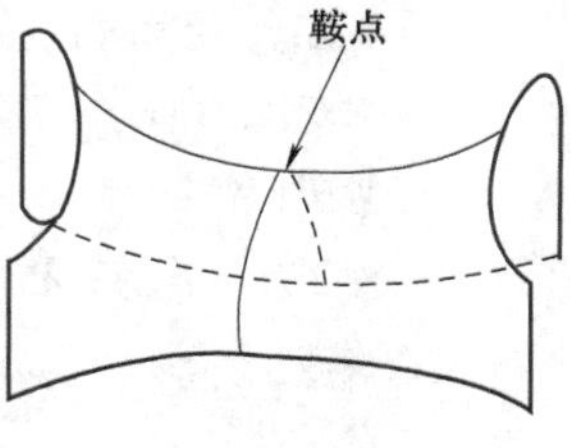

图8-1 鞍点

对对策的值有一种很形象也很有趣的理解，是通过一个小案例说

明的。这一案例的名字叫作《咆哮的恶狗》，说的是有一只可怜的小兔子被关在花园里，花园的形状如图8-2所示，南面是个矩形，北面是半圆形。在篱笆外面有一条街道，一只凶恶的大猎狗紧贴篱笆沿着大街东奔西跑，一面狂吠着，一面竭力想接近小白兔，试图吞噬它。而可怜的兔子呢，当然想竭力躲避这个可怖的威胁，设法尽一切可能使它和恶狗之间的距离离得越远越好。

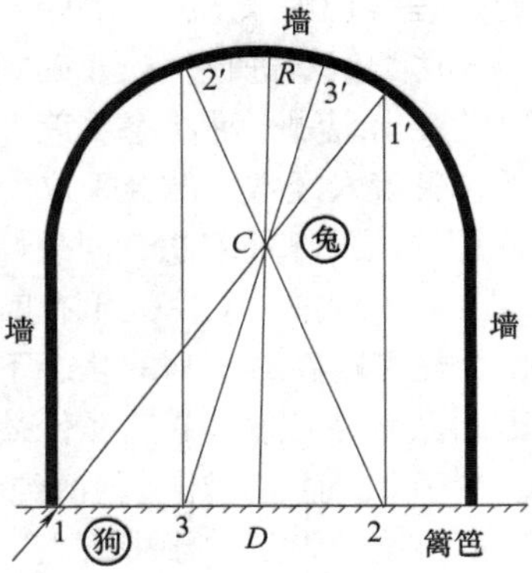

图8-2　恶狗和兔子

在图8-2中，兔子原来处于C的位置，也就是半圆部分的圆心。恶狗现在窜到1的位置，兔子马上逃到1′，因为很明显，在整个花园中，离1最远的位置就是1′；恶狗当然不甘心，它马上奔到2，因为这时候，2是离1′最近的地方（恶狗只能沿着大街奔跑，不能跳过篱笆），于是兔子又逃到2′；恶狗再追到3；兔子又逃往3′……这样一直追下去，最后兔子逃到了极限位置R，而恶狗追到D，这时候，双方都感到了满足。因为兔子如果再动一动，距离反而会减小；而恶狗呢，它如果再走动，和兔子的距离反而会增大，而这都是与它们的主观愿望相抵触的，于是，它们之间达到了“平衡”。距离DR，就是这一局博弈的“值”。

8.2.2　矩阵对策的混合策略

根据前面的讨论可以知道，在一个矩阵对策$G=(S_1,S_2;\boldsymbol{A})$中，按照“从最不利的状态出发选择最好的策略”的原则，局中人Ⅰ能保证的充其量最少赢得不低于：

$$v_1=\max_i\min_j a_{ij}$$

而局中人Ⅱ能保证的充其量最大损失不过是

$$v_2=\min_j\max_i a_{ij}$$

一般来说，局中人Ⅰ的赢得不会多于局中人Ⅱ的损失，故总有$v_1\leqslant v_2$[⊖]。当$v_1=v_2$时，矩阵对策在纯策略条件下有解，且$v_G=v_1=v_2$，这时的矩阵对策称作有鞍点的矩阵对策。而当$v_1<v_2$时，根据定义8-1，对策问题不存在纯策略意义下的解。这时的矩阵对策均为无鞍点矩阵对策。

【例8-2】　求矩阵对策$G=(S_1,S_2;\boldsymbol{A})$的解，其中$\boldsymbol{A}=\begin{pmatrix}3&6\\5&4\end{pmatrix}$

【解】　因为

$$v_1=\max_i\min_j a_{ij}=4$$

$$v_2=\min_j\max_i a_{ij}=5$$

$$v_1<v_2$$

⊖ $v_1\leqslant v_2$，这实际上是矩阵论中的一个定理，该定理的内容是：

对于任意的$m\times n$阶矩阵$\boldsymbol{A}=(a_{ij})_{m\times n}$，恒有：$\max\min a_{ij}\leqslant\min\max a_{ij}$。

证明：对于每一个i，必有：$\min\limits_{1\leqslant j\leqslant n}a_{ij}\leqslant a_{ij}$（行中的最小元素小于或等于该行的任一元素）。

对于每一个j，必有：$a_{ij}\leqslant\max\limits_{1\leqslant i\leqslant m}a_{ij}$（列中的最大元素大于或等于该列的任一元素）。

因此，应有：$\min\limits_{1\leqslant j\leqslant n}a_{ij}\leqslant\max\limits_{1\leqslant i\leqslant m}a_{ij}$（不等式传递性）。

于是，必有：$\max\limits_{1\leqslant i\leqslant m}\min\limits_{1\leqslant j\leqslant n}a_{ij}\leqslant\max\limits_{1\leqslant i\leqslant m}a_{ij}$，

$\max\limits_{1\leqslant i\leqslant m}\min\limits_{1\leqslant j\leqslant n}a_{ij}\leqslant\min\limits_{1\leqslant j\leqslant n}\max\limits_{1\leqslant i\leqslant m}a_{ij}$。

所以，当双方根据“从最不利的状态出发选择最好的策略”的原则选择纯策略时，两人应分别选择 a_2 和 b_1 策略。但是当局中人Ⅰ选 a_2 时，由于局中人Ⅱ选的是 b_1，Ⅰ将赢得5，比其预期的最多赢得 $v_1=4$ 要多。所以，b_1 实际不是局中人Ⅱ的最优策略。同时，当局中人Ⅰ出 a_2 时，局中人Ⅱ的正确选择应是 b_2。但当局中人Ⅱ选 b_2 时，局中人Ⅰ又会选 a_1。这样，局中人Ⅰ出 a_1 和 a_2 的可能性及局中人Ⅱ出 b_1 和 b_2 的可能性都不能排除。也就是说，对两个局中人来说，根本不存在一个使双方都可以接受的平衡局势，即不存在纯策略意义下的解。

在这样的情况下，一个比较切合实际合乎逻辑的想法必然是：既然局中人都没有最优纯策略可出，是否可以给出一个不同策略的概率分布。比如，在例8-2中局中人Ⅰ可制定这样一种策略，即分别以概率$\left(\frac{1}{4},\frac{3}{4}\right)$选取纯策略（$a_1,a_2$），这种策略就称作为一个混合策略。同样，局中人Ⅱ也可以制定这样一个混合策略，即分别以概率$\left(\frac{1}{2},\frac{1}{2}\right)$选取纯策略（$b_1$，$b_2$）。显然，混合策略并不具有唯一性。下面给出矩阵对策混合策略及其在混合意义下解的定义。

【定义8-2】 设有矩阵对策 $G=(S_1,S_2;\boldsymbol{A})$，其中 $\boldsymbol{A}=(a_{ij})_{m\times n}$，记

$$\boldsymbol{P}=(\boldsymbol{p}\in\boldsymbol{E}^m\mid 0\leqslant p_i\leqslant 1,i=1,2,\cdots,m;\sum_{i=1}^{m}p_i=1)$$

$$\boldsymbol{Q}(\boldsymbol{q}\in\boldsymbol{E}^n\mid 0\leqslant q_j\leqslant 1,j=1,2,\cdots,n;\sum_{j=1}^{n}q_j=1)$$

其中，$\boldsymbol{E}^m$ 和 $\boldsymbol{E}^n$ 分别表示 m 维和 n 维的欧氏空间，其含义表明其中每一个元素是一个 m 维或 n 维向量。称 $\boldsymbol{P}$ 和 $\boldsymbol{Q}$ 为局中人Ⅰ和局中人Ⅱ的混合策略，称（p,q）为一个混合局势。同时，将局中人Ⅰ的期望赢得或赢得函数记为

$$E(\boldsymbol{p},\boldsymbol{q})=\sum_{i=1}^{m}\sum_{j=1}^{n}a_{ij}p_iq_j=\boldsymbol{pAq}$$

也就是说，$\boldsymbol{p}$ 是一个 m 维的行向量，$\boldsymbol{q}$ 是一个 n 维的列向量。

仍以例8-2为例，按照给定的混合策略：

$$E(\boldsymbol{p},\boldsymbol{q})=\left(\frac{1}{4},\frac{3}{4}\right)\begin{pmatrix}3 & 6\\5 & 4\end{pmatrix}\begin{pmatrix}1/2\\1/2\end{pmatrix}=\frac{9}{2}$$

期望赢得的概念是容易理解的。因为在混合策略条件下，每次双方会选择哪一个纯策略完全是一个随机事件，而任何一个纯局势的出现，都是两个相应的纯策略共同出现的结果，根据概率知识，交事件的概率就等于相应事件概率之积，同时，在混合策略条件下，每一次可能出现的对策值也完全是一个随机变量，而根据数学期望的定义，随机变量的期望就等于每一随机变量与其相应概率之积的代数和。

由于矩阵对策的混合策略并不唯一，因此如何找到最优混合策略是一个重要问题。

【定义8-3】 设 $\boldsymbol{p}$，$\boldsymbol{q}$ 分别为局中人Ⅰ和局中人Ⅱ的任一混合策略，若存在局中人Ⅰ的某个混合策略 $\boldsymbol{p}^*$ 和局中人Ⅱ的某个混合策略 $\boldsymbol{q}^*$，使下式成立：

$$\max_{p\in P}E(\boldsymbol{p},\boldsymbol{q}^*)=\min_{q\in Q}E(\boldsymbol{p}^*,\boldsymbol{q})=V_G$$

则称 V_G 为对策的值，$\boldsymbol{p}^*$ 和 $\boldsymbol{q}^*$ 分别称作局中人Ⅰ和Ⅱ的最优混合策略，（$\boldsymbol{p}^*$，$\boldsymbol{q}^*$）称作对策的解。

这一定义是容易理解的。因为这里对策的原则仍然是“从最不利的状态出发选择最好的策略”，这样对于局中人Ⅰ来说，对他最不利的状态就是，局中人Ⅱ总是力图使他自己的损失或对手的赢得最小化，也就是说：

$$E(\boldsymbol{p},\boldsymbol{q}^*)=\min_{q\in Q}E(\boldsymbol{p},\boldsymbol{q})$$

而对于局中人Ⅱ来说，他所面临的最不利的状态就是，局中人Ⅰ总是力图使他自己的赢得或对手的损失最大化，也就是说：

$$E(\boldsymbol{p}^*,\boldsymbol{q})=\max_{p\in P}E(\boldsymbol{p},\boldsymbol{q})$$

所以，定义 8-3 中的等式实际也等价于下面的等式：

$$\max_{p\in P}\min_{q\in Q}E(\boldsymbol{p},\boldsymbol{q})=\min_{q\in Q}\max_{p\in P}E(\boldsymbol{p},\boldsymbol{q})=V_G$$

下面给出矩阵对策 G 在混合策略意义下有解的充要条件。

【定理 8-2】 矩阵对策 G 在混合策略意义下有解的充要条件是：存在混合策略 $\boldsymbol{p}^*\in\boldsymbol{P}$，$\boldsymbol{q}^*\in\boldsymbol{Q}$，使得对于任意的 $\boldsymbol{p}\in\boldsymbol{P}$ 和 $\boldsymbol{q}\in\boldsymbol{Q}$，成立

$$E(\boldsymbol{p},\boldsymbol{q}^*)\leqslant E(\boldsymbol{p}^*,\boldsymbol{q}^*)\leqslant E(\boldsymbol{p}^*,\boldsymbol{q})$$

这一条件与定义 8-3 中的等式是完全等价的。它说明，如果局中人Ⅱ采用自己的最优策略，而Ⅰ不采用最优策略，Ⅰ的赢得将会减少（小于双方都采用最优策略时的所得）；如果局中人Ⅰ采用自己的最优策略，而Ⅱ不采用最优策略，Ⅱ的损失将会更大（大于双方都采用最优策略时的损失）。

由于定理 8-2 的条件与定义 8-3 中的等式等价，因此显然有

$$V_G=E(\boldsymbol{p}^*,\boldsymbol{q}^*)=\boldsymbol{p}^*\boldsymbol{A}\boldsymbol{q}^*$$

8.2.3 矩阵对策的基本性质和特点

为了说明矩阵对策的基本性质，先来讨论对策中一方出混合策略另一方出纯策略的情况。例如用 $E(\boldsymbol{a}_i,\boldsymbol{q})$ 表示局中人Ⅰ取纯策略 $\boldsymbol{a}_i$ 而局中人Ⅱ取混合策略 $\boldsymbol{q}$ 时的期望赢得，用 $E(\boldsymbol{p},\boldsymbol{b}_j)$ 表示局中人Ⅱ取纯策略 $\boldsymbol{b}_j$ 而局中人Ⅰ取混合策略 $\boldsymbol{p}$ 时的期望赢得，于是根据期望赢得的公式，应有

$$E(\boldsymbol{a}_i,\boldsymbol{q})=\sum_j a_{ij}q_j$$

$$E(\boldsymbol{p},\boldsymbol{b}_j)=\sum_i a_{ij}p_i$$

这是因为，纯策略实际上是混合策略的一个特殊情形。例如，对于局中人Ⅰ，纯策略 $\boldsymbol{a}_k$ 就等价于混合策略 $\boldsymbol{p}=(p_1,p_2,\cdots,p_m)$，其中

$$p_i=\begin{cases}1 & \text{当 } i=k \text{ 时}\\ 0 & \text{当 } i\neq k \text{ 时}\end{cases}$$

于是，混合策略的期望赢得 E（$\boldsymbol{p},\boldsymbol{q}$）可表示为

$$E(\boldsymbol{p},\boldsymbol{q})=\sum_i\sum_j a_{ij}p_iq_j=\sum_i\Big(\sum_j a_{ij}q_j\Big)p_i=\sum_i E(\boldsymbol{a}_i,\boldsymbol{q})p_i$$

或者

$$E(\boldsymbol{p},\boldsymbol{q})=\sum_j\Big(\sum_i a_{ij}p_i\Big)q_j=\sum_j E(\boldsymbol{p},\boldsymbol{b}_j)q_j$$

据此，即可给出与定理 8-2 等价的另一个定理。

【定理 8-3】 设 $\boldsymbol{p}^*\in\boldsymbol{P}$，$\boldsymbol{q}^*\in\boldsymbol{Q}$，则（$\boldsymbol{p}^*$，$\boldsymbol{q}^*$）为对策 G 的解的充要条件是：对于任意的 i 和 $j(i=1,2,\cdots,m;j=1,2,\cdots,n)$，有

$$E(\boldsymbol{a}_i,\boldsymbol{q}^*)\leqslant E(\boldsymbol{p}^*,\boldsymbol{q}^*)\leqslant E(\boldsymbol{p}^*,\boldsymbol{b}_j)$$

也就是：

$$v_1\leqslant V_G\leqslant v_2$$

有了定理8-3，就可以很容易提出定理8-4。

【定理8-4】 设$\boldsymbol{p}^* \in \boldsymbol{P}$，$\boldsymbol{q}^* \in \boldsymbol{Q}$，则（$\boldsymbol{p}^*$，$\boldsymbol{q}^*$）为对策$G$的解的充要条件是：存在数$v$，使得$\boldsymbol{p}^*$和$\boldsymbol{q}^*$分别为不等式组

$$\begin{cases} \sum_i a_{ij}p_i \geqslant v & j = 1,2,\cdots,n \\ \sum_i p_i = 1 \\ p_i \geqslant 0 & i = 1,2,\cdots,m \end{cases}$$

和不等式组

$$\begin{cases} \sum_j a_{ij}q_j \leqslant v & i = 1,2,\cdots,m \\ \sum_j q_j = 1 \\ q_j \geqslant 0 & j = 1,2,\cdots,n \end{cases}$$

的解，且使$v = V_G$。

定理8-4的提出，就把对策问题与线性规划紧密地联系起来了。这是不难理解的，因为根据$v_1 \leqslant V_G \leqslant v_2$，要想得到对策的最优解（$\boldsymbol{p}^*$，$\boldsymbol{q}^*$），实际就是要找到如下两个线性规划问题的最优可行解：

对局中人Ⅱ有

$$\min v_2$$

$$\text{s. t.} \begin{cases} \sum_i a_{ij}p_i \geqslant V_G & j = 1,2,\cdots,n \\ \sum_i p_i = 1 \\ p_i \geqslant 0 & i = 1,2,\cdots,m \end{cases} \tag{8-1}$$

对于局中人Ⅰ有

$$\max v_1$$

$$\text{s. t.} \begin{cases} \sum_j a_{ij}q_j \leqslant V_G & i = 1,2,\cdots,m \\ \sum_j q_j = 1 \\ q_j \geqslant 0 \end{cases} \tag{8-2}$$

容易证明，问题式（8-1）和式（8-2）是互为对偶的线性规划问题，且有

$$\boldsymbol{p} = (1,0,0,\cdots,0) \in \boldsymbol{E}^m, \boldsymbol{v}_2 = \min_j a_{1j}$$

$$\boldsymbol{q} = (1,0,0,\cdots,0)^{\mathrm{T}} \in \boldsymbol{E}^n, v_1 = \max_i a_{i1}$$

分别为式（8-1）和式（8-2）的一个可行解。因为在式（8-1）和式（8-2）中分别有：$\sum_i a_{ij}p_i \geqslant v_2$，$\sum_j a_{ij}q_j \leqslant v_1$，所以要使$v_1 = V_G = v_2$，$v_1$只能在$a_{i1}$中取其大，$v_2$只能在$a_{1j}$中取其小。

根据线性规划的对偶原理不难知道，若当$v_1 = v_2 = V_G$，则问题式（8-1）和式（8-2）就一定存在最优解$\boldsymbol{p}^*$和$\boldsymbol{q}^*$。

【定理8-5】 设（p*，q^*）是矩阵对策G的解，N_G是对策的值，则有

（1）若$p_i^* > 0$，则$\sum_j a_{ij}q_j^* = V_G$。

（2）若$q_j^* > 0$，则$\sum_i a_{ij}p_i^* = V_G$。

（3）若 $\sum_j a_{ij}q_j^* < V_G$，则 $p_i^* = 0$。

（4）若 $\sum_i a_{ij}p_i^* > V_G$，则 $q_j^* = 0$。

证明：由于 $\sum_j a_{ij}q_j^* = v_1$，故必有

$$V_G - \sum_j a_{ij}q_j^* \geqslant 0$$

两端同乘 $\sum_i p_i^* = 1$，有

$$\sum_i p_i^*(V_G - \sum_j a_{ij}q_i^*) = V_G - \sum_i \sum_j a_{ij}p_i^* q_j^* = 0$$

所以，当 $p_i^* > 0$ 时，必有 $V_G = \sum_j a_{ij}q_j^*$。

当 $\sum_j a_{ij}q_j^* < V_G$，必有 $p_i^* = 0$。

于是（1）和（3）得证。同理可证（2）和（4）。

【定理 8-6】 设有两个矩阵对策 $G_1 = (S_1, S_2; \boldsymbol{A}_1)$ 和 $\boldsymbol{G}_2 = (\boldsymbol{S}_1, \boldsymbol{S}_2; \boldsymbol{A}_2)$，其中 $\boldsymbol{A}_1 = (a_{ij})$，$\boldsymbol{A}_2 = (a_{ij} + k)$，$k$ 为任意常数，则有

（1）$V_{G_2} = V_{G_1} + k$

（2）$T(G_1) = T(G_2)$（式中 $T(G)$ 表示矩阵对策 G 的解集）。

【定理 8-7】 设有两个矩阵对策 $G_1 = (S_1, S_2; \boldsymbol{A})$ 和 $G_2 = (S_1, S_2; \lambda\boldsymbol{A})$ 其中 $\lambda > 0$，为一任意常数，则：

（1）$V_{G_2} = \lambda V_{G_2}$。

（2）$T(G_1) = T(G_2)$。

8.3 矩阵对策的解法

8.3.1 公式法

当矩阵对策中的两个局中人分别只有两个纯策略时，局中人Ⅰ的赢得矩阵可记为

$$\boldsymbol{A} = \begin{pmatrix} a & b \\ c & d \end{pmatrix}$$

如果 **A** 中不存在鞍点，则不难证明，各局中人的最优混合策略中的 p_i^* 和 q_j^* 均大于零。于是根据定理 8-5 和定理 8-4 可知，最优混合策略可由下列等式组求出：

$$\begin{cases} ap_1 + cp_2 = v \\ bp_1 + dp_2 = v \\ p_1 + p_2 = 1 \end{cases} \quad \begin{cases} aq_1 + bq_2 = v \\ cq_1 + dq_2 = v \\ q_1 + q_2 = 1 \end{cases}$$

应用行列式解法解这两个三元一次线性方程组，即可得到相应的非负解为

$$p_1^* = \frac{d - c}{e}, p_2^* = \frac{a - b}{e}$$

$$q_1^* = \frac{d - b}{e}, q_2^* = \frac{a - c}{e}$$

$$v = \frac{ad - bc}{e}$$

其中：$e=(a+d)-(b+c)$。

用公式法解第一节中提出的曹操的去路问题，因其赢得矩阵中没有鞍点，故只能取混合策略，运用公式不难得到：

$$p^*=\left(\frac{16}{35},\frac{19}{35}\right),q^*=\left(\frac{17}{35},\frac{18}{35}\right)^{\mathrm{T}}$$

$$v=\frac{800}{350}=\frac{16}{7}\approx 2.3$$

计算结果表明，双方均应稍稍偏重于“大路伏兵”和“走大路”方案，$v\approx 2.3$ 说明，总的情况对诸葛一方有利，这是符合当时的实际情况的。但是实际上，诸葛一方采取了“伏兵小路”的策略，冤家路窄，曹操也走了小路。这在混合策略意义下是完全可以理解的。

8.3.2 既约矩阵及其行列式解法

所谓的既约矩阵，即不存在优超现象的矩阵。优超现象是指这样一种现象，即在一个给定的矩阵中，存在某一行或某一列与另一行或另一列相比要优（大于等于或小于等于）的现象。

【例 8-3】 如在下面的矩阵 $\boldsymbol{A}$ 中：

$$\boldsymbol{A}=\begin{pmatrix}3&2&0&3&0\\5&0&2&5&9\\7&3&9&5&9\\4&6&8&7&6\\6&0&8&8&3\end{pmatrix}$$

显然，第 4 行优超于第 1 行，第 3 行优超于第 1 行和第 2 行，故可划去第 1 和第 2 行，得到：

$$\boldsymbol{A}_1=\begin{pmatrix}7&3&9&5&9\\4&6&8&7&6\\6&0&8&8&3\end{pmatrix}$$

在 $\mathbf{A}_1$ 中，第 1 列优超于第 3 列，第 2 列优超于第 4 列和第 5 列，因此划去第 3、4、5 列，得到：

$$\boldsymbol{A}_2=\begin{pmatrix}7&3\\4&6\\6&0\end{pmatrix}$$

显然，第 1 行仍优超于第 3 行，划去第 3 行得到：

$$\boldsymbol{A}_3=\begin{pmatrix}7&3\\4&6\end{pmatrix}$$

解之，得到

$$\boldsymbol{p}^*=(0,0,1/3,2/3,0)$$
$$\boldsymbol{q}^*=(1/2,1/2,0,0,0)^{\mathrm{T}}$$
$$V_G=5$$

有鞍点的矩阵对策一般都存在着明显的优超现象。请同学们试着检查“招揽乘客问题”“差旅问题”和 例 8-1 是否存在优超现象。

对于一个既约方阵通常可采用行列式解法求解，以 3×3 的矩阵对策为例。

【例 8-4】 如有对策 $G=(S_1,S_2;\boldsymbol{A})$，其中：

$$\boldsymbol{A}=\begin{pmatrix}6&0&6\\8&-2&0\\4&6&5\end{pmatrix}$$

【解】 首先求局中人Ⅰ的混合策略。可先用第1列减第2列，第2列减第3列，得到：

$$\begin{pmatrix} 6 & -6 \\ 10 & -2 \\ -2 & 1 \end{pmatrix}$$

其次，求策略 a_1 的混合比频数。可先划去第1行，计算余下的方阵的行列式的值：$1\times 10-2\times 2=6$；再依次划去第二行、第三行求 a_2、a_3 的混合比频数分别为：6和48（行列式的值不计符号），即各个策略的混合比为：1∶1∶8。即有 $\boldsymbol{p}^*=(1/10,1/10,4/5)$。

再求局中人Ⅱ的混合策略。用第1行减第2行，第2行减第3行，得到：

$$\begin{pmatrix} -2 & 2 & 6 \\ 4 & -8 & -5 \end{pmatrix}$$

应用类似的方法，可得到三种策略的混合比为：19∶7∶4。即有 $\boldsymbol{q}^*=(19/30,7/30,2/15)$。

至于对策的值，可根据定理8-5计算求得。由于混合策略中每一个纯策略的概率均大于0，所以用局中人Ⅰ的混合策略将赢得矩阵的某一列加权，或用局中人Ⅱ的混合策略将赢得矩阵的某一行加权即可。于是得到 $V_G=23/5=4.6$。

行列式解法虽然可求解任意阶数方阵的矩阵对策，但要求赢得矩阵必须是既约的，否则求解会出错。

请同学们试着用这种方法解“石头剪刀布”游戏。

8.3.3 图解法

图解法适用于赢得矩阵为 $2\times n$ 或 $m\times 2$ 阶的矩阵对策，它不仅提供了一个简单直观的解法，而且通过它可以使我们从几何上理解对策论的思想。

我们先以 2×3 阶的赢得矩阵为例进行讨论。设 2×3 阶的赢得矩阵为

$$\boldsymbol{A}=(a_{ij})_{2\times 3}=\begin{pmatrix} a_{11} & a_{12} & a_{13} \\ a_{21} & a_{22} & a_{23} \end{pmatrix}$$

应用图解法，可按如下步骤进行：

（1）取直角坐标系画线。假定局中人Ⅰ取混合策略（p，$1-p$），局中人Ⅱ取纯策略 b_1，b_2 和 b_3，于是根据公式 $E(\boldsymbol{p},\boldsymbol{b}_j)=\sum_i a_{ij}p_i$，有

$$\begin{cases} E=a_{11}p+a_{21}(1-p) \\ E=a_{12}p+a_{22}(1-p) \\ E=a_{13}p+a_{23}(1-p) \end{cases}$$

不难看出，a_{21}，a_{22} 和 a_{23} 分别为直线 b_1，b_2 和 b_3 在纵轴 E 上的截距，而（$a_{11}-a_{21}$），（$a_{12}-a_{22}$）和（$a_{13}-a_{23}$）则分别为三条直线的斜率。同时，由于 $p\in[0,1]$，所以可在坐标系 OpE 中 $p=1$ 处再加一条垂线以反映斜率。

【例8-5】 求解矩阵对策，其中：$\boldsymbol{A}=\begin{pmatrix} 2 & 3 & 11 \\ 7 & 5 & 2 \end{pmatrix}$

【解】 用图解法可描图如图8-3所示。

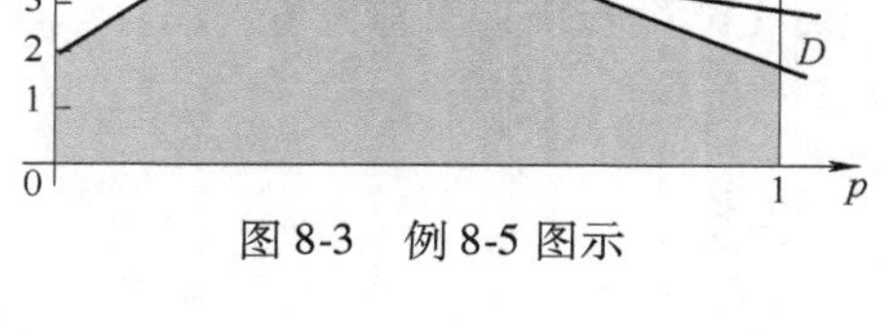

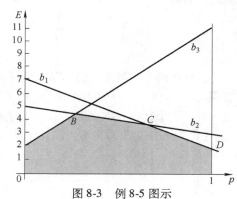

图8-3 例8-5图示

（2）找出直线 b_1，b_2 和 b_3 在区间［0，1］上的交点，并将连成的折线以下部分涂上阴影。这一步，对于

加深对策论思想的理解非常重要。对策的过程中，每一个局中人策略的选择都具有相互的依赖性。在本对策中，对局中人Ⅱ来说，如果局中人Ⅰ的混合策略在 A、B 之间，或者是在0到 B 的横坐标之间，他一定会以 b_3 策略来应对，因为 b_3 对他来说期望损失最小；如果局中人Ⅰ的混合策略在 B、C 之间，或者是在 B 到 C 横坐标之间，他一定会以 b_2 策略来应对，因为 b_2 对他来说期望损失最小；如果局中人Ⅰ的混合策略在 C、D 之间，或者是在 C 到 D 的横坐标之间，他一定会以 b_1 策略来应对，因为 b_1 对他来说期望损失最小。因此，毫无疑问，对于局中人Ⅰ来说，他的混合策略的选择，就应该是在折线 $ABCD$ 之间选择一个最大点，也即小中取大，即选 B 对应的横坐标来作为他的混合策略。

（3）找出折线上所有交点中纵坐标值最大者，如图8-3中 B。解形成该交点的二直线所组成的方程组，即可得到 $\boldsymbol{p}^*$ 和 V_G 之值。对本例即方程组：

$$\begin{cases}E=5-2p\\E=2+9p\end{cases}\qquad 得\begin{cases}p=3/11\\E=49/11\end{cases}$$

所以局中人Ⅰ的最优策略是 $\boldsymbol{p}^*=\left(\frac{3}{11},\ \frac{8}{11}\right)$。

（4）应用定理8-5求解局中人Ⅱ的最优混合对策。

由图8-3不难看出，局中人Ⅱ的最优混合对策只能由 b_2 和 b_3 组成。事实上，由于 $E(\boldsymbol{p}^*,\boldsymbol{b}_1)=2\times\frac{3}{11}+7\times\frac{8}{11}=\frac{62}{11}>\frac{49}{11}=V_G$，根据定理8-5（4），必有 $q_1^*=0$。又因 $p_1^*=\frac{3}{11}>0$，$p_2^*=\frac{8}{11}>0$，根据定理8-5（1）必有

$$\begin{cases}3q_2+11q_3=\dfrac{49}{11}\\5q_2+2q_3=\dfrac{49}{11}\\q_2+q_3=1\end{cases}$$

解得（代入法）：

$$\boldsymbol{q}^*=\begin{pmatrix}0\\9/11\\2/11\end{pmatrix}$$

下面讨论赢得矩阵为3×2阶时的图解法。其应用步骤与2×3阶的赢得矩阵完全相同，只是具体做法不同罢了。先假定赢得矩阵为

$$\boldsymbol{A}=(a_{ij})_{3\times2}=\begin{pmatrix}a_{11}&a_{12}\\a_{21}&a_{22}\\a_{31}&a_{32}\end{pmatrix}$$

（1）取直角坐标系画线。假定局中人Ⅱ取混合策略 $(q,\ 1-q)$，局中人Ⅰ随机地取纯策略 a_1，a_2 和 a_3，于是根据公式 $E(\boldsymbol{a}_i,\boldsymbol{q})=\sum_j a_{ij}q_j$，有

$$E=a_{11}q_1+a_{12}(1-q)$$
$$E=a_{21}q_1+a_{22}(1-q)$$
$$E=a_{31}q_1+a_{32}(1-q)$$

这时，显然 a_{12}，a_{22} 和 a_{32} 分别是直线 a_1，a_2 和 a_3 在纵轴 E 上的截距，而 $(a_{11}-a_{12})$，$(a_{21}-a_{22})$ 和 $(a_{31}-a_{32})$ 分别为三条直线的斜率。

【例 8-6】 求解矩阵对策 $G=(S_1,S_2;A)$，其中 $A=\begin{pmatrix}0 & 6\\ 6 & 4\\ 11 & 1\end{pmatrix}$

【解】 用图解法可描图如图 8-4 所示。

（2）找出直线 a_1，a_2 和 a_3 在区间［0，1］上的交点，并将连成的折线以上部分涂上阴影。

（3）找出折线上所有交点中纵坐标值最小者，在图 8-4 中是 V 点，解形成该交点的二直线所组成的方程组，即可得到 q^* 和 V_G 的值。

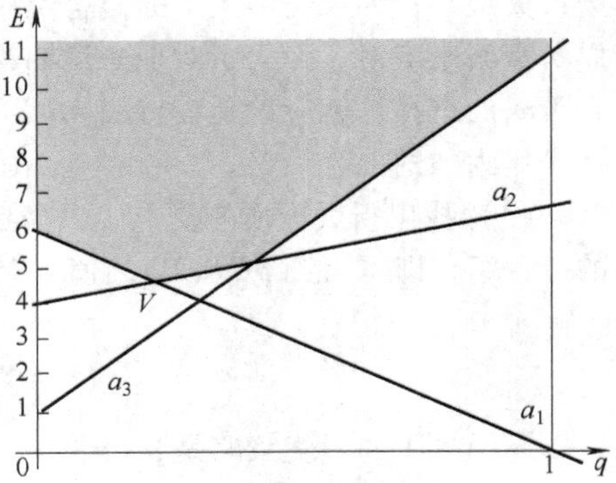

图 8-4　例 8-6 图示

对例 8-4 解方程组：

$$\begin{cases}E=6-6q\\ E=4+2q\end{cases}$$

得

$$\begin{cases}q=\dfrac{1}{4}\\ E=\dfrac{9}{2}\end{cases}$$

所以局中人Ⅱ的最优混合策略是 $q^*=\begin{pmatrix}1/4\\ 3/4\end{pmatrix}$

（4）求局中人Ⅰ的最优混合策略。

由于 $E=(\boldsymbol{a}_3,\ \boldsymbol{q}^*)=11\times\dfrac{1}{4}+1\times\dfrac{3}{4}=\dfrac{7}{2}<\dfrac{9}{2}=V_G$，所以根据定理 8-5（3），必有 $p_3^*=0$；同时由于 $q_1^*=\dfrac{1}{4}>0$，$q_2^*=\dfrac{3}{4}>0$，根据定理 8-5（2），有

$$\begin{cases}0\cdot p_1+6p_2=\dfrac{9}{2}\\ 6p_1+4p_2=\dfrac{9}{2}\\ p_1+p_2=1\end{cases}$$

解得 $p^*=\left(\dfrac{1}{4},\ \dfrac{3}{4},\ 0\right)$。

8.3.4　方程组解法

由定理 8-4 知道，求矩阵对策的解（p^*，q^*）的问题，等价于求解其中的两个不等式组；又由定理 8-5 知道，如果最优策略中的 p_i^* 和 q_j^* 均不为零，则这两个不等式组就可以转化为如下的两个方程组：

$$\begin{cases}\sum\limits_i a_{ij}p_i=v\quad j=1,2,\cdots,n\\ \sum\limits_i p_i=1\end{cases}\qquad\begin{cases}\sum\limits_j a_{ij}q_j=v\quad i=1,2,\cdots,m\\ \sum\limits_j q_j=1\end{cases}$$

如果这两个方程组有非负解 p^* 和 q^*，则求解结束。如不存在非负解，则需要视具体情况将其中的某些等式改为不等式，进行试算，直到求得满意的解。这种方法应用的前提是事先假定了 p_i^* 和 q_j^* 均不为零，因此当最优策略的某些分量实际为零时，该方法失效。

【例 8-7】 求解矩阵对策“齐王赛马”。

【解】 已知齐王的赢得矩阵 **A** 中没有鞍点，对齐王和田忌来说都不存在最优纯策略。另从矩阵中各行和各列的元素看，各种策略的赢得和支付差别不大，因此每个局中人选用其策略集中任一策略的可能性都是有的，故可事先假定 $p_i^* > 0(i=1,2,\cdots,6)$ 和 $q_j^* > 0(j=1,2,\cdots,6)$，于是，求解方程组

$$\begin{cases} 3p_1+p_2+p_3-p_4+p_5+p_6=v \\ p_1+3p_2-p_3+p_4+p_5+p_6=v \\ p_1+p_2+3p_3+p_4-p_5+p_6=v \\ p_1+p_2+p_3+3p_4-p_5-p_6=v \\ p_1-p_2+p_3+p_4+3p_5+p_6=v \\ -p_1+p_2+p_3+p_4+p_5+3p_6=v \\ p_1+p_2+p_3+p_4+p_5+p_6=v \end{cases} \tag{8-3}$$

和方程组

$$\begin{cases} 3q_1+q_2+q_3+q_4+q_5-q_6=v \\ q_1+3q_2+q_3+q_4-q_5+q_6=v \\ q_1-q_2+3q_3+q_4+q_5+q_6=v \\ -q_1+q_2+q_3+3q_4+q_5+q_6=v \\ q_1+q_2-q_3+q_4+3q_5+q_6=v \\ q_1+q_2+q_3-q_4+q_5+3q_6=v \\ q_1+q_2+q_3+q_4+q_5+q_6=1 \end{cases} \tag{8-4}$$

可先将两个方程组中前 6 式相加，得到：

$$6(p_1+p_2+p_3+p_4+p_5+p_6)=6v$$

$$6(q_1+q_2+q_3+q_4+q_5+q_6)=6v$$

因括号中的和均为 1，故可求得 $v=1$

将 $v=1$ 代入前 6 式，再由前 6 式分别减掉第 7 式，可得

$$p_1=p_4=p_6, \quad p_2=p_3=p_5$$

令第一式左端等于第二式左端，可得

$$p_1=p_2, p_3=p_4$$

于是由第 7 式，得

$$p_1=p_2=p_3=p_4=p_5=p_6=\frac{1}{6}$$

同理，有

$$q_1=q_2=q_3=q_4=q_5=q_6=\frac{1}{6}$$

计算表明，双方都以均等的机会选用各自的 6 个纯策略，从总的结局看，齐王仍将赢（$v=1$），这与各自的马力情况是相吻合的。田忌之所以反赢，是因为他利用了齐王的疏忽，他接受了孙膑的建议，每次都让齐王先出马，有针对性地选择有利于自己的纯策略。这说明，在无鞍点的矩阵对策中，策略保密是十分重要的，谁不保密谁就要吃亏。

8.3.5 线性规划解法

线性规划解法也称作矩阵对策的一般解法，它可以求解任意维数的既约矩阵对策（线性规划无法检查矩阵是否既约）。

由于定理8-4的提出，就把矩阵对策与线性规划紧密地联系在了一起，并根据定理8-4建立了两个互为对偶的线性规划模型。

观察模型式（8-1）和式（8-2），式（8-1）中要求的变量是p_i，是局中人Ⅰ的混合策略，而v_2则是局中人Ⅱ的对策值；同样式（8-2）中要求的变量是q_j，是局中人Ⅱ的混合策略，而v_1又是局中人Ⅰ的对策值。一般来说，我们总是希望把p_i与v_1相联系，把q_j与v_2相联系。做到这一点实际并不难，因为根据

$$v_1 \leqslant V_G \leqslant v_2$$

必有

$$\frac{1}{v_2} \leqslant \frac{1}{V_G} \leqslant \frac{1}{v_1}$$

所以，在式（8-1）中$\min v_2$实际等价于$\min \dfrac{1}{v_1}$，而在式（8-2）中$\max v_1$实际就等价于$\max \dfrac{1}{v_2}$。同时，根据在最优解中$v_1 = v_2 = V_G$，并令$x_i = \dfrac{p_i}{v_1}$，$y_j = \dfrac{q_j}{v_2}$，这时式（8-1）的约束条件变为

$$\sum_i a_{ij} p_i = V_G \sum_i a_{ij} x_i \geqslant V_G$$

也就是 $\sum_i a_{ij} x_i \geqslant 1$

而 $\sum_i p_i = 1$，即 $\sum_i x_i = \dfrac{1}{v_1}$。这时，相应的对偶模型均可修改为

$$\left.\begin{aligned} &\min \sum_i x_i \\ &\text{s. t.} \begin{cases} \sum_i a_{ij} x_i \geqslant 1 & j = 1,2,\cdots,n; i = 1,2,\cdots,m \\ x_i \geqslant 0 \end{cases} \end{aligned}\right\} \quad (8\text{-}5)$$

$$\left.\begin{aligned} &\max \sum_j y_j \\ &\text{s. t.} \begin{cases} \sum_j a_{ij} y_j \leqslant 1 & i = 1,2,\cdots,m; j = 1,2,\cdots,n \\ y_j \geqslant 0 \end{cases} \end{aligned}\right\} \quad (8\text{-}6)$$

显然式（8-5）和式（8-6）是互为对偶的线性规划，可利用单纯形或对偶单纯形方法求解，求解后再利用$V_G = v_1 = v_2 = \dfrac{1}{\sum_i x_i}$和$p_i = v_1 x_i$，$q_j = v_2 y_j$进行变换即可。

【例8-8】 利用线性规划解法求解矩阵对策$G = (S_1, S_2; \boldsymbol{A})$，其中：

$$\boldsymbol{A} = \begin{pmatrix} 22 & 6 & 15 \\ 20 & 17 & 7 \\ 0 & 22 & 20 \end{pmatrix}$$

【解】 将原问题转化为两个互为对偶的线性规划问题，得到：

$$\min(x_1 + x_2 + x_3)$$

$$\text{s. t.}\begin{cases}22x_1 + 20x_2 + 0 \cdot x_3 \geqslant 1 \\ 6x_1 + 17x_2 + 22x_3 \geqslant 1 \\ 15x_1 + 7x_2 + 20x_3 \geqslant 1 \\ x_1, x_2, x_3 \geqslant 0\end{cases}$$

$$\max(y_1 + y_2 + y_3)$$

$$\text{s. t.}\begin{cases}22y_1 + 6y_2 + 15y_3 \leqslant 1 \\ 20y_1 + 17y_2 + 7y_3 \leqslant 1 \\ 0 \cdot y_1 + 22y_2 + 20y_3 \leqslant 1 \\ y_1, y_2, y_3 \geqslant 0\end{cases}$$

解之，得到：

$$\boldsymbol{x} = (0.027, 0.02, 0.023) \quad \boldsymbol{y} = (0.0225, 0.0225, 0.025)^{\mathrm{T}}$$

所以，原对策的解应为

$$V_G = \frac{1}{\sum x_i} = 14.29$$

$$\boldsymbol{p}^* = V_G\boldsymbol{x} = (0.3858, 0.2858, 0.3286)$$

$$\boldsymbol{q}^* = V_G\boldsymbol{y} = (0.3215, 0.3215, 0.3572)^{\mathrm{T}}$$

最后，需要讲一下最优混合策略的实现问题。由于混合策略具有随机性，因此，局中人在采用最优混合策略进行竞争时，通常需要借助于一个随机装置，假如最优混合策略是（0.3, 0.7)，即可在一个小罐子里装3颗黑子，7颗白子，摸到黑子则出策略Ⅰ，摸到白子则出策略Ⅱ。若最优混合策略由三个或四个纯策略构成，则随机装置可以采用不同花色的扑克牌构造。

应用案例讨论

工程施工中的对策问题

1. 背景材料

某工程公司主要承建各类建筑工程，2005年施工任务以多层全装配式壁板结构、内大模外挂板结构为主，混合结构和配套工程次之。工程多系标准结构，结构类型少。

总公司综合平衡下达的施工任务及计划指标是：本年度完成多层壁板住宅5幢，大模结构住宅3幢（两项竣工面积为3.85万 m^2），生活配套完成50%左右，其余可由施工企业自行安排。总公司根据分公司去年实际完成情况，规定达到的指标是：完成工作量340万元，全员产值9000元/人，工程成本降低率7.5%。

按照总公司要求结合具体条件提出一种计划方案，该方案与总公司下达的主要指标对比见表8-4。但是，由于人力、材料、构件供应、运输及气候因素等存在不同程度的不确定性，对于能否确保实施没有充分把握。

表8-4 某工程公司的计划任务表

项 目	工作量/万元	竣工面积/万 m^2	全员人数(最高)/人	全员产值/(元/人)	工程成本降低(%)
上级下达的指标	340	5.00	350	9000	7.5
该单位计划的指标	416.5	5.78	400	10 912.5	8.1

该问题可以看作一个对策问题，可把施工企业和客观不确定因素当作对策的两个局中人，每个局中人都有有限个可选择的策略，对策的目标是在不同条件下如何安排年度计划，以期保证完成总公司的指标，使完成的工作量最大，且局中人所得之总和等于零，也就是说这是一个最简单最典型的对策——二人有限零和对策。

按计划安排，分公司算出所需资源数量，依现有条件实施该计划存在一定的困难，表现在：

（1）人力方面。现有人力 350 人，为完成上述计划全年需增加 50 人，考虑工种配套项目可由总公司调拨技术工人 15～20 名，其余则靠临时工补足。但总公司调拨需视整个公司重点项目进展而定。该公司也可考虑全部增加人员均雇用临时工，但能否满足工种配套不能确定，且大部增雇工人，首个月完成定额应按 85% 计算。根据往年经验，现有人员可超额 15%～20%，这在计划安排中可以考虑。

（2）机械设备方面。该计划全年需用塔吊 800 台班，平均每月需两台 8t 塔吊，尚需履带吊两台，挖土机、推土机各一台，这些机械均可满足。

（3）物资供应方面。承包项目均可落实，图样供应能基本满足进度要求。物资供应的关键是壁板构件，经调查尚有 50 个单元层不能确定。虽可由另一加工厂供货，但距离远，运输有一定困难，尚应积极想办法。大模用的钢模已大部进场，配件已外包加工。此外，钢材、木料尚有部分不能确定。

（4）全年计划工作日按 306 天计算（每月为 25.5 工作日）。2005 年冬季气温变化及夏季阴雨天数不能确定。但是，加强管理及采取技术措施后，工作日数尚有伸缩余地。

2. 分析讨论

为了建立对策模型，应分别确定人的策略、客观不定因素的策略和赢得函数。人的策略是要制订出切实可行的年度计划，可以有若干个方案。客观因素表现在施工条件的不确定性，可以区分为若干种不同情况。赢得函数则是在某一总和条件下，施工企业的某一计划方案可能完成的工作量与竣工面积的比。

这里分别以 P_1、P_2 代表人和客观不定因素两个对策者，并分别确定出各自的策略。

先确定局中人 P_2 的策略。根据上述背景材料，制约因素主要是人力和物资两种，人力可分为充足和不足两种情况，物资供应可分为缺口大、缺一点和充足三种情况。这样两种要素组合后可构成六种客观情况，依次为：人力充足物资缺口大，人力充足物资缺一点，人力充足物资充足，人力不足物资缺口大，人力不足物资缺一点，人力不足物资充足，记为 $S_2=\{\alpha_1,\alpha_2,\alpha_3,\alpha_4,\alpha_5,\alpha_6\}$。

再确定计划方案，即局中人 P_1 的策略，也就是施工单位在各种客观因素影响下，所制订的各种计划方案。这里重要的是，所制订的各种计划（策略）必须满足总公司规定并且是该公司能够胜任的。比如，可以设定为积极、稳妥和保守等，根据该公司拟承包的各项工程，经计算所需各项资源数量，结合实际条件，可确定出四种策略（即四种不同的年度计划安排），记为 $S_1=\{\beta_1,\beta_2,\beta_3,\beta_4\}$。

最后，确定赢得函数。如上所述，局中人 P_1 有 4 种纯策略，并用 S_1 表示其集合，同样用 S_2 表示 P_2 的纯策略集。若 P_1 从 S_1 中选取 $\beta_i(i=1, 2, 3, 4)$，而 P_2 从 S_2 中选取 $\alpha_j(j=1, 2, 3, 4, 5, 6)$，这样对策过程就告终止，由此得到一个纯局势 (β_i, α_j)，显然，共有 24 个纯局势。设 P_1 的赢得 h_{ij} 为 P_1 取策略 β_i、P_2 取策略 α_j 时，施工单位所能完成的工作量和竣工面积。由于对策仅涉及两名局中人，可以设 P_2 的赢得为 $-h_{ij}$。通常 h_{ij} 为对策的赢得矩阵记为 $\boldsymbol{H}$。经过计算可以得出对策的赢得矩阵（分子为完成工作量（万元），分母为竣工面积（m^2）），见表 8-5。

表 8-5 某工程公司不同策略的赢得矩阵

赢得 h_{ij}		策略 α					
		α_1	α_2	α_3	α_4	α_5	α_6
策略 β	β_1	$\frac{398.03}{54\,170}$	$\frac{411.5}{55\,670}$	$\frac{416.5}{57\,820}$	$\frac{337.23}{52\,610}$	$\frac{381.76}{53\,420}$	$\frac{398.03}{54\,970}$
	β_2	$\frac{381.55}{53\,470}$	$\frac{412.17}{56\,520}$	$\frac{414.55}{56\,520}$	$\frac{341.04}{52\,610}$	$\frac{376.15}{53\,420}$	$\frac{390.45}{53\,420}$
	β_3	$\frac{378.41}{53\,470}$	$\frac{407.95}{56\,520}$	$\frac{410.21}{56\,520}$	$\frac{357.16}{54\,370}$	$\frac{369.7}{53\,420}$	$\frac{384.65}{53\,420}$
	β_4	$\frac{376.85}{53\,470}$	$\frac{394.54}{56\,520}$	$\frac{397.8}{56\,520}$	$\frac{312.86}{51\,490}$	$\frac{363.72}{51\,490}$	$\frac{378.75}{53\,420}$

$$
\begin{array}{c}
\begin{pmatrix}
7.35 & 7.39 & 7.20 & 6.41 & 7.15 & 7.24 \\
7.14 & 7.29 & 7.33 & 6.48 & 7.04 & 7.31 \\
7.08 & 7.22 & 7.26 & \underline{\underline{6.68}} & 6.92 & 7.20 \\
7.05 & 6.98 & 7.04 & 6.08 & 7.06 & 7.09
\end{pmatrix}
\begin{array}{c} 6.41 \\ 6.48 \\ 6.68 \\ 6.08 \end{array} \\
\begin{array}{cccccc} 7.35 & 7.39 & 7.33 & 6.68 & 7.15 & 7.31 \end{array}
\end{array}
$$

为了求解，需要分别计算出表 8-5 中赢得函数的比值并进行等量变换，如表 8-5 下面的矩阵所示，矩阵之后的一列是每行中的最小数，矩阵下面的一行是每一列中的最大数。按照对行小中取大、对列大中取小的方法，可从赢得矩阵中找到纯局势（β_3，α_4）对应的值，它是所在行的最小数，同时又是所在列的最大数，即矩阵中加了双下画线的数，该值对应的 β_3 和 α_4 就是局中人的最优纯策略。按照上述结果制订全年施工计划，与总公司下达的指标对比如表 8-6 所示。

表 8-6 某工程的最优计划

项 目	工作量/万元	竣工面积/万 m^2	全员人数（最高）/人	全员产值/（元/人）
上级下达的指标	340	5.00	350	9000
本计划完成	357.16	5.44	350	10 204.6

（本案例参考了雷建平等的论文《对策论在工程施工中的应用》，载《水科学与工程技术》杂志 2007 年第 4 期）。

利用 WinQSB 软件求解矩阵对策

用 WinQSB 软件求解矩阵对策问题有两种方法：①直接调用 Decision Analysis 模块，选择 Two－player，Zero－sum Game 建立问题进行求解；②通过单纯形表求得矩阵转化所形成的互为对偶的线性规划问题的解，然后利用公式法得到矩阵对策的解。

1. 直接调用 Decision Analysis 模块求解矩阵对策

以例 8-8 为例。

第一步，调用 WinQSB 软件 Decision Analysis 模块，建立新问题。

建立新问题后在图 8-5 的 Problem Type 处选择 Two-player，Zero-sum Game（二人零和博弈），在 Problem Title 处输入" 例 8-8"，在 Number of Strategies for Player 1（局中人 1 的策略数）处输入" 3"，在 Number of Strategies for Player 2（局中人 2 的策略数）处输入" 3"。

第二步，输入数据。

在图 8-5 中单击 OK 后得到图 8-6，将例 8-8 中的矩阵输入图 8-6。

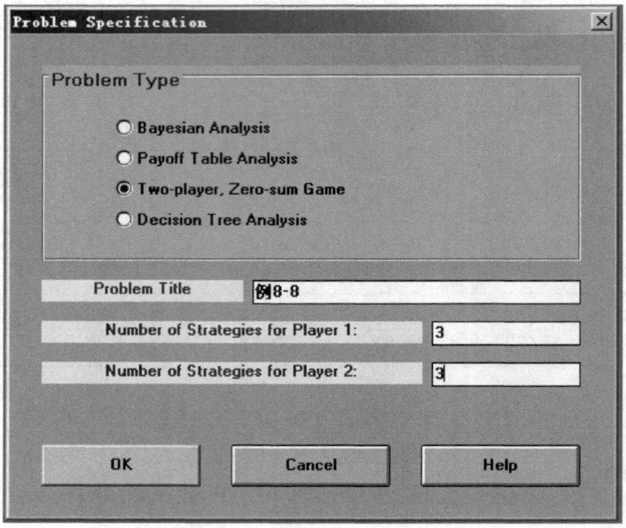

图 8-5　建立例 8-8 的新问题

Player1 \ Player2	Strategy2-1	Strategy2-2	Strategy2-3
Strategy1-1	22	6	15
Strategy1-2	20	17	7
Strategy1-3	0	22	20

图 8-6　例 8-8 的赢得矩阵

第三步，求解问题。

单击 Solve and Analyze→Solve the Proble 得到图 8-7。从图 8-7 可以看出本题目最优解为 $\boldsymbol{p}^{*}=(0.39, 0.29, 0.32)$，$\boldsymbol{q}^{*}=(0.32, 0.32, 0.36)$ 博弈值 $V_G=14.32$。当博弈有鞍点时，系统直接给出策略的最优解。

06-02-2014	Player	Strategy	Dominance	Elimination Sequence
1	1	Strategy1-1	Not Dominated	
2	1	Strategy1-2	Not Dominated	
3	1	Strategy1-3	Not Dominated	
4	2	Strategy2-1	Not Dominated	
5	2	Strategy2-2	Not Dominated	
6	2	Strategy2-3	Not Dominated	
	Player	Strategy	Optimal Probability	
1	1	Strategy1-1	0.39	
2	1	Strategy1-2	0.29	
3	1	Strategy1-3	0.32	
1	2	Strategy2-1	0.32	
2	2	Strategy2-2	0.32	
3	2	Strategy2-3	0.36	
	Expected	Payoff	for Player 1 =	14.32

图 8-7　例 8-8 的最优解

2. 利用单纯形表结合公式法求解矩阵对策

仍以例 8-8 为例。

调用 WinQSB 软件 Linear and Integer Programming 模块，建立新问题，并输入原模型，求解后

得到如图 8-8 所示结果。不难看出，原问题即最小化问题最优解为 $\boldsymbol{x}=(0.0273,0.0200,0.0226)$，对偶问题的最优解，$\boldsymbol{y}=(0.0221,0.0224,0.0253)$。于是根据公式，即不难得到该问题的最优解。

	04:58:32		Monday	June	02	2014		
	Decision Variable	Solution Value	Unit Cost or Profit c(j)	Total Contribution	Reduced Cost	Basis Status	Allowable Min. c(j)	Allowable Max. c(j)
1	X1	0.0273	1.0000	0.0273	0	basic	0.5227	1.4650
2	X2	0.0200	1.0000	0.0200	0	basic	0.5773	1.4339
3	X3	0.0226	1.0000	0.0226	0	basic	0.1732	1.8592
	Objective	Function	(Min.) =	0.0698				
	Constraint	Left Hand Side	Direction	Right Hand Side	Slack or Surplus	Shadow Price	Allowable Min. RHS	Allowable Max. RHS
1	C1	1.0000	>=	1.0000	0	0.0221	0.2095	1.8779
2	C2	1.0000	>=	1.0000	0	0.0224	0.6227	1.5650
3	C3	1.0000	>=	1.0000	0	0.0253	0.4864	1.3430

图 8-8　例 8-8 最小化问题求解结果

习题与作业

1. 求解下列的矩阵对策，它们分别是不是既约矩阵，有没有鞍点？

（1）$\begin{pmatrix} -2 & 12 & -4 \\ 1 & 4 & 8 \\ -5 & 2 & 3 \end{pmatrix}$　　（2）$\begin{pmatrix} 2 & 2 & 1 \\ 3 & 4 & 4 \\ 2 & 1 & 6 \end{pmatrix}$

（3）$\begin{pmatrix} 2 & 7 & 2 & 1 \\ 2 & 2 & 3 & 4 \\ 3 & 5 & 4 & 4 \\ 2 & 3 & 1 & 6 \end{pmatrix}$　　（4）$\begin{pmatrix} 9 & 3 & 1 & 8 & 0 \\ 6 & 5 & 4 & 6 & 7 \\ 2 & 4 & 3 & 3 & 8 \\ 5 & 6 & 2 & 2 & 1 \\ 3 & 2 & 3 & 5 & 4 \end{pmatrix}$

2. 试证明在矩阵对策 $\boldsymbol{A}=\begin{pmatrix} a_{11} & a_{12} \\ a_{21} & a_{22} \end{pmatrix}$中，不存在鞍点的充要条件是有一条对角线的每一元素大于另一条对角线上的每一元素。

3. 先处理下列矩阵对策中的优超现象，再利用公式法求解：

$$\boldsymbol{A}=\begin{pmatrix} 3 & 4 & 0 & 3 & 0 \\ 5 & 0 & 2 & 5 & 9 \\ 7 & 3 & 9 & 5 & 9 \\ 4 & 6 & 8 & 7 & 6 \\ 6 & 0 & 8 & 8 & 3 \end{pmatrix}$$

4. 利用图解法求解下列矩阵对策：

（1）$\boldsymbol{A}=\begin{pmatrix} 2 & 7 \\ 6 & 4 \\ 11 & 2 \end{pmatrix}$　　（2）$\boldsymbol{A}=\begin{pmatrix} 1 & 3 & 10 \\ 8 & 5 & 2 \end{pmatrix}$

5. 已知矩阵对策

$$\boldsymbol{A}=\begin{pmatrix} 4 & 0 & 0 \\ 0 & 0 & 8 \\ 0 & 6 & 0 \end{pmatrix}$$

的解为：$x^*=(6/13,3/13,4/13)$，$y^*=(6/13,4/13,3/13)^T$，对策值为24/13，求下列矩阵对策的解：

（1）$\begin{pmatrix} 6 & 2 & 2 \\ 2 & 2 & 10 \\ 2 & 8 & 2 \end{pmatrix}$　　（2）$\begin{pmatrix} -2 & -2 & 2 \\ 6 & -2 & -2 \\ -2 & 4 & -2 \end{pmatrix}$

（3）$\begin{pmatrix} 32 & 20 & 20 \\ 20 & 20 & 44 \\ 20 & 38 & 20 \end{pmatrix}$

6. 用行列式解法求解下列矩阵对策：

（1）$\begin{pmatrix} 1 & 0 & 3 & 4 \\ -1 & 4 & 0 & 1 \\ 2 & 2 & 2 & 3 \\ 0 & 4 & 1 & 1 \end{pmatrix}$　　（2）$\begin{pmatrix} 1 & 2 & 3 \\ 4 & 0 & 1 \\ 2 & 3 & 0 \end{pmatrix}$

7. 试用线性规划解法求解下列矩阵对策：

（1）$\begin{pmatrix} 8 & 2 & 4 \\ 2 & 6 & 6 \\ 6 & 4 & 4 \end{pmatrix}$　　（2）$\begin{pmatrix} 2 & 0 & 2 \\ 0 & 3 & 1 \\ 1 & 2 & 1 \end{pmatrix}$

8. 试写出“石头·剪刀·布”两碰吃游戏的赢得矩阵，并求解双方的最优策略。

第 9 章 存储论

本章讨论三个方面的问题，包括存储论概述、确定型存储模型、随机型存储模型和库存系统模拟。学习本章内容要求必须熟悉企业的生产管理，同时要熟悉数学分析中的微分、偏微分和极值原理。

9.1 存储论概述

本节主要介绍三个问题，包括存储问题的提出，存储论中的基本概念和存储模型的分类。

9.1.1 存储问题的提出

存储问题在日常的生产和生活中有很多。比如：

（1）工厂中生产需要原材料，为了保证生产的连续进行，企业必须保有源源不断的原材料供应，这就需要有储备。但储备又不能太多，过多的储备必然占用更多的流动资金，甚至可能导致物资损坏变质。

（2）商场在销售过程中要不丧失销售机会，必须保有充足的货源，必须有一定的商品储备。然而同样的道理，商品储备也不能太多，过多的商品储备必然占用、积压更多的流动资金，甚至会导致商品的过期变质。

（3）水电站在雨季到来之前，蓄水位应该是多少？蓄水位过高，遇到大暴雨或山洪暴发，就可能造成堤毁人亡，损失不堪设想；水位过低，如果江水不足，水位达不到额定要求，必然会影响发电，给生产造成损失。

（4）为了保证国防安全，常规武器和弹药的储备应该保持在什么水平上？太少，遇到战争必然处于被动挨打的境地；太多，和平时期弹药长期存放必然导致部分失效变质，或者由于新式武器出现，使部分常规武器因报废而成为一堆废物，从而浪费大量的国防经费。

如此等等，不难看出，大凡事关存储，都有一个适度存储的问题，不能过多，也不能太少。过多造成损失浪费，过少则难以满足要求，也会蒙受损失。

存储论就是运筹学中专门研究存储问题的科学。

9.1.2 存储论中的基本概念

1. 存储、需求和补充

（1）存储。存储即为了满足特定要求所必须保有的必要的物质储备对象。例如工厂中的原材料、商场里的待销商品等。一般来说，存储因需求而减少，因补充而增加。

（2）需求。需求即对存储的消耗，也就是存储的输出。需求有的是连续的、均匀的，有的则是离散的、间断的。图 9-1 说明了两种需求的区别。

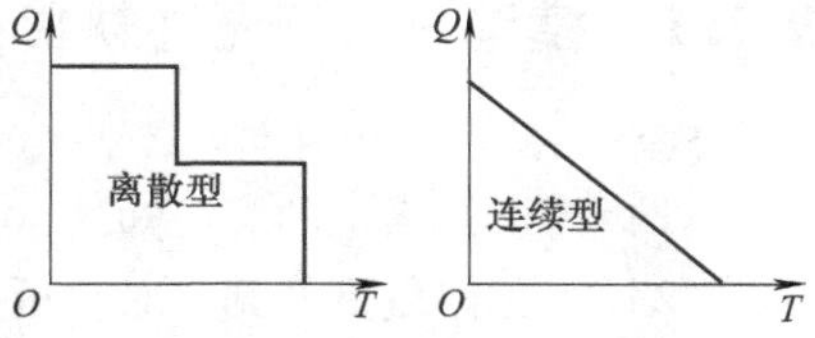

图 9-1 两种需求

此外，也有的需求是确定的，而有的需求是随机的。比如工厂里每天需要一定数量的原材料，就是确定的；而零售商场里每天售出的商品，则是随机的。

（3）补充。补充即存储的增加，也就是存储的输入。在采用外购方式补充时，通常可分为同城购货和异地购货两种情况。如果同城购货，一般可以当天购货当天到达。如果异地购货，则由于运输原因，通常会有一个拖后时间，因此补充时往往需要有一个提前时间。拖后的时间可能很长，也可能很短；可能是确定的，也可能是随机的。

2. 相关成本

（1）存储费。存储费也叫仓储费，包括仓库和建筑物的折旧费、租赁费、维修费、保险费，物资占用资金的应付利息，仓储保管费用，货物损坏变质损失等。一般定义为单位物资的年存储费或全部存储物资价值的一定比率，单位物资的年存储费一般标记为 c_1。

（2）订货费。如果采用外购方式补充，可分两种情况：一种是属于固定费用性质的订货手续费、电信联系费、人员差旅费等，这些费用与一次的订货量没有关系；另一种是属于变动费用性质的订货价格和运输等费用，这些费用的多少与一次的订货量有关。假定一次的订货费为 c_2，订货价格（包括运费）为 p，订货量为 Q，则全部订货费就是 c_2+pQ。

但是，需要特别注意的是，在存储模型中，如果订货时没有大量折扣，即订货价格为常数时，订货价格通常在模型中无须考虑。因为它与订货量无关。订货价格的大小，只影响不同物资的选择，而并不影响物资采购的数量。在实践中，当需要研究订购数量时，通常总是假定订购什么的问题已经解决。

当采用自行生产方式补充时，也发生两种费用：一种是固定费用性质的装配费用，包括调整准备设备、清理现场、下达派工单等费用；另一种是属于变动费用性质的材料费、加工费等。

（3）缺货费。缺货费即当存储供不应求时发生的损失，如停工待料损失、失去销售机会的损失等。缺货 1 个单位的损失一般记为 c_3。

9.1.3 存储模型的分类

存储论所要解决的基本问题就是，存储需要多长时间补充一次，一次补充多少最好。存储论中将关于一定时间内补充的次数和一次补充的数量就称作存储策略。在确定存储策略时，一般总是需要先将问题抽象为模型，这种关于存储问题的数学模型，就叫作存储模型。

存储模型通常分为两类：确定型存储模型和随机型存储模型。确定型模型中的参数都是确定的数值，而随机型模型包含随机变量。

9.2 确定型存储模型

本节主要介绍四个确定型存储模型：模型一：不允许缺货，一次性补充；模型二：不允许缺货，连续性补充；模型三：允许缺货，一次性补充；模型四：允许缺货，连续性补充。

9.2.1 模型一：不允许缺货，一次性补充

模型一的假定条件是：

（1）需求是确定的、已知的，也是连续的、均匀的。

（2）当存储量下降到零时，可立即得到一次性补充。

（3）不允许缺货，缺货损失可视为无穷大。

（4）订货单价（无折扣）、一次的订货费及单位存储费均为常数。

在上述条件下，存储量的变化如图9-2所示。

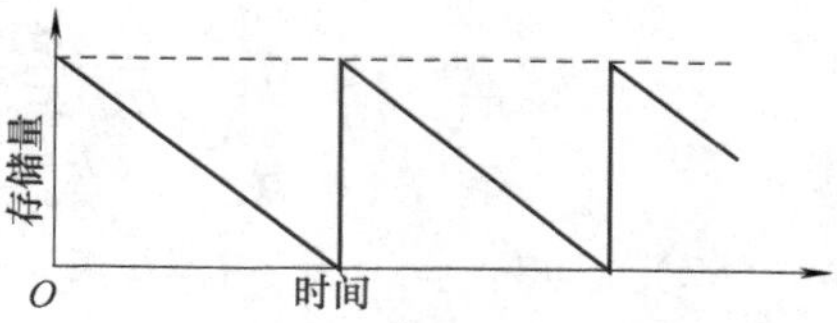

图9-2 存储量的变化

为建立模型，需引入下列符号：

D——年需求量（件/年）；Q——每次订货量（件）；

c_1——单位存储费（元/件·年）；c_2——一次订货费（元）；

d——需求速率；T——订货周期。

于是得到：

年存储费：

$$C_s = c_1 \frac{Q}{2}$$

年订货费：

$$C_0 = c_2 \frac{D}{Q}$$

年总相关费用：

$$\mathrm{TC} = C_s + C_0 = c_1 \frac{Q}{2} + c_2 \frac{D}{Q}$$

应用微分方法，求TC的最小值，得到：

$$Q_0 = \sqrt{\frac{2c_2 D}{c_1}} \tag{9-1}$$

这就是存储论中最基本的经济订货批量（EOQ）公式。相应的订货批次（一年订货多少次）和订货周期（多长时间订货一次）（二者互为倒数）分别为

$$N_0 = \frac{D}{Q_0} = \sqrt{\frac{c_1 D}{2c_2}}, T_0 = \frac{Q_0}{D} = \sqrt{\frac{2c_2}{c_1 D}} \tag{9-2}$$

这时的最低总相关成本为

$$TC_0 = \sqrt{2c_1 c_2 D} \tag{9-3}$$

该模型可通过图9-3加深理解。

如果不是同城订货，不能随订随到，就必然会有一个拖后时间，这就需要提前订货。这时，常常需要确定一个订货点，即当库存下降到多少时订货。订货点 = 日需要量 × 提前期。另外在这种情况下，一次的订货费往往会增加，从而引起订货量、订货周期和总相关费用发生变化。这是决策中必须注意的。

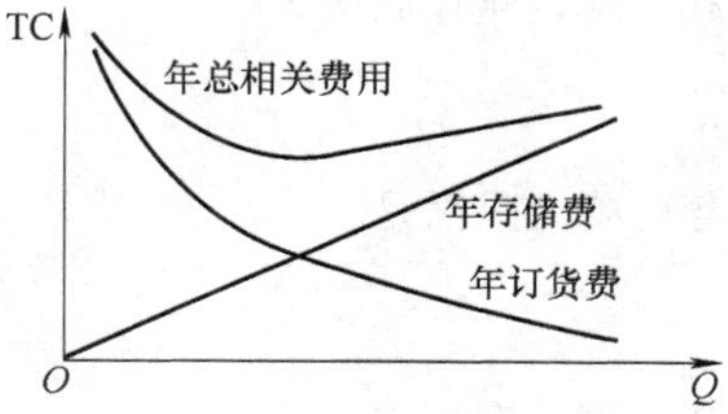

图9-3 相关费用

【例9-1】 某企业生产中需要某物资作为原材料。年需要量为5200件，批发价为2元/件，同城订货每次的订货费为10元，订货后当天即可到货。已知银行的年利率为10%，其他的存储费是0.20元/件，不允许缺货，试确定经济订货批量、订货周期和最低总相关费用。如果异地购货，拖后时间5天，每次的订货费增加到30元，经济订货批量、订货周期和总相关费用会如何变化？订货点是多少？

【解】 （1）已知 $c_1 = 0.2$ 元/件 $+ 2$ 元/件 $\times 10\% = 0.40$ 元/件，$c_2 = 10$ 元，$D = 5200$ 件，于是得到：

$$Q_0 = \sqrt{\frac{2c_2 D}{c_1}} = \sqrt{\frac{2 \times 10 \times 5200}{0.40}} \text{件} \approx 510 \text{件}$$

$$T_0=\frac{Q_0}{D}=\frac{510}{5200}\text{年}\approx 0.098\text{ 年}=36\text{ 天}$$

$$\mathrm{TC}_0=\sqrt{2c_1c_2D}=\sqrt{2\times 0.4\times 10\times 5200}\text{元}\approx 204\text{ 元}$$

（2）已知 $c_2=30$ 元，$L=5$ 天，$d=5200$ 件/365 天 $=14.25$ 件/天，于是得到：

$$Q_0=\sqrt{\frac{2c_2D}{c_1}}=\sqrt{\frac{2\times 30\times 5200}{0.4}}\text{件}\approx 883\text{ 件}$$

$$T_0=\frac{Q_0}{D}=\frac{883}{5200}\text{年}\approx 0.17\text{ 年}=62\text{ 天}$$

$$\mathrm{TC}_0=\sqrt{2c_1c_2D}=\sqrt{2\times 0.4\times 30\times 5200}\text{元}\approx 353.27\text{ 元}$$

$$q=dL=14.25\text{ 件/天}\times 5\text{ 天}=71.25\text{ 件}$$

9.2.2 模型二：不允许缺货，连续性补充

在实际工作中，订货往往并不一定是一次送达的，而是一次订货分多次连续送达的，也就是边进货边消耗。这时，供货的时间就不能不考虑，这是不同于模型一的。

为建立模型，令 s 表示进货速率，显然应有 $s>d$，其假定条件如图 9-4 所示。

由于 $s>d$，所以每批货全部送达所需的时间为 $t=Q/s$，同时由于是边进货边消耗，所以每批订货的最大库存为

$$S=Q-\frac{Q}{s}d=Q\left(1-\frac{d}{s}\right)$$

或者，也可以这样想：

因为 $S=(s-d)t$，$t=\frac{Q}{s}$，所以 $S=\left(1-\frac{d}{s}\right)Q$。

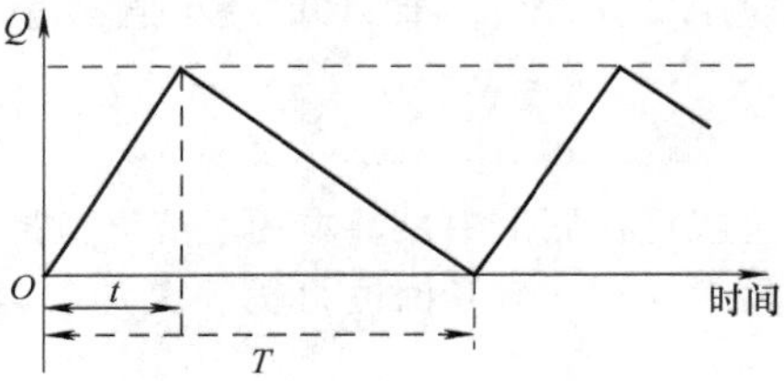

图 9-4 模型二的假定条件

因而，年平均库存应为

$$\bar{S}=\frac{1}{2}Q\left(1-\frac{d}{s}\right)$$

相应地，年存储费为

$$C_s=\frac{1}{2}c_1Q\left(1-\frac{d}{s}\right)$$

年订货费仍然是

$$C_0=c_2\frac{D}{Q}$$

年总相关费用为

$$\mathrm{TC}=C_s+C_0=\frac{1}{2}c_1Q\left(1-\frac{d}{s}\right)+c_2\frac{D}{Q}$$

于是，应用微分法得到：

$$Q_0=\sqrt{\frac{2c_2D}{c_1\left(1-\frac{d}{s}\right)}} \tag{9-4}$$

$$T_0=\sqrt{\frac{2c_2}{c_1D\left(1-\frac{d}{s}\right)}} \tag{9-5}$$

$$\mathrm{TC}_0=\sqrt{2c_1c_2D\left(1-\frac{d}{s}\right)} \tag{9-6}$$

不难看出，由于 $0<d/s<1$，所以在连续补充条件下，与模型一相比，经济订货批量和订货周期都增大了，总相关费用则减少了。

下面看一个例子。

【例 9-2】 在例 9-1 中，异地供货，因运输条件所限，每次只能送货 50 件，故拟采用一次订货、连续送达方式。在不允许缺货的条件下，试确定经济订货批量、订货周期和最低总相关费用。

【解】 已知 $c_1=0.4$ 元/件，$c_2=30$ 元/次，$d=14.25$ 件/天，$s=50$ 件/次，$D=5200$ 件，于是可得到：

$$Q_0=\sqrt{\frac{2c_2D}{c_1\left(1-\frac{d}{s}\right)}}=\sqrt{\frac{2\times30\times5200}{0.4\times\left(1-\frac{14.25}{50}\right)}}\text{件}=1044.5\text{ 件}$$

$$T_0=\frac{Q_0}{D}=\frac{1044.5}{5200}\text{年}=0.2009\text{ 年}=73\text{ 天}$$

$$\mathrm{TC}_0=\sqrt{2c_1c_2D\left(1-\frac{d}{s}\right)}=\sqrt{2\times0.4\times30\times5200\times\left(1-\frac{14.25}{50}\right)}\text{元}=298.72\text{ 元}$$

在一次性补充条件下的总相关费用为 353.27 元，连续性补充明显降低了成本。

在模型二中，当 $d=s$ 时，经济订货批量和订货周期不存在，也就是说，在这种情况下不存在存货问题，进一用一，没有存量。这时的总相关费用只有订货费，计算时需要用公式“订货费 $=c_2\times$ 订货次数”。切记，这时的总相关费用不能使用式（9-6）计算。因为式（9-6）是在存储费 C_s 和订货费 C_o 相等的条件下或者说总相关费用 TC 存在最小值的条件下得到的。而在这种情况下，根据图 9-3 可知，订货费和存储费是不等的，前者大于零，后者等于零，总相关费用是一条下斜的曲线，不存在最小值。

当 $d=0$ 时，该模型就转化为批量生产型企业中的生产批量决策问题，其存储量的变化如图 9-5 所示。

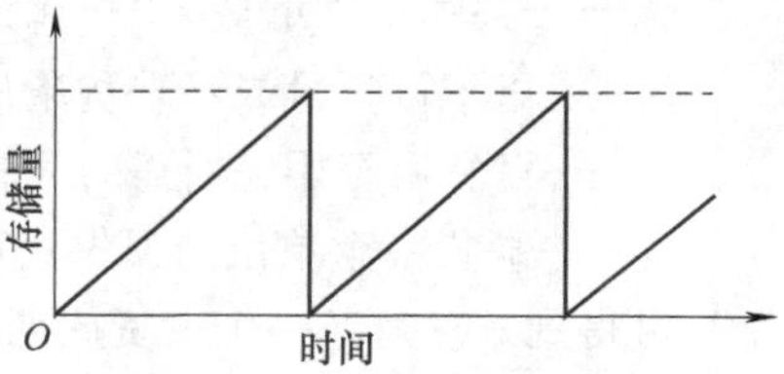

图 9-5 存储量的变化

大量生产型企业是与批量生产型企业和单件生产型企业相对应的一种企业类型。大量生产型企业即企业所使用的任何机器设备都只生产一种产品，产品生产没有量的限制。例如各种能源类企业，包括发电厂、煤矿、石化类企业等，大量生产型企业的产品大多都只有一个型号。批量生产型企业是指一个企业可以使用同一种机器设备生产各种不同型号产品的企业。一般一种型号生产一定数量，当一种型号生产完后对机器设备进行调整开始生产另一种型号，如纺织厂、印染厂、造纸厂等都是批量生产型企业。单件生产型企业则包括大多数的修理类企业。

在批量生产条件下的订货费表现为生产的调整准备成本，比如清理现场、下达派工单、调整设备等。所以这种费用有时也叫生产装配成本。生产批量决策模型与模型式（9-1）的形式完全相同。该模型也适用于任何生产企业等待批量发运时生产批量的确定。

【例 9-3】 某出版社接到一种工具书的出版任务，该书的年需求量为 18 000 套，每套的成本是 150 元，每年的存储成本率是 18%，每一批次的生产准备成本是 1600 元，印刷该书的设备的年设计能力是 30 000 套，每次的生产准备时间是 10 天，试计算确定：

（1）最佳生产批量和批次。

（2）每次生产所需时间（年工作日以250天计）。

（3）两次生产的间隔时间。

（4）全年的总相关费用。

【解】 已知：$D=18\ 000$ 套，$c_1=150$ 元/套·年 $\times 18\%=27$ 元/套·年，$c_2=1600$ 元/次，则：

$$Q_0=\sqrt{\frac{2Dc_2}{c_1}}=\sqrt{\frac{2\times 18\ 000\times 1600}{27}}\text{套}=1461\text{ 套}$$

$$N_0=\frac{18\ 000}{1461}\text{次}=12.32\text{ 次}$$

$$\text{每次生产所需时间}=\frac{1461}{(30\ 000/250)}\text{天}=12.175\text{ 天}$$

$$T_0=\frac{1461}{18\ 000}\times 365\text{ 天}=29.63\text{ 天}$$

$$\text{两次生产的间隔时间}=29.63\text{ 天}-10\text{ 天}-12.175\text{ 天}=7.5\text{ 天}$$

$$\mathrm{TC}_0=\sqrt{2c_1c_2D}=\sqrt{2\times 27\times 1600\times 18\ 000}\text{元}=39\ 436\text{ 元}$$

9.2.3 模型三：允许缺货，一次性补充

在实际工作中，缺货并不是绝对不允许。有时候，缺货在经济上可能是合算的，比如，如果存储费和订货费比较高，而缺货费比较低时，暂时缺货就是划算的。

允许缺货，一次性补充的假定条件如图9-6所示。

图中有关符号（包括建模时必要的其他符号）的含义是

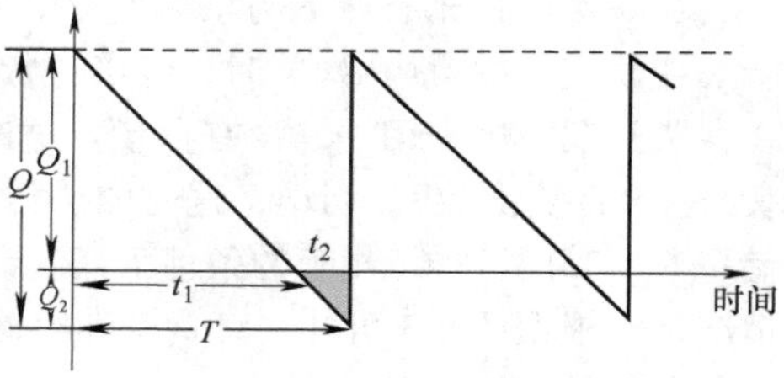

图9-6　模型三的假定条件

Q_1——实际订货量；Q_2——缺货量；

Q——虚拟订货量或不缺货条件下的应进货量，$Q=Q_1+Q_2$；

t_1——订货后至用完所需时间；t_2——用完至再订货的时间；

c_3——缺货一个单位的损失；T——供货周期。

于是可得到 t_1 时间（一个供货周期，单位为年）内的存储费为

$$\frac{1}{2}c_1Q_1t_1$$

t_2 时间内的缺货损失为

$$\frac{1}{2}c_3Q_2t_2=\frac{1}{2}c_3(Q-Q_1)t_2$$

根据相似三角形边之间的关系，可得到：

$$\frac{t_1}{Q_1}=\frac{t_2}{Q_2}=\frac{T}{Q}$$

即

$$t_1=\frac{Q_1T}{Q},t_2=\frac{Q_2T}{Q}=\frac{Q-Q_1}{Q}T$$

代入 t_1、t_2 的值，则全年的总相关费用就是

$$TC = \left[\frac{1}{2}c_1 Q_1 t_1 + c_2 + \frac{1}{2}c_3 (Q - Q_1) t_2\right]\frac{D}{Q}$$
$$= \left[\frac{c_1 Q_1^2}{2Q} + \frac{c_3 (Q - Q_1)^2}{2Q}\right]\frac{TD}{Q} + c_2 \frac{D}{Q}$$

因为

$$\frac{D}{Q} = N, NT = 1$$

所以

$$TC = \frac{c_1 Q_1^2}{2Q} + \frac{c_2 D}{Q} + \frac{c_3 (Q - Q_1)^2}{2Q}$$

应用微分法，分别求 TC 对于 Q 和 Q_1 的偏微分：

由$\frac{\partial TC}{\partial Q_1} = 0$，得到：$Q_1 = \frac{c_3}{c_1 + c_3}Q$；由$\frac{\partial TC}{\partial Q} = 0$，得到：$Q^2 = \frac{c_1 + c_3}{c_3}Q_1^2 + \frac{2c_2 D}{c_3}$

最佳虚拟订货量为

$$Q_0 = \sqrt{\frac{2c_2 D}{c_1}\left(\frac{c_1 + c_3}{c_3}\right)} \tag{9-7}$$

最佳实际订货量为

$$Q_1^* = \frac{c_3}{c_1 + c_3}Q_0 = \sqrt{\frac{2c_2 D}{c_1}\left(\frac{c_3}{c_1 + c_3}\right)}$$

最佳缺货量为

$$Q_2^* = Q_0 - Q_1^* = \left(1 - \frac{c_3}{c_1 + c_3}\right)Q_0 = \sqrt{\frac{2c_2 D}{c_3}\left(\frac{c_1}{c_1 + c_3}\right)} \tag{9-8}$$

最佳订货周期为

$$T_0 = \frac{Q_0}{D} = \sqrt{\frac{2c_2}{c_1 D}\left(\frac{c_1 + c_3}{c_3}\right)} \tag{9-9}$$

最小总相关费用

$$TC_0 = \sqrt{2c_1 c_2 D\left(\frac{c_3}{c_1 + c_3}\right)} \tag{9-10}$$

由此不难看出，在允许缺货的条件下，与模型一相比，经济订货批量、订货周期和最低总相关费用只是多了一个因子$\sqrt{\frac{c_1 + c_3}{c_3}}$或者$\sqrt{\frac{c_3}{c_1 + c_3}}$，这两因子在 $c_3 \to +\infty$ 的情况下，都将趋近于1。这时，模型三与模型一相同。

【例9-4】 在例9-1中，假定允许缺货，单位缺货损失为2元。试求经济订货批量、最佳缺货量、订货周期和最低总相关费用。

【解】 已知 $c_1 = 0.4$ 元/件，$c_3 = 2$ 元/件，于是可得到：

$$\sqrt{\frac{c_3}{c_1 + c_3}} = \sqrt{\frac{2}{0.4 + 2}} = 0.912\ 87 \qquad \sqrt{\frac{c_1 + c_3}{c_3}} = \sqrt{\frac{0.4 + 2}{2}} = 1.095\ 45$$

$$Q_1^* = \sqrt{\frac{2c_2 D}{c_1}\left(\frac{c_3}{c_1 + c_3}\right)} = 510\text{ 件} \times 0.912\ 87 = 466\text{ 件}$$

$$Q_2^* = \sqrt{\frac{2c_2 D}{c_3}\left(\frac{c_1}{c_1 + c_3}\right)} = \sqrt{\frac{2 \times 10 \times 5200}{2} \times \left(\frac{0.4}{0.4 + 2}\right)}\text{件} = 93\text{ 件}$$

$$T_0=\frac{Q_0}{D}=\frac{466+93}{5200}\text{年}=0.1075\text{ 年}\approx 39\text{ 天}$$

$$TC_0=\sqrt{2c_1c_2D\left(\frac{c_3}{c_1+c_3}\right)}=204\text{ 元}\times 0.912\,87=186\text{ 元}$$

9.2.4 模型四：允许缺货，连续性补充

该模型的假定条件可以用图 9-7 予以说明。

由前面三个模型，不难发现：由模型一到模型二，即由一次性补充到连续性补充，只需给 c_1 乘系数（$1-d/s$）即可；由模型一到模型三，即由不允许缺货到允许缺货，只需给 c_1 乘系数 $c_3/(c_1+c_3)$ 即可。于是，可得到模型四中的虚拟订货量、实际订货量、缺货量、订货周期以及最小总相关费用分别为

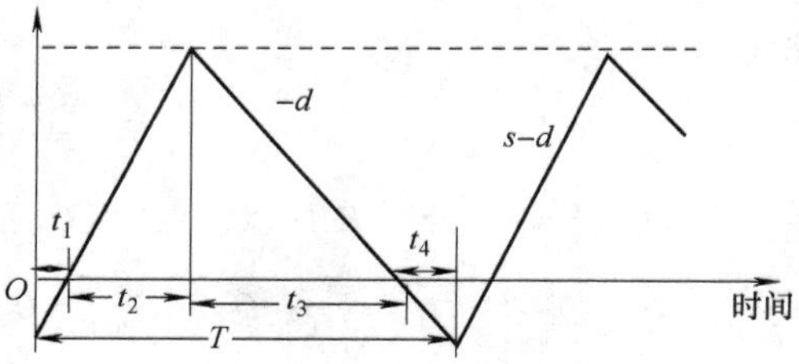

图 9-7　模型四的假定条件

$$Q_0=\sqrt{\frac{2c_2D}{c_1\left(1-\frac{d}{s}\right)}\left(\frac{c_1+c_3}{c_3}\right)} \tag{9-11}$$

$$Q_1^*=\sqrt{\frac{2c_2D}{c_1\left(1-\frac{d}{s}\right)}\left(\frac{c_3}{c_1+c_3}\right)} \tag{9-12}$$

$$Q_2^*=\sqrt{\frac{2c_2D}{c_3\left(1-\frac{d}{s}\right)}\left(\frac{c_1}{c_1+c_3}\right)} \tag{9-13}$$

$$T_0=\frac{Q_0}{D}=\sqrt{\frac{2c_2}{c_1D\left(1-\frac{d}{s}\right)}\left(\frac{c_1+c_3}{c_3}\right)} \tag{9-14}$$

$$TC_0=\sqrt{2c_1c_2D\left(1-\frac{d}{s}\right)\left(\frac{c_3}{c_1+c_3}\right)} \tag{9-15}$$

上述模型的证明过程略。

【例 9-5】 在例 9-1 中的异地购货中，允许缺货，采用连续性补充方式，试确定最佳订货量、缺货量、订货周期和最低总相关费用。

【解】 已知 $c_1=0.4$ 元/件，$c_2=30$ 元/次，$c_3=2$ 元/件，

$d=14.25$ 件/天，$s=50$ 件/次，$D=5200$ 件

$$\sqrt{1-\frac{d}{s}}=\sqrt{1-\frac{14.25}{50}}=0.8456 \qquad \frac{1}{\sqrt{1-\frac{d}{s}}}=1.1826$$

$$\sqrt{\frac{c_3}{c_1+c_3}}=\sqrt{\frac{2}{0.4+2}}=0.912\,87$$

$$\sqrt{\frac{c_1}{c_1+c_3}}=\sqrt{\frac{0.4}{0.4+2}}=0.480\,248$$

$$Q_1^* = \sqrt{\frac{2c_2 D}{c_1\left(1-\frac{d}{s}\right)}\left(\frac{c_3}{c_1+c_3}\right)} = 1044.5\text{ 件} \times 0.91287 = 953.5\text{ 件}$$

$$Q_2^* = \sqrt{\frac{2c_2 D}{c_3\left(1-\frac{d}{s}\right)}\left(\frac{c_1}{c_1+c_3}\right)}$$

$$= \sqrt{\frac{2c_2 D}{c_3}}\frac{1}{\sqrt{1-\frac{d}{s}}}\sqrt{\left(\frac{c_1}{c_1+c_3}\right)}$$

$$= \sqrt{\frac{2\times 30\times 5200}{2}}\text{件} \times 1.1826 \times 0.408248 = 190.7\text{ 件}$$

$$T_0 = \frac{Q_0}{D} = \frac{953.5+190.7}{5200}\text{年} = 0.22004\text{ 年} = 80.3\text{ 天}$$

$$\text{TC}_0 = \sqrt{2c_1c_2D\left(1-\frac{d}{s}\right)\left(\frac{c_3}{c_1+c_3}\right)} = 353.27\text{ 元} \times 0.8456 \times 0.91287 = 272.7\text{ 元}$$

9.3 随机型存储模型

本节主要介绍四方面的内容，包括：随机型存储模型的特点及存储策略，一次性订货的离散型随机存储模型，一次性订货的连续型随机存储模型，存储策略的选择。

9.3.1 随机型存储模型的特点及存储策略

随机型存储模型的主要特点是需求是随机的，其概率和分布是已知的。比如，一个商场每天的销售量就是随机的，但每天需求量的多少服从一定的分布，一般多数为正态分布（见图9-8），即在平均数左右两旁靠近平均数的概率要高些，远离平均数的概率要低些，极端值（过高或过低）出现的概率就更小些，有的可能接近于均匀分布。在随机型需求条件下，一个企业要想既不因缺货而失去销售机会，又不想因为滞销而过多积压资金，就必须研究存储策略问题。

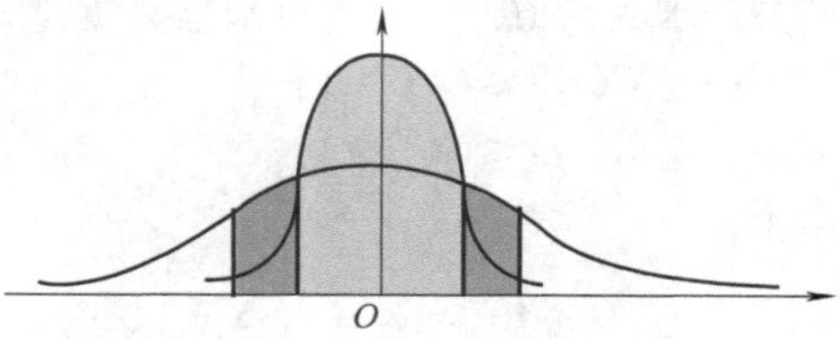

图9-8 正态分布

在随机型需求条件下，企业可供选择的存储策略主要有三种：

1. 定期订货策略

定期订货策略即确定一个固定的订货周期，比如一个月或两个月，每个周期都只根据上一周期末剩余的存储量来确定当期的订货量，即剩下的存储量小就多订货，剩下的存储量大就少订货，甚至可以不订货。采用这一策略，每次订货的数量是不确定的，是根据当时库存情况的变化而定的。因此，要求每一期开始订货时都必须对库存进行认真清点。

2. 定点订货策略

定点订货策略即没有固定的订货周期，而是确定一个适当的订货点，每当库存下降到订货点时就组织订货。订货点即当库存下降到多少时开始订货最好，也就是每次开始订货时的一个库存数量。采用这种策略，每一次订货的数量是确定的，是一个根据有关因素确定的经济批量。但要保证按订货点订货，则要求必须对库存进行连续的监控或记录。

3. 定期与定点相结合的策略

定期与定点相结合的策略即每隔一定时间对库存检查一次，如果库存数大于订货点 s，就不订货；如果库存数量小于订货点 s，就组织订货，并使得补充后的存储量达到 S。所以，这种策略也简称为（s，S）策略。

另外，与确定型模型相比，不确定型模型还有一个重要特点，这就是是否允许缺货，一般都是用概率来表达的。比如，如果要求的保证概率为90%，那么缺货的概率就是10%，即10次订货允许缺货1次；如果要求的保证概率是100%，那么缺货的概率就是0，也就是不允许缺货。

9.3.2 一次性订货的离散型随机存储模型

所谓离散型随机存储模型，即模型中的需求均为非连续的离散值。为建立模型，先引入以下符号：

x——随机需求变量；Q——订货量；

$P(x)$——需求为 x 的概率；c_1——单位存储费；

c_2——一次订货费；c_3——单位缺货费。

显然，如果供过于求（$Q > x$），则预期发生的存储费为

$$E(\text{存}) = c_1 \sum_{x=0}^{Q} (Q - x)P(x)$$

如果供不应求（$Q<x$），则预期发生的缺货费为

$$E(\text{缺}) = c_3 \sum_{x=Q+1}^{+\infty} (x - Q)P(x)$$

因此，订货一次预期的总相关费用应为

$$C(Q) = c_1 \sum_{x=0}^{Q} (Q - x)P(x) + c_2 + c_3 \sum_{x=Q+1}^{+\infty} (x - Q)P(x)$$

由于 x 为非连续数值，所以 Q 也应该是非连续数值。对于离散的非连续数值，不能用求微分的方法求其极值。于是可令最佳订货量为 Q，于是应有

（1）$C(Q) \leqslant C(Q+1)$。

（2）$C(Q) \leqslant C(Q-1)$。

由于：

$$\begin{aligned} C(Q+1) &= c_2 + c_1 \sum_{x=0}^{Q+1} [(Q+1-x)]P(x) + c_3 \sum_{x=Q+2}^{+\infty} [x-(Q+1)]P(x) \\ &= c_2 + c_1 \sum_{x=0}^{Q} (Q-x+1)P(x) + c_1[(Q+1)-(Q+1)]P(Q+1) + \\ &\quad c_3 \sum_{x=Q+1}^{+\infty} [x-(Q+1)]P(x) - c_3[(Q+1)-(Q+1)]P(Q+1) \\ &= c_2 + c_1 \sum_{x=0}^{Q} (Q-x)P(x) + c_1 \sum_{x=0}^{Q} P(x) + c_3 \sum_{x=Q+1}^{+\infty} (x-Q)P(x) - c_3 \sum_{x=Q+1}^{+\infty} P(x) \end{aligned}$$

因为 $\sum_{x=0}^{+\infty} P(x) = \sum_{x=0}^{Q} P(x) + \sum_{x=Q+1}^{+\infty} P(x) = 1$，所以 $\sum_{x=Q+1}^{+\infty} P(x) = 1 - \sum_{x=0}^{Q} P(x)$。

于是，有

$$\begin{aligned} C(Q+1) &= C(Q) + c_1 \sum_{x=0}^{Q} P(x) - c_3 + c_3 \sum_{x=0}^{Q} P(x) \\ &= C(Q) + (c_1 + c_3) \sum_{x=0}^{Q} P(x) - c_3 \end{aligned}$$

同理可得

$$C(Q-1)=C(Q)-(c_1+c_3)\sum_{x=0}^{Q}P(x)+c_3$$

根据求极值的基本原理，如果 $C(Q)$ 有最小值，应有

$$C(Q+1)=C(Q-1)$$

这时，有

$$\sum_{x=0}^{Q}P(x)=\frac{c_3}{c_1+c_3} \tag{9-16}$$

其中，$c_3/(c_1+c_3)$ 即最小成本或最大利润的概率和。

【例 9-6】 某商场拟在新年期间出售一套挂历，每售出 1 万套可盈利 7 万元，如果新年期间售不出，则需作为普通画册削价处理。根据经验，按照削价后的出清价格，一般每 1 万套损失 4 万元。根据往年的统计，市场需求概率如表 9-1 所示。

表 9-1 例 9-6 数据表

需求量 x/万套	0	1	2	3	4	5
概率 $P(x)$	0.05	0.10	0.25	0.35	0.15	0.10

【解】 先运用经验方法进行分析。假定订货 4 万套，则可能的获利情况是

当需求 $x=0$ 时： -4 万元 $\times 4=-16$ 万元

当需求 $x=1$ 万套时： -4 万元 $\times 3+7$ 万元 $\times 1=-5$ 万元

当需求 $x=2$ 万套时： -4 万元 $\times 2+7$ 万元 $\times 2=6$ 万元

当需求 $x=3$ 万套时： -4 万元 $\times 1+7$ 万元 $\times 3=17$ 万元

当需求 $x=4$ 万套时： 7 万元 $\times 4=28$ 万元

当需求 $x=5$ 万套时： 7 万元 $\times 4=28$ 万元

因此，期望收益为

$E(Q=4)=-16$ 万元 $\times 0.05-5$ 万元 $\times 0.10+6$ 万元 $\times 0.25+17$ 万元 $\times 0.35+28$ 万元 $\times 0.15+28$ 万元 $\times 0.10=13.15$ 万元

按照上述算法，可得到期望收益如表 9-2 所示。

表 9-2 例 9-6 计算表 （收益单位：万元）

需求/万套		0	1	2	3	4	5	期望收益
	0	0	0	0	0	0	0	0
订	1	−4	7	7	7	7	7	6.45
货	2	−8	3	14	14	14	14	11.80
/万	3	−12	−1	10	21	21	21	14.40*
套	4	−16	−5	6	17	28	28	13.15
	5	−20	−9	2	13	24	35	10.25

不难看出，订货量为 3 万套时期望利润最大。

下面，应用离散型随机存储模型求解。根据式（9-16），$c_1=4$ 万元，$c_3=7$ 万元，于是得

$$\frac{c_3}{c_1+c_3}=\frac{7\text{ 万元}}{4\text{ 万元}+7\text{ 万元}}=0.6364$$

同时，有

$$\sum_{x=0}^{3}P(x)=0.75,\quad \sum_{x=0}^{2}P(x)=0.4$$

显然，当 $Q=3$ 时的概率和最接近比率 $c_3/(c_1+c_3)$，所以，选 $Q=3$ 万套可获得最大利润。

由以上不难看出，建模过程中虽然引入了订货费，但是最后的模型中并不包含订货费。另外，该模型在建模中实际只考虑了一次订货。所以该模型也称作无订货费的一次性订货模型。符合该模型的存储问题一般称作报童问题。

9.3.3 一次性订货的连续型随机存储模型

这种模型主要适用于购销企业。通常的假定条件是：订货的单位成本为 k，售价为 p，单位存储费为 c_1，需求量 x 是连续的随机变量，密度函数为 $f(x)$，$f(x)\mathrm{d}x$ 表示随机变量在 x 与 $x+\mathrm{d}x$ 之间的概率，其分布函数为

$$F(a)=\int_0^a f(x)\mathrm{d}x \quad (a>0)$$

表示需求量为 a 时的概率。现订货量为 Q，问如何确定最佳的 Q，使得盈利的期望值最大？

在这里，首先应该考虑到，当订货量为 Q 时，实际的销售量只能是 $\min\{x,Q\}$，当 $x>Q$，发生缺货损失；当 $x<Q$ 时，发生存储费。其次，需要支付的存储费应分两种情况考虑：

$$C_s(Q)=\begin{cases}c_1(Q-x) & (x<Q)\\ 0 & (x\geqslant Q)\end{cases}$$

于是，订货一次的盈利就应该是

$$R(Q)=(p-k)\min\{x,Q\}-C(Q)$$

另外，根据经济学原理，假定预期的销售量为 $E(x)$，其中，$x=\min\{x,Q\}$，则应有

$$\max E[R(Q)]=(p-k)E(x)-\min E[C(Q)]$$

也就是说，利润的最大化实际上也就是成本的最小化。假定缺货一单位的损失就是 c_3，令 $c_3=p-k$，则相应的成本函数就是

$$E[C(Q)]=c_1\int_0^Q(Q-x)f(x)\mathrm{d}x+c_2+c_3\int_Q^{+\infty}(x-Q)f(x)\mathrm{d}x$$

于是，根据极值原理，应有

$$\begin{aligned}\frac{\mathrm{d}E[C(Q)]}{\mathrm{d}Q}&=\frac{\mathrm{d}}{\mathrm{d}Q}\left[c_1\int_0^Q(Q-x)f(x)\mathrm{d}x+c_2+c_3\int_Q^{+\infty}(x-Q)f(x)\mathrm{d}x\right]\\&=c_1\int_0^Q f(x)\mathrm{d}x-c_3\int_Q^{+\infty}f(x)\mathrm{d}x\end{aligned}$$

令 $\frac{\mathrm{d}E[C(Q)]}{\mathrm{d}Q}=0$，记 $F(Q)=\int_0^Q f(x)\mathrm{d}x$，则有

$$c_1F(Q)-c_3[1-F(Q)]=0$$

亦即

$$F(Q)=\frac{c_3}{c_1+c_3} \tag{9-17}$$

由式（9-17）中解出 Q，记为 Q^*，即为 $E[C(Q)]$的最小值点。

根据式（9-17），实际中如果 $p-k<0$，即 $c_3<0$，显然由于需求量为 Q 时的概率 $F(Q)>0$，即此时等式不成立，这时 Q^* 取 0 值，即当售价低于进价时，缺货成本视为 0，以不订货为佳。

此外，如果单位缺货损失 $c_3>p-k$，则应以 c_3 为单位缺货损失（有时缺货丧失的不仅仅是销售机会，还有企业信誉）。

式（9-17）就是一次性订货的连续型随机存储模型。

在这里，如何求解 Q 是一个值得探讨的问题。

根据正态分布规律：$z=\frac{x-\mu}{\sigma}$，应有 $x=\mu+z\sigma$。

根据正态分布表，如果已知 $F(x)$，即可查出 z 值。当 $F(x)>0.5$ 时，取 $1-F(x)$ 查表，z 为正值，x 大于均值；当 $F(x)<0.5$ 时，z 取负值，x 小于均值。

【例 9-7】 在例 9-6 中，假定进价为 8 元/套，春节前售价为 15 元/套，春节后只能卖 5 元/套，存储成本为 1 元/套，假定需求的分布（同前）连续，试确定最佳的订货量。

【解】 已知，$p=15$ 元/套，$k=8$ 元/套，$c_1=15$ 元/套 -5 元/套 $+1$ 元/套，$c_3=7$ 元/套。于是 $F(Q)=7/18=0.389$，查表知，$z=-0.28$

根据所给分布，由于是连续变量，因此需对变量的分布做适当调整，调整后的分布如表 9-3 所示。

表 9-3　调整后的分布

需求量 x/万套	[0, 1]	[1, 2]	[2, 3]	[3, 4]	[4, 5]	[5, +∞]
概率 $P(x)$	0.05	0.10	0.25	0.35	0.15	0.10

于是，可求得 $\mu=3.25$（依组中值），$\sigma=1.259\,96$

所以，$Q=3.25-0.28\times1.259\,96=2.897$。

分析结果和离散变量条件下接近于 3 万套的结果是一致的。

表 9-4 给出了 z 值介于 0 ~ 1 之间时的标准正态分布（$\mu=0$，$\sigma=1$）概率。表中的概率由下式给出：

$$P(x\geqslant z)=\frac{1}{\sqrt{2\pi}}\int_z^{+\infty}e^{-\frac{x^2}{2}}dx$$

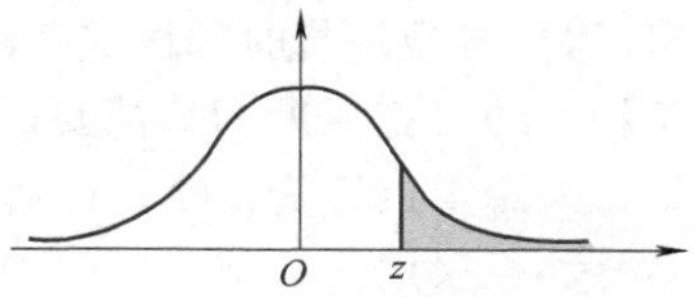

图 9-9　标准正态分布的概率

该式给出的概率如图 9-9 中阴影部分所示。

表 9-4　标准的正态分布表

z	0.00	0.01	0.02	0.03	0.04	0.05	0.06	0.07	0.08	0.09
0.00	0.500	0.496	0.492	0.488	0.484	0.480	0.476	0.472	0.468	0.464
0.10	0.460	0.456	0.452	0.448	0.444	0.440	0.436	0.433	0.429	0.425
0.20	0.421	0.417	0.413	0.409	0.405	0.401	0.397	0.394	0.390	0.386
0.30	0.382	0.378	0.374	0.371	0.367	0.363	0.359	0.356	0.352	0.348
0.40	0.345	0.341	0.337	0.334	0.330	0.326	0.323	0.319	0.316	0.312
0.50	0.309	0.305	0.302	0.298	0.295	0.291	0.288	0.284	0.281	0.278
0.60	0.274	0.271	0.268	0.264	0.261	0.258	0.255	0.251	0.248	0.245
0.70	0.242	0.239	0.236	0.233	0.230	0.227	0.224	0.221	0.218	0.215
0.80	0.212	0.209	0.206	0.203	0.200	0.198	0.195	0.192	0.189	0.187
0.90	0.184	0.181	0.179	0.176	0.174	0.171	0.169	0.166	0.164	0.161
1.00	0.159	0.156	0.154	0.152	0.149	0.147	0.145	0.142	0.140	0.138

9.3.4 存储策略的选择

一次性的订货问题，不管是连续型变量还是离散型变量，都可以作为定期订货策略来看待。假定依模型所确定的订货量为 Q^*，订货时的库存为 q，则订货时的应订货量 $Q=Q^*-q$。

如果采用定点订货策略，在需求量不确定的条件下，订货点的确定要求必须考虑保险储备。保险储备是企业为了预防供货拖期、运输延误及需求变化（增大）或其他不测原因导致供应中断设置的储备。保险储备正常情况下不予动用，除非发生意外情况，才动用保险储备以应急。也就是说，在考虑保险储备的情况下，订货点应该由两部分组成，一部分是满足供货拖后期平均需要的部分，另一部分是保险储备部分，用公式表示即

$$q=(n+\lambda\sigma_n)(d+\lambda\sigma_d) \tag{9-18}$$

式中 q——订货点；

n——平均的订货提前期（也叫拖后期）；

λ——保险系数，由正态分布表确定，如要求保证率为90%（缺货率10%），λ 取1.28，要求保证率为95%时，λ 取1.65，要求保证率为99%，λ 取2.33；

σ_n——拖后期标准误差（需依多年的平均数计算）；

d——日平均需要量；

σ_d——日需要量标准误差（至少需依一年中的日平均数计算）。

式（9-18）提出的基本原理是数理统计中的置信区间估计原理。所不同的是，这里估计中的不可靠性概率是单尾的，而不是双尾的，即在距离均值的一定范围之外，只考虑大于均值的（即可能导致缺货时的情况，缺货就相当于拖后期和日需要量增大导致了供不应求），不考虑小于均值的（拖后期和日需要量减少都只会导致库存结余）。

采用定点订货策略，订货量的确定也可以运用一次性订货模型确定。

如果采用（s，S）型存储策略，则需要在订货时对库存进行盘点，当库存量 $q\leqslant s$ 时，需订货，订货量为 Q，$Q=S-q$，其中，S 是根据一次性订货模型确定的最大库存量。当库存量 $q>s$ 时，本期不订货。对于不易清点数量的物资，库存管理中通常可以把存储物资分两堆存放，一堆数量为 s，称作小堆，其余的另放一堆，称作大堆。平时领用从大堆中取用，当大堆用完了，才从小堆中取用。小堆一旦开始动用，期末即组织安排订货。这在库存管理中常常也被称作两堆法。

9.4 库存系统模拟

9.4.1 库存模拟问题及模型

国美电器是一家家用电器销售公司。假定一年的5～10月是电风扇的销售季节，价格为125元/台，进货成本是75元/台，因此销售每台电风扇的毛利是：125元－75元＝50元。假定电风扇的月需求服从正态分布，均值为100台，标准误差为20台。

在每月月初，国美电器的供应商向国美公司发货，发货后电风扇的库存量补充至 Q。这个期初库存量就称作补货水平。如果月需求低于补货水平，则没有卖出去产品的库存持有成本为15元/（台·月）；相反，如果月需求大于补货水平，则公司丧失销售信誉，假定损失为30元/（台·月）。管理层希望能通过模拟模型来确定特定需求量被满足的百分比（这个百分比被称作服务水平），以及特定的服务水平下的企业盈利。

该模拟模型的可控输入量是补货水平 Q，概率输入量是月需求量 D，两个输出指标是月净利润。对服务水平的模拟要求我们必须了解每月售出的电风扇数量和每月对电风扇的总需求量。服务水平将在模拟过程的最后通过计算销售总量与总需求量的比率得出。模型的逻辑表达式如

图 9-10 所示。

月净利润的计算需要分两种情况考虑。

情况 1：$D \leqslant Q$

当月需求量小于等于补货水平时（$D \leqslant Q$），D 台被卖出，$Q-D$ 台留在库存中，发生持有成本 15（$Q-D$），则月净利润为：$R=50D-15(Q-D)$。

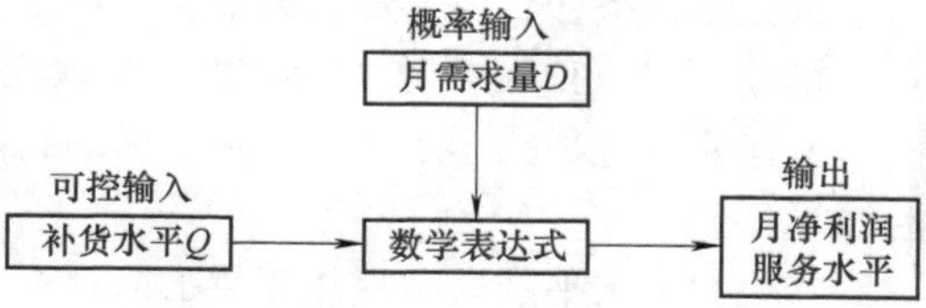

图 9-10 模拟模型的逻辑表达式

情况 2：$D>Q$

当月需求量大于补货水平时（$D>Q$），Q 台被卖出，有 $D-Q$ 台需求未能得到满足，发生缺货成本 30 ×（$D-Q$），则月净利润为：$R=50Q-30(D-Q)$。

图9-11 给出了国美电器 300 次试验的模拟流程图，其中每一次模拟代表一个月的运作情况。

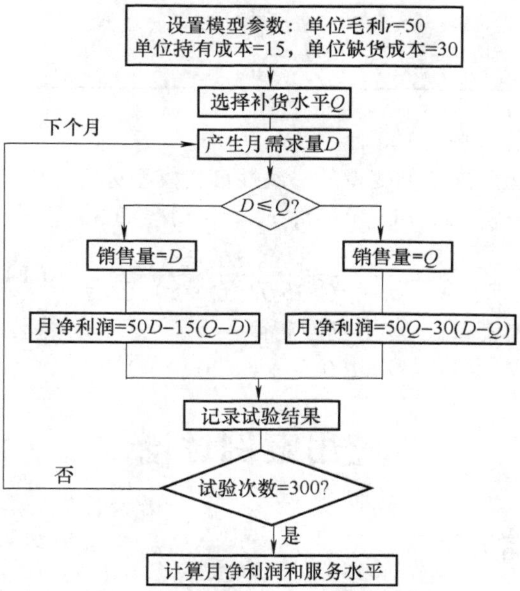

图 9-11 国美电器 300 次试验的模拟流程图

9.4.2 模拟的 Excel 实施

第一步，需要确定补货水平。因为平均需求为 100 台，所以可以先选定补货水平为 $Q=100$。

第二步，生成月需求量。因为月需求量服从正态分布，均值为 100 台，标准误差为 20 台，故可在 Excel 的 B3 单元格输入函数"＝NORMINV(RAND( ),100,20)"来生成月需求量。

第三步，确定销售量，在 C3 单元格输入"＝MIN(B3,100)"。

第四步，计算毛利，在 D3 单元格输入"＝C3 * 50"。

第五步，计算持有成本，在 E3 单元格输入"＝IF(B3 < ＝100,15 * (100 − B3),0)"。

第六步，计算缺货成本，在 F3 单元格输入"＝IF(B3 < ＝100,0,30 * (B3 − 100))"。

第七步，计算净利润，在 G3 单元格输入"＝IF(B3 < ＝100,D3 − E3,D3 − F3)"。

第八步，计算累计净利润和平均净利润，可先在 H2 单元格输 0，然后在 H3 单元格输入"＝H2 + G3"。在 I3 单元格输"＝H3/A3"，其中 A3 是序号，也是试验次数。

第九步，统计总销量和总需求量，计算服务率。可先分别在 J2 和 K2 单元格输 0，然后在 J3 单元格输入“=J2+C3”。在 K3 单元格输入“=K2+B3”，并在 L3 单元格输“=J3/K3”。

上述输入过程完毕之后，可拖住 Excel 第三行的句柄直拖到第 500 行放开，即得到 500 次试验结果。

其他补货水平的模拟只需要将 Excel 第一张表（sheet 1）的前三行复制粘贴到其他表（sheet 2、sheet 3 等）的相应位置即可，并继续相同步骤。

对 100~140 之间的五个补货水平分别模拟后得到的结果如表 9-5 所示。

表 9-5 五个补货水平的模拟结果

补货水平 Q/台	平均净利润/元	服务率（%）
100	4266	92.2
110	4491	96.5
120	4562	98.3
130	4522	99.4
140	4469	99.8

不难看出，最好的补货水平是 120 台。

对模拟的结果还可以运用连续型变量的一次性订货模型进行分析。

运用式（9-17）进行分析，$c_1=15$ 元/台，$c_3=50$ 元/台 $+30$ 元/台 $=80$ 元/台，于是

$$F(Q)=\frac{c_3}{c_1+c_3}=\frac{80\text{ 元/台}}{15\text{ 元/台}+80\text{ 元/台}}=0.8421$$

$1-F(Q)=0.1579$，查表知，$z=1$，所以得到

$$Q=100\text{ 台}+1\times 20\text{ 台}=120\text{ 台}$$

应用案例讨论

某食品厂的原材料存储问题

1. 背景材料

某食品厂仓库存储常用原料共 69 种，上年全年原料耗费支出总额共 956 万元。由于消耗原料种类较多，耗量大小相差很大，采购难易也不尽相同，这给原料储备带来了困难。为了解决这一矛盾，尽可能地降低成本，采用 ABC 分类法，把原料按品种、金额高低顺序分类，制订合理的仓储计划。原料的分类见表 9-6。

表 9-6 某食品厂原料的分类

原料分类	品种		金额	
	项数	占总项数（%）	数量/万元	占总金额（%）
A	5	7.2	729	76.3
B	16	23.2	191	19.9
C	48	69.6	36	3.8
合计	69	100	956	100

A 类原料为白砂糖、小麦粉、食油、鸡蛋等，从表 9-6 中可以看出虽然 A 类只占消耗总项数

的7.2%，资金却占76.3%；其他原料（B类和C类）占总项数的92.8%，但消耗金额只占23.7%。因此做好A类原料的存储是存储工作的重点，应当以A类原料为重点，采用科学的计算办法尽量压缩库存量，减少库存资金，缩短采购周期，制定最佳储备量和最佳订货点。

经过统计，该厂当年A类原料月平均消耗量即需求量 D（kg/月）、千克原料的月存储费 c_1（元/kg·月）、每次的订购费 c_2（元/次）、缺货损失费 c_3（元/kg·月）等数据及参数见表9-7。

表9-7　某食品厂A类原料的月需求量及相关数据

原料名称		D/（kg/月）	c_2/（元/次）	c_1（元/kg·月）	c_3/（元/kg·月）
白砂糖		74 168	36	0.1	
小麦粉	精	108 868	46	0.06	
	标	89 480	46	0.05	
食油		24 788	42	0.2	
鸡蛋		19 757	41	0.4	0.5

2. 分析讨论

按照原料在生产中的重要程度及供应情况，将A类原料分为三种库存模型，计算库存费用。

（1）小麦粉、白砂糖为食品厂的主要原料，不允许缺货，且考虑到两种原料货源充足，易于采购，因此可以认为备运期为零，且不允许缺货，符合模型一（不允许缺货，一次性补充）的假设条件。于是根据式（9-1）、式（9-2）和式（9-3），由表9-7的数据可计算得到表9-8。

因此，得知白砂糖与小麦粉全年的最小存储费用约为22万元。

表9-8　白砂糖等原料的存储策略

原　　料		订货时间间隔（T_0）/月	最佳订货批量（Q_0)/(kg/次)	最小订购费（$C(T_0)$)/(元/月)	全年订购次数/次	全年订购费/元
白砂糖		0.098	7308	730	122	89 060
小麦粉	精	0.119	12 920	775	101	78 275
	标	0.143	12 831	642	84	53 928

（2）鸡蛋虽然消耗量较大，但是部分产品不使用它，因此它不是食品厂的主要原料。也就是说，当没有鸡蛋时，食品厂可改做其他产品，此种原料允许缺货。另外考虑到原料货源充足，易于采购，同样可以认为备运期为零。所以，符合允许缺货的存储模型即模型三，因此采用模型三（允许缺货，一次性补充）进行存储决策。

依式（9-7）、式（9-8）、式（9-9）和式（9-10），根据表9-7的数据计算可得：$N_0=0.137$月/次；$Q^*=2700$kg/次；$TC_0=600$元/月；$S=1500$kg。因此，年订购次数为12/0.137=88次，总费用为88×600元=5.28万元。假如采用模型一订购，全年需订购118次，最小总费用为9.47万元，多花费4.19万元。

（3）食油消耗量较大、易于长时间保存，并且采购批量不同，价格不同。另外考虑到原料货源充足，易于采购，不允许缺货，因此，可以采用有折扣的大批量模型进行存储决策。该模型教材中未讲，故此处从略。

利用WinQSB求解存储问题

用WinQSB软件求解存储问题一般调用Inventory Theory and System模块，该模块将存储问题分为八种类别进行分析，详见表 9-9。

表 9-9　Inventory Theory and System 模块问题分类及中文含义

序 号	软件中的英文名称	对应的中文含义
1	Deterministic Demand Economic Order Quantity （EOQ） Problem	确定型需求经济订货批量（EOQ）问题
2	Deterministic Demand Quantity Discount Analysis Problem	确定型需求批量折扣分析问题
3	Single-period Stochastic Demand （Newsboy） Problem	单周期随机需求（报童）问题
4	Multiple-Period Dynamic DemandLot Sizing Problem	多时期动态需求批量问题
5	Continuous Review Fixed-Order-Quantity （s，Q） System	连续盘库的固定订货量系统
6	Continuous Review Order-Up-To （s，S） System	连续盘库上、下界存量系统
7	Periodic Review Fixed-Order-Interval （R，S） System	定期盘库固定订货区间系统
8	Periodic Review Optional Replenishment （R，s，S） System	定期盘库可选择再补货订货系统

1. 确定型存储问题求解

这里以“模型一：不允许缺货，一次性补充”和“模型四：允许缺货，连续性补充”两个模型为例对软件进行介绍，其余两个模型读者可以自行分析。模型一对应于例 9-1，模型四对应于例 9-5。

（1）模型一。

1）第一步，调用 Inventory Theory and System 模块，建立新问题。

在得到的图 9-12 中的 Problem Type 处选择 Deterministic Demand Economic Order Quantity（EOQ）Problem，在 Problem Title 处输入“例 9-1”，Time Unit 处系统默认值是“year”（年），可以根据需要改成其他时间单位，如季度、月、周和天等。

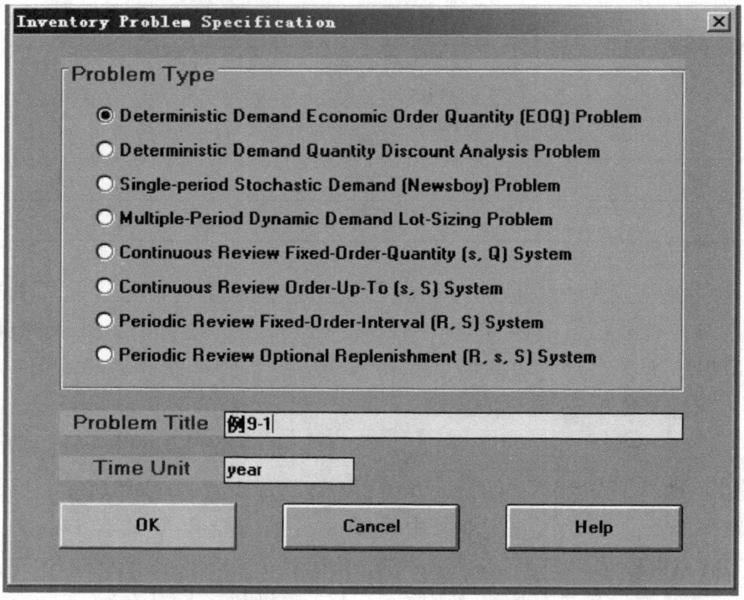

图 9-12　建立确定型需求经济订货批量（EOQ）问题

2）第二步，输入数据并计算。

① 同城订货问题。单击图 9-12 中的 OK 得到图 9-13，在图 9-13 的 Demand per year（年需求）处输入 5200，在 Order or setup cost per order（一次订货成本）处输入 10，在 Unit holding cost per year（年单位持有成本）处输入 0.4，在 Unit acquisition cost without discount（无折扣购货成本）

处输入2。

DATA ITEM	ENTRY
Demand per year	5200
Order or setup cost per order	10
Unit holding cost per year	0.4
Unit shortage cost per year	M
Unit shortage cost independent of time	
Replenishment or production rate per year	M
Lead time for a new order in year	
Unit acquisition cost without discount	2
Number of discount breaks (quantities)	
Order quantity if you known	

图 9-13　例 9-1 同城订货的数据输入

数据输入完毕，单击 Solve and Analyze→Solve the Problem，得到综合分析结果如图 9-14 所示，可以看出经济订货策略是：每次订货批量约为 510 件，订货时间间隔期为 0.0981 年，约 36 天订货一次，各项成本详见图 9-14。其中的总材料成本（Total material cost）即需求量乘单价，订货总成本（Grand total cost）即总材料成本加总相关成本。单击 Results→Graphic Cost Analysis 显示成本变化关系，如图 9-15 所示。单击 Results→Graphic Inventory Profile 显示存储量变化图，单击 Results→Parametric Analysis 显示参数分析选项，当题目个别参数发生改变或者追加一些条件时，系统可以在原方案的基础上模拟得出新的经济订货批量及各项成本。

06-03-2014	Input Data	Value	Economic Order Analysis	Value
1	Demand per year	5200	Order quantity	509.9019
2	Order (setup) cost	$10.0000	Maximum inventory	509.9019
3	Unit holding cost per year	$0.4000	Maximum backorder	0
4	Unit shortage cost		Order interval in year	0.0981
5	per year	M	Reorder point	0
6	Unit shortage cost			
7	independent of time	0	Total setup or ordering cost	$101.9804
8	Replenishment/production		Total holding cost	$101.9804
9	rate per year	M	Total shortage cost	0
10	Lead time in year	0	Subtotal of above	$203.9608
11	Unit acquisition cost	$2.0000		
12			Total material cost	$10400.0000
13				
14			Grand total cost	$10603.9600

图 9-14　例 9-1 同城订货的综合分析结果

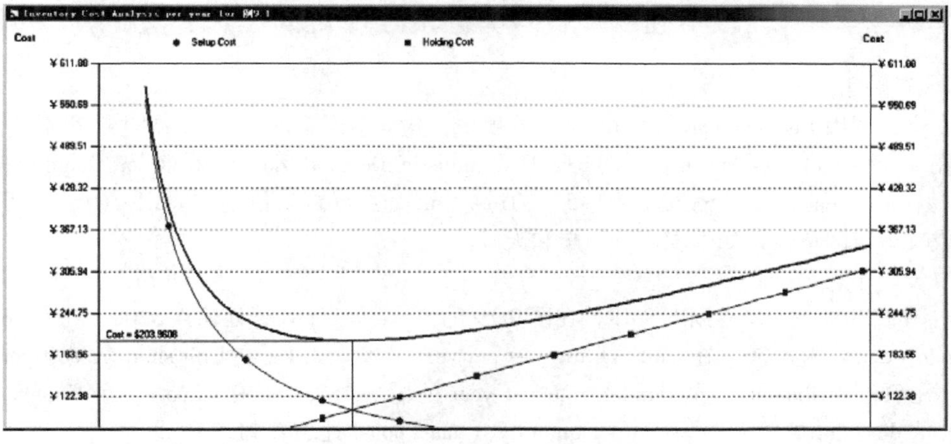

图 9-15　成本变化关系图

② 异地购货问题。单击图 9-12 中的 OK 得到图 9-16，在图 9-16 的 Demand per year 处输入 5200，在 Order or setup cost per order 处输入 30，在 Unit holding cost per year 处输入 0. 4，在 Unit acquisition cost without discount 处输入 2，在 Lead time for a new order in year（拖后时间）处输入 0. 0137（5/365 = 0. 0137）。

DATA ITEM	ENTRY
Demand per year	5200
Order or setup cost per order	30
Unit holding cost per year	0.4
Unit shortage cost per year	M
Unit shortage cost independent of time	
Replenishment or production rate per year	M
Lead time for a new order in year	0.0137
Unit acquisition cost without discount	2
Number of discount breaks (quantities)	
Order quantity if you known	

图 9-16　例 9-1 异地购货的数据输入

单击 Solve and Analyze→Solve the Problem，得到综合分析结果图 9-17，可以看出经济订货策略是：每次订货批量约为 883 件，订货时间间隔期为 0. 1698 年，约 62 天订货一次，订货点是 71. 24，各项成本详见图 9-17。异地购货时也可参照同城订货考察其成本关系图、储量变化图，并做参数分析。

06-03-2014	Input Data	Value	Economic Order Analysis	Value
1	Demand per year	5200	Order quantity	883.1761
2	Order (setup) cost	$30.0000	Maximum inventory	883.1761
3	Unit holding cost per year	$0.4000	Maximum backorder	0
4	Unit shortage cost		Order interval in year	0.1698
5	per year	M	Reorder point	71.24
6	Unit shortage cost			
7	independent of time	0	Total setup or ordering cost	$176.6352
8	Replenishment/production		Total holding cost	$176.6352
9	rate per year	M	Total shortage cost	0
10	Lead time in year	0.0137	Subtotal of above	$353.2704
11	Unit acquisition cost	$2.0000		
12			Total material cost	$10400.0000
13				
14			Grand total cost	$10753.2700

图 9-17　例 9-1 异地购货的计算结果

（2）模型四。

第一步，调用 Inventory Theory and System 模块，建立新问题。

在图 9-18 中的 Problem Type 处选择 Deterministic Demand Economic Order Quantity（EOQ）Problem，在 Problem Title 处输入“例 9-5”，Time Unit 处系统默认值是“year”（年），可以根据需要改成其他时间单位，如季度、月、周和天等。

第二步，输入数据。

单击图 9-18 中的 OK 得到图 9-19，在图 9-19 的 Demand per year 处输入 5200，在 Order or setup cost per order 处输入 30，在 Unit holding cost per year 处输入 0. 4，在 Unit shortage cost per year 处输入 2，在 Replenishment or production rate per year 处输入 18250（50 * 365），在 Unit acquisition cost without discount 处输入 2，在 Order quantity if you known 处输入 71. 25。

第三步，计算分析。

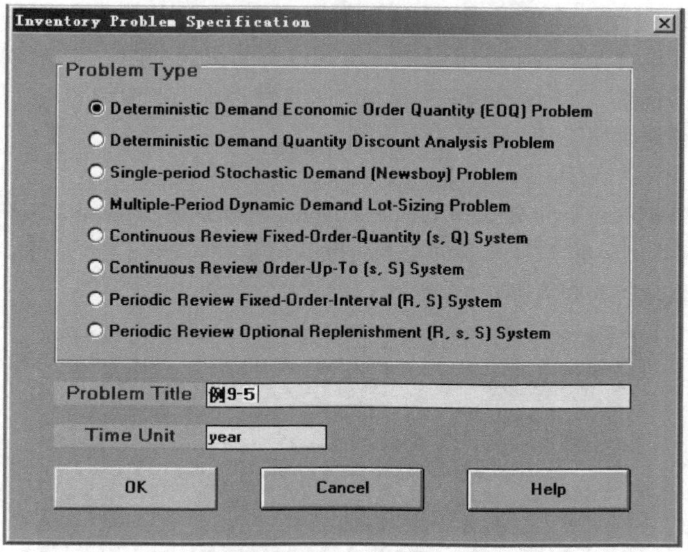

图 9-18　建立确定型经济订货批量（EOQ）问题

DATA ITEM	ENTRY
Demand per year	5200
Order or setup cost per order	30
Unit holding cost per year	0.4
Unit shortage cost per year	2
Unit shortage cost independent of time	
Replenishment or production rate per year	18250
Lead time for a new order in year	
Unit acquisition cost without discount	2
Number of discount breaks (quantities)	
Order quantity if you known	71.25

图 9-19　按例 9-5 题目信息输入数据

单击 Solve and Analyze→Solve the Problem，得到综合分析结果图 9-20，可以看出经济订货策略是：每次订货批量为 1144. 10 件（虚拟订货量），订货时间间隔期为 0. 22 年，约 80. 3 天订货一次，总成本约 272. 7 元。其他各项参数分析见图 9-20。单击 Results→Graphic Cost Analysis 显示成本变化关系，单击 Results→Graphic Inventory Profile 显示存储量变化图，单击 Results→Parametric Analysis 显示参数分析选项。读者可以自己练习，这里不再赘述。

06-03-2014	Input Data	Value	Economic Order Analysis	Value	Known Order Analysis	Value
1	Demand per year	5200	Order quantity	1144.100	Order quantity	71.25
2	Order (setup) cost	$30.0000	Maximum inventory	681.7584	Maximum inventory	42.4572
3	Unit holding cost per year	$0.4000	Maximum backorder	136.3517	Maximum backorder	8.4914
4	Unit shortage cost		Order interval in year	0.2200	Order interval in year	0.0137
5	per year	$2.0000	Reorder point	-136.3517	Reorder point	-8.4914
6	Unit shortage cost					
7	independent of time	0	Total setup or ordering cost	$136.3517	Total setup or ordering cost	$2189.4740
8	Replenishment/production		Total holding cost	$113.6264	Total holding cost	$7.0762
9	rate per year	18250	Total shortage cost	$22.7253	Total shortage cost	$1.4152
10	Lead time in year	0	Subtotal of above	$272.7034	Subtotal of above	$2197.9650
11	Unit acquisition cost	$2.0000				
12			Total material cost	$10400.0000	Total material cost	$10400.0000
13						
14			Grand total cost	$10672.7000	Grand total cost	$12597.9600

图 9-20　例 9-5 综合分析结果

2. 随机型存储问题求解

关于随机型存储模型，本书中介绍了“一次性订货的离散型随机存储模型”和“一次性订货的连续型随机存储模型”。下面以例9-6介绍“一次性订货的离散型随机存储模型”，“一次性订货的连续型随机存储模型”留给读者自行分析。

第一步，调用 Inventory Theory and System 模块，建立新问题。

在图9-21中的 Problem Type 处选择 Single－period Stochastic Demand（Newsboy）Problem，在 Problem Title 处输入“例9-6”，Time Unit 处系统默认值是“year”（年），可以根据需要改成其他时间单位，如季度、月、周和天等。

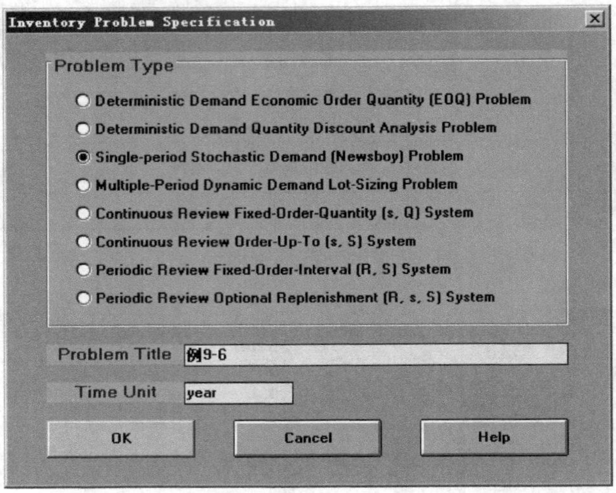

图9-21　建立单周期随机需求（报童）新问题

第二步，输入数据。

在图9-21中单击OK，得到图9-22，双击第一行，系统显示如图9-23所示的需求分布。在图9-22的第2行 Number of discrete values 处输入随机变量取值个数6，第3行按照“随机变量取值/概率”的格式输入，共6组数据。在 Unit acquisition cost（单位订购成本）处输8，在 Unit selling price（单位销售价格）处输15，在 Unit salvage value（单位沉没价值）处输4。

DATA ITEM	ENTRY
Demand distribution (in year)	Discrete
Number of discrete values	6
Discrete values (v/p,v/p,...)	0/0.05,1/0.10,2/0.25,3/0.35,4/0.15,5/0.10
(Not used)	
Order or setup cost	
Unit acquisition cost	8
Unit selling price	15
Unit shortage (opportunity) cost	
Unit salvage value	4
Initial inventory	
Order quantity if you know	
Desired service level (%) if you know	

图9-22　按照离散型变量要求输入例9-6相关数据

第三步，计算结果。

单击 Solve and Analyze→Solve the Problem 得到计算分析的综合结果，如图9-24所示，可以看出订货量为3万件时可获得最大利润14.4万元，图中也给出了均值2.75，标准误差1.2600。

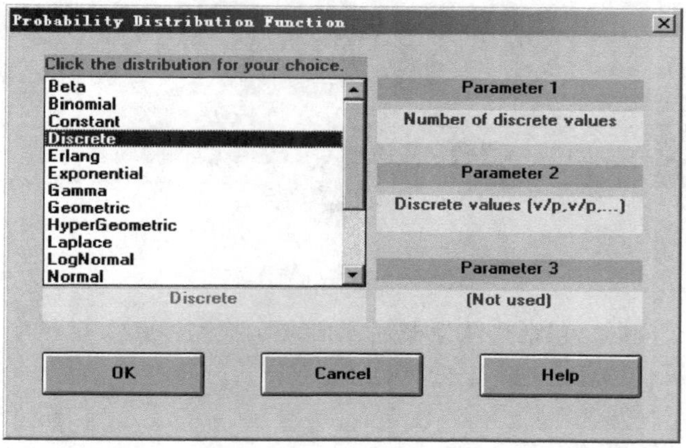

图 9-23　选择离散型随机变量

06-03-2014	Input Data or Result	Value
1	Demand distribution (in year)	Discrete
2	Demand mean	2.75
3	Demand standard deviation	1.2600
4	Order or setup cost	0
5	Unit cost	$8.0000
6	Unit selling price	$15.0000
7	Unit shortage (opportunity) cost	0
8	Unit salvage value	$4.0000
9	Initial inventory	0
10		
11	Optimal order quantity	3
12	Optimal inventory level	3
13	Optimal service level	75%
14	Optimal expected profit	$14.4000

图 9-24　例 9-6 求解结果

习题与作业

1. 设某工厂每年需要某种原材料 1800t，无须每日供应，但不得缺货，设每吨的月保管费为 60 元，每次的订货费为 200 元，试求最佳订货量。

2. 某工厂生产某种零部件，年需要量已知为 18 000 个，每月可生产 3000 个，每次的生产装配费用为 500 元，每个零件的月存储费为 3 元，试确定最佳生产批量和批次。

3. 某企业对某零件的月需求量为 2000 件，单位订购价为 150 元，年存储费为存货成本的 16%，一次的订购费为 100 元，试确定经济订货批量和最低总费用。如果允许缺货，假定缺货费 $c_3=200$ 元，试确定最佳库存量和缺货量。

4. 试证明一个允许缺货的 EOQ 模型的总相关费用绝不超过一个具有相同的存储费、订购费但不允许缺货的 EOQ 模型的总相关费用。

5. 某企业对某原料需求的概率如表 9-10 所示，已知存储费 $c_1=50$ 元/t，订货费 $c_2=500$ 元/次，缺货费 $c_3=600$ 元/t，试确定最佳订货批量。

表 9-10　习题 5 数据表

需求量 x	20	30	40	50	大于 60
概率 $P(x)$	0.1	0.2	0.3	0.3	0.1

第 10 章
排　队　论

本章主要讨论三个问题，包括排队论概述、$M/M/1$ 模型、$M/M/s$ 模型。学习本章内容，随机过程理论尤其是生灭过程理论是一个重要的理论基础。

10.1　排队论概述

10.1.1　排队论及排队系统

1. 排队现象与排队论

排队现象在现实中是普遍存在的，在校园里打饭要排队，看病要排队，理发要排队，办理储蓄也要排队。排队现象也称作拥挤现象。

排队现象面临的共同问题是：增加服务设施无疑可以减少排队时间，消除拥挤现象，但如果生意清淡，则会导致设备闲置，造成设备投资浪费；而如果减少服务设施，则在生意兴隆的情况下常常造成排队和拥挤，或者顾客会自动离去，使系统丧失服务机会，也会影响到经济效益的提高。所以，如何在这两者之间保持平衡，使得既不出现拥挤排队，又不致发生设备闲置和浪费，从而达到既提高服务质量、又降低服务成本的目的，就构成了排队论研究的对象。

排队论（Queuing Theory），即研究排队系统的专门数学方法，是运筹学的一个重要分支。由于在排队系统中顾客的到达常常是随机的，因此排队系统一般又称随机服务系统，把排队论又称作随机服务理论。

排队论的研究内容主要包括以下三个方面：

（1）统计推断问题。统计推断问题包括：关于系统是否达到平稳状态的检验；顾客相继到达的时间间隔相互独立性的检验；服务时间的分布及有关参数的确定等。这常常需要借助于一些经验分布。

（2）排队系统中的数量指标及其概率规律。数量指标及其概率规律即系统的整体性质。排队论所关心的主要数量指标包括：

1）系统状态 $N(t)$。这即一个排队系统中的顾客数，包括排队等待的和正在接受服务的顾客数，在平稳状态下可记作 N（平稳状态与时间无关）。如果记系统中顾客数为 N 的期望值为 L，排队等待者的期望值为 L_q，服务台数为 s（并联串联均可），则有

$$L = L_q + s \quad （假定服务强度为 1）$$

2）逗留时间和等待时间。顾客在系统中停留的时间包括等待时间和服务时间。服务时间又称作逗留时间，其期望值记作 w；其排队等待的时间称作等待时间，期望值记作 w_q。用 λ 和 μ 分别表示单位时间到达的顾客数和服务台平均完成服务的顾客数，则有

$$L = \lambda w \quad 或 \quad w = \frac{L}{\lambda} \tag{10-1}$$

$$L_q = \lambda w_q \quad 或 \quad w_q = \frac{L_q}{\lambda} \tag{10-2}$$

$$w = w_q + 1/\mu \tag{10-3}$$

将式（10-1）和式（10-2）代入式（10-3），即得到

$$L = L_q + \frac{\lambda}{\mu} \quad （其中 \lambda/\mu 称作服务强度）$$

3）系统状态概率。系统处于状态 n 时的概率一般用 $P_n(t)$ 表示，当系统处于平稳状态时，$P_n(t)$ 可简写为 P_n，表示系统中有 n 个顾客的概率，于是按照 L 和 L_q 的定义应有

$$L = \sum_{n=1}^{+\infty} np_n \tag{10-4}$$

$$L_q = \sum_{n=s+1}^{+\infty} (n-s)p_n \tag{10-5}$$

4）系统服务强度。服务强度即 $\rho = \lambda/\mu$，这是系统的平均服务强度。服务强度反映服务效率和服务设施及人员的利用情况，是排队论中一个很重要的数量指标。当系统中有 n 个顾客时（即系统处于状态 n 时），服务强度为 $\rho_n = \lambda_n/\mu_n$。服务强度有时也用忙期表示。当 $n > s$ 时，$\mu_n = s\mu$。这时有：$\rho = \lambda/(s\mu)$，也即 $\lambda/\mu = s\rho$。这就证明了当 $\rho = 1$ 时，$L = L_q + s$ 与 $L = L_q + \lambda/\mu$ 的等价性。

5）顾客损失率。顾客损失率即由于服务能力不足损失的顾客数与最大服务能力（顾客数）的比率。

$$\eta = \frac{损失的顾客数}{最大服务能力(顾客数)}$$

探讨排队系统中的数量指标及其概率规律是本章的主要内容。

（3）系统优化问题。系统优化问题又称作系统控制问题或系统运营问题。其基本目的是使系统处于最优或最合理状态。

排队论研究的目的，就是要通过对排队系统中概率规律的研究达到系统的最优设计和最优控制，以最少的费用实现系统的最大效益，使得服务系统既能在一定程度上满足顾客的需要，又能使得所需总费用为最小，如图 10-1 所示。

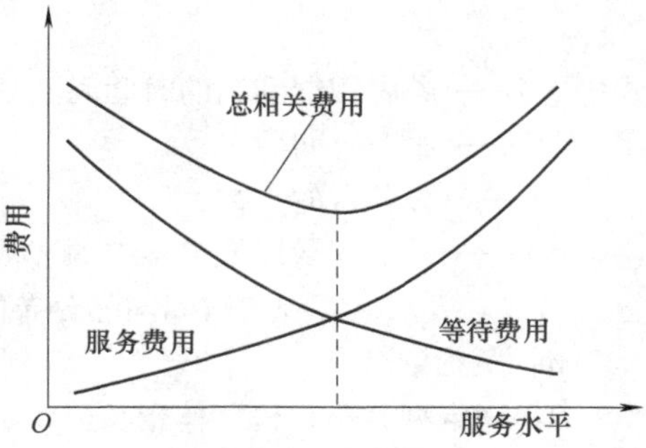

图 10-1 费用图

在这里，服务水平是一个综合概念，包括较少的排队时间、较高的服务速度和质量等。服务费用是指为了达到相应的服务水平所需要付出的费用，包括增加服务台、提高服务速度和改善管理的费用及服务设施折旧等。等待费用是指由于有顾客等待因而对顾客和服务系统带来的费用，包括顾客等待过程中的损失、系统损失顾客的机会成本以及不得不增加的其他费用，如车站购票处治安警察的工资和装备费等。

2. 排队系统的一般特征

（1）总是先有输入过程 。输入，即顾客到达排队系统的过程，主要有以下几个要素：

1）顾客总体（即顾客源）：可以是有限的，也可以是无限的。

2）顾客到达的方式：可以是单个的，也可以是成批的。

3）顾客相继到达的时间间隔：可以是确定的，也可以是随机的。确定型的也称作定长分

布，如自动装配线上待装配的零部件，进入车站的火车等。排队论讨论的主要对象是随机型输入。

（2）有一定的排队规则。

1）顾客到达系统后，如服务台占用，可能会离去，也可能排队等候。前者称即时制，后者称等待制。在等待制条件下，服务规则可以有：

① 先到先服务（FCFS），这是最普遍的情形。

② 后到先服务（LCFS），如搭电梯时先上的后下。

③ 依优先权服务（PS），如急诊者优先、军烈属优先等。

④ 随机服务（RS），如电话交换系统中的服务。

2）从队列所占的空间看：有具体的，也有抽象的；有有限排队也有无限排队。

3）从队列的数目看，可以是单列的，也可以是多列的。在多列的情况下，有时各列可能会互相转移，也可能会中途退出。排队论中一般假定，各列间不能互相转移，也不能中途退出。

（3）少不了服务台。

1）服务台是服务设施和服务人员的总称，没有服务台，就没有排队问题。

2）服务台可以是一个，也可以是多个。在多个服务台的情况下，它们可以是串联的，也可以是并联的，还可以是混合式的。

3）服务方式可以是单个进行的，也可以是成批进行的。

4）服务时间的分布可以是确定的，也可以是随机的。例如，自助洗衣店中全自动洗衣机的服务就是定长的。在大多数服务系统中，服务时间都是随机的。

排队论通常假定，在输入过程和服务时间中至少有一个是随机的。另外，服务时间的分布通常也假定是平稳的，即分布的期望、方差均不受时间因素的影响。

3. 表示排队系统的通用符号

排队系统的表示一般采用“肯德尔记号”（由美国的一位学者 D. G. Kendall 于 1953 年提出），其一般形式为

$$A/B/m/n$$

式中 A——顾客相继到达的时间间隔分布；

B——服务时间分布；

m——服务台的个数；

n——系统容量即最多容纳顾客数。

通常，表示顾客到达时间间隔分布的 A 和服务时间分布的 B 的分布形式有以下几种：

M：负指数分布。

D：确定型分布，也称作定长分布。

E_k：k 阶爱尔朗分布。

G_I：一般独立输入的随机分布。

G：一般输入的随机分布。

例如，$M/M/1/+\infty$ 就表示顾客到达的时间间隔和服务时间均服从负指数分布，单一服务台，系统容量为无限。又如，$D/G/s/k$ 就表示了一个定长输入、服务时间为一般随机分布、s 个服务台、系统容量为 k 的排队模型。本章主要讨论两大类模型，即 $M/M/1$ 和 $M/M/s$ 模型。

10.1.2 排队系统中随机变量的有关分布

处理排队问题，首先需要根据原始资料做出顾客到达间隔和服务时间的经验分布，然后才

能确定其理论分布。

1. 经验分布

通常记录某一随机服务系统中顾客到达的间隔和每一位顾客接受服务的时间所形成的分布，就是经验分布。

一般以 T_i 表示第 i 号顾客到达的时刻，以 s_i 表示他接受服务的时间，于是顾客相继到达的时间间隔 t_i 和排队等待时间 w_i 可表示为

$$t_{i+1} = T_{i+1} - T_i$$

$$w_{i+1} = \begin{cases} w_i + s_i - t_{i+1} & \text{当 } w_i + s_i > t_{i+1} \text{ 时} \\ 0 & \text{当 } w_i + s_i \leqslant t_{i+1} \text{ 时} \end{cases}$$

【例 10-1】 某系统（假定为储蓄所）是单服务台，先到先服务，记录了 42 位顾客的到达时刻和服务时间（单位：min），如表 10-1 所示。观测时间共 145min，总服务时间为 130min。

将表 10-1 中的原始数据整理后可形成两个分布表如表 10-2 所示。

不难发现，上述两种分布均接近于泊松分布形式。

根据有关数据，不难算出如下的指标值：

平均到达率（λ）= 42 人/145min = 0.29 人/min

平均到达时间（约为 $1/\lambda$）= 145/41 = 3.46min/人

平均服务率（μ）= 42 人/130min = 0.323 人/min

平均服务时间（$1/\mu$）= 130min/42 人 = 3.1min/人

这些指标都是排队系统分析中非常重要的数量指标。

表 10-1 例 10-1 的原始记录

i	T_i	s_i	t_i	w_i	i	T_i	s_i	t_i	w_i
1	0	5		0	22	83	3	2	2
2	2	7	2	3	23	86	6	3	2
3	6	1	4	6	24	88	5	2	6
4	11	9	5	2	25	92	1	4	7
5	12	2	1	10	26	95	3	3	5
6	19	4	7	5	27	101	2	6	2
7	22	3	3	6	28	105	2	4	0
8	26	3	4	5	29	106	1	1	1
9	36	1	10	0	30	109	2	3	0
10	38	2	2	0	31	114	1	5	0
11	45	5	7	0	32	116	8	2	0
12	47	4	2	3	33	117	4	1	7
13	49	1	2	5	34	121	2	4	7
14	52	2	3	3	35	127	1	6	3
15	61	1	9	0	36	129	6	2	2
16	62	2	1	0	37	130	3	1	7
17	65	1	3	0	38	133	5	3	7
18	70	3	5	0	39	135	2	2	10
19	72	4	2	1	40	139	4	4	8
20	80	3	8	0	41	142	1	3	9
21	81	2	1	2	42	145	3	3	7

表 10-2　到达间隔分布和服务时间分布

到达间隔/min	分布次数/次	服务时间/min	分布次数/次
1	6	1	10
2	10	2	10
3	9	3	8
4	6	4	5
5	3	5	4
6	2	6	2
7	2	7	1
8	1	8	1
9	1	9 以上	1
10 以上	1		
合　计	41	合　计	42

2. 泊松分布（Poisson）

设 $N(t)$ 表示在时间区间（0，t）内到达的顾客数，$P_n(t)$ 表示在时间区间（0，t）内有 n 个顾客到达的概率，当 $P_n(t)$ 符合下列三个条件时，通常就说顾客到达数服从泊松分布：

（1）无后效性。这即在不相重叠的时间区间内顾客的到达数是相互独立的。换而言之，在时间区间（t，$t+\Delta t$）和（0，t）内到达的顾客数无关。

（2）平稳性。这即在一定的时间间隔内到达系统的顾客数只与这段时间的长短有关，而与这段时间由什么时间开始无关。换而言之，在时间区间（t，$t+\Delta t$）内到达系统的顾客数，只与 Δt 的大小有关，而与 t 无关。

（3）普通性。这即在瞬时内只能有一个顾客到达，而不可能有两个以上的顾客到达。换而言之，即对于充分小的 Δt，在时间区间（t，$t+\Delta t$）内有两个或两个以上顾客到达的概率极小，以致可忽略不计，或者说不存在批量到达问题。泊松分布的密度函数是

$$P_n(t)=\frac{(\lambda t)^n}{n!}e^{-\lambda t}\quad t>0;\ n=1,\ 2,\ \cdots$$

式中　λ——平均到达率（人/min，与 t 相乘后为 t 时刻到达的人数）。

泊松分布是二项分布的逼近或近似，因此有必要先回顾二项式分布。

二项分布的密度函数是

$$P(x=k)=C_n^k p^k q^{n-k}\quad k=1,\ 2,\ \cdots,\ n$$
$$(0<p<1,\ q=1-p)$$

二项分布是专门描述只有“成功”和“失败”两种结果随机事件的数学模型。以产品抽检为例。在产品量（N）较大、取样数（n）较小（$n<N/10$）、采用放回抽样的情况下，如次品率为 p，则出现 k 个次品的概率就可由上式表示。这可分解为三个部分：①抽到一个次品的概率为 p，根据乘法规律，抽到 k 个次品的概率应为：p^k；②k 个次品必与 $n-k$ 个非次品同时发生，因此根据乘法规律，应有：$p^k q^{n-k}$；③根据组合知识，k 个次品和 $n-k$ 个非次品的组合数应是 C_n^k 个，各种不同组合为互斥事件，因此，根据加法规律应有：$C_n^k p^k q^{n-k}$。

顾客的到达数实际上也服从二项式分布（n 为可能的顾客数，有 k 个到达必与 $n-k$ 个不到达同时发生）。与其他问题的二项分布不同，在随机服务系统中只是顾客到达数的二项分布中 n 与 k 值的差别很大。概率论的研究表明，当 n 很大、p（有一个顾客到达的概率）又很小时，有

$$C_n^k p^k q^{n-k}\approx\frac{\lambda^k e^{-\lambda}}{k!}$$

式中 $\lambda = np$。

在这里，λ 表示顾客平均到达人数。这种近似由表 10-3 不难看出。不同 λ 值的泊松分布由图 10-2 可以看得很清楚。

表 10-3 二项分布与泊松分布的比较

k	$C_n^k p^k q^{n-k}$				$\lambda^k e^{-\lambda}/k!$
	$n=10$ $p=0.1$	$n=20$ $p=0.05$	$n=40$ $p=0.025$	$n=100$ $p=0.01$	$\lambda=np=1$
0	0.349	0.358	0.369	0.366	0.368
1	0.385	0.377	0.372	0.370	0.368
2	0.194	0.189	0.186	0.185	0.184
3	0.057	0.060	0.060	0.061	0.061
4	0.011	0.013	0.014	0.015	0.015
>4	0.004	0.003	0.005	0.003	0.004

泊松分布描述的对象一般属于小概率事件，如给定时段内的事故数、棉纱上的杂质、布匹上的疵点等均遵从泊松分布。在泊松分布中，有

$$E[N(t)] = D^2[N(t)] = \lambda t$$

数学期望等于方差等于 λt，其中 λ 为平均到达率。

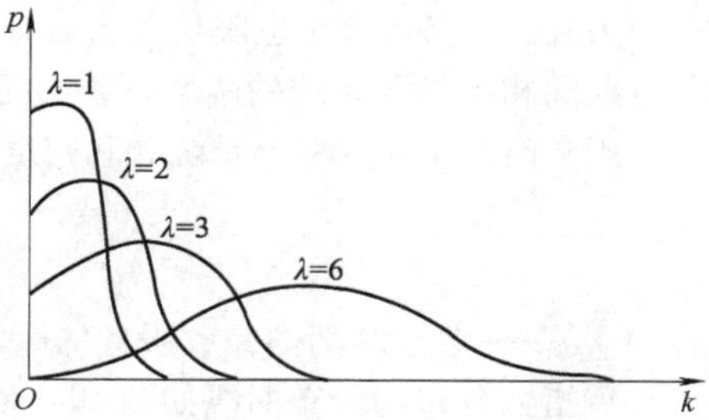

图 10-2 不同 λ 值的泊松分布

【例 10-2】 对上海某公共汽车站的客流量进行统计，某时段 80min 内每隔 20s 到达的乘客批数共 240 个记录，如表 10-4 所示，其相应的频率与 $\lambda=0.87$ 的泊松分布相当吻合。

表 10-4 乘客数据

乘客到达批数 k	0	1	2	3	≥4	总 计
频数	103	84	36	10	7	240
频率	0.43	0.35	0.15	0.04	0.03	1
$\lambda^k e^{-\lambda}/k!$	0.42	0.36	0.16	0.05	0.01	1

【例 10-3】 大连港区 1979 年 500t 以上货轮每天到达数的分布如表 10-5 所示。利用 χ^2 检验知，它服从 $\lambda=3.5$ 的泊松分布。

表 10-5 货轮到达数据

到达数 n	0	1	2	3	4	5	6	7	8	9	≥10	合 计
频数	12	43	64	74	71	49	26	19	4	2	1	365
频率	0.033	0.118	0.175	0.203	0.195	0.134	0.071	0.052	0.011	0.005	0.003	1.0
$\lambda=3.5$	0.031	0.106	0.184	0.216	0.189	0.132	0.077	0.039	0.017	0.007	0.002	1.0

3. 负指数分布

当顾客到达数即输入过程服从泊松分布时，两顾客相继到达的间隔 T 就服从负指数分布，其密度函数为

$$f_T(t) = \lambda e^{-\lambda t} \quad t>0$$

式中 $f_T(t)$——在区间（0，t）内顾客相继到达的间隔时间 T 的分布密度；

λ——单位时间内平均到达的顾客人数。该密度函数并不难理解：

设 T 的分布函数为 $F_T(t)$，则应有：

$$F_T(t)=P(T\leqslant t)$$

而 $F_T(t)$ 实际也就是在区间（0，t）内至少有一个顾客到达的概率，与没有顾客到达为互逆事件，根据泊松分布，应有

$$P_0(t)=\mathrm{e}^{-\lambda t}(\text{注意 } 0!=1)$$

所以应有

$$F_T(t)=1-P_0(t)=1-\mathrm{e}^{-\lambda t}\quad t>0$$

$$f_T(t)=\frac{\mathrm{d}F_T(t)}{\mathrm{d}t}=\lambda\mathrm{e}^{-\lambda t}\quad t>0$$

所以，顾客相继到达的间隔时间 T 服从指数分布，实际上是顾客到达数服从泊松分布的必然结果。

变量 T 的数学期望和方差是：

$$E(T)=1/\lambda\quad D^2(T)=1/\lambda^2$$

另外，服务时间 s 也服从负指数分布。这是因为，对于每一位顾客的服务时间，实际也就是服务期间相继离开系统的两个顾客的间隔时间。

服务时间 s 的概率分布函数和密度函数分别为

$$F_s(t)=1-\mathrm{e}^{-\mu t}$$

$$f_s(t)=\mu\mathrm{e}^{-\mu t}$$

式中　μ——单位时间内完成服务的顾客数，称作平均服务率，$1/\mu$ 就是顾客的平均服务时间。

负指数分布的分布曲线如图 10-3 所示。

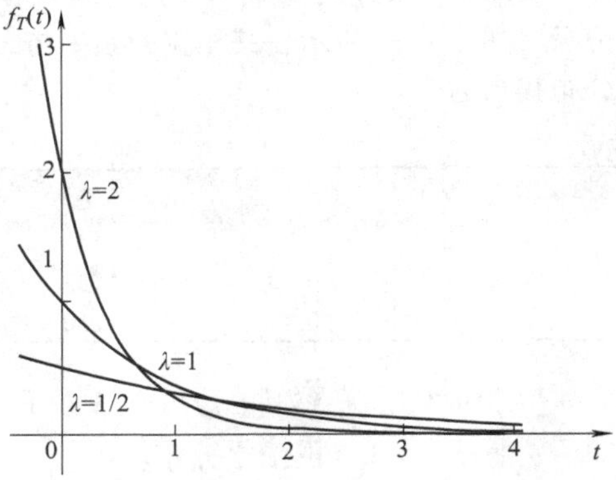

图 10-3　负指数分布

不难看出，负指数分布实际上是泊松分布的一种特例。

4. 爱尔朗分布

如果一个服务系统由 k 个服务台串联构成，每个服务台的服务时间相互独立，且服从相同的负指数分布（参数为 $k\mu$），则一顾客走完这 k 个服务台所需全部时间 T 就服从下列的 k 阶爱尔朗（Erlang）分布：

总服务时间：　$T=s_1+s_2+\cdots+s_k$

概率密度：　$f_k(t)=\dfrac{(k\mu)^k t^{k-1}}{(k-1)!}\mathrm{e}^{-k\mu t}$

变量 T 的期望和方差分别为

$$E(T)=\frac{1}{\mu}$$

$$D^2(T)=\frac{1}{k\mu^2}$$

当 $k=1$ 时，爱尔朗分布转化为负指数分布（注意 $0!=1$）。

当 k 增大时，爱尔朗分布逐渐变得对称，当 $k\geqslant30$ 时，它近似于正态分布。

10.1.3　生灭过程与平稳状态分布

在排队论的研究中，一类非常重要且广泛存在的排队系统是生灭过程排队系统。生灭过程是一类非常特殊的随机过程，在生物、物理领域有着广泛的应用。在排队论中，生表示顾客到

达，灭表示顾客离去，这样 t 时刻的系统状态 $N(t)$ 就构成了一个生灭过程。生灭过程服务系统一般具有以下三个方面的性质：

（1）从时刻 t 到下一个顾客到达的时间间隔服从参数为 λ 的负指数分布。

（2）从时刻 t 到下一个顾客服务完毕离去的时间（即服务时间）服从参数为 μ 的负指数分布。

（3）同一时刻只有一个顾客到达或离去。

研究生灭过程，必须知道系统在任意时刻 t 时状态为 n 的概率 $Pn(t)$。根据泊松过程的平稳性假定，由于到达系统的顾客数与时间无关，因而系统运行后的状态分布也必与初始状态无关，这一性质就称作平稳状态分布。

在平稳状态下，对于任一状态 n 来说，单位时间内进入系统的平均次数和离开系统的平均次数应该相等，这就是系统在统计平衡条件下的“流入 = 流出”的原理。根据这一原理，可以求出系统在任一状态下的平衡方程式。推导过程如下：

（1）根据泊松过程的普通性假定，对于充分小的 Δt，在时间区间 $(t,\ t+\Delta t)$ 内有多于1个顾客到达和离去的概率极小，可忽略不计。

（2）根据平稳性假定，在区间 $(t,\ t+\Delta t)$ 内有1个顾客到达的概率与 Δt 成正比，即为 $\lambda\Delta t$（这实际上是频数，因为只有两种情况即有1个顾客到达和没有顾客到达，且频数和为1，所以 $\lambda\Delta t$ 事实上也即概率），故没有顾客到达的概率就是 $1-\lambda\Delta t$。

（3）有1个顾客完成服务离去的概率为 $\mu\Delta t$，没有顾客离去的概率就是 $1-\mu\Delta t$。

于是，在时刻 $t+\Delta t$ 时，系统中有 n 个顾客的状态不外乎由四种情况构成，如表10-6所示。

表10-6 四种情况

状 态	在 t 时刻的顾客数	在时间区间 $(t,\ t+\Delta t)$ 内		在时刻 $t+\Delta t$ 时的顾客数
		到 达	离 去	
A	n	0	0	n
B	$n+1$	0	1	n
C	$n-1$	1	0	n
D	n	1	1	n

在这四种状态中，每一状态出现的概率都应是时刻 t 时的概率和时间区间 $(t,\ t+\Delta t)$ 内到达和离去的概率的乘积（交事件），即有

状态A：$P_n(t)(1-\lambda\Delta t)(1-\mu\Delta t)$。

状态B：$P_{n+1}(t)(1-\lambda\Delta t)\mu\Delta t$。

状态C：$P_{n-1}(t)\lambda\Delta t(1-\mu\Delta t)$。

状态D：$P_n(t)\lambda\Delta t\mu\Delta t$。

由于这四种状态对于 $N(t+\Delta t)=n$ 来说互不相容，所以 $P_n(t+\Delta t)$ 应为四种状态的概率和。略去高阶无穷小，整理后得到：

$$P_n(t+\Delta t)=P_n(t)(1-\lambda\Delta t-\mu\Delta t)+P_{n+1}(t)\mu\Delta t+P_{n-1}(t)\lambda\Delta t$$

也就是

$$\frac{P_n(t+\Delta t)-P_n(t)}{\Delta t}=\lambda P_{n-1}(t)-(\lambda+\mu)P_n(t)+\mu P_{n+1}(t)$$

显然，当 $\Delta t\to 0$，有

$$\lim_{\Delta t\to 0}\frac{P_n(t+\Delta t)-P_n(t)}{\Delta t}=\frac{\mathrm{d}P_n(t)}{\mathrm{d}t}$$
$$=\lambda P_{n-1}(t)-(\lambda+\mu)P_n(t)+\mu P_{n+1}(t)$$
$$(n=1,2,3,\cdots)$$

当 $n=0$ 时（在 $t+\Delta t$ 时），t 时刻的状态只有 A、B 两种情况（C 不存在，D 形成高阶无穷小），于是有（注意，当 $n=0$ 时，A 中没有顾客离去为必然事件）

$$P_0(t+\Delta t)=P_0(t)(1-\lambda\Delta t)+P_1(t)\mu\Delta t$$
$$=P_0(t)-\lambda P_0(t)\Delta t+\mu P_1(t)\Delta t$$

因此，类似地可得到

$$\frac{\mathrm{d}P_0(t)}{\mathrm{d}t}=\mu P_1(t)-\lambda P_0(t)$$

根据假定，系统在平稳状态下与时间 t 无关，即 $P_n(t)$ 可写成 P_n，也即 $P_n(t)$ 对于 t 而言为常数，由于常数的导数为 0，于是有

$$\begin{cases}\lambda P_{n-1}+\mu P_{n+1}-(\lambda+\mu)P_n=0 & n\geqslant 1\\ \mu P_1-\lambda P_0=0 & n=0\end{cases}$$

也就是：

$$\begin{cases}\lambda P_{n-1}+\mu P_{n+1}=(\lambda+\mu)P_n & n\geqslant 1\\ \mu P_1=\lambda P_0 & n=0\end{cases}$$

此方程组即称作平稳方程组。由此即不难得到[㊀]：

$$P_1=\frac{\lambda}{\mu}P_0 \quad (n=0\text{ 时})$$
$$P_2=\left(\frac{\lambda}{\mu}\right)^2P_0 \quad (n=1\text{ 时})$$
$$P_3=\left(\frac{\lambda}{\mu}\right)^3P_0 \quad (n=2\text{ 时})$$
$$\vdots$$
$$P_n=\left(\frac{\lambda}{\mu}\right)^nP_0 \quad (n=n\text{ 时})$$

设 $\rho=\dfrac{\lambda}{\mu}<1$（否则队列将排至无限长），根据概率的性质：$\sum\limits_{n=0}^{+\infty}P_n=1$，显然应有

㊀ 系统状态概率 P_n 的证明：

根据 $\lambda P_{n-1}+\mu P_{n+1}=(\lambda+\mu)\ P_n\ (n\geqslant 1)$

应有，当 $n=1$ 时：

$\lambda P_0+\mu P_2=(\lambda+\mu)\ P_1$

代入 $P_1=\dfrac{\lambda}{\mu}P_0$，得到

$\mu P_2=(\lambda+\mu)\ \dfrac{\lambda}{\mu}P_0-\lambda P_0$

$=\dfrac{\lambda^2}{\mu}P_0+\lambda P_0-\lambda P_0$

即 $P_2=\left(\dfrac{\lambda}{\mu}\right)^2P_0$

$$P_0\sum_{n=0}^{+\infty}\rho^n = P_0\frac{1}{1-\rho} = 1$$

（注意：根据等比级数求和公式 $\sum_{n=0}^{+\infty}\rho^n = \lim_{n\to+\infty}\frac{1-\rho^n}{1-\rho}$，因 $\rho<1$，故 $\lim_{n\to+\infty}\frac{1-\rho^n}{1-\rho}=\frac{1}{1-\rho}$）

于是有

$$\begin{cases}P_0 = 1-\rho\\ P_n = (1-\rho)\rho^n\end{cases} \tag{10-6}$$

这就是系统状态为 n 的概率。

10.2 *M/M/*1 模型

10.2.1 标准的 *M/M/*1 模型

标准的 $M/M/1$ 模型是指符合下列条件的排队系统：

（1）输入过程：顾客源无限，顾客单个到达，相互独立，一定时间到达的顾客数服从泊松分布，到达过程是平稳的。该模型完整的“肯德尔记号”可表示为：$M/M/1/+\infty$。

（2）排队规则：单队，队长没有限制，先到先服务。

（3）服务台：单服务台，各顾客的服务时间相互独立且服从相同的负指数分布。

（4）顾客到达的间隔时间与服务时间也相互独立。

显然，这里的系统输入输出可看作一个生灭过程。于是根据生灭过程中系统状态概率，可算出模型中的有关指标如下：

1. 期望状态 L

$$\begin{aligned}L &= \sum_{n=1}^{+\infty}nP_n = \sum_{n=1}^{+\infty}n(1-\rho)\rho^n = \sum_{n=1}^{+\infty}(n\rho^n - n\rho^{n+1})\\ &= (\rho+2\rho^2+3\rho^3+\cdots)-(\rho^2+2\rho^3+3\rho^4+\cdots)\\ &= \rho+\rho^2+\rho^3+\cdots = \frac{\rho}{1-\rho}(0<\rho<1)\end{aligned}$$

也即

$$L=\frac{\lambda}{\mu-\lambda} \tag{10-7}$$

显见，ρ 越接近于1，或者 $\mu-\lambda$ 越接近于零，L 值就越大，系统中滞留的顾客就越多。

2. 期望队列 L_q

因为服务台数 $s=1$，所以：

$$\begin{aligned}L_q &= \sum_{n=2}^{+\infty}(n-1)P_n = \sum_{n=1}^{+\infty}nP_n - \sum_{n=1}^{+\infty}P_n\\ &= L-(\sum_{n=0}^{+\infty}P_n - P_0) = L-\rho = \frac{\lambda^2}{\mu(\mu-\lambda)}\end{aligned} \tag{10-8}$$

3. 期望逗留时间 w 和期望等待时间 w_q

根据公式：$L=\lambda w$ 和 $L_q=\lambda w_q$，有

$$w=\frac{L}{\lambda}=\frac{\lambda}{\mu-\lambda}\frac{1}{\lambda}=\frac{1}{\mu(1-\rho)} \tag{10-9}$$

$$w_q = \frac{L_q}{\lambda} = \frac{\lambda^2}{\mu(\mu-\lambda)}\frac{1}{\lambda} = \frac{\rho}{\mu(1-\rho)} \tag{10-10}$$

4. 忙期平均长度 w_b

忙期即服务台连续工作的时间长度。系统处于闲期的概率即 $P_0 = 1-\rho$，而处于忙期的概率就是 $P_{n>0} = 1 - P_0 = \rho$。因此忙闲期的预期比值应为：$\rho/(1-\rho)$；而平均的闲期长度，在顾客到达的时间间隔服从负指数分布的条件下，也就是 $1/\lambda$，即平均到达时间。于是，忙期的平均长度即

$$w_b = \frac{\rho}{1-\rho}\frac{1}{\lambda} = \frac{1}{\mu(1-\rho)} \tag{10-11}$$

不难看出，$w_b = w$，即系统的平均忙期也就是顾客在系统中平均的逗留时间。这一点不难理解，因为有人排队，说明系统一定在忙着。

【例 10-4】 某客运公司车辆维修班通过统计得知，故障车辆按照泊松分布到达，每天（按 12h 计）平均到达的故障车辆为 8 部，每部车平均修理 1h，故障车辆的到达时间间隔和修理时间均服从负指数分布，试分析故障车辆的排队情况和维修班的工作强度。

【解】 （1）每小时到达车辆：

$$\lambda = 8 \text{部}/12\text{h} = 2/3 \text{部}/\text{h}$$

（2）每小时平均修理车辆：

$$\mu = 1 \text{部}/\text{h}$$

（3）在维修班平均逗留的车辆数：

$$L = \frac{\lambda}{\mu-\lambda} = \frac{2/3}{1-\frac{2}{3}}\text{部} = 2 \text{部}$$

（4）等待修理的平均车辆数：

$$L_q = \frac{\lambda^2}{\mu(\mu-\lambda)} = \frac{(2/3)^2}{1-2/3}\text{部} = \frac{4}{3}\text{部}$$

（5）车辆在维修班平均滞留时间：

$$w = \frac{1}{\mu-\lambda} = \frac{1}{1-2/3}\text{h} = 3\text{h}$$

（6）车辆等待修理的平均时间：

$$w_q = \frac{L_q}{\lambda} = \frac{4/3}{2/3}\text{h} = 2\text{h}$$

（7）维修班的工作强度：

$$\rho = \frac{\lambda}{\mu} = \frac{2}{3}$$

10.2.2 容量有限的 *M/M/1* 模型（$M/M/1/k$）

如果设系统的最大容量为 k，对于单服务台排队等待的最多顾客应为 $k-1$ 个。如果系统饱和，到达的顾客就会被拒绝进入系统。这时对 $\rho = \lambda/\mu$ 做小于 1 的规定显然已没有必要，但不含 $\rho = 1$（当 $\rho = 1$ 时，$1-\rho = 0$）。

在 $\rho \neq 1$ 时，系统空闲状态和有 n 个顾客的概率分别为

$$\begin{cases} P_0 = \dfrac{1-\rho}{1-\rho^{k+1}} & (n=0) \\ P_n = \dfrac{1-\rho}{1-\rho^{k+1}}\rho^n & (1 \leqslant n \leqslant k) \end{cases} \tag{10-12}$$

（证明式（10-6），因为 $\sum_{n=0}^{k}\rho^n$ 共有 $k+1$ 项，且 k 为有限）

于是，系统有关的各指标可计算如下：

（1）期望状态。

$$L = \sum_{n=1}^{k} nP_n = \frac{1}{1-\rho^{k+1}}\sum_{n=1}^{k} n(1-\rho)\rho^n$$

$$= \frac{1}{1-\rho^{k+1}}\left(\sum_{n=1}^{k} n\rho^n - \sum_{n=1}^{k} n\rho^{n+1}\right)$$

$$= \frac{1}{1-\rho^{k+1}}[(\rho+2\rho^2+3\rho^3+\cdots+k\rho^k)-(\rho^2+2\rho^3+3\rho^4\cdots+k\rho^{k+1})]$$

$$= \frac{1}{1-\rho^{k+1}}\left[\frac{\rho(1-\rho^{k+1})}{1-\rho}-(k+1)\rho^{k+1}\right][\text{在上一步中“ - ”前后各加}(k+1)\rho^{k+1}]$$

$$= \frac{\rho}{1-\rho} - \frac{(k+1)\rho^{k+1}}{1-\rho^{k+1}} \tag{10-13}$$

（2）期望队列。

$$L_q = \sum_{n=2}^{k}(n-1)P_n = \sum_{n=1}^{k} nP_n - \sum_{n=1}^{k} P_n \tag{10-14}$$

$$= L - (1 - P_0)$$

（3）顾客期望逗留时间。

这时需要考虑系统的平均到达情况。设任一时刻的到达率为 λ_n，则

$$\lambda_n = \begin{cases}\lambda_0 & \text{当 } n=0,\ 1,\ 2,\ \cdots,\ k-1 \text{ 时} \\ 0 & \text{当 } n \geqslant k \text{ 时}\end{cases}$$

所以平均到达率 λ 就是

$$\lambda = \sum_{n=0}^{k}\lambda_n P_n = \lambda_0\sum_{n=0}^{k-1}P_n = \lambda_0(1-P_k)$$

如果已知 P_0，也可根据 $P_0=1-\rho$，将 λ 近似地表示为

$$\lambda = \mu(1-P_0)$$

于是，根据公式 $L=\lambda w$，可得到

$$w = \frac{L}{\lambda} = \frac{L}{\mu(1-P_0)} \tag{10-15}$$

（4）期望等待时间。

根据公式 $w = w_q + 1/\mu$，应有

$$w_q = w - \frac{1}{\mu}$$

【例 10-5】 某理发室有 1 位理发师，有 2 个条椅可供 6 人等候理发。条椅坐满后，后来者即离开。已知顾客的平均到达率为 3 人/h，每人理发的平均时间为 15min。试求排队系统的各项数量指标。

【解】 已知 $k=7$ 人，$\lambda=3$ 人/h，$\mu=4$ 人/h，$\rho=3/4$

（1）顾客一到就能理发的概率，也即理发室没有顾客的概率：

$$P_0 = \frac{1-\rho}{1-\rho^{k+1}} = \frac{1-3/4}{1-(3/4)^8} = 0.2778$$

（2）期望状态 L 和期望队列 L_q：

$$L=\frac{\rho}{1-\rho}-\frac{(k+1)\rho^{k+1}}{1-\rho^{k+1}}$$
$$=\frac{3/4}{1-3/4}\text{人}-\frac{8\times(3/4)^8}{1-(3/4)^8}\text{人}=2.11\text{ 人}$$
$$L_q=L-(1-P_0)=2.11\text{ 人}-(1-0.2778)\text{人}=1.3878\text{ 人}$$

（3）期望逗留时间 w 和期望等待时间 w_q：

$$w=\frac{L}{\mu(1-P_0)}=\frac{2.11}{4\times(1-0.2778)}\text{h}=0.7304\text{h}=44\text{min}$$
$$w_q=w-\frac{1}{\mu}=0.7304\text{h}-0.25\text{h}=0.4804\text{h}=29\text{min}$$

（4）可能的顾客损失率，这相当于系统中有 7 个顾客的概率：

$$P_7=\frac{1-\rho}{1-\rho^8}\rho^7=\frac{1-3/4}{1-(3/4)^8}\left(\frac{3}{4}\right)^7=3.7\%$$

10.2.3 顾客源有限的 *M/M/*1 模型（$M/M/1/m$）

这类模型以企业中因故障停机待修的设备为最常见。这类问题有两个显著特点：一是顾客总体有限为 m 个，且每个顾客经服务后仍要回到原来的总体，不久后还可能会再来；二是由于顾客源有限，因而系统内的顾客数会影响到达率。设平均到达率为 λ，顾客源在不同的状态下应为 $m-n$ 个，因此，不同状态下顾客的有效到达率 λ_n 的分布应是

$$\lambda_n=\begin{cases}(m-n)\lambda_0 & 0\leqslant n\leqslant m-1\\ 0 & n\geqslant m\end{cases}$$

这时 λ 可理解为每一顾客单位时间来到系统的平均次数，于是系统的有效到达率或期望到达率就是

$$E(\lambda_n)=\sum_{n=0}^{m}\lambda_nP_n=(m-L)\lambda_0 \tag{10-16}$$

系统的平稳方程组为

$$\begin{cases}\mu P_1=\lambda_0P_0 & n=0\\ \lambda_{n-1}P_{n-1}+\mu P_{n+1}=(\lambda_n+\mu)P_n & 1\leqslant n\leqslant m\end{cases} \tag{10-17}$$

于是，应有

$$P_1=\frac{m\lambda}{\mu}P_0$$
$$P_2=m(m-1)\left(\frac{\lambda}{\mu}\right)^2P_0$$
$$\vdots$$
$$P_n=\frac{m!}{(m-n)!}\left(\frac{\lambda}{\mu}\right)^nP_0$$

由于 $\sum_{n=0}^{m}P_n=1$，所以：

$$\begin{cases}P_0=\dfrac{1}{\sum\limits_{n=0}^{m}\dfrac{m!}{(m-n)!}\left(\dfrac{\lambda}{\mu}\right)^n} & (n=0)\\ P_n=\dfrac{m!}{(m-n)!}\left(\dfrac{\lambda}{\mu}\right)^nP_0 & (1\leqslant n\leqslant m)\end{cases} \tag{10-18}$$

所以，模型的主要数量指标可计算如下：

（1）期望状态：

$$
\begin{aligned}
L &= \sum_{n=1}^{m} nP_n = \sum_{n=0}^{m} mP_n - \sum_{n=0}^{m}(m-n)P_n \\
&= m - \frac{\mu}{\lambda}\sum_{n=0}^{m}\frac{m!}{[m-(n+1)]!}\left(\frac{\lambda}{\mu}\right)^{n+1}P_0 \\
&= m - \frac{\mu}{\lambda}(1-P_0)
\end{aligned}
\tag{10-19}
$$

$\left(\begin{array}{l}\text{因为}\dfrac{m!}{[m-(n+1)]!}\left(\dfrac{\lambda}{\mu}\right)^{n+1}P_0 = P_{n+1}\text{，等号两端同时取}\sum\limits_{n=0}^{m}\text{，}\\ \text{右端} = P_1 + P_2 + \cdots + P_{m+1} = 1 - P_0\text{。}\end{array}\right)$

（2）期望队列：

$$
\begin{aligned}
L_q &= \sum_{n=2}^{m}(n-1)P_n = \sum_{n=1}^{m} nP_n - \sum_{n=1}^{m} P_n \\
&= L - (1-P_0)
\end{aligned}
\tag{10-20}
$$

（3）期望逗留时间：

$$
w = \frac{L}{E(\lambda_n)} = \frac{L}{(m-L)\lambda} = \frac{m}{\mu(1-P_0)} - \frac{1}{\lambda}
\tag{10-21}
$$

（因为根据式（10-19），$m-L=\dfrac{\mu}{\lambda}(1-P_0)$，此即剩余的顾客源。）

（4）期望排队时间：

$$
w_q = w - \frac{1}{\mu}
\tag{10-22}
$$

【例 10-6】 某企业全自动车间每6台车床配备1名车工负责检修工作。已知平均连续操作30min后需检修一次，每次检修平均15min。试问一名车工能否保证正常运转要求（正常运转率应在80%以上，连续操作时间和检修时间均服从负指数分布）？

【解】 已知 $m=6$，$\lambda=2$ 台/h，$\mu=4$ 台/h，$\rho=0.5$。

（1）车床全部正常工作的概率：

$$
P_0 = \left(\sum_{n=0}^{6}\frac{6!}{(6-n)!}0.5^n\right)^{-1} = 0.012
$$

（2）6台车床全部需要检修的概率：

$$
P_6 = \frac{6!}{0!}0.5^6 \times 0.012 = 0.135
$$

（3）需要检修的期望台数：

$$
L = 6\text{台} - 0.5^{-1}(1-0.012)\text{台} = 4.024\text{台}
$$

（4）正常工作的车床台数：

$$
m - L = 6\text{台} - 4.024\text{台} = 1.976\text{台}
$$

（5）等待检修的期望台数：

$$
L_q = L - (1-P_0) = 4.024\text{台} - (1-0.012)\text{台} = 3.036\text{台}
$$

（6）每台车床平均停工时间：

$$
w = \left(\frac{6}{4\times(1-0.012)} - \frac{1}{2}\right)\text{h} = 61.09\text{min}
$$

（7）车床平均等待检修的时间：

$$w_q = w - \frac{1}{\mu} = 61.09\text{min} - 15\text{min} = 46.09\text{min}$$

（8）车床的平均正常运转率：

$$\eta = \frac{1.976\text{台}}{6\text{台}} \times 100\% = 32.9\% < 80\%$$

计算结果表明，车床的正常运转率太低，距离规定要求相去甚远，而且待修车床等待检修和停机的时间都过长。解决这些问题，必须增加车工。

增加车工后的服务系统属于多服务台系统，这是下一节要讨论的问题。

10.3 *M/M/s* 模型

10.3.1 标准的 *M/M/s* 模型

M/M/s 模型 即多服务台排队系统模型。在多服务台情况下，系统可能的服务方式有二：一是单队多服务台并列，二是多队多服务台并列。在多队多服务台并列方式下，每个队列都相当于一个 *M/M/*1 模型，如果总的输入为 λ，则每个队列的输入就是 λ/s。因此，*M/M/*1 模型中的所有参数都可以适用。所以，这里讨论的重点是单队多服务台并列方式。至于单队多服务台串联方式，对于每一个服务台而言，其实质都只是一个 *M/M/*1 系统。

标准的 *M/M/s* 模型是指，顾客源无限、单队多服务台并列的排队系统模型。一般假设：

（1）有 s 个服务台。

（2）每个服务台的平均服务率相同且为常数 μ。

（3）平均到达率为常数 λ。

（4）到达率小于服务率，即 $\rho = \lambda/(s\mu) < 1$。

（5）整个系统的有效服务率呈如下分布：

$$\mu_n = \begin{cases} n\mu & \text{当 } n = 1, 2, \cdots, s \text{ 时} \\ s\mu & \text{当 } n > s \text{ 时} \end{cases}$$

于是，系统的平稳方程组变为

$$\begin{cases} \mu_1 P_1 = \lambda P_0 \\ \lambda P_{n-1} + \mu_{n+1} P_{n+1} = (\lambda + \mu_n) P_n \end{cases}$$

由此即不难得到

$$P_1 = \frac{\lambda}{\mu} P_0$$

$$P_2 = \frac{\lambda}{2\mu} P_1 = \frac{1}{2}\left(\frac{\lambda}{\mu}\right)^2 P_0$$

$$P_3 = \frac{\lambda}{3\mu} P_2 = \frac{1}{3 \times 2 \times 1}\left(\frac{\lambda}{\mu}\right)^3 P_0$$

$$\vdots$$

$$P_n = \frac{1}{n!}\left(\frac{\lambda}{\mu}\right)^n P_0 \quad (0 \leqslant n \leqslant s)$$

$$P_{s+1}=\frac{1}{s\cdot s!}\left(\frac{\lambda}{\mu}\right)^{s+1}P_0$$

$$P_{s+2}=\frac{1}{s^2\cdot s!}\left(\frac{\lambda}{\mu}\right)^{s+2}P_0$$

$$\vdots$$

$$P_n=\frac{1}{s^{n-s}\cdot s!}\left(\frac{\lambda}{\mu}\right)^{n}P_0 \quad (n\geqslant s)$$

$$\vdots$$

由于 $\sum_{n=0}^{+\infty}P_n=1$，所以应有

因为

$$1=\sum_{n=0}^{s-1}\frac{1}{n!}\left(\frac{\lambda}{\mu}\right)^{n}P_0+\sum_{n=s}^{+\infty}\frac{1}{s^{n-s}s!}\left(\frac{\lambda}{\mu}\right)^{n}P_0$$

$$\begin{aligned}\sum_{n=s}^{+\infty}\frac{1}{s^{n-s}s!}\left(\frac{\lambda}{\mu}\right)^{n}&=\frac{1}{s!}\left(\frac{\lambda}{\mu}\right)^{s}\sum_{n=s}^{+\infty}\frac{1}{s^{n-s}}\left(\frac{\lambda}{\mu}\right)^{n-s}\\&=\frac{1}{s!}\left(\frac{\lambda}{\mu}\right)^{s}\sum_{n=s}^{+\infty}\left(\frac{\lambda}{s\mu}\right)^{n-s}\\&=\frac{1}{s!}\left(\frac{\lambda}{\mu}\right)^{s}\frac{1}{1-\frac{\lambda}{s\mu}}\end{aligned}$$

（注意：$\sum_{n=s}^{+\infty}\left(\frac{\lambda}{s\mu}\right)^{n-s}$ 为等比级数和，且 $\lim_{n\to+\infty}\left(\frac{\lambda}{s\mu}\right)^{n}=0$。）

所以：

$$\begin{cases}P_0=\left[\sum_{n=0}^{s-1}\frac{1}{n!}\left(\frac{\lambda}{\mu}\right)^{n}+\frac{\left(\frac{\lambda}{\mu}\right)^{s}}{s!\left(1-\frac{\lambda}{s\mu}\right)}\right]^{-1}\\P_n=\begin{cases}\frac{1}{n!}\left(\frac{\lambda}{\mu}\right)^{n}P_0 & (0\leqslant n\leqslant s)\\\frac{1}{s^{n-s}\cdot s!}\left(\frac{\lambda}{\mu}\right)^{n}P_0 & (n>s)\end{cases}\end{cases}\tag{10-23}$$

于是，系统的主要评价指标可计算如下：

（1）期望队列：

$$\begin{aligned}L_q&=\sum_{n=s+1}^{+\infty}(n-s)P_n=\sum_{k=1}^{+\infty}kP_{s+k}\left(\begin{matrix}\text{令 }n-s=k\\\text{则 }n=s+k\end{matrix}\right)\\&=\sum_{k=1}^{+\infty}k\frac{\left(\frac{\lambda}{\mu}\right)^{s+k}}{s!s^k}P_0=\frac{\left(\frac{\lambda}{\mu}\right)^{s}}{s!}P_0\sum_{k=1}^{+\infty}k\left(\frac{\lambda}{s\mu}\right)^{k}\\&=\frac{\left(\frac{\lambda}{\mu}\right)^{s+1}}{s\cdot s!}\left(1-\frac{\lambda}{s\mu}\right)^{-2}P_0\end{aligned}$$

注意：$\sum_{k=1}^{+\infty} k\left(\frac{\lambda}{s\mu}\right)^k$ 为级数和[⊖]。

（2）期望状态：

$$L = L_q + \frac{\lambda}{\mu}$$

（3）期望逗留时间：

$$w = \frac{L}{\lambda}$$

（4）期望等待时间：

$$w_q = \frac{L_q}{\lambda}$$

（5）顾客到达系统必须等待的概率

$$P_{n \geqslant s} = \sum_{n=s}^{+\infty} P_n = \frac{1}{s!}\left(\frac{\lambda}{\mu}\right)^s \left(1 - \frac{\lambda}{s\mu}\right)^{-1} P_0 \tag{10-24}$$

【例 10-7】 某汽修中心有 3 个修车台，每天工作 12h，平均修理作业完成率为 1 辆/h，故障车辆的平均到达率为 20 辆/天，试计算排队系统的有关主要指标（车辆到达间隔和修理作业时间均服从负指数分布）。

【解】 已知 $s=3$，$\lambda=20$ 辆/12h $=5/3$ 辆/h，$\mu=1$ 辆/h，$\rho=\lambda/s\mu=5/9<1$。

（1）3 个修车台同时空闲的概率：

$$P_0 = \left[\frac{(5/3)^0}{0!} + \frac{(5/3)^1}{1!} + \frac{(5/3)^2}{2!} + \frac{(5/3)^3}{3!\ (1-5/9)}\right]^{-1} = 0.173$$

（2）平均队列长度：

⊖ $$\begin{aligned}\sum_{k=1}^{+\infty} ka^k &= a + 2a^2 + 3a^3 + 4a^4 + \cdots \\ &= a + a^2 + a^3 + a^4 + \cdots + \\ &\quad a^2 + a^3 + a^4 + \cdots + \\ &\quad a^3 + a^4 + \cdots + \\ &\quad a^4 + \cdots \\ &= \frac{a(1-a^n)}{1-a} + \frac{a^2(1-a^{n-1})}{1-a} + \frac{a^3(1-a^{n-2})}{1-a} + \cdots + \\ &\quad \frac{a^{n-1}(1-a^2)}{1-a} + \frac{a^n(1-a)}{1-a} + \cdots \\ &= \frac{1}{1-a}(a + a^2 + a^3 + \cdots + a^n - na^{n+1} + \cdots) \\ &= \frac{1}{1-a}\left[\frac{a(1-a^n)}{1-a}\right] \quad (a \text{ 的高次方趋于零,舍去}) \\ &= \frac{a}{(1-a)^2}\end{aligned}$$

当 $a \neq 1$ 且没有 $a<1$ 的限制并为有限项时

$$\begin{aligned}\sum_{k=1}^{n} ka^k &= \frac{1}{1-a}\left[\frac{a(1-a^n)}{1-a} - na^{n+1}\right] \\ &= \frac{a}{(1-a)^2}[1 - a^n - na^n(1-a)]\end{aligned}$$

$$L_q = \frac{(5/3)^4}{3 \times 3!}(1-5/9)^{-2} \times 0.173 = 0.38 \text{ 辆}$$

（3）期望状态：

$$L = L_q + \frac{\lambda}{\mu} = 0.38 \text{ 辆} + 5/3 \text{ 辆} = 2.05 \text{ 辆}$$

（4）平均逗留时间：

$$w = \frac{L}{\lambda} = (2.05 \times 0.6)\text{h} = 1.23\text{h}$$

（5）故障车辆到达后必须等待的概率：

$$P_{n \geqslant 3} = \frac{1}{3!}\left(\frac{5}{3}\right)^3\left(1-\frac{5}{9}\right)^{-1} \times 0.173 = 0.30$$

10.3.2 容量有限的 *M/M/s* 模型

容量有限也就是等待空间有限，典型的例子比如理发室，可能有多个理发师，但供顾客等待用的座位有限，一旦座位满额，顾客不愿站着就只好离去。这类问题的主要指标可计算如下：

（1）状态概率

这时因为已没有必要限制 $\rho < 1$，所以

$$\begin{cases} P_0 = \left[\sum_{n=0}^{s} \frac{(s\rho)^n}{n!} + \frac{s^s}{s!} \frac{\rho(\rho^s - \rho^k)}{1-\rho}\right]^{-1} \\ P_n = \begin{cases} \frac{(s\rho)^n}{n!} P_0 & (0 < n \leqslant s) \\ \frac{s^s \rho^n}{s!} P_0 & (s \leqslant n \leqslant k) \end{cases} \end{cases} \tag{10-25}$$

$$\left(\begin{matrix}\text{以 } \rho \text{ 代替式(10-23)} \\ \text{式中的 } \lambda/s\mu\end{matrix}\right)$$

式中，k 为系统容量，P_0 的计算在第 $s+1$ 项以后为

$$\begin{aligned} \sum_{n=s+1}^{k} P_n &= \frac{1}{s!}\left(\frac{\lambda}{\mu}\right)^s \sum_{n=s+1}^{k}\left(\frac{\lambda}{s\mu}\right)^{n-s} = \frac{s^s\rho^s}{s!}\frac{\rho(1-\rho^{k-s})}{1-\rho} \\ &= \frac{s^s\rho(\rho^s - \rho^k)}{s!(1-\rho)} \end{aligned}$$

$$\left(\begin{matrix}\text{令 } n - s = l\text{，则 } n = s + l \\ \text{当 } n = s + 1 \text{ 时，} l = 1 \\ \text{当 } n = k \text{ 时，} l = k - s\end{matrix}\right)$$

（2）平均队列长度：

$$\begin{aligned} L_q &= \sum_{n=s+1}^{k}(n-s)P_n = \sum_{l=1}^{k-s} l P_{s+l} \\ &= \frac{s^s P_0}{s!}\sum_{l=1}^{k-s} l\rho^{s+l} = \frac{s^s\rho^s P_0}{s!}\sum_{l=1}^{k-s} l\rho^l \\ &= \frac{s^s\rho^s P_0}{s!(1-\rho)^2}\left[1 - \rho^{k-s} - (k-s)\rho^{k-s}(1-\rho)\right] \end{aligned} \tag{10-26}$$

$$\left(\sum_{l=1}^{k-s} l\rho^l \text{ 为级数和}\right)$$

（3）期望状态：

不同状态下有效到达率的分布为

$$\lambda_n = \begin{cases} \lambda & (0 \leqslant n \leqslant k-1) \\ 0 & (n \geqslant k) \end{cases}$$

于是

$$E(\lambda_n) = \sum_{n=0}^{k} \lambda_n P_n = \lambda \sum_{n=0}^{k-1} P_n = \lambda(1 - P_k)$$

所以

$$L = L_q + \frac{E(\lambda_n)}{\mu} = L_q + s\rho(1 - P_k) \tag{10-27}$$

（4）平均逗留时间和平均等待时间：

$$w_q = \frac{L_q}{E(\lambda_n)} = \frac{L_q}{\lambda(1 - P_k)} \tag{10-28}$$

$$w = w_q + \frac{1}{\mu} \tag{10-29}$$

【例 10-8】 某理发店有 2 个理发师，有 5 把椅子供顾客排队使用，当所有的椅子都有人时，后来者会自动离去。顾客的到达率已知为 3 人/h，每人理发平均 15min，试求解该排队系统。

【解】 已知 $k=7$，$\mu=4$ 人/h，$\lambda=3$ 人/h，$s=2$，$\rho=\lambda/s\mu=3/8$

（1）顾客一到就能理发的概率：

$$P_0 = \left[\frac{(3/4)^0}{0!} + \frac{(3/4)^1}{1!} + \frac{(3/4)^2}{2!} + \frac{2^2 \times (3/8)}{2!} \times \frac{(3/8)^2 - (3/8)^7}{1 - 3/8}\right]^{-1} = 0.455$$

（2）顾客损失率：

$$P_7 = \frac{2^2 \times (3/8)^7}{2!} \times 0.455 = 0.00095$$

（3）平均队列长度：

$$L_q = \frac{0.455 \times 2^2 \times (3/8)^2}{2!\ (1 - 3/8)^2}\left[1 - \left(\frac{3}{8}\right)^5 - 5\left(\frac{3}{8}\right)^5\left(\frac{5}{8}\right)\right]\text{人} = 0.1191\ \text{人}$$

（4）期望状态：

$$L = 0.1191\ \text{人} + 2 \times (3/8)(1 - 0.00095)\text{人} = 0.8684\ \text{人}$$

（5）顾客平均等待时间：

$$w_q = \frac{0.1191}{3(1 - 0.00095)}\text{h} = 0.04\text{h} = 2.4\text{min}$$

（6）顾客平均逗留时间

$$w = w_q + \frac{1}{\mu} = 0.29\text{h} = 17.4\text{min}$$

分析表明，该理发店生意清淡，效益不高。改善方法，一是工艺不变裁减人员；实际上，每小时到达 3 人，可服务 4 人，有 1 个理发师足够。如例 10-5。二是改进服务方式，开展精工服务，如将服务时间提高为 30min/人，同时提高收费标准。这样，$\mu=2$ 人/h，$\rho=3/4$，这时有

$P_0 = 0.1613$　　$P_7 = 0.0431$　　$L_q = 1.015$ 人

$L = 2.45$ 人　　$w_q = 0.3535\text{h}$　　$w = 0.8535\text{h}$

作为容量有限的 $M/M/s$ 模型的特例，当 $k=s$ 时，就变成了纯损失制系统，如大街上的停车场，不会有车排队等候停车；旅馆客满时也不会有旅客排队等候空房。这时的有关指标就变为

(1) 两种状态概率:

$$\begin{cases} P_0 = \dfrac{1}{\sum\limits_{n=0}^{s} \dfrac{1}{n!}\left(\dfrac{\lambda}{\mu}\right)^n} \\ P_n = \dfrac{1}{n!}\left(\dfrac{\lambda}{\mu}\right)^n P_0 \quad (0 < n \leqslant s) \end{cases}$$

(2) 期望状态:

$$\begin{aligned} L &= \sum_{n=1}^{s} nP_n = \frac{\lambda}{\mu}\sum_{n=1}^{s} \frac{1}{(n-1)!}\left(\frac{\lambda}{\mu}\right)^{n-1} P_0 \\ &= \frac{\lambda}{\mu}\left[\sum_{n=0}^{s} \frac{1}{n!}\left(\frac{\lambda}{\mu}\right)^n P_0 - P_s\right] \\ &= \frac{\lambda}{\mu}(1 - P_s) \end{aligned}$$

(3) 期望逗留时间:

$$w = \frac{1}{\mu}$$

(4) 期望队长和等待时间:

$$L_q = 0$$
$$w_q = 0$$

【例10-9】 某小客栈只有4个单人房间，顾客到达是每天6人的泊松流，顾客平均逗留时间是2天，试求每天客房的平均占用数及满员的概率。

【解】 已知 $k = s = 4$，$\lambda = 6$ 人/天，$\mu = 0.5$ 人/天

(1) 客房全空的概率:

$$P_0 = \frac{1}{\sum\limits_{n=0}^{s} \dfrac{1}{n!}\left(\dfrac{\lambda}{\mu}\right)^n} = \frac{1}{\sum\limits_{n=0}^{4} \dfrac{1}{n!}12^n} = \frac{1}{1237}$$

(2) 客满的概率:

$$P_4 = \frac{1}{4!} \times 12^4 \times \frac{1}{1237} = 0.7$$

(3) 期望状态:

$$L = \frac{\lambda}{\mu}(1 - P_s) = 12 \times (1 - 0.7) \text{人} = 3.6 \text{人}$$

10.3.3 顾客源有限的 *M/M/s* 模型

在顾客源有限的 *M/M/s* 模型中，顾客到达的情况与顾客源有限的 *M/M/*1 模型相同，系统的有效服务率则与标准的 *M/M/s* 模型相同，于是有

$$\lambda_n = \begin{cases} (m-n)\lambda & n = 0, 1, \cdots, m-1 \\ 0 & n \geqslant m \end{cases}$$

$$\mu_n = \begin{cases} n\mu & n = 1, 2, \cdots, s \\ s\mu & n \geqslant s \end{cases}$$

这时，系统的平稳方程组变为

$$\begin{cases} \mu_1 P_1 = \lambda_0 P_0 \\ \lambda_{n-1}P_{n-1} + \mu_{n+1}P_{n+1} = (\lambda_n + \mu_n)P_n \end{cases}$$

因此，有

$$P_1=\frac{\lambda_0}{\mu_1}P_0=\frac{m\lambda}{\mu}P_0 \quad (n=0)$$

$$P_2=\frac{\lambda_1}{\mu_2}P_1=\frac{(m-1)\lambda}{2\mu}\frac{m\lambda}{\mu}P_0=\frac{m(m-1)}{2}\left(\frac{\lambda}{\mu}\right)^2P_0$$

$$P_3=\frac{\lambda_2}{\mu_3}P_2=\frac{(m-2)\lambda}{3\mu}P_2=\frac{m(m-1)(m-2)}{3\times2\times1}\left(\frac{\lambda}{\mu}\right)^3P_0$$

$$\vdots$$

$$P_n=\frac{m!}{n!\ (m-n)!}\left(\frac{\lambda}{\mu}\right)^nP_0 \quad 0\leqslant n\leqslant s$$

$$P_{s+1}=\frac{\lambda_s}{\mu_{s+1}}P_s=\frac{(m-s)\lambda}{s\mu}\frac{m!}{s!\ (m-s)!}\left(\frac{\lambda}{\mu}\right)^sP_0$$

$$=\frac{m!}{s\cdot s!\ [m-(s+1)]!}\left(\frac{\lambda}{\mu}\right)^{s+1}P_0$$

$$P_{s+2}=\frac{\lambda_{s+1}}{\mu_{s+2}}P_{s+1}=\frac{m!}{s^2\cdot s!\ [m-(s+2)]!}\left(\frac{\lambda}{\mu}\right)^{s+2}P_0$$

$$\vdots$$

$$P_n=\frac{m!}{s^{n-s}\cdot s!\ (m-n)!}\left(\frac{\lambda}{\mu}\right)^nP_0 \quad s\leqslant n\leqslant m$$

根据：$\sum_{n=0}^{m}P_n=1$，应有

$$P_0=\left[m!\sum_{n=0}^{s-1}\frac{\left(\frac{\lambda}{\mu}\right)^n}{(m-n)!n!}+\frac{m!}{s!}\sum_{n=s}^{m}\frac{\left(\frac{\lambda}{\mu}\right)^n}{s^{n-s}(m-n)!}\right]^{-1}$$

$$P_n=\begin{cases}\dfrac{m!}{(m-n)!n!}\left(\dfrac{\lambda}{\mu}\right)^nP_0 & 0\leqslant n\leqslant s\\ \dfrac{m!}{s!}\dfrac{s^{s-n}}{(m-n)!}\left(\dfrac{\lambda}{\mu}\right)^nP_0 & s\leqslant n\leqslant m\end{cases}$$

于是，得到主要数量指标的计算方法是

$$L=\sum_{n=1}^{m}nP_n$$

$$L_q=\sum_{n=s+1}^{m}(n-s)P_n$$

$$w=\frac{L}{E(\lambda_n)}$$

$$w_q=\frac{L_q}{E(\lambda_n)}$$

式中 $E(\lambda_n)=\sum_{n=0}^{m}\lambda_nP_n=(m-L)\lambda$

【例 10-10】 在例 10-6 中，将车工由 1 个增加到 3 个，其他参数不变，问情况会发生何种变化?

【解】 已知：$m=6$，$s=3$ 人，$\lambda=2$ 台/h，$\mu=4$ 台/h。

（1）车床全部正常工作的概率：$P_0=0.083$。

（2）车床全部检修的概率：$P_6=0.006$。

(3) 需要检修的平均台数：$L = \sum nP_n = 2.129$ 台，其中：

$P_1 = 0.25$　　$P_2 = 0.311$　　$P_3 = 0.21$　　$P_4 = 0.104$　　$P_5 = 0.035$。

等待检修的车床台数：$L_q = \sum (n-3)P_n = 0.192$ 台。

(4) 服务强度：

$$\rho = \frac{(m-L)\lambda}{s\mu} = \frac{3.871 \times 2}{3 \times 4} = 0.645$$

(5) 平均逗留时间和平均等待时间：

$w = 0.275\text{h} = 16.5\text{min}$；$w_q = 0.025\text{h} = 1.5\text{min}$

(6) 车床完好率：$\eta = 64.5\%$。

应用案例讨论

排队模型在医院科室编制中的应用

1. 问题描述

某医院妇产科在所在城市颇具影响力，慕名而来的患者及孕妇络绎不绝，门诊部每天平均接待病人200多名，一段时间高达280余人，“三长一短”的现象非常突出，即候诊时间长、取药交款时间长、辅助检查时间长，看病时间短。病人对排队等待的时间长很有意见，医院压力也很大。在调查中，具体观察了病人在候诊室的等待时间和医生的服务时间，记录了病人到达的时间间隔，整理成频数表，结果见表10-7。

表10-7　病人到达频数表

1min 内到达的病人数	0	1	2	3	4	5	6	合　计
频数 f_i	111	168	78	31	6	3	2	399

计算出每分钟的病人平均到达率：

$$\lambda = \frac{\sum_{i=0}^{6} X_i f_i}{\sum_{i=0}^{6} f_i} \approx 1.173 \text{ 人/min}$$

假设病人的到达服从参数 $\lambda = 1.173$ 的泊松分布，经 χ^2 检验，可以接受该假设。类似可得，检查看病时间服从阶数为8、参数 $\mu = 0.149\,97$ 的爱尔朗分布。该医院妇产科共有4个诊室，8位门诊大夫，每天看病人280人，由此确定排队模型为 $M/E_8/s/N$，其中 $s = 8$，$N = 280$。一位门诊医生相当于一个服务台，各服务台相互独立，并设平均服务率 $\mu_1 = \mu_2 = \cdots = \mu_8 = \mu$。整个妇产科的平均服务率为 $s\mu$，系统的服务强度：

$$\rho = \frac{\lambda}{s\mu} = \frac{1.173}{8 \times 0.149\,97} = 0.978$$

请通过计算分析该模型排队系统的数量特征，对该科室的人员配备和工作运转情况做出评价，给出相应的改进建议。还能进一步发现些什么有用信息？

2. 问题解答

按照 $M/M/8$ 模型处理，得到的分析结果如下：

(1) 系统中平均的顾客数 $L = 46.2$ 人。

（2）系统中平均排队等待的顾客数 $L_q = 38.3$ 人。

（3）顾客在系统中平均滞留的时间 $w = 39.4\text{min}$。

（4）顾客在系统中平均的排队时间 $w_q = 32.7\text{min}$。

（5）系统中没有顾客的概率 $P_0 = 0.000\ 06$。

（6）顾客到达系统等待的概率 $P_w = 0.928$。

（7）系统中顾客数小于或等于 10 的概率为 0.1335。

分析结果表明，该科室医生服务强度高，空闲时间少。改进办法是，可以再增加门诊部坐诊医生人数即服务台数，以便减少顾客排队等待时间，提高服务质量。

利用 WinQSB 软件求解排队问题

用 WinQSB 软件求解排队问题调用 Queuing Analysis 模块，该模块能够求解各种排队论问题并进行较为详细的服务能力分析、成本分析。该模块根据问题复杂程度按照输入格式将所有排队论问题分成两大类：一类是简单排队系统（Simple M/M System，顾客到达时间间隔和服务时间服从负指数分布）；另一类是一般排队系统（General Queuing System）。下面以例 10-6 为例介绍简单排队系统的软件操作，以例 10-4 为例介绍一般排队系统的软件操作。

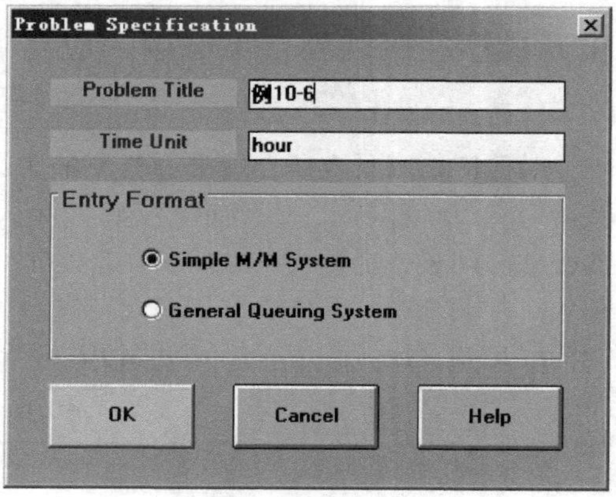

图 10-4　建立例 10-6 的新问题

1. 简单排队系统求解

第一步，调用 Queuing Analysis 模块，建立新问题。

在图 10-4 中 Entry Format 处选择 Simple M/M System，在 Problem Title 处输入“例 10-6”，Time Unit 处系统默认值是“hour”。

第二步，输入数据。

在图 10-4 中单击 OK，得到图 10-5。

Data Description	ENTRY
Number of servers	1
Service rate (per server per hour)	4
Customer arrival rate (per hour)	2
Queue capacity (maximum waiting space)	M
Customer population	6
Busy server cost per hour	
Idle server cost per hour	
Customer waiting cost per hour	
Customer being served cost per hour	
Cost of customer being balked	
Unit queue capacity cost	

图 10-5　输入例 10-6 的数据

在图 10-5 的 Number of servers（服务台数）处输入“1”（单服务台），在 Service rate [per server per hour]（服务率）处输入“4”（60/15），在 Customer arrival rate [per hour]（顾客到达率）处输入“2”（60/30），在 Customer population（顾客总体）处将系统默认的 M 改为“6”（6 台车床）。

第三步，计算结果。

单击 Solve and Analyze→Solve the Performance，得到综合分析结果图 10-6。在图 10-6 中可以看出，Average number of customers in the system [L] =4.0242，即需要检修的期望台数。系统忙

的概率（P_b）是指顾客到达系统时需要等待的概率，这里指所有车床都需要检修的概率，$P_b=98.7915\%$，$P_b=1-P_0$，即车床全部正常工作的概率为 $1-P_b=0.012\ 085$。等待检修的期望台数 $L_q=3.0363$，$L_q=L_bP_b$。每台车床平均停工时间为 1.0183h＝61.098min，车床平均等待检修时间为 0.7683h＝46.098min，$w_q=w_bP_b$。其他各项值的含义读者可以自己分析。

06-05-2014	Performance Measure	Result
1	System: M/M/1//6	From Formula
2	Customer arrival rate (lambda) per hour =	2.0000
3	Service rate per server (mu) per hour =	4.0000
4	Overall system effective arrival rate per hour =	3.9517
5	Overall system effective service rate per hour =	3.9517
6	Overall system utilization =	98.7915 %
7	Average number of customers in the system (L) =	4.0242
8	Average number of customers in the queue (Lq) =	3.0363
9	Average number of customers in the queue for a busy system (Lb) =	3.0734
10	Average time customer spends in the system (W) =	1.0183 hours
11	Average time customer spends in the queue (Wq) =	0.7683 hours
12	Average time customer spends in the queue for a busy system (Wb) =	0.7777 hours
13	The probability that all servers are idle (Po) =	1.2085 %
14	The probability an arriving customer waits (Pw) or system is busy (Pb) =	98.7915 %

图 10-6　例 10-6 的综合分析结果

此外，在输入数据后，单击 Solve and Analyze→Perform Sensitivity Analyze 将显示如图 10-7 所示的界面，在这里可以方便地改变参数进行灵敏度分析。

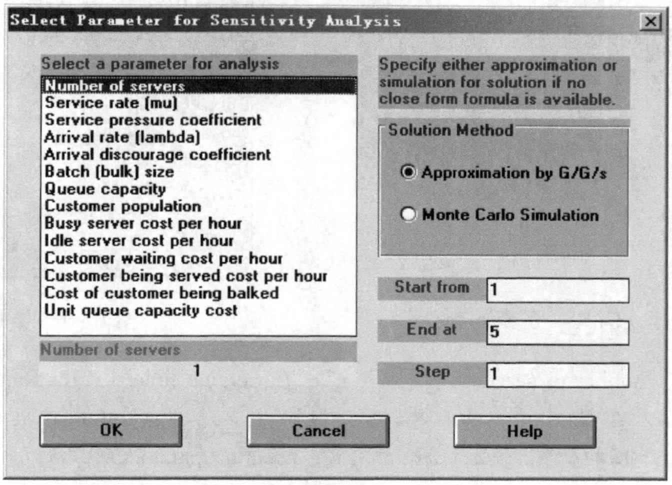

图 10-7　灵敏度分析界面

在图 10-6 综合分析表的界面上，单击 Results→Probability Summary 得到图 10-8 所示界面，可以看出系统中有不同数量顾客的概率，6 台车床全部需要检修的概率为 0.1360。

06-05-2014 17:30:25 n	Estimated Probability of n Customers in the System	Cumulative Probability
0	0.0121	0.0121
1	0.0363	0.0483
2	0.0906	0.1390
3	0.1813	0.3202
4	0.2719	0.5921
5	0.2719	0.8640
6	0.1360	1.0000

图 10-8　系统中有不同数量顾客的概率

2. 一般排队系统求解

以例 10-4 为例。

第一步，调用 Queuing Analysis 模块，建立新问题。

在图 10-9 中 Entry Format 处选择 General Queuing System，在 Problem Title 处输入“例 10-4”，Time Unit 处系统默认值是“hour”（小时）。

第二步，输入数据。

在图 10-9 中单击 OK，得到图 10-10。

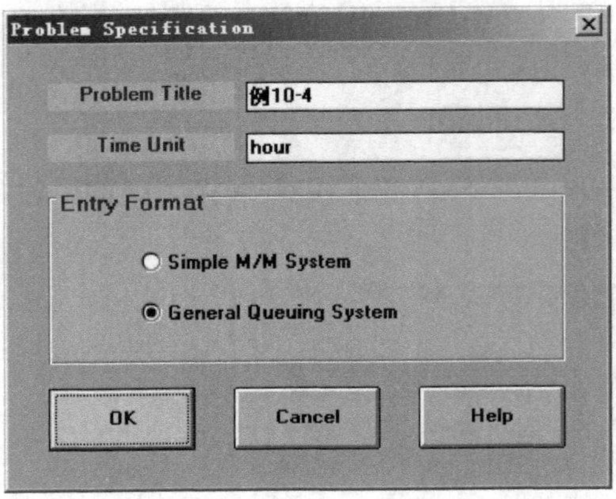

图 10-9　建立例 10-4 的新问题

Data Description	ENTRY
Number of servers	
Service time distribution (in hour)	Exponential
Location parameter (a)	
Scale parameter (b>0) (b=mean if a=0)	
(Not used)	
Service pressure coefficient	
Interarrival time distribution (in hour)	Exponential
Location parameter (a)	
Scale parameter (b>0) (b=mean if a=0)	
(Not used)	
Arrival discourage coefficient	
Batch (bulk) size distribution	Constant
Constant value	1
(Not used)	
(Not used)	
Queue capacity (maximum waiting space)	M
Customer population	M
Busy server cost per hour	
Idle server cost per hour	
Customer waiting cost per hour	
Customer being served cost per hour	
Cost of customer being balked	
Unit queue capacity cost	

图 10-10　数据输入表

在图 10-10 中的 Number of servers 处输入“1”，在 Service time distribution ［in hour］处双击，选择常数（Constant）。在 Constant value 处输入“1”（$1/\mu$），在 Interarrival time distribution ［in hour］处双击，选择负指数分布（Exponential），在 Location parameter ［a］处输入“0”，在 Scale parameter ［b >0］［b = mean if a = 0］处输入“1.5”（$1/\lambda$），得到图 10-11。

软件中可选的全部分布形式如表 10-8 所列。

Data Description	ENTRY
Number of servers	1
Service time distribution (in hour)	Constant
Constant value	1
(Not used)	
(Not used)	
Service pressure coefficient	
Interarrival time distribution (in hour)	Exponential
Location parameter (a)	0
Scale parameter (b>0) (b=mean if a=0)	1.5

图 10-11　例 10-4 的数据输入表

表 10-8 WinQSB 中排队系统全部可选分布

Beta	贝塔分布	LogNormal	对数正态分布
Binomial	二项分布	Normal	正态分布
Constant	常数	Pareto	帕累托分布
Discrete	离散分布	Poisson	泊松分布
Erlang	爱尔朗分布	Power Function	功效函数
Exponential	指数分布	Triangular	三角分布
Gamma	伽马分布	Uniform	均匀分布
Geometric	几何分布	weibull	威布尔分布
HyperGeometric	超几何分布	General/arbitrary	一般分布/任意分布
Laplace	拉普拉斯分布		

第三步，计算结果。

在图 10-11 的界面上单击 Solve and Analyze→Solve the Performance，得到例 10-4 的综合分析结果图 10-12，可以得到车辆等待修理的平均时间（Average time of customer spends in the system [W]）是 2h，等待修理的平均车辆数（Average number of customers in the system [L]）是 1.3333，维修班的工作强度（The probability an arriving customer waits [Pw] or system is busy [Pb]）是 66.6667%。

06-05-2014	Performance Measure	Result
1	System: M/D/1	From Formula
2	Customer arrival rate (lambda) per hour =	0.6667
3	Service rate per server (mu) per hour =	1.0000
4	Overall system effective arrival rate per hour =	0.6667
5	Overall system effective service rate per hour =	0.6667
6	Overall system utilization =	66.6667 %
7	Average number of customers in the system (L) =	1.3333
8	Average number of customers in the queue (Lq) =	0.6667
9	Average number of customers in the queue for a busy system (Lb) =	1.0000
10	Average time customer spends in the system (W) =	2.0000 hours
11	Average time customer spends in the queue (Wq) =	1.0000 hours
12	Average time customer spends in the queue for a busy system (Wb) =	1.5000 hours
13	The probability that all servers are idle (Po) =	33.3333 %
14	The probability an arriving customer waits (Pw) or system is busy (Pb) =	66.6667 %

图 10-12 例 10-4 求解的综合分析结果

最后，把两种输入格式的差别再做个总结。选择 Simple M/M System 时，到达参数是单位时间内到达的顾客数，服务参数是单位时间内服务的顾客数，是表示“人数/单位时间”的一个数。选择 General Queuing System 时，到达参数是时间间隔分布（$1/\lambda$，服务参数是服务时间分布（$1/\mu$），有时需要输入多个分布参数，如正态分布，第一个参数是服务一个顾客所需时间的期望值，第二个参数是标准差。

WinQSB 中的 Queuing Analysis 模块除了可以计算一般的排队论问题，还提供了参数分析、成本分析及排队模拟等功能，感兴趣的读者可以自己进行练习。

习题与作业

1. 某摩托车修理店只有一个修理工，来修理的顾客到达过程为泊松流，平均每小时 2 人，修理时间服从负指数分布，完成服务平均需要 15min，试求：

（1）修理店空闲的概率。

（2）店内有 3 个顾客的概率。

（3）店内至少有 1 个顾客的概率。

（4）店内顾客的平均数。

（5）等待服务的平均顾客数。

（6）平均等待修理的时间。

（7）一个顾客在店内逗留时间超过半小时的概率。

2. 设有一个单人理发店，顾客到达过程为泊松流，平均到达时间间隔为 30min，理发时间服从负指数分布，完成服务的平均时间为 20min，试求：

（1）顾客一来就能理发的概率。

（2）理发店内的平均顾客数。

（3）顾客在理发店内的平均逗留时间。

（4）如果顾客在店内的平均逗留时间超过 1.25h，店主将考虑增加设备和理发员，问，顾客的平均到达率为多少时，店主才会考虑这么做？

3. 汽车按每小时 90 辆的泊松流通过某高速公路上的一个收费站，过站的平均时间为 38s。由于司乘人员常常抱怨等待时间太长，因此主管部门拟采用新装置，想争取使车辆过站的平均时间减少到 30s。但新装置要求原系统中平均等待的车辆数应在 5 辆以上且新系统的空闲时间应不超过 10% 才是合算的。试分析收费站采用新装置是否合算？

4. 某企业的工具仓库设有一个库管，平均每小时有 4 人来领工具，到达过程为泊松流，领工具的时间服从负指数分布，办理领用手续的平均时间为 6min，由于场地限制，库内领工具的人最多不能超过 3 人，试求：

（1）库内没有人领工具的概率。

（2）库内领工具的平均人数。

（3）排队等待的平均人数。

（4）领工具者平均花费的时间。

（5）领工具者的平均排队时间。

5. 在习题 1 中，如果顾客的平均到达率增加到每小时 6 人，服务时间不变，这时增加一个修理工，试分析：

（1）增加修理工的合理性（依据 λ/μ）。

（2）增加修理工后店内空闲的概率以及店内至少有 2 个顾客的概率。

（3）L、L_q、w 及 w_q 的变化。

6. 某纺织厂织布车间织机正常运转时间服从平均数为 120min 的负指数分布，工人看管一台织机的时间服从平均数为 12min 的负指数分布，企业要求每台织机的正常运转时间应不少于 87.5%。问在这种要求下，每个工人最多能看管几台织机？

7. 某企业为职工设立了一个昼夜 24h 随时都能看病的医疗室，假定只有 1 个医生，已知病人平均到达的时间间隔为 15min，平均看病时间为 12min，且服从负指数分布，因职工看病每小时给企业造成的损失为 30 元，试分析：

（1）企业每天损失的期望值。

（2）如果想要使这种损失减少一半，平均服务率应该提高多少？

第 11 章 博弈论简介

11.1 博弈论的含义

博弈论是一门目前正在飞速发展着的新兴的前沿学科。对于一些非数学专业和非经济学专业的人来说，博弈论可能是一个极为陌生的概念。因为国内学者把博弈论运用于经济学研究不过是近几年的事，也不普遍，而且它本身的内容也博大精深。但在国外，博弈论已成为占据主流的分析工具，如果你不懂得博弈论，那么你会被认为是没有真正懂得经济学。

博弈论的提法可能太过于学术化，容易让人们退避三舍。其实它有一个非常通俗的名字——游戏理论（博弈论的英文名字叫作“Game theory”，如果直译，就是“游戏理论”）。博弈论在我国还有一个名字，叫对策论。这些名字都很好理解，“博弈”的字面意思就是赌博、下棋，赌博和下棋当然是游戏了，赌博和下棋的时候常常要千方百计地应付对手，自然要讲究对策。

博弈论的经济思想首先是由美国数学家冯·诺依曼和摩根斯坦（Morgenstern）在他们合著的《博弈论和经济行为》（1944）一书中提出的。冯·诺依曼在数学、计算机、经济学等领域都有独特的贡献，可惜英年早逝。1950～1954 年，美国数学家兼统计学家纳什（John F. Nash）、泽尔腾（Reinhard Selten）、海萨尼（John C. Harsanyi）等人接连发表多篇论述博弈论的文章，使博弈论最终成熟并进入实用，从而奠定了现代博弈论学科体系的基础。近 20 年来，博弈论作为分析和解决冲突和合作问题的工具，在管理科学、国际政治、生态学等领域得到了广泛的应用。

简单地说，博弈论是研究决策主体在给定信息结构下如何决策以最大化自己的效用，以及不同决策主体之间决策的均衡。博弈论由三个基本要素组成：一是决策主体（Player），又可以译为参与人或局中人；二是给定的信息结构，可以理解为参与人可选择的策略和行动空间，又叫策略集；三是效用（Utility），是可以定义或量化的参与人的利益，也是所有参与人真正关心的，又称偏好或赢得函数。参与人、策略集和效用的确定就构成了一个基本的博弈模型。

如果我们要进行一场游戏，首先肯定要有参加游戏的人，没有人参加，游戏就不会进行下去，游戏活动的参与人就是“局中人”；其次，每一个“局中人”都有自己的“行动”，或者叫作“策略”“对策”，如果行动不是单一的，那么这个局中人所有的行动构成一个集合，就是行动组合或策略集合；另外，还应该约定输家要付出什么代价，赢家可获得什么利益，这也就是“赢得”（或“报酬”）。当然，一场游戏肯定结果不是唯一的，各个参与人分别决策采取不同的行动，会造成不同的结果。但是纳什证明，在有限个局中人参加的有限行为博弈中，至少存在一个所有参与人的最优策略组合，这就叫作“纳什均衡”。处于纳什均衡状态下，每个人都不能通过改变策略来得到更大的收益，所以谁也不存在改变现状的动力。

博弈论可以分为合作博弈和非合作博弈。两者的区别在于参与人在博弈过程中是否能够达成一个具有约束力的协议。倘若不能，则称非合作博弈（Non-cooperative Game），非合作博弈是现代博弈论的研究重点。

本章所介绍的主要是完全信息的静态博弈的一些基本知识。

11.2 静态博弈的一个经典案例：囚徒困境

“囚徒困境”是被一些教材广泛引用的例子，非常耐人回味，西方经济学者围绕这个例子发表过不下百篇学术论文。这一案例是这样的（有兴趣的读者可参见张维迎的《博弈论与信息经济学》，这本书几乎成了经济学研究生的必读书）：两个嫌疑犯（A 和 B）作案后被警察抓住，隔离审讯；警方的政策是“坦白从宽，抗拒从严”，如果两人都坦白各判 5 年，如果一人坦白另一人不坦白，坦白的放出去，不坦白的重判 10 年，如果都不坦白，则因证据不足各判 1 年。

在这个例子里，局中人就是两个嫌疑犯 A 和 B，他们每个人都有两个策略，即坦白和不坦白，判刑的年数就是他们的赢得。可能出现四种情况：A 和 B 均坦白或均不坦白，A 坦白 B 不坦白或者 B 坦白 A 不坦白。A 和 B 均坦白是这个博弈的纳什均衡。可以用图 11-1 来表述这个博弈，方格中，第一个数字是 A 的赢得（因为是判刑为负效用，故以负号记之），第二个数字是 B 的赢得。

		囚徒B	
		不坦白	坦白
囚徒A	不坦白	−1, −1	−10, 0
	坦白	0, −10	−5, −5

图 11-1 囚徒困境

容易看出，假定 A 选择坦白的话，B 最好是选择坦白，因为 B 坦白判 5 年而不坦白却要判 10 年；假定 A 选择不坦白的话，B 最好还是选择坦白，因为 B 坦白将不被判刑而不坦白却要被判刑 1 年。即不管 A 坦白或不坦白，B 的最佳选择都是坦白。反过来，同样，不管 B 是坦白还是不坦白，A 的最佳选择也是坦白。结果，两个人都选择了坦白，各判刑 5 年。在（坦白，坦白）这个组合中，A 和 B 都不能通过单方面改变行动增加自己的收益，于是谁也没有动力游离这个组合，因此这个组合就是纳什均衡（详见第 11.5 节）。

囚徒困境反映了个人理性和集体理性的矛盾。如果 A 和 B 都选择不坦白，各判刑 1 年，显然比都选择坦白各判刑 5 年好得多。当然，A 和 B 可以在被警察抓到之前订立一个“攻守同盟”，但是这可能不会有用，因为它不构成纳什均衡，没有人有积极性遵守这个协定。下面我们再来看两个例子。

1. 古尔诺模型

一个例子就是有关产量决策的古尔诺模型，是由法国经济学家古尔诺（A. A. Cournot，1801—1877，也译为库诺）于1838 年提出的。该模型假定，市场上有 n 个厂商销售完全相同的产品，由于市场容量有限，因此在一定的价格水平上只能有有限数量的产品售出，或者说能够将产品全部销出的“市场出清价格”是投放到该市场上的该产品总量的函数。商品的总量就是这 n 个厂商的产量总和。另假定这 n 个厂商的产量决策相互独立且不受任何限制，并且总是在同时决定各自的产量（在这里同时决策的含义主要是说每个厂商在决定自己的产量时根本无法知道其他厂商的决定），问这 n 个厂商应如何进行产量决策？

对于从事生产的厂商来说，其得益就是生产的利润，也就是销售收入减成本后的余额。设厂商 i 的产量为 q_i，则 n 个厂商的总产量就是 $Q = \sum_{i=1}^{n} q_i$。已知市场出清价格是总产量的减函数，即有 $P = f(Q) = f(\sum_{i=1}^{n} q_i)$。这样厂商 i 的收益就是 $q_iP = q_if(\sum_{i=1}^{n} q_i)$。再假设厂商 i 的单位产量成本为 c（不变成本假定为0），则生产 q_i个单位产量的总成本为 cq_i。因此，厂商 i 生产 q_i数量的产品得益为 $q_if(\sum_{i=1}^{n} q_i) - cq_i = q_i[f(\sum_{i=1}^{n} q_i) - c]$。该式说明，厂商 i 的得益不仅取决于它自己既

定的单位成本 c 和自己的产量决策 q_i，也还通过价格受制于其他厂商的产量决策，因此，它在决策时必须考虑其他厂商的决策方式和对自己决策的可能影响。

为了说明方便起见，现假定市场上只有两家厂商，各自的产量分别为 q_1 和 q_2，则全部厂商的总商品量为 $Q=q_1+q_2$。再设市场出清价格 P 是 Q 的函数，即 $P=f(Q)=8-Q$，假定两厂商的单位成本相等，即有 $c_1=c_2=2$。于是，得到两个厂商的利润函数分别为

$$R_1=q_1[8-(q_1+q_2)]-2q_1=6q_1-q_1q_2-q_1^2$$

$$R_2=q_2[8-(q_1+q_2)]-2q_2=6q_2-q_1q_2-q_2^2$$

在本博弈中，寻找均衡策略的充分且必要条件是求出 q_1 和 q_2 的最大值，即

$$\max\{6q_1-q_1q_2-q_1^2\}$$

$$\max\{6q_2-q_1q_2-q_2^2\}$$

根据数学分析原理，只要解方程组

$$\begin{cases}6-q_2-2q_1=0\\6-q_1-2q_2=0\end{cases}$$

解之，得到 $q_1=q_2=2$。于是，双方的得益即利润均为：$2\times(8-4)-2\times2=4$。市场总商品量为 $2+2=4$，两厂商的利润总和为：$4+4=8$。

其实，市场的总得益应该是 $R=Qf(Q)-c\,Q=Q(8-Q)-2\,Q=6\,Q-Q^2$，其最大值是当总产量 $Q=3$ 时，总利润 $R=9$。比原来各自独立决策时的总产量少1单位，但获得的总利润却多1单位。即从总体最优的目标出发，既节约了资源，又取得了更优的效益；而各自都要达到最优，则既浪费资源，效益还更差。

古尔诺模型只不过是囚徒困境问题的一个变种。这一模型在现实中的最好例子就是石油输出国组织（OPEC）规定的生产限额和限额的不断被突破。石油输出国组织成员国都深知，如果它们都各自为政自定产量，结果肯定是油价下跌利润受损，因此必须共同磋商制定产量限额以维持油价（在古尔诺模型中，价格正是产量的减函数）。但同时每一个成员国也都知道，如果其他成员国都遵守限额，只有自己超产，它就会按照规定价格或市场价格获得更多的利润。于是，私下里便纷纷偷偷超产，结果限产计划破产，油价严重下跌，直至各国都得到最不能令人满意的纳什均衡为止。

我们不妨考察一下历史：1960年，5个产油国成立OPEC。1973年，各国还少有产量欺骗行为，当时阿以战争爆发，为了报复以色列和西方国家，OPEC突然大幅度削减石油出口，致使世界原油价格由2.91美元/桶暴涨到1974年10.77美元/桶。这一意外事件让OPEC看到了组建卡特尔的诱人前景。1978年伊朗发生革命，其石油生产一度陷于瘫痪，继而两伊战争爆发，许多石油设施受到破坏，世界石油价格进一步涨到20世纪80年代初的40美元/桶。但是，高额的利润导致了各个国家的产量欺骗行为（实际产量大于限产计划），即各国不再遵守产量协定，擅自提高产量以获取更大的市场和更多的利润，从而导致石油价格下跌——当然，价格下跌也与世界其他地区如墨西哥油田、阿拉斯加油田、北海油田等石油供给增加有关。1982年世界石油价格为32美元/桶，1984年为27美元/桶，1987年为18美元/桶，以后基本上在15~18美元/桶之间波动。

2. 资源利用

另一个例子是关于资源利用的问题。设某个村庄有多个农户以牧羊为生，该村有一片大家都可以自由放牧的公共草地。由于这一片草地的面积有限，因此草地的数量只能让某一定数量的羊吃饱。如果在草地上放牧的羊数量超过了这个限度，每只羊都无法吃饱，从而羊的产出即

毛、皮、肉的总价值就会减少，甚至羊只能勉强存活或饿死。假设各个农户在确定自己养羊的数量时不知道其他农户的养羊数目，即各个农户养羊数的决策是同时做出的，再假定所有农户都清楚这片公共草地最多能够养多少只羊以及各个规模水平条件下每只羊的产出，这就构成了一个多个农户之间关于养羊数的博弈问题。

为了讨论方便，假定这个村只有三户牧民，各自的养羊数分别为 q_1，q_2，q_3，则每只羊的产出应为养羊总数的减函数，假定为 $V=f(Q)=100-Q=100-(q_1+q_2+q_3)$，成本假定都是 $c=4$，同时我们养羊的数量是连续可分的，于是三个农户的得益函数分别为

$$R_1=q_1[100-(q_1+q_2+q_3)]-4q_1$$
$$R_2=q_2[100-(q_1+q_2+q_3)]-4q_2$$
$$R_3=q_3[100-(q_1+q_2+q_3)]-4q_3$$

分别求得益对于养羊数的一阶微分，并让其为零，得到

$$q_1=f_1(q_2,q_3)=48-\frac{1}{2}q_2-\frac{1}{2}q_3$$

$$q_2=f_2(q_1,q_3)=48-\frac{1}{2}q_1-\frac{1}{2}q_3$$

$$q_3=f_1(q_1,q_2)=48-\frac{1}{2}q_1-\frac{1}{2}q_2$$

博弈论中将这三个函数称作其中一个局中人对另外两个局中人决策的反应函数。三个函数的交点（q_1，q_2，q_3）就是博弈的纳什均衡。解此联立方程组，可得到 $q_1=q_2=q_3=24$，分别代入得益函数可得到 $R_1=R_2=R_3=576$。这时的总得益为 $576\times3=1728$ 单位。实际上，如果从总体角度考察，总得益应该是

$$R=f(Q)=Q(100-Q)-4Q=96Q-Q^2$$

求其最大值得到 $R(48)=2304$ 单位，比三个农户在各自独立决策时的得益要大得多。也就是说，从全局利益来看，各户的最佳养羊数应该是 $48/3=16$ 只，而不是 24 只。

这个例子又一次说明了纳什均衡的低效率。之所以会出现这样的悲剧，原因就在于，每一个可以利用公共资源的人都相当于面临着一种囚徒困境：当总体上有加大利用资源的可能时，自己加大利用而其他人不加大利用，则自己得益；而自己加大利用其他人也加大利用，则自己不至于吃亏，最终是所有的人都加大利用资源，直至达到纳什均衡为止。在古尔诺模型中每个局中人所面临的也是这种情况，即自己增加产量别人不增加产量自己得益，而自己增加产量别人也增加产量则自己不至于吃亏。这就正像囚徒困境中的每一个囚徒一样，如果对方选择坦白，则他选择坦白对自己是有利的，如果对方选择不坦白，则他仍然选择坦白对自己也是有利的。这种现象，有人把它概括为“搭便车”现象，即对于搭便车的人来说，不管别人的选择是搭还是不搭，他选择搭对自己总是有利的。

“囚徒困境”在生活中最常见的表现就是挤公共汽车。从集体理性的角度来看，按次序上车是最有效率的做法，但是你挤我不挤，我就可能上得慢，所以每个人的最优策略都是挤，纳什均衡就是大家都挤，结果上车就更慢了，每个人采取的都是最优的策略，但是结果却是最劣，原因在于个人理性和集体理性的冲突。

“囚徒困境”在企业间最典型的例子就是“竞相杀价”，如上述讲到的石油输出国组织之间的石油价格大战。在某种产品市场容量一定的前提下，A、B 企业本可以制定一个协议价格来维护共同的长期利润，但 A 会为自己的近期利益而采取“低价倾销”策略，B 也会效仿降价，不遵守事先达成的价格协定，结果使市场过早枯竭，A、B 都没有出路了。但是如果 A 事先获知 B 的

产量和价格这类竞争情报，就可以采取保护措施（如动用反倾销法案，甚至可以“威胁”用更低的价格“报复”），这样就能避免“两败俱伤”，形成新的协定。在“囚徒困境”中我们得到了一个重要的结论：一种制度（体制）安排要发生效力，必须是一种纳什均衡，否则这种制度安排便不能成立。

除了“囚徒困境”以外，博弈论学者还总结出许多博弈的模型。例如：用智猪博弈（Boxed Pigs）来解释多劳者不多得；用性别战（Battle of Sexes）来解释互动博弈；用斗鸡博弈（Chicken Game）来解释僵局情况下一方的妥协等。

“囚徒困境”至今仍然是博弈论研究的重要课题。这种博弈给人们提出了两个难题：①在冲突的情况下，参与人的目标是什么？是利己还是利他？前者导致坦白，被判刑 5 年，后者则冒被出卖而判刑 10 年的危险，这个冲突要参与人在个人理性和集体理性之间做出选择。②博弈分一次完成还是分许多阶段完成，参与人的策略有什么变化？就囚徒困境来说，可以证明：如果博弈的次数足够多，那么可以导致囚徒间合作的产生，即每个囚徒在一定阶段会选择不坦白（合作），哪怕另一囚徒是不合作的，但是为了自己的长期利益，他首先还是选择合作（不坦白），直到博弈的最后阶段才选择不合作（坦白）。形象地说，坏人也可能做好事，坏人为了使别人相信自己是好人，从而获得更大的好处，坏人会在相当长的一段时间内做好事，直到最后才露出本来面目。

当然，在现实世界里，信任与合作很少达到如此两难的境地。谈判、人际关系、强制性的合同和其他许多因素左右了当事人的决定。但囚徒的两难境地确实抓住了不信任和需要相互防范背叛这种现象真实的一面。例如，冷战时期的两个超级大国，它们将自己锁定在一场长达 40 多年的军备竞赛中，其结果对双方都毫无益处。又如，各国的贸易保护主义的永恒倾向等。

但是，无论在自然界还是在人类社会，“合作”都是一种随处可见的现象。那么，问题就出现了：到底是何种机制促使生物体或者人类进行相互合作呢？这个问题的答案大部分归功于美国密歇根大学一位叫作罗伯特·爱克斯罗德（Robert Axelrod）的人。

爱克斯罗德是一个政治科学家，对合作的问题久有研究兴趣。为了进行关于合作的研究，他组织了一场计算机竞赛。这个竞赛的思路非常简单：任何想参加这个计算机竞赛的人都扮演“囚徒困境”案例中一个囚徒的角色。他们把自己的策略编入计算机程序，然后他们的程序会被成双成对地融入不同的组合。分好组以后，参与者就开始玩“囚徒困境”的游戏。他们每个人都要在合作与背叛之间做出选择。

但这里与“囚徒困境”案例中有个不同之处：他们不只玩一遍这个游戏，而是一遍一遍地玩上 200 次。这就是博弈论专家所谓的“重复的囚徒困境”，它更逼真地反映了长期性的人际关系。而且，这种重复的游戏允许程序在做出合作或背叛的抉择时参考对手程序前几次的选择。如果两个程序只玩过一个回合，则背叛显然就是唯一理性的选择。但如果两个程序已经交手过多次，则双方就建立了各自的历史档案，用以记录与对手的交往情况。同时，它们各自也通过多次的交手树立了或好或差的声誉。虽然如此，对方的程序下一步将会如何行动却仍然极难确定。实际上，这也是该竞赛的组织者爱克斯罗德希望从这个竞赛中了解的事情之一。一个程序总是不管对手做何种举动都采取合作的态度吗？或者，它能总是采取背叛行动吗？它是否应该对对手的行动回之以更为复杂的举措？如果是，那会是怎么样的举措呢？

事实上，竞赛的第一个回合交上来的 14 个程序中包含了各种复杂的策略。但使爱克斯罗德和其他人深为吃惊的是，竞赛的桂冠属于其中最简单的策略：“一报还一报”（Tit for Tat）。这是多伦多大学心理学家阿纳托·拉帕波特（Anatole Rappaport）提交上来的策略。“一报还一报”的策略是这样的：它总是以合作开局，但从此以后就采取以其人之道还治其人之身的策略。也就是说，“一报还一报”的策略实行了胡萝卜加大棒的原则。它永远不先背叛对方，从这个意义上来说它是“善意的”。它会在下一轮中对对手的前一次合作给予回报（哪怕以前这个对手曾经背叛过它），从这个意义上来说它是“宽容的”。但它会采取背叛的行动来惩罚对手前一次的背叛，从这个意义上来说它又是“强硬的”。而且，它的策略极为简单，对手程序一望便知其用意何在，从这个意义来说它又是“简单明了的”。

当然，因为只有为数不多的程序参与了竞赛，“一报还一报”策略的胜利也许只是一种侥幸。但是，在上交的 14 个程序中，有 8 个是“善意的”，它们永远不会首先背叛。而且这些善意的程序都轻易就赢了 6 个非善意的程序。为了决出一个结果来，爱克斯罗德又举行了第二轮竞赛，特别邀请了更多的人，看看能否从“一报还一报”策略那儿将桂冠夺过来。这次有 62 个程序参加了竞赛，结果是“一报还一报”又一次夺魁。竞赛的结论是无可争议的。好人，或更确切地说，具备以下特点的人，将总会是赢家：①善意的；②宽容的；③强硬的；④简单明了的。

“一报还一报”策略的胜利对人类和其他生物的合作行为的形成所具有的深刻含义是显而易见的。爱克斯罗德在《合作进化》一书中指出，“一报还一报”策略能导致社会各个领域的合作，包括在最无指望的环境中的合作。他最喜欢举的例子就是第一次世界大战中自发产生的“自己活，也让他人活”的原则。当时前线战壕里的军队约束自己不开枪杀伤人，只要对方也这么做。使这个原则能够实行的原因是，双方军队都已陷入困境数月，这给了他们相互适应的机会。

“一报还一报”的相互作用使得自然界即使没有智能也能产生合作关系。这样的例子很多：真菌从地下的石头中汲取养分，为海藻提供了食物，而海藻反过来又为真菌提供了光合作用；金合欢树为一种蚂蚁提供了食物，而这种蚂蚁反过来又保护了该树；无花果树的花是黄蜂的食物，而黄蜂反过来又为无花果树传授花粉，将树种撒向四处。

更广泛地说，共同演化会使“一报还一报”的合作风格在这个世界上盛行。假设少数采取“一报还一报”策略的个人在这个世界上通过突变而产生了，那么，只要这些个体能互相遇见，足够在今后的相逢中形成利害关系，他们就会开始形成小型的合作关系。一旦发生了这种情况，他们就能远胜于他们周围的那些“背后藏刀”的类型。这样，参与合作的人数就会增多。很快，“一报还一报”式的合作就会最终占上风。而一旦建立了这种机制，相互合作的个体就能生存下去。如果不太合作的类型想侵犯和利用他们的善意，“一报还一报”政策强硬的一面就会狠狠地惩罚他们，让他们无法扩散影响。

现在，对博弈论的研究是如此广泛，以致有些人说最新的经济学和管理科学都已经利用博弈论的理论和工具重写过了。博弈论中有很多有趣而富于哲理的案例，“一报还一报”就是其中的一个。它那种善意、宽容、强硬、简单明了的合作策略无论对个人还是对组织的行为方式都有很大的指导意义。

11.3 博弈论原理在实践中的应用

“囚徒困境”在经济学上有着极其广泛的应用，同时也有力地解释了一些经济现象。比如 OPEC 的成立，本身要限制各石油生产国的产量，以保持石油价格，获取利润。但成员国并不遵守组织的协定，每个成员国都这样想，只要别国不增加产量，自己增加一点点产量对价格没什么影响，结果每个国家都增加产量，造成石油价格下跌，大家的利润都受到损失。当然，一些产量增加较少的国家损失更多，于是也更加大量生产，造成价格进一步下降——结果，陷入一个困境：大家都增加产量，价格下跌，大家再增加产量，价格再下跌，结果陷入了恶性循环。

理论上，几乎所有的卡特尔都会遭到失败，原因就在于卡特尔的协定（类似囚犯的攻守同盟）不是一个纳什均衡，没有成员有兴趣遵守。

那么卡特尔的合作有没有可能成功呢？理论上，如果是无限期的合作，双方可能会考虑长远利益，他们的合作或许是会成功的。但只要是有限次的合作，合作就不会成功。比如合作十次，那么在第九次，博弈参与人就会采取不合作态度，因为大家都想趁最后一次机会捞一把，反正以后我也不会再跟你合作了。但是大家料到第九次会出现不合作，那么就很可能在第八次就采取不合作的态度。第八次不合作会使大家在第七次就不合作……依次一直到从第一次开始，大家都不会采取合作的态度。

公共产品的供给也是一个“囚徒困境”问题。如果大家都出钱兴办公用事业，所有人的福利都会增加。问题是，如果我出钱你不出钱，我会得不偿失，不划算；而如果你出钱我不出钱，我就可以搭便车，占你的便宜。所以每个人的最佳选择都是“不出钱”，结果纳什均衡使得所有人的福利都得不到提高。

还有军备竞赛。冷战期间，各个国家都竞相增加自己的军费预算，如果不搞军备竞赛，而把各自的资源用于民品生产，则各国的社会福利均会相应增加。问题是，如果我只注重民品生产，你增加军费支出，那我就会受到威胁，这样显然对我不利。于是，纳什均衡使得各个国家都大量增加军费预算，结果各个国家的社会福利都变得越来越糟。

经济改革本身也是这样。在许多改革项目中，改革者往往需要付出代价，包括既得利益和风险等，而改革的成果大家分享。结果是，尽管大家都认为改革好，但却很少有人去真正地投入改革之中，于是大家都只好在不满意的体制中继续生活下去。

根据对“囚徒困境”问题的分析，张维迎指出：从“囚徒困境”中我们可以引出一个很重要的结论，即一种制度或体制安排，要发生效力，必须是一种纳什均衡。否则，这种制度安排便不能成立。关于纳什均衡，张维迎指出，纳什均衡其实就是一种僵局，即在别人不动的情况下，没有人有兴趣动。在这里，动就是改变策略或行动方案。

当然，这都只是理论上的分析。在现实中，影响人们决策和态度的因素很多，因此有些博弈的结果并不一定体现为纳什均衡。在国外还曾做过这样一个类似的“囚徒困境”实验，被实验者分别是两个素未谋面的男生和女生。开始，这个男生每次都选择“坦白”，这是符合纳什均衡的。后来实验者有意安排了一次喝咖啡的机会，使男生发现自己的对手是一个漂亮的女生。结果以后的测验中，男生每次都选择不坦白以获取女生的好感。

不过，不管怎样，博弈论都是一个强有力的分析工具。现在，它不仅在经济学领域得到广泛应用，在军事、政治、商业、社会科学领域以及生物学等自然科学领域都有非常重大的影响，工程学中如控制论工程更是少不了它。这里举的例子，只是帮助大家形成博弈论的基本概念，实际上它是非常精深的。现在与它紧密联系的经济学分支是信息经济学。信号游戏、拍卖形式、激励机制、委托人—代理人理论和公共财政学是博弈论和信息经济学研究的重要课题。实际上，日常生活中的一切，均可从博弈论得到解释，大到北约轰炸南联盟，小到今天早上你突然咳嗽了几声。

可能你觉得，北约轰炸南联盟用博弈论来分析是可以的，但对自己早上咳嗽也可以用博弈论来理解觉得不可思议，因为自己就一个人，和谁进行游戏？其实并非只有你一人，还有一个叫作“自然”的“人”，你在同它进行游戏。“自然”现在有两种策略，让你生病或不生病。你咳嗽了，你就不得不根据自己咳嗽的信息判断“自然”的策略，然后采取对应的策略。“自然”采取让你生病的策略，你就采取吃药的策略来对付；“自然”采取不让你生病的策略，你就采取不予理睬的策略。看，这不就是一场你和“自然”进行博弈的游戏吗？

“自然”是研究单人博弈的重要假定。比如，一个农夫种庄稼也是同“自然”进行博弈的一个过程。“自然”的策略可以是：天旱、多雨、风调雨顺。农夫对应的策略分别是：防旱、防涝、放心地休息。当然，“自然”究竟采用哪种策略并不确定，于是农夫只有根据经验判断（或根据气象预报）来确定自己的行动。如果估计今年的旱情较重，就可早做防旱准备；如果估计水情严重，就早做防涝准备；如果估计是风调雨顺，农夫就可以悠闲地东转转西走走了。又如，农夫该在土地上种小麦还是水稻？这也是一个同自然进行博弈的游戏。“自然”可以选择小麦卖高价还是水稻卖高价，农夫则根据对“自然”可能行动的猜测来确定自己的行动。与一般的博弈不同的是，不管“自然”采取何种策略，也不管农夫采取何种策略，“自然”的支付（或得益）都是为 0 的。

11.4 生活中的其他案例

生活中更多的游戏不是单人博弈，而是双人或多人的博弈。比如：商场谈判、政治斗争、夫妻吵架、恋爱结婚……都是这类博弈。

11.4.1 智猪博弈

再给大家介绍一个有趣的“智猪博弈”的例子。它出自张维迎教授的《博弈论与信息经济学》，讲的是猪圈里有一头大猪和一头小猪，猪圈的一头有一个饲料槽，另一头装有控制饲料供应的按钮，可由大猪或小猪按下。按一下按钮就会有 10 单位饲料进槽，但谁按谁就要付出 2 单位的成本，比如体力的消耗等。若大猪先到，大猪吃到 9 单位，小猪吃到 1 单位；若同时到，大猪吃 7 单位，小猪吃 3 单位；若小猪先到，大猪吃 6 单位，小猪吃 4 单位。各种情况组合扣除成本后的赢得矩阵可如图 11-2 所示（每格第一个数字是大猪的得益，第二个数字是小猪的得益）。

		小猪 按	小猪 等待
大猪	按	5, 1	4, 4
大猪	等待	9, −1	0, 0

图 11-2 智猪博弈矩阵

在这个例子中，可以发现，大猪选择按，小猪最好选择等待，大猪选择不按，小猪还是最好选择等待。即不管大猪选择按还是不按，小猪的最佳策略都是等待。也就是说，无论如何，小猪都只会选择等待。在这样的情况下，大猪最好选择按，因为不按的话都饿肚子，按的话还可以有 4 单位的收益。所以纳什均衡是（大猪按，小猪等待）。

这个例子是一个多劳不多得的例子。现实中这种情况是很普遍的，一些努力工作的人和不工作的人所得到的与付出并不相称。例如，股份公司大股东与小股东的关系，大股东承担着监督的职能，他需要收集信息，花费时间，而小股东听从大股东安排。股市上的大户和小户也是如此，大户自己收集信息，进行分析，小户跟大户，则是明智选择。在产品开发过程中，大企业与小企业之间也是如此，大企业拼命地为新产品做广告，小企业则等到产品有了一定知名度后进入市场。改革也有类似的情况，在改革过程中利益的转移必定使一部分人先富起来，一部分人生活水平没有得到改善，前一部分人更有改革的积极性。也就是说，改革往往由“大猪”推动，“大猪”越多，改革速度越快。这个例子很好地解释了“搭便车”行为，本来“大猪”是追求自身的利益，结果给“小猪”也带来了利益，这里的“小猪”是一个典型的“搭便车”者，因为它坐享“大猪”的成果。

在这里我们不难联想到科斯定理，如果我们能够严格界定产权，而不是吃大锅饭，正像这里的大猪和小猪一样，是可以改变这种状况的。比如，如果能以法律的形式规定，大猪按出的饲料归大猪支配，小猪按出的饲料归小猪支配，那么大猪、小猪都存在去按的动力和积极性。相反，产权不清晰，比如吃大锅饭的情况下，结果是不劳有获、劳而少获，有点类似一幅漫画——卖力的驴子挨鞭子（一头驴子拉着一辆车，车上是一个农夫和另外几头瘦弱的驴子，农夫的鞭子总是落在拉车的驴子身上催它快跑；这只驴子并没有错，它遭罪只因为它比别的驴子更强壮）。于是人们工作的积极性没有了。我想，这也是为什么我国改革开放不久，就提出了废除“大锅饭”、砸碎“三铁”（铁饭碗、铁交椅、铁工资）的原因所在了。

11.4.2　夫妻博弈

在“智猪博弈”中，无论大猪采取何种行动，小猪都是采取等待。我们把小猪的“等待”称为“占优策略”（有点“以不变应万变”的意思）。生活中这样的博弈也不少。比如，某一天你觉得应该是你太太的生日，但又不能肯定。如果是太太的生日：①你可以送一束花，太太会特别高兴，你的效用增加5单位；②你不送花，太太会埋怨你忘了她的生日，你的效用降低2单位。如果不是太太的生日：①你可以送太太一束花，太太感到意外的惊喜，你的效用增加3单位；②你不送花，结果生活同往常一样，可视为你的效用增加0。在这个博弈里，我们看到，“自然”可以有两种策略：确定今天是太太的生日或确定今天不是太太的生日，但不论“自然”采取何种策略，你的最好行动都是买花。买花是你的占优策略。博弈矩阵如图11-3所示（“自然”的得益皆为0）。

		自然	
		是生日	不是生日
决策人	买花	5, 0	3, 0
	不买花	−2, 0	0, 0

图11-3　夫妻博弈矩阵

夫妻吵架也是一场博弈。夫妻双方都有两种策略，强硬或软弱（或称鹰派和鸽派）。博弈的可能结果有四种组合：夫强硬妻强硬、夫强硬妻软弱、夫软弱妻强硬、夫软弱妻软弱。至于哪一种是纳什均衡，必须列出其赢得矩阵才可以确定。赢得矩阵不一定非要用量化确定的数字表示，也可以用赢得函数表示。经济学家们常用赢得函数进行讨论。根据生活的实际观察，夫软弱妻软弱是婚姻最稳定的一种，因为互相都不愿让对方受到伤害或感到难过，常常情愿自己让步。动物学的研究有相同的结论，性格温顺的雄鸟和雌鸟更能和睦相处，寿命也更长。夫强硬妻强硬是婚姻最不稳定的一种，大多数结局是负气离婚。夫强硬妻软弱和妻强硬夫软弱是最常见的，许多夫妻吵架都是这样，最后终归是一方让步。

11.4.3　警偷博弈

犯罪和防止犯罪是小偷和警察之间进行博弈的一场游戏。警察可以加强巡逻，或者休息。小偷可以采取作案、不作案两种策略。如果小偷知道警察休息，他的最佳选择就是作案；如果警察加强巡逻，小偷最好还是不作案。对于警察，如果他知道小偷想作案，他的最佳选择是加强巡逻，如果小偷采取不作案，自己最好去休息。当然，小偷和警察都不可能完全知晓对方将采取的行动，因此他们都将估计对方采取某种行动的概率，从而决定自己要采取的行动。结果是，他们将以一定的概率随机地采取行动，这叫“混合策略”。

可以简单地分析一下本例中的混合策略（对数字不感兴趣的读者可以不看下面一段）。图11-4是小偷与警察的赢得矩阵（假定小偷在警察休息时一定作案成功，在警察巡逻时作案一定会被抓住）。

		小偷	
		不作案	作案
警察	巡逻	0, 0	2, −2
	休息	2, 0	−1, 1

图11-4　警偷博弈矩阵

这个矩阵的数字含义可以表示，警察巡逻，小偷不作案，双方都没有收益也没有损失；警察巡逻，小偷作案，警察因抓到小偷受到表彰，得到效用2单位，小偷被判刑丧失效用2单位；警察休息，小偷不作案，警察休息很愉快得到效用2单位，小偷没有收益也没有损失；警察休息，小偷作案，警察因失职被处分而丧失效用 1 单位，小偷犯罪成功获得效用 1 单位。这个博弈是没有纳什均衡的。

但是，如果警察知道小偷以 p 的概率选择作案（不作案概率就为 $1-p$），他该怎样采取自己的行动？对警察而言，巡逻的预期效用为 $0\times(1-p)+2p=2p$，休息的预期效用为 $2\times(1-p)-1\times p=2-3p$。显然，当 $2p>2-3p$ 即 $p>0.4$ 的时候，警察最好选择巡逻；反之 $2p<2-3p$ 即 $p<0.4$ 的时候，警察宁愿选择休息。假设警察应以 q 的概率巡逻（休息的概率就为 $1-q$），那么小偷最好的行动是什么？他作案的预期效用是 $-2\times q+1\times(1-q)=1-3q$，不作案的预期效用为 $0\times q+0\times(1-q)=0$。显然，当 $1-3q>0$ 即 $q<0.33$ 时，他的理性选择是作案，反之不作案。在这个博弈中，警察以 0.33 的概率巡逻 0.67 的概率休息，小偷以 0.4 的概率作案 0.6 的概率不作案构成一个混合纳什均衡。

上述混合纳什均衡可以这样理解，如果警察以高于 0.33 的概率巡逻，小偷最好是躲避起来。小偷一旦躲避，警察就没有收获，于是降低巡逻的概率，于是小偷重新活跃，于是警察又提高巡逻概率……从长期来看，两者的均衡将维持在警察以 0.33 的概率巡逻小偷以 0.4 的概率作案上面。现实中，我们看到，当“严打”的时候（警察出击的概率较高），犯罪分子便收敛一阵（降低作案概率）；“严打”的时期一过，犯罪分子又开始兴风作浪，在不能容忍犯罪分子过分猖狂的时候，警界再次开始严打。

在上述例子中，可能大家觉得警察和小偷都根据一定的概率采取自己的行动不太好理解，那么可以尝试这样理解他们：作案的小偷越多，那么出动的警察将会越多，作案的小偷越少，出动的警察将越少；反过来，出动的警察越多，作案的小偷就越少，出动的警察越少，作案的小偷就越多。极端地假设一个例子（它有助于我们的理解），警局有 100 名警察，犯罪集团有 100 名小偷，那么上例博弈中，警察以 0.33 的概率巡逻而小偷以 0.4 的概率作案这一纳什均衡可以理解为：在巡逻的警察少于 33 人时，犯罪集团最好派 40 名以上的小偷作案；在巡逻警察多于 33 人时，犯罪集团最好派 40 名以下的小偷作案；反过来，犯罪集团派 40 名以下小偷作案，警局最优选择出动 33 名以下的警察；犯罪集团派 40 名以上小偷作案，警局最优选择出动 33 名以上的警察。当然，如果犯罪集团倾巢出动，那么警察的选择也是全部出动，但警察一旦全部出动，小偷最好选择全部不作案，小偷一旦选择全部不作案，警察最好全部选择休息……最后长期的均衡状态是，警局派 33 名警察巡逻，犯罪集团派 40 人作案。这可以解释现实中，为什么警界总安排有巡逻力量，而小偷也总保持一定的作案数量。

11.4.4 其他案例

我们面临的具体生活事件又何尝不是一场博弈呢？我曾经在一次讲课中给某毕业班的学生提到了博弈论的观点（就是运筹学里面非常简单的零和博弈）。下课后，就有一名学生向我“求教”对付“赵老师”的办法。赵老师是分管毕业分配的。这名学生可真有灵性，他已经把博弈论运用到他和决定他前途的赵老师之间了。当时的情况是，赵老师希望该同学及早和用人单位签约（因为赵老师希望早一点把所有同学分配出去以完成任务），而该同学希望等更好的单位。当然，这个博弈中局中人的收益函数我们不能确切地知道，因此它是一个不完全信息的非合作博弈（但不可能是零和博弈），博弈的结果也许还和双方的讨价还价能力有关。我当时给这学生的建议是：你要尽可能了解赵老师的“信息”（即赵的各种真实想法）；你要向赵老师传递强硬的信息（态度坚决）；你要准备充分的理由，增强讨价还价能力。

不但生活中许多事情可以看作一场博弈，整个人生也是一场博弈。这个博弈中的“局中人”一个是你自己，另一个叫作“命运”。你和命运之间在展开一场以一生时间为限的“游戏”。谁输谁赢，取决于你的策略和行动。贝多芬说“我要扼住命运的咽喉”，他成功了。世事纷纭如棋局，你在红尘中的每一步，都像落下一枚棋子，一招失误，并不意味着满盘皆输，只要没有和盘，就不能认输。可惜的是，不少的人，甘听命运摆布。可是也有一些人，奋起与世事抗争。我比较欣赏持这种态度的人：世事我曾抗争，得失不必在我。企业经营也应该有这种精神。

我觉得，不论最后的结果如何，人都应该争取。很多时候我们也需要一种胆识，敢于面对命运的胆识。我们有理由相信，自己会成为游戏的胜利者。该赌一把的时候，不要犹豫，坐失良机。有句歌词兼流行广告说得好：该出手时就出手。只不过，在你所有的人生博弈中，你必须重视“策略”。

11.5 纳什均衡及静态博弈求解

11.5.1 关于纳什均衡

纳什均衡就是博弈的一个均衡解。比如，囚徒困境中的囚徒 A 和 B（坦白，坦白）、智猪博弈中的大猪和小猪（按，等待）等，都是纳什均衡。北京大学的张维迎教授说过，一个纳什均衡就是一个僵局，即给定其他人不动，没有人有动的积极性。具体地说，一个纳什均衡就是博弈中各博弈方都不愿意单独改变策略的一个策略组合。

关于纳什均衡，需要特别注意的是，纳什均衡并不是博弈的最优解，它既不是相对于每一个局中人的最优解，更不是相对于全局而言的最优解。均衡解就是一个稳定解。

任何博弈都至少存在一个纳什均衡。这一点，是由博弈论大师纳什于 1950 年提出的“纳什定理”揭示的。

纳什定理是说，在一个有 n 个博弈方的博弈中，如果 n 是有限的，且每个博弈人的策略集合也是有限的，则该博弈至少存在一个纳什均衡，但可能包含混合策略。

对博弈的求解就是要找出其纳什均衡。对于用双矩阵形式表示的完全信息静态博弈的求解通常可以用画线法、箭头法和严格下策反复消去法等方法进行。

11.5.2 用画线法解静态博弈

画线法解静态博弈的基本原理是，由于每一博弈方的得益都不仅仅取决于自己所选择的策略，还必须看其他的博弈方选择的策略，因此，每个博弈方在决策时必须考虑到其他博弈方的存在和他们的反应，这一点也正是博弈的根本特征。根据这一原理，每一博弈方首先能做的就是针对其他博弈方的每一策略（有多个其他博弈方时，则是他们的每种策略组合），找出自己的最佳对策，即自己所有的可选策略中与其他博弈方的该种策略或策略组合配合时自己得益最大的一种策略（有时可能有几种）。因为这种最佳策略是相比较而产生的，因此总是存在的。例如在囚徒博弈中，对囚徒 A 来说，假设囚徒 B 的策略是不坦白，则囚徒 A 不坦白得益为 -1，坦白得益为 0，最佳策略就是坦白，在图 11-5 中囚徒 A 坦白、囚徒 B 不坦白策略组合所对应的囚徒 A 的得益 0（矩阵左下角数组中第一个数字）的下边画一短线，表示这是囚徒 A 在囚徒 B 选择不坦白时的最大得益。同样，找出囚徒 B 选择坦白时，囚徒 A 的最佳策略，结果发现也是坦白，其最大得益为 -5（矩阵右下角数组中第一个数字），也在其下画一短线。囚徒 B 的决策思路与囚徒 A 是同样的，因此也在他针对囚徒 A 不坦白、坦白两种策略时的两个最佳策略给他带来的最大得益 0 和 -5 下画上短线，如

		囚徒B 不坦白	囚徒B 坦白
囚徒A	不坦白	-1, -1	-10, 0
	坦白	0, -10	-5, -5

图 11-5 囚徒博弈的解

图 11-5 所示。这样，在得益矩阵的四个得益数组中，对应（不坦白、不坦白）的得益（ -1， -1）两数下都没有画上线，这就意味着该策略组合中两博弈方的策略都不是各自针对另一方策略的最佳对策，也意味着该策略组合不可能是最后的结果。在两个一方坦白、一方不坦白的策略组合对应的得益数组中，都只有一个数字下画有短线，即只有一方的策略是对另一方策略的最佳对策，而另一方的策略却并不是针对对方策略的最佳对策，因此这两个策略组合也不可能是双方都愿意接受的结果。只有双方都坦白策略组合对应的得益数组（ -5， -5）的两数字下都画有短线，这意味着双方的坦白策略都是相对于对方策略的最佳策略，而（ -5， -5）就是双方策略相对于对方策略的最佳策略时的策略组合的双方得益。在本博弈中，（ -5， -5）所对应的策略组合（坦白，坦白）是唯一的由相互应对对方策略的最佳策略组成的策略组合，因此容易理解它肯定是该博弈的具有稳定性的解，这也就是纳什均衡。

上述通过在每一博弈方针对对方每一策略的最大可能得益下画线以求解博弈的方法，称之为“画线法”。画线法是一种非常简便的方法，对于能用得益矩阵表示的静态博弈，都可以应用这种方法，但是否能得到确定性的解就要看是否存在如上述囚徒博弈中一样唯一的每一得益数字下都画有短线的得益数组了。

图 11-6 给出了“智猪博弈”的短线解，其均衡解为（按，等待）。而对于“警偷博弈”，由图 11-7 不难看出，在纯策略条件下没有均衡解，故双方只能使用以一定概率表示如第 11. 4. 3 节所给出的混合解。对于“夫妻博弈”来说，由于局中人Ⅱ即自然的得益在各种情况下均为 0，因而不宜采用这一方法求解。

		小猪	
		按	等待
大猪	按	5, 1	4, 4
	等待	9, −1	0, 0

图 11-6 “智猪博弈”的短线解

		小偷	
		不作案	作案
警察	巡逻	0, 0	2, −2
	休息	2, 0	−1, 1

图 11-7 “警偷博弈”的短线解

11. 5. 3 用箭头法解静态博弈

除了用上述画线法寻找博弈中具有稳定性的策略组合以求解博弈以外，还可以用“箭头法”做同样的工作。

箭头法的思路是对于博弈中的每个策略组合，判断各博弈方能否通过单独改变自己的策略而改善自己的得益，如能，则从所考察的策略组合的得益引一箭头到改变策略后的策略组合对应的得益。这样对每个可能的策略组合都考察过以后，根据箭头反映的情况来判断博弈的结果。这里仍用画线法所用的几个博弈作为例子。

在囚徒困境的博弈中有四个策略组合，可从任一策略组合开始考察。先看策略组合（不坦白，不坦白）。在该策略组合时，囚徒 A 和囚徒 B 都会发觉，如果自己单独改变策略就能增加自己的得益（从 -1 到 0）。因此，囚徒 A 会改变自己的策略，使策略组合从原来的（不坦白、不坦白）变为（坦白，不坦白），用一个从前一个策略组合的得益数组指向后一策略组合的得益数组的箭头表示这种倾向，即图 11-8 中从（ -1， -1）指向（0， -10）的箭头。同样，囚徒 B 也想单独改变自己的策略以改善自己的得益，使策略组合从（不坦白，不坦白）变为（不坦白，坦白），同样也用一个从前者得益指向后者得益的箭头表示这种倾向，即图 11-8 中上面一个水平箭头。

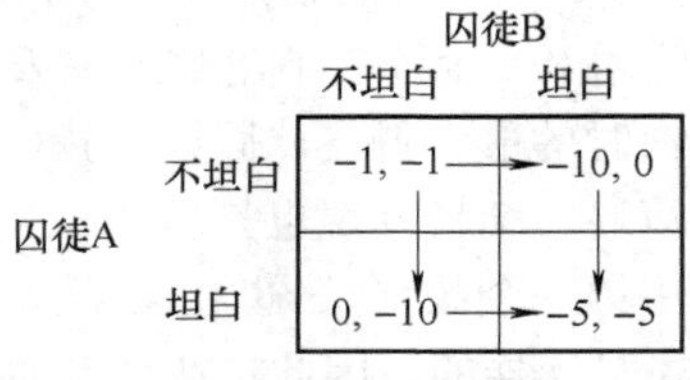

图 11-8 囚徒博弈的箭头解

这说明策略组合（不坦白，不坦白）绝不可能是稳定的。在策略组合（坦白，不坦白）的情况下，囚徒 A 当然很满意自己的得益，不会有任何改变自己策略的想法，但囚徒 B 却会发觉改变策略可以大大改善自己的得益（从 -10 到 -5），因此他必然要改变策略，使策略组合从（坦白，不坦白）变为（坦白，坦白），用从前者得益指向后者得益的水平箭头表示这种倾向。在（不坦白，坦白）策略组合下，则是囚徒 A 要改变策略，相对应地可用一从该策略组合得益指向（坦白，坦白）得益的垂直箭头表示。最后，在（坦白，坦白）策略组合下，哪个博弈方单独改变策略都是不合算的（得益会从 -5 降为 -10），因此不会有任何指离该得益的箭头而只有指向该处的箭头，它就是该博弈中唯一稳定的策略组合，也正是该博弈的解，这与用画线法得出的结果是一致的。这种通过反映各博弈方选择倾向的箭头寻找稳定性的策略组合来求解博弈的方法称为“箭头法”。

用箭头法得到的“智猪博弈”和“警偷博弈”的结果如图 11-9 和图 11-10 所示。不难看出，“智猪博弈”的解是（按，等待），它没有指出的箭头。而“警偷博弈”没有纯策略意义下的解，因为每一策略组合都有指出的箭头。

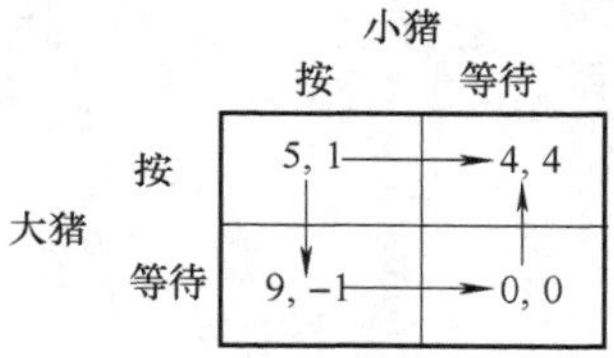

图 11-9　“智猪博弈”的箭头解

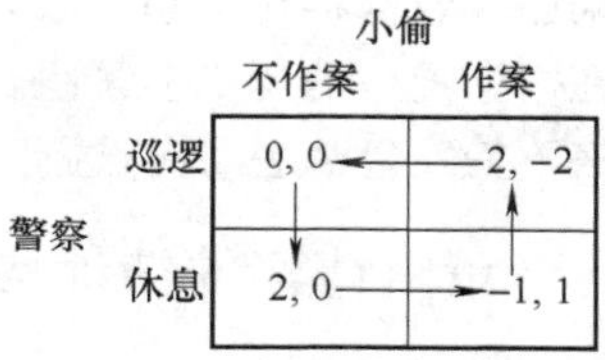

图 11-10　“警偷博弈”的箭头解

11.5.4　优超现象和严格下策反复消去法

在博弈中，任何博弈方都可能会存在这样的情况：不管其他博弈方的策略如何变化，自己的某一策略给他带来的得益总是比其他某些策略（不必是全部）给他带来的得益要大，该“某一策略”称为相对于“其他某些策略”的“占优策略”，也称之为“严格上策”。而相反的，如果某一策略给他带来的得益总是比其他某些策略给他带来的得益要小，该“某一策略”就称为相对于“其他某些策略”的“严格下策”。在博弈中，这种某一策略相对于另一策略占优的现象，称之为优超现象。

当然，对于一个明智的博弈方来说，在博弈中绝不可能选择任何“严格下策”，也就是说，如果我们通过比较发现某个博弈方的某策略是相对于他的其他某些策略的严格下策，则理智的做法是，可以将它从该博弈方的策略空间中去掉。这样就只需要在剩下的较小的策略空间中进行选择了。在该博弈方剩余的策略空间和其他博弈方的策略构成的策略组合中，可以检查是否还存在严格下策，如有，则再将其从相应博弈方的策略空间中去掉。如此反复，直到找不出任何严格下策。如果最后只有唯一的一个策略组合幸存下来，则容易理解它一定就是该博弈的解。这种求解博弈的方法称为“严格下策反复消去法”。

在囚徒困境中，很容易发现，无论对囚徒 A 还是囚徒 B，不坦白都是相对于坦白的严格下策。因为不论是从行（对囚徒 A）还是从列（对囚徒 B）来看，都明显地存在着某一行得益（第二行）或某一列（第二列）得益大于另一行（第一行）得益或另一列（第一列）得益的现象。将不坦白从他们的策略空间中去掉，剩下的唯一的策略组合为（坦白，坦白）。这也就是博弈的解，也正是前面用画线法和箭头法找出来的纳什均衡。反复消去法也可以用画线的方式在双矩阵中反映出来，如图 11-11 所示。

而对于“智猪博弈”来说，则是首先对于小猪而言，第二列优超于第一列。因此可划去第一列。对于大猪而言，原双矩阵不存在优超现象。在去掉第一列之后剩下来的矩阵中，对于大猪而言，无疑按要优于等待，即等待为严格下策。所以，最终的纳什均衡为（按，等待），即大猪按，小猪等待，如图 11-12 所示。

这种严格下策反复消去法在对于较大的双矩阵的求解中经常会用到。

根据博弈论的理论，如果一个博弈中的每一个博弈方都存在着严格上策，那么所有博弈方的严格上策组合也一定就是该博弈的唯一的均衡解，这一均衡解也就是该博弈的纳什均衡，反之则不成立。亦即，存在严格上策的博弈一定可以通过严格下策反复消去法找到博弈的纳什均衡，反过来有均衡解的博弈未必一定都存在优超现象。博弈论还指出，如果一个博弈存在一个唯一的严格上策组合，那么该组合一定不会在使用严格下策反复消去法时被删除。

		囚徒B 不坦白	囚徒B 坦白
囚徒A	不坦白	−1, −1	−10, 0
囚徒A	坦白	0, −10	−5, −5

图 11-11　囚徒困境的消去法解

		小猪 按	小猪 等待
大猪	按	5, 1	4, 4
大猪	等待	9, −1	0, 0

图 11-12　“智猪博弈”的消去法解

11.5.5　混合策略博弈的纳什均衡

从图 11-10 中的箭头所示方向可知，“警偷博弈”没有双方都能接受的属于纳什均衡的策略组合。可以这样来理解这种情况及其意义：设小偷选择不偷（不作案），警察自然是休息比较合算；而当警察偷懒睡觉时，小偷则是不偷白不偷，当然是选择去偷（作案）；当小偷选择偷的策略时，那么对警察来讲最好的策略选择便应该是巡逻，这样可以抓住小偷完成自己的职责；但当警察选择巡逻时，小偷的正确选择便是不偷而不是偷……上述这样一环套一环的因果循环永远不可能停止，无论从哪里开始结果都是一样。这就像猜硬币游戏一样，一个人手中握有一枚硬币，要另一个人猜是正面或反面。规定猜中猜者赢盖者输，猜不中盖者赢猜者输。两个博弈人其中任何一个只要知道对手的策略，也就不难确定自己的最优对策。也就是说，在这种情况下，两个博弈方之间的利益是始终都不会一致的。

用博弈论的术语来说，在这一类博弈中不存在任何纯策略意义下的纳什均衡。因为无论是哪一个纯策略组合都是一方赢另一方输，而且输的一方又总是可以通过单方面地改变自己的策略而反输为赢。很显然，对于这一类博弈问题，只要博弈的一方能确知另一方的策略，那么他就一定不难选择自己的策略或行为并使自己立于不败之地。因此，就引出了在这种博弈中各博弈方决策取胜的第一个原则：自己的策略选择千万不能预先被另一方侦知或猜到。例如在猜币游戏中，如果盖硬币方所出的面预先被猜硬币方知道或猜中，则猜硬币方只要猜与盖硬币方所出相同的面就保证赢。反过来，如果猜硬币方准备猜的面被盖硬币方预先知道或猜到，则盖硬币方可出与将猜的面相反的面而立于不败之地。因此，保持秘密，不让其他博弈方事先了解自己的选择在这种博弈中是首要的原则，除非存心要自找失败或使自己总处在不利的地位。这一点与存在纯策略意义下纳什均衡的博弈有本质的区别。

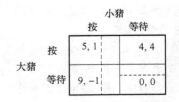

从上述原则再推论下去可知道，在该博弈的多次重复中，每一博弈方一定要避免自己的选择带有任何的规律性，因为一旦自己的选择有某种规律性并被对手发觉，则对手可以根据这种规律性判断出自己的选择，从而对症下药选择策略，使自己屡战屡败。假如你是盖硬币一方，若你总是一次正面、一次反面轮流地出，则猜硬币方就可以根据你前一次的策略轻易猜中你本次

会出哪一面，这样当然你就只输无赢了。这就是说每一博弈方必须随机地选择自己的策略，这是从第一个原则导出的随机选择原则。在这个猜硬币博弈中，两个博弈方正确的决策方法都是将自己当作一台抽签的机器，即随机地或者按照一定的概率来选择每一个纯策略。也就是说，必须按照一定的概率混合地选择策略集合中的任一策略。这也正是之所以把这一类博弈称作混合策略博弈的道理。

那么，每一个博弈方究竟以什么样的概率选择自己的每一个纯策略更好呢？这就引出了混合策略博弈的第二个原则，这就是要使他们选择每种策略的概率一定要恰好让对方无机可乘，即让对方无法通过有针对性地倾向某一策略而在博弈中占上风。说得更明白一些，即任何一个博弈方究竟应该以什么样的概率选择自己的每一个纯策略，其原则应该是这一概率组应该能够使得对方对他的每一个纯策略的选择持无所谓态度，也就是要使得对方的每一个纯策略的预期收益或赢得期望值相等。

		博弈方乙 C	博弈方乙 D
博弈方甲	A	2, 3	5, 2
博弈方甲	B	3, 1	1, 5

图 11-13 一个混合策略博弈

以图 11-13 中的博弈为例。设博弈方甲选 A 的概率为 p，选 B 的概率为 $(1-p)$；博弈方乙选 C 的概率为 q，选 D 的概率为 $(1-q)$。根据上述第二个原则，博弈方甲选 A 和 B 的概率 p 和 $(1-p)$ 一定要使博弈方乙选 C 的期望得益和选 D 的期望得益相等，即

$$p\times 3+(1-p)\times 1=p\times 2+(1-p)\times 5$$

简化后可得 $5p=4$，即 $p=0.8$，$1-p=0.2$，这就是博弈方甲应该选择的混合策略。同理，博弈方乙选择 C 和 D 的概率 q 和 $1-q$ 也应使博弈方甲选择 A 的期望得益和选择 B 的期望得益相等，即

$$q\times 2+(1-q)\times 5=q\times 3+(1-q)\times 1$$

简化后得到 $5q=4$，即 $q=0.8$，$1-q=0.2$，这就是博弈方乙的混合策略。这样，该博弈中，博弈方甲以（0.8，0.2）的概率随机选择 A 和 B，博弈方乙以（0.8，0.2）的概率随机选择 C 和 D，由于这时谁都无法通过改变自己的混合策略（概率分布）而改善自己的得益（期望得益），因此这样的混合策略组合是稳定的，是一个混合策略纳什均衡。该混合策略纳什均衡的期望结果（即双方的期望得益）分别为 2.6：

$$E(\text{甲})=0.8\times 0.8\times 2+0.8\times 0.2\times 5+0.2\times 0.8\times 3+0.2\times 0.2\times 1=2.6$$
$$E(\text{乙})=0.8\times 0.8\times 3+0.8\times 0.2\times 2+0.2\times 0.8\times 1+0.2\times 0.2\times 5=2.6$$

11.5.6 反应函数法

实际上，纳什均衡就是由各个博弈方对其他博弈方的最佳反应所构成的一组策略。在分析古尔诺模型时，为了找到纳什均衡，其实已经用过这样的思路；每一方针对对方的每种策略（产量）都可以找出一个最佳反应策略。在双方的无数个反应策略中的交叉点就构成了纳什均衡。实际应用中，很容易将该思路进一步推广到一般情况。对一个一般的博弈，只要得益是策略的多元连续函数，则可以通过一定的方式（比如通过求极值的方法）求得每个博弈方针对其他博弈方所有策略的最佳反应构成的函数，称为“反应函数”。而各个博弈方反应函数的交点（如果存在的话）就一定是纳什均衡。

例如在讨论过的两寡头古尔诺模型中，对厂商 2 的任意产量 q_2，厂商 1 有反应函数：

$$q_1=f_1(q_2)=3-\frac{1}{2}q_2$$

这是通过令利润函数 R_1 的导数等于 0 求得的。同样的，厂商 2 对厂商 1 的产量 q_1 的反应函数为

$$q_2=f_2(q_1)=3-\frac{1}{2}q_1$$

这两个反应函数都是线性函数，可以用平面上的两条直线表示它们，如图 11-14 所示。

从图 11-14 中可以看出，当一方的产量选择为 0 时，另一方的最佳反应为 3。这正是前面说到的实现总体最大利润的产量，因为一家产量为 0，就意味着另一家垄断市场，市场总体利益与独家垄断的利益是一致的。当一方的产量达到 6 时，另一方则被迫选择 0，因为实际上这时坚持生产已完全无利可图。在两个反应函数对应的两条直线上，只有它们的交点 E（2，2）才是由每一方对对方的最佳反应的产量（策略）构成的，R_1上的其他所有点，都只是 q_1对 q_2的最佳反应，在这条线上 q_2并不是对 q_1的最佳反应，而 R_2 上的点正好相反。根据纳什均衡的定义，点 E（2，2）就是该古尔诺模型的纳什均衡，并且因为它是唯一的一个，因此也是博弈的解。这种利用反应函数求解博弈的方法就称作“反应函数法”。

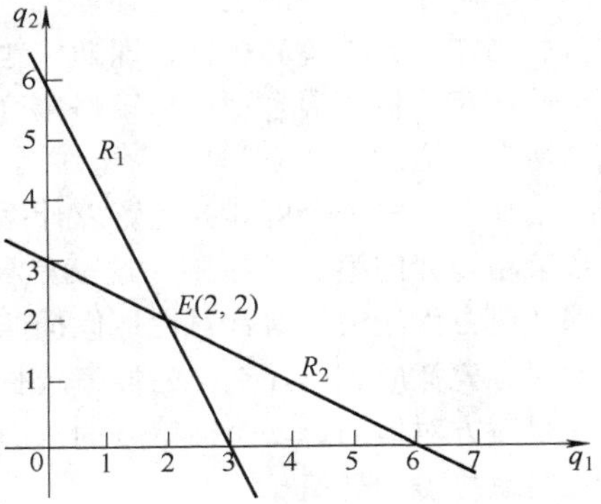

图 11-14　古尔诺模型的反应函数

由图 11-14 不难看出，纳什均衡实际上也就是两个反应函数的等值点。

在公共资源利用问题中各方的反应函数有三个：

$$q_1 = f_1(q_2, q_3) = 48 - \frac{1}{2}q_2 - \frac{1}{2}q_3$$

$$q_2 = f_2(q_1, q_3) = 48 - \frac{1}{2}q_1 - \frac{1}{2}q_3$$

$$q_3 = f_3(q_1, q_2) = 48 - \frac{1}{2}q_1 - \frac{1}{2}q_2$$

这三个函数分别为三个反应平面。令这三个函数两两相等，可得到公共解为（24，24，24）。

反应函数法的概念和思路可以应用到一般的无限多种策略博弈的求解中，这一方法使得这些博弈问题的求解简洁明了。

应用案例讨论

静态博弈在现实生活中的例子有很多，举不胜举。结合本章的学习，请同学们模仿本章中讲到的各种囚徒困境博弈、智猪博弈、警偷博弈和夫妻博弈等实例，自编一个博弈故事，构造一个双矩阵博弈模型，说明现实生活中的道理。大家比比看，看谁编的故事最好，构造的模型最精练，说明的道理最具真理性。要求：

（1）两个局中人必须是具有确切的竞争关系或博弈关系的。

（2）两个局中人各自的策略集合中的策略必须是切实可行的。

（3）赢得函数的大小必须是符合实际和恰当的。

教学过程中教师可根据实际留出 2h，组织学生进行讨论，并由教师进行现场点评，可收到很好的教学效果。

参考案例：

（1）彭鹏，赵东风．基于完全信息静态博弈论的工程安全监管分析［J］．大连交通大学学报，2014（1）．

（2）韩正华，周渝慧．博弈论在电力市场中的应用［J］．华北电力技术，2006（3）．

（3）王剑辉，等．不完全信息静态博弈在发电商报价策略研究中的应用［J］．现代电力，2004（2）．

（4）石英．完全信息静态博弈在银行监管中的应用［J］．财政金融，2007（7）．

（5）刘红英．中国工业企业技术创新低效率的博弈论分析——基于完全信息静态博弈［J］．韶关学院学报社会科学版，2011（5）．

（6）熊博．转让定价的博弈论分析——基于完全信息下的静态博弈视角［J］．中国外资，2011（10）下．

（7）冯荷英，孙艺嘉．三种基本完全信息静态博弈模型在上市公司中的应用［J］．云南农业大学学报，2013（2）．

习题与讨论

1. 什么是博弈论？其基本要素是什么？什么是纳什均衡？

2. “囚徒困境”说明了什么道理？从中得出的经济学结论是什么？“囚徒困境”可用来解释哪些经济现象？

3. 智猪博弈、夫妻博弈、警偷博弈分别说明了什么道理？

4. 试分别应用画线法、箭头法和消去法求解图 11-15 的双矩阵博弈。

5. 在如图 11-16 所示的博弈矩阵中，哪些策略组合会被严格下策反复消去法消去？哪些策略组合会形成纯策略纳什均衡？有没有混合策略均衡？如有，应该是什么样的？在混合策略下博弈的值应该是多少？

	L	R
U	6, 4	5, 0
D	0, 3	0, 0

图 11-15　习题 4 的矩阵

	L	C	R
T	2, 0	1, 1	4, 2
M	3, 4	1, 2	2, 3
B	1, 3	0, 2	3, 0

图 11-16　习题 5 的矩阵

6. 先检查图 11-17 所示两个博弈矩阵有没有纯策略纳什均衡，然后求其混合策略纳什均衡及其博弈值。

7. 请把“空城计”中诸葛亮与司马懿的博弈情形用双矩阵形式表示出来，或者根据你自己的生活经历自行编制一个用双矩阵形式表示的静态博弈问题。

8. 试用反应函数法寻找如图 11-18 所示博弈矩阵的纳什均衡，并用代数方法即求导的方法进行验证。

	L	R
T	2, 1	0, 2
B	1, 2	3, 0

	L	C	R
U	0, 0	4, 5	5, 4
M	5, 4	0, 0	4, 5
D	4, 5	5, 4	0, 0

图 11-17　习题 6 的矩阵

	L	R
T	3, 1	0, 0
B	0, 0	1, 4

图 11-18　习题 8 的矩阵

第 12 章 最优化方法简介

12.1 最优化方法概述

12.1.1 最优化方法分类

最优化，顾名思义，就是关于如何追求和实现最优目标和结果的学问。在现实生活中，做很多事情都存在着一个多方案选择的问题。最优化就是研究如何从所有可能的方案中选择最合理的一种以实现最优目标的科学。能实现最优目标的方案就是最优方案，搜寻最优方案的方法就是最优化方法，研究这种方法的数学理论就是最优化理论。

凡是追求最优目标的数学问题都属于最优化问题。作为最优化问题，至少应具有两个要素：一是有一个可追求的明确目标；二是具有多个可能的方案。而且，前者总是后者的“函数”。

最优化方法是运筹学研究中一个专门的领域。首先根据目标函数是否与时间有关，最优化问题有动态最优化问题和静态最优化问题。动态最优化与时间有关，如动态规划；静态优化与时间无关。其次，根据目标函数是否受制于一定的约束，最优化问题通常分为有约束最优化问题和无约束最优化问题两大类；如数学规划方法均属于有约束最优化，而一般的极值方法（微分法）属于无约束最优化方法。无约束最优化问题又有一维问题和多维问题之分。有约束最优化问题又分为线性规划和非线性规划等，如图 12-1 所示。

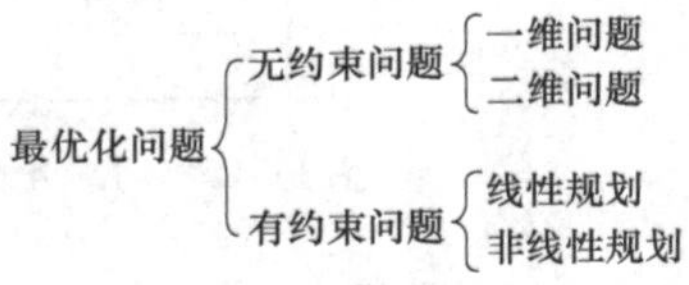

图 12-1 最优化方法分类

1. 无约束最优化和有约束最优化

如果变量的取值不受限制，即目标函数的求解没有约束条件，就是无约束最优化问题。无约束最优化问题的一般数学表达式可写为

$$\text{opt}\, f(x),\ x \in R^n$$

其中，opt 根据实际问题的要求，可以是 max 或 min，R^n 表示 n 维实数空间。无约束最优化问题的求解比有约束的最优化问题要容易得多。一般可采用基本下降法、共轭梯度法、变尺度法和直接搜索法等方法求解。

对于大多数工程优化问题来说，变量的选择往往受到许多约束的限制，比如油田开发中钻井液的密度、油气集输中的掺水温度等，都常常受到技术方面的一些限制，这就是所谓的有约束最优化问题。通常数学规划所研究的问题，如线性规划、非线性规划、整数规划、动态规划等都属于有约束最优化问题。求解有约束的最优化问题比无约束的最优化问题要困难得多。这是因为在求解的过程中，不仅要使目标函数得到改善，而且还要保证解的可行性。为此，通常就需要一些简化策略，比如可在当前设计点，将原问题化为近似的较简单的问题，或将有约束的最优化问题设法化为一系列的无约束最优化问题来求解等。

2. 线性最优化与非线性最优化

线性最优化也称作线性规划，是指目标函数和约束方程都是决策变量的线性函数。如果目标函数和约束方程中存在决策变量的非线性函数，则称作非线性最优化或非线性规划。线性规划通常可以看作非线性规划的特例。

在实践中关于线性规划的理论研究与应用都已经十分成熟。事实上，正是由于线性规划研究成果的不断成熟才推动了其他数学规划方法研究的不断进步。一般来说，非线性规划的求解通常比线性规划问题要困难得多，这是显而易见的，尤其是非线性规划的求解不像线性规划有单纯形方法那样的通用方法可以使用，非线性规划目前还没有适用于各种问题的一般算法，各个方法的使用都有自己特定的适用范围，因此，通常就需要采取一些近似策略来克服求解上的困难。比如，可以在当前设计点处，将函数展开成线性函数或二次函数，然后再求解这个较为简单的子规划问题，以便得到一个改进的解。

非线性最优化比线性最优化具有更广泛的实际应用。比如石油工程中的许多最优化问题都属于非线性最优化问题，如集输参数优化、钻井参数优化及井架结构优化等，都是非线性的。

3. 多目标最优化与单目标最优化

单目标最优化是指优化中的目标函数只有一个，而在实际应用中，要求的目标函数往往不止一个，而是多个，这就是所谓的多目标最优化问题，目标规划的研究对象就是多目标最优化问题。显然，单目标最优化应该属于多目标最优化的特例。

一般来说，单目标最优化问题的解应该是唯一的，而在多目标最优化问题中，各个目标函数通常可能是互相冲突的、不协调的，这就造成了多目标最优化往往不一定有绝对的最优解，只有“有效解”。对于有效解集中的各个解，在没有确定一种评价准则的前提下，一般对它们的最优性无法进行评价。而这种评价准则的确定往往带有不确定性，它与当事人的主观意向和决策面临的条件有关，决策者无法事先给出这些准则。事实上，如果能够事先给出这些准则，就完全没有必要进行多目标最优化。进行多目标最优化的意义就在于，要为决策者提供多目标条件下进行多种方案选择的准则。

4. 确定型最优化和非确定型最优化

确定型最优化是指构成最优化问题的条件、因素等都是确定的，这类问题可以用经典的数学手段得到解决。非确定型最优化问题是指决定最优化过程的有关因素和条件等都是不确定的，在工程问题的最优化中，大量的问题都是不确定的，这种不确定性主要有两种类型：一是随机性因素，比如石油工程优化中钻头的磨损系数、设备材料的抗力等；二是模糊性因素，比如油田系统中的集输温度、压力的限制条件都具有模糊性。随机性问题在最优化中主要体现为可靠性优化问题。对于模糊性问题的研究，需要借助模糊数学的方法，求解模糊条件下的最优化问题。模糊最优化问题也即在已知模糊目标集和模糊约束集的条件下求解最优方案的问题。由于目标函数和约束的模糊性，模糊最优化问题的解也不是唯一的。在确定了隶属函数后，它的解由模糊优越集给出，从中可以求得一个特定的解，这常常涉及对目标和约束重要性的评价。

5. 连续变量最优化与离散变量最优化

连续变量最优化是指优化变量在允许范围内是连续变化的，而离散变量最优化是指优化的变量是从一个有限的离散集合中取值。求解离散变量的最优化问题比求解连续变量的最优化问题往往要困难得多，难就难在它使得比较成熟有效的连续变量优化方法难以施展。

一般来说，这两类问题有着相当不同的特色，因此求解的方法也是完全不同的。离散变量的最优化问题的求解，从某种意义上讲，多数都是从二者的分界线处入手的。

按照最优化问题求解的方法，最优化方法通常还可以分为解析方法和直接方法两大类。解析方法是主要利用函数的分析性质构造迭代公式，使之最终收敛到极值和极值点。直接方法一般对函数的分析性质没有特殊要求，而主要是根据一定的数学原理，使用尽量少的计算量，通过直接比较函数值的大小，来确定极值点的位置的一种方法。

本章仅对最优化方法做一初步介绍，目的在于引起读者这方面的兴趣。

12.1.2 最优化设计

把最优化方法具体应用于实际的工程问题之中，就叫作最优化设计，也叫作最优化技术。

20 世纪 50 年代以前，求解最优化问题的数学方法只限于古典求导方法和变分法，或用拉格朗日乘子法求解等式约束下的条件极值问题。用这类方法求函数的极值称为古典最优化问题。随着科学技术的发展，许多优化问题已无法用古典方法来解决。50 年代初期，库恩（H. W. Kuhn）和塔克（A. W. Tucker）首先在理论上取得了突破性成果。他们推导出了不等式约束条件下的非线性最优化的必要条件，即 Kuhn-Tucker 条件，形成了现代最优化技术的理论基础。在此后的 10 年中，计算机技术得到了迅速的发展，它为最优化技术的发展提供了有效的技术手段，从而使得最优化技术获得了十分迅速的发展。

现代最优化设计正是在计算机广泛应用的基础上发展起来的一项新兴技术。它根据最优化理论综合各方面的因素，在计算机上进行自动设计或交互式设计，以确定最优的设计方案。设计的宗旨就是实现费省效宏，设计的手段是电子计算机及其有关的软件，设计方法就是最优化的数学方法，这种方法的威力就在于不必对全部可能的方案进行试算，就能确定最佳的结果。一般来说，对于实际的工程设计问题，所涉及的因素越多、越复杂，最优化设计的效果也就越明显。

最优化设计一般分为以下五个阶段：

1. 形成问题

形成问题是最高层次的决策问题。比如石油工程优化中要设计一个集输管网系统，首先要决定的是使一次性投资最低，还是在今后若干年内运行费用最低？是采用环状管网，还是采用树状管网？只有决定了这些问题后，才能进行具体的设计。形成问题很费时间，但它在整个研究工作中却是最为重要的一个阶段。显然人们不希望花费巨大的精力去解决一个错觉的问题。

2. 建立模型

建立模型就是用一个数学模型代替真实的系统。它包括：确定一组可调节变量（称为设计变量）；确定设计必须满足的若干个等式或不等式的约束条件；确定系统性能的评价指标，它应该是设计变量的函数。通常希望设计变量能有确定的取值，以使效能指标达到最优化。

3. 求解模型

求解模型就是根据模型的数学结构和特点选择恰当的最优化数学方法解出模型的最优值。工程最优化设计中经常用到的是迭代法。所谓迭代法，就是用某种办法找出一个试探解，然后检验它是否为最优解；如不是最优解，则根据有关信息，求得一个新的可能解，它比原先的解应有所改进，至少应该一样好。重复这一过程，直到求得一个最优解为止。

4. 检验模型

由于意想不到的疏忽，可能给模型带来某种缺陷。比如模型的数学结构可能有错，模型中的参数可能出错，一些重要的变量未能进入模型等。检验模型就是根据由模型求出的解来实际运行真实的系统，这样就能相当有效地对模型的结构及一些基本参数进行检验。但是，这未必总能办得到，在这种情况下，就必须将系统过去的性能与对模型所做的预计做一比较。

5. 应用模型

投入应用的解应适合于正在研究的那个系统的目前状况。许多情况随着时间的推移往往会发生变化。因此，在试图将求得的解付诸实施时，对原来的数据和假定全部加以检验是完全必要的。

一般说来，这五个阶段不能截然分开，在某种程度上，各阶段之间是相互影响的，在时间上也可以是彼此重叠的。比如，建立数学模型常常要受到现有求解手段的影响；而形成问题并不是一次完成的；在后面几个阶段进行的同时，形成问题本身却需再三地进行。

12.1.3　最优化模型的建立

最优化问题的数学模型一般都由设计变量、目标函数和约束条件三部分构成。这些要素在数学规划中都会得到完整的体现。数学模型只是真实系统的替代物，它的好坏直接影响到最优化设计的质量。因此，要构造一个好的模型，必须按照以下原则进行：

（1）用简单模型能够解决的问题不要建立复杂的模型。就模型结构而言，“越大”“越复杂”并不一定意味着“越好”，与问题本身相比，模型的优化可能要花费更多的时间和财力。不能仅仅从模型的外观来判断模型的优劣，简单的模型不一定就劣，复杂的模型不一定就优。所以，在解决实际问题时，一定不要把模型搞得太复杂。

（2）建立模型要避免生搬硬套。在数学模型与真实的系统之间，切不可通过修改问题去适应求解的方法，而应该是选择适合所求解问题的具体模型和方法。切不可削足适履，而应该选择适足之履。

（3）必须严格掌握模型的推论。当模型的结论与实际不符时，要认真地找出可能产生的原因，尤其重要的是，要对原来的假设进行重新审查，一定要把表达式中的外部误差（由模型的构造产生）和逻辑方面的内部误差（由模型的求解或运行产生）区分开来。

（4）在应用模型之前，必须对其有效性进行检验，以确切了解它与近似标准偏离或吻合的程度。应该既不强迫使用一个模型，也不在应用模型失败时随意地非难一个模型。

（5）要十分重视信息工作。模型的工作情况取决于输入的信息。众所周知，计算机编程的规则是：输入的是垃圾，输出的必然是垃圾。这个准则对建立模型也同样适用。计算机或模型只能运用输入的数据工作，而对识别和纠正输入数据本身的错误是无能为力的。

（6）模型不能代替决策者。常有人认为，一旦确定了所要考虑的事项，模型就会自动做出决策。这是一种误解。事实上，许多问题常常受到非数量因素的影响。这些问题需要依靠因人而异的决策能力来解决。只有最一般的决策问题才能靠模型“自动”地解决，但在出错时仍需要人来修正系统。

12.2　最大面积和最大容积问题

12.2.1　托尔斯泰的题目——最大面积问题

大文豪托尔斯泰曾经以《一个人需要很多地吗》为题，描述了这样一个故事：一个酋长张榜公开出售属于他所有的土地，明码标价是每一天 1000 卢布，即买地的人跑一天圈下来的地为 1000 卢布。有一位名叫巴霍姆的青年，按规定要求从太阳离开地平线跑到太阳没入地平线，跑出了如图 12-2 所示的一个梯形。他原本是准备跑出一个矩形的。但当他从 A 点跑到 D 点时，因太阳已经开始西斜，所以他才不得不改变方向。因为按照规定，如果在太阳没入地平线以前，他不能按时跑回

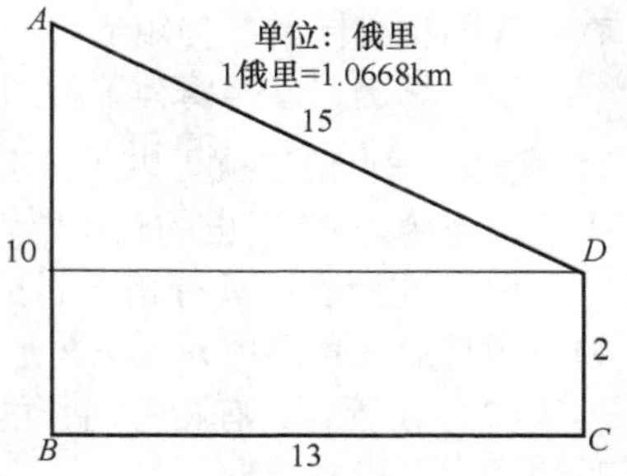

图 12-2　青年跑出的梯形

到起点 A，他的1000卢布就算是白扔了。在改变行进路线后，他虽然按要求在太阳没入地平线以前按时赶到了 A 点，然而当他精疲力竭地赶到 A 点时，却因为40俄里的长途跋涉，一头栽倒在地再也没有起来。

先来算一下巴霍姆一天跑出来的土地究竟有多大的面积。这可以有两种算法：

$$2\text{俄里}\times 13\text{俄里}+(1/2)\times 8\text{俄里}\times 13\text{俄里}=78\text{平方俄里}$$

或者

$$[(10\text{俄里}+2\text{俄里})/2]\times 13\text{俄里}=78\text{平方俄里}$$

在这里要讨论的问题不是巴霍姆的死值不值得，而是另外一个问题，即为了获得78平方俄里的土地，他有没有必要跑出那么多的路以致自己精力衰竭而死。已知他跑出路程的全长为40俄里。而周长为40俄里的多边形的可能情形和组合是很多的。别的多边形可以先撇开不谈，仅就矩形来看，周长为40的不同组合就有以下很多种：

$$1\text{俄里}\times 19\text{俄里}=19\text{平方俄里}$$
$$2\text{俄里}\times 18\text{俄里}=36\text{平方俄里}$$
$$3\text{俄里}\times 17\text{俄里}=51\text{平方俄里}$$
$$\vdots$$
$$8\text{俄里}\times 12\text{俄里}=96\text{平方俄里}$$
$$9\text{俄里}\times 11\text{俄里}=99\text{平方俄里}$$
$$10\text{俄里}\times 10\text{俄里}=100\text{平方俄里}$$

显然，边长越是接近于相等，面积就越大。这一点是不难证明的。可通过两种方法得到证明：

证明（一）：如图12-3所示，设矩形的周长为 p，则不管它是正方形还是长方形，则相邻两边的长都是 $p/2$，于是设一边长为 x，另一边长就是 $p/2-x$，于是，该矩形的面积就是

$$y=x(p/2-x)=(p/2)x-x^2$$

根据求极值条件，$y'=p/2-2x$，令 $y'=0$，则 $x=p/4$。

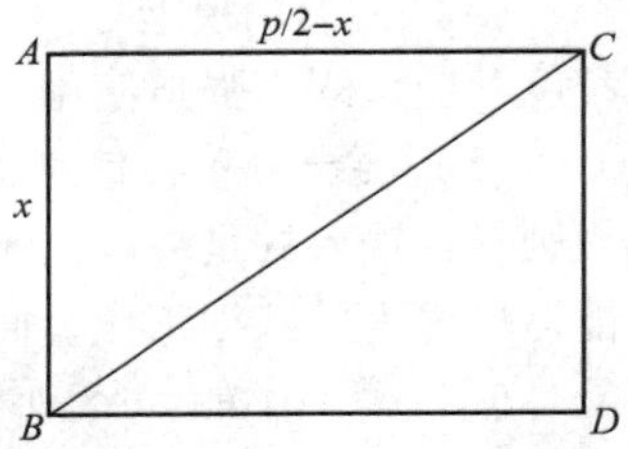

图12-3　跑出矩形

证明（二）：设矩形本身为正方形，则每边长为 $p/4$，如果要将正方形改为长方形，显然对于两对边而言，一个对边增大 b，另一个对边就减少 b（这由前面的序列 1×19，2×18，…，10×10 不难看出），于是可直接得到

$$(p/4-b)(p/4+b)$$
$$=(p/4)^2-b^2\leqslant(p/4)^2$$

其中，等号只有当 $b=0$ 时才成立。

所以不难得出结论，就矩形而言，在周长相等的各种矩形中，正方形的面积最大。反过来，在所有面积相同的各种矩形中，正方形的周长最短。

不难算出，巴霍姆为了得到78平方俄里的土地，如果能跑出一个正方形，则实际只需要跑35俄里多一点的路就可以了（$4\sqrt{78}=4\times8.832=35.328$）。但是，反过来，100平方俄里却并不是巴霍姆跑40俄里的路所能够得到的最大土地面积。因为还有如下结论：

（1）在所有的具有相等周长的任一多边形中，正多边形具有最大面积。比如，在所有具有相等周长的三角形中，正三角形具有最大面积。

（2）在所有具有相等周长的任一正多边形中，边数越多，所包括的面积也就越大。一定周长的最大面积是圆形。

（3）在所有具有相等面积的任一正多边形中，边数越多其周长越短。面积一定的圆周长

最短。

关于（2），我们无须做严格的证明，只需做几个比较计算就可以说明问题。比如，当周长等于40俄里时，有

对于正三角形，其面积为

$$S=\frac{\sqrt{3}}{4}a^2=\frac{\sqrt{3}}{4}\left(\frac{40}{3}\text{俄里}\right)^2=77\text{ 平方俄里}$$

对于正五边形，其面积为

$$S=\frac{a^2}{4}\sqrt{25+10\sqrt{5}}=\frac{1}{4}\left(\frac{40}{5}\text{俄里}\right)^2\times 6.88191=110.11\text{ 平方俄里}$$

对于正六边形，有

$$S=\frac{3}{2}\sqrt{3}a^2=\frac{3}{2}\left(\frac{40}{6}\text{俄里}\right)^2\sqrt{3}=115\text{ 平方俄里}$$

对于一个圆，有

$$S=\pi\left(\frac{40}{2\pi}\text{俄里}\right)^2=127\text{ 平方俄里}$$

再来看上述的（3）。假如巴霍姆跑出的不是一个梯形，而是一个圆形地块，那么78平方俄里的土地实际只需跑31俄里多一点路就够了。因为面积为78平方俄里的圆其周长为

$$C=2\sqrt{\frac{78}{\pi}}\pi\text{ 俄里}=2\sqrt{78\pi}\text{俄里}=31.31\text{ 俄里}$$

很显然，如果巴霍姆为得到78平方俄里的土地跑出的不是原来的梯形，而是一个圆或者正方形，那么可以肯定，他一定不至于会精力衰竭而死。

与托尔斯泰的题目相映成趣的是，最早提出最优化问题的古罗马人Virgil，在他的著作*Aeneid*中记录了一个最大化问题——王后Dido的难题。王后获准可以获得用一张公牛皮围起来的全部土地。王后经过思考后，把这张牛皮剪成细细的窄条，且把它们连接在一起，组成了一个半圆。在这半圆范围内，她围住了以地中海海岸为直径的相当大的一部分土地。后来阿基米德（Archimedes）猜想她的数学解是最优的，即固定长度的曲线与直线一起围住的最大可能面积是一个半圆。这个猜想能用变分法（最优化的一个分支）加以证明，也可以通过计算予以证明。

这位聪明的王后肯定懂得圆在所有具有相同周长的多边形中面积最大的原理。现假定所有牛皮条接起来的长度为a，如果是一个圆的话，面积应为

$$S=\left(\frac{a}{2\pi}\right)^2\pi=\frac{a^2}{4\pi}$$

但如果能利用海岸线作为一边（当然不需要用牛皮条围起来），则这时$a=\pi R$，R为半圆的半径，即$R=a/\pi$。于是得到半圆的面积为

$$S=\frac{1}{2}\left(\frac{a}{\pi}\right)^2\pi=\frac{a^2}{2\pi}$$

很显然，后者比前者要大一倍。

12.2.2 最大容积问题

与确定周长的正多边形具有最大面积的原理相似，在表面积相同的条件下，正多面体具有最大体积；在表面积一定的各种不同形体中，圆球的体积最大。反过来，在具有相同表面积和一定体积的多面体中，正多面体的表面积最小；在具有一定体积的不同形体中，圆球的表面积最小。这一原理可以通过代数式进行严格证明，为避免烦琐此处从略，仅以实际问题为例予以说

明。因为在生活实践中，这一原理有着多方面的应用。

1. 建筑学问题

假定建筑物的高度为已知，在可用的建筑材料一定的情况下，建筑物做成什么形状才能获得最大使用面积和空间？这是建筑中经常会遇到的现实问题。

现假定某单位欲修建一座高 10m 的大厅，墙体材料（砖石）经计算只有 400m^2 可用，问该大厅做成什么形状才能获得最大使用面积和空间？

这需要分两种情况来讨论。

（1）最大面积问题。由于围墙的高度和表面积为一定，因此围墙的周长实际也就给定了，其周长 C 应为

$$C=\frac{\text{表面积}}{\text{高}}=\frac{400\text{m}^2}{10\text{m}}=40\text{m}$$

根据确定周长的最大面积原理，显然，该大厅如果做成圆形可获得最大使用面积 127m^2；如做成正六边形，可获得最大使用面积 115m^2；如做成正五边形，可获得最大使用面积 110m^2；如做成正方形，可获得最大使用面积 100m^2。

（2）最大空间问题。建筑中除了追求最大使用面积外，也还常常要求有最大的使用空间，如大厅要求宽敞明亮、库房要求有最大库容等。根据柱体的体积公式，不管是什么形状的柱体，其体积都等于底面积乘高。因此，在高度一定的情况下，最大空间问题实际就归结为最大底面积问题（表面积和高度一定，周长也一定），这是不难理解的。

正是由于圆柱体在表面积一定的情况下具有最大容积，因此桶一般做成圆形而不做成方形。

2. 铁钉问题

【例 12-1】 假定有三枚钉子，其横截面一个是三角形，一个是圆形，另一个是正方形，设三枚钉子的长度和质量（重量）相同，且都钉入了相同深度的木器之中，问最难拔出的是哪一枚？

【解】 由于钉子的体积（容积）和长度相同，因此根据柱体的体积公式，这三枚钉子也必然具有相同的横截面面积。根据最大面积原理，在具有相同面积的多边形中，圆具有最小周长。现假定正方形的一边长为 1，则这三枚钉子的横截面周长应分别为

$$C_{\triangle}=3\sqrt{\frac{4}{\sqrt{3}}}=\frac{6}{\sqrt[4]{3}}\approx 4.559$$

$$C_{\square}=4$$

$$C_{\bigcirc}=2\pi\sqrt{\frac{1}{\pi}}=2\sqrt{\pi}=3.545$$

不难看出，由于三枚钉子长度相等，因此与周围材料具有最大接触表面积的肯定是三角形钉。由于受摩擦力的作用，显然与周围材料接触面积越大，钉子夹持得就越牢固，因而也就越难以拔出。所以，这三枚钉子中最难拔出的应是三角形钉，其次是方形，最容易拔出的是圆钉。正是因为如此，鞋钉通常做成三角形或菱形而不做成圆形。

3. 茶壶问题

【例 12-2】 假定有两个相同容量的茶壶，一个是方形的，另一个是圆形的（底部有小块平底）。现两个壶中都盛有相同温度的热茶，问哪个壶中的热茶更容易变凉？

【解】 茶壶的散热是通过茶壶的表面与外界的热对流进行的。因此，散热较快的无疑应是与外界具有较大接触表面积者。由于两个茶壶的容量相同，因而具有较大表面积的只能是方形茶壶。所以，容易变凉的肯定是方形茶壶。正是因为如此，茶壶为了保温通常都做成圆形的而不

做成方形的。

12.2.3　定和乘数的乘积

实际上，不管是最大面积问题还是最大容积问题，都可以归结为一点，即求定和乘数的乘积。一般结论是，具有定和的若干个乘数的乘积，可在这些乘数都相等时取得最大值。这一结论换一种说法，实际上也就是代数定理，算术平均数大于或等于几何平均数。在这里，相等的条件是 n 个数都相等，即几何平均数在 n 个数都相等时取得最大值。

1. 最大面积的三角形

根据最大面积原理，最大面积的三角形应该是正三角形。这一点，根据定和乘数的乘积原理很容易证明。已知三角形的三个边边长分别为 a，b，c，周长 $=a+b+c=2p$，p 为常数。于是根据三角形的面积公式，有

$$S=\sqrt{p(p-a)(p-b)(p-c)}$$

于是，有

$$\frac{S^2}{p}=(p-a)(p-b)(p-c)$$

由于 $(p-a)+(p-b)+(p-c)=3p-(a+b+c)=3p-2p=p$，因此根据定和乘数的乘积原理，只有当 $(p-a)=(p-b)=(p-c)$ 时，即 $a=b=c$ 时，S^2/p 取得最大值，这时 S 也取得最大值。

2. 铁匠的题目

【例 12-3】　一位铁匠接到了一件订货，要用一张 60cm 见方的白铁皮作出一个没有盒盖的盒子，要求有正方形的盒底，并且有最大容量。问究竟要把每边折进去多宽才满足要求呢？

【解】　假定各边应折进的尺寸为 $x$cm，如图 12-4 所示，于是盒子的容量 V 为

$$V=x(60-2x)^2 \tag{12-1}$$

在这里三个乘数的和不是定和，因为：

$$2(60-2x)+x=120-3x$$

但如果给式（12-1）两端同乘以 4，则三个数的和为

$$2(60-2x)+4x=120$$

显然根据定和乘数的乘积原理，当 $60-2x=4x$ 时，$4V$ 有最大值，即 $x=60\text{cm}/6=10\text{cm}$ 时，$V=40\ \text{cm}^2\times10\text{cm}=16\,000\text{cm}^3$ 为最大。

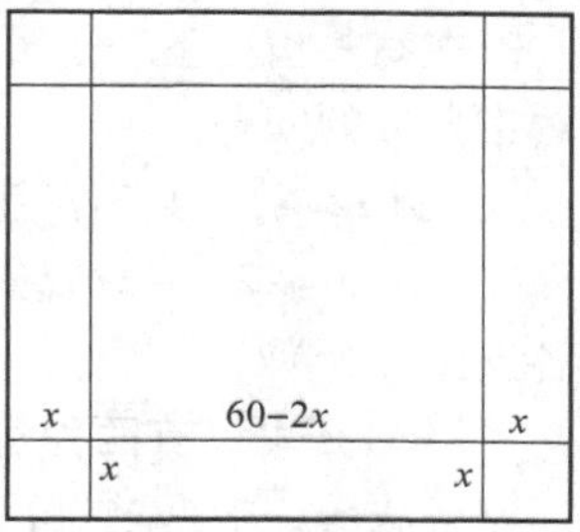

图 12-4　折铁皮示意图

12.3　约束条件下的极值及黄金分割法

12.3.1　约束条件下的极值

在生产实践中，常见的极值问题都是属于约束条件下的极值，主要可以分为各种形式的线性规划和非线性规划两种。非线性规划的解法很多，这里主要介绍一种利用拉格朗日乘子求解极值问题的方法。方法的思路是：

假定 $f(x,y)$ 是要在约束条件 $g(x,y)=0$ 下极大化或极小化的函数，构造目标函数：

$$F(x,y,\lambda)=f(x,y)-\lambda g(x,y)$$

其中，λ 称作拉格朗日乘子，可以看作未知数，求函数 F 对于 x，y 和 λ 的一阶偏导数，并令其为 0，于是有

$$\frac{\partial F}{\partial x}=\frac{\partial f}{\partial x}-\lambda\frac{\partial g}{\partial x}=0$$

$$\frac{\partial F}{\partial y}=\frac{\partial f}{\partial y}-\lambda\frac{\partial g}{\partial y}=0$$

$$\frac{\partial F}{\partial \lambda}=-g(x,y)=0$$

由此可解出三个未知数 x，y 和 λ。在这里，$\frac{\partial F}{\partial \lambda}=g(x,y)=0$ 正是约束条件，因此只需要求解前两个方程即可。

极大值或极小值判断的准则是

若有

$$\begin{cases}\left.\frac{\partial F}{\partial x}\right|_{\substack{x=a\\y=b}}=0\\ \left.\frac{\partial F}{\partial y}\right|_{\substack{x=a\\y=b}}=0\end{cases}$$

且令

$$\Delta=\left(\left.\frac{\partial^2 F}{\partial x^2}\right|_{\substack{x=a\\y=b}}\right)\left(\left.\frac{\partial^2 F}{\partial y^2}\right|_{\substack{x=a\\y=b}}\right)-\left(\left.\frac{\partial^2 F}{\partial x\partial y}\right|_{\substack{x=a\\y=b}}\right)^2$$

如果 $\Delta>0$，则在 $\frac{\partial^2 F}{\partial x^2}<0$ 和 $\frac{\partial^2 F}{\partial y^2}<0$ 时，在 $x=a$ 和 $y=b$ 处有极大值；在 $\frac{\partial^2 F}{\partial x^2}>0$ 和 $\frac{\partial^2 F}{\partial y^2}>0$ 时，在 $x=a$ 和 $y=b$ 处有极小值。如果 $\Delta\leqslant 0$，则为不定型。

在有些情况下，也可以直接将约束条件代入要求极值的函数中，将问题转化为一个不包含约束条件的问题。

【例 12-4】 某工厂生产两种不同型号的机器，产量分别记为 x，y，其联合成本函数定义为：$f(x,y)=x^2+2y^2-xy$，如果计划生产 8 台机器，要使成本最小，应如何安排生产（即两种机器各安排多少）？

【解】 可以有两种解法。

解法一，根据题目，显然有约束条件：$x+y=8$，也即 $x+y-8=0$。

所以有：$F(x,y,\lambda)=x^2+2y^2-xy-\lambda(x+y-8)$

$$\begin{cases}\frac{\partial F}{\partial x}=2x-y-\lambda=0 & (12\text{-}2)\\ \frac{\partial F}{\partial y}=4y-x-\lambda=0 & (12\text{-}3)\\ \frac{\partial F}{\partial \lambda}=x+y-8=0 & (12\text{-}4)\end{cases}$$

式（12-2）减式（12-3）后和式（12-4）联立，得到

$$\begin{cases}3x-5y=0\\ x+y=8\end{cases}$$

解之，$x=5$，$y=3$，$\lambda=7$，且有

$$\frac{\partial^2 F}{\partial x^2}=2,\quad \frac{\partial^2 F}{\partial y^2}=4,\quad \frac{\partial^2 F}{\partial x\partial y}=-1$$

同时，由于：

$\Delta = 2 \times 4 - (-1)^2 = 7 > 0$，且：

$$\frac{\partial^2 F}{\partial x^2} > 0, \quad \frac{\partial^2 F}{\partial y^2} > 0$$

因此，点（5，3）就是极小值点。此时，$f(x, y) = 28$。

解法二，可将 $y = 8 - x$ 代入原函数，得到：

$$\begin{aligned} g(x) &= x^2 + 2(8-x)^2 - x(8-x) \\ &= 4x^2 - 40x + 128 \end{aligned}$$

解 $\frac{dg}{dx} = 8x - 40 = 0$，得到：$x = 5$，$y = 3$

因为 $\frac{d^2 g}{dx^2} = 8 > 0$，所以成本函数有极小值 $f(x, y) = 28$。

12.3.2　关于黄金分割法

黄金分割法也叫0.618法，是求单峰函数极值的一种搜索算法。所谓搜索算法，是指在函数的数学形式为未知的情况下，即无法运用分析方法求得极值时，运用一定的数学原理，通过尽量少的计算量，直接比较函数值的大小，以确定极值点位置的一种寻优方法。

【例12-5】　炼钢需要用某种化学元素来加强其强度，太少不好，太多也不好。究竟每吨要加入多少某种元素才能达到强度最高？假定已经估出（或从理论上算出）每吨加入量应该在1000~2000g。普通的方法是用均分法，加入1001g、1002g……做1000次试验以后，才能发现最好的用量。做1000次试验既浪费时间、精力，又浪费原材料。为了迅速找出最优方案，可采用“折纸法”。这种方法首先要确定第一个试验点，然后用折纸的方法来找其他试验点。按照0.618法，第一个试验点应该是在试验范围总长度的0.618的地方。

0.618法使用的单峰函数的定义是：

【定义12-1】　设 $f(x)$ 是定义在区间 $[a, b]$ 上的函数，若：① 存在 $x^* \in [a, b]$，使得 $\min\limits_{x \in [a,b]} f(x) = f(x^*)$；② 对任意的 $a \leqslant x_1 < x_2 \leqslant b$，当 $x_2 \leqslant x^*$ 时，$f(x_1) > f(x_2)$；当 $x_1 \geqslant x^*$ 时，$f(x_1) < f(x_2)$，则称 $f(x)$ 为 $[a, b]$ 上的单峰函数，如图12-5所示。

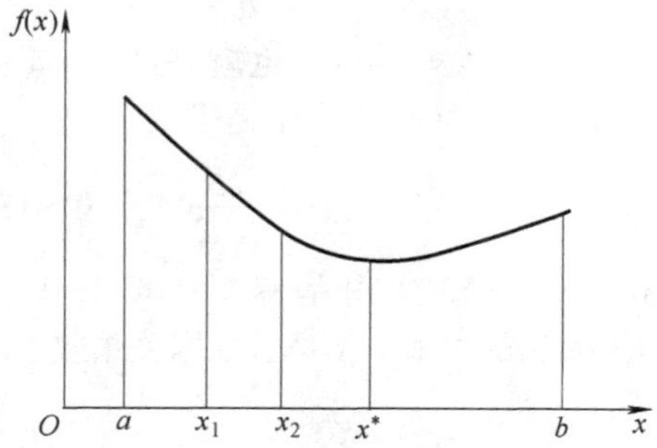

图12-5　单峰函数示例

0.618法在缩短搜索区间时运用的主要原则包括：

1. 去坏留好原则

按照这一原则，如果 $f(x_1) < f(x_2)$，则肯定 $x^* \in [a, x_2]$，因此可去掉 $[x_2, b]$ 部分；反过来，如果 $f(x_1) \geqslant f(x_2)$，则肯定 $x^* \in [x_1, b]$，因此可去掉 $[a, x_1]$ 部分。

这可用反证法得到证明。若 $x^* \in [x_2, b]$，则由单峰函数的定义知，此时应有 $f(x_1) > f(x_2)$，这与条件 $f(x_1) < f(x_2)$ 矛盾，故可去掉 $[x_2, b]$。反过来，若 $x^* \in [a, x_1]$，则由单峰函数的定义知，此时应有 $f(x_1) < f(x_2)$，这与条件 $f(x_1) \geqslant f(x_2)$ 矛盾，故可去掉 $[a, x_1]$。

根据“去坏留好”原则，经过反复多次比较试算，就可以把搜索区间不断缩短，并越来越精确地估计出 x^* 的位置。那么如何选取 x_1 和 x_2 才能保证简便快速地找到 x^* 呢？对此，有对称原则。

2. 对称原则

由于事先往往不能预测 x_1 和 x_2 中哪一点较优（较小），所以通常既有可能丢掉 x_1，也有可

能丢掉 x_2。故为稳妥起见，一般应使这两个区间的长度相同，即应有

$$x_1 - a = b - x_2$$

也就是

$$x_2 = a + b - x_1$$

该式有时也称作“加两头去中间”。依据该式，只要给出 x_1，就能算出 x_2。由此算出的两个点在区间 [a, b] 中处于对称位置。那么如何选取 x_1 呢？显然，如果仅仅考虑上述两条原则，只要求第一次缩短得多一些，那么 x_1 应尽可能地接近 [a, b] 的中点，因为这样一次可丢掉近乎半个区间。但是这样做并不能保证下一次和以后每一次都收缩得较快。因此，x_1 的选取还必须考虑下面的“等比收缩原则”。

3. 等比收缩原则

通常我们总是希望区间的收缩要稳定一些为好，不要时快时慢，也就是说，希望每一次留下的区间长度都是上次留下的区间长度的 w 倍($0<w<1$，w 为常数)。

依此原则，设 $l_n = wl_{n-1}$

由于 $l_0 = b - a$，　$l_1 = x_2 - a$(假定丢掉的是 [x_2, b])，根据等比收缩原则

$$l_1 = wl_0,\quad l_2 = w^2 l_0$$

又根据对称原则，当取定 x_3（见图 12-6）后，应有

$$\begin{aligned} l_2 &= x_1 - a = b - x_2 = (b-a) - l_1 \\ &= l_0 - wl_0 = (1-w)l_0 \end{aligned}$$

因此，有

$$w^2 l_0 = (1-w) l_0$$

即：$w^2 = 1 - w$，也就是：$w^2 + w - 1 = 0$，解之，由于规定 $0<w<1$，于是得到

$$w = \frac{-1+\sqrt{5}}{2} \approx 0.618$$

这就是 1953 年由基佛尔（Kiefer）提出的著名的 0.618 法的由来。于是，根据关系式：$l_2 = x_1 - a = b - x_2$，得到

$$\begin{aligned} x_1 &= a + (1-w)l_0 = a + (1-w)(b-a) \\ &= b - w(b-a) \\ x_2 &= a + b - x_1 = a + w(b-a) \end{aligned}$$

运用 0.618 法寻求最优（最小函数值）的程序框图如图 12-7 所示。其中，ε 为规定的最小临界值，也即所要求的精度。

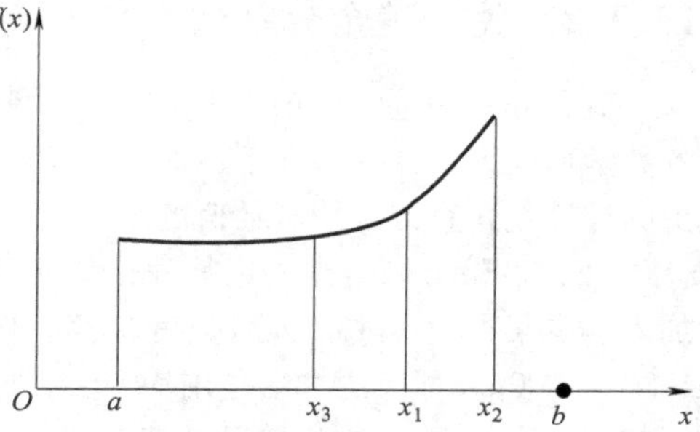

图 12-6　取定 x_3

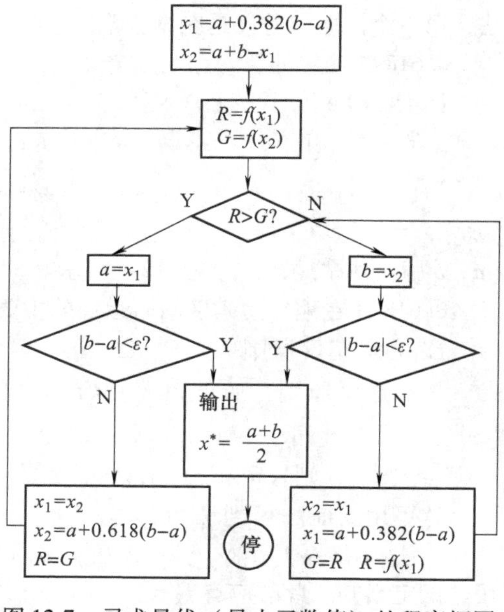

图 12-7　寻求最优（最小函数值）的程序框图

12.3.3 $\frac{\sqrt{5}-1}{2}$ 的渐近性质

0.618 是 $\frac{\sqrt{5}-1}{2}$ 的近似值，而 $\frac{\sqrt{5}-1}{2}$ 是一个无理数，它可以表示成一个无限不循环小数。

如令 $x=\frac{\sqrt{5}-1}{2}$，则：

$$\frac{1}{x}=\frac{1}{\frac{\sqrt{5}-1}{2}}=\frac{2}{\sqrt{5}-1}=\frac{2(\sqrt{5}+1)}{(\sqrt{5}-1)(\sqrt{5}+1)}$$

$$=\frac{\sqrt{5}+1}{2}=1+\frac{\sqrt{5}-1}{2}$$

也就是$\frac{1}{x}=1+x$ 或者 $x=\frac{1}{1+x}$。

用 $x=\frac{1}{1+x}$依次代替该式中右端的 x，则有

$$x=\frac{1}{1+x}=\frac{1}{1+\frac{1}{1+x}}=\frac{1}{1+\frac{1}{1+\frac{1}{1+x}}}=\frac{1}{1+\frac{1}{1+\frac{1}{1+\frac{1}{1+x}}}}=\cdots$$

依次用1代替 x（$0<x<1$），则有

$$1,1/2,2/3,3/5,5/8,8/13,13/21,21/34,34/55,\cdots$$

如令 F_i 表示第 i 项的分子（$i=0,\ 1,\ 2,\ 3,\ \cdots,\ n$），则有

$$F_0=F_1=1,F_n=F_{n-1}+F_{n-2}$$

其中第 n 项为：$\frac{F_n}{F_{n+1}}$，不难证明，当 $n\to+\infty$，下式成立：

$$\lim_{n\to+\infty}\frac{F_n}{F_{n+1}}=\frac{\sqrt{5}-1}{2}$$

这是因为：

$$\frac{F_n}{F_{n+1}}=\frac{1}{1+\frac{F_{n-1}}{F_n}}$$

如令：

$$\lambda=\lim_{n\to+\infty}\frac{F_n}{F_{n+1}}=\lim_{n\to+\infty}\frac{F_{n-1}}{F_n}$$

则显然应有

$$\lambda=\frac{1}{1+\lambda}$$

也就是

$$\lambda^2+\lambda-1=0$$

解方程有

$$\lambda=\frac{\sqrt{5}-1}{2}$$

对如上的分数序列进行计算，在取三位小数的情况下，则从第7个分数（21/34）开始，以后即全部为0.618。所以，$\frac{F_n}{F_{n+1}}$就称作$\frac{\sqrt{5}-1}{2}$的最佳渐近分数，就像355/113作为π的渐近分数一样。其中 F_n 可以用下列公式求得：

$$F_n = \sum_{k=0}^{\mathrm{Int}\left(\frac{n}{2}\right)} \mathrm{C}_{n-k}^{k} \quad (n > 0)$$

式中 $\mathrm{Int}\left(\dfrac{n}{2}\right)$表示取 $n/2$ 的最大整数。

例如求 F_7，因 $\mathrm{Int}\left(\dfrac{n}{2}\right)=3$，所以

$$\begin{aligned} F_7 &= \sum_{k=0}^{3} \mathrm{C}_{7-k}^{k} = \mathrm{C}_7^0 + \mathrm{C}_6^1 + \mathrm{C}_5^2 + \mathrm{C}_4^3 \\ &= 1 + 6 + 10 + 4 = 21 \end{aligned}$$

$$\begin{aligned} F_8 &= \sum_{k=0}^{4} \mathrm{C}_{8-k}^{k} = \mathrm{C}_8^0 + \mathrm{C}_7^1 + \mathrm{C}_6^2 + \mathrm{C}_5^3 + \mathrm{C}_4^4 \\ &= 1 + 7 + 15 + 10 + 1 = 34 \end{aligned}$$

即$\dfrac{F_7}{F_8}=\dfrac{21}{34}$。

习题与讨论

1. 什么是最优化方法？它包括哪些类型？
2. 试列举现实生活中关于定和乘数应用的其他实例。
3. 试述黄金分割法的基本原理。

第13章 关于数据分析

13.1 概述

“数据分析”是MBA学位课程“数据模型与决策”（Data Models and Decisions，DMD）中的一部分，课程编排为第一章。课程“数据模型与决策”原名就是“运筹学”，2000年3月在上海复旦大学召开的MBA教学研讨会上通过决议，将“运筹学”更名为“数据模型与决策”，在原来运筹学的基础上，增加了数据分析的部分内容，形成了现在的模式。在目前流行的教材中，很多教材虽然命名是《数据模型与决策》，但里面讲的内容依然是运筹学的内容。

“数据模型与决策”的数据分析部分讲授的主要内容包括：①单变量数据分析；②双变量数据分析；③多元变量分析。运筹学部分主要包括：线性规划、对偶规划、运输问题、动态规划和决策分析等。

“数据分析”是研究如何收集、分析数据并从中提取有用信息以供决策使用的科学方法，主要属于统计科学范畴，也可以看作学习“运筹学”的一个基础。

由于统计问题涉及的数据量都具有一定规模且计算复杂，必须借助统计软件作为分析工具。常用的统计软件（如SAS、SPSS）大多都是针对统计专业人员编写的，不易掌握，另外，非统计专业的学生，在今后的工作环境中运用专业统计软件的机会几乎没有。因此，本部分的数据分析将主要使用Office的系列软件之一Microsoft Excel软件作为计算工具。

Microsoft Excel是一个功能强大、使用灵活方便的电子表格软件，也是最为流行的办公自动化软件，本课程的“数据分析”部分将主要利用Excel的统计分析功能和丰富的统计图表。

利用Excel进行数据分析，要求Excel必须具有数据分析功能。通常可先在“工具”菜单中运行“加载宏”命令，添加“分析工具库”。如果不能加载宏，则必须重新安装Excel。

13.2 单变量数据分析

【例13-1】 某班24名同学的运筹学成绩（单位：分）如下：

80 85 76 78 67 93 88 90 75 66 65 77 74 83 81 70 83 64 96 60 79 86 80 71

试用相关统计方法对成绩进行分析。

对于数值型单变量数据，Excel提供了3种分析工具用来描述：

（1）直方图。

（2）描述性统计。

（3）排位和百分比排位。

13.2.1 直方图

该统计工具提供一张频数分布表和一张直方图。

使用步骤：

（1）手动给出数据的频数分组范围，作为频数统计的接收区域（0到第一个数字为第一个默认组，最后一个数字到无穷大为最后一个默认组，自动标记为“其他”）。

（2）打开“工具”菜单。

（3）选择“数据分析”。

（4）选择“直方图”，并输入有关选项，其中“图表输出”为必选项（注意：接收区是指分组的上下界限，只允许数值数据）。

（5）修改分组界限（即频数分布表的“接收”列）。

例13-1的直方图Excel分析结果如表13-1和图13-1所示。图13-1清楚地给出了不同的分数段学生的人数分布。

表13-1　例13-1的频数分布表

接收/分	频　率
60以下	0
60～69	5
70～79	8
80～89	8
90～100	3

把直方图的每一个端点用光滑的曲线连接起来，就构成了运筹学成绩的分布曲线，如图13-2所示（要获得此曲线，只需右键单击直方图，在出现的对话框中选择“图表类型”，再选择“折线图”即可）。

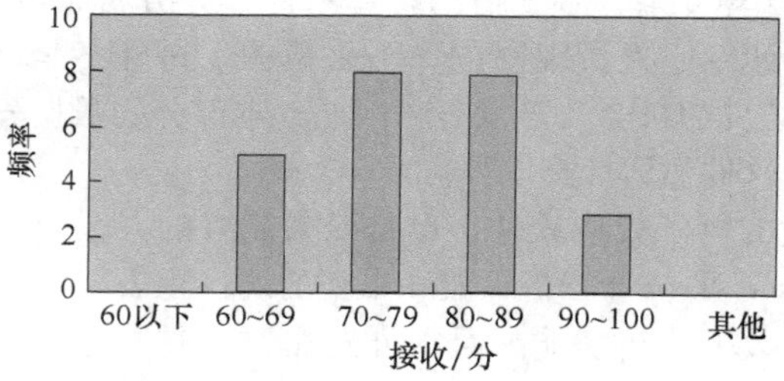

图13-1　例13-1的直方图

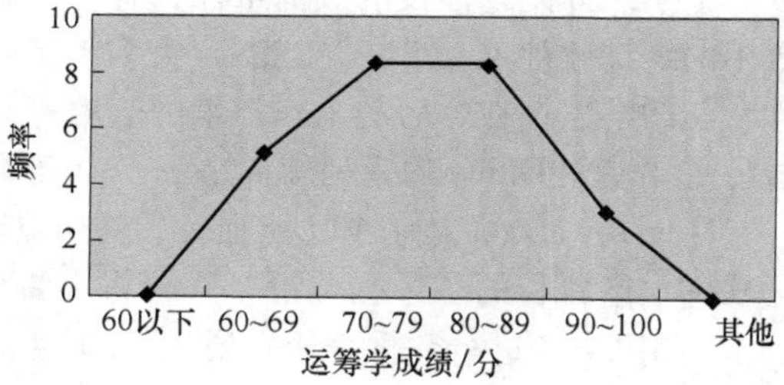

图13-2　频数分布曲线（折线）图

13.2.2　描述性统计

该统计工具提供了反映集中趋势、离散程度以及偏移程度等的统计指标共16个。

步骤如下：

（1）打开“工具”菜单。

（2）选择“数据分析”（如果“工具”菜单中没有此命令可先运行“加载宏”命令）。

（3）选择“描述统计”。

描述性统计指标说明：

（1）平均：一组数据的平均值。

$$\bar{x} = \frac{x_1 + x_2 + \cdots + x_n}{n} = \frac{\sum_{i=1}^{n} x_i}{n} \text{或} = \frac{\sum x}{n}$$

在例 13-1 中，经计算均值约为 77.8。均值通常也就是一组数据的重心所在。

（2）中值（中位数）：数据序列中位于中间的值。

（3）众数（模式）：发生次数最多的值。

这三个指标之间的关系是：

$$平均数 \leqslant 中位数 \leqslant 众数$$
$$平均数 \geqslant 中位数 \geqslant 众数$$

三者有近似关系式：

$$众数 = 均值 - 3 \times (均值 - 中值)$$

（4）标准偏差（也叫样本标准误差）：反映数据的离散程度，其平方叫样本方差。

$$S = \sqrt{\frac{1}{n-1}\sum_{i=1}^{n}(x_i - \bar{x})^2}$$

样本标准误差与样本容量平方根的比可表示总体标准误差：

$$\sigma = \frac{S}{\sqrt{n}}$$

在这里，一定要注意把均方差与标准误差区分开来。均方差是离差平方和除以样本容量后开方，标准误差则是除以自由度后开方，均方差计算公式如下：

$$s = \sqrt{\frac{1}{n}\sum_{i=1}^{n}(x_i - \bar{x})^2}$$

（5）偏斜度：也叫偏态，它是衡量数据分布不对称程度的指标，其定义为

$$C_s = \frac{\frac{1}{n-1}\sum(x - \bar{x})^3}{s^3}$$

偏态的近似定义是

$$k = \frac{\bar{x} - m_0}{s}$$

式中　m_0 是众数。

当众数大于均值时，称作负偏态，也称“向左偏离”或“左偏态”，这时偏斜度为负值，如图 13-3a 所示；当众数小于均值时，称作正偏态，也称“向右偏离 ”或“右偏态”，如图 13-3b 所示，这时偏斜度为正值（正态分布的偏斜度为 0）。

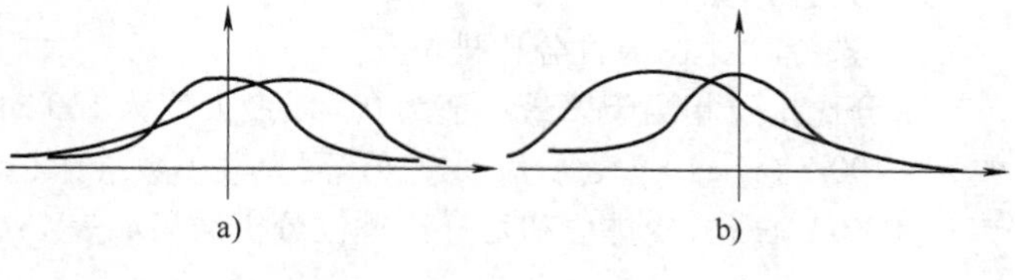

图 13-3　偏态示意图

（6）峰值（峰态）：峰值反映与正态分布相比某一分布的尖锐度或平坦度。正峰值表示相对尖锐的分布，如图 13-4b 所示；负峰值表示相对平坦的分布，如图 13-4a 所示。峰值的定义是（正态分布的峰值为 0）：

$$C_e = \frac{\frac{1}{n-1}\sum(x - \bar{x})^4}{s^4} - 3$$

（7）全距（区域）：数据中最大值与最小值之差。

（8）最小值：样本中的最小值。

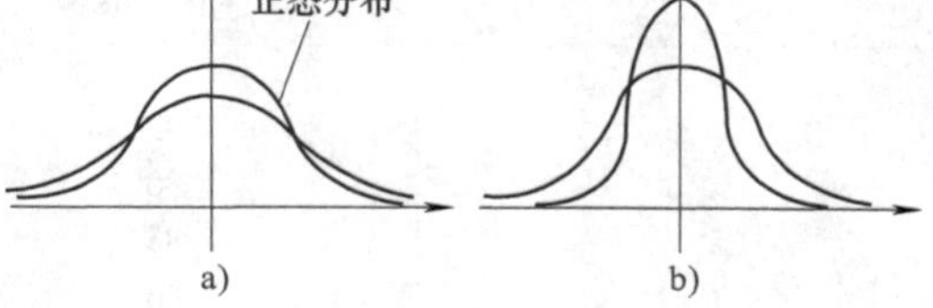

图 13-4　峰态示意图

（9）最大值：样本中的最大值。

（10）求和：样本数据的和。

（11）计数：样本中数据个数，统计学中称作样本容量。

（12）第 k 大值：给出数据中第 k 个最大值，$k=2$ 时即次大值。

（13）第 k 小值：给出数据中第 k 个最小值，$k=2$ 时即次小值。

（14）置信度（95%）：给出均值两旁 95% 的数据分布区间的上下限增量。

例 13-1 的 Excel 描述性统计分析结果由表 13-2 给出。

表 13-2　例 13-1 的描述性统计分析结果

描述性统计	
平均	77. 791 666 7
标准误差	1. 936 472 18
中值	78. 5
模式	80
标准偏差	9. 486 737 5
样本方差	89. 998 188 4
峰值	-0. 594 266 2
偏斜度	-0. 022 724 6
区域	36
最小值	60
最大值	96
求和	1867
计数	24
最大（1）	96
最小（1）	60
置信度（95. 0%）	4. 005 892 47

13. 2. 3　排位和百分比排位

该统计工具提供一张含有降序排列的数据排位表（即由大到小）以及其排位后的序号、百分位号。

步骤：1）打开“工具”菜单。

2）选择“数据分析”。

3）选择“排位与百分比排位”。

百分比排位相当于以最小值为 0、以最大值为 100 对数据集的降序排列，每一数据的百分点数为：$100/(n-1)$，之所以要减 1，因为最小数（末位）排为 0。

例 13-1 的 Excel 排位和百分比排位分析结果如表 13-3 所示。

表 13-3　例 13-1 的排位和百分比排位分析结果

点	分数/分	排　位	百　分　比
19	96	1	100. 00%
6	93	2	95. 60%
8	90	3	91. 30%
7	88	4	86. 90%
22	86	5	82. 60%
2	85	6	78. 20%

（续）

点	分数/分	排　位	百 分 比
14	83	7	69.50%
17	83	7	69.50%
15	81	9	65.20%
1	80	10	56.50%
23	80	10	56.50%
21	79	12	52.10%
4	78	13	47.80%
12	77	14	43.40%
3	76	15	39.10%
9	75	16	34.70%
13	74	17	30.40%
24	71	18	26.00%
16	70	19	21.70%
5	67	20	17.30%
10	66	21	13.00%
11	65	22	8.60%
18	64	23	4.30%
20	60	24	0

13.3 双变量数据分析

13.3.1 散点图

【例 13-2】 某公司欲调查办公楼的租金和空置率间的关系，工作人员在 10 个不同的城市对办公楼中每平方米的月租金和空置率的数据记录如表 13-4 所示。

表 13-4 例 13-2 数据表

城　市	1	2	3	4	5	6	7	8	9	10
空置率（%）	3	11	6	5	9	2	5	7	10	8
月租金/千元	5	2.5	4.75	4.5	3	4.5	4	3	3.25	2.75

试作散点图，并判断两变量间的相关性。

散点图常用来描述两个变量之间的关系，主要是直观判断数据间关系或者在建立回归模型之前使用。

步骤如下：

（1）输入变量“X”和“Y”的数值。

（2）选中数据。

（3）在常用工具栏上打开“图表向导”。

（4）选定“XY 散点图”，进入下一步。

（5）完成散点图的有关选项（包括标题、网格线、图例、数据标志等）。

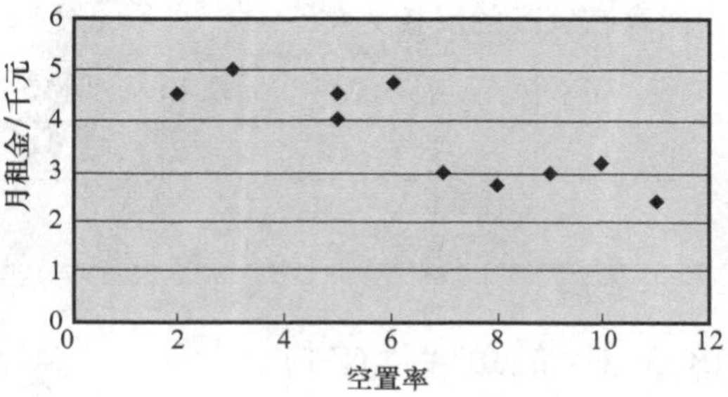

图 13-5 例 13-2 的 Excel 散点图输出结果

例 13-2 的 Excel 散点图输出结果如图 13-5 所示。由图 13-5 可以清楚地看出，月租金与空置率之间有明显的反相关关系。

13.3.2 相关分析

相关分析即通过计算相关系数来说明两个变量之间关系的密切程度的一种分析方法。相关系数用 r 表示。

r 一般的取值范围是：$0 \leqslant |r| \leqslant 1$。

当 $r=0$ 时，二变量为独立变量；当 $r=\pm 1$ 时，X 与 Y 为函数关系。

步骤如下：

（1）打开“工具”菜单。

（2）选择“数据分析”。

（3）选择“相关系数”，并确定输入输出区域。

相关系数的基本计算公式：

$$r=\frac{s^2xy}{s_x s_y}=\frac{\sum(x-\bar{x})(y-\bar{y})}{\sqrt{\sum(x-\bar{x})^2\sum(y-\bar{y})^2}}$$

式中 s_{xy} 是两个数列的协方差：

$$s_{xy}^2=\frac{\sum(x-\bar{x})(y-\bar{y})}{n}$$

s_x 是自变量数列的均方差：

$$s_x=\sqrt{\frac{\sum(x-\bar{x})^2}{n}}$$

s_y 是因变量数列的均方差：

$$s_y=\sqrt{\frac{\sum(y-\bar{y})^2}{n}}$$

相关程度判断标准：严格意义上，需要查表找到样本相关系数的临界值，这与样本容量的大小和显著性水平有关（通常查相关用表可知）。一般在并不严格要求的情况下，如果 $n>8$，则可粗略认为：

（1）当 $|r|<0.3$ 时，X 与 Y 为微弱相关。

（2）当 $0.3 \leqslant |r|<0.5$ 时，X 与 Y 为低度相关。

（3）当 $0.5 \leqslant |r|<0.8$ 时，X 与 Y 为显著相关。

（4）当 $0.8 \leqslant |r|<1$ 时，X 与 Y 为高度相关。

例 13-2 的 Excel 相关分析结果如表 13-5 所示。由表 13-5 可以清楚地看出，月租金与空置率之间存在较高的反相关关系。

表 13-5 例 13-2 的 Excel 相关分析结果

	月 租 金	空 置 率
月租金	1	
空置率	-0.84963	1

13.3.3 简单线性回归

如果两个变量之间存在相关关系，而且其相关关系显著，就可以根据散点图拟合直线方程，其形式为：$\hat{y}=a+bx$，其中：$\hat{y}$ 是观测值 y 的理论估计值，a，b 是待定参数，a 为 $\hat{y}$ 变化的基数，b 是 x 对于 $\hat{y}$ 的边际贡献，其坐标图如图 13-6 所示。由图 13-6 不难看出，b 实际也就是直线 $\hat{y}=a+bx$ 的斜率，a 为直线的纵截距。

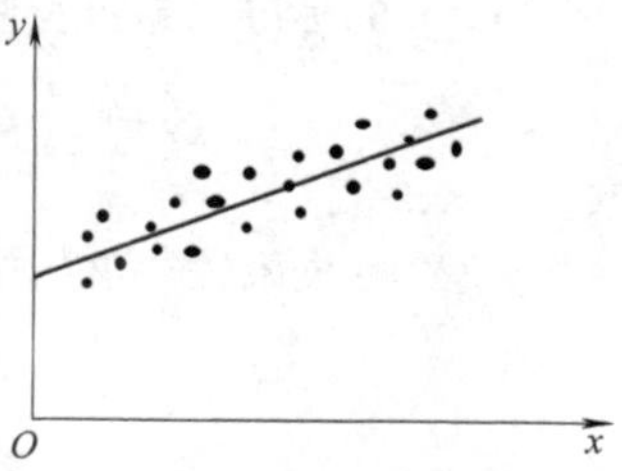

图 13-6　回归直线示意图

其中：

$$\begin{cases} b = \dfrac{\sum (x-\bar{x})(y-\bar{y})}{\sum (x-\bar{x})^2} \\ a = \bar{y} - b\bar{x} \end{cases}$$

进行线性回归的目的首先是要获得 a，b 的估计值，这可以有两种方式，一是利用回归分析工具。运用回归分析工具的好处是可得到关于方程可靠性的更多信息。其步骤是：

（1）输入数据（注意：同一变量序列必须按列输入）。

（2）打开“工具”菜单。

（3）选择“数据分析”。

（4）选择“回归”。

仍以 例 13-2 为例来说明。运用 Excel 回归后得到的结果如图 13-7 所示。

SUMMARY OUTPUT

回归统计	
Multiple R	0. 849634
R Square	0. 721879
Adjusted R Square	0. 687113
标准误差	0. 516759
观测值	10

方差分析

	df	SS	MS	F	Significance	Fcrit
回归分析	1	5. 54493	5. 54493	20. 76442	0. 001857703	11. 25863
残差	8	2. 13632	0. 26704			
总计	9	7. 68125				

	Coefficients	标准误差	t Stat	P-value	下限 95. 0%	上限 95. 0%
Intercept	5. 48023	0. 418419	13. 09746	1. 1E－06	4. 515352343	6. 445107
X Variable	1－0. 26594	0. 058362	－4. 5568	0. 001858	－0. 400526971	－0. 13136

图 13-7　回归结果

与简单线性回归有关的可靠性指标主要包括：

（1）标准误差。标准误差主要有三个：

1）回归标准误差：反映了观测数据对回归直线的偏离程度。

$$\hat{\sigma}_u = \sqrt{\frac{\sum (y-\hat{y})^2}{n-2}} = \sqrt{\frac{\text{ESS}}{n-2}}$$

2）b 的标准误差：反映参数 b 估计的准确程度。

$$\text{Se}(b) = \frac{\hat{\sigma}_u}{\sqrt{\sum (x-\bar{x})^2}},\ t = \frac{b}{\text{Se}(b)} > 2$$

3）a 的标准误差：反映参数 a 估计的准确程度。

$$\mathrm{Se}(a) = \hat{\sigma}_u \sqrt{\frac{1}{n} + \frac{\bar{x}^2}{\sum (x - \bar{x})^2}},\ t = \frac{a}{\mathrm{Se}(a)} > 2$$

（2）可决系数。该指标可反映通过回归直线对因变量变化解释的百分比程度。

$$R^2 = \frac{\sum (\hat{y} - \bar{y})^2}{\sum (y - \bar{y})^2} = \frac{\mathrm{RSS}}{\mathrm{TSS}}$$

（3）t-统计量。t 的临界值在 Excel 中可利用函数 Tinv（）查到。

（4）方差分析。

$$F = \frac{\mathrm{RSS}/\mathrm{df}_R}{\mathrm{ESS}/\mathrm{df}_E}$$

式中　ESS = TSS − RSS

回归分析的结果通常需要按照下面规定的形式表达出来（以图 13-7 中的分析为例）：

$$\hat{y} = 5.48 - 0.266x \qquad R^2 = 0.722$$

$$(0.418)(0.058) \qquad F = 20.76$$

$$[4.515,\ 6.445] \quad [-0.4005,\ -0.1314] \quad (F_{0.01} = 11.26)$$

回归分析的结果表明，办公楼的空置率每增加1%，其月租金就下降0.266 千元，即266 元。当空置率为0 时，月租金将稳定在5.48 千元的水平上。

如果回归分析仅仅是为了获得直线方程，可采用如下方法，在散点图中插入趋势线。其步骤如下：

（1）打开“图表向导”。

（2）作出散点图。

（3）单击图中任一数据点，再右键单击。

（4）在对话框中选择“添加趋势线”命令。

（5）在“类型”标签中选“线性图”。

（6）在“选项”标签中选“显示公式”和“显示 R 平方值”。

13.3.4　简单非线性回归

变量之间的相互关系常常可能并不是直线，而是呈某种曲线，此时，不能用直线回归，需要选择适当的曲线模型，进行非线性回归分析。

常用的非线性回归模型有对数、乘幂、指数、多项式等多种形式，这里主要针对双变量数据分析的需要，介绍前三种形式的非线性回归模型。

常用的曲线形函数一般都可以先通过一定的方式转化为直线形函数，再利用回归工具进行线性回归分析。

利用 Excel 进行非线性回归的常用办法是在散点图中插入趋势线。

【例 13-3】　某公司在 8 个城市试验不同广告费对空调促销的作用，得到的各城市广告费（万元）与销售率（每百人为基准）数据如表 13-6 所示。

表 13-6　例 13-3 数据表

城　市	1	2	3	4	5	6	7	8
广告费/万元	20	28	30	35	38	40	43	45
销售率（%）	1.9	3.2	4.3	4.8	4.0	5.0	4.5	4.6

要求：①绘制散点图；②插入趋势线。

【解】　在散点图中插入趋势线，首先需要判断线型。

绘制散点图是很关键的一步，这有助于确定变量之间存在何种非线性关系。一般来说，图形向左上凸起，可能存在对数关系；图形向右下凸起，可能存在乘幂关系或指数关系。对数关系、乘幂关系和指数关系的一般趋势如图 13-8 所示。

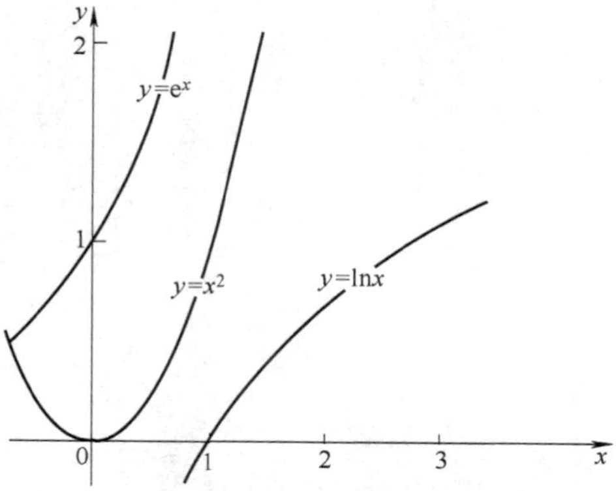

图 13-8　三种常见曲线示意图

（1）对数模型：$y = a + b\ln x$。$\ln x$ 是自然对数，以 e = 2.718 为底数。该模型通常也叫半对数模型。

依据对数定义，自变量的数据必须大于零。本例中，选择对数模型，插入趋势线后可得到如图 13-9 所示结果。

（2）乘幂模型：$y = ax^b$。

Excel 在确定拟合关系时，需要进行对数转换，两边同取对数，得到：$\ln y = \ln a + b\ln x$，以此转换为线性形式：$Y = a + bX$。该模型通常也叫作双对数曲线。

本例中，选择乘幂模型，插入趋势线后可得到如图 13-10 所示结果。

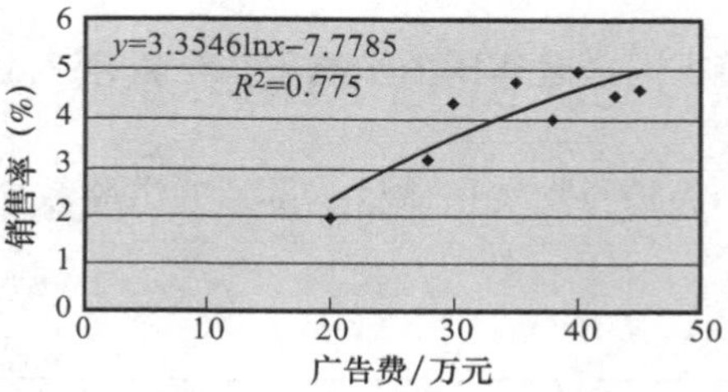

图 13-9　例 13-3 的对数曲线

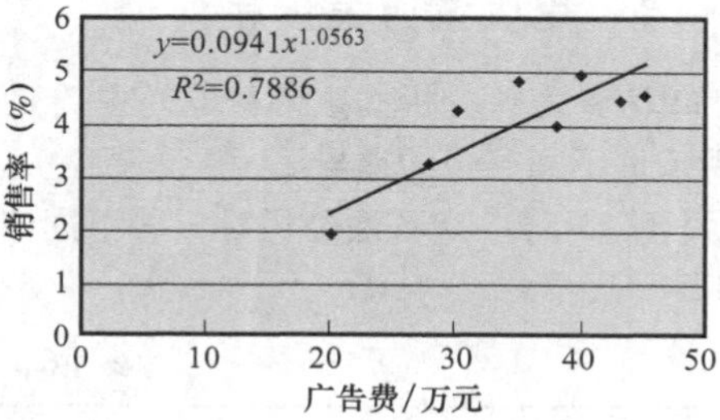

图 13-10　例 13-3 的乘幂曲线

（3）指数模型：$y = ae^{bx}$。

Excel 在确定拟合关系时，需要进行对数转换，两边同取对数，得到：

$$\ln y = \ln a + bx$$

由此可转为线性形式。这也是一个单对数模型。

【例 13-4】　某公司在 8 个城市试验不同售价对空调促销的作用，表 13-7 中的数据是各城市售价（千元）与销售率（每千人为基准）。

表 13-7　例 13-4 数据表

城　市	1	2	3	4	5	6	7	8
售价/千元	2.1	2.3	2.4	2.5	2.6	2.7	2.9	3.0
销售率（‰）	4.6	4.5	5.0	4.0	4.8	4.3	3.2	1.9

要求：① 绘制散点图；② 插入趋势线。

【解】 选择指数模型，插入趋势线后可得到如图 13-11 所示的结果。

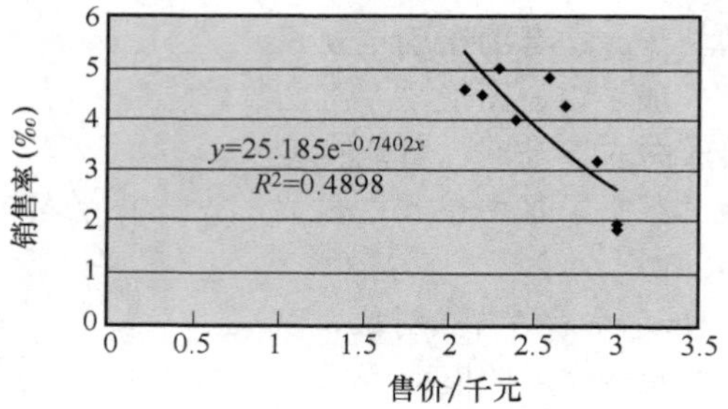

图 13-11 例 13-4 的指数曲线

13.4 方差分析

方差分析有单因素方差分析和双因素方差分析。双因素方差分析又有无重复的双因素方差分析和有重复的双因素方差分析。也还有多于两个因素的多因素方差分析。这里主要介绍单因素和双因素的方差分析。

13.4.1 单因素方差分析

单因素方差分析的主要目的，主要是要了解在有随机因素起作用的情况下，是否存在由于客观条件不同产生的差异。

【例 13-5】 某石油公司对三种不同辛烷值含量的油品进行燃烧值试验，得到的试验数据如表 13-8 所示。

表 13-8 三种油品的试验结果

配 比 Ⅰ	配 比 Ⅱ	配 比 Ⅲ
32	36	44
30	38	46
35	37	47
33	40	47
35	41	46

试分析三种配比是否有明显的条件差异。

【解】 这种分析可以用单因素方差分析来进行。

方差分析的步骤是：

（1）打开“工具”菜单。

（2）单击“数据分析”命令

（3）选中“方差分析：单因素方差分析”

例 13-5 的 Excel 方差分析结果如图 13-12 所示。

方差分析：单因素方差分析

SUMMARY

组	计数	求和	平均	方差
列 1	5	165	33	4.5
列 2	5	192	38.4	4.3
列 3	5	230	46	1.5

方差分析

差异源	SS	df	MS	F	P-value	F crit
组间	426.53	2.00	213.27	62.12	4.67E-07	3.885
组内	41.20	12.00	3.43			
总计	467.73	14.00				

图 13-12 方差分析结果截图

方差分析的基本原理可分为两个步骤：

第一步，进行变差的分解，令：k——组数（列数），n——重复数（行数）。

$$\mathrm{TSS} = \sum_{j=1}^{k}\sum_{i=1}^{n}(y_{ij}-\bar{y})^2 = \sum_{j=1}^{k}\sum_{i=1}^{n}(y_{ij}-\bar{y}_j+\bar{y}_j-\bar{y})^2$$

$$\text{组间平方和} = n\sum_{j=1}^{k}(\bar{y}_j-\bar{y})^2,\ \mathrm{df}_1 = k-1$$

$$\text{组内平方和} = \sum_{j=1}^{k}\sum_{i=1}^{n}(y_{ij}-\bar{y}_j)^2,\ \mathrm{df}_2 = k(n-1)$$

$$\text{总平方和} = \text{组间平方和} + \text{组内平方和}$$

$$= \sum_{j=1}^{k}\sum_{i=1}^{n}(y_{ij}-\bar{y})^2,\ \mathrm{df}_0 = kn-1$$

第二步，计算 F 比

$$F = \frac{\text{组间平方和}/\mathrm{df}_1}{\text{组内平方和}/\mathrm{df}_2} \geqslant \mathrm{F}_{\mathrm{crit}}$$

F crit 在 Excel 中可通过函数 Finv（）查得。

在这里，组间平方和可用以反映条件不同产生的差异，因而也叫条件变差；组内平方和可用以反映随机因素产生的差异，因而也叫随机变差。如果 F 统计量大于一定条件下的临界值，就说明条件变差大于随机变差的若干倍，因此可认为存在条件差异（用统计学术语，即接受备择假设）；否则，则认为无条件差异（或接受原假设），所有差异均属于随机误差。

13.4.2 无重复的双因素方差分析

【例 13-6】 已知汽油的燃烧值与辛烷值和含硫量有关。假定试验中选择的两因素的水平如表 13-9 所示。

表 13-9 相关数据

水 平	1	2	3	4
辛烷值 A	70	75	80	85
含硫量 B	1.5	1	0.5	

将两种不同水平交叉分组，然后进行试验，得出结果如表 13-10 所示。

表 13-10　结果

	A_1	A_2	A_3	A_4
B_1	55	60	63	62
B_2	61	66	70	71
B_3	71	75	78	80

问这两种因素是否对燃烧值具有明显的影响?

【解】　像单一因素的方差分析所做的一样，仍然需要先对总变差进行分解：

$$y_{ij}-\bar{y}=(y_{ij}-\bar{y}_i)+(\bar{y}_i-\bar{y})+(\bar{y}_j-\bar{y})-(\bar{y}_j-\bar{y})$$
$$=(\bar{y}_i-\bar{y})+(\bar{y}_j-\bar{y})+(y_{ij}-\bar{y}_i-\bar{y}_j+\bar{y})$$

平方后加总可得到：

总平方和是

$$\text{TSS}=\sum_{i=1}^{n}\sum_{j=1}^{k}(y_{ij}-\bar{y})^2$$，自由度为 $nk-1$

A 因素的平方和是

$$\text{ASS}=n\sum_{j=1}^{k}(\bar{y}_j-\bar{y})^2$$，自由度为 $k-1$

B 因素的平方和是

$$\text{BSS}=k\sum_{i=1}^{n}(\bar{y}_i-\bar{y})^2$$，自由度为 $n-1$

误差平方和是

$$\text{ESS}=\sum_{i=1}^{n}\sum_{j=1}^{k}(y_{ij}-\bar{y}_j-\bar{y}_i+\bar{y})^2$$，自由度为 $(k-1)(n-1)$

在例 13-6 中，有

$$\begin{aligned}\text{ASS}&=3\times(62.3-67.65)^2+3\times(67.0-67.65)^2+\\&\quad 3\times(70.3-67.65)^2+3\times(71.0-67.65)^2\\&=141.87\end{aligned}$$

$$\begin{aligned}\text{BSS}&=4\times(60-67.65)^2+4\times(67-67.65)^2+4\times(76.0-67.65)^2\\&=514.67\end{aligned}$$

$$\text{ESS}=4.67$$

$$\text{TSS}=660.67$$

对 ESS 的计算，最好先列出误差绝对值表，然后再取平方加总。例 13-6 的误差绝对值表是

$$\begin{pmatrix}0.35 & 0.65 & 0.35 & 1.35\\0.65 & 0.35 & 0.35 & 0.65\\0.35 & 0.35 & 0.65 & 0.65\end{pmatrix}$$

最后，是计算 F 比，进行假设检验。对例 13-6 得到：

$$F_A=\frac{\text{ASS}/(k-1)}{\text{ESS}/(k-1)(n-1)}=\frac{141.87/3}{4.67/6}=60.76\qquad F_B=\frac{\text{BSS}/(n-1)}{\text{ESS}(n-1)(k-1)}=\frac{514.67/2}{4.67/6}=330.6$$

检验的原假设和备择假设分别为

H_0：无条件差异；　　　H_1：有条件差异

查 F 分布表，知 $F_{0.05(2,6)}=5.143$，$F_{0.05(3,6)}=4.757$

因为 $F>F_{\alpha(V_1,V_2)}$，所以应接受 H_1。

双因素的方差分析也可以利用 Excel 来进行。对例 13-6 使用 Excel 输出的分析结果如图 13-13 所示。

SUMMARY	计数	求和	平均	方差
行 1	4	240	60	12.67
行 2	4	268	67	20.67
行 3	4	304	76	15.33
列 1	3	187	62.33	65.33
列 2	3	201	67	57
列 3	3	211	70.33	56.33
列 4	3	213	71	81

方差分析

差异源	SS	df	MS	F	P-value	F crit
行	514.67	2	257.33	330.86	7.26E-07	5.143
列	141.33	3	47.11	60.57	7.06E-05	4.757
误差	4.67	6	0.78			
总计	660.67	11				

图 13-13　方差分析：无重复双因素分析结果截图

输出模式与单一因素基本相同，只是两个输出块中都包括了行分析结果。操作的步骤与单一因素方差分析相同，只是在第三步需要选“方差分析：无重复双因素分析”，因为在这里，每一种因素组合都只试验了一次。

13.4.3　有重复的双因素方差分析

【例 13-7】　某个化学反应过程与反应物的浓度（A）和是否使用催化剂（B）有关。现每一因素取两个水平做 3 次试验，其结果如表 13-11 所示。试分析每一因素及其组合是否对反应速度有显著影响。

表 13-11　3 次试验结果

	B_1			B_2		
A_1	28	25	27	36	32	32
A_2	18	19	23	31	30	29

对于有重复的双因素方差分析进行变差分解，通常可分解为以下四个部分：

$$y_{ijk}-\bar{y}=y_{ijk}-\bar{y}_i+(\bar{y}_i-\bar{y})+(\bar{y}_j-\bar{y})+\bar{y}-\bar{y}_j+\bar{y}_{ij}-\bar{y}_{ij}$$
$$=(y_{ijk}-\bar{y}_{ij})+(\bar{y}_i-\bar{y})+(\bar{y}_j-\bar{y})+(\bar{y}_{ij}-\bar{y}_i-\bar{y}_j+\bar{y})$$

式中　$\bar{y}_{ij}$——每个重复的平均数。

设 A 因素的水平数（即行数）为 a，B 因素的水平数（即列数）为 b，试验的次数或重复数为 n，则平方后加总可得到各自的平方和为

受 A 因素影响的平方和为

$$ASS = bn\sum_{i=1}^{a}(\bar{y}_i - \bar{y})^2$$，自由度为 $(a-1)$

受 B 因素影响的平方和为

$$BSS = an\sum_{j=1}^{b}(\bar{y}_j - \bar{y})^2$$，自由度为 $(b-1)$

受 A×B 因素（即交互作用）影响的平方和为

$$ABSS = n\sum_{i=1}^{a}\sum_{j=1}^{b}(\bar{y}_{ij} - \bar{y}_i - \bar{y}_j + \bar{y})^2$$，自由度为 $(a-1)(b-1)$

误差平方和为

$$ESS = \sum_{i=1}^{a}\sum_{j=1}^{b}\sum_{k=1}^{n}(y_{ijk} - \bar{y}_{ij})^2$$，自由度为 $ab(n-1)$

利用 Excel 进行有重复的双因素方差分析，可按照如下顺序选择："工具→数据分析→方差分析：可重复双因素分析"即可。在这里需要注意的是，对于重复的试验数据，必须按列输入，在输入输出选项中，"每一样本的行数"也就是试验的重复数。另外需要注意的是，在"输入区域"输入数据时，需要包括首行和首列的标志行和标志列。例如，对于例 13-7 利用 Excel 进行分析后得到的结果即如图 13-14 所示。

方差分析：可重复双因素分析

SUMMARY	B1	B2	总计
A1			
观测数	3	3	6
求和	80	60	140
平均	26.66667	20	23.33333
方差	2.333333	7	17.06667
A2			
观测数	3	3	6
求和	100	90	190
平均	33.33333	30	31.66667
方差	5.333333	1	5.866667
总计			
观测数	6	6	
求和	180	150	
平均	30	25	
方差	16.4	33.2	

方差分析

差异源	SS	df	MS	F	P-value	F crit
样本	208.3333	1	208.3333	53.19149	8.44E-05	5.317655
列	75	1	75	19.14894	0.002362	5.317655
交互	8.333333	1	8.333333	2.12766	0.182776	5.317655
内部	31.33333	8	3.916667			
总计	323	11				

图 13-14　例 13-7 的 Excel 分析结果截图

13.5 多元线性回归

13.5.1 多元回归分析的目的

多元线性回归分析的基本目的，是估计和分析多个解释变量对于某个因变量的影响，以便于了解多个变量 X_1，…，X_k 在不同的组合条件下对于因变量 Y 的作用。这种作用利用 Excel 中的“工具”菜单里的数据分析工具“回归”很容易实现。

一般的具有 k 个解释变量的线性方程模型的总体方程是

$$Y_i = \beta_0 + \beta_1 X_1 + \beta_2 X_2 + \cdots + \beta_k X_k + U_i$$

其中，k 表示解释变量的个数，一般要求 $k < n - 1$ 必须成立，n 是样本容量。U 是随机扰动项，要求必须满足所有关于随机扰动项的基本假定，如零均值假定、无序列相关假定、常方差性假定、正态性假定等。其相应的样本方程式是

$$Y_i = \hat{\beta}_0 + \hat{\beta}_1 X_1 + \hat{\beta}_2 X_2 + \cdots + \hat{\beta}_k X_k + e_i \tag{13-1}$$

线性回归分析方法也适用于一些非线性方程。比如对于柯布-道格拉斯（Cobb-Douglas）生产函数，也简称 C-D 函数，其数学形式是

$$Y_i = \beta_0 X_1^{\beta_1} X_2^{\beta_2} \tag{13-2}$$

在经济学界，由于这一函数具有很多优越的经济分析特性，因此很多人热衷于研究这一函数。为了估计其中的参数，可令：

$$Y = \beta_0 X_1^{\beta_1} X_2^{\beta_2} \mathrm{e}^U$$

其中，e 为自然对数的底（e = 2.718）。给两端同时取对数，得到

$$\ln Y = \ln\beta_0 + \beta_1 \ln X_1 + \beta_2 \ln X_2 + U$$

做变量代换，令：

$$\ln Y = Y', \ln\beta_0 = \beta_0', \ln X_1 = X_1', \ln X_2 = X_2'$$

则：

$$Y' = \beta_0' + \beta_1 X_1' + \beta_2 X_2' + U$$

再如，在现实的经济生活中，很多经济关系都具有近似的二次曲线形式。假定有

$$Y = \beta_0 + \beta_1 X + \beta_2 X^2 + U$$

和

$$Y = \beta_0 + \beta_1 X + \beta_2 X^2 + \cdots + \beta_k X^k + U$$

前者为二次抛物线形函数，后者为一般的 k 阶多项式。

在估计参数时，对于 k 阶多项式：

$$Y = \beta_0 + \beta_1 X + \beta_2 X^2 + \cdots + \beta_k X^k + U$$

可令

$$X_1 = X,\ X_2 = X^2,\ X_3 = X^3,\ \cdots,\ X_k = X^k$$

得到

$$Y = \beta_0 + \beta_1 X_1 + \beta_2 X_2 + \cdots + \beta_k X_k + U$$

当式（13-1）中的 $k = 2$ 时，就是一个二元线性模型。二元模型也叫作三变量模型。

13.5.2 多重可决系数及复相关

在多元线性回归分析中，多重可决系数是一个重要的参考指标。多重可决系数可以通过对一元模型和二元模型可决系数的观察推广得到。我们已经知道：

$$R_{YX}^2 = \hat{\beta}_1^2 \frac{\sum x_1^2}{\sum y^2} = \frac{\hat{\beta}_1 \sum x_1 y}{\sum y^2} \quad \left(\hat{\beta}_1 = \frac{\sum x_1 y}{\sum x_1^2}, \hat{\beta}_1 \sum x_1^2 = \sum x_1 y\right)$$

$$R_{YX_1X_2}^2 = \frac{\hat{\beta}_1 \sum x_1 y + \hat{\beta}_2 \sum x_2 y}{\sum y^2}$$

$$R_{YX_1X_2X_3}^2 = \frac{\hat{\beta}_1 \sum x_1 y + \hat{\beta}_2 \sum x_2 y + \hat{\beta}_3 \sum x_3 y}{\sum y^2}$$

不难发现，每增加一个新的解释变量，多重可决系数的分子部分都会增加一个加项，这个加项是由新增变量的离差与因变量的离差乘积之和再乘以相应变量的回归系数构成的（式中小写的变量表示离差）。于是，具有 k 个解释变量的多重可决系数就是

$$R_{YX_1X_2X_3\cdots X_k}^2 = \frac{\hat{\beta}_1 \sum x_1 y + \hat{\beta}_2 \sum x_2 y + \cdots + \hat{\beta}_k \sum x_k y}{\sum y^2}$$

由于在客观上，$\hat{\beta}_j$ 与 $\sum x_j y$ 总是会取相同的符号，即同正或同负，因此每增加一个解释变量，都将必然地使可决系数有所增大（分母不变）。同时，模型中每增加一个新的解释变量，自由度必然将会减少 1。为了克服这一缺陷，必须对可决系数进行调整。调整后的可决系数为

$$\overline{R}^2 = 1 - (1 - R^2)\frac{(n-1)}{n-k-1} \tag{13-3}$$

式中 R^2——未调整的可决系数；

n——样本容量；

k——模型中解释变量的数目。调整的可决系数提出的思路是这样的：

根据

$$R^2 = \frac{\text{RSS}}{\text{TSS}} = 1 - \frac{\text{ESS}}{\text{TSS}}$$

很显然，可决系数的增加也就是 RSS 的增加。而 RSS 的增加实际也就是 ESS 的减少。由于解释变量的增加，必然将使得自由度减少。因此，ESS 的减少实质上是以牺牲自由度为代价的。于是，我们必然会提出这样的问题，即随着模型中解释变量的增加，ESS 的减少与自由度的减少是否同步？对这一问题的考察，可以通过对分式 ESS/TSS 的分子和分母同时除以各自的自由度得到验证。因为 TSS 的自由度是始终不变的。这样，可决系数就转化为修正的可决系数：

$$\begin{aligned}\overline{R}^2 &= 1 - \frac{\text{ESS}/(n-k-1)}{\text{TSS}/(n-1)} = 1 - \frac{\text{ESS}(n-1)}{\text{TSS}(n-k-1)} \\ &= 1 - (1 - R^2)\frac{n-1}{n-k-1}\end{aligned}$$

在式（13-3）中，比值 $(n-1)/(n-k-1)$ 叫作解释变量数的惩罚权数。显然，因为 $k < n-1$，所以如果 n 较大，k 较小，则惩罚权数就接近于 1，调整幅度不会很大。比如对一元模型来说，在较大样本条件下便是如此。反过来，如果 k 较大，R^2 较小，则有可能会使调整的可决系数变为负值（如 R^2 小于 0.5，惩罚权数大于 2 时）。如出现负值，规定以 0 对待。

与多重可决系数密切相关的另一个重要概念是**复相关**。在一元模型中，可决系数的平方根就是简单相关系数。简单相关系数反映的是两个变量之间的相关关系，在这里无所谓谁是因变量，谁是解释变量。而在多元线性模型中，可决系数的平方根叫作复相关系数。复相关系数反映的是一个因变量与多个解释变量之间的相关关系，在这种场合条件下，在总数为 $k+1$ 个的变量中，因变量不同复相关系数是不一样的。复相关系数与简单相关系数的另一个区别是，简单相关系数有正有负，其值域是 [－1，1]，而复相关系数只有正值，其值域是 [0，1]。这一点很容易理解，因为可决系数是两个平方和的比率，其值必为正数，其平方根也必为正数。

复相关系数实际上也可以看作样本观测值与由回归方程得到的理论估计值之间的简单相关系数，即也可以用以下的公式来测量复相关系数：

$$R = \frac{\sum y\hat{y}}{\sqrt{\sum y^2 \sum \hat{y}^2}} \tag{13-4}$$

这个公式很容易证明。可以先构造观测值与理论估计值之间的一元线性回归方程为

$$y = \hat{\alpha} + \hat{\beta}\hat{y} + e$$

在这里显然有

$$\hat{\beta} = \frac{\sum \hat{y}y}{\sum \hat{y}^2} \tag{13-5}$$

另外，我们知道，对于一元模型

$$R^2 = \frac{\hat{\beta}\sum \hat{y}y}{\sum y^2} \tag{13-6}$$

在式（13-6）中代入式（13-5），则有

$$R^2 = \frac{(\sum \hat{y}y)^2}{\sum \hat{y}^2 \sum y^2}$$

对上式开方即可得到式（13-4）。

13.5.3　多重共线性问题

为了准确地分析了解每个解释变量对因变量的作用，要求多元线性回归分析必须满足一个重要的基本假定，即解释变量之间不存在多重共线性（或不完全共线），或者说自变量虽互相影响，但相关系数不等于1。这是因为，当解释变量之间高度相关时，必将给参数的估计带来严重影响。

（1）多重共线性使模型的参数无法估计。

引用二元线性回归方程模型来说明。在二元模型 $Y = \beta_0 + \beta_1 X_1 + \beta_2 X_2 + U$ 中

$$\hat{\beta}_1 = \frac{\sum x_2^2 \sum x_1 y - \sum x_2 y \sum x_1 x_2}{\sum x_1^2 \sum x_2^2 - (\sum x_1 x_2)^2}$$

$$\hat{\beta}_2 = \frac{\sum x_2^2 \sum x_2 y - \sum x_1 y \sum x_1 x_2}{\sum x_1^2 \sum x_2^2 - (\sum x_1 x_2)^2}$$

如果：$r_{X_1X_2} = 1$，令 $X_2 = kX_1$ 或 $x_2 = kx_1$，则有

$$\hat{\beta}_1 = \frac{k^2\sum x_1^2 \sum x_1 y - k^2 \sum x_1 y \sum x_1^2}{k^2(\sum x_1^2)^2 - k^2(\sum x_1^2)^2} = \frac{0}{0}$$

同理，有

$$\hat{\beta}_2 = \frac{k\sum x_1^2 \sum x_1 y - k \sum x_1 y \sum x_1^2}{0} = \frac{0}{0}$$

所以完全共线性使参数无法估计。或者，设

$$X_2 = a + bX_1$$

则有：

$$Y = \beta_0 + \beta_1 X_1 + \beta_2(a + bX_1) + U$$

即

$$Y = (\beta_0 + a\,\beta_2) + (\beta_1 + b\,\beta_2)X_1 + U$$

$$Y = c_0 + c_1 X_1 + U$$

虽然可以运用普通最小二乘（OLS）方法求出 c_0 和 c_1，但是，却无法根据方程组：

$$\begin{cases} c_0 = \beta_0 + a\,\beta_2 \\ c_1 = \beta_1 + b\,\beta_2 \end{cases}$$

求出 β_0，β_1 和 β_2，因为根据线性代数知识，要求出三个变量，必须三个方程。

（2）多重共线性使估计值的标准误差无限大。

例如在二元模型中，

$$D^2(\hat{\beta}_1) = \frac{\sigma_U^2 \sum x_2^2}{\sum x_1^2 \sum x_2^2 - (\sum x_1 x_2)^2}$$

$$= \frac{\sigma_U^2}{\sum x_1^2 \left(1 - \frac{(\sum x_1 x_2)^2}{\sum x_1^2 \sum x_2^2}\right)} = \frac{\sigma_U^2}{\sum x_1^2 (1 - r_{X_1X_2}^2)}$$

$$D^2(\hat{\beta}_2) = \frac{\sigma_U^2 \sum x_1^2}{\sum x_1^2 \sum x_2^2 - (\sum x_1 x_2)^2} = \frac{\sigma_U^2}{\sum x_2^2 (1 - r_{X_1X_2}^2)}$$

由于参数的方差变得无限大，因而在进行参数的 t 检验时，将使得 t 统计量变得近乎于0，因而将使得相应参数变得不显著。

正是因为多重共线性会给参数估计带来影响，所以在多元回归分析中必须对是否存在多重共线性进行检验。对多重共线性检验的最简单方法就是计算如下的方差膨胀因子（Variance Inflation Factor，VIF）：

$$\text{VIF} = \frac{1}{(1 - R_i^2)} = \frac{1}{(1 - R_1^2)} \tag{13-7}$$

其中，R_i^2 是 k 元模型中第 i 个自变量对其余自变量回归时（也称作辅助回归）的拟合优度，比如对于二元模型，R_1^2 就是 X_1 对 X_2 回归时的拟合优度，也就是 r_{12}^2。很显然，如果 r_{12}^2 趋近于1，则回归系数的方差趋近于 $+\infty$。特别地，如果 r_{12}^2 为1（即完全多重共线性），回归系数的方差和标准差没有任何意义。当然，如果 r_{12}^2 为零（X_1 和 X_2 为正交变量），那么就不存在共线性，VIF 的值为1。我们也就不必担心由于方差（标准差）较大而带来的问题。一般经验认为，当 VIF > 10 时，通常都可以认为存在明显的多重共线性。

如果多重共线性比较严重，通常可通过如下一些方法予以克服：

（1）省略一些变量。省略一些参数 t 检验不显著或者辅助回归中 F 检验显著的解释变量，既可以克服多重共线性，也可明显地改善模型的优度。一般来说，对于某个被解释变量，如果需要考虑的解释变量较多，一个可行的办法是，可做多个具有较少解释变量的单方程模型，或者也可以根据变量之间的相互影响关系做一个联立方程模型。比如，如果需要考虑的解释变量有5~7个，就可以考虑做两个单方程模型；如果需要考虑的解释变量有8~10个，就可以考虑做3个单方程模型。这样多个方程互相比较，也更有利于对因变量的分析。通常，在同一个模型中，对于解释变量的选择，应该根据相关系数矩阵，选择具有最小相关系数值的变量作为解释变量。

（2）利用已知信息。比如，在柯布-道格拉斯函数的研究中，劳动 L 和资本 K 之间总存在着密切的相关关系。因此，直接估计时必然会产生共线性问题。然而根据经验，两个指数的和常常总是在1左右附近徘徊，所以对

$$Y=\beta_0 K^{\beta_1}L^{\beta_2}$$

如设 $\beta_1+\beta_2=1$，$\beta_2=1-\beta_1$，则有

$$\ln\left(\frac{Y}{L}\right)=\ln\beta_0+\beta_1\ln\left(\frac{K}{L}\right)$$

取对数后再做变量代换即变为线性式。这样就不仅减少了需要估计的参数数目，也有效地避免和克服了多重共线性问题。

（3）改变模型的数学形式。设有三元需求函数：

$$Y=\beta_0+\beta_1X_1+\beta_2X_2+\beta_3X_3+U$$

假定式中 X_1——收入；

X_2——价格

X_3——代用品价格。

由于价格之间经常存在共振效应，因而 X_2 和 X_3 必然高度相关，因此可将模型做如下更改：

$$Y=\beta_0+\beta_1X_1+\beta_2\frac{X_2}{X_3}+U$$

即将原来单独使用每一个变量改为使用两商品的比价。

（4）增加样本容量。例如在二元模型中，

$$D^2(\hat{\beta}_1)=\frac{\sigma_U^2}{\sum x_1^2(1-r_{12}^2)}$$

$$D^2(\hat{\beta}_2)=\frac{\sigma_U^2}{\sum x_2^2(1-r_{12}^2)}$$

由此二式不难看出，增加样本容量可增加 $\sum x_1^2$ 和 $\sum x_2^2$ 的值，因而可相应减小参数方差的值。

习题与讨论

1. 下列数据为15项资产的出售价格（单位：百元），试用描述性统计、直方图、排位和百分比排位分析工具进行数据分析：

26 000　38 000　43 600　31 000　39 600　44 800　37 400　31 200　40 600　34 800　37 200　41 800　39 200　38 400　45 200

2. 表 13-12 是 10 家商店销售额和利润率的资料。

表 13-12　销售额和利润率

商　店	1	2	3	4	5	6	7	8	9	10
销售额/万元	6	5	8	1	4	7	6	3	3	7
利润率（%）	12.6	10.4	18.5	3.0	8.1	16.3	12.3	6.2	6.6	16.8

（1）画出散点图。

（2）计算销售额与利润率的相关系数。

3. 有三种股票在一周之内的指数变化如表 13-13 所示，因相互比较接近，投资者不知道三者有没有明显的不同，也不知道选哪一个更好，试予以分析。

表 13-13　三种股票的指数变化

股票Ⅰ	股票Ⅱ	股票Ⅲ
2132	2036	2044
2030	2138	2146
2085	2237	2247
2133	2180	2347
2185	2141	2246

（注意：在选择股票时需要考虑标志变动度系数，即方差与平均数的比率。）

4. 西安某电器连锁店连续四周、在五个市场实行不同售价的电视机促销，表 13-14 所示是各市场的售价与销售率（每千人为基准）数据。

表 13-14　各市场的售价与销售率

价格/元	1275	1300	1325	1350	1375
销售率（‰）	1.60	0.95	0.65	0.50	0.45

（1）绘制散点图，插入趋势线，给出公式和 R^2 值。

（2）运用回归分析工具，给出相关的可靠性指标。

（3）已知某一市场电视机售价为 1295 元，试预测销售率。

5. 火箭的射程与使用的燃料（A）种类和推进器（B）质量密切相关。现 A 取 4 个水平，B 取 3 个水平，每种组合均做两次试验，结果如表 13-15 中所列。试分析每一因素及其组合是否对火箭射程有显著影响（$\alpha=0.05$）。

表 13-15　试验结果

	B_1		B_2		B_3	
A_1	582	526	562	412	653	608
A_2	491	428	541	505	516	684
A_3	601	583	709	732	392	407
A_4	758	715	582	510	487	414

参 考 文 献

[1] 熊伟．运筹学［M］.2 版．北京：机械工业出版社，2013.
[2] 蒋绍忠．数据、模型与决策［M］．北京：北京大学出版社，2010.
[3] 戴维 R 安德森，等．数据、模型与决策　管理科学篇［M］．侯文华，等译．北京：机械工业出版社，2009.
[4] 王文平．运筹学［M］．北京：科学出版社，2007.
[5] 徐玖平，胡知能．中级运筹学［M］．北京：科学出版社，2008.
[6] 马良．基础运筹学教程［M］．北京：高等教育出版社，2006.
[7] 胡运权，郭耀煌．运筹学教程［M］.2 版．北京：清华大学出版社，2003.
[8] 韩伯棠．管理运筹学［M］．北京：高等教育出版社，2001.
[9] 徐渝，胡奇英．运筹学［M］．西安：陕西人民出版社，2001.
[10] 运筹学编写组．运筹学［M］．修订版．北京：清华大学出版社，2000.
[11] 蓝伯雄，程佳惠，陈秉正．管理数学（下）——运筹学．北京：清华大学出版社，1997.
[12] 张维迎．博弈论与信息经济学［M］．上海：上海三联书店，1996.
[13] 张莹．运筹学基础［M］．北京：清华大学出版社，1995.
[14] 谭家华．管理运筹学基础［M］．上海：上海交通大学出版社，1991.
[15] 李向东．运筹学——管理科学基础［M］．北京：北京理工大学出版社，1990.
[16] 赵景柱，叶天祥．对策论理论和应用［M］．北京：科学出版社，1995.